# 하노이

N

0         500m

KB058704

서호
Hồ Tây

호찌민
Khu Di Tích C

Văn Phòng

호찌민 가옥 🆃
Nhà Sàn Bác Hồ

Lăng Chủ T

100배
즐기기

# 베트남

## VIETNAM

다낭

호이안

후에

냐짱

허유리 지음

RHK
알에이치코리아

# the writer
# introduction;

## 허유리

1999년 인도 여행을 시작으로 주로 동남아시아와 서남아시아를 여행했다. 「KBS 월드넷」 해외 통신원, 여행커뮤니티 「떠나볼까」 운영진으로 활동했으며 각종 여행 잡지와 패션 잡지에 여행 칼럼을 기고했다. 2010년부터는 틈틈이 유럽을 여행하고 있으며, 꾸준히 싱가포르와 베트남의 새로운 정보를 탐색하고 있다. 저서로는 〈싱가포르 100배 즐기기〉(RHK)가 있다.

베트남 여행서를 계획할 무렵, '첫 베트남 여행이 언제였더라' 하면서 손가락을 꼽아본 적이 있습니다. 시간을 되짚어보며 열 손가락이 모두 모이는 것을 보고 시간이 정말 빠르구나 하고 실감했습니다. 베트남 북부 사람들은 기가 세다는 말에 잔뜩 겁을 먹고 수도 하노이가 아닌 호찌민시에서 첫 베트남 여행을 시작했던 것이 2006년. 길거리에 넘쳐나는 음식과 기나긴 오토바이의 행렬, 현지인들의 수줍은 듯 상냥한 미소가 아직도 생생합니다. 남부 여행을 마치고 다음에는 북부로, 그다음에는 중부로, 베트남을 향한 발걸음은 계속 이어졌습니다. 그리고 '그래, 베트남은 이렇게 매력이 뚜렷한 나라지, 한 번 다녀오면 다시 가고 싶어지는 나라지'라는 생각을 바탕으로 애정을 담아 이 책을 쓰게 되었습니다. 취재를 위해 베트남으로 떠난 후 벌써 1년이란 시간이 훌쩍 지났습니다. 짧은 여행으로는 알 수 없었던 많은 것들을 보고 듣고 배운 시간이었습니다. 그 시간을 한 권의 책으로 압축하기 위해 노력했습니다. 여행을 준비할 시간도, 여행을 즐길 시간도 절대적으로 부족한 대한민국 여행자들을 위해 역사, 문화, 음식, 교통 같은 필수 정보를 차곡차곡 담았습니다. 그리고 그곳에서 제가 느꼈던 베트남의 매력과 아름다움을 독자들과 함께 공유하고자 노력했습니다. 부디 〈베트남 100배 즐기기〉와 함께 짧은 일정 안에서도 베트남이란 나라를 충분히 느낄 수 있는 여행을 하시길 바랍니다!

## Special thanks to;

좋은 책을 만들기 위해 긴 호흡을 함께 맞춰온 RHK 여행출판팀과 지윤 디자이너님, 지도를 그려주신 글터 분들께 감사드립니다. 취재 기간 수많은 도움을 준 베트남 현지인들, 언제 어디서나 응원을 아끼지 않았던 친구들, 소중한 가족과 정민호에게도 사랑의 인사를 전합니다.

# 베트남 맵
## VIETNAM MAP

**| MAP 1 |** 하노이 전도

떠이*
Quận T*

민족학 박물관
Bảo Tàng Dân Tộc Học

꺼우저이군
Quận Cầu Giấy

롯데 백화점
롯데 호텔
롯데 마트
한국 대사관
롯데 센터 하노이

미딘 버스터미널
Bến Xe Mỹ Đình

동다*
Quận Đ*

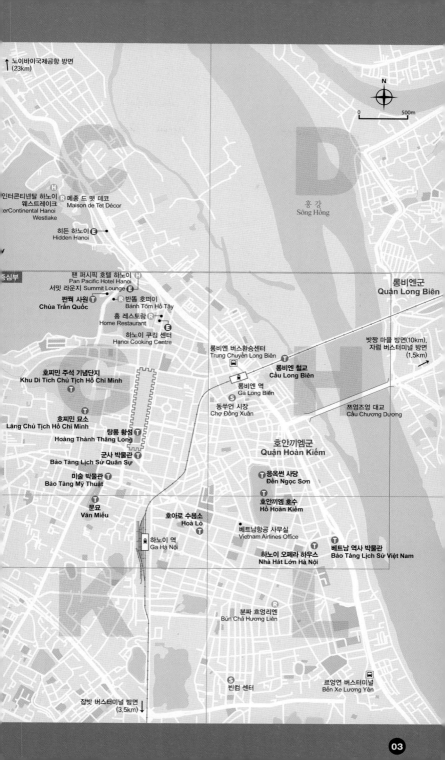

**| MAP 2 |** 하노이 중심부

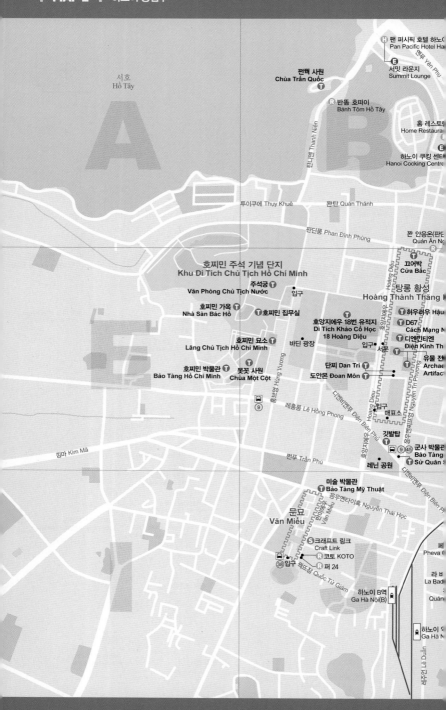

서호
Hồ Tây

팬 퍼시픽 호텔 하노이
Pan Pacific Hotel Ha

서밋 라운지
Summit Lounge

쩐꿕 사원
Chùa Trấn Quốc

반똠 호떠이
Bánh Tôm Hồ Tây

홈 레스토랑
Home Restaura

하노이 쿠킹 센터
Hanoi Cooking Centre

투이쿠에 Thụy Khuê

꽌탄 Quán Thánh

판딘풍 Phan Đình Phùng

꽌 안응온(판딘
Quán Ăn Ng

호찌민 주석 기념 단지
Khu Di Tích Chủ Tịch Hồ Chí Minh

꾸어박
Cửa Bắc

주석궁
Văn Phòng Chủ Tịch Nước

입구

탕롱 황성
Hoàng Thành Thăng

호찌민 가옥
Nhà Sàn Bác Hồ

호찌민 집무실

허우러우 Hậu

호앙지에우 18번 유적지
Di Tích Khảo Cổ Học
18 Hoàng Diệu

D67
까익 망 N
Cách Mạng M

디엔낀티엔
Điện Kính Th

호찌민 묘소
Lăng Chủ Tịch Hồ Chí Minh

바딘 광장

입구

서문

유물 전
Archae
Artifac

호찌민 박물관
Bảo Tàng Hồ Chí Minh

못꼿 사원
Chùa Một Cột

단찌 Dan Tri

도안몬 Đoan Môn

9

레홍퐁 Lê Hồng Phong

입구

매표소

깃발탑

깜마 Kim Mã

쩐푸 Trần Phú

9 45
군사 박물관
Bảo Tàng
Sử Quân

레닌 공원

미술 박물관
Bảo Tàng Mỹ Thuật

응우옌타이혹 Nguyễn Thái Học

문묘
Văn Miếu

크래프트 링크
Craft Link

페
Pheva

코토 KOTO

퍼 24

38
입구

꿕뜨잠 Quốc Tử Giám

라 바
La Badi
Quán

하노이 B역
Ga Hà Nội(B)

하노이 역
Ga Hà N

레주언 Lê Duẩn

롱비엔 버스환승센터
Trung Chuyển Long Biên

🚋 롱비엔 철교
Cầu Long Biên

롱비엔 역
Ga Long Biên

🔵 동쑤언 시장
Chợ Đồng Xuân

육교

금·토·일
야시장 거리

③ ③④④⑦

비아 허이 골목
Bia Hơi Lane

🏨 하노이 백패커스 호스텔(마마이점)

골든 아트 호텔
Golden Art Hotel

신 투어리스트
Sinh Tourist

에센스 하노이 호텔
Essence Hanoi Hotel

에센스 레스토랑
Essence Restaurant

🏨 티라트 호텔

🔴 쏘이옌
Xôi Yến

🔴 퍼 자쭈웬
Phở Gia Truyền

하이랜드 커피
High Lands Coffee

꺼우꼬
Cầu Gỗ

탕롱 수상 인형극장
Nhà Hát Múa Rối Thăng Long

항자 갤러리아

카이 실크 🔵

투이따 카페

🍔 롯데리아

골든실크 호텔

싸파 익스프레스
Sapa Express

응옥썬 사당
Đền Ngọc Sơn

🇪 하노이 소셜 클럽
Hanoi Social Club

성 요셉 성당
Nhà Thờ Lớn Hà Nội

애프리콧 호텔

리틀 하노이 호스텔 2
Little Hanoi Hostel 2

🚋 리타이또 황제 동상
Vườn Hoa Lý Thái Tổ

공항버스 출·도착점

✉ 중앙 우체국

베트남항공 사무실
Vietnam Airlines Office

🏨 소피텔 레전드 메트로폴
Sofitel Legend Metropole

베트남 역사 박물관(B동)

🔴 하노이 타워

🏨 호아로 수용소
Hoả Lò

짱띠엔 플라자
Trang Tien Plaza

🔵 짱띠엔 Tràng Tiền

🇭 하노이 오페라 하우스
Nhà Hát Lớn Hà Nội

🚋 베트남 역사 박물관(A동)
Bảo Tàng Lịch Sử Việt Nam

🏨 멜리아 하노이

아난 커피
Anan Coffee

파니 아이스크림 🍦

리트엉끼엣 Lý Thường Kiệt

힐튼 하노이 오페라
Hilton Hanoi Oprea

쯔엉즈엉 대교
Cầu Chương Dương

홍 강
Sông Hương

옌푸 Yên Phu

짠녓주엇 Trần Nhật Duật

항머이 Hàng Mã

항박 Hàng Bac

바찌에우 Bà Trung

하이바쯩 Hai Bà Trưng

항봉 Hàng Bông

레타이또 Lê Thái Tổ

N

0          200m

05

롱비엔 버스환승센터
Trung Chuyển Long Biên
(공항발 86번 버스 하차 지점)

롱비엔 철교
Cầu Long Biên

롱비엔 역
Ga Long Biên

항더우 Hàng Đậu

쩐녓주엇 Trần Nhật Duật

항코아이 Hàng Khoai

동쑤언 시장
Chợ Đồng Xuân

③ 34 47ª

항찌에우 Hàng Chiếu

금 · 토 · 일
야시장 거리

항마 Hàng Mã

항즈엉 Hàng Đường

항저이 Hàng Giấy

비아 허이 골목
Bia Hơi Lane

짜까 Chả Cá

란옹 Lần Ông

항부옴 Hàng Buồm

항바이 Hàng Vải

마오 레드
라운지

항가 Hàng Gà

밧스 Bát Sứ

항붓
Hàng Bút

골든 아트 호텔
Golden Art Hotel

아난 커피
Anan Coffee

신 투어리스트
Sinh Tourist

하노이 엘
Hanoi El

르엉응옥
Lương Ngọ

징코 항
Ginkgo Ha

에센스 레스토랑
Essence Restaurant

에센스 하노이 호텔
Essence Hanoi Hotel

투린 팰
Tu Linh Palac

하노이 스트리트 푸드 투어
Hanoi Street Food Tour

항깐 Hàng Cân

항응앙 Hàng Ngang

항박 Hàng

항보 Hàng Bồ

반꾸온 95
Bánh Cuốn 9

밧단 Bát Đàn

항디에우 Hàng Điều

항틱 Hàng Thiếc

르엉반깐 Lương Văn Can

항다오 Hàng Đào

딘리엣 Đinh Liệt

티란트 호텔

마이 호텔

퍼 자쭈엔
Phở Gia Truyền

메이드
올드쿼

짜까 탕롱
Chả Cá
Thăng Long

꽁 카페
Cộng Cà Phê

항논 Hàng Nón

항꽛 Hàng Quat

하파스코

K마트

카페 포꼬
Cafe Phố Cổ

미쓰탄 Mỹ Va

렉코스

아트 부티크 호텔

하이랜드 커피
High Lands Coffee

타이
익스프레스

즈엉타인 Dương Thành

분짜 닥킴
Bún Chả Đắc Kim

비엣민 은행

분보남보
Bún Bò Nam Bộ

하노이 엘레강스 루비 호텔
Hanoi Elegance Ruby Hotel

하동 실크

항가이 Hàng Gai

메티스에코

미도 스파

항마인 Hàng Mành

켄리 실크

골든 실크 호텔

항자 갤러리아

홍웅옥 다이너스티

카이 실크

레타이또 Lê Thái Tổ

투이따 카페

응오짬 Ngõ Trạm

항봉 Hàng Bông

켐투이따
Kem Thủy Tạ

백패커스 호스텔(마머이점)
킥온 하노이
ⓢop&Go 편의점

ⓇStoran
Restaurant
69 레스토랑

어이 고가옥

라 시에스타 호텔
La Siesta Hotel

Ⓡ 꽁 카페
Cộng Cà Phê

쏘이엔
Xôi Yến
Ⓡ 하이웨이 4 Highway 4
Ⓡ 카페 장 Highway 4
Café Giảng

ⓇⒽ르 펍
Ⓡ 카페 럼(본점)
Café Lâm

호아빈
팔라스 호텔
Ⓢpa

응우옌흐우후안
Nguyễn Hữu Huân

Ⓗ 라이징 드래곤 호텔
Rising Dragon Hotel

● 공항발 86번 버스 하차 지점(구시가 동쪽)

상 인형극장
at Múa Rối
Long

리아

Ⓡ 카페 럼(91번지)
Café Lâm
로수 Lò Sũ

●싸파 익스프레스
Ly Thai Tổ
Sapa Express

프엉즈엉 대교 Cầu Chương Dương

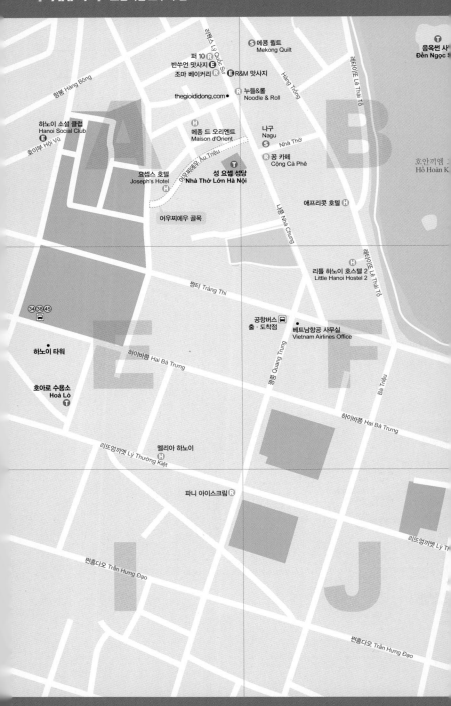

N

0     100m

딘띠엔호앙 Đinh Tiên Hoàng

쩐꽝카이 Trần Quang Khải

Trần Nguyên Hãn

리타이또 Lý Thái Tổ

Lê Lai

쩐꽝카이 Trần Quang Khải

딘띠엔호앙 Đinh Tiên Hoàng

🅣 리타이또 황제 동상
Vườn Hoa Lý Thái Tổ

🅣 스탬프 카페
Stamp Café

• 공항행 86번 버스 승차장(평일)

✉ 중앙 우체국

• 공항행 86번 버스 승차장(주말)

응오꾸옌 Ngô Quyền

리타이또 Lý Thái Tổ

엔 플라자
Tien Plaza

🅡 하이랜드 커피
짱띠엔 Tràng Tiền

랑롱 서점

🅢 아난 커피
Anan Coffee

🅢 짱띠엔 Tràng Tiền

🅗 베트남
역사 박물관(B동)
🅣

🅗 소피텔 레전드 메트로폴
Sofitel Legend Metropole

• 시티은행

껨짱띠엔

• 프랑스 문화원

호텔 드 오페라 🅗

짱띠엔 Tràng Tiền

🅣 베트남 역사 박물관(A동)
Bảo Tàng Lịch Sử Việt Nam

🅗 하노이 오페라 하우스
Nhà Hát Lớn Hà Nội

🄴 빈민 재즈 클럽
Binh Minh's Jazz Club

응오꾸옌 Ngô Quyền

레탄똥 Lê Thánh Tông

🅗 힐튼 하노이 오페라
Hilton Hanoi Oprea

| MAP 5 | 닌빈 전도

바이딘 사원단지
Chùa Bái Đính

꼬도 호아르
Cố Đô Hoa Lư

짱안
Tràng An

에메랄드 리조트 방면(7km)↗

빅동 사원
Chùa Bích Động

땀꼭 가든 리조트
Tam Cốc Garden Resort

항무아
Hàng Mua

땀꼭
Tam Cốc

하노이 방면

쩐흥다오 Trần Hưng Đạo

닌빈 버스터미널
Bến Xe Khách Ninh Bình

하롱옹 대하

닌빈 역
Ga Ninh Bình

N

0        1km

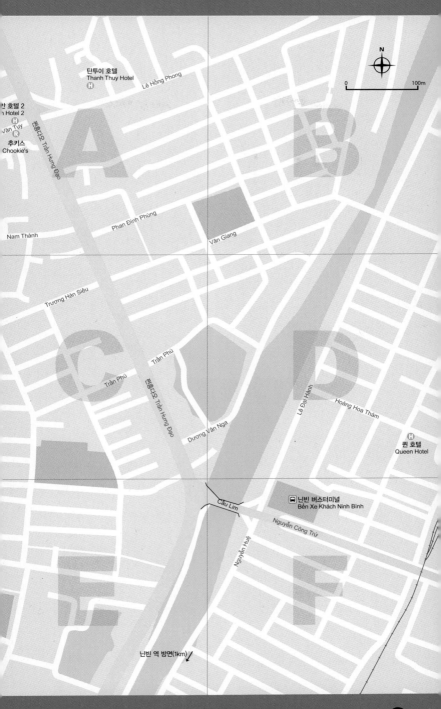

탄투이 호텔
Thanh Thuy Hotel

Lê Hồng Phong

안 호텔 2
h Hotel 2
Văn Tuý

추키스
Chookie's

Phan Đình Phùng

Văn Giang

Nam Thành

Trương Hán Siêu

Trần Phú

Trần Phú

편홍다오 Trần Hưng Đạo

Dương Văn Nga

Lê Đại Hành

Hoàng Hoa Thám

퀸 호텔
Queen Hotel

Cầu Lim

닌빈 버스터미널
Bến Xe Khách Ninh Bình

Nguyễn Công Trứ

Nguyễn Huệ

닌빈 역 방면(1km)

0      100m
N

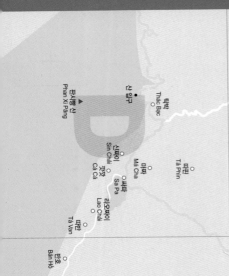

판시빵산
Phan Xi Păng ▲

산 입구

탁박
Thác Bạc

신짜이
Sin Chải
까까
Cả Cả

마짜
Mả Cha

따핀
Tả Phìn

싸파
Sa Pa

라오짜이
Lao Chải

따반
Tả Van

반호
Bản Hồ

남사이
Nậm Sài

라오까이
Lào Cai

하노이 방면(235km)

박하
Bắc Hà

A

B

C

D

E

F

싸파 시장
Chợ Sa Pa

라오까이 방면(34km)

싸파 버스터미널
Bến Xe Khách Sa Pa

디엔비엔푸 영로—

N

0 100m

F

탁손 Thạch Sơn

싸파 호수
Hồ Sa Pa

쑤언비엔 길 Xuân Viên

함종산
Núi Hàm Rồng

라오까이-박하 방면(5km)

호앙지에우 길 Hoàng Diệu

탁박 Thác Bạc

함종산 매표소

타이빈 싸파 호텔
Thai Binh Sapa Hotel

싸파 시내버스 정류장

R 팜쑤언후언 Phạm Xuân Huân

트레이드 유니온 호텔

싸파 파라다이스 뷰 호텔
Sapa Paradise View Hotel

함종 Hàm Rồng

싸파 엘리트 호텔
Sapa Elite Hotel

싸파 교회
Nhà Thờ Đá Sapa

싸파 광장
Quảng Trường Sapa

리틀 싸파
Little Sapa

까우머이 Cầu Mây

비엣 이모션
Viet Emotion

병원

몽 시스터즈 바
Hmong Sisters Bar

구모닝 베트남
Good Morning Hoa

마운틴 바&캠

낀 호텔

므엉호아이 Mường Hoa

싸파 에펠 호텔
Sapa Hotel

뱀부 싸파 호텔
Bamboo Sapa Hotel

싸파 롯지 호텔
Sapa Lodge Hotel

코저구이 식당르 R

싸파 미니마트 S

싸파 미니마트

여행안내소

야 싸파 호텔
U Sapa Hotel

꼬릭
Co Lịch

푸엉남 호텔
Phuong Nam Hotel

레드 지오 하우스

바게트&쇼콜라 R 싸파 박물관 R
Bảo Tàng Sa Pa

싸파 익스프레스
Sapa Express

싸파 오차우
Sapa O'Chau

싸파 드래곤 호텔
Sapa Dragon Hotel

고 싸파 호스텔 H
Go Sapa Hostel

엔티크 카페
싸파 유니크 호텔
Sapa Unique Hotel

힐 스테이션 시그니처
The Hill Station Signature

깟깟 호텔
Cát Cát

싸파 록세리 호텔

인디고 캣
Indigo Cat

네이처 뷰
Nature View

깟깟-스애이 방면
(1km)

| MAP 9 | 다낭 전도

신 투어리스트 방향 Sinh Tourist

다낭 중심부

마담 란 ®

박당 Bach Đằng

노보텔 다낭 프리미어 ⑪
Novotel Danang Premier
한 강 유람선 선착장 ⚓

싸 Cầu

푸 Trần Phú

박당 Bach Đằng

레주언 Lê Duẩn

다낭 버스터미널
방면(5km)

다낭 역
Ga Đà Nẵng

꼰 시장
Chợ Cồn

한 시장 ⑤
Chợ Hàn

Ⓢ 홍브엉 Hùng Vương

빅 씨
Big C

다낭 성당 ①
Nhà Thờ Con Gà

롱 Cầu

참 조각 박물관 ①
Bảo Tàng Điêu Khắc Chăm

✈ 다낭국제공항
Sân Bay Quốc Tế Đà Nẵng

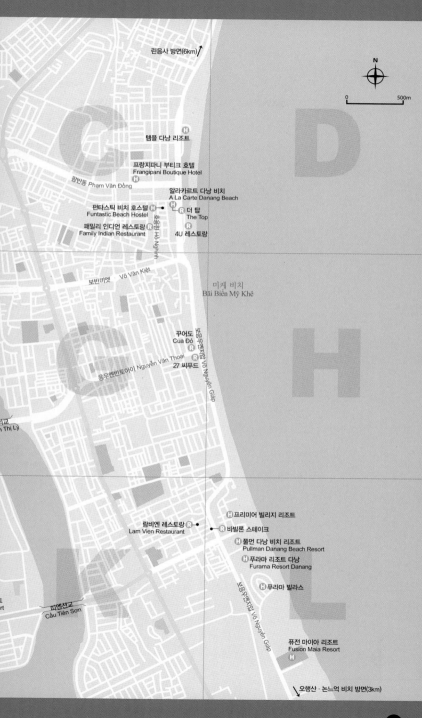

린응사 방면(6km)

N

0       500m

C

D

템플 다낭 리조트

프랑지파니 부티크 호텔
Frangipani Boutique Hotel

팜반동 Phạm Văn Đồng

알라카르트 다낭 비치
A La Carte Danang Beach

펀타스틱 비치 호스텔
Funtastic Beach Hostel

더 탑
The Top

호안 호 Hồ Nghinh

패밀리 인디언 레스토랑
Family Indian Restaurant

4U 레스토랑

보반끼엣 Võ Văn Kiệt

미케 비치
Bãi Biển Mỹ Khê

G

H

꾸어도
Cua Đó

응우옌반토아이 Nguyễn Văn Thoại

27 씨푸드

보응우옌지압 Võ Nguyên Giáp

리교
n Thị Lý

K

L

람비엔 레스토랑
Lam Vien Restaurant

프리미어 빌리지 리조트

바빌론 스테이크

풀먼 다낭 비치 리조트
Pullman Danang Beach Resort

푸라마 리조트 다낭
Furama Resort Danang

푸라마 빌라스

띠엔션교
Cầu Tiên Sơn

보응우옌지압 Võ Nguyên Giáp

퓨전 마이아 리조트
Fusion Maia Resort

오행산 · 논느억 비치 방면(3km)

브레드 오브 라이프 ⓡ
쭉럼비엔
Trúc Lâm Viên
신 투어리스트 방향
Sinh Tourist

쩐뀌깝 Trần Quý Cáp
마담 란 ⓡ
Madam Lân

루나 펍 ⓡ
Luna Pub

다낭 수버니어 카페 ⓢ
Da Nang Souvenirs & Cα

리뜨쯩 Lý Tự Trọng

노보텔 다낭 프리미어 Ⓗ
Novotel Danang Premier
한 강 유람선 선착장 🚢
한 강
Sông Hὰ

꽝쯩 Quang Trung
분짜까 109 ⓡ
Bún Chả Cá 109

르 밤비노 ⓡ

메모리 ⓔ
라운지
쏨한교
Cầu Sông

다낭 병원 ✚

하이랜드 커피 ⓡ
하이퐁 Hải Phòng
미꽝 1A ⓡ
Mì Quảng 1A
레주언 Lê Duẩn
중앙 우체국 ✉
레주언 Lê Duẩn

다낭 역 🚉
Ga Đà Nẵng

쩨쑤언짱 ⓡ
Chè Xuân Trang

하이랜드 커피 ⓡ
꼼 카페 ⓡ
다낭 비지터센터 ⓘ
Trung Tâm Hỗ Trợ Du Khách Đà Nẵng
훙브엉 Hùng Vương

꼰 시장
홍브엉 Hùng Vương

빅 씨 ⓢ
Bic C

한 시장
Chợ Hàn

워터프런ⓡ
Waterfro

호이안행 시내버스 정류장 🚌
찐빈쯩
Trần Bình Trọng
다낭 성당 Nhà Thờ Con Gà ⓣ
찐꾸옥또안 Trần Quốc Toản
다이아 호텔 Ⓗ
Dai A Hotel

브릴리언트 ⓡ
Brilliant Hα

미꽝 바무아 ⓡ
Mì Quảng Bà Mua

리몬첼로 ⓡ

즈어벤쩨 ⓡ
Dừa Bến Tre

오렌지 호텔 Ⓗ
Orange Hotel
레홍퐁 Lê Hồng Phong

입사라 ⓡ
레드 스카이 ⓡ
Red Sky
페바 초콜릿 ⓢ
Pheva Chocolate

방송국

응우옌반린 Nguyễn Văn Linh
참 조각 박물관 ⓣ
Bảo Tàng Điêu Khắc Chăm
롱교
Cầu Rồng

바나 힐 오피스 ●

N

0          100m

랑꼬 비치

후에 방면(80km)

하이번 고개
Đèo Hải Vân

선짜 반도

ㅐ 인터콘티넨탈 리조트

ㅠ 린응사
Chùa Linh Ứng

미께 비치
Bãi Biển Mỹ Khê

다낭 버스터미널
Trung Tâm Bến Xe Đà Nẵng

다낭
Đà Nẵng

다낭국제공항
Sân Bay Quốc Tế
Đà Nẵng

논느억 비치
Bãi Biển Non Nước

케이블카 출발 포인트

케이블카 도착 포인트

ㅐ 하얏트 리젠시

ㅠ 오행산
Ngũ Hành Sơn

ㅐ 빈펄 럭셔리 리조트

나 힐
ồi Bà Nà

남하이 호이안
Nam Hai Hoi An ㅐ

안방 비치
Bãi Biển An Bằng

호이안
Hội An

깜낌 섬

미썬 유적지
Thánh Địa Mỹ Sơn
ㅠ

N

0          5km

**MAP 12** | 호이안 구시가

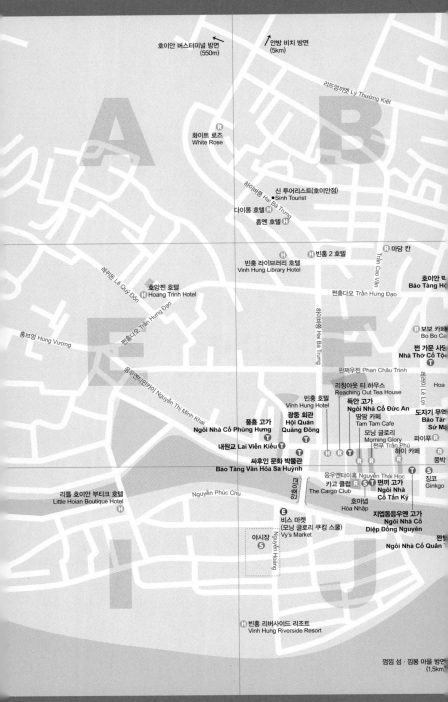

호이안 버스터미널 방면
(550m)

안방 비치 방면
(5km)

리뜨엉끼엣 Lý Thường Kiệt

화이트 로즈
White Rose

신 투어리스트(호이안점)
Sinh Tourist

하이바쯩 Hai Bà Trưng

다이롱 호텔

홈옌 호텔

빈홍 2 호텔

마담 칸

빈홍 라이브러리 호텔
Vinh Hung Library Hotel

호앙찐 호텔
Hoang Trinh Hotel

레꾸이돈 Lê Quý Đôn

쩐흥다오 Trần Hưng Đạo

쩐까오번 Trần Cao Vân

호이안 브
Bảo Tàng Hộ

훙브엉 Hùng Vương

쩐흥다오 Trần Hưng Đạo

하이바쯩 Hai Bà Trưng

보보 카페
Bo Bo Ca

쩐 가문 사당
Nhà Thờ Cổ Tộ

응우옌티민카이 Nguyễn Thị Minh Khai

판쩌우찐 Phan Châu Trinh

레러이 Lê Lợi

리칭아웃 티 하우스
Reaching Out Tea House

빈홍 호텔
Vinh Hung Hotel

광둥 화관
Hội Quán
Quảng Đông

독안 고가
Ngôi Nhà Cổ Đức An

땀땀 카페
Tam Tam Cafe

도자기 무역
Bảo Tàn
Sứ Mậ

풍흥 고가
Ngôi Nhà Cổ Phùng Hưng

모닝 글로리
Morning Glory

파이푸

하이 카페

내원교 Lai Viễn Kiều

쩐푸 Trần Phú

싸후인 문화 박물관
Bảo Tàng Văn Hóa Sa Huỳnh

쯩박

징코
Ginkgo

응우옌타이혹 Nguyễn Thái Học

카고 클럽
The Cargo Club

떤끼 고가
Ngôi Nhà
Cổ Tấn Ký

리틀 호이안 부티크 호텔
Little Hoian Boutique Hotel

Nguyễn Phúc Chu

호아넵
Hòa Nhập

지엡동응우옌 고가
Ngôi Nhà Cổ
Diệp Đồng Nguyên

쩐

비스 마켓
(모닝 글로리 쿠킹 스쿨)
Vy's Market

Ngôi Nhà Cổ Quân

야시장

Nguyễn Hoàng

빈홍 리버사이드 리조트
Vinh Hung Riverside Resort

껌낌 섬 · 낌봉 마을 방면
(1.5km)

N

0　　　　　100m

호이안 호텔
H

쩐흥다오 Trần Hưng Đạo

끄어다이 비치 방면
(4km)

쩐흥다오 Trần Hưng Đạo

팜홍타이 Phạm Hồng Thái

바레웰
Bale Well

껌가 바부오이

반미 프엉
Bánh Mì Phương

팜홍타이 Phạm Hồng Thái

호앙지에우 Hoàng Diệu

판쩌우찐 Phan Châu Trinh
레스토랑

미스 리 카페테리아 22
Miss Ly Cafeteria 22

차오저우 회관
Hội Quán
Triều Châu

판보이쩌우 Phan Bội Châu

완꽁 사당
Miếu Quan
Công

머메이드

푸젠 회관
Hội Quán Phúc Kiến

하안 호텔
Ha An Hotel

H

H 아난타라 호이안 호텔
Anantara Hoi An Resort

쩐푸 Trần Phú

회관

아이엠 베트남
I am Vietnam

하이난 회관
Hội Quán Hải Nam

ng Tâm Hoa
Lễ Nghĩa

호이안 중앙시장
Chợ Hội An

선 보트 호텔
Sun Boat Hotel

수공예품 워크숍
Công Ty Cổ Phần Lao Động

후옌쩐꽁쭈어 Huyền Trần Công Chúa

전통예술극장

ạch Đằng

보트선착장

투본 강 Sông Thu Bồn

득르엉 ?

껌남 섬

**19**

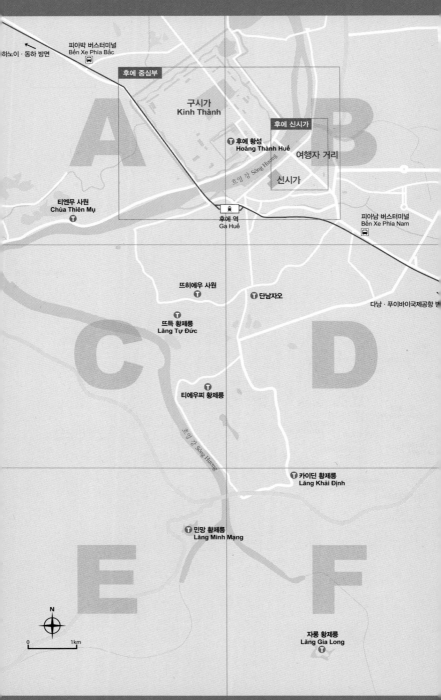

하노이 · 동하 방면

피아박 버스터미널
Bến Xe Phía Bắc

후에 중심부

구시가
Kinh Thành

후에 신시가

후에 황성
Hoàng Thành Huế

여행자 거리

신시가

A

B

티엔무 사원
Chùa Thiên Mụ

호옹 강 Sông Hương

후에 역
Ga Huế

피아남 버스터미널
Bến Xe Phía Nam

뜨히에우 사원

단남자오

다낭 · 푸이바이국제공항 병

뜨득 황제릉
Lăng Tự Đức

C

D

티에우찌 황제릉

호옹 강 Sông Hương

카이딘 황제릉
Lăng Khải Định

민망 황제릉
Lăng Minh Mạng

E

F

N

0        1km

자롱 황제릉
Lăng Gia Long

리즈또

후에니노
Huenino

아미고 호텔

세렌 팰리스 호텔
Serene Palace Hotel

유람선 선착장

DMZ 바
DMZ Bar

판 항메

므엉탄 후에 호텔

오키드 호텔
Orchid Hotel

흐엉 강
Sông Hương

2월 3일 공원

핫 튜나

아시아 호텔

쯔엉띠엔교
Cầu Trường Tiền

골든 라이스
Golden Rice

브라운 아이즈 바

신 투어리스트(후에점)
Sinh Tourist

빌라 후에
Villa Hue

후에 야시장
Phố Đêm Huế

사이공 모린
Saigon Morin

판 한
Quán Hanh

페
Café

원 커피&베이커리

임페리얼 호텔
Imperial Hotel

킹스 파노라마 바
King's Panorama Bar

다케
Ta:ke

엘도라 호텔
Eldora Hotel

라 불랑제리
프랑세즈

리엔호아
Lien Hoa

빈민 호텔
카페 온 투 휠스
Cafe on Thu Wheels

가네쉬 인디언
레스토랑

제이드 호텔
Jade Hotel

니나스 카페
Nina's Cafe

하노이 하 노이

베트남항공 사무실
(공항버스 출·도착점)

후에 헤리티지 호텔

판 분보후에
Quán Bún Bò Huế

0     50m

N

페스티벌 호텔

**| MAP 15 |** 후에 중심부

피아박 버스터미널 방면
(1.5km)

구시가
Kinh Thành

후에
Hoàng Thành

레 자뎅 드 라 까람볼
Les Jardins de La Carambole

레주

박호교
Cầu Bạch Hổ

Kim Long

Bùi Thị

티엔무 사원 방면
(1.4km)

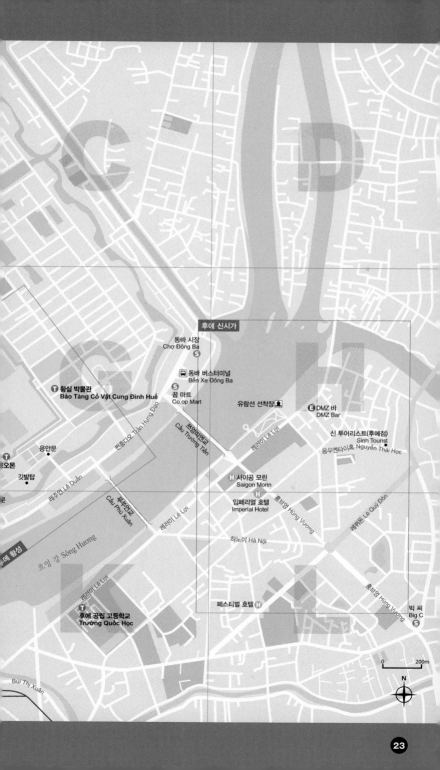

후에 신시가

동바 시장
Chợ Đông Ba

동바 버스터미널
Bến Xe Đông Ba

황실 박물관
Bảo Tàng Cổ Vật Cung Đình Huế

꿉 마트
Co.op Mart

유람선 선착장

DMZ 바
DMZ Bar

신 투어리스트(후에점)
Sinh Tourist
응우옌타이혹 Nguyễn Thái Học

응안문

오몬

깃발탑

사이공 모린
Saigon Morin

임페리얼 호텔
Imperial Hotel

하노이 Hà Nội

호잉 강 Sông Hương

에 황성

페스티벌 호텔
Festival Hotel

빅 씨
Big C

후에 공립 고등학교
Trường Quốc Học

0        200m

N

Bùi Thị Xuân

**23**

**| MAP 16 |** 호찌민시 전도

떤선녓국제공항 방면(3km)

🚇 사이공
Ga Sài

◀ 미엔떠이 버스터미널 방면(5km)

쩌런

쩌런 버스정류장
Bến Xe Chợ Lớn

짜땀 교회
Nhà Thờ Cha Tam

꼬눈
Cô Nhunh

티엔허우 사원
Chùa Bà Thiên Hậu

🅢 빈떠이 시장
Chợ Bình Tây

꾹갓꽌
Cục Gạch Quán

호찌민시 중심부

판 94
Quán 94

미엔동 버스터미널 방면(3km)

N

0   200m

퍼 호아
Phở Hòa

누와르
Noir

딘띠엔호앙 Đinh Tiên Hoàng

디엔비엔푸 Điện Biên Phủ

하이바쯩 Hai Bà Trưng

베트남 역사 박물관
Bảo Tàng Lịch Sử Việt Nam

전쟁 박물관
Bảo Tàng Chứng Tích Chiến Tranh

노트르담 대성당
Nhà Thờ Đức Bà Sài Gòn

통일궁
Dinh Độc Lập

시청
Trụ Sở Ủy Ban Nhân Dân

따오단 공원
Vườn Tao Đàn

벤탄 시장
Chợ Bến Thành

레러이 Lê Lợi

사이공 강
Sông Sài Gòn

AB 타워
AB Tower

맥도날드

함응이 Hàm Nghi

비텍스코 파이낸셜 타워
Bitexco Financial Tower

신 투어리스트
(호찌민시점)
Sinh Tourist

쩐흥다오 Trần Hưng Đạo

호찌민 박물관
Bảo Tàng Hồ Chí Minh

타이빈 시장

카바나 헬스 스파
Cabana Health Spa

풀먼 사이공 센터
Pullman Saigon Centre

**| MAP 17 |** 호찌민시 중심부

꽌 94
Quán 94

비엣 빌리지

베트남 역사 박물
Bảo Tàng Lịch
Sử Việt Nam

Thảo C

페트로
베트남 타워

누와르 Noir

뚜레주르

퍼 호아
Phở Hỏ

소피텔 사이공 플라자

미국 영사관

어쿠스틱 바
Acoustic Bar

마리나 사이공
시푸드 퀸즈

꼽 마트
Co.op Mart

거북이 공원
Hồ Con Rùa

동커이 거리 주변

실버랜드

카페 소이다
Cà Phê Sỏi Đá

위 레스토랑

프랑스
영사관

금호 아시아나 플라자

사이공 스카이 가든

하이랜드
High Land

다이아몬드 백화점
Diamond
Department Store

중앙 우체국
Bưu Điện Trung
Tâm Sài Gòn

인터콘티넨탈
아시아나 사이공

커피빈&티리프

쯩응우옌 커피
Trung Nguyen Co

전쟁 박물관
Bảo Tàng Chứng
Tích Chiến Tranh

노트르담 대성당
Nhà Thờ Đức Bà Sài Gòn

베트남 쿠커리 센터
Vietnam Cookery Center

빈컴 센터
Vincom Center

파크 하얏트 사이공
Park Hyatt Saigon

롯데 레전
호

훔 베지테리언
Hum Vegetarian

코아이
Khoái

나항 응온
Nhà Hàng Ngon

팍슨스

오페라 하우스
Nhà Hát Lớn Thành
Phố Hồ Chí Minh

여행자 거리 주변

매표소

통일궁
Dinh Độc Lập

트루 소 우이 반 난 단
Trụ Sở Ủy Ban Nhân Dân

시청
유니언 스퀘어

카라벨 사이공
Caravelle Saigon

호찌민시 박물관
Bảo Tàng Thành Phố
Hồ Chí Minh

렉스 호텔

세라톤 사이공 호텔
Sheraton Saigon Hotel

그랜드
호텔
리

따오단 공원
Vườn Tao Đàn

리버티 센트럴 사이공 시티포인트
Liberty Central Saigon City Point

시청 광장

사이공
스퀘어

선와 타워
Sunwah Tower

마제스틱 호텔

쯩응우옌 커피
Trung Nguyen Coffee

템플 클럽
Temple Club

타운하우스 50
Townhouse 50

사트라 푸드
Satra Foods

벤탄 시장

비텍스코 파이낸
Bitexco Financ

시나몬 호텔 사이공
Cinnamon Hotel Saigon

팜홍타이 Phạm Hồng Thái

뉴월드 호텔

벤탄 버스정류장
Trạm Bến Thành

함응이 Hàm Nghi

스카이 데크
Sky Deck

AB 타워
AB Tower

맥도날드

미술 박물관
Bảo Tàng Mỹ Thuật

이온 헬리 바
EON 51 Heli

쯩응우옌 커피
Trung Nguyen Coffee

퍼꾸인
Phở Quỳnh

신 투어리스트
Sinh Tourist

타운하우스 23
Townhouse 23

호찌민 비
Bảo Tàng Hồ Chí

리버티4

호텔

커피빈&티리프

홍비나 럭셔리
Hong Vina Luxury

버거킹

스타벅스

타이빈 시장
Chợ Thái Bình

145 부이비엔
145 Bùi Viện

파이브 오이스터즈
Five Oysters

카바나 헬스 스파
Cabana Health Spa

풀먼 사이공 센터
Pullman Saigon Centre

0

N

**| MAP 19 |** 여행자 거리 주변

통일궁
Dinh Độc Lập

Huyền Trân Công Chúa

Nguyễn Du

Võ Văn Tần

Nguyễn Thị Minh Khai

Trương Định

따오단 공원
Vườn Tao Đàn

리뜨쫑 Lý Tự Trọng

꽌 남자오
Quán Nam C

깟망탕땀 Cách Mạng Tháng Tám

쯩응우옌 커피
Trung Nguyen Coffee

Nguyễn Du

레티지앙 Bùi Thị Xuân

리뜨쫑 Lý Tự Trọng

레탄똔 Lê Thánh Tôn

사누바 사이공 호텔
Sanouva Saigon Hotel

퍼 옹훙
Phở Ông Hùng

하이루
Hai Lú

벤탄
Chợ Bến T

팜쭈찐 Phạm Chu Trinh

타운하우스 50 Ⓗ
Townhouse 50

시나몬 호텔 사이공 Ⓗ
Cinnamon Hotel Saigon

사트라 푸드 Ⓢ
Satra Foods

레티지앙 Lê Thị Riêng

응우옌반짱 Nguyễn Văn Tráng

Ⓡ 스타벅스

뉴월드 호텔 Ⓗ

팜홍타이 Phạm Hồng Thái

레라이 Lê Lai

벤탄 버스정류
Trạm Bến Thà

① 39

● AB 타워 AB Tower

● 칠 스카이 바
Chill Sky Bar

응우옌티응이아 Nguyễn Thị Nghĩa

맥도날드 Ⓡ

Nguyễn Trãi

레라이 Lê Lai

③ ④ 36

팜응우라오 Phạm Ngũ Lão

쩐흥다오 Trần Hưng Đạo

당티뉴 Đặng Thị Nhu

Calmette

타운하우스 23
Townhouse 23

Ⓡ 쯩응우옌 커피

하이랜드 커피
알레즈부 바 Ⓔ
리버티 3 호텔 Ⓔ
ABC 베이커리
Đề Thám

빅주옌 호텔
Bich Duyen Hotel

퍼 꾸인
Phở Quynh

버거킹

블루 리버 호텔

리버티4 호텔

● 프엉짱 버스
Phuong Trang Bus

스타벅스
파이브 보이
넘버원

뷰피풀 사이공 3 호텔
Beautiful Saigon 3 Hotel

커피빈&티리프 Ⓡ

홍비나 럭셔리 Ⓗ
Hong Vina Luxury

레티홍검 Lê Thị Hồng Gấm

끼꼰 Kỳ Con

끼꼰 Ky Con

싸파 빌리지
Sapa Village

도꽝다우 Đỗ Quang Đẩu

사이공 인
Saigon Inn

부이비엔 Bùi Viện

바싸우 비비큐
Ba Sau BBQ

Ⓔ 크레이지 버팔로

신 투어리스트
(호찌민지점)
Sinh Tourist

응우옌타이혹 Nguyễn Thái Học

Ⓢ 타이빈 시장

Cống Quỳnh

파이브 오이스터
Five Oysters

Ⓢ 팜응우라오
유치원

여행자 거리

홍한 호텔

145 부이비엔
145 Bùi Viện

부이비엔 Bùi Viện

뉴 사이공 호텔 Ⓗ
New Saigon Hotel

득브엉 호텔
Duc Vuong Hotel

쩐흥다오 Trần Hưng Đạo

카바나 헬스 스파 Ⓔ
Cabana Health Spa

0 ━━━━ 100

N

풀먼 사이공 센터 Ⓗ
Pullman Saigon Centre

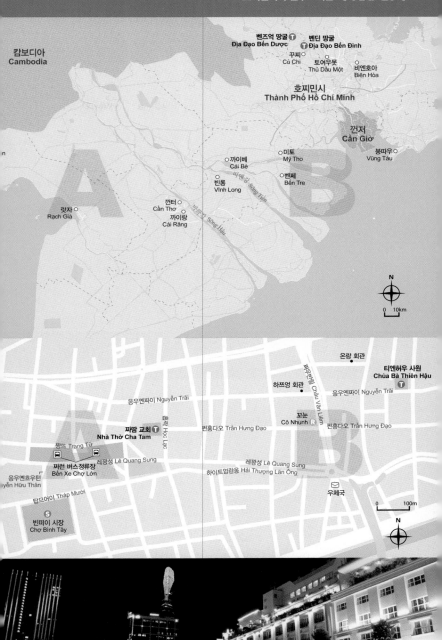

캄보디아
Cambodia

벤즈억 땅굴
Địa Đạo Bến Dược

벤딘 땅굴
Địa Đạo Bến Đình

꾸찌
Củ Chi

토어우못
Thủ Dầu Một

비엔호아
Biên Hòa

호찌민시
Thành Phố Hồ Chí Minh

껀저
Cần Giờ

까이베
Cái Bè

미토
Mỹ Tho

붕따우
Vũng Tàu

빈롱
Vĩnh Long

벤쩨
Bến Tre

띠엔강 Sông Tiền

껀터
Cần Thơ

까이랑
Cái Răng

하우강 Sông Hậu

락자
Rạch Giá

N

0    10km

온랑 회관

티엔허우 사원
Chùa Bà Thiên Hậu

하쯔엉 회관

응우옌짜이 Nguyễn Trãi

쭈우반리엠 Châu Văn Liêm

응우옌짜이 Nguyễn Trãi

파탐 교회
Nhà Thờ Cha Tam

혹락 Học Lạc

꼬눈
Cô Nhunh

쩐흥다오 Trần Hưng Đạo

쩐흥다오 Trần Hưng Đạo

짱뜨 Trang Tử

레꽝성 Lê Quang Sung

쩌런 버스정류장
Bến Xe Chợ Lớn

레꽝성 Lê Quang Sung

하이트엉란옹 Hải Thượng Lãn Ông

응우옌흐우턴
Nguyễn Hữu Thân

탑므어이 Tháp Mười

우체국

빈떠이 시장
Chợ Bình Tây

0    100m

N

| MAP 21 | 무이네 전도

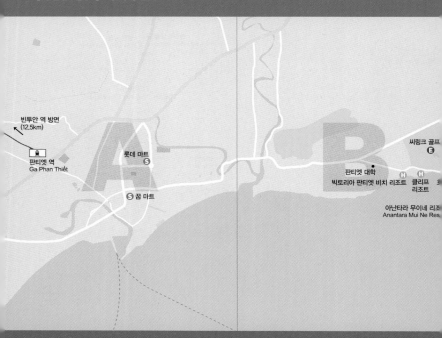

빈투안 역 방면
(12.5km)

판티엣 역
Ga Phan Thiết

롯데 마트 🆂

꼽 마트 🆂

씨링크 골프

판티엣 대학
빅토리아 판티엣 비치 리조트    클리프
리조트

아난타라 무이네 리조
Anantara Mui Ne Res

| MAP 22 | 무이네 비치

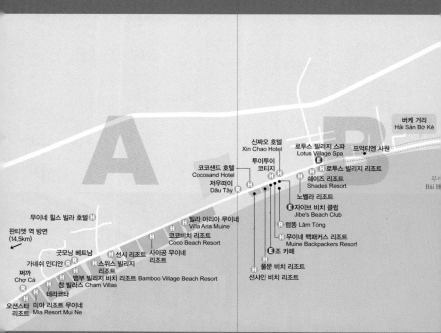

버케 거리
Hải Sản Bờ Kè

신짜오 호텔
Xin Chao Hotel

로투스 빌리지 스파    푸엉티엔 사원
Lotus Village Spa

투이투이
코티지

코코샌드 호텔
Cocosand Hotel
저우떠이
Dầu Tây

로투스 빌리지 리조트

쉐이즈 리조트
Shades Resort

노벨라 리조트

자이브 비치 클럽
Jibe's Beach Club

럼똥 Lâm Tòng

무이네 백패커스 리조트
Muine Backpackers Resort

무이네 힐스 빌라 호텔

판티엣 역 방면
(14.5km)

빌라 아리아 무이네
Villa Aria Muine

굿모닝 베트남

코코비치 리조트
Coco Beach Resort

가네쉬 인디안

선시 리조트    사이공 무이네
리조트

찌까
Chợ Cá

스위스 빌리지
리조트

조 카페

뱀부 빌리지 비치 리조트 Bamboo Village Beach Resort

참 빌라스 Cham Villas

풀문 비치 리조트

테라코타

선샤인 비치 리조트

오션스타
리조트

미아 리조트 무이네
Mia Resort Mui Ne

무이
Bãi B

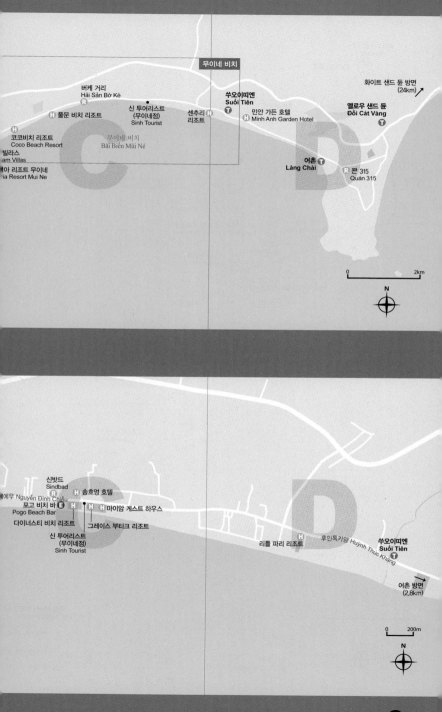

무이네 비치

버케 거리
Hải Sản Bờ Kè

쑤오이띠엔
Suối Tiên

화이트 샌드 듄 방면
(24km)

H 풀문 비치 리조트

신 투어리스트
(무이네점)
Sinh Tourist

센추리
리조트

민안 가든 호텔
H Minh Anh Garden Hotel

옐로우 샌드 듄
Đồi Cát Vàng

H 코코비치 리조트
Coco Beach Resort

빌라스
am Villas

무이네 비치
Bãi Biển Mũi Né

어촌
Làng Chài

아 리조트 무이네
ia Resort Mui Ne

꽌 315
Quán 315

0          2km

N

신밧드
Sindbad

에우 Nguyễn Đình Chiểu

H 송호영 호텔

포고 비치 바
Pogo Beach Bar

H H 마이암 게스트 하우스

다이너스티 비치 리조트

그레이스 부티크 리조트

신 투어리스트
(무이네점)
Sinh Tourist

리틀 파리 리조트

후인특카앙 Huỳnh Thúc Kháng

쑤오이띠엔
Suối Tiên

어촌 방면
(2.8km)

0      200m

N

**| MAP 23 |** 나짱 전도

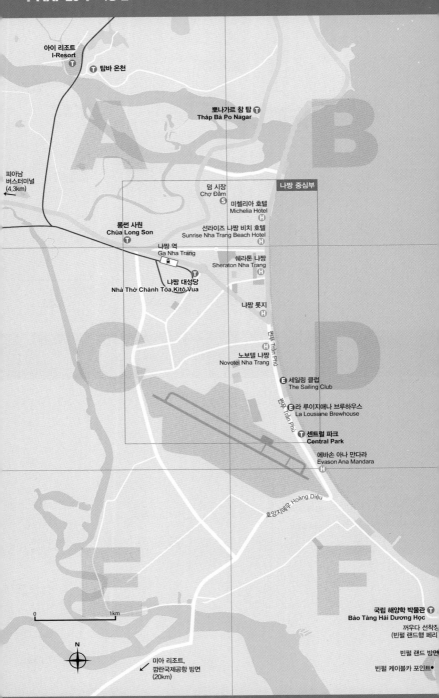

아이 리조트
I-Resort

탑바 온천

뿌나가르 참 탑
Tháp Bà Po Nagar

피아남
버스터미널
(4.3km)

덤 시장
Chợ Đầm

나짱 중심부

미첼리아 호텔
Michelia Hotel

롱썬 사원
Chùa Long Son

선라이즈 나짱 비치 호텔
Sunrise Nha Trang Beach Hotel

나짱 역
Ga Nha Trang

쉐라톤 나짱
Sheraton Nha Trang

나짱 대성당
Nhà Thờ Chánh Tòa Kitô Vua

나짱 롯지

Trần Phú

노보텔 나짱
Novotel Nha Trang

세일링 클럽
The Sailing Club

Trần Phú

라 루이지애나 브루하우스
La Lousiane Brewhouse

센트럴 파크
Central Park

에바손 아나 만다라
Evason Ana Mandara

호앙지에우 Hoàng Diệu

국립 해양학 박물관
Bảo Tàng Hải Dương Học

까우다 선착장
(빈펄 랜드행 페리)

빈펄 랜드 방면

빈펄 케이블카 포인트

0          1km

N

미아 리조트,
깜란국제공항 방면
(20km)

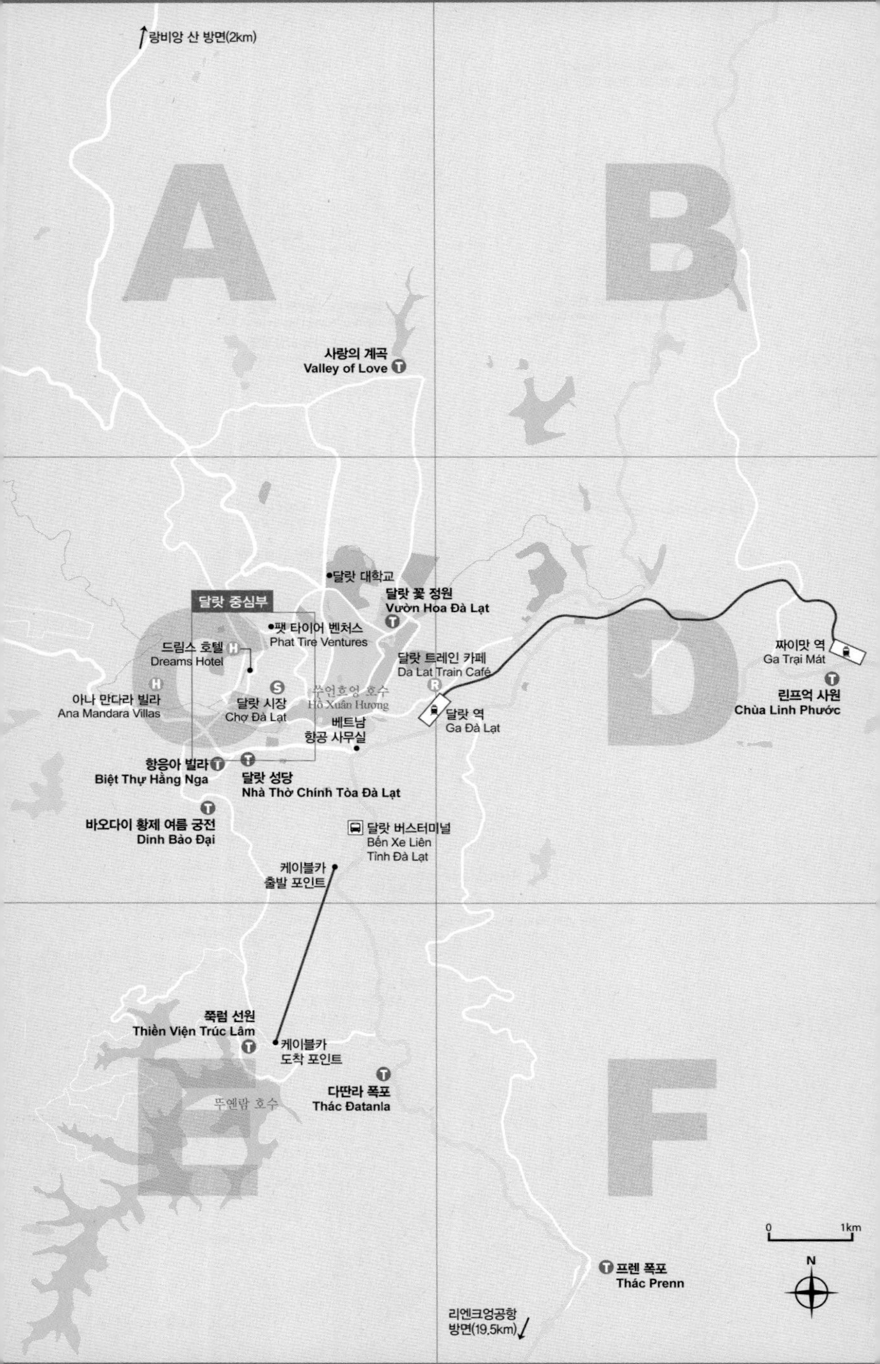

랑비앙 산 방면(2km)

A

B

사랑의 계곡
Valley of Love

●달랏 대학교

달랏 중심부

●팟 타이어 벤처스
Phat Tire Ventures

달랏 꽃 정원
Vườn Hoa Đà Lạt

드림스 호텔
Dreams Hotel

아나 만다라 빌라
Ana Mandara Villas

달랏 시장
Chợ Đà Lạt

쑤언 흐엉 호수
Hồ Xuân Hương

베트남
항공 사무실

달랏 트레인 카페
Da Lat Train Café

달랏 역
Ga Đà Lạt

짜이맛 역
Ga Trại Mát

린프억 사원
Chùa Linh Phước

항응아 빌라
Biệt Thự Hằng Nga

달랏 성당
Nhà Thờ Chính Tòa Đà Lạt

바오다이 황제 여름 궁전
Dinh Bảo Đại

달랏 버스터미널
Bến Xe Liên
Tỉnh Đà Lạt

케이블카
출발 포인트

죽럼 선원
Thiền Viện Trúc Lâm

케이블카
도착 포인트

다딴라 폭포
Thác Đatanla

뚜엔람 호수

C

D

E

F

0    1km

N

프렌 폭포
Thác Prenn

리엔크엉공항
방면(19.5km)

티엔안 호텔 방면(500m)

• 린썬 사원

응우옌반쪼이 Nguyễn Văn Trỗi
팻 타이어 벤처스
Phat Tire Ventures

꽌 99
Quán 99

ⓗ 슬립 인 달랏 호스텔
Sleep in DaLat Hostel

마이 드림 호텔 ⓗ
My Dream Hotel

드림스 호텔
Dreams Hotel
판딘풍 Phan Đình Phùng
달랏 이지라이더
Da Lat Easy Rider

리버 프린스 호텔
아트
카페

윈드밀 카페
Windmills Café
판딘풍 Phan Đình Phùng
파인 트랙
어드벤처
응우옌티민카이 Nguyễn Thị Minh Khai

시내버스 정류장

ⓡ 호아센
Hoa Sen
판보이쩌우 Phan Bội Châu

브이 카페
V-Café
부이티쑤언 Bùi Thị Xuân
신 투어리스트(달랏점)
Sinh Tourist

오리지널 이지라이더 클럽
Original Easy Rider Club
쯔엉꽁딘 Trương Công Định
럼방 호텔

곱하탄
Góc Hà Thành
므엉탄 호텔

이스케이프 바 ⓔ

자꾸이
Dã Quý

호아빈 광장
Quảng Trường Hòa Bình

달랏 시장
Chợ Đà Lạt

뚤립 호텔

바탕하이 Ba tháng Hai

빈러이
Vĩnh Lợi
2월 3일
리엔호아
Lien Hoa
윈드밀 카페
Windmills Café

달랏 골프 호텔 3 ⓗ

달랏 센트럴 호스텔 ⓗ

오토바이
전시장
2월 3일 Ba tháng Hai
레다이한 Lê Đại Hành
응우옌티민카이 Nguyễn Thị Minh Khai

ⓡ 랑팜
Lang
Farm
레티홍감 Lê Thị Hồng Gấm
쩐꾸옥또안 Trần Quốc Toản
탄투이 카페
달랏 팰리스
골프 클럽ⓔ

카페 거리
렌스 카페

어이 호텔

응옥란 호텔
Ngoc Lan Hotel

시계탑 공원

자전거 대여소

달랏 꽃 정원 방면(1.5km) →

쑤언흐엉 호수
Hồ Xuân Hương

ⓡ 롯데리아

쩐꾸옥또안 Trần Quốc Toản

응우옌반끄 Nguyễn Văn Cừ

달랏 역 방면(1.2km)

호뚱머우 Hồ Tùng Mậu

응옥팟 방면(300m),
베트남항공 사무실 방면(260m)

팜응우라오 Phạm Ngũ Lão
레다이한 Lê Đại Hành

베스트 웨스턴 달랏
플라자 호텔

달랏 팰리스 럭셔리 호텔
Dalat Palace Luxury Hotel ⓗ

바찌에우 Bà Triệu
쩨타이
Chè Thái

르 라블레
Le Rabelais

쩐푸 Trần Phú

쩐푸 Trần Phú
달랏 경찰서
달랏 성당
Nhà Thờ Chính
Tòa Đà Lạt

뒤파크 호텔
Du Parc Hotel

리틀 에펠 타워
Little Eiffel Tower

빌라
0m)
홍퐁 Hồng Phong
•은행
ⓗ 쌔미 호텔

다오주이뜨 Đào Duy Từ
미쩌우
Mỹ Châu

바오다이 황제
여름 궁전 방면(1.2km)

0        50m

N

**35**

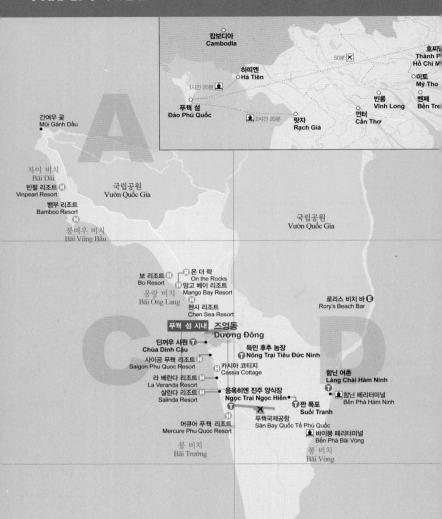

캄보디아
Cambodia

호찌ㅁ
Thành P
Hồ Chí M

하띠엔
Hà Tiên

50분 ✈

미토
Mỹ Tho

1시간 20분 🚢

푸꾸옥 섬
Đảo Phú Quốc

2시간 20분 🚢

빈롱
Vĩnh Long

껀터
Cần Thơ

벤쩨
Bến Tre

랏자
Rạch Giá

간여우 곶
Mũi Gành Dầu

자이 비치
Bãi Dài

빈펄 리조트
Vinpearl Resort

뱀부 리조트
Bamboo Resort

봉버우 비치
Bãi Vũng Bầu

국립공원
Vườn Quốc Gia

국립공원
Vườn Quốc Gia

보 리조트
Bo Resort

온 더 락
On the Rocks

망고 베이 리조트
Mango Bay Resort

옹랑 비치
Bãi Ông Lang

쩬시 리조트
Chen Sea Resort

로리스 비치 바
Rory's Beach Bar

푸꾸옥 섬 시내 즈엉동
Dương Đông

딘꺼우 사원
Chùa Dinh Cậu

득민 후추 농장
Nông Trại Tiêu Đức Ninh

사이공 푸꾸옥 리조트
Saigon Phu Quoc Resort

카시아 코티지
Cassia Cottage

함닌 어촌
Làng Chài Hàm Ninh

라 베란다 리조트
La Veranda Resort

살린다 리조트
Salinda Resort

응옥히엔 진주 양식장
Ngọc Trai Ngọc Hiền

함닌 페리터미널
Bến Phà Hàm Ninh

짠 폭포
Suối Tranh

머큐어 푸꾸옥 리조트
Mercure Phu Quoc Resort

푸꾸옥국제공항
Sân Bay Quốc Tế Phú Quốc

바이봉 페리터미널
Bến Phà Bãi Vòng

롱 비치
Bãi Trường

봉 비치
Bãi Vòng

파라디소
Paradiso

미란
Mỹ Lan

사오 비치
Bãi Sao

코코넛 나무 감옥
Nhà Tù Phú Quốc

안토이 항구
Cảng An Thới

N

0       5km

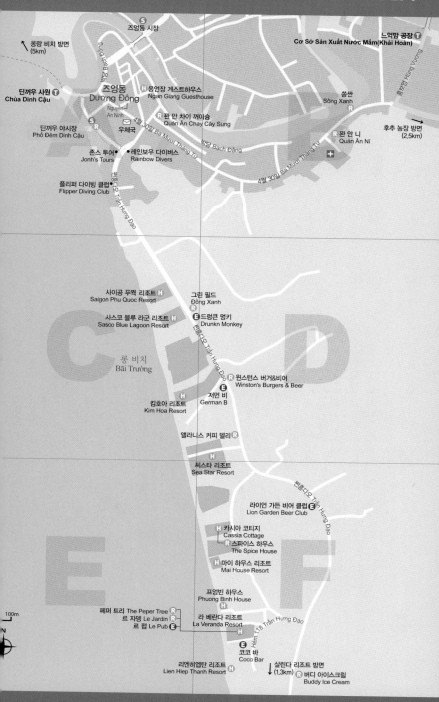

옹랑 비치 방면
(5km)

즈엉동 시장

Cơ Sở Sản Xuất Nước Mắm(Khải Hoàn)

느억맘 공장 **T**

딘꺼우 사원 **T**
Chùa Dinh Cậu

즈엉동
Dương Đông

응언장 게스트하우스
Ngan Giang Guesthouse

쏭싼
Sông Xanh

Nguyễn
Ánh Ninh

후추 농장 방면
(2,5km)

딘꺼우 야시장
Phố Đêm Dinh Cậu

우체국

짠 안 차이 꺼이숭
Quán Ăn Chay Cây Sung

짠 안 니
Quán Ăn Ní

존스 투어
Jonh's Tours

레인보우 다이버스
Rainbow Divers

플리퍼 다이빙 클럽
Flipper Diving Club

사이공 푸꾸옥 리조트 **H**
Saigon Phu Quoc Resort

그린 필드 **H**
Đồng Xanh **R**

사스코 블루 라군 리조트 **H**
Sasco Blue Lagoon Resort

드렁큰 멍키 **E**
Drunkn Monkey

롱 비치
Bãi Trường

윈스턴스 버거&비어 **R**
Winston's Burgers & Beer

킴호아 리조트 **H**
Kim Hoa Resort

저먼 비 **E**
German B

앨라니스 커피 델리 **R**

씨스타 리조트 **H**
Sea Star Resort

라이언 가든 비어 클럽 **E**
Lion Garden Beer Club

카시아 코티지 **H**
Cassia Cottage

스파이스 하우스 **E**
The Spice House

마이 하우스 리조트 **H**
Mai House Resort

프엉빈 하우스 **H**
Phuong Binh House

100m

페퍼 트리 The Peper Tree **R**
르 자뎅 Le Jardin **R**
르 펍 Le Pub **E**

라 베란다 리조트 **H**
La Veranda Resort

리엔히엡탄 리조트 **H**
Lien Hiep Thanh Resort

코코 바 **E**
Coco Bar

살린다 리조트 방면
(1,3km) ↓ 버디 아이스크림 **R**
Buddy Ice Cream

**37**

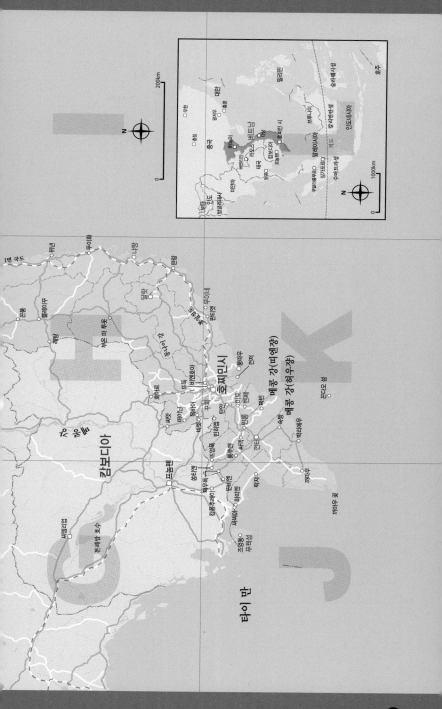

memo

# 일러두기

이 책에 실린 정보는 2019년 5월까지 수집한 것을 바탕으로 하고 있습니다. 정확한 정보를 싣기 위해 노력했지만, 현지 상황과 여행 시점에 따라 변동 사항이 있을 수 있습니다. 만약 새로운 정보나 바뀐 내용이 있다면 아래 메일로 제보 부탁드립니다. 많은 여행자가 좀 더 정확한 정보로 편리하게 여행할 수 있도록 빠른 시간 내에 수정하겠습니다.

- 저자 이메일 giguin79@naver.com · blog.naver.com/giguin79
- 알에이치코리아 여행출판팀 hjko@rhk.co.kr

## 본문 보는 방법

- '어떤 곳일까?'에서는 여행지에 대한 객관적인 설명과 함께 대표 도시의 볼거리, 먹거리, 쇼핑, 숙소에 대한 일반 정보를 제공합니다.

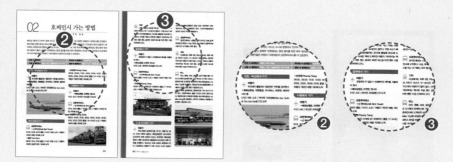

- '가는 방법'과 '공항–시내 이동 방법', '시내 교통'에서는 여행자들의 동선을 고려한 다양한 교통 정보를 상세히 소개합니다.

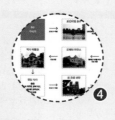

- '이렇게 여행하자'에서는 가장 효율적으로 여행지를 둘러볼 수 있는 최적의 코스를 다양하게 소개합니다.

- 지역별 볼거리·먹거리·쇼핑·즐길거리·호텔 정보를 상세하게 안내합니다.
- TIP과 TALK로 여행이 더욱 풍성해지는 다양한 정보를 실었습니다.

- 'TRAVEL PLUS'에서는 대표 도시와 함께 보면 좋은 근교 여행지를 소개합니다.

# 지도 보는 방법

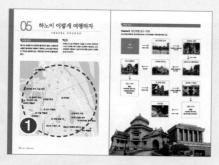

• '이렇게 여행하자'에서는 추천 코스의 이해를 돕기 위해 간단한 동선 지도를 제공합니다.

• 각 도시의 전도와 상세도는 들고 다니기 편하도록 맵북으로 제작하였습니다.
• 본문 볼거리 소개와 맵북 지도를 연동해 쉽고 빠르게 찾아볼 수 있습니다.
• 가장 큰 도시인 하노이와 호찌민시는 크게 볼 수 있는 폴더 지도로 제공합니다.

• 이 책의 본문과 맵북에서는 다음과 같은 기호를 사용하고 있습니다.

|  |  |  |  |
|---|---|---|---|
| ● 랜드마크 | ⓔ 즐길거리 | 🚆 기차역 | ➕ 병원 |
| ⓣ 볼거리 | ⓗ 호텔 | 🚌 버스터미널 · 버스정류장 | ✉ 우체국 |
| ⓡ 레스토랑 | ⓘ 여행안내소 | 🚶 보트선착장 | Ⓟ 주차장 |
| ⓢ 쇼핑 |  | ✈ 공항 |  |

# Contents

# 인사이드 베트남

## INSIDE Vietnam

## SIGHTSEEING 01

# 베트남 기본 정보

### 01 국가 정보

**정식 국가명** 베트남 사회주의 공화국
(Socialist Republic of Vietnam)

**수도** 하노이

**면적** 331,210Km²(한국의 약 3.3배)

**인구** 약 93,670,000명(2017년 기준, 출처 ADB)

**건국일** 1945년 9월 2일

**정치** 국가주석, 총리, 공산당 서기장 등으로 구성된 일당 체제

**행정** 58개 성과 5개 특별시로 구성(하노이, 호찌민, 하이퐁, 다낭, 껀터)

**언어** 베트남어

**민족** 비엣족(낀족) 85.7%, 그 외 53개의 소수민족으로 구성

**종교** 불교, 가톨릭, 기독교, 까오다이교 등

**시차** 2시간(한국이 10:00일 때 베트남은 08:00)

**전압** 220V

### 02 공휴일

**신정** 1월 1일

**구정(뗏)** 1~2월 사이

**훙브엉 기념일** 음력 3월 10일

**베트남 통일 기념일** 4월 30일

**노동절** 5월 1일

**독립 기념일** 9월 2일

### 03 여권 · 비자

베트남 입국일 기준으로 여권 유효 기간이 6개월 이상 남아 있어야 한다. 여행 기간이 15일 이내라면 비자가 필요하지 않다. 16일 이상 여행하는 경우 또는 베트남 출국 후 재방문하는 경우에는 30일/90일 비자가 필요하다. 비자 신청은 베트남 이민국 홈페이지에서 직접 할 수 있으며

전자 비자(E-Visa)로 발급되어 편리하다. 긴급하게 비자를 받아야 하는 경우에는 베트남 현지 공항에서 받을 수 있는 도착 비자(Arrival Visa)를 알아보자.

**비자비** 단수 25US$, 복수 50US$
**추천 사이트** www.etavietnam.org

### 04 통화 · 환율

대부분 지폐를 사용하며 동전은 보기 어렵다. 호텔, 고급 레스토랑, 상점 등에서는 신용카드와 미국 달러 사용이 가능하다. 보통 1US$=22,000VND으로 환산한다. 신용카드 결제 시에는 수수료(총금액의 3%)를 부담해야 하는 경우가 잦다.

**통화** VND(동)
**환율** 10,000VND≒515원(2019년 10월 초 기준)

## 05 은행 · 환전

개발도상국답게 시중에 은행이 곳곳에 포진해 있다. 여행사나 큰 호텔에서도 환전을 해주기 때문에 불편하지 않다. 우리은행에서 국제현금카드를 만들어 올 경우 ATM에서 베트남 화폐를 바로 뽑아 사용할 수 있어 매우 편리하다.

## 06 물가

동남아시아 국가 대부분이 그러하듯 물가가 매우 저렴하다. 1박 요금이 3~5만 원 대인 저가 호텔도 시설이 좋다. 현지인 식당에서 식사하는 경우 메뉴당 1,500~3,000원 안팎이면 충분하다. 여행자를 위한 중 · 고급 식당도 3,500~7,000원 수준. 택시, 버스, 기차, 국내선 비행기 같은 대중교통 요금도 낮아서 비용 부담이 적다.

| | |
|---|---|
| 생수 | 5,000~6,000VND |
| 커피 | 20,000~22,000VND |
| 캔맥주(330ml) | 5,400~8,800VND |
| 쌀국수 | 40,000~70,000VND |
| 볶음밥 | 60,000~70,000VND |
| 반미(샌드위치) | 15,000~25,000VND |
| 관광명소 입장료 | 25,000~40,000VND |
| 시내버스 요금 | 5,000~8,000VND |
| 택시 기본요금 | 6,000~12,000VND |
| 저가 호텔 | 1박 20~30US$ |
| 중급 호텔 | 1박 50~70US$ |
| 고급 호텔 | 1박 100~300US$ |

## 07 여행 시즌

한국인들의 휴가 기간인 7~8월은 덥고 습한 우기에 해당한다. 이 시기에는 북부보다는 남부를 여행하는 것이 낫다. 12~2월은 기온이 낮고 비도 적어 어느 지역이든 여행하기 좋다. 다만 크리스마스 · 연말 · 새해가 모여 있어 긴 휴가를 즐기는 전 세계 여행자들로 붐빈다. 숙박비를 포함해 물가가 조금씩 올라가는 시즌이다. 하노이나 싸파의 경우에는 아침 · 저녁으로 긴 소매옷이 필요할 정도로 기온이 내려간다.

**초성수기** 7~8월
**성수기** 12~3월
**비수기** 4~6월 / 9~11월

## 08 인터넷

베트남에 있는 대부분의 호텔, 레스토랑, 카페에서 무료 와이파이를 사용할 수 있다. 또한 공항, 슈퍼, 편의점 등에서 심카드를 쉽게 구입할 수 있다. 국내 통신사의 로밍 서비스보다 훨씬 저렴해서 강력 추천한다. 공항에서 구매하는 경우 데이터 4GB에 9US$ 안팎이다.

## 09 식수

베트남의 식수는 칼슘, 마그네슘 등의 성분이 많다. 또한, 더운 날씨 때문에 자칫하면 탈이 날 수 있다. 이런 이유로 위생상 생수(Mineral Water)를 마시는 것을 권장한다. 500ml 기준으로 4,000~8,000VND(한화 200~400원)으로 저렴하다.

## 10 안전

오토바이를 탄 소매치기들이 스마트폰이나 카메라, 가방 등을 훔쳐가는 경우가 종종 있다. 특히 카메라와 가방은 어깨에 걸치지 말고 사선으로 메는 것이 안전하다. 교통사고나 감염 · 발열 증상이 있는 경우에는 주저하지 말고 병원으로 가자. 묵고 있는 호텔에 연락하여 도움을 받는 것이 가장 좋다.

**긴급번호** 경찰 113 / 구급차 115

SIGHTSEEING 02

# 기후와 날씨

동남아의 다른 국가들과 마찬가지로 고온다습한 열대성 몬순 기후대에 속한다. 건기와 우기가 뚜렷하지만 국토가 남북으로 길어 그 시기가 조금씩 다르다. 우기라 하더라도 하루 1~2차례씩 폭우(스콜)가 내렸다 그치는 경우가 많다. 태풍과 홍수만 아니라면 여행에 큰 지장을 주지 않는다. 무엇보다 날씨는 복불복인 경우가 많다. 우기라고 해도 비 한 방울 내리지 않는 기간도 있고 건기에도 부슬부슬 가랑비가 내려 하루 종일 우산을 쓰고 다녀야 하는 경우도 있다.

베트남 기상청 www.nchmf.gov.vn
베트남 전국 날씨예보 www.accuweather.com/en/vn/vietnam-weather

## 베트남 북부

중남부 지역에 비해 날씨 변화가 크다. 건기에 해당하는 11~4월까지는 기온이 많이 떨어지고 습도도 낮아져 여행하기 좋다. 하지만 5월부터는 기온이 크게 올라가고 6월부터는 본격적인 우기에 접어들어 불쾌지수가 높아진다. 스콜과 열대야는 8월까지 이어지다가 9월부터 조금씩 가라앉는데 10월만 되도 견딜만하다. 12월과 1월은 기온이 10도까지 내려가기 때문에 이 시기에 여행할 때는 긴 소매 옷이 필요하다. 특히 고산지대인 싸파와 바람이 많이 부는 하롱베이는 몸이 웅크려질 정도로 싸늘하다.

| | |
|---|---|
| 하노이 | 겨울에 해당하는 12~3월까지는 아침 · 저녁으로 쌀쌀해 긴 소매 옷이 필요하지만 그 외에는 연중 습도가 높고 무덥다. 건기에도 부슬부슬 비가 내리는 날이 많다. |
| 하롱베이 | 안개가 많이 끼고 찬바람이 부는 겨울(12~3월)을 제외하면 대부분 여행하기 좋다. 물놀이에 적합한 옷과 수영복은 필수지만 겨울에는 수영복 대신 찬바람을 막아줄 따뜻한 옷을 챙기자. |
| 닌빈 | 베트남 여러 도시 가운데 강수량이 유난히 많은 지역이다. 그래서 연중 덥고 습하다. 하늘에는 항상 구름이 껴있어 맑은 하늘을 보기 어렵다. 부슬부슬 비가 내렸다 그치기를 반복하므로 가벼운 우산이나 우비를 챙기는 것이 좋다. |
| 싸파 | 고산지대인 만큼 연평균 기온이 낮아 시원하다. 다만 날씨가 변덕스럽다. 하늘에 구멍이 뚫린 것처럼 몇 시간씩 폭우가 쏟아지다가도 언제 그랬냐는 듯 맑은 하늘을 드러낸다. 한여름에도 아침 · 저녁으로는 서늘해서 얇은 겉옷이 필요하다. 건기인 3~5월과 추수철인 10~11월이 여행하기 가장 좋다. |

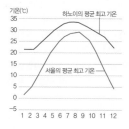

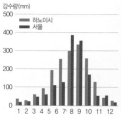

## 베트남 중부

베트남 남부보다 기온이 높아 무더운 지역이다. 3월부터 뜨거워지기 시작해 8월까지 38도에 가까운 폭염이 이어진다. 다행히 강수량이 많지 않아 습하지는 않다. 9월 중순부터 점차 강수량이 늘면서 기온도 조금씩 낮아진다. 해마다 차이를 보이지만 10~11월에는 태풍과 집중호우로 홍수나 침수 피해가 발생하기도 한다. 큰비를 만나지 않는다면 9월 말부터 4월 초까지가 여행하기 가장 좋다.

| 다낭<br>호이안<br>후에 | 다른 지역에 비해 강수량이 적어 연중 맑은 날씨가 이어진다. 태풍이나 집중호우 기간이 아니라면 어느 때라도 여행하기 좋다. 습도가 낮아 불쾌감은 확실히 덜하지만 햇볕이 강해 피부가 건조하고 따갑다. 선크림, 모자, 양산은 필수다. |
| --- | --- |

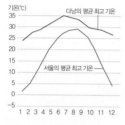

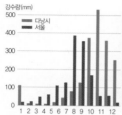

## 베트남 남부

전형적인 동남아 기후로 1년 내내 기온이 30도 안팎으로 무덥다. 4~5월이 가장 덥고 건조해서 길을 걸어 다니면 뜨겁다고 느껴질 정도. 본격적인 우기는 6월부터 시작되는데 30분 정도 거세게 내리다가 멈추는 스콜(망고 샤워)인 경우가 대부분이다. 10월부터는 강수량이 줄면서 기온도 낮아져 아침·저녁으로는 기분 좋게 걸어다닐 만하다. 12월~2월까지는 선선한 바람이 불어 여행하기 가장 좋다.

| 호찌민시<br>무이네 | 가장 무더운 4~5월을 제외하면 언제라도 여행하기 좋다. 스콜은 금방 내렸다 그치기 때문에 여행에 지장을 주지 않는다. 무이네는 바람이 많이 불고 건조해 호찌민시보다 덥지 않다. |
| --- | --- |
| 나짱 | 어느 때라도 여행하기 좋은 휴양 도시다. 아무래도 비가 자주 내리고 기온이 내려가는 12월~2월보다는 맑고 뜨거운 3~9월이 더 낫다. |
| 달랏 | 고산 도시인 만큼 1년 내내 맑고 서늘한 날씨를 자랑한다. 여름에도 아침·저녁으로 긴 옷이 필요할 정도로 선선하고 겨울에는 따뜻한 옷을 입어야 할 정도로 싸늘하다. 6~10월은 우기지만 오전에는 항상 맑고 화창하다. 주로 오후에 먹구름이 밀려오면서 비가 내리는 편. |
| 푸꿕 섬 | 푸꿕 섬을 방문하기 가장 좋은 때는 건기에 해당하는 11월에서 5월 사이다. 특히 4~5월은 가장 무덥지만 바다 풍광은 최고를 자랑한다. 여름휴가 시즌인 6~9월에는 비가 자주 내려 덥고 습하다. 구름이 많은 날에는 맑고 투명한 바다를 기대하기 어렵다. |

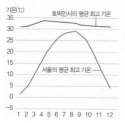

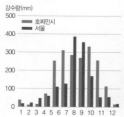

# 베트남 대표 여행지

남북으로 긴 나라인 만큼 지역별로 특색있는 여행지가 많다. 그 중에서도 아래의 17개 지역은 베트남을 대표하는 여행지로 널리 알려져 있다.

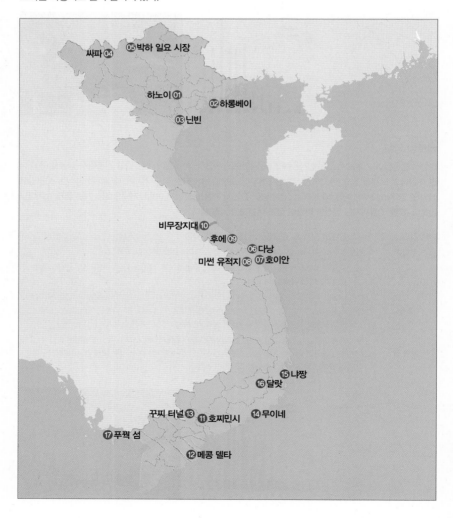

# 북부

**01 하노이** p.64
미식, 문화, 역사를 체험할 수 있는 베트남의 수도. 옛 정취가 많이 남아 있어 더 없이 매력적이다.
★유네스코 세계문화유산

**02 하롱베이** p.139
바다 위로 우뚝 솟은 1,969개의 바위산들이 진기한 풍광을 연출하는 세계적인 관광지.
★유네스코 세계문화유산

**03 닌빈** p.146
한 폭의 수묵화 같은 도시. 육지의 하롱베이라는 별명을 갖고 있다.
★유네스코 세계문화유산

**04 싸파** p.162
해발 1,650m에 자리한 고산족의 도시. 자연과 인간이 빚어낸 다랑논 마을의 풍광이 압권!

**05 박하 일요 시장** p.189
고산족 최대 규모의 전통 시장. 화려한 전통 의상을 입은 수백 명의 화몽족을 만나 볼 수 있다.

# 중부

**06 다낭** p.194
베트남 중부에서 샛별 같이 떠오르고 있는 휴양지. 개발이 많이 이뤄지지 않은 것이 최고의 매력!

**07 호이안** p.228
시간이 멈춘듯한 오래된 항구 도시. 옛 모습이 그대로 남아 있는 구시가가 무척이나 아름답다.
★유네스코 세계문화유산

**08 미썬 유적지** p.263
참파 왕국(192~1832)의 종교 중심지. 독특한 힌두교 사원군이 눈길을 끄는 곳.
★유네스코 세계문화유산

**09 후에** p.272
베트남 근현대사의 주무대가 되었던 도시. 마지막 봉건 왕조의 수도로 거대한 성채가 남아 있다.
★유네스코 세계문화유산

**10 비무장지대** p.311
베트남 전쟁의 피로 얼룩진 슬픈 역사의 현장. 남북 분단과 통일의 희비를 느낄 수 있는 곳.

# 남부

**11 호찌민시** p.318
베트남의 경제 수도. 굴곡진 역사의 한 가운데에 있었지만 지금은 밝고 세련된 대도시로 변신!

**12 메콩 델타** p.375
베트남 최고의 곡창지대. 길이 4,020km에 달하는 동남아시아 최대 규모의 메콩강이 흐른다.

**13 꾸찌 터널** p.379
베트남 독립을 위해 사람들이 파 내려간 거대한 땅굴. 길이가 무려 250km에 달한다.

**14 무이네** p.382
호찌민시에서 비교적 가까운 휴양지. 바다와 사막이 공존하는 독특한 풍광이 매력적이다.

**15 냐짱** p.404
베트남을 대표하는 최고의 휴양 도시. 동양의 나폴리, 베트남의 지중해로 불린다.

**16 달랏** p.434
프랑스인들이 개발한 고산 휴양지. 베트남 사람들의 신혼 여행지로 유명하다.

**17 푸꿕 섬** p.470
베트남의 몰디브라 불리는 청정 휴양섬. 호찌민시에서 비행기로 50분이면 도착!

# 여행 하이라이트 10

## ❶ 옛 정취 그대로 구시가

전통 모자(논), 낡은 집, 좁은 골목 등 베트남 하면 떠오르는 이미지들이 영화처럼 펼쳐지는 공간이다. 특히 하노이와 호이안의 구시가는 옛 정취가 고스란히 느껴져 여행자의 마음을 단숨에 사로잡는다. 그저 골목을 따라 걷는 것만으로도 과거를 여행하는 기분이 든다.

## ❷ 오토바이의 물결

베트남 사람들이 신체 일부처럼 아끼는 것이 바로 오토바이. 갓난아기 때부터 부모님 품에 안겨 오토바이를 타고 자라니 안방만큼 편한 공간이 오토바이 의자다. 좁은 골목 구석구석까지 들어갈 수 있지, 차 안 막히지 이보다 더 좋은 교통수단은 없기에 출퇴근, 등하교 시간이면 붐비지 않는 곳이 없다. 도로 위에 가득 찬 오토바이의 행렬이 강물처럼 자연스럽게 흐르는 듯 보인다.

### 03 아름다운 해변 휴양지

'베트남에 휴양지가?'하고 고개를 갸웃하는 이들이 분명 있을 터. 베트남은 국토의 한 면 전체가 남중국해를 향하고 있어 다낭, 호이안, 냐짱, 무이네 같은 아름다운 해변 휴양지가 많다. 맑고 깨끗한 바다와 고운 모래사장은 동남아 어느 휴양지와 비교해도 손색이 없다. 쉐라톤, 인터콘티넨탈, 하얏트 같은 고급 리조트들이 진출한지도 오래다.

### 04 자연이 선물한 풍광

베트남 곳곳에는 수천년에 걸쳐 형성된 신비로운 석회암 지형이 많다. 가장 대표적인 곳이 바로 하롱베이. 옥빛 바다 위에 불쑥불쑥 솟아 있는 기암괴석이 독특한 풍광을 자랑한다. 육지의 하롱베이라 불리는 땀꼭·짱안 역시 베트남 관광을 대표하는 세계적인 자연유산이다.

### 05 소수민족과의 만남

베트남에는 전통 의상을 입고 전통 생활 방식을 그대로 유지하며 살아가는 소수민족이 많다. 대부분 내륙·산간 지역에 거주하고 있는데 이들의 소중한 문화를 체험하기 위해 수많은 여행자가 먼 길을 마다치 않는다. 싸파의 다랑논과 박하에서 열리는 일요 시장이 압권이다.

## ⑥ 맛있는 음식

베트남 하면 쌀국수가 가장 먼저 떠오르겠지만, 현지에는
이보다 더 맛있는 음식들이 줄줄이 대기하고 있다. 대부분 음
식이 한국인 입맛에도 잘 맞아 미식 여행지로도 그만이다.
각 지역에서 유명한 명물 요리 또한 실로 다양해 숟가락,
젓가락을 놓을 틈이 없다.

## ⑦ 오래된 카페 문화

베트남 거리 곳곳에는 목욕탕 의자에 앉아 한가롭게 커피를
즐기는 사람들이 참으로 많다. 고산지대에서 직접 커피를 재
배하고 있어 언제라도 신선한 커피를 마실 수 있고 구수한 맛
과 향도 매력적이다. 천천히 내려서 먹는 방식 또한 맘에 쏙 든
다. 그야말로 오랜 세월 정착된 베트남만의 카페 문화인 것이다.

## ⑧ 맥주의 나라

베트남에서는 신선한 생맥주 '비아 허이'를 단돈 500원에 마실 수 있다. 해 질 무렵이면 목욕탕 의자에 앉아 시
원하고 구수한 맥주를 들이켜는 사람들로 북적인다. 사이공, 하노이, 후다, 라루 같은 메이드 인 베트남 맥주를
골라 마시는 재미도 놓칠 수
없다. 한마디로 맥주의 천국!

## 09 세계문화유산

938년 최초의 독립 왕조를 세우고 1,000년이 넘는 역사를 간직한 나라답게 세계
문화유산도 많다. 하노이의 탕롱 황성과 후에의 후에 황성, 호이안의
구시가, 미썬의 힌두 사원 유적지 등이 대표적이다.

## 10 세련된 도시미

동남아 어떤 나라보다 빠르게 성장하고 있는 베트남은 해가 갈수록 도시적인 면모를 갖추어 나가고 있다. 특히
경제수도 역할을 하는 호찌민시는 고층 빌딩과 세련된 도시 계획으로 여행자를 놀라게 한다. 시청 광장 옆으로
펼쳐지는 야경은 보너스!

## SIGHTSEEING 05

# 대표 휴양지 매력 분석

베트남을 대표하는 휴양 도시로는 다낭, 냐짱, 무이네, 푸꿕 섬 4곳을 꼽을 수 있다. 각 휴양지 별로 매력이 조금씩 다르니 비교해 보고 선택하자.

**다낭** 휴양지로 점점 발전하고 있는 도시다. 다낭으로 취항하는 항공편이 많이 생기면서 여행자들의 방문도 늘고 있다. 강을 중심으로 시내 중심가와 비치 구역이 나누어져 있어 비교적 조용한 편. 비치 라인이 아  름답고 모래사장이 넓어 휴식을 취하기 좋다. 현지인들이 더 많이 찾는다. p.194

**냐짱** 베트남을 대표하는 유명한 휴양 도시. 개발이 빨리 이뤄진 곳이라 여행자들을 위한 리조트와 편의시설 등이 매우 잘 갖추어져 있다. 비치 라인을 따라 산책로가 꾸며져 있고 해변 도로만 건너면 시내로 연결되어 여  행하기 편리하다. 전체적으로 세련된 분위기. 성수기 비수기 구분 없이 1년 내내 여행자들로 붐빈다. p.404

**무이네** 호찌민시에서 가까운 휴양지 중에 하나. 바닷가 마을을 끼고 발달한 곳이라 소박하고 정겨운 분위기가 살아 있다. 사막처럼 보이는 해안 사구가 발달해 있어 독특한 풍광을 자랑한다. 비치 바로 앞에 리조트들이 빼곡히 들어차 있다 보니 해안 도로나 일반 식당에서는 바다가 전혀 보이지 않는다. 비치 앞에 위치한 수영장 딸린 리조트를 선택하는 것이 팁! p.382

**푸꿕 섬** 베트남 남서쪽에 위치한 휴양섬. 개발이 시작된 지 얼마 되지 않아 다소 어수선하지만 사람들의 손을 많이 타지 않아 자연 그대로의 모습이 많이 남아 있다. 특히 속이 훤히 들여다보이는 맑고 투명한 바다가 여행자를 유혹한다. 때 묻지 않은 청정 자연과 저렴  한 물가, 순박한 현지인들 덕분에 나날이 인기가 높아지고 있다. p.470

| 구분 | 다낭 | 냐짱 | 무이네 | 푸꿕 섬 |
|---|---|---|---|---|
| 지역 | 중부 | 남부 | 남부 | 남부 |
| 분위기 | 조용한 | 세련된 | 소박한 | 자연스러운 |
| 경치 | ★★ | ★★★ | ★★ | ★★★ |
| 볼거리 | ★★ | ★★ | ★★ | ★ |
| 먹을거리 | ★★★ | ★★★ | ★ | ★ |
| 쇼핑 | ★ | ★ | ★ | ★ |
| 리조트 시설 | ★★ | ★★★ | ★★ | ★★★ |
| 적합도 | 가족 | 가족 | 연인 | 연인 |
| 개발 정도 | 개발 중 | 개발 완료 | 개발 완료 | 개발 중 |
| 교통수단 | 비행기/버스/기차 | 비행기/버스/기차 | 버스 | 비행기/페리 |
| 거리 | 하노이 · 호찌민시에서 비행기로 1시간 20분 | 호찌민시에서 비행기로 1시간 | 호찌민시에서 버스로 5시간 | 호찌민시에서 비행기로 50분 |

# 베트남 축제 캘린더

**1월** 1일 신정(공휴일)

**2월** 뗏 Tết(공휴일) 우리나라의 구정과 같이 베트남 최대의 명절. 보통 1~2월 사이에 있으며 연휴 기간도 5~7일로 길다.

**3월** 부온마투옷 커피 페스티벌 Buon Ma Thout Coffee Festival 베트남 최고의 커피 산지인 부온마투옷에 서 열리는 축제. 보통 3월 첫 주에 열린다.

**4월** 음력 3월 10일 훙브엉 기념일(공휴일)

띠엣탄믄 Tiết Thanh Minh 조상의 묘소를 방문하고 깨끗하게 청소하는 날. 음력 3월 5일에서 6일까지다.

후에 페스티벌 Hue Festival 짝수 해 4월에 열리는 후에의 대규모 문화 축제. 황성을 배경으로 전통 악 기 연주와 무용 등을 선보인다.

다낭 불꽃 축제 Danang Fireworks 매년 4월 마지막 주에 펼쳐지는 화려한 불꽃 축제. 베트남은 물론 미국, 호주, 폴란드 등지에서 참여한다.

4월 30일 베트남 통일 기념일(공휴일)

**5월** 5월 1일 노동절(공휴일)

퐁션 Phóng Sinh 잡혀 있는 새나 물고기를 놓아 주는 방생제. 석가 탄신일과 함께 행해지는 불교 행사다.

냐짱 씨 페스티벌 Nha Trang Sea Festival 5월 마지막 주에 열리는 냐짱의 대표 축제. 길거리에서 다 양한 전시와 공연이 진행된다.

**6월** 뗏도안응오 Tết Đoan Ngọ 음력 5월 5일에 열리는 작은 명절이다. 우리나라의 단오와 비슷하다.

**9월** 9월 2일 베트남 독립기념일(공휴일)

뗏쯩투 Tết Trung Thu 우리나라의 추석 같은 명절. 음력 8월 15일을 따르며 월병을 먹고 등불 축제를 연다. 특히 호이안에서는 3~5일 전부터 어린이들이 몰려 다니며 사자춤을 추고 북을 치는 모습을 쉽게 볼 수 있다.

**10월** 카마 페스티벌 CAMA Festival 하노이에서 열리는 대규모 뮤직 페스티벌. 젊은이들이 모여 흥겹게 춤추 고 노래하는 신나는 축제로 인기가 높다.

할로윈 Halloween 10월 31일 젊은이들이 즐기는 파티. 카페와 레스토랑, 펍, 클럽 등지에서 다양한 이 벤트가 열린다.

**12월** 크리스마스 Chirstmas 기독교 국가가 아님에도 불구하고 다양한 행사와 이벤트가 열려 축제같은 분위 기를 느낄 수 있다.

EATING 01

# 꼭 먹어봐야 할 음식 10

현지인들도 여행자들도 누구나 좋아하는 메뉴! 언제 먹어도 맛있는 베트남 최고의 음식 10가지를 소개한다.

### 01 퍼보 Phở Bò

베트남 하면 가장 먼저 떠오르는 소고기 쌀국수. 이제는 한국에서도 쉽게 맛볼 수 있는 음식이지만 베트남에서 오리지널의 맛을 음미해 보자. 북부는 담백한 맛을, 남부는 달고 자극적인 맛을 자랑한다.

### 02 분짜 Bún Chả

숯불에 구운 돼지고기 완자(Chả)를 하얀 쌀면(Bún)과 함께 먹는 음식. 채소를 곁들여 느억맘(피시소스)에 찍어 먹는다. 달짝지근하게 잘 구워진 돼지고기 맛과 향이 여행자의 미각과 후각을 동시에 사로잡는다.

### 03 껌땀 Cơm Tấm

손바닥 크기의 돼지고기를 숯불에 바짝 구운 다음 밥과 함께 먹는 음식. 볶은 채소와 계란을 얹혀준다. 간장 양념과 숯불 향이 베인 돼지고기 덕분에 남녀노소 누구나 한 그릇 뚝딱 비울 수 있다.

### 04 넴느엉 Nem Nướng

돼지고기를 갈아서 사탕수수 막대에 붙인 다음 석쇠에 구운 요리. 잘 익은 돼지고기 살을 떼어내 채소와 함께 라이스페이퍼에 싸서 먹는다. 느억맘(피시소스)을 곁들여 먹는데 쫄깃쫄깃 고소한 맛이 일품.

**TIP**

**도시별 명물 요리** 하노이▶p.108 호이안▶p.250 후에▶p.298

### 05 짜오똠 Chạo Tôm

넴느엉의 새우 버전. 새우살을 사탕수수 막대에 붙인 다음 구운 요리. 도톰한 새우살을 떼어내 채소와 함께 라이스페이퍼에 싸서 먹는다. 별다른 양념을 하지 않았는데도 간이 잘 맞고 식감도 쫀득해 인기가 많다.

### 06 고이꾸온 Gỏi Cuốn

우리에게 친숙한 월남쌈의 일종. 라이스페이퍼에 새우, 돼지고기, 채소, 허브 등을 넣고 돌돌 말아낸 음식이다. 신선하고 담백한 맛이 특징. 본격적인 식사에 앞서 애피타이저처럼 먹곤 한다.

### 07 짜조 Chả Giò

춘권 혹은 스프링롤이라고 불린다. 다진 돼지고기, 목이버섯, 당근, 달걀 등을 넣은 소를 라이스페이퍼에 돌돌 말아 튀겨낸 음식이다. 겉은 바삭하고 속은 부드러워 먹기 좋다. 고이꾸온처럼 식전에 즐겨 먹는다.

### 08 반미 Bánh Mì

프랑스의 영향을 받은 베트남식 바게트 샌드위치. 반으로 가른 빵을 살짝 구운 다음 고기, 햄, 채소 등을 넣어서 내준다. 숯불에 구운 양념 돼지고기가 들어간 반미팃느엉(Bánh Mì Thịt Nướng)이 가장 맛있다.

### 09 라우 Lẩu

베트남식 전골 요리. 더운 날씨에도 불구하고 펄펄 끓는 육수 앞에 앉아 채소, 고기, 해산물을 푸짐하게 넣어 먹는 모습이 샤부샤부와 비슷하다. 현지인들에게는 소울푸드라고 불릴 정도로 인기가 많다.

### 10 고이응오센 Gỏi Ngó Sen

베트남식 연근 샐러드. 채 친 연근과 새우, 돼지고기, 땅콩 등을 잘 섞어 담아 느억맘(피시소스)으로 드레싱한다. 연근 대신 그린 파파야를 넣은 고이두두(Gỏi Đu Đủ) 역시 매우 대중적이다.

BEST

EATING 02

# 잘 알려지지 않은 별미 10

여행자들에게 잘 알려지지 않았을 뿐, 한 번 맛보면 자꾸 생각나는 음식 10가지를 소개한다!

### 01 넴꾸어베 Nem Cua Bể
짜조의 일종으로 게살이 들어가는 것이 특징. 모양도 동그랗지 않고 네모 반듯하게 생겼다. 게살맛이 확연히 드러나는 음식은 아니지만 짜조와는 묘하게 다른 부드러운 식감을 느낄 수 있다.

### 02 반꾸온 Bánh Cuốn
연하고 묽은 쌀가루 반죽을 동그란 불 판 위에 부은 다음 익기 전에 돌돌 말아낸 음식. 속에는 돼지고기와 버섯을 다져 넣은 소가 약간 들어간다. 촉촉한 식감에 담백한 맛이 매력.

### 03 보느엉라롯 Bò Nướng Lá Lốt
다진 소고기에 양념을 한 다음 베텔잎(롯)에 돌돌 말아 구운 요리. 잎을 벗겨내지 않고 고기와 함께 먹기 때문에 식감이 좋다. 베텔잎의 은은한 향기가 거부감 없이 배어 있다. 짧게 보라롯이라고도 부른다.

### 04 분옥 Bún Ốc
하노이에서 흔히 볼 수 있는 우렁 쌀국수. 돼지 뼈와 양파, 토마토를 넣고 오래 끓인 육수에 국수를 말고 따로 삶아 놓은 우렁을 토핑처럼 올려 먹는다. 매콤, 시큼, 개운한 맛이 조화를 이룬다.

### 05 꾸어장메 Cua Rang Me

바삭하게 튀긴 게를 타마린드 소스에 볶은 요리. 일반 식당에서는 먹기 어렵고 중 · 고급 레스토랑에 가면 주문할 수 있다. 껍질까지 통째로 먹을 수 있는 소프트 쉘 크랩을 이용하는 경우도 많다.

### 06 봇찌엔 Bột Chiên

쌀떡을 튀기듯 구운 다음 달걀을 풀어 먹는 지짐이 같은 음식. 말랑말랑한 식감에 고소한 달걀 맛이 어우러진 간식이다. 채 친 당근과 무를 고명처럼 올려 느억맘에 찍어 먹는다. 남부 지방에서 즐겨 먹는다.

### 07 반봇록 Bánh Bột Lọc

타피오카 전분에 새우를 넣고 찐 떡이다. 말린 새우 냄새가 나면서 쫀득쫀득한 것이 특징. 보통 바나나 잎에 싸서 찌기 때문에 껍질을 벗겨 먹는다. 양이 적어 식사로는 부족하고 간식으로 먹기 좋다.

### 08 놈팃보코 Nộm Thịt Bò Khô

베트남식 육포 샐러드. 상큼한 파파야 샐러드 위에 검붉은 육포가 올라가 있다. 좀처럼 어울려 보이지 않는 조합이지만 맛을 보면 생각이 달라질 터. 맥주 안주로 그만이다. 남부에서는 썹썹(Xắp Xắp)으로 불린다.

### 09 반짱느엉 Bánh Tráng Nướng

피자 맛이 나는 간식. 숯불 위에 라이스페이퍼를 놓고 마요네즈와 달걀을 펴 발라 굽는다. 쪽파와 고춧가루로 마무리하기 때문에 살짝 매콤하며 부재료를 추가할 수도 있다. 유난히 달랏에서 즐겨 먹는다.

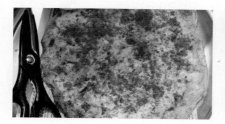

### 10 라우므엉싸오또이 Rau Muống Xào Tỏi

베트남 국민 반찬으로 불리는 공심채 볶음. 센 불에 빠르게 볶아내 색이 곱고 씹는 맛도 좋다. 특별한 양념 없이 소금과 마늘만으로 간을 하기 때문에 담백하니 맛있다. 국수보다는 밥 메뉴에 잘 어울린다.

© Andy Wright

EATING 03

# 강력 추천 심쿵 디저트 5

무더운 날씨 때문일까. 베트남에는 커피와 차 외에도 달달하고 시원한 디저트가 무궁무진하다. 여러 메뉴 가운데서도 입에 대는 순간 심쿵하는 궁극의 디저트 5가지를 꼽아봤다.

**01 신또 Sinh Tố**
과일, 연유, 우유, 얼음을 넣고 갈아 만든 시원한 음료. 스무디나 밀크 셰이크와 비슷하지만 모양과 맛이 2% 다르다. 과일은 아보카도, 망고, 커스터드 애플, 파파야, 두리안 등 원하는 것을 고를 수 있다. 가격도 20,000~30,000VND로 저렴하다.

**02 쩨텁껌 Chè Thập Cẩm**
쩨는 고소하고 시원한 베트남식 디저트로 코코넛밀크와 얼음을 넣은 컵 안에 콩, 팥, 연꽃씨앗, 타로, 젤리 등을 넣어 마신다. 텁껌은 혼합(Mix)라는 뜻으로 여러 가지 재료를 다 넣는 스타일. 길거리에서 파는 것은 너무 달아 호불호가 갈린다. 하노이의 꽌 안응온이나 호찌민시의 냐항 응온의 쩨텁껌이 제일 맛있다.

**03 호아꽈아염 Hoa Quả Dầm**
망고, 잭프룻, 롱간, 리치, 수박 등을 골고루 넣고 그 위에 요거트를 뿌려주는 과일 샐러드. 다양한 열대 과일을 한꺼번에 맛볼 수 있는 장점이 있다. 요거트는 달짝지근한 편. 집집마다 사용하는 과일 종류와 모양이 달라서 재밌다.

**04 쩨타이 Chè Thái**
여러 가지 쩨 가운데 하나. 빨강, 노랑, 초록 색깔이 골고루 섞여 있는 것이 특징이다. 워터체스트넛(마름)을 삶아 붉게 물들이고 잭프룻을 넣어 노란색을 더했다. 말캉말캉한 초록 젤리와 하얀 람부탄 과육을 넣어 씹는 맛이 좋다. 두리안 페이스트(Sầu Riêng)를 추가해서 마실 수도 있다. 고소하고 부드럽다.

**05 라우꺼우짜이즈어 Rau Câu Trái Dừa**
코코넛젤리라고 불리는 디저트. 코코넛 속에는 투명한 과즙 대신 부드럽고 뽀얀 속살이 가득 차 있다. 코코넛 과즙을 이용해 만든 푸딩 같은 젤리다. 많이 달지 않으면서도 코코넛 특유의 고소함을 느낄 수 있다.

# 베트남 맥주 열전

베트남은 맥주의 천국이다. 동남아시아에서 맥주 소비국 1위를 달리고 있으며 아시아 전체에서도 3위에 해당할 정도로 맥주 소비량이 많다. 그날그날 만들어내는 신선한 맥주 비아 허이를 비롯해 베트남 브랜드 병맥주까지 종류도 가지가지. 베트남 맥주는 연하고 가벼운 맛을 띠지만 청량감이 뛰어나고 베트남 음식과도 궁합이 잘 맞는다. 무더운 여름밤, 시원한 맥주 한 잔이면 여행의 피로가 싹 가시고 흥이 절로 돋는다.

## 비아 허이

비아 허이(Bia Hơi)는 베트남식 생맥주로, 길거리 노점에 앉아 편안하게 마신다. 비아 허이는 당일 생산한 맥주라 신선한 맛이 특징. 한 잔에 5,000~10,000VND으로 저렴하고 도수도 낮아 갈증을 풀어주는 음료수 같다. 수많은 사람이 목욕탕 의자에 모여 앉아 맥주를 마시는 모습이 장관. 그들과 어울려 한잔 하는 재미도 남다르다. 물론 낮술도 대환영이다.

## 안주는 넴쭈아잔이 진리!

비아 허이 한 잔과 함께 꼭 먹어야 할 안주는 넴쭈아잔(Nem Chua Rán). 돼지고기 튀김 요리로 얼핏 보면 돈가스처럼 생겼는데 쫄깃하고 고소한 맛이 일품!

## 다양한 맥주들

모두 가벼운 라거 맥주라 맛과 향의 차이가 확연하지는 않지만 나름의 매력을 느낄 수 있다. 지역별로 선호하는 맥주도 조금씩 달라 베트남 전체를 돌아보는 여행자라면 맥주 마시는 재미를 느껴볼 수 있다. 하노이 비어와 333은 북부에서 많이 볼 수 있고 후다 비어는 후에 사람들에게 특별히 사랑받고 있다. 사이공 맥주는 남부 사람들이 즐겨 마시는 맥주다. 가격은 브랜드마다 다르지만 8,800~12,500VND 안팎으로 매우 저렴하다.

| 하노이 Hanoi | 바바바 333 | 라우 Lau | 후다 Huda | 사이공 그린 Saigon G | 사이공 레드 Saigon R |
|---|---|---|---|---|---|
| 330ml 캔 기준 9,400VND | | 330ml 캔 기준 8,800VND | | 330ml 캔 기준 12,500VND | |
| 북부 | | 중부 | | 남부 | |

EATING 05

# 중독성 있는 베트남 커피와 차

이른 아침부터 늦은 밤까지 언제나 함께 하는 커피와 차는 베트남 현지인들의 생활 음료!
목욕탕 의자 하나만 있으면 그곳이 바로 카페가 된다.

### 아라비카 아니고 로부스타

베트남 커피는 평소에 마시던 커피와는 달리 구수하고 진한 맛이 난다. 이유는 커피 나무가 완전히 다르기 때문. 베트남에서 재배하는 대부분의 커피는 로부스타종이다. 일반적인 아라비카종은 소량만 재배하고 있어 유통량이 많지 않다. 로부스타 커피 수출량과 내수 소비량이 어마어마해 언제라도 신선한 커피를 마실 수 있는 것이 장점.

### 커피핀으로 내려 마셔요

베트남 사람들은 에스프레소 머신 대신 은색 커피핀으로 커피를 내려 마신다. 그래서 낭만과 운치가 남아 있다. 촘촘한 구멍이 뚫린 커피핀 안에 그라인드한 커피 가루를 넣고 뜨거운 물을 붓기만 하면 된다. 분주한 도심 한가운데서도 천천히 내려오는 커피를 보고 있노라면 마음까지 느긋해진다.

## 대표 커피 메뉴 5가지

베트남에서는 아메리카노, 카페라테, 카푸치노 같은 커피 메뉴가 흔치 않다. 현지인들이
즐겨 마시는 커피를 두루 시음해 보고 자신에게 맞는 커피 스타일을 찾아보자!

### 01 카페 다 Cà Phê Đá

아이스 블랙커피. 블랙커피라고는 하지만 단맛이 살짝 도는 것이 특징이다. 진짜
블랙커피를 마시고 싶다면 주문하기 전에 미리 'No Sugar'라고 말해야 한다. 보통
진한 커피가 소량으로 담긴 잔과 얼음을 따로 내준다. 커피잔에 얼음을 적당히 넣어
천천히 녹인 다음 마신다.

### 02 카페 쓰어다 Cà Phê Sữa Đá

연유가 들어간 아이스 커피. 커피 잔 아래에 연유를
1~2cm가량 붓고 그 위에 커피와 얼음을 넣어서 내준
다. 스푼으로 바닥까지 잘 저으면 밝은 갈색으로 변한다.
연유가 들어가 달달하고 얼음 덕분에 시원하다. 여행자들
에게 가장 인기가 많은 커피다.

### 03 카페 덴농 Cà Phê Đen Nóng

커피핀으로 내린 뜨거운 블랙커피. 양이 적고 진해서 흡사 에스프레소 같은 느낌이다. 여행자들은 뜨거운 물을
달라고 해서 섞어 마시기도 한다.

### 04 카페 쓰어농 Cà Phê Sữa Nóng

연유가 들어간 뜨거운 커피. 연유가 깔린 커피 잔 위에 커피핀을 얹혀 내주는 경우가 많다. 커피가 다 내려오면
스푼으로 잘 저어서 마시면 된다.

### 05 카페 쯩 Cà Phê Trứng

에그 커피라고 불린다. 달걀노른자에 바닐라 시럽을 넣고 핸드 믹
서로 곱게 간 크림을 사용하기 때문에 붙은 이름이다. 따뜻하게
데워진 커피잔에 달걀 크림을 가득 넣고 그 위에 진하고 뜨거운
커피를 부어 내준다. 부드러운 크림 사이로 진한 커피 맛이 느껴
지는 독특한 커피.

### 3대 프랜차이즈 카페

#### ⓞ① 하이랜드 커피 High Lands Coffee

베트남 사람들이 가장 좋아하는 카페. 커피 외에도 다양한 종류의 차
와 디저트를 판매한다. 슈퍼나 마트에서도 하이랜드표 원두커피, 캔
커피, 인스턴트커피를 구입할 수 있다.

#### ⓞ② 쯩응우옌 커피 Trung Nguyen Coffee

G7 커피로 더 유명한 커피 브랜
드. 베트남에서 가장 큰 규모의
커피 그룹으로 다양한 사업을 운
영한다. 1996년 베트남 커피산지
부온마투옷에서 시작해 베트남
전역에 카페가 퍼져있다.

#### ⓞ③ 꽁 카페 Cộng Cà Phê

베트남 북부, 중부, 남부에 골고루 포진해 있는 멋스러운 카페 브랜드. 밀리터리 컨셉으로 꾸며진 인테리어가
눈길을 사로잡는다. 군복 테마의 외벽과 빨간 간판, 빈티지한 소품이 어우러져 독특한 분위기를 자아낸다. 이곳
에서는 베트남 특유의 구수한 커피 대신 코코넛 커피나 요거트 커피를 주문해 보자. 호기심을 자극하는 메뉴로
색다른 경험을 해볼 수 있다.

### 보리차 같은 음료 짜다

짜다(Trà Đá)는 현지인들이 더위와 갈증을 해소하기 위해 마시는 대중적인 음료.
맥주잔에 얼음과 찻물을 담아 내준다. 길거리 곳곳에서 짜다를 마시는 사람들을 쉽
게 볼 수 있다. 가격도 2,000VND(한화 100원)으로 저렴하다. 서민 식당이나 여행자
식당에서도 물 대신 주문할 수 있는 만만한 음료다. 입안이 깔끔하고 개운해져서 식
사할 때 함께 마시기 좋다.

# 하노이 옛날 카페 BEST 3

### 카페 럼 Café Lâm

1949년에 문을 열어 60년이 넘는 세월을 버텨온 오래된 카페다. 가난했던 화가들이 자신들의 그림을 맡기고 커피를 마셨다고 전해진다. 당시 미술 관계자들이 국립 미술관으로 가지 않고 카페 럼을 먼저 찾았을 정도로 수많은 작가의 그림이 모여 있었다고 한다. 본점은 같은 거리 60번지에 있지만 분위기는 91번지가 좋다. 자세히 보기 ▶ p.117

### 카페 장 Café Giàng

에그 커피를 파는 카페들이 많이 있지만 그중에서 가장 맛있기로 유명한 곳이다. 카페 장 역시 하노이에서 제법 오래된 카페로 좁은 골목 안에 아지트처럼 숨어 있다. 누가 알려주지 않는다면 좀처럼 찾아가기 어려운 곳에 자리하고 있다. 아담하고 정겨운 분위기가 매력이지만 에어컨이 없어 한낮에는 매우 덥다. 자세히 보기 ▶ p.117

### 카페 포꼬 Cafe Phố Cổ

옥상 테라스에서 호안끼엠 호수가 내려다보이는 카페다. 바로 앞에 낮은 건물이 하나 더 있어서 탁 트인 전망을 기대할 수는 없지만 응옥썬 사당과 호수 전경이 잘 보인다. 골목 깊숙이 들어가야 얼굴을 보여주는 곳인지라 호젓한 분위기를 만끽할 수 있다는 것도 큰 장점. 에그 커피 카페 쓰어를 비롯해 다양한 음료를 골라 마실 수 있다. 자세히 보기 ▶ p.118

EATING 07

# 호찌민시 스타일리시 카페 BEST 3

### 뤼진 L'Usine

호찌민시에서 가장 힙한 플레이스 중 하나. 프랑스어로 공장이라는 뜻을 가진 편집숍이자 카페다. 세련된 인테리어와 다채로운 음식 메뉴를 보고 있노라면 이

곳이 호찌민시인지 서울인지 구분이 되지 않을 정도. 마리아주 프레르 티, 에스프레소, 아메리카노 등의 음료도 기대만큼 잘 나오고 그릭 샐러드, 오믈렛, 크로크무슈, 샌드위치, 파스타, 라자냐 같은 라이트 밀도 제대로 요리한다. 동커이 거리 151번지(2층)에도 지점이 있다. 자세히 보기 ▶ p.351

### 벙쿠엉 카페 Bâng Khuâng Café

호찌민시 구석구석에는 아지트 삼고 싶은 아담한 카페들이 참 많다. 그중에서도 벙쿠엉 카페는 기분이 가라앉았거나 비가 내릴 때 찾기 좋은 곳이다. 이곳에 들어서는 순간 아늑한 공간으로부터 위로를 받는 느낌이 들기 때문. 은은한 조명과 이국적인 식물 화분이 편안한 분위기를 연출하며 빈지티한 테이블과 의자 또한 멋스럽다. 자세히 보기 ▶ p.356

### 워크숍 The Workshop

쇼핑의 거리 동커이와 잘 어울리는 세련된 커피 전문점. 달랏에서 재배한 아라비카 원두를 포함해 다양한 품종의 원두를 드립 커피로 마실 수 있다. 카페 중앙에서 바리스타들이 열심히

커피를 내리고 있어 워크숍이라는 이름이 잘 어울린다. 드립 커피 외에도 에스프레소, 아메리카노, 카페 라테 등의 커피도 마실 수 있다. 단, 케이크와 디저트는 평범하다.

위치 동커이 거리에 있는 그랜드 호텔 대각선 맞은편 3층 주소 3F, 27 Ngô Đức Kế 오픈 08:00~21:00 요금 커피 65,000~75,000VND, 케이크 50,000~60,000VND 전화 28-3824-6801 지도 MAP 18 ⑤

# 메뉴판 파헤치기

### 주문하기 쉬워요!

베트남 음식점 대부분은 여행자를 위한 영어 메뉴판을 준비하고 있다. 베트남어로 표기된 메뉴판일지라도 하단에는 재료와 조리법이 영어로 명시되어 있어 베트남어를 잘 알지 못해도 주문하기 쉬운 편이다.

### 메뉴 해석법

메뉴판의 베트남어 표기는 얼핏 보면 어려워 보이지만 간단하다. 주재료에 따라 메뉴가 구분되어 있으며 조리법과 양념이 표기되어 있다. 아래의 표를 참고하면 어떤 음식인지 예상할 수 있으며 이를 응용해서 원하는 요리를 주문할 수도 있다.

| 주재료 | | 조리법 / 양념 |
|---|---|---|
| 소고기 Bò [보] | 꼬막 Sò Huyết [셔휘엣] | 말이 Cuốn [꾸온] |
| 돼지고기 Heo [헤오] | 달걀 Trứng [쯩] | 쌈 Gói [고이] |
| 닭고기 Gà [가] | 모닝글로리 Rau Muống [자우므엉] | 샐러드 무침 Gỏi [고이] |
| 오리고기 Vịt [빗] | 연근 Ngó Sen [응오센] | 구이 Nướng [느엉] |
| 해산물 Hải Sản [하이싼] | 빵 Bánh Mì [반미] | 조림 Kho [코] |
| 생선 Cá [까] | 쌀국수 Phở / Bún [퍼/분] | 튀김 Rán / Chiên [잔/찌엔] |
| 새우 Tôm [똠] | 국수(면) Mì / Miến [미/미엔] | 볶음 Xào / Chiên [싸오/찌엔] |
| 게 Cua (Gạch) [꾸어] | 밥 Cơm [껌] | 양념 볶음 Rang [랑] |
| 게 집게발 Càng Cua [깡꾸어] | 흰밥 Cơm Trắng [껌짱] | 찜 Hấp [헙] |
| 오징어 Mực [믁] | 찰밥 Xôi [쏘이] | 소금 Muoi [무오이] |
| 모시 조개 Chíp Chíp [찝찝] | 죽 Cháo [짜오] | 타마린느 Me [메] |
| 우렁 Ốc [옥] | 전골(국) Lẩu [라우] | 마늘 Tỏi [또이] |

### [예시]

Rau Muống + Xào + Tỏi ▶ 모닝글로리에 마늘을 가미해 볶은 요리

Gỏi + Ngó Sen ▶ 연근 무침(샐러드)

Cua + Rang + Me ▶ 달짝지근한 타마린느 소스로 양념한 게 요리

Mì + Xào + Hải Sản ▶ 해산물 볶음면

Cơm + Chiên + Trứng ▶ 계란 볶음밥

Cá + Kho ▶ 생선 조림(스튜)

## SHOPPING 01

# 베스트 쇼핑 아이템

흔하디 흔한 커피믹스나 양념소스는 그만! 조잡한 싸구려 기념품도 그만! 베트남에도 질 좋고 선물하기 좋은 아이템이 생각보다 많다. 잘 샀다고 칭찬받을 장식품, 먹거리, 패션 아이템을 소개하니 두 눈 크게 뜨고 체크하시라.

● **페바 초콜릿** p.130, 223
베트남 남부에서 재배하는 카카오 열매로 만든 고급스러운 베트남표 초콜릿
6개입 50,000VND, 24개입 160,000VND

● **코코 시크릿** p.222
천연 밀랍인 비즈왁스와 코코넛 오일이 믹스된 크림과 립밤. 최고의 뷰티 아이템으로 인정!
20,000~40,000VND

● **그림 종이 차** p.258
베트남 사람들을 형상화한 그림 종이로 센스있게 만든 4가지맛 티백 세트
95,000VND

● **베트남 테디베어** p.132
세모꼴 논 모자를 쓰고 전통의상을 입고 있는 귀여운 장식 인형
300,000~385,000VND

● **마스크**
오토바이 매연을 피하기 위해 쓰이지만 한국인에게는 방한용 아이템으로 딱! 입체 디자인으로 답답하지 않은 것이 특징. 재래시장에서 구입 가능!
10,000VND

### 소수민족 인형 p.133

싸파 고산족의 화려한 면모를 그대로 담고 있는 인형. 디테일이 살아있어 고급 장식품으로 그만이다.

550,000VND

### 랑팜 아티초크 p.466

소화불량, 위통 등 소화기관이 약한 분들에게 딱 좋은 달랏의 천연건강식품.

티 31,000VND, 진액 129,000VND

### 다낭 머그잔 p.222

다낭을 두고두고 추억할 수 있는 아기자기한 아이템

125,000VND

### 방달랏 p.465

베트남 고산지대 달랏에서 재배한 포도로 만든 베트남表 와인. 일반 마트에서도 구입 가능!

70,000~80,000VND

### 징코 티셔츠

p.131, 367

위트 있는 그림이 돋보이는 세련된 패션 아이템. 원단도 좋다.

10,000~500,000VND

### 네스카페 카페 쓰어다

로부스타 커피가 별로인 당신을 위한 특급 아이템. 아이스로 마시면 환상적인 맛을 내는 스틱형 커피.

44,000VND

### 푸꿕 섬 후추 p.483

요리를 좋아하는 여행자라면 꼭 구입하시길! 신선한 통후추의 알싸한 맛이 제대로다. 일반 마트에서도 구입 가능!

20,000~30,000VND

### 커피핀

집에서 간편하게 커피를 내려 먹고 싶을 때 언제든지 사용할 수 있는 실용 아이템.

5,000~10,000VND

# SHOPPING 02

# 커피 잘 고르기

베트남은 커피 소비량이 많고 유통도 빠른 편이라 언제라도 신선한 커피를 구입할 수 있다. 거리 곳곳에서 크고 작은 커피 상점을 볼 수 있는데 저마다 거래하는 커피 농장과 로스팅 스타일이 달라 상점마다 다른 커피를 팔고 있다고 봐야 한다. 커피 가격은 종류에 따라 조금씩 다른데 250g 기준 125,000~200,000VND 정도. 500g이나 1kg 단위로 구매하면 더 저렴하다.

### 체크 리스트

1. 날씨가 덥기 때문에 그라인드(볶은 뒤 분쇄한 가루 상태)보다는 홀빈(볶은 뒤 분쇄하지 않은 상태)으로 구입하는 것이 더 좋다.
2. 로스팅한 날짜와 그라인딩한 날짜가 중요하다. 구입하기 전 봉투에 쓰인 날짜를 확인하거나 물어보는 것이 좋다.
3. 쿨리(Culi)는 피베리(원두가 하나로 되어있음)를 볶아서 만든 커피다. 다른 커피에 비해 신맛이 강한 편. 귀한 원두인 만큼 가격대가 높다.
4. 아라비카와 모카커피도 나쁘지 않지만 로부스타 커피에 비해 재배 면적이 작고 재배 기술이 낮아 높은 퀄리티를 기대할 수는 없다.
5. 부온마투옷(Buôn Ma Thuột)이라는 이름이 붙은 로부스타 커피가 있다면 구입해 보자. 베트남 최대 커피 생산 도시 부온마투옷에서 재배되는 질 좋은 커피로 유명하다.

> **TIP**
>
> ### 루왁&위즐 커피, 사지 마세요!
> 루왁 커피는 사향 고양이의 배설물에서 커피(원두)를 채취하여 가공하는 커피다. 위즐 커피는 사향 고양이 대신 족제비에게서 나온다. 맛과 풍미가 뛰어나 고급 커피로 알려지면서 수요가 늘어지는데 열악한 환경에서 동물을 키워 얻어내고 있는 실정. 특히 베트남에서 거래되고 있는 루왁 커피와 위즐 커피는 진위를 확인하기 어렵다.

# 도시 간 교통수단

## 오픈투어버스

오픈투어버스(Open Tour Bus)는 여행사나 버스 회사에서 운행하는 사설 버스다. 베트남 주요 도시를 연결하고 있어 편리하게 이동할 수 있다. 과거 공산국가였던 베트남은 외국인과 내국인의 차별이 심해 외국인 여행자들이 대중교통을 이용하기 어려웠다. 기차와 버스 시설이 열악한데도 불구하고 외국인에게만 높은 요금 부과했기 때문. 그래서 여행자 거리에 여행자를 위한 버스들이 생겨났고 그것이 오늘날 오픈투어버스의 시초가 되었다. 지금은 여행자뿐만 아니라 베트남 현지인들도 이용할 만큼 대중적인 교통수단이 되었다.

## 특징

1. 여행자 거리에 있는 여행사, 호텔, 버스 회사에서 쉽게 예약 · 구입할 수 있다.
2. 버스터미널이나 역까지 갈 필요 없이 호텔이나 여행사 앞에서 타고 내릴 수 있다.
3. 대부분 다리를 뻗고 누울 수 있는 침대 버스라 편안하다.
4. 비행기와 기차에 비해 요금이 매우 저렴하고 노선이 다양하다.

## 주요 버스 브랜드

여행자 거리에서 쉽게 볼 수 있는 버스는 아래와 같다. 버스 시설은 큰 차이 없이 대동소이하다.

| 브랜드 | 홈피 | 특징 |
|---|---|---|
| 신 투어리스트 Sinh Tourist | www.thesinhtourist.vn | 전국망 보유/온라인 예약가능 |
| 프엉짱 Phuong Trang | www.futabus.vn | 남부 지역 스케줄 다양 |
| 땀한 Tam Hanh | www.tamhanhtravel.com | 남부 지역 중심 운행 |
| 흥탄 Hung Thanh | hungthanhtravel.com.vn | 중 · 북부 지역 중심 운행 |

## 운행 스케줄 및 요금

운행 도시와 출발 시간, 요금은 조금씩 차이가 있지만 대체로 비슷비슷하다. 아래는 전국망을 보유하고 있는 신 투어리스트를 기준으로 한다.

| 운행 도시 | 출발 시간 | 소요시간 | 편도 요금 |
|---|---|---|---|
| 하노이→싸파 | 06:30, 07:30, 22:00 | 6시간 | 299,000~349,000VND |
| 하노이→후에 | 18:00~19:00 | 14시간 30분 | 119,000~249,000VND |
| 후에→다낭 | 08:00, 13:15 | 3시간 | 99,000~119,000VND |
| 다낭→호이안 | 10:30, 15:30 | 1시간 30분 | 79,000~99,000VND |
| 호이안→냐짱 | 18:15 | 12시간 45분 | 119,000~249,000VND |
| 냐짱→달랏 | 07:30, 13:00 | 4시간 | |
| 달랏→무이네 | 07:30, 13:00 | 4시간 | 99,000~119,000VND |
| 무이네→호찌민시 | 07:15, 14:00, 20:00 | 5시간 | |

## 오픈 티켓

날짜를 지정하지 않고 여행 기간과 여행할 도시만 정해서 쓸 수 있는 티켓이다. 도시 구간별로 따로 구입하는 것보다 저렴해서 베트남 남북을 종단하는 장기 여행자들이 애용한다. 도시를 떠나기 1~2일 전 여행사에 들러 차편을 미리 체크 받으면 된다. 베트남 주요 도시에 지점을 둔 신 투어리스트가 가장 안전하고 편리하다.

## 기차

베트남은 전국 주요 도시를 연결하는 기차편이 잘 갖추어져 있다. 오픈투어버스에 비해 요금이 높아 여행자들이 자주 이용하지는 않는다. 하지만 현지인의 이용도는 높아서 여름 휴가철이나 명절, 연말에는 예약을 하는 것이 좋다. 참고로 호찌민시의 기차역은 호찌민시 역이라 하지 않고 과거 지역명을 그대로 사용하여 사이공 역(Ga Sài Gòn)이라고 한다.

## 열차 종류

베트남 북부-중부-남부를 잇는 통일 열차(Đường Sắt Thống Nhất)가 가장 대중적이다. 베트남 남북을 하루 6회나 오간다. 베트남 북부 여행 시에는 하노이-라오까이(싸파) 노선과 하노이-닌빈 노선을 이용할 수 있다.

| 운행 도시 | 편명 표기 | 가장 빠른 열차 | |
|---|---|---|---|
| | | 편명 | 소요시간 |
| 하노이→호찌민시 | SE1, SE3, SE5 처럼 홀수 | SE3 | 31시간 30분 |
| 호찌민사→하노이 | SE2, SE4, SE6 처럼 짝수 | SE4 | |

## 좌석 구분

열차 내 좌석은 크게 좌석칸과 침대칸으로 나뉜다. 의자와 침대의 상태에 따라 딱딱한 하드와 푹신한 소프트로 구분된다. 침대칸은 하드 버트와 소프트 버트라고 부르는데 장거리 여행 시에도 하드 버트가 전혀 불편하지 않으니 예약 시 참고하자. 반면 좌석칸은 돈을 조금 더 주더라도 소프트 시트를 이용하자. 하드 시트는 덥고 지저분해서 불쾌감을 느끼기 쉽다.

| 명칭 | 베트남어 표기 | 설명 |
|---|---|---|
| 하드 시트 Hard Seat | Ngồi Cứng | 딱딱한 나무 의자, 선풍기, 좌석 비지정 |
| 소프트 시트 Soft Seat | Ngồi Mềm | 푹신한 의자, 에어컨, 좌석 지정 |
| 하드 버트 Hard Berth | Nằm Cứng | 6인실 침대, 상중하 구조, 얇은 매트리스 |
| 소프트 버트 Soft Berth | Nằm Mềm | 4인실 침대, 상하 구조, 푹신한 침구 |

## 운행 스케줄 및 요금

예약 시기와 날짜에 따라 요금에 차등이 많다. 공식 홈페이지(www.dsvn.vn)를 꼭 확인하자.

| 운행 도시 | 소요시간 | 편도 요금 |
|---|---|---|
| 하노이→라오까이 | 야간열차 SP1/SP3 기준 8시간 | 침대칸 기준 265,000~385,000VND |
| 하노이→닌빈 | SE7/SE5 기준 2시간 20분 | 좌석칸 기준 54,000~111,000VND |
| 하노이→후에 | 야간열차 SE3 기준 12시간 30분 | 침대칸 기준 586,000~833,000VND |
| 후에→다낭 | SE1 기준 2시간 30분 | 좌석칸 기준 78,000~106,000VND |
| 다낭→나짱 | SE7 기준 9시간 20분 | 침대칸 기준 443,000~587,000VND |
| 나짱→호찌민시 | 야간열차 SE3 기준 7시간 10분 | 침대칸 기준 351,000~508,000VND |

## 기차표 예약 · 구입

역 내 창구로 가서 직접 표를 구입할 수도 있고 공식 홈페이지(www.dsvn.vn)를 통해 온라인 예매도 가능하다. 여행자 거리에 있는 여행사나 호텔에서는 소정의 수수료를 받고 예약 · 구입을 도와준다.

> **TIP**
> ### 온라인 예매 시 주의사항
> 1. 베트남 철도(Đường Sắt Việt Nam) 공식 홈페이지를 통해서 예매할 때는 시간 제한이 있다. 5분 안에 주요 정보를 입력하고 1시간 이내에 결제를 마쳐야 한다. 이 과정에서 문제가 발생하면 이메일을 보내 취소 · 환불을 요청하는 절차를 밟아야 한다.
> 2. 베트남 철도 사이트 검색 시 공식 홈페이지를 가장한 유사 사이트가 많이 나온다. 여행사에서 운영하는 사이트이므로 공식 요금에 수수료가 더해져 원래 요금보다 비싸다.

## 비행기

베트남은 남북으로 긴 지형적 특성 때문에 비행기 이용객이 많은 편이다. 베트남항공 외에도 비엣젯이나 젯스타 같은 저가 항공이 활발하게 운항하고 있어 편리하다. 예약을 미리 하거나 시간대를 잘 선택하면 저렴한 요금으로 이용할 수 있어 일정이 짧은 여행자들에게 적극 추천한다.

## 주요 항공사

베트남 국내를 오갈 때는 다음 세 항공사를 이용한다. 가장 안정적인 항공사는 베트남항공이지만 비엣젯을 이용하는 여행자도 매우 많다.

| 구분 | 브랜드 | 홈피 |
|---|---|---|
| 대표 항공사 | 베트남항공 | www.vietnamairlines.com |
| 저가 항공사 | 비엣젯 | www.vietjetair.com |
|  | 젯스타 | www.jetstar.com |

## 소요시간 및 요금

세 항공사가 운항하는 도시는 하노이, 후에, 다낭, 냐짱, 달랏, 호찌민시, 푸꿕 섬 등으로 매우 다양하다. 아래의 표에서는 하노이와 호찌민시에서 출발하는 일부 노선만 표기한다.

| 주요 운항 도시 | 소요시간 | 편도 요금 | |
|---|---|---|---|
|  |  | 베트남항공 | 비엣젯 |
| 하노이 → 호찌민시 | 2시간 10분 | 1,150,000~2,250,000VND | 900,000~1,140,000VND |
| 하노이 → 다낭 | 1시간 20분 | 1,000,000~2,050,000VND | 840,000~1,640,000VND |
| 하노이 → 냐짱 | 1시간 45분 | 1,550,000~2,870,000VND | 900,000~3,000,000VND |
| 하노이 → 달랏 | 1시간 50분 | 1,550,000~2,870,000VND | 600,000~900,000VND |
| 하노이 → 푸꿕 섬 | 2시간 5분 | 2,100,000~3,070,000VND | 1,580,000~2,080,000VND |
| 호찌민시 → 후에 | 1시간 20분 | 799,000~2,050,000VND | 580,000~840,000VND |
| 호찌민시 → 다낭 | 1시간 20분 | 1,200,000~2,050,000VND | 750,000~1,340,000VND |
| 호찌민시 → 냐짱 | 1시간 5분 | 900,000~1,550,000VND | 580,000~840,000VND |
| 호찌민시 → 달랏 | 50분 | 600,000~1,550,000VND | 480,000~640,000VND |
| 호찌민시 → 푸꿕 섬 | 55분 | 900,000~1,550,000VND | 660,000~1,020,000VND |

> **TIP**
>
> 1. 저가 항공의 경우 30~50분 정도 지연 출발하는 일이 잦다. 이 점을 고려해서 여행 일정을 짜도록 하자.
> 2. 갑작스러운 기상 변화 혹은 기체 결함으로 운항 스케줄이 변경·취소되는 경우가 종종 있다. 귀국을 앞두고 타 도시에 머무르고 있다면 국제선 탑승 전날 출발 도시에 도착해 있는 것이 안전하다.
> 3. 여행하는 날짜와 시간에 따라 요금이 천차만별이다. 베트남항공 요금이 비엣젯 요금보다 저렴한 경우도 자주 있으니 예약 시에는 반드시 가격 비교를 해보자.
> 4. 짐이 많은 여행자라면 저가 항공 요금 메리트가 적은 편. 7kg을 초과하는 경우 비용을 더 지불해야 하기 때문이다. 이 점을 잘 따져보자.

# 시내 교통수단

## 택시

베트남은 날씨가 덥고 지하철이 다니지 않기 때문에 택시를 자주 타게 된다. 다행히 베트남은 주소 체계가 잘 되어 있어 택시 기사에게 주소만 보여주면 목적지에 쉽게 도착할 수 있다. 일부 택시 기사들의 횡포로 여행 중에 기분이 상하는 경우도 있지만 주의사항을 숙지하고 이용하면 피해를 줄일 수 있다.

## 특징

1. 한화 1,000~3,000원 정도로 요금이 저렴해 여행자들도 부담 없이 이용할 수 있다.
2. 택시 브랜드와 차종에 따라 기본 요금과 km 당 거리 요금이 모두 다르다.
3. 요금표가 택시 문과 미터기 아래에 붙어 있어 확인할 수 있다.
4. 미터기를 조작하거나 돌아가서 요금을 과다하게 받는 경우가 있다. 주의사항(p.44)을 꼭 숙지하자.
5. 공항에 대기중인 택시의 경우 순서대로 탈 필요가 없고 원하는 택시를 골라 탈 수 있다.
6. 호텔이나 식당에서 나오기 전에 택시를 불러 달라고 할 수 있다.
7. 불러서 탄 택시(콜택시 포함)라도 별도의 비용을 받지 않는다.
8. 비가 오는 날은 길거리에서 택시 잡기가 하늘의 별따기.
9. 휴양지인 다낭, 냐짱, 무이네는 택시비가 많이 나온다.
10. 호찌민시의 택시 요금은 타 도시에 비해 조금 더 높다.

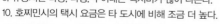

**TIP**

### 바가지 요금 걱정 없는 택시 앱 Grab

택시 바가지 요금이 걱정되는 베트남에서 진가를 발휘하는 앱. 현재 위치에서 목적지까지 요금이 얼마나 나오는지 미리 확인할 수 있어 유용하다. 뿐만 아니라 언제 어디서든 택시를 부를 수 있어 편리하다.

## 택시 종류

베트남에는 에어포트, 바사오, ABC 등 실로 다양한 택시 브랜드가 존재한다. 차량 형태와 요금이 모두 다르기 때문에 같은 거리를 가더라도 요금은 천차만별이다. 유명 브랜드의 택시를 타더라도 돌아가거나 미터기를 조작하는 경우가 있다. 하지만 대체로 정직한 편이다.

| 유명 브랜드 | 특징 |
|---|---|
| 마이린 Mai Linh | 택시 색깔이 초록색이라 눈에 잘 띤다. 대중적이고 안전하다. 하노이를 포함한 북부에서 흔히 볼 수 있다. |
| 비나선 Vinasun | 신뢰할 수 있는 택시 브랜드다. 호찌민시에서는 마이린보다 더 대중적이고 서비스가 좋다. |
| 택시 그룹 Taxi Group | 마이린, 비나선과 함께 잘 알려진 택시 브랜드로 믿을만하다. 가격이 조금 높은 것이 흠이다. |

## 요금

[미터기 확인]

택시를 타면 조수석에 앞에 미터기가 달려 있다. 미터기에는 간단한 숫자만 나오는데 18.0이라고 표시되어 있으면 18,000VND라는 뜻이다.

[요금표 예시]

| 택시형태 | 기본 요금 (300~800m 기준) | 1km당 거리 요금 |
|---|---|---|
| 소형 | 5,000~8,000VND | 11,700~12,000VND |
| 중대형 | 10,000~12,500VND | 13,000~15,400VND |

[예상 요금 계산]

구글맵을 통해 출발지와 도착지 사이의 거리가 몇 km인지 알고 있으면 요금을 예상할 수 있다. 기본요금이 6,000VND(800m 기준)이고 1km당 거리 요금이 12,000VND인 택시를 타고 2km 떨어진 관광 명소에 간다고 가정하면 6,000+12,000+2,400으로 계산할 수 있다. 따라서 요금은 20,400VND, 한화로 약 1,000원 안팎이 된다.

## 주의사항

1. 일행이 많지 않다면 4인승 택시를 타자. 7인승 택시가 더 비싸다.
2. 택시를 타기 전 조수석에 붙어 있는 택시 기사의 사진과 실물이 동일한지 확인하자. 다르다면 피하는 것이 좋다. 사진이 아예 없는 경우도 마찬가지.
3. 유명 브랜드의 택시라도 차량이 너무 작거나 낡아 보이는 경우 타지 않는 것이 좋다. 미터기 조작이 심한 택시인 경우가 흔하다.
4. 손님을 호객하거나 오랫동안 대기중인 택시는 타지 않는다.
5. 공항에서 시내로 갈 때나 하루 동안 대절할 때는 유명 브랜드의 택시를 고르되 km당 거리 요금이 낮은 택시를 타는 것이 유리하다.
6. 호찌민시 떤선녓 공항에서 시내로 나올 때는 톨비 1,000VND를 택시 기사에게 따로 지불해야 한다. (타 공항은 톨비가 없음)

## 시내버스

시내 구석구석을 부지런히 다니는 대중교통 수
단이지만 여행자들이 이용하기에는 편리하지
않다. 버스정류장에 노선표가 상세히 나와 있지
않은데다 버스 탑승 후에도 안내 방송이 나오지
않아 목적지를 찾아가기 쉽지 않다. 하지만 하
노이와 호찌민시의 주요 버스정류장과 버스 번
호를 이용하면 유명한 관광 명소까지 저렴하게
이동할 수 있다.

### 요금

버스 번호, 버스 형태, 이동 거리에 따라 조금씩 다르지만 5,000~9,000VND로 매우 저렴하다.


## 쎄옴

오토바이가 국민의 발인 만큼 오토바이를 교통수단으로 이용할 수 있다. 쎄옴은 오토바이 택시라는 뜻으로 오
토바이 기사에게 적정한 금액을 주면 목적지까지 태워준다. 택시보다 빠르고 저렴해 베트남 여행에 익숙해지면
자주 이용하게 된다. 하지만 요금이 정해져 있지 않기 때문에 타기 전에 매번 흥정해야 한다. 늦은 밤에는 위험
할 수 있으니 이용하지 않는 것이 좋다.

### 요금

1km 이동 시 8,000~10,000VND면 충분하지만 보통 외국인 여행자에게는 2배 이상의 높은 요금을 부른다. 구
글맵으로 이동 거리를 미리 확인하거나 기사가 요구하는 금액의 50~70%를 깎아서 흥정하자.


## 씨클로

유명 관광지에서 재미 삼아 이용할 수 있는 탈
거리다. 자전거를 개조해서 만든 것이 특징. 쎄
옴처럼 좁은 골목까지 들어갈 수 있는데다 속도
가 빠르지 않아 더운 날씨에 한가롭게 풍경을
감상하기 좋다. 생각보다 즐거운 경험이 될 테
니 꼭 한번 타보도록 하자. 대부분의 씨클로 기
사들은 단거리 이동보다는 30분/1시간/2시간/3
시간 코스로 호객한다. 쎄옴과 마찬가지로 정해
진 요금이 없어 흥정을 해야 한다.

### 요금

가까운 거리를 이동할 때는 1km 기준 5,000VND 정도다. 30분 이상 탈 때는 씨클로 기사가 부르는 요금의
50~70%를 깎아서 흥정하자.

## COURSE 01

# 북부 베스트 코스

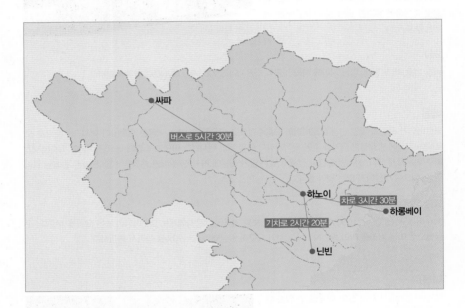

### 하노이-하롱베이-닌빈 4박 5일

수도 하노이를 중심으로 하롱베이와 닌빈의 빼어난 절경을 감상하는 코스

| 일차 | 도시명 | 일정 |
|---|---|---|
| 1일 | 하노이 | 오후에 하노이 도착, 구시가와 호안끼엠 호수 구경 |
| 2일 | 하노이 | 호찌민 묘소, 탕롱 황성, 문묘 등 관광 |
| 3일 | 하롱베이 | 하노이에서 08:00 출발, 1일 투어 |
| 4일 | 닌빈 | 하노이에서 09:00 출발, 땀꼭/짱안 뱃놀이 |
| 5일 | 하노이 | 맛집 탐방, 마사지, 쇼핑, 귀국 |

> **TIP**
>
> 하롱베이와 닌빈의 절경은 모두 카르스트 지형의 산물이다. 두 곳 모두 각기 다른 매력을 가진 관광 명소지만 이동 시간이 많은 편. 여유로운 여행을 원한다면 하롱베이에서 1박하는 일정으로 조정해 보자.

## 하노이-싸파 4박 5일

고산지대 싸파의 아름다움과 독특한 민족 문화를 살펴볼 수 있는 코스

| 일차 | 도시명 | 일정 |
|------|--------|------|
| 1일 | 하노이 | 오후에 하노이 도착, 구시가와 호안끼엠 호수 구경 |
| 2일 | 싸파 | 하노이에서 07:00 출발, 싸파 도착 후 깟깟 마을 구경 |
| 3일 | 싸파 | 라오짜이-따반 트래킹 투어, 야시장 구경 |
| 4일 | 싸파 | 함종산 오르기, 싸파에서 16:00 출발, 하노이에 22:00 도착 |
| 5일 | 하노이 | 호찌민 묘소, 탕롱 황성, 문묘 등 관광, 귀국 |

> **TIP**
> 하노이와 싸파를 오가는 이동 시간이 길어 일정이 여유롭지 못하다. 하지만 하노이의 분주함과 무더위를 피해 산과 논을 벗 삼아 한적한 시간을 보내고 싶다면 분명 추천할만한 일정이다.

## 하노이-하롱베이-싸파 7박 8일

베트남 북부를 대표하는 3대 관광지를 알차게 돌아보는 여행 코스

| 일차 | 도시명 | 일정 |
|------|--------|------|
| 1일 | 하노이 | 오후에 하노이 도착, 구시가와 호안끼엠 호수 구경 |
| 2일 | 하노이 | 호찌민 묘소, 탕롱 황성, 문묘 등 관광 |
| 3일 | 하롱베이 | 하노이에서 08:00 출발, 1박 2일 여행 |
| 4일 | 하롱베이 | 하노이에 16:30 도착, 휴식, 야시장 구경 |
| 5일 | 싸파 | 하노이에서 07:00 출발, 싸파 도착 후 깟깟 마을 구경 |
| 6일 | 싸파 | 라오짜이-따반 마을 트래킹 투어 |
| 7일 | 싸파 | 함종산 오르기, 싸파 16:00 출발, 하노이 22:00 도착 |
| 8일 | 하노이 | 맛집 탐방, 마사지, 쇼핑, 귀국 |

> **TIP**
> 베트남의 산과 바다를 두루 살펴볼 수 있는 멋진 일정이다. 하지만 장거리 이동이 많아 다소 피곤할 수 있다. 하롱베이 투어를 하루 줄이고 하노이에서 맛집, 카페, 골목 구경을 하면서 즐거운 시간을 보내도 좋겠다.

COURSE 02

# 중부 베스트 코스

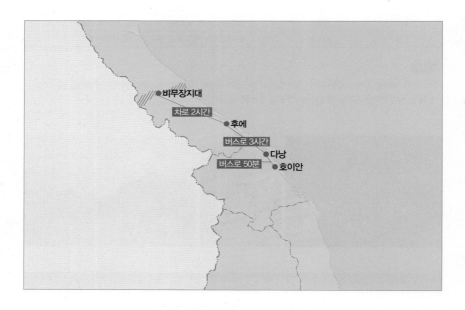

## 다낭-호이안-미썬 유적지 4박 5일

베트남 중부를 대표하는 휴양 도시 다낭에서 꿀맛 같은 휴식을 취하는 코스

| 일차 | 도시명 | 일정 |
|---|---|---|
| 1일 | 다낭 | 오후에 다낭 도착, 리조트에서 휴식, 비치 산책 |
| 2일 | 다낭 | 리조트에서 휴식, 바나 힐 구경, 한 강 산책 |
| 3일 | 호이안 | 오전에 출발, 당일치기 구시가 도보 여행 |
| 4일 | 미썬 유적지 | 오전 투어 후 리조트에서 휴식, 린응사 구경 |
| 5일 | 다낭 | 마사지, 쇼핑, 귀국 |

**TIP**

아름다운 비치를 바라보며 휴식을 취하는 것이 포인트! 기온이 가장 높은 한낮까지 숙소에서 여유로운 시간을 보내다가 해 질 무렵 시내로 나와 쇼핑과 관광을 즐기면 된다. 호이안은 하루 종일 머물러도 좋은 곳이니 일찍 출발하자. 다낭으로 돌아오는 막차 시간 체크는 필수다.

## 다낭-호이안-미썬 유적지-후에 6박 7일

다낭에 머물며 유네스코 세계문화유산을 둘러보는 역사 여행 코스

| 일차 | 도시명 | 일정 |
|---|---|---|
| 1일 | 다낭 | 오후에 다낭 도착, 리조트에서 휴식, 비치 산책 |
| 2일 | 다낭 | 리조트에서 휴식, 바나 힐 구경, 한 강 산책 |
| 3일 | 후에 | 아침에 출발, 후에황성과 황제릉 당일치기 여행 |
| 4일 | 다낭 | 리조트에서 휴식, 오행산과 린응사 구경 |
| 5일 | 호이안 | 오전에 출발, 구시가 당일치기 여행 |
| 6일 | 미썬 유적지 | 오전 투어 후 참 조각 박물관 구경, 리조트에서 휴식 |
| 7일 | 다낭 | 마사지, 쇼핑, 귀국 |

**TIP**

역사 깊은 도시 후에와 호이안은 사실 당일치기로 다녀오기 아까운 곳이다. 버스로 이동하고 숙소를 옮겨야 하는 불편함이 있지만 1~2박 할만한 가치가 충분하다. 특히 후에의 황홀한 일몰과 호이안의 밤거리는 잊지 못할 추억을 선사할 것이다. 비무장지대는 전쟁 역사에 큰 관심이 없다면 패스해도 괜찮다. 구경하는 시간보다 차량으로 이동하는 시간이 더 많아 피로할 수 있다.

---

# 남부 베스트 코스

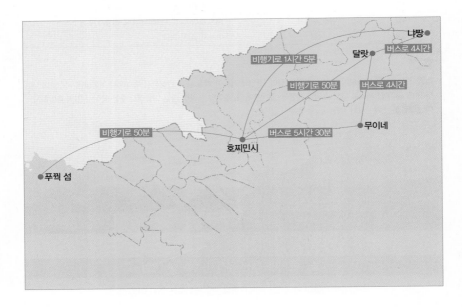

나짱
달랏 · 버스로 4시간
비행기로 1시간 5분
비행기로 50분 · 버스로 4시간
비행기로 50분 · 버스로 5시간 30분 · 무이네
호찌민시
푸꾸 섬

## 호찌민시–무이네 4박 5일

세련된 도시미와 소박한 자연미를 한꺼번에 느낄 수 있는 일석이조 코스

| 일차 | 도시명 | 일정 |
|------|--------|------|
| 1일 | 호찌민시 | 오후에 호찌민시 도착, 시청 광장과 동커이 거리 산책 |
| 2일 | 호찌민시 | 통일궁, 전쟁 박물관, 성당 구경 |
| 3일 | 무이네 | 아침 일찍 출발, 리조트에서 휴식 |
| 4일 | 무이네 | 사막과 쑤오이띠엔 구경, 리조트에서 휴식 |
| 5일 | 호찌민시 | 마사지, 쇼핑, 귀국 |

**TIP**

관심사에 따라 무이네 대신 달랏이나 메콩 델타 지역을 넣어 일정을 짤 수 있다. 달랏은 국내선 비행기를 타고 이동하면 된다. 도시 여행을 좋아하는 여행자라면 멀리 갈 필요 없이 호찌민시에서 마사지, 쇼핑, 쿠킹 스쿨 등으로 한가로운 시간을 보내면 된다. 여행자 거리는 저녁이 되면 축제 분위기로 변신한다. 시원한 맥주로 저녁 시간을 보내보자.

## 호찌민시–냐짱 6박 7일

남부 최고의 휴양 도시 냐짱에 머물며 달콤한 휴식을 즐기는 코스

| 일차 | 도시명 | 일정 |
|------|--------|------|
| 1일 | 호찌민시 | 오후에 호찌민시 도착, 시청 광장과 동커이 거리 산책 |
| 2일 | 호찌민시 | 통일궁, 전쟁 박물관, 성당 구경 |
| 3일 | 냐짱 | 비행기로 이동, 리조트에서 휴식, 야시장 구경 |
| 4일 | 냐짱 | 보트 투어 또는 빈펄 랜드 |
| 5일 | 냐짱 | 머드 온천, 시내 관광, 리조트에서 휴식 |
| 6일 | 냐짱 | 리조트에서 휴식, 호찌민시로 이동 |
| 7일 | 호찌민시 | 마사지, 쇼핑, 귀국 |

**TIP**

냐짱 여행에서는 신나는 보트 투어와 독특한 머드 온천을 즐기는 것이 포인트! 아름다운 비치를 보면서 여유로운 시간을 보내다가 해 질 무렵 시내로 나와 관광과 쇼핑을 즐기면 된다. 냐짱과 호찌민시는 비행기로 1시간 거리지만 만일의 경우를 대비해 출국 전날에는 호찌민시에 와 있는 것이 좋다. 냐짱 대신 달랏이나 푸꿕 섬을 넣어서 일정을 짜도 무방하다.

# 남북 종단 베스트 코스

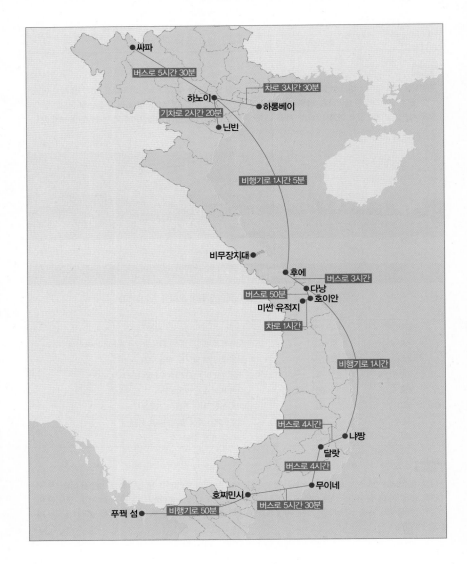

싸파

버스로 5시간 30분

하노이

차로 3시간 30분

하롱베이

기차로 2시간 20분

닌빈

비행기로 1시간 5분

비무장지대

후에

버스로 3시간

다낭

버스로 50분

호이안

미썬 유적지

차로 1시간

비행기로 1시간

버스로 4시간

냐짱

달랏

버스로 4시간

무이네

호찌민시

비행기로 50분

버스로 5시간 30분

푸꿕 섬

## 북부-중부-남부 한달 코스

베트남 10대 도시와 인기 관광명소를 섭렵하는 베트남 완전 정복 코스

| 일차 | 도시명 | 일정 |
|---|---|---|
| 1일 | 하노이 | 오후에 하노이 도착, 구시가와 호안끼엠 호수 구경 |
| 2일 | 하노이 | 호찌민 묘소, 탕롱 황성, 문묘 등 관광 |
| 3일 | 하롱베이 | 하노이에서 08:00 출발, 1박 2일 여행 |
| 4일 | 하롱베이 | 하노이에 16:30 도착, 휴식, 야시장 구경 |
| 5일 | 싸파 | 하노이에서 07:00 출발, 싸파 도착 후 깟깟 마을 구경 |
| 6일 | 싸파 | 라오짜이-따반 마을 트래킹 투어 |
| 7일 | 싸파 | 함종산 오르기, 싸파 16:00 출발, 하노이 22:00 도착 |
| 8일 | 하노이 | 맛집 탐방, 마사지, 쇼핑 |
| 9일 | 닌빈 | 하노이에서 09:00 출발, 땀꼭/짱안 뱃놀이 |
| 10일 | 후에 | 하노이에서 비행기로 이동, 후에 황성 관광, 흐엉 강 산책 |
| 11일 | 후에 | 티엔무 사원, 황제릉 관광, 버스로 다낭 이동, 리조트에서 휴식 |
| 12일 | 다낭 | 리조트에서 휴식, 오행산과 린응사 구경, 한 강 산책 |
| 13일 | 다낭 | 리조트에서 휴식, 바나 힐 구경, 쇼핑 |
| 14일 | 호이안 | 오전에 호이안으로 이동, 호텔에서 휴식, 구시가 여행 |
| 15일 | 미썬/호이안 | 오전 투어 후 구시가 여행, 마사지, 쇼핑 |
| 16일 | 냐짱 | 다낭에서 비행기로 이동, 리조트에서 휴식, 야시장 구경 |
| 17일 | 냐짱 | 보트 투어 또는 빈펄 랜드 |
| 18일 | 냐짱 | 머드 온천, 시내 관광, 리조트에서 휴식 |
| 19일 | 달랏 | 아침 버스로 이동, 달랏 꽃 정원 구경, 호수 산책 |
| 20일 | 달랏 | 랑비앙 산, 다딴라 폭포, 항응아 빌라 등 관광 |
| 21일 | 달랏 | 이지라이더로 달랏 외곽 투어 |
| 22일 | 무이네 | 아침 버스로 이동, 리조트에서 휴식, 해산물 식사 |
| 23일 | 무이네 | 사막과 쑤오이띠엔 관광, 리조트에서 휴식 |
| 24일 | 호찌민시 | 아침 버스로 이동, 호텔에서 휴식, 시청 광장과 동커이 거리 구경 |
| 25일 | 호찌민시 | 통일궁, 전쟁 박물관 등 관광, 야경 감상 |
| 26일 | 메콩 델타 | 당일치기 투어, 여행자 거리에서 맥주 |
| 27일 | 꾸찌 터널 | 오전 투어, 성당과 역사 박물관 관광 |
| 28일 | 호찌민시 | 마사지, 쇼핑, 귀국 |

---

**TIP**

이동 방법이나 숙박 여부에 따라 25~30일 안에서 베트남 전역을 둘러볼 수 있다. 오픈투어버스가 잘 갖추어져 있고 비용도 저렴해 도시 간 이동은 수월한 편. 하지만 장기간 여행하는 것인 만큼 컨디션 조절을 위해 장거리 구간은 비행기를 이용하는 것도 좋다. 다낭, 냐짱, 무이네 같은 휴양지가 반복되는 느낌이라면 다 갈 필요 없이 한 곳을 선택해서 푹 쉬는 것도 좋은 방법이다. 역사나 문화에 관심이 많은 여행자라면 하노이, 후에, 메콩 델타에서 머무는 시간을 더 늘려보자. 여유가 된다면 푸꿕 섬을 추가할 수도 있겠다.

# 여행 시작하기

TRAVEL START

# 우리나라 공항 안내

여행을 시작하는 첫날은 여행 기간의 컨디션과 기분을 좌우한다. 낯선 곳으로 향하는 첫날, 설레는 마음 때문에 중요한 물건을 빠뜨리기도 하고 어이없는 실수를 하기도 한다. 우리나라를 떠나는 출국 과정과 베트남으로 들어가는 입국 과정은 해외여행의 첫 관문. 출입국 관리소와 세관의 공식 절차들이 이어지는 날인 만큼 차분한 마음을 유지할 수 있도록 하자.

## 인천국제공항

인천광역시 중구에 위치한 인천국제공항은 2001년 3월 29일 개항. 공항이 크고 많은 노선이 있기 때문에 출발 3시간 전에는 도착해야 여유 있게 출국 수속을 밟을 수 있다. 특히 휴가철 성수기나 연휴기간에는 출국 수속을 밟는 사람들이 장사진을 이루기 때문에 평소보다 더 긴 대기시간을 예상해야 한다.

주소 인천광역시 중구 공항로 272
홈피 www.airport.kr

🔖 Check **집을 떠나기 전 다시 한 번 체크**

다른 물건은 현지에서 얼마든지 대체할 수 있지만 여권만큼은 대체할 방법이 없다. 6개월 이상 유효기간이 남은 여권을 챙겼는지 다시 한 번 확인하자. 여행 기간이 15일을 초과하는 여행자라면 비자가 꼭 필요하다. 도착 비자(p.12)를 발급받는데 필요한 서류도 잊지 말고 챙겨두자.

## 인천국제공항 가는 법

### 공항철도

서울역에서 출발하는 공항철도는 공덕역, 홍대입구역, 디지털미디어시티역, 김포공항역 등을 거쳐 인천국제공항까지 연결된다. 배차 간격은 10분 전후이며, 서울역 기준으로 05:20부터 24:00까지 운행한다. 서울역에서 인천국제공항까지 논스톱으로 가는 직통열차는 06:00부터 22:20까지 운행되며, 코레일 열차를 이용한 경우 연계승차권 할인받을 수 있다. 자세한 내용은 공항철도 홈페이지를 참고한다.

홈피 www.arex.or.kr

---

**TIP**
**인천공항의 긴급 여권 발급 서비스**

여권 재봉선이 분리되거나 신원 정보지가 이탈되는 등 여권의 자체 결함이 있거나 여권 사무 기관의 행정 착오로 여권이 잘못 발급된 사실을 출국 당시에 발견한 경우, 또는 국외의 가족 또는 친인척의 사건·사고로 긴급히 출국해야 하거나 기타 인도적·사업적 사유가 인정되는 경우에는 긴급 여권 발급 서비스를 이용할 수 있다. 1년 유효기간의 긴급 단수 여권이 발급되며 발급 시간은 1시간 30분 정도 소요. 여권 발급 신청서와 신분증, 여권용 사진 2매, 최근 여권, 신청사유서, 당일 항공권, 긴급성 증빙서류, 수수료(15,000원) 등의 제출서류가 필요하다.

**외교부의 인천공항 영사 민원 서비스 센터**
위치 인천국제공항 3층 출국장 F카운터 쪽
오픈 09:00~18:00(법정 공휴일 휴무)
전화 032-740-2777~8

## 리무진 버스

인천국제공항까지 가는 대표적인 교통수단. 서울, 경기 지역은 물론 지방에서도 리무진 버스를 운행하고 있다. 요금과 정류장 시간표, 배차 간격 등은 공항 홈페이지나 공항 리무진 홈페이지를 참고하자.

홈피 www.airportlimousine.co.kr

## 자가용

단기 여행을 하는 가족 여행자들은 자가용을 이용하는 것이 편리할 수 있다. 서울에서 출발할 경우 인천국제공항까지 연결되는 고속도로 통행료(차종에 따라 3,300~1만 4,600원)와 공항 주차비(1일 이상 장기 주차장 이용 시 소형차 하루 9,000원, 대형차 하루 1만 2,000원)등의 비용이 든다.

## 택시

탑승 수속까지 시간이 얼마 남지 않았을 경우 선택할 수 있는 비상 수단. 공항을 오가는 택시들은 미터 요금을 거부하는 경우가 종종 있으니 콜택시를 부르거나 미리 미터 요금을 정확히 확인하고 이용하자. 인천국제공항고속도로 통행료는 별도로 추가된다.

**TIP**
### 그 외 국제공항
- 김포국제공항 <u>주소</u> 서울특별시 강서구 공항동 150 홈피 www.airport.co.kr/mbs/gimpo
- 제주국제공항 <u>주소</u> 제주특별자치도 제주시 용담2동 2002 홈피 www.airport.co.kr/mbs/jeju
- 김해국제공항 <u>주소</u> 부산광역시 강서구 대저2동 2350 홈피 www.airport.co.kr/mbs/gimhae
- 청주국제공항 <u>주소</u> 충청북도 청원군 내수읍 입상리 산5-1 홈피 www.airport.co.kr/mbs/cheongju
- 대구국제공항 <u>주소</u> 대구광역시 동구 지저동 400-1 홈피 www.airport.co.kr/mbs/daegu
- 양양국제공항 <u>주소</u> 강원도 양양군 손양면 동호리 산281-1 홈피 www.airport.co.kr/mbs/yangyang
- 무안국제공항 <u>주소</u> 전라남도 무안군 망운면 피서리 781-6 홈피 www.airport.co.kr/mbs/muan

**TIP**
### 도심공항터미널 이용하기
짐 없이 편하게 공항으로 가는 방법. 삼성동과 서울역에 위치한 도심공항터미널에서 미리 탑승 수속, 수화물 보내기, 출국 심사를 할 수 있다. 이곳에서 체크인을 하면 무거운 짐을 들고 공항으로 이동할 필요가 없고, 인천국제공항에서는 전용 출국통로를 통해 빠르게 출국할 수 있다. 사람들로 붐비는 성수기에는 특히 유용하다. 단, 자신이 탑승하는 항공편이 도심공항터미널에서 탑승 수속이 가능한 항공사인지, 도심공항터미널 이용 대상자에 해당하는지는 미리 확인해 보도록 하자.

**삼성동 도심공항터미널** <u>주소</u> 서울특별시 강남구 테헤란로 87길 22 전화 02-551-0077~8 홈피 www.kcat.co.kr
**서울역 도심공항터미널** <u>주소</u> 서울특별시 용산구 한강대로 405 전화 032-745-7400 홈피 www.arex.or.kr

# 출국하기

공항에 무사히 도착했다면 아래의 출국 과정에 따라 비행기에 탑승하는 일만 남았다. 체크인 카운터로 가기 전에 기내 반입불가 물품들은 미리 위탁 수하물 안에 집어넣어 둘 것. 여권과 전자항공권, 면세품 인도증 등은 위탁 수하물과 분리해 따로 보관하도록 하자.

**Step 1 카운터 확인**
공항에 도착하면 3층 출국장에 있는 운항정보 안내 모니터에서 본인이 탑승할 항공사와 탑승 수속 카운터를 확인한 다음 해당 카운터로 가서 탑승수속을 밟으면 된다.

**Check**
100ml 이상의 액체류와 맥가이버칼 등 기내 반입 금지 물품들은 반드시 위탁 수하물 안에 넣어서 보내야 한다. 액체류를 기내에 반입하려면 100ml 이하의 개별용기에 담아 1L짜리 투명 비닐지퍼백(1개) 안에 넣어야 한다.

**Step 2 탑승 수속**
해당 항공사의 카운터에 여권과 전자항공권(또는 항공 예약번호)을 제시하고 체크인할 짐을 부친다. 탑승권인 보딩패스와 짐표를 받고 보딩패스에 적힌 게이트 번호와 탑승시간을 확인한다. 참고로 대한항공이나 아시아나항공 등 전자티켓 소지자의 경우 셀프 체크인카운터를 이용하여 시간을 절약할 수 있다. 또한 따로 붙일 위탁수하물이 없다면 '짐이 없는 승객 전용 카운터'를 이용할 수도 있다.

**Step 3 세관 신고**
여행 시 가지고 나가는 고가의 물건이 있다면 세관에 미리 신고하는 게 좋다. 출국하기 전에 '휴대물품 반출신고 확인서'를 받아야만 입국 시 면세를 받을 수 있다. 출국 전에 신고를 하지 않은 경우, 해당 물건을 가지고 다시 입국할 때 세금을 내야 하는 일이 생길 수도 있다. 미화 1만 달러를 초과하는 외화 또는 원화도 신고 대상이다.

**Step 4 보안 검색**
검색 요원의 안내에 따라 휴대한 가방과 소지품들을 바구니에 담아 검색대 위에 올려놓는다. 노트북은 휴대한 가방과는 별도로 바구니에 담아서 올려놓아야 한다. 외투나 모자도 벗어야 하며, 벨트와 신발을 벗어야 하는 경우도 있다.

**Step 5 출국 심사**
출국 심사대 앞에서 기다리다가 차례가 되면 출국 심사를 받는다. 모자나 선글라스를 벗어야 하며, 여권과 탑승권을 제시한다. 별 문제 없다면 여권에 출국 스탬프를 받고 여권과 탑승권을 돌려 받게 된다. 별도의 출국 신고서 작성은 필요 없다.

**Step 6 탑승 게이트 이동**
탑승권에 적혀 있는 탑승 게이트로 이동한다. 출발 게이트는 국적항공사들이 이용하는 여객터미널(1~50번)과 외국취항사들이 이용하는 탑승동(101~132번)으로 나뉘어져 있으며, 여객터미널에서 탑승동으로 가는 셔틀 트레인을 운행한다. 가는 길에 면세점 등 공항 시설을 이용할 수 있으며, 출발 시간 30~40분 전(보딩 타임 10분 전)에는 탑승 게이트에 도착해 있도록 하자.

---

**TIP**

### 이미 면세점을 이용했다면?

시내의 면세점이나 인터넷 면세점에서 구입한 물품들은 공항 면세품 인도장에서 받는다. 물품 인도증에 있는 약도를 보고 해당 면세품 인도장으로 찾아가 구입한 물건을 챙기도록 한다. 여름휴가, 명절, 연말 같이 여행객이 많은 시즌에는 줄이 길기 때문에 서둘러 가야 한다. 화장품 등 액체류는 밀봉된 포장을 풀면 안 되니 주의할 것.

# 베트남 입국하기

비행기를 타고 약 5시간이 지나면 베트남에 도착한다. 동그란 창문 밖으로 낯선 도시를 내려다 보고 있으면 오랜 비행의 피로가 싹 가신다. 비행기에서 내릴 때는 잊은 물건이 없는지 다시 한 번 확인하자.

**Step 1 입국장으로 이동**

기내에서 빠뜨린 짐은 없는지 다시 한 번 확인한 뒤 비행기에서 내리자. 특히 좌석 앞 꽂이와 머리 위 짐칸에 남긴 물건이 없는지 체크하자. 비행기를 나와서 'Arrival'이라고 적힌 표지판을 따라 이동하자. 입국 신고서 작성은 필요 없다.

**Step 2 입국 심사**

'Arrival'이라고 적힌 표지판을 따라가면 입국심사대가 나타난다. 여권과 전자항공권 사본을 가지고 입국 심사대 Foreigner 앞에 줄을 선다. 모자와 선글라스는 착용하지 않는다. 자신의 차례가 되었을 때 여권을 내밀면 대부분 특별한 질문 없이 입국 스탬프를 찍어서 돌려준다. 귀국 항공권을 요청하면 전자항공권 사본을 보여주면 된다.

### ✂ Check 비자 받기

여행 기간이 15일을 초과하는 여행자 중에서 도착 비자를 신청한 경우에는 입국 심사 전에 비자를 먼저 받아야 한다. 입국 심사대 옆에 있는 비자 어플리케이션(Visa Application) 카운터로 가서 준비한 서류를 제출하면 된다.

**Step 3 수화물 찾기**

입국심사대를 통과했다면 'Baggage Claim'이라 적힌 안내판을 따라 이동한다. 이동 후 자신이 타고 온 항공사의 노선명이 나와 있는 곳에서 짐을 기다린 후 찾으면 된다.

**Step 4 세관 심사**

특별히 신고해야 할 물품이 없는 사람들은 'Nothing to Declare'라고 적힌 녹색 안내판이 있는 출구로 나가면 된다. 신고할 사항이 있다면 빨간색 불이 켜진 'Goods to Declare' 출구로 가서 신고하고 세금을 지불한다.

**Step 5 환전 및 심카드 구입**

공항 밖으로 나가는 길에는 은행과 환전소가 있다. 환율이 좋은 편이라 원하는 만큼 환전해도 무방하다. 공항 밖에도 은행과 환전소, ATM이 많이 있다. 심카드를 판매하는 부스도 2~3군데 있으니 기간, 데이터량, 가격을 비교해 보고 구입하면 된다.

### ✂ Check 짐이 나오지 않는 경우

경유편 항공을 이용해 도착하는 경우 위탁 수하물이 제대로 오지 않을 때가 있다. 아무리 기다려도 짐이 나오지 않는다면, 공항 직원이나 해당 항공사의 담당자에게 짐표(Baggage Tag)를 보여주며 문의한다. 공항이나 항공사의 잘못으로 짐이 늦게 도착하는 거라면 항공사에서 짐을 찾는 대로 호텔까지 보내 준다. 1~3일 정도가 걸리기도 하니 짐을 받을 수 있는 호텔의 이름과 주소 등을 정확하게 알려주자. 분실이나 파손된 경우는 항공사의 관련 규약에 따라서 보상을 받게 된다. 그 금액이 그리 크지 않으니 고가의 물품은 위탁 수하물로 보내지 않도록 하자.

# 베트남에서 출국하기

일반적으로 비행기 출발 2시간 전까지 공항에 도착해 수속을 밟으면 된다. 공항에 도착했다면 먼저 모니터를 보고 본인이 탑승할 항공사의 체크인 카운터를 확인한 후 수속 카운터로 가자. 세금환급을 받을 예정이라면 탑승 수속 전 VAT Refund 데스크로 먼저 가자.

## Step 1  공항으로 이동하기

여행을 마치고 국제공항으로 갈 때는 택시, 공항버스, 미니버스, 쎄옴을 이용할 수 있다. 대부분 요금은 비싸지만 빠르고 편리한 택시를 이용한다. 호텔에 요청해서 택시를 부를 수도 있고 큰 길에 나가서 직접 잡아도 된다. 택시 외에 다른 교통수단이 궁금하다면 하노이, 다낭, 냐짱, 호찌민시 4개 도시에 있는 공항↔시내 이동 방법을 확인하자.

## Step 2  탑승 수속 및 세금 환급

하노이의 노이바이국제공항과 호찌민시의 떤선녓국제공항으로 출국하는 경우에는 쇼핑한 물품에 대해 세금환급을 받을 수 있다. 공항 Departure Hall에 있는 VAT Refund 데스크로 가면 된다. 상점에서 처리해준 영수증과 여권을 제시하면 처리해 준다. 가끔 물건을 직접 확인하기도 하니 탑승 수속 전(짐을 붙이기 전)에 들르는 것이 좋다. 세금 환급을 마쳤다면 항공사 카운터로 가서 탑승 수속을 밟으면 된다. 짐이 있으면 부치고 보딩 패스도 잘 챙겨두자.

## Step 3  보안 검색 및 출국 심사 받기

기내에 들고 타는 짐은 검색대 위에 있는 바구니에 담는다. 탑승자는 여권과 보딩패스를 들고 탐지기를 통과하면 된다. 여름휴가, 명절, 연말 같이 여행자들이 붐비는 시즌에는 시간이 오래 걸릴 수 있으니 공항에는 여유를 두고 도착하는 것이 좋다.

## Step 4  비행기 탑승하기

보통 출발 30분 전까지는 탑승 게이트에 도착해 있어야 하며 20~30분 전부터 탑승이 시작된다. 출발 10분 전쯤에 탑승이 마감되니 혹시라도 비행기를 놓치지 않도록 항상 시간을 확인해야 한다. 탑승 게이트는 티켓에 적혀 있는 게이트 번호를 확인하면 되지만, 혹시라도 중간에 변경될 수 있으니 게이트로 가기 전 모니터에서 다시 한 번 탑승 게이트 번호를 확인하고 움직이자.

# 알아두면 좋은 베트남어

베트남은 원래 한자의 음과 뜻을 이용한 쯔놈(Chữ Nôm)이라는 독자적인 베트남 문자를 사용해왔다. 하지만 1651년 프랑스 신부가 로마자(로만 알파벳)로 표기하기 시작, 프랑스 식민지 시절(1900년대 이후)에는 로만 알파벳으로 모두 바뀌고 말았다. 베트남어는 중국어처럼 성조를 가지고 있는데 4성이 아닌 6성으로 더 많다. 그리고 지역마다 조금씩 다른 발음과 어휘를 사용하고 있기 때문에 여행자가 배우기에는 다소 어려운 언어임이 틀림없다. 아래의 베트남어를 조금만 알고 있으면 여행 시 도움을 받을 수 있다.

## 인사말

| | |
|---|---|
| 안녕하세요. | Xin chào [씬 짜오] |
| 고맙습니다. | Cảm ơn [깜 언] |
| 죄송합니다. | Xin lỗi [씬 로이] |
| 대한민국(한국) | Hàn Quốc [한 꿕] |

## 시간

| | |
|---|---|
| 오전(아침) | Sáng [샤앙] |
| 오후 | Chiều [찌에우] |
| 어제 | Hôm qua [홈 꽈아] |
| 오늘 | Hôm nay [홈 나이] |
| 내일 | Ngày mai [응아이 마이] |

## 교통

| | |
|---|---|
| 입구 | Lối vào [로이 바오] |
| 출구 | Lối ra [로이 자] |
| 버스 | Xe buýt [쎄 뷧] |
| 버스정류장 | Điểm Dừng Xe Buýt [디엠 이영 쎄 뷧] |
| 기차 | Tàu hoả [따우 호아] |

| | |
|---|---|
| 역 | Ga [가] |
| 비행기 | Máy bay [마이 바이] |
| 공항 | Sân bay [션 바이] |

## 쇼핑

| | |
|---|---|
| 시장 | Chợ [쩌] |
| 슈퍼마켓 | Siêu thị [씨에우 티] |
| 크다(대) | Lớn [런] |
| 작다(소) | Nhỏ [뇨오] |
| 비싸다 | Đắt [닷] |
| 싸다 | Rẻ [제에] |
| 예쁘다 | Đẹp [뎁] |

## 장소

| | |
|---|---|
| 화장실 | Nhà vệ sinh [냐 베 션] |
| 가게(식당) | Nhà hang [냐 항] |
| 호텔 | Khách sạn [칵 샨] |
| 서점 | Nhà sách [냐 싹] |
| 병원 | Bệnh viện [벤 비엔] |
| 약국 | Hiệu thuốc [히에우 투옥] |

**하노이**
하롱베이

**닌빈**

**싸파**
박하 일요 시장

# 베트남 북부

## NORTHERN Vietnam

CITY
**01**

천 년의 수도

# 하노이

## Hà Nội

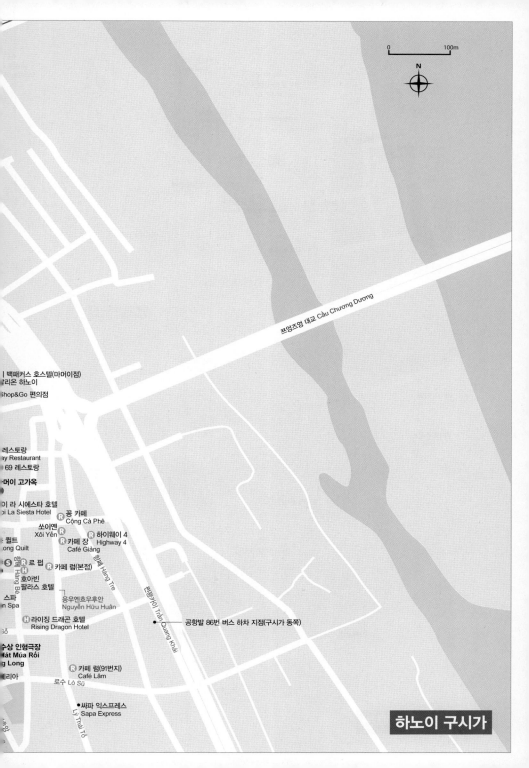

0        100m

N

쯔엉즈엉 대교 Cầu Chương Dương

| 백패커스 호스텔(마머이점)
리온 하노이
hop&Go 편의점

레스토랑
ay Restaurant
69 레스토랑

머이 고가옥

이 라 시에스타 호텔
i La Siesta Hotel

꽁 카페
Cộng Cà Phê

쏘이옌
Xôi Yến

하이웨이 4
Highway 4

카페 장
Café Giảng

퀼트
ong Quilt

카페 럼(본점)

르 펍

호아빈
팔라스 호텔

응우엔흐우후안
Nguyễn Hữu Huân

스파
n Spa

라이징 드래곤 호텔
Rising Dragon Hotel

공항발 86번 버스 하차 지점(구시가 동쪽)

수상 인형극장
Iát Múa Rối
g Long

리아

카페 럼(91번지)
Café Lâm

로수 Lò Sũ

싸파 익스프레스
Ly Sapa Express

Lý Thái Tổ

하노이 구시가

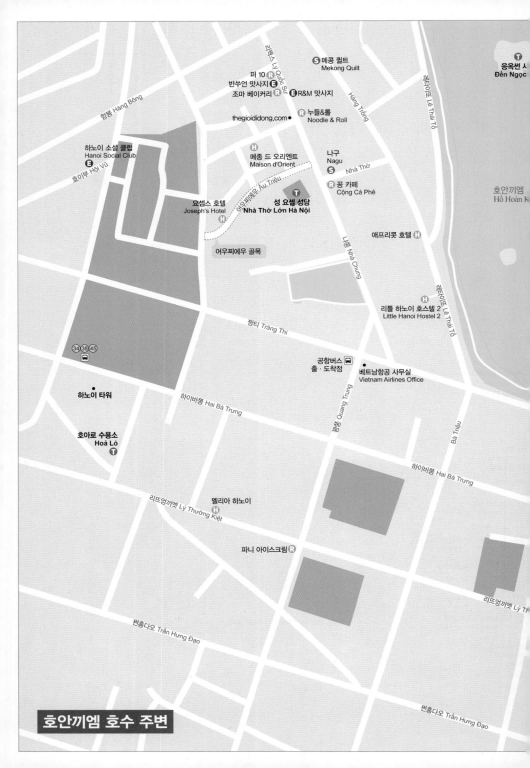

**S** 메콩 퀼트
Mekong Quilt

**T** 응옥썬 ㅅ
Đền Ngọc

퍼 10
반쑤언 맛사지 **E**
조마 베이커리 **R** **E** **R**&M 맛사지

thegioididong.com **R** 누들&롤
Noodle & Roll

하노이 소셜 클럽
Hanoi Social Club
**E**

**H** 메종 드 오리엔트
Maison d'Orient

나구
Nagu
**S**

**R** 꽁 카페
Cộng Cà Phê

요셉스 호텔
Joseph's Hotel

성 요셉 성당
**T** Nhà Thờ Lớn Hà Nội

애프리콧 호텔 **H**

호안끼엠
Hồ Hoàn K

어우찌에우 골목

리틀 하노이 호스텔 2 **H**
Little Hanoi Hostel 2

34 38 45

공항버스
출·도착점

하노이 타워

베트남항공 사무실
Vietnam Airlines Office

호아로 수용소
Hoả Lò
**T**

하이바쯩 Hai Bà Trưng

멜리아 하노이

파니 아이스크림 **R**

**호안끼엠 호수 주변**

N
0 ───── 100m

쩐꽝카이 Trần Quang Khải

Trần Nguyên Hãn

리타이또 Lý Thái Tổ

Lê Lai

리타이또 황제 동상
Vườn Hoa Lý Thái Tổ

● 공항행 86번 버스 승차장(주말)

스탬프 카페
Stamp Café

● 공항행 86번 버스 승차장(평일)

✉ 중앙 우체국

딘띠엔호앙 Đinh Tiên Hoàng

응오꾸옌 Ngô Quyền

쩐꽝카이 Trần Quang Khải

플라자
Tien Plaza

롱 서점

아난 커피
Anan Coffee

하이랜드 커피

쩡띠엔 Tràng Tiền

껨쨩띠엔

●시티은행

소피텔 레전드 메트로폴
Sofitel Legend Metropole

프랑스 문화원

호텔 드 오페라

베트남
역사 박물관(B동)

쩡띠엔 Tràng Tiền

베트남 역사 박물관(A동)
Bảo Tàng Lịch Sử Việt Nam

응오꾸옌 Ngô Quyền

하노이 오페라 하우스
Nhà Hát Lớn Hà Nội

빈민 재즈 클럽
Binh Minh's Jazz Club

힐튼 하노이 오페라
Hilton Hanoi Oprea

레탄똥 Lê Thánh Tông

# 01 하노이는 어떤 곳일까?

## ABOUT HA NOI

### 천 년의 수도, 하노이

강(河)의 안(內)쪽에 있다는 뜻을 가진 하노이는 베트남의 수도이자 역사·문화의 중심지다. 1009년 탕롱이라는 이름으로 탄생해 오늘에 이르기까지 그 역사가 무려 천 년이 넘는다. 민족의 영웅 호찌민이 잠들어 있는 묘소, 역대 왕조들의 궁궐 탕롱 황성, 환검 전설이 내려오는 호안끼엠 호수는 하노이의 오랜 역사를 말해주는 대표적인 명소

다. 특히 복잡한 구시가는 세월의 풍파를 이겨낸 건물과 전쟁을 피해 살아온 사람들의 일상을 엿볼 수 있어 여행자의 가슴을 뜨겁게 만든다. 하지만 도시마다 고유의 특색이 없어지고 모두가 비슷한 잿빛 도시가 되어가는 요즘, 하노이라고 해서 예외는 아니다. 여행자의 욕심인 줄 알면서도 이대로 머물러 주기를, 더 변하지 않기를 하고 바라게 되는 곳이 바로 하노이다.

## ■하노이 BEST

### BEST TO *Do*

구시가 ▶ p.80

호찌민 묘소 ▶ p.90

스트리트 푸드 투어 ▶ p.124

### BEST TO *Eat*

퍼 자쭈웬 ▶ p.110

꽌 안응온 ▶ p.120

홈 레스토랑 ▶ p.121

### BEST TO *Stay*

메종 드 오리엔트 ▶ p.135

요셉스 호텔 ▶ p.135

에센스 하노이 호텔 ▶ p.135

# 02 하노이 가는 방법

## HOW TO GO

베트남의 수도인 만큼 여행자들이 이용할 수 있는 교통수단이 매우 다양하다. 특히 인천–하노이를 연결하는 저가 항공은 가격도 저렴해 부담이 적다. 베트남 주요 도시를 연결하는 국내선 또한 운항 편수가 많고 가격도 착한 편. 남북으로 긴 지리적 특성 때문에 침대 버스와 침대 기차도 발달하여 있다. 요금은 거리에 따라 다른데 보통 1~2만 원이면 편안하게 누워서 이동할 수 있다. 단, 어떤 교통수단이든 하노이행은 예약이 필수다!

| | |
|---|---|
| **인천 → 하노이** 비행기 4시간 30분 | **싸파 → 하노이** 오픈투어버스 5~6시간 |
| **닌빈 → 하노이** 미니버스 2시간 / 기차 2시간 30분 | **후에 → 하노이** 비행기 1시간 / 기차 13시간 / 버스 15시간 |

### 인천 · 부산에서 가기

#### 비행기
■ 베트남항공, 대한항공, 아시아나, 비엣젯, 제주항공, 진에어, 에어아시아 등
4시간 30분 소요 / 노이바이국제공항(Sân Bay Quốc Tế Nội Bài) 국제선 청사(T2) 도착

### 싸파에서 가기

#### 오픈투어버스
하노이로 가는 차편은 많다. 호텔이나 여행사를 통해 예약하면 된다. 요금은 219,000VND부터. 단, 흥탄 버스는 호텔 픽업 없이 싸파 버스터미널에서 출발한다. 하노이의 르엉옌 버스터미널에 도착하며 이곳에서 10, 54, 55번 버스를 타면 구시가 북쪽 롱비엔 버스환승센터까지 간다.

■ 싸파 익스프레스 Sapa Express
13:30, 15:30, 16:00 출발 / 5시간 30분 소요 / 호수 옆 리타이또 거리 도착
■ 신 투어리스트 Sinh Tourist
11:00, 15:30, 22:00 출발 / 5시간 30분 소요 / 호수 북쪽 구시가 도착
■ 사오비엣 Sao Viet
06:00~23:30 사이 1시간 마다 출발 / 5시간 30분 소요 / 미딘 · 잡밧 버스터미널 도착

> **TIP**
>
> 라오까이에서 사오비엣 버스를 타고 하노이로 갈 수도 있다. 라오까이 역을 등지고 왼편에 버스 회사 사무실이 있다. 하노이의 미딘 버스터미널에서는 34번을, 잡밧 버스터미널에서는 32번을 타면 호안끼엠 호수 남쪽 구시가로 갈 수 있다.

#### 기차
싸파 교회 근처에 있는 버스정류장에서 시내버스를 타고 라오까이 버스터미널로 가자. 이곳에서 도보 5분 거리에 있는 라오까이(Ga Lào Cai) 역을 이용하면 된다. 하노이까지는 8시간이나 걸리기 때문에 20:55, 21:40에 출발하는 야간침대열차가 인기. 요금은 245,000~384,000VND 정도. 쩐뀌깝(Trần Quý Cáp) 거리에 있는 하노이 B역에 도착한다. 호수 북쪽 구시가까지는 택시로 10분 정도 걸린다.

## 닌빈에서 가기

### 🚌 미니버스

시내 중심가에 있는 닌빈 버스터미널에서 하노이로 가는 미니버스가 04:35부터 20~30분 간격으로 다닌다. 미딘 버스터미널로 가는 막차는 16:30이고 잡밧 버스터미널로 가는 막차는 16:10이다. 중간중간에 사람을 태워서 가는데다 택배 업무까지 겸하고 있어 느린듯 하지만 고속도로에 들어서면 빠르게 달린다. 약 2시간이 소요되며 요금은 70,000VND다. 미딘 버스터미널에서는 34번을, 잡밧 버스터미널에서는 32번을 타면 호안끼엠 호수 남쪽 구시가로 갈 수 있다.

### 🚈 기차

닌빈 역을 이용한다. 하노이행 오후 기차는 13:14, 17:27 두 편뿐이다. 소요시간은 2시간 30분 정도. 7~8월과 12~1월 같이 성수기가 아니라면 기차역에 조금 일찍 가면 표를 살 수 있다. 좌석은 하드 시트와 소프트 시트가 있는데 에어컨이 나오는 소프트 시트를 추천한다. 요금은 84,000VND. 레주언(Lê Duẩn) 거리에 있는 하노이 역에 도착한다. 호수 북쪽 구시가까지는 택시로 10분 정도 걸린다.

## 후에에서 가기

### ✈️ 비행기
■ 베트남항공
1시간 10분 소요 / 노이바이국제공항 국내선 청사(T1) 도착

### 🚌 오픈투어버스
■ 신 투어리스트 Sinh Tourist

17:30 출발 / 15시간 소요 / 호수 북쪽 구시가 도착

### 🚈 기차

호텔이 모여 있는 신시가의 홍브엉 거리에서 1km 떨어진 후에 역을 이용한다. 이곳에서 하노이까지는 13시간 가까이 걸린다. 가장 속도가 빠른 야간침대열차는 SE4이고 16:47에 출발해 다음 날 05:30에 도착한다. 침대칸 요금은 586,000~831,000VND. 호수 북쪽 구시가까지는 택시로 10분 정도 걸린다.

## 그 외 도시에서 가기

### ✈️ 비행기

베트남항공, 비엣젯, 젯스타 3개 항공사가 모두 운항한다. 호찌민시에서는 2시간 5분, 다낭에서는 1시간 20분, 냐짱·달랏에서는 1시간 50분이 걸린다. 국내선의 경우 연착이 잦다. 노이바이국제공항 국내선 청사(T1)에 도착한다.

### 🚌 오픈투어버스

다낭과 호이안에서는 후에를 거쳐 18~19시간 만에 하노이로 간다. 냐짱에서는 호이안을 거쳐 하노이까지 가는 데 30시간이 걸린다. 그 외 남부 도시에서는 냐짱과 호이안을 차례로 지나면서 하노이까지 약 35~40시간이 소요된다. 장거리 구간이라 이용객은 많지 않다.

### 🚈 기차

다낭, 냐짱, 호찌민시에서 출발하는 기차가 많이 있다. 호이안, 달랏, 무이네에서는 하노이로 바로 가는 기차가 없으므로 위 세 도시 중 가까운 곳으로 가서 타야 한다. 모두 하노이 역에 도착한다. 장거리 구간이라 이용객은 많지 않다.

| | 주요 시설 정보 |
|---|---|

**하노이 역**
Ga Hà Nội

<u>위치</u> 호수 북쪽 구시가에서 택시나 쎄옴으로 10분
<u>주소</u> 120 Lê Duẩn
<u>오픈</u> 사전 예약 창구 07:30~12:00, 13:30~17:30
<u>지도</u> MAP 2 ⓙ

**하노이 B역**
Ga Hà Nội (B)

<u>위치</u> 하노이 역 뒤에 있는 쩐뀌깝 거리에 위치
<u>주소</u> 1 Trần Quý Cáp
<u>지도</u> MAP 2 ⓙ

**르엉연 버스터미널**
Bến Xe Lương Yên

<u>위치</u> 호수 북쪽 구시가에서 택시나 쎄옴으로 10분
<u>주소</u> 3 Nguyễn Khoái
<u>지도</u> MAP 1 ⓛ

**미딘 버스터미널**
Bến Xe Mỹ Đình

<u>위치</u> 호수 북쪽 구시가에서 택시로 30분 또는 80 Trần Nhật Duật 정류장에서
34번 버스 이용
<u>주소</u> 20 Phạm Hùng
<u>지도</u> MAP 1 ⓘ

**잡밧 버스터미널**
Bến Xe Giáp Bát

<u>위치</u> 호수 북쪽 구시가에서 택시로 20분
<u>주소</u> Giải Phóng
<u>지도</u> MAP 1 ⓚ

**싸파 익스프레스**
Sapa Express
(하노이 점)

독특하게도 홈페이지에서 예약하는 것보다 호텔이나 여행사를 통하는 것이
1~2US$ 더 저렴하다.
<u>위치</u> 호수 동쪽 롯데리아 옆 로수(Lò Sũ) 거리를 따라 도보 5분
<u>주소</u> 12 Lý Thái Tổ
<u>오픈</u> 07:00~18:00
<u>홈피</u> www.sapaexpress.com
<u>지도</u> MAP 3 ⓚ

**신 투어리스트**
Sinh Tourist
(하노이 2호점)

저렴한 가격으로 투어 · 버스를 신청할 수 있다. 이곳의 이름을 빌려 쓰는 짝퉁 여
행사가 많으니 주의하자. 1호점 주소는 64 쩐녓주엇(Trần Nhật Duật)이다. 둘 다
규모가 작다.
<u>위치</u> 호수 북쪽 구시가 딘리엣(Đinh Liệt) 거리를 따라 직진, 왼쪽으로 연결되는
르엉응옥꾸옌 거리에 위치, 총 도보 10분
<u>주소</u> 52 Lương Ngọc Quyến
<u>오픈</u> 06:30~22:00
<u>홈피</u> www.thesinhtourist.vn <u>지도</u> MAP 3 ⓚ

**핸드스팬 트래블**
Handspan Travel

중 · 고가의 투어를 제공하는 곳이다. 버스, 식사, 호텔, 크루즈선의 시설과 수준이
높다.
<u>위치</u> 마머이(Mã Mây) 거리에 있는 뉴데이 레스토랑 근처
<u>주소</u> 78 Mã Mây
<u>오픈</u> 09:00~20:00
<u>홈피</u> www.handspan.com
<u>지도</u> MAP 3 ⓖ

# 03 공항–시내 이동 방법
## AIRPORT TRANSPORT

노이바이국제공항(Sân Bay Quốc Tế Nội Bài)은 국내선 청사(T1)와 국제선 신청사(T2)로 구분되어 있으며 호안끼엠 호수와 구시가로부터 약 30km 떨어져 있다.

**TIP**

공항에서 시내로 가는 교통 요금은 미국 달러(US$)와 베트남 동(VND)을 모두 받는다(시내버스 제외). 1US$=22,000VND으로 계산한다. 공항 환전소의 환율이 좋으니 이곳에서 환전을 하는 것도 괜찮다.

### 택시

바가지 요금이 잦긴 하지만 호텔까지 가장 빠르고 편하게 갈 수 있는 방법이다. 택시가 대기하고 있는 순서대로 타지 않아도 되기 때문에 자기 차례가 되면 믿을만한 택시를 골라 타자. 택시 주의사항(p.44)을 미리 숙지한다면 바가지를 피할 수 있다. 공항 톨비는 요금에 포함되어 있다. 24시간 운행하며 약 35분이 소요된다.

<u>위치</u> 공항 밖으로 나와 왼쪽에 위치한 택시 승차장에서 탑승 <u>요금</u> 구시가에 있는 호텔 기준으로 350,000~380,000VND

**TIP**

공항 안에는 25US$에 호텔까지 데려다주는 택시 서비스를 볼 수 있다. 바가지 요금을 걱정하는 여행자를 위한 것처럼 보이지만 사실은 그렇지 않다. 제시하고 있는 요금을 베트남 동으로 환산해보면 550,000VND으로 매우 비싸다. 공항 밖에서 타는 택시보다 200,000VND(한화 1만 원)이나 더 내고 타는 셈이니 참고하자.

### 셰어링택시

택시보다 저렴한 가격으로 호텔까지 갈 수 있는 방법이다. 최대 5명까지 탑승할 수 있는 차량에 사람들을 모아서 출발한다. 운행 횟수가 많지 않아 짐을 찾아 늦게 나오거나 이른 아침, 늦은 밤에 도착하면 이용하기 어려울 수 있다.

<u>위치</u> 공항 안에 있는 유심칩 판매 부스에서 요금 지불 후 지정한 장소에서 탑승 <u>요금</u> 1명 10US$, 2명 12US$, 3~5명 15US$

### 공항버스

호수 남쪽에 있는 베트남항공 사무실(p.68)까지 저렴하게 이동할 수 있는 방법이다. 'AIRPORT MINI BUS'라고 적혀 있다. 비행기 도착 시각에 맞춰 대기하다가 사람이 다 차면 출발하는 방식이라 정해진 시간은 없다. 요금은 기사에게 직접 지불하며 약 35~40분이 소요된다. 사무실 앞에 도착하면 호텔까지는 각자 이동해야 한다. 다시 공항으로 갈 때도 이용할 수 있다. 단, 운행 간격이 1시간 단위라 출발시간을 미리 확인해 두는 것이 좋다.

<u>위치</u> 공항 밖으로 나와 길 건너편 중앙 차선에 있는 미니버스 승차장에서 탑승 <u>요금</u> 1인당 40,000VND 또는 2US$

### 86번 익스프레스 버스

구시가로 가는 특별한 시내버스다. 롱비엔 버스 환승센터를 지나 구시가 동쪽(p.67), 오페라 하우스, 하노이 역까지 운행한다. 구시가 북쪽 또는 호안끼엠 호수 근처에 호텔을 잡았다면 롱비엔 버스 환승센터에 내려서 이동하면 된다. 공항으로 돌아갈 경우 평일에는 중앙우체국 근처(p.69)에서, 주말에는 리타이또 거리(p.69)에서 타면 된다.

<u>위치</u> 공항 밖으로 나와 택시 승강장 맞은편 중앙 차선에서 탑승
<u>오픈</u> 06:25~23:05(20~25분 간격으로 운행)
<u>요금</u> 30,000VND

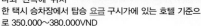

# 04 하노이 시내 교통

## CITY TRANSPORT

호안끼엠 호수와 구시가 일대는 도보로 여행할 수 있다. 그 외 관광 명소는 택시나 버스를 이용하는 것이
편리하며 거리가 먼 버스터미널이나 민족학 박물관 또한 버스로 가는 것이 좋다.

### 택시

하노이는 주요 관광 명소가 가까이에 모여 있
어서 택시비가 많이 들지 않는다. 다만 택시 브랜드에
상관없이 바가지요금이 잦으
니 택시 주의사항(p.44)
을 꼭 숙지하자.

| 목적지 | 거리 | 시간 | 적정 요금 |
| --- | --- | --- | --- |
| 구시가 북쪽 → 오페라 하우스 | 1.5km | 7분 | 19,000~25,000VND |
| 구시가 북쪽 → 호찌민 묘소 | 2.2km | 10분 | 29,000~40,000VND |
| 호수 남쪽 → 잡밧 버스터미널 | 7km | 25분 | 90,000~105,000VND |

### 시내버스

구시가에서 주요 관광 명소까지 이동할 수 있어 편리하고 에어컨도 잘 나와 시원하다. 탑승하기 전에 목
적지로 가는 버스가 맞는지 재확인한 다음 요금을 지불하자. 내려야 할 때가 되면 대부분 차장이 알려준다.
오픈 버스마다 다르지만 05:00~21:00(운행간격 10~15분) 요금 버스 번호에 따라 7,000~9,000VND

| 출발 | 버스번호 | 노선 |
| --- | --- | --- |
| 호수 북쪽 정류장<br>(지도 MAP 3 ⓙ) | 9번 | 호수 서쪽 애프리콧 호텔 → 베트남항공 사무실 맞은편 → 디엔비엔푸(Điện Biên Phủ) 거리 → 군사 박물관 → 레홍퐁(Lê Hông Phong) 거리 → 호찌민 묘소 |
| 80 Trần Nhật Duật 정류장<br>(지도 MAP 3 ⓔ) | 3번 | 역사박물관 → 잡밧 버스터미널 |
| | 34번 | 역사박물관 → 짱띠엔(Tràng Tiền) 거리 → 하노이 타워 맞은편 → 디엔비엔푸 거리 → 군사 박물관 → 미딘 버스터미널 |
| | 47A번 | 밧짱 도자기 마을 |
| 하노이 타워 맞은편 정류장<br>(지도 MAP 4 ⓔ) | 38번 | 문묘 → 민족학 박물관 |
| | 45번 | 디엔비엔푸 거리 → 군사 박물관 → 탕롱 황성 → 서호 근처 꽌탄(Quán Thánh) 거리 |

### 쎄옴

복잡한 구시가를 다닐 때나 혼자 택시타기 아까울 때 이용하면 편리하다. 곳곳에 대기하고 있어 쉽게
탈 수 있지만 터무니 없는 요금을 부르기 때문에 흥정이 필요하다. 1km 당 8,000~10,000VND이면 충분하다.

| 목적지 | 거리 | 적정 요금 |
| --- | --- | --- |
| 롱비엔 버스환승센터 → 마머이(Mã Mây) 거리 | 1km | 10,000VND |
| 호수 남쪽 베트남항공 사무실 → 신 투어리스트 | 1.4km | 15,000VND |
| 호수 북쪽 구시가 → 하노이 역 | 2.2km | 20,000VND |

# 05 하노이 이렇게 여행하자

## TRAVEL COURSE

### 여행 방법

역사가 오래된 도시인 만큼 볼거리가 많다. 다행히 명소들이 모여있어 여행하기 편하다. 크게 호안끼엠 호수 주변과 호찌민 묘소 주변으로 나누어서 돌아보면 된다.

**TIP**

호찌민 묘소는 언제든지 구경할 수 있지만, 호찌민의 시신이 안치된 내부 관람은 오전에만 가능하다. 또한, 대부분의 박물관이 점심시간에 문을 닫는다. 일정을 짤 때 유의하자.

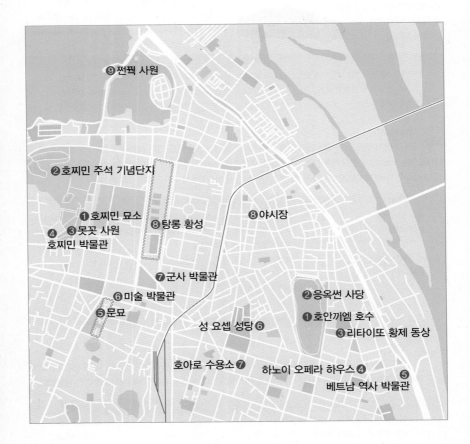

⑨ 쩐꿕 사원

② 호찌민 주석 기념단지

① 호찌민 묘소
④ ③ 못꼿 사원
호찌민 박물관

⑧ 탕롱 황성

⑧ 야시장

⑦ 군사 박물관

⑥ 미술 박물관
⑤ 문묘

② 응옥썬 사당
① 호안끼엠 호수
③ 리타이또 황제 동상

성 요셉 성당 ⑥

호아로 수용소 ⑦        하노이 오페라 하우스 ④        ⑤
베트남 역사 박물관

## 추천 코스

# Course1 호안끼엠 호수 주변

하노이에 도착한 날, 호안끼엠 호수와 구시가 일대를 가볍게 돌아보는 코스

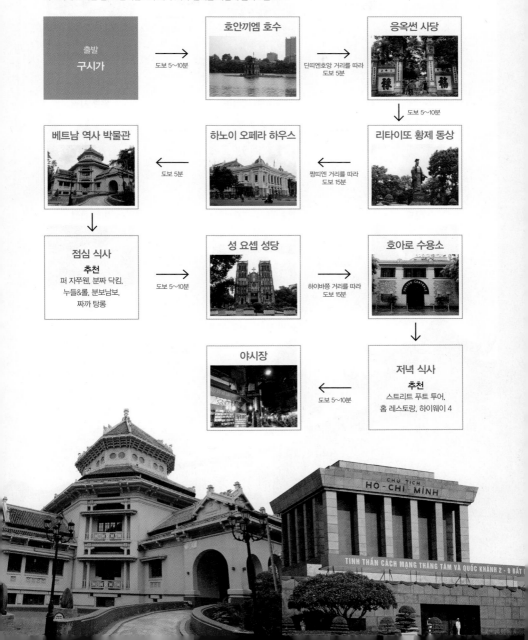

**출발 구시가** → 도보 5~10분 → **호안끼엠 호수** → 딘띠엔호앙 거리를 따라 도보 5분 → **응옥썬 사당**

↓ 도보 5~10분

**베트남 역사 박물관** ← 도보 5분 ← **하노이 오페라 하우스** ← 짱띠엔 거리를 따라 도보 15분 ← **리타이또 황제 동상**

↓

**점심 식사**
**추천**
퍼 자쭈옌, 분짜 닥킴, 누들&롤, 분보남보, 짜까 탕롱
→ 도보 5~10분 → **성 요셉 성당** → 하이바쯩 거리를 따라 도보 15분 → **호아로 수용소**

↓

**저녁 식사**
**추천**
스트리트 푸드 투어, 홈 레스토랑, 하이웨이 4

**야시장** ← 도보 5~10분 ←

## Course2 호찌민 묘소 주변

본격적인 관광 코스. 하노이 여행의 핵심인 호찌민 묘소 주변과 역사 유적지를 돌아본다.

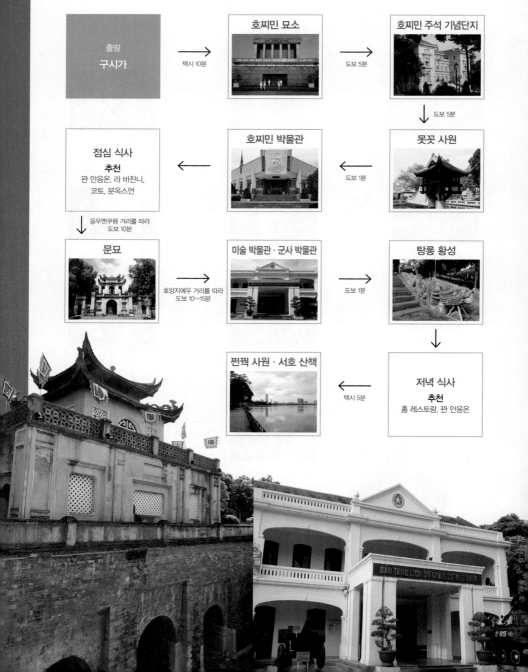

**출발**
**구시가**

→ 택시 10분

**호찌민 묘소**

→ 도보 5분

**호찌민 주석 기념단지**

↓ 도보 5분

**점심 식사**
**추천**
꽌 안응온, 라 바잔니,
코토, 분옥스언

← **호찌민 박물관**

← 도보 1분 **못꼿 사원**

↓ 응우옌쿠옌 거리를 따라
도보 10분

**문묘**

→ 호양지에우 거리를 따라
도보 10~15분 **미술 박물관 · 군사 박물관**

→ 도보 1분 **탕롱 황성**

↓

**쩐꿕 사원 · 서호 산책**

← 택시 5분 **저녁 식사**
**추천**
홈 레스토랑, 꽌 안응온

## Course3 테마 코스

구시가 맛집 탐방 코스. 베트남 사람들이 즐겨먹는 현지 음식을 중심으로 구시가를 돌아보자.

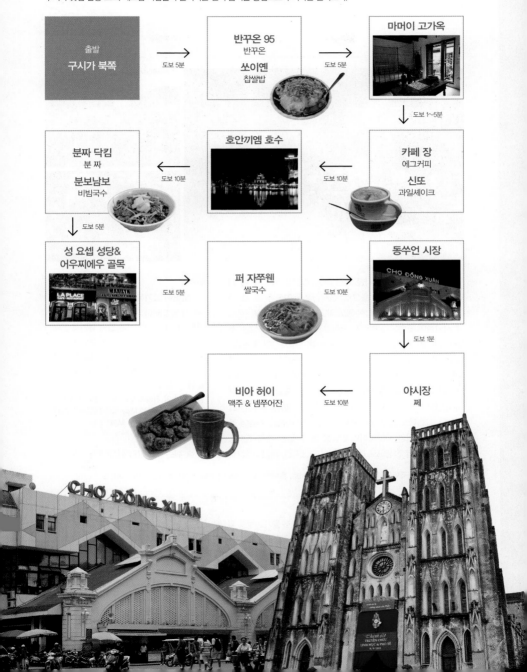

**출발**
**구시가 북쪽**

도보 5분 →

**반꾸온 95**
반꾸온

**쏘이옌**
찹쌀밥

도보 5분 →

**마머이 고가옥**

↓ 도보 1~5분

**분짜 닥킴**
분 짜

**분보남보**
비빔국수

← 도보 10분

**호안끼엠 호수**

← 도보 10분

**카페 장**
에그커피

**신또**
과일셰이크

↓ 도보 5분

**성 요셉 성당&**
**어우찌에우 골목**

도보 5분 →

**퍼 자쭈웬**
쌀국수

도보 10분 →

**동쑤언 시장**

↓ 도보 1분

**비아 허이**
맥주 & 넴쭈어잔

← 도보 10분

**야시장**
쩨

## 구시가
Phố Cổ

Old Quarter

무려 1,000년이 넘는 역사를 가진 하노이의 옛 거리. '포'는 거리, '꼬'는 오래된 이라는 뜻으로, 현지인들은 이곳을 '포 꼬'라고 부른다. 미로 같이 복잡한 36개의 거리가 얽혀 있으며 전 세계 사람들이 모여드는 여행자 거리이기도 하다. 상점, 식당, 호텔이 빼곡히 들어찬 낡은 건물과 오토바이 주차장이 된 인도, 그 사이를 깨알같이 차지하고 있는 노점상 등이 온통 구시가를 뒤덮고 있다. 어디 그뿐 인가. 개미떼 같이 이어지는 오토바이 행렬과 여기저기서 쏟아져 나오는 여행자들, 도로변에서도 편하게 앉아 커피와 식사를 하는 현지인들까지 그야말로 혼란 그 자체다. 그럼에도 불구하고 구시가는 전쟁의 아픔을 가슴에 묻고 오늘을 살아가는 하노이의 민낯을 볼 수 있는 매력적인 공간. 한때 베트남 전쟁으로 폐허가 되기도 했지만, 여전히 활기차게 살아 숨 쉬는 하노이의 심장이다.

> **TIP**
>
> **마머이 고가옥** Nhà Cổ Mã Mây
>
> 19세기 말 마머이 거리에 지어진 전통 가옥이자 상점. 한약재를 팔던 상인의 집으로 1945년까지 대를 이어가며 살았던 곳이다. 오래된 나무문을 통과하면 거실 겸 상점이 나오고 2층으로 올라가면 침실과 테라스를 볼 수 있다.
>
> <u>위치</u> 마머이 거리에 있는 투린 팰리스 호텔2 맞은편 <u>주소</u> 87 Mã Mây <u>오픈</u> 08:00~17:00 <u>요금</u> 10,000VND <u>지도</u> MAP 3 ⓖ

<u>위치</u> ①노이바이국제공항에서 택시로 35분 ②서호, 호찌민 묘소, 하노이 역에서 택시로 10분 <u>지도</u> MAP 3

> **Talk** 구시가 탄생 스토리
>
> 하노이 구시가는 수도를 탕롱(지금의 하노이)으로 옮기고 탕롱 황성을 축조한 리(Lý) 왕조 시기(1009~1225)에 탄생했다. 처음에는 나라에 필요한 물품을 거래하던 작은 시장이었으나 손재주 좋은 사람들이 하나둘 모여들면서 성 밖으로 큰 시장이 형성되었다. 비슷한 물건을 만드는 사람들끼리 모이다 보니 특산품 거리도 만들어졌다. 자연스럽게 거리 이름에는 파는 물건(항/Hàng)의 이름이 붙었다. 은세공품을 팔면 항박(Hàng Bạc), 베옷과 비단를 팔면 항가이(Hàng Gai), 가죽을 팔면 항자(Hàng Da)가 되는 식. 근처에 있는 탕롱 황성보다 높은 건물을 지을 수 없었기 때문에 지금까지도 낮은 건물들이 대부분이고 늘어나는 인구를 감당하지 못해 좁은 상점 뒤로 방을 내는 것이 특징이었다.

# 호안끼엠 호수

## Hồ Hoàn Kiếm

Hoan Kiem Lake

복잡한 구시가의 숨통을 티워주는 호수다. 그늘이 되어주는 키 큰 나무와 알록달록 예쁜 꽃들이 호수 전체를 둘러싸고 있다. 걷기 좋게 꾸며진 길과 곳곳에 비치된 벤치 덕분에 아침 저녁으로 산책하기 그만. 특히 저녁에는 환한 조명이 밝혀져 낭만적이기까지 하다. 호안끼엠이라는 호수의 이름은 검을 돌려 주었다는 뜻으로 한자로는 환검호(還劍湖)라고 한다. 여기에는 중국 명나라와 맞서 싸웠던 레러이(Lê Lợi)에 관한 전설이 담겨 있어 흥미롭다. 1418년 어느 날, 레러이가 호수를 걷고 있었다. 그런데 갑자기 거북이 나타나 검의 손잡이를 주고 사라진다. 다음에는 호수에서 낚시를 하던 노인이 레러이의 것이라고 쓰여진 검을 낚아 올려 그에게 가져다준다. 이를 신명하게 여긴 레러이는 검의 손잡이에 검을 맞추어 보았고 예상대로 그 둘은 잘 맞았다. 보검이라 여긴 레러이는 명나라를 무찌르는데 온힘을 쏟았고 1428년 명나라를 물리치는데 성공했다. 레 왕조를 세운 그는 보검을 가지고 호수로 나가 그 곳에서 다시 만난 거북에게 보검을 돌려 주었다. 호숫가 작은 섬에 있는 거북탑은 이를 기리기 위해 만들어진 것. 하노이 사람들은 지금도 이 호수에 거북이 살고 있다고 믿으며 신성한 영물로 여기고 있다.

위치 ①노이바이국제공항에서 택시로 40분 ②서호, 호찌민 묘소, 하노이 역에서 택시로 10분 ③구시가에서 도보 5분 주소 Lê Thái Tổ&Đinh Tiên Hoàng 오픈 24시간 요금 무료 지도 MAP 4 ⑧

# 응옥썬 사당
## Đền Ngọc Sơn

Ngoc Son Temple

호안끼엠 호수 북동쪽에 자리한 도교 사당이다. 1864년에 지어진 것으로 작은 돌 섬 안에 자리하고 있다. 사당은 붉은색 나무다리로 연결되어 있고 사당 안에는 무신 관우(Quan Vũ)와 학문의 신 반쓰엉(Văn Xương), 원나라를 3번 격퇴한 쩐흥다오(Trần Hưng Đạo) 장군이 모셔져 있다. 호수와 관련된 전설 때문인지 유리 케이스 안에는 박제된 거북도 전시되어 있다. 길이 2m에 무게 250kg이 넘는 큰 거북이라 눈길이 절로 간다. 호수에 비친 사원의 모습이 옥빛(Ngọc)을 띤 산(Sơn)처럼 보인다 하여 응옥썬이라는 이름이 붙었다.

<u>위치</u> 호안끼엠 호수 북쪽 딘띠엔호앙 거리와 다리로 연결 <u>주소</u> Đinh Tiên Hoàng <u>오픈</u> 월~금요일 07:00~18:00, 토 · 일요일 07:00~21:00 <u>요금</u> 15세 이상 성인 30,000VND, 15세 미만 무료 <u>지도</u> MAP 4 ⓑ

> **TIP**
> 사당을 연결하는 붉은 다리 위까지는 자유롭게 다닐 수 있지만 사당 안으로 들어가려면 입장료를 내야 한다. 보통 사당과 사원은 무료로 들어갈 수 있는데 이곳만큼은 예외다.

# 리타이또 황제 동상
## Vườn Hoa Lý Thái Tổ

Statue of Emperor Ly Thai To

리 왕조의 황제 리타이또를 기리는 자그마한 공원이다. 리타이또는 리태조(李太祖)라는 뜻으로 베트남 역사상 탕롱(지금의 하노이)을 수도로 삼은 최초의 인물이다. 오늘날 하노이를 있게 한 시조로 그의 공덕을 칭송하기 위해 동상을 세우고 공원을 꾸몄다. 당시 수도명을 탕롱(Thăng Long/昇龍)이라 정한 이유는 황제의 일화에서 비롯됐다. 리타이또가 1009년 리 왕조를 세우고 이 곳에 도착했을 때 하늘에서 두 마리의 용이 내려왔다고 한다. 환영의 춤을 추는 용을 길하게 여긴 황제가 탕롱이라 이름 붙인 것. 이후 탕롱은 1802년 응우옌 왕조가 후에로 도읍을 옮기기 전까지 오랜 세월 북부 베트남의 중심지 역할을 해왔다. 리 왕조는 리타이또 사후에도 200년 이상 융성하였으며 안정적인 통치로 정치 · 교육 · 문화 전분야에서 큰 발전을 이루었다. 탕롱 황성과 문묘도 이 시대에 지어진 대표적인 건축물이다.

<u>위치</u> 응옥썬 사당에서 우체국 방향으로 호수를 따라 도보 5분 <u>주소</u> Đinh Tiên Hoàng <u>지도</u> MAP 4 ⓖ

# 하노이 오페라 하우스

Nhà Hát Lớn Hà Nội

Hanoi Opera House

프랑스 식민 통치자들이 문화생활을 즐기기 위해 지
은 공연장이다. 파리의 국립 오페라 극장 '팔레 가르
니에'를 모델로 1911년에 건축했다. 육중한 기둥과 회
색 지붕이 프랑스풍 건물임을 뽐내듯이 서 있다. 지
금이야 세계 각국의 클래식 연주, 오페라, 콘서트, 뮤
지컬 등이 자유롭게 들어오고 있지만 미ㆍ소 냉전 시
대에는 러시아의 차이코프스키의 곡만이 연주되었다
고 한다. 공연 관람객이 아니라면 내부를 살펴볼 수
는 없지만 근사한 외관을 배경으로 사진은 마음껏 찍
을 수 있다. 공연 관람에 관심이 있다면 홈페이지를
통해 스케줄과 비용을 확인해 보자. 저렴한 가격으로
훌륭한 공연을 감상할 수 있다.

위치 ①리타이토 황제 동상에서 중앙 우체국을 지나 짱띠
엔(Tràng Tiền) 거리를 따라 도보 10분 ②구시가에서 택시
로 7분 ③호수 북쪽 구시가 80 Trần Nhật Duật 정류장에
서 34번 버스로 10분 주소 1 Tràng Tiền 전화 24-9330-
113 홈피 hanoioperahouse.org.vn 지도 MAP 4 ⑪

### TIP

**힐튼 하노이 오페라 호텔**
하노이에 남아있는 웅장
한 프랑스풍 건축물 중에
하나. 오페라 하우스를 감
싸듯 둥글게 휘어져 있는 모양이 매우 독특하다.

# 베트남 역사 박물관

Bảo Tàng Lịch Sử Việt Nam

Vietnam National Museum of History

베트남의 전 역사를 살펴볼 수 있는 명실공히 최고
의 박물관이다. 중국풍 외벽과 적갈색 지붕이 돋보이
는 건물 안에 자리하고 있다. 짱띠엔 거리를 사이에
두고 A동과 B동으로 구분되어 있으며 선사 시대부터
오늘에 이르기까지 전시 범위도 폭넓다. A동은 석기
시대부터 1945년 통일까지. B동은 1945년부터 현재
까지를 다루고 있다. 역사박물관은 프랑스가 베트남
에서 물러난 후 1958년에 오픈했다. 과거 식민 통치
가 한창일 때는 총독부 관저로 쓰였고 1910년부터 약
40년 동안은 프랑스 고고학 연구소 극동학원(EFEO)
의 본부 겸 박물관으로 사용됐다.

위치 ①오페라 하우스를 바라보고 섰을 때 왼편에 있는 짱
띠엔(Tràng Tiền) 거리 끝까지 도보 5분 ②구시가에서 택시
로 10분 ③호수 북쪽 구시가 80 Trần Nhật Duật 정류장에
서 3번, 34번 버스로 10분 주소 1 Phạm Ngũ Lão&Tràng
Tiền 오픈 08:00~12:00, 13:30~17:00 휴무 매월 첫 번째
월요일 요금 성인 40,000VND, 대학생 20,000VND, 학생
10,000VND, 6세 이하 어린이 무료 전화 24-3824-1384 홈
피 www.baotanglichsu.vn 지도 MAP 4 ⑪

### TIP

전시 동선이 복잡해 연대표를 잘 보고 다녀야 한다.
시간이 없다면 관심사에 따라 AㆍB동 가운데 한 곳
만 살펴봐도 좋다.

# 베트남 역사 박물관 **꼼꼼 가이드**

## **01 선사시대** Vietnam's Prehistoric
기원전 300,000~4,000년

언어가 없어 기록물이 남아있지 않은 선사시대로 거슬러 올라가 베트남의 기원을 살펴본다. 원시인들이 사용한 연모를 기준으로 석기-청동기-철기시대로 구분하는데 이곳에서는 구석기와 신석기시대를 살았던 인류에 대해서 전시한다. 주로 박선(Bắc Sơn) 문화에 대해서 설명하는데 이는 우리나라 구석기 유적지인 단양 금굴이나 연천 전곡리 같은 지명이라고 보면 된다.

## **02 청동기 · 철기시대** The Bronze&Iron Age
기원전 7~2세기

청동기시대의 동선(Đông Sơn) 문화와 철기시대의 싸후인(Sa Huỳnh) 문화에 대해서 집중적으로 다루고 있다. 당시 사람들이 만든 농기구, 장식품, 무기, 악기, 장례물품 등을 볼 수 있다. 메인 전시물은 동선 시대에 만들어진 청동 드럼. 축제나 제식에 사용한 것으로 대칭적인 패턴과 별 무늬를 특징으로 한다. 특히 별은 당시 사람들

의 물질적 · 정신적 삶을 상징하는 표현으로 중요한 의미를 지닌다고. 싸후인 문화는 호이안 인근에서 발견되었으며 시신을 화장해서 항아리에 담아 묻는 장례 풍습으로 유명하다.

## **03 중국 투쟁의 시대** Struggles Against Chinese
기원전 1세기~9세기

베트남이 중국에서 벗어나 독립 왕조를 세우는 과정과 당시 유적을 확인할 수 있다. 기원전 207년 중국 진나라 출신의 찌에우다(Triệu Đà)가 베트남을 독립국으로 만들어 왕의 자리에 앉았으나 한(漢) 나라의 제후국이 되면서 중국의 손아귀에 들어갔다. 40년에는 쯩(Trưng) 자매가 반란을 일으키는데 성공하여 왕위에 올랐으나 후한에 의해 다시 멸하고 만다. 이렇게 수 백년 동안 중국에 저항하던 베트남은 938년이 되어서야 최초의 독립 왕조를 세우게 된다.

## **04 응오 · 딘 · 전기 레 왕조** Triều Ngô · Đinh · Lê
10세기

베트남 최초의 독립 왕조 '응오 왕조'와 짧게 막을 내린 딘 왕조, 전기 레 왕조에 관한 내용이 전시되어 있다. 응오 왕조는 응오꾸옌(Ngô Quyền)이 박당 강(Sông Bạch Đằng) 전투에서 중국을 무찌르고 세운 나라다. 1,000년 만에 이룬 독립이라 역사적 상징성이 높다. 딘 왕조는 지금의 닌빈에 해당하는 호아르(Hoa Lư)에 수도를 둔 국가였다. 우리가 땀꼭 · 짱안 투어 시 호아르에 들르는 이유가 바로 여기에 있다. 전기 레 왕조 전시물 중에는 테라코타로 만든 삐뚤빼뚤한 모양의 석탑이 볼만하다.

## 05 리 왕조 Triều Lý

1009~1225년

전기 레 왕조를 장악한 뒤 탄생한 리 왕조의 유물과 역사 유적이 정리되어 있다. 리 왕조는 베트남에서 200년 이상 융성했던 최초의 왕조로 탕롱(지금의 하노이)에 수도를 두고 도시를 건설했다. 탕롱 황성과 문묘가 모두 이때 지어진 것이다. 덕분에 볼거리가 많은 전시실이다. 이곳의 메인 전시물은 아미타불 석상. 섬세한 무늬가 새겨진 받침대와 연꽃 위에 앉아있는 좌상이 당나라 불교 미술의 영향을 받은 것이라 한다. 크고 하얀 도자기 사리탑과 탕롱 황성에서 발견된 얼굴 모양의 두상(압사라 무용수와 부처)도 눈길을 끄는 전시물.

## 06 쩐 왕조 Triều Trần

1225~1400년

쩐 왕조의 유물과 유적을 전시하고 있다. 무늬가 아름다운 도자기류를 제외하면 볼거리가 많지는 않다. 쩐 왕조는 원나라와 참파 왕국의 침입을 모두 이겨낸 자부심 강한 나라였다. 특히 쩐흥다오 장군의 박당 강 전투는 응오꾸옌의 박당 강 전투만큼이나 유명하다. 하롱베이와 만나는 박당 강의 조수간만의 차를 이용해 강 바닥에 나무 기둥을 심어 놓고 원나라 군대를 유인한 것. 예상치 못한 나무 기둥에 갇힌 원나라는 당황했고 쩐흥다오 장군은 이곳에 불을 질러 크게 승리하였다.

## 07 호 왕조 Triều Hồ

1400~1407년

쩐 왕조에서 세력을 키워온 호뀌리(Hồ Quý Ly)가 세운 왕조. 교묘한 왕위 찬탈과 반복되는 숙청으로 7년만에 단명했다. 왕조 유지 기간이 짧았던만큼 눈에 띄는 전시물은 거의 없다. 호 왕조의 수도는 탄호아였는데 다음에 세워지는 레 왕조의 건국자 레러이(Lê Lợi)의 고향으로 유명하다.

## 08 후기 레 왕조 Triều Lê

1428~1788년

후기 레 왕조의 풍성한 유물을 볼 수 있는 곳이다. 전시실에 들어서면 가장 먼저 거대한 거북 비석이 여행자를 맞이한다. 레 왕조를 세운 레러이 황제의 업적을 기리는 것으로 호안끼엠 호수의 전설도 적혀 있다고 한다.

비석은 레러이를 도왔던 정치가이자 유학자인 응우옌짜이(Nguyễn Trãi)가 만들었다. 그 밖에도 다양한 종류의 그릇, 도자기, 장식품 등을 구경할 수 있다. 레 왕조는 1428년 레러이가 세운 왕조로 하노이에 수도를 두었다. 농민 출신이었던 레러이는 1418~1427년 명나라 지배에 반대하는 반란에 성공해 왕의 자리까지 오른 인물. 중국을 배척하였지만 선진 제도는 모방하여 관료 기구를 정비하고 사신을 보내어 외교관계도 회복했다. 예술과 문학을 장려하고 과거 시험도 일반 농민에게까지 개방해 나라가 크게 융성하였다.

### ⑨ 떠이션 왕조 Triều Tây Sơn

1778~1802년

떠이션 왕조의 유물을 전시하고 있다. 팔이 여럿 달린 관세음 보살상과 누워있는 부처상 등 목각상이 주를 이룬다. 떠이션 왕조는 24년 남짓 존재했지만 응우옌 왕조가 탄생하는 밑거름이 되었다. 떠이션 지방에 살고 있던 삼형제(응우옌반냑, 응우옌푹아인, 응우옌반후에)가 일으킨 반란이 성공하여 1778년에 세워졌다. 훗날 삼형제가 서로 왕위를 쟁탈하는 과정에서 응우옌푹아인이 승리하면서 베트남의 마지막 왕조인 응우옌 왕조를 열게 된다. 응우옌푹아인은 이후 자롱 황제로 불리며 후에를 수도로 천명하였다.

### ⑩ 응우옌 왕조 Triều Nguyễn

1802~1945년

베트남의 마지막 왕조인 응우옌 왕조가 남긴 유물을 전시하고 있다. 청동 조각품, 청동 향로, 귀금속, 자개가구, 제복, 목조 조각품 등 종류도 다양하다. 그중에서도 2대 황제 민망과 4대 황제 뜨득이 사용했던 황금 장식의 엽총이 볼만하다. 응우옌 왕조는 북에서 남에 이르기까지 베트남 전역을 통일한 최초의 왕조로 오늘날 베트남의 전신으로 여겨진다. 1802년부터 1945년까지 존재하였지만 1883년부터는 프랑스 식민지와 남북 분단으로 인하여 베트남 왕조로서 권위와 실체가 없어졌다고 봐야한다.

### ⑪ 반 프랑스 운동과 8월 혁명 Anti-French Movement & The August Revolution

1883~1945년

프랑스 식민지 시절부터 1945년 독립까지의 역사를 다루고 있다. 르엉반칸, 판보이쩌우, 응우옌타이혹, 판쩌우찐 같은 유명한 독립 운동가를 소개하는 것을 시작으로 베트남군에 의해 침몰당한 프랑스 전함 사건과 독립투사 쯔엉찐의 공산당 서기장 추대식 같은 굵직 굵직한 사건들을 전시하고 있다. 뭐니뭐니 해도 전시의 하이라이트는 1945년 9월 2일 호찌민의 독립 선언서 낭독 벽화. 2차 세계 대전 종전 직후 호찌민과 공산당, 베트남 독립연맹(베트민)이 국민의 지지를 등에 엎고 8월 혁명을 통해 베트남 민주 공화국(Việt Nam Dân Chủ Cộng Hò)을 탄생시켰다.

## ⑫ 제1차 인도차이나 전쟁 The First Indochina War
1946~1954년

베트남의 독립을 인정하지 않고 식민 통치의 욕심을 버리지 못한 프랑스와 베트남 민주 공화국 간에 벌어진 전쟁에 대해서 소개하고 있다. 제2차 세계대전 종식 후 강대국들이 식민지 독립을 보장하는 상황에서도 프랑스는 계속해서 독립운동가와 공산주의자를 잡아들이고 경제적 수탈과 문화 파괴를 일삼았다. 호찌민이 이끄는 북베트남 세력은 이에 굴복하지 않고 디엔비엔푸 전투에서 크게 승리함으로써 전쟁을 종식시켰다.

## ⑬ 제네바 협정 Geneva Agreements
1954년

인도차이나 전쟁 종식 후 강대국들이 모인 제네바 협정에 대해서 전시하고 있다. 제네바 협정을 통해 프랑스는 베트남에서 철수하게 되지만 베트남은 남북으로 분단되는 운명에 처한다. 북베트남은 베트남 민주 공화국으로 두되 남베트남에는 응우옌 왕조의 마지막 황제 바오다이를 세운 것. 1956년 선거를 통해 통일할 것을 규정하였으나 아시아의 공산화를 두려워한 미국은 베트남 식민지 욕심을 숨기고 여기에 서명하지 않았다.

## ⑭ 응오딘지엠 정부 Ngô Đình Diệm Goverment
1956~1963년

남북으로 갈린 베트남의 상황을 설명하고 있다. 특히 남베트남에 관한 내용이 많다. 1955년 남베트남 국민투표에서 민심을 잃은 바오다이 황제는 폐위되었고 미국이 세운 응오딘지엠이 대통령으로 선출된다. 하지만 그 역시 부정 부패, 토지 분배, 불교 탄압 문제 등으로 국민들을 실망시켰다. 결국 그는 자신이 장군으로 임명한 즈엉반민(Dương Văn Minh) 장군 세력에 의해 처형당하고 만다. 이렇게 어지러운 쿠데타가 계속되자 남베트남에서는 농민과 노동자가 손을 잡고 남베트남 민족해방전선(베트콩)을 결성하기에 이른다. 북베트남은 당연히 이들의 탄생을 반겼고 호찌민 트레일(꾸찌 터널 등의 지하 땅굴)을 통해 다양한 물자를 지원했다.

## ⑮ 베트남 전쟁 Vietnam War
1965~1975년

미국과 베트남간의 10년 전쟁에 대해서 전시하고 있다. 통킹만 사건, 세계 각국의 파병, 구정공세, 호찌민 서거, 사이공 함락 등을 살펴볼 수 있다. 통킹 만 사건은 1964년 미군이 북베트남 통킹 만에서 북베트남의 공격을 받았다고 주장한 다음 폭격을 감행한 것으로 베트남 전쟁의 시발점이 되었다. 그 이후 1967년에는 약 50만 명이 넘는 미군이 파병되었고 한국에서도 연간 30만 명이 넘는 전투병력이 투입되었다. 그외 필리핀, 태국, 호주, 뉴질랜드 등에서도 파병이 이뤄졌다. 베트남 전쟁에서 가장 결정적인 사건은 다름 아닌 구정 대공세. 1968년 1월 31일 베트남 최대 명절인 뗏(Tết/구정)에 베트콩이 미군과 주요시설을 폭격해 미국을 놀라게 했다. 잔인한 보복 공격을 받기는 하였지만 베트남 전쟁의 실상이 알려지면서 미국 내 반전 운동이 거세지기 시작했다. 1969년 9월 2일에는 호찌민의 서거로 온 나라가 슬픔에 휩싸이기도 했다. 전쟁은 1975년 베트남의 승리로 끝난다.

## ⑯ 베트남 통일 Vietnam Unification
1975년 4월 30일

베트남 전쟁이 끝난 후 중요한 미션은 통일이었다. 그 과정을 소개하는 마지막 전시관이다. 미국이 베트남에서 물러나자 북베트남은 베트콩과 합세하여 친미 정권인 남베트남 정부를 무너뜨리는 작전을 세웠다. 드디어 1975년 4월 30일, 북베트남의 탱크가 사이공의 대통령궁을 점령하면서 꿈에도 그리던 통일을 이룬다. 자력으로 베트남 사회주의 인민 공화국(Socialist Republic of Vietnam)이 탄생한 것이다.

# 성 요셉 성당
## Nhà Thờ Lớn Hà Nội

St. Joseph Cathedral

프랑스 식민지 초기인 1886년에 만든 성당이다. 1057년 리 왕조에서 세운 유서 깊은 불교사원을 프랑스가 허물고 지은 것이다. 처음에는 로마네스크 양식으로 건축하였으나 1912년에 높이 31m에 달하는 사각 종탑을 더했다. 성당 안에 있는 스테인드글라스와 예배당 장식은 다른 어떤 성당보다 우아하다. 성당 앞에는 '평화의 모후여(Regina Pacis)'라는 글자가 새겨진 성모상이 세워져 있다. 성당은 디엔비엔푸 전투에서 크게 패한 프랑스가 베트남에서 철수하던 1954년에 폐쇄되었으며 1990년까지 닫혀 있었다. 하노이의 가톨릭 신자들도 재산을 몰수당하는 박해를 받았다. 이 모든 것을 프랑스의 잔재로 보았기 때문. 하지만 지금은 그러한 흔적을 찾아볼 수 없을 만큼 평화로운 공간으로 사람들을 맞이하고 있다.

> **TIP**
> 성당 정문은 철제 울타리에 둘러 쌓여 입장이 불가하다. 성당을 마주 보고 왼쪽으로 난 좁은 문으로 들어가면 된다. 미사는 월~금요일 05:30, 18:30, 토요일 05:30, 18:00, 일요일 05:00, 07:00, 08:30, 10:00, 11:30, 16:00, 18:00, 20:00에 열린다.

<u>위치</u> ①호수 서쪽 애프리콧 호텔(Apricot Hotel)을 지나 HSBC 은행이 보이면 왼쪽으로 꺾어서 직진, 총 도보 5분 ②호수 북쪽 항가이(Hàng Gai) 거리와 항봉(Hàng Bông) 거리를 지나 왼쪽으로 난 리꾸옥수(Lý Quốc Sư) 거리를 따라 직진, 총 도보 10분 <u>주소</u> 40 Nhà Chung <u>오픈</u> 05:00~11:30, 14:00~19:30 <u>요금</u> 무료 <u>전화</u> 24-3825-4424 <u>홈피</u> tonggiaophanhanoi.org <u>지도</u> MAP 4 Ⓐ

# 호아로 수용소
## Hoà Lò

Hoa Lo Prison

탈출을 위해 잘라낸 하수관 쇠창살.

1896년 프랑스 식민 통치자들이 만든 감옥이다. 반프랑스 세력과 독립운동가를 고문하고 사형을 집행하던 곳으로 식민 통치 말기인 1954년에는 무려 2,000여 명이 수용되어 있었다. 프랑스 사람들은 이곳을 중앙 교도소 '메종 센트랄레 (Maison Centrale)'라 칭했지만 베트남 사람들은 자신들의 독립 의지를 꺼지지 않는 불씨와 활활 타오르는 화로(火爐)에 비유해 '호아로(Hoà Lò)'라 불렀다. 수용소 내부에는 당시의 실상을 낱낱이 알려주는 사진, 증언, 기록물, 고문 도구 등이 전시되어 있다. 특히 지옥 중에 지옥으로 불린 지하 독방 '까쇼(Cachot)'와 단두대 '기요틴(Guillotine)'이 있는 사형 대기방은 보는 것만으로도 공포감이 밀려오는 곳. 지하 독방에 갇혀 있던 사람들은 공기와 햇빛이 부족해 부종과 가려움증(옴)으로 고생했다. 달랏의 항응아 빌라(크레이지 하우스)를 만든 건축가의 부친이자 통일 후 공산당 서기장을 지

**TIP**

2008년 미대선에서 오바마에게 패한 공화당 대표 존 매케인은 전투기 조종사로 베트남전에 참전했다가 이곳에서 포로 생활을 했다. 그의 군복과 낙하산 등이 전시되어 있다.

낸 쯔엉찐(Trường Chinh)도 이곳에 갇혀 있었던 것으로 유명하다. 거리 이름에서 자주 볼 수 있는 불굴의 독립 투사 응우엔타이혹과 포득찐은 1930년경 이곳 단두대에서 목숨을 잃었다. 역사는 돌고 도는 것인지 베트남 전쟁 기간에는 상황이 바뀌었다. 이번에는 베트남군이 미군을 가두는 포로 수용소가 된 것. 당시 미군들은 이곳을 하노이 힐튼(호텔)이라 불렀다. 열악한 환경과 상황을 반어적으로 표현한 것이다. 오늘날의 호아로 수용소는 하노이 타워 건축으로 축소되었지만, 원래는 인도차이나 반도 전체를 통틀어 가장 큰 규모의 수용소였다.

<u>위치</u> ①성 요셉 성당에서 도보 15분, 하이바쯩 거리에 있는 하노이 타워 왼쪽 좁은 골목 안에 위치 ②호수 북쪽 구시가 80 Trần Nhật Duật 정류장에서 34번 버스로 10분 ③롱비엔 버스환승센터에서 1번 버스로 10분 <u>주소</u> 1 Hoà Lò <u>오픈</u> 08:00~17:00 <u>요금</u> 30,000VND <u>전화</u> 24-3934-2253 <u>홈피</u> hoalo.vn <u>지도</u> MAP 4 ⓔ

# 호찌민 묘소
## Lăng Chủ Tịch Hồ Chí Minh

Ho Chi Minh Mausoleum

베트남 독립의 아버지 호찌민의 묘소. 그는 꿈에도 그리던 남북통일을 보지 못하고 쇠약해진 몸으로 1969년 9월 2일 서거했다. 바딘 광장 중앙에 화강암으로 반듯하게 지어진 그의 묘소는 모스크바에 있는 레닌의 묘소에서 영감을 받아 만들어졌다. 호찌민은 유언장에 '내가 죽은 후에 웅장한 장례식으로 인민의 돈과 시간을 낭비하지 말라. 내 시신은 화장해 달라.'고 남겼으나 베트남 국민은 그럴 수가 없었다. 폭 41.2m, 높이 21.6m 규모의 크고 웅장한 묘를 짓고 시신을 방부 처리하여 언제라도 그의 모습을 볼 수 있도록 모시고 있다. 묘소 앞에는 하얀 정복을 입은 군 의장대가 지키고 있고 묘소 내부에는 경비원과 직원들이 엄격한 규칙에 따라 관람을 허락하고 있다. 방문객은 두 줄로 서서 침묵하고 엄숙하게 관람해야 한다. 반바지, 민소매, 미니스커트, 슬리퍼 같은 차림으로는 입장이 불가하고 카메라, 비디오 촬영 역시 허락되지 않는다.

> **TIP**
>
> 호찌민 묘소는 언제든지 볼 수 있지만, 내부 관람은 오전에만 가능하다. 줄도 길기 때문에 아침 일찍 서두르는 것이 좋다. 매년 2~3개월간은 시신 방부 처리 작업이 이뤄진다. 보통 9월에서 11월 사이인데 이때는 내부 관람이 중지된다.

<u>위치</u> ①구시가에서 택시로 10분 ②호수 북쪽 정류장에서 9번 버스로 10분 <u>주소</u> Hùng Vương&Hoàng Văn Thụ <u>오픈</u> 4~10월 화~목요일 07:30~10:30, 토 · 일요일 · 국경일 07:30~11:00 / 11~3월 화~목요일 08:00~11:00, 토 · 일요일 · 국경일 08:00~11:30 <u>휴무</u> 월 · 금요일(국경일이 월 · 금요일인 경우 오픈) <u>요금</u> 무료 <u>전화</u> 24-3845-5168 <u>홈피</u> www.bqllang.gov.vn <u>지도</u> MAP 2 ⑤

## 못꼿 사원
### Chùa Một Cột

One Pillar Pagoda

베트남어로 못은 하나, 꼿은 기둥이라는 뜻. 사원을
떠받고 있는 기둥이 하나밖에 없어서 붙은 이름이다.
한자로도 일주사(一柱寺)라고 표기한다. 보기에는 작
고 평범한 사원에 불과하지만 하노이를 상징하는 고
사찰로 리 왕조의 2대 황제 리타이똥이 1049년에 세
운 것이다. 당시 황제는 대를 이을 자식이 없어 전전
긍긍하였다. 그러던 어느 날, 꿈 속에서 관세음보살이
나타나 그에게 갓난아기를 선물해 주고 갔다. 그런데
놀랍게도 진짜 왕자가 태어났고 이를 감사하는 마음
으로 지었다. 사원을 떠받치는 기둥은 1954년 시멘트
로 복원해 볼품없어졌지만, 전체적으로는 독특한 모
양의 귀한 건축물이다.

<u>위치</u> 호찌민 묘소와 호찌민 박물관 사이에 위치 <u>주소</u> Chùa
Một Cột, Đội Cấn <u>오픈</u> 08:00~16:30 <u>요금</u> 무료 <u>지도</u>
MAP 2 Ⓕ

## 호찌민 주석 기념단지
### Khu Di Tích Chủ Tịch Hồ Chí Minh

Ho Chi Minh's Memorial Site

베트남 독립과 남북통일을 위해 밤낮없이 일했던 호
찌민 주석의 흔적이 남아있는 곳이다. 공무를 수행하
고 일상생활을 영위하던 곳으로 주석궁, 집무실, 가옥
이 자리하고 있다. 평소 호찌민의 성품이 어떠하였는
지를 가늠할 수 있는 의미 있는 장소로 여겨진다.

<u>위치</u> 호찌민 묘소를 마주보고 오른쪽 방향으로 도보 3
분 <u>주소</u> 1 Ngọc Hà <u>오픈</u> 4~10월 07:30~11:00, 13:30~
16:00 / 11~3월 08:00~11:00, 13:30~16:00 <u>휴무</u> 월·금
요일 오후 <u>요금</u> 40,000VND <u>지도</u> MAP 2 Ⓔ Ⓕ

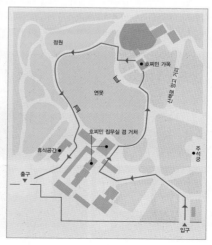

# 호찌민 주석 기념 단지 꼼꼼 가이드

## 01 주석궁 Văn Phòng Chủ Tịch Nước

Presidential Palace

매표소를 지나면 제일 먼저 보이는 노란 건물이다. 1907년 프랑스 식민지 시절에 지어진 화려한 건물로 당시에는 프랑스령 인도차이나 총독이 머물렀다고 한다. 검소한 생활을 하던 호찌민이 이곳에 입주하기를 거부하면서 지금까지 비어있는 상태. 내부 입장은 불가하므로 먼발치에서 사진 촬영만 가능하다. 신고전주의와 바로크 양식이 가미된 스타일로 프랑스 건축가가 설계했다.

## 02 호찌민 집무실 겸 거처

1954년부터 1958년까지 호찌민이 살았던 곳이다. 으리으리한 주석궁을 마다하고 이곳에서 정치부 회의를 주최하고 국빈을 영접하였다. 여럿이 앉을 수 있는 넓은 테이블과 의자가 비치되어 있다. 오른편에는 호찌민이 평소 타   고 다녔던 자동차가 전시되어 있다. 옆 건물로 이동하면 호찌민이 살았던 개인적인 생활 공간도 볼 수 있다.

## 03 호찌민 가옥 Nhà Sàn Bác Hồ

Ho Chi Minh's Stilt House

호찌민이 아침마다 산책하고 운동하던 망고 거리(Mango Road)를 지나면 호찌민이 기거했던 두 번째 가옥이 나온다. 베트남 소수 민족의 전통가옥인 냐산(Nhà Sàn) 모양을 하고 있어 눈길을 끈다. 가까이 가서 보면 한 나  라의 수장이 살았던 집이라고 믿기 어려울 만큼 수수한 목조 건물이다. 이곳에서 1958년부터 마지막 생을 다 할 때까지 지냈다. 1층에는 회의를 할 수 있는 커다란 나무 책상과 의자가 비치되어 있고 구석에는 낡은 전화기와 군모도 놓여 있다. 계단을 따라 올라가면 2개의 작은 방을 볼 수 있는데 검소한 호찌민의 개인 생활을 엿볼 수 있다. 자그마한 책상 위에는 따스한 불빛의 스탠드와 몇 권의 책이, 바닥에는 공산당에서 선물했다는 구식 선풍기가 놓여 있다. 바로 옆의 침실로 침대 하나와 평소 쓰고 다니던 모자, 라디오, 탁상시계 등이 전부다. 건물 앞뒤로는 호수와 정원이 꾸며져 있다.

# 호찌민 박물관
## Bảo Tàng Hồ Chí Minh

Ho Chi Minh Museum

베트남 곳곳에는 민족의 영웅 호찌민을 기리는 박물관이 많이 있다. 그중에서도 규모와 내용 면에서 단연 최고를 자랑하는 곳이다. 호찌민 탄생 100주년을 맞아 1990년에 오픈하였으며 연꽃 모양을 본떠 만든 3층 규모의 박물관이다. 1층은 세미나실, 2층은 근현대사 전시실, 3층은 호찌민 생애를 다룬 전시실로 꾸며져 있다. 박물관의 하이라이트는 뭐니뭐니해도 3층 전시실. 거대한 호찌민 동상을 지나 오른쪽 문으로 들어가면 된다. 전시는 시계 방향으로 꾸며져 있고 왼쪽 벽면을 따라 연대별로 정리되어 있다. 신문 칼럼, 공산당 입당증서, 모자, 지팡이, 샌들, 아령 등 그의 흔적이 남아 있는 것이라면 무엇이든 다 전시되어 있다. 호찌민과 생사를 함께 했던 독립운동가 보응우옌지압, 팜반동, 레주언, 호앙반뚜, 쯔엉찐 같은 인물들도 거리 이름이 아닌 사진으로 확인할 수 있어 뜻깊다. 오른쪽으로는 테마별로 전시가 마련되어 있는데 호찌민의 생애를 다 살펴본 다음 둘러 보면 된다. 테마 전시 중에는 호찌민이 태어난 집과 그곳에서 쓰던 가재도구도 있으며 호찌민이 은신했던 팍보(Pác Bó)에서 사용한 그릇, 화로, 총, 옷 등도 고스란히 전시되어 있다. 호찌민 트레일을 통해 전달되었던 무기와 운송수단인 지게 자전거 역시 빠뜨리지 않았다.

위치 ①못꼿 사원을 나와 오른쪽으로 도보 1분 ②호찌민 묘소를 마주보고 왼쪽 뒤에 위치 주소 19 Ngọc Hà 오픈 08:00~12:00, 14:00~16:30 (월요일과 금요일은 08:00~12:00까지) 홈피 baotanghochiminh.vn 요금 40,000VND 전화 24-3846-3757 지도 MAP 2 ⓔ

**TIP**
자료가 방대하기 때문에 호찌민 박물관 꼼꼼 가이드(p.94)를 보며 관람하면 이해하기 쉽다. 호찌민 박물관 하나만으로 베트남 근현대사가 정리될 정도로 볼거리가 많으므로 시간을 넉넉하게 잡는 것이 좋다.

# 호찌민 박물관 꼼꼼 가이드

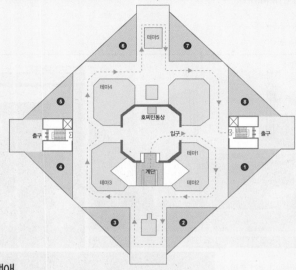

## 호찌민의 생애

### ❶ 탄생과 유년시절(1890~1911)

**1890년 – 탄생** 하노이에서 남쪽으로 약 300km, 후에에서 북쪽으로 약 400km 떨어진 작은 마을 낌리엔(Kim Liên)에서 태어났다. 당시 이름은 응우옌신꿍(Nguyễn Sinh Cung)이었다.

**1900년 – 11살** 호찌민의 아버지 응우옌신삭은 가난했지만 어렵게 공부하여 당시 포방(2급 박사 학위)까지 딴 지식인이었다. 후에의 관직에도 올랐으나 식민지 정부에서 일하는 것이 마음에 걸려 고향으로 돌아온다. 이러한 성격이 호찌민에게도 그대로 이어진다. 아버지 밑에서 고전 공부를 했으며 아버지의 지인으로부터 유교 경전의 인본주의를 배웠다. 11살부터는 아버지가 지어준 새로운 이름 응우옌땃탄(Nguyễn Tất Thành)으로 불렸다. 성공할 사람이라는 뜻이다.

**1907년 – 17살** 공부를 잘했던 호찌민은 17살 무렵 후에의 명문 국립 학교 꾁혹(Quốc Học)에 입학한다. 프랑스에서 운영하는 학교라 마음에 들지 않았지만, 열심히 수학해서 좋은 성적을 거두었다. 하지만 호찌민은 프랑스가 농민들에게 높은 세금을 부과하고 강제 노역에 동원하는 것을 보고 농민 시위에 적극적으로 참여한다. 이 일로 호찌민은 퇴학을 당한다.

**1911년 – 21살** 프랑스에 대한 반감이 컸던 호찌민은 '프랑스인을 물리치고 싶다면 먼저 그들을 이해해야 한다. 그리고 프랑스어를 공부해야 한다.'고 말씀하신 선생님을 떠올리며 프랑스에 가기로 결심한다. 사이공 항구에서 프랑스로 가는 증기선의 주방 보조로 취직해 미국을 거쳐 프랑스 마르세유로 들어간다.

### ❷ 방황과 배움의 시기(1911~1920)

**1917년 – 27살** 프랑스에 살면서 청소부, 하인, 정원사 같은 궂은일을 하며 살았다. 큰 배의 선원으로 취직해 알제리, 튀니지, 콩고 같은 프랑스 식민지국과 미국, 유럽 등을 떠돌기도 했다. 이 시기에 호찌민은 각국의 상황과 세계정세를 이해하게 되었으며 다양한 정치사상과 유명 인사들을 접하면서 세상을 보는 눈을 키운다.

**1919년 – 29살** 프랑스 사회당원으로 정치활동을 시작한 호찌민은 파리에서 열린 강화 회의에서 베트남 독립을 청원하였으나 거절당한다. 이에 굴복하지 않고 베르사유에서 열린 강화 회의에도 참석해 '베트남 민족 요구서'를 제출한다. 이것 또한 받아들여지지 않자 강대국들은 식민지 독립에 관심이 없다는 사실을 깨닫는다.

**1920년 – 30살** 노동자와 농민이 앞장서서 독립을 이루어야 한다는 러시아 혁명가 레닌의 글을 읽고 프랑스 공산당원이 된다. 마르크스를 공부하면서 당의 지원을 받아 신문 〈르 파리아 Le Paria〉를 창간한다. 이곳에서 수년간 제국주의를 반대하고 식민지 개발을 비판하는 글을 쓰며 지낸다. 이때부터 애국자라는 뜻의 이름 응우옌아이꿕(Nguyễn Ái Quốc)으로 활동한다.

### ❸ 공산당 생활(1920~1924)

1923년 – 33살  레닌이 세운 국제 공산당 코민테른에서 개최한 회의에서 아시아 대표 상임위원으로 뽑힌다. 공산주의와 혁명 사상을 공부하고 소련과 중국을 오가며 인적 네트워크를 구축한다.

### ❹ 베트남 공산당 창설(1924~1930)

1930년 – 40살  코민테른의 지원을 받아 태국에서 베트남 독립운동을 계속해 나간다. 흩어져 있던 독립운동가들을 모으고 여러 갈래로 나뉘었던 공산주의 조직도 하나로 통합해 베트남 공산당(Communist Party of Vietnam)을 창설했다. 반프랑스, 반식민지 운동을 주도해 프랑스로부터 사형선고를 받고 여러 해 동안 망명 생활을 했다.

### ❺ 독립 투쟁과 성공

1941년 – 51살  제2차 세계대전 당시 독일 나치가 일본과 손을 잡고 프랑스를 점령하자 이때를 틈 타 베트남 공산당과 함께 만든 독립운동단체 베트민을 조직한다. 30년 만에 고국 땅을 밟은 호찌민이지만 쫓기는 몸이 되어 나설 수가 없었다. 팍보(Pác Bó) 동굴을 본거지로 하여 이곳에서 숨어 살면서 동료들과 독립운동 준비에 박차를 가한다.

1942년 – 52살  프랑스와 싸우기 위해 중국의 장제스 정부의 도움을 받고자 하였으나 의심 많은 장세스에 의해 감옥에 갇히고 만다. 하지만 그곳에서도 옥중일기를 쓰며 독립운동을 지원하였다. 뛰어난 한자 실력으로 중국 국민당 총사령관을 설득해 간신히 석방되었다.

1945년 – 55살  제2차 세계대전이 막을 내리자 8월 혁명을 통해 베트남 공산당과 베트남 국민이 일제히 독립을 외쳤으며 프랑스의 하수인 응우옌 왕조도 무너뜨렸다. 호찌민은 9월 2일 바딘 광장에서 독립 선언서를 낭독하고 베트남 민주 공화국의 주석이 되었다.

### ❻ 인도차이나 전쟁과 남북분단(1946~1954)

1954년 – 64살  베트남 독립을 인정하지 않는 프랑스 때문에 호찌민과 그의 동료들은 계속해서 싸워야만 했다. 이것을 인도차이나 전쟁이라고 부른다. 프랑스는 베트남 곳곳에서 전쟁을 일으키고 응우옌 왕조를 복권시켰다. 호찌민의 오른팔 보응우옌지압 장군이 이끈 디엔비엔푸 전투에서 프랑스가 대패하면서 상황이 바뀐다. 강대국이 모인 제네바 회의에서 프랑스의 식민지 철수는 결정되었지만, 호찌민 주석과 외무장관 팜반동이 주장한 즉시 독립은 받아들여지지 않았다. 베트남을 쉽게 포기할 수 없었던 열강들은 베트남을 남과 북으로 갈랐다.

### ❼ 호찌민 서거(1954~1969)

1965년 – 75살  제네바 협정에 서명도 하지 않고서 베트남을 호시탐탐 노리고 있던 미국은 통킹만 사건을 일으켜 베트남을 공격한다. 이것이 바로 베트남 전쟁의 시작이었다. 호찌민은 또 다시 베트남 사람들을 하나로 모으기 위해 남은 힘을 쏟아 부어야만 했다.

1969년 – 79살  끝내 조국의 독립과 통일을 보지 못하고 9월 2일 서거하였다. 공교롭게도 그 날은 호찌민이 베트남 독립 선언서를 낭독했던 1945년 9월 2일을 기념하는 날이었다. 이를 위한 행사 준비가 한창이었는데 오전에 숨을 거두고 만 것. 그의 서거 소식이 알려지자 베트남 국민은 가족이 죽은 듯이 눈물을 쏟았다. 조문 행렬도 어마어마했다. 각국의 정상들은 하노이로 날아와 애도를 표했으며 전 세계 121개국에서 2만여 통이 넘는 조문 편지를 보냈다.

### ❽ 영원한 호찌민

| 연대순 전시 (관람 동선 왼쪽) | 테마 전시 (관람 동선 오른쪽) |
| --- | --- |
| 1. 탄생과 유년시절(1890~1911) | 테마 1 – 호찌민 생가 |
| 2. 방황과 배움의 시기(1911~1920) | 테마 2 – 팍보 동굴 생활 |
| 3. 공산당 생활(1920~1924) | 테마 3 – 호찌민의 거처 |
| 4. 베트남 공산당 창설(1924~1930) | 테마 4 – 호찌민의 독립외교 |
| 5. 독립 투쟁과 성공(1930~1945) | 테마 5 – 정상들의 외교 선물 |
| 6. 인도차이나 전쟁과 남북 분단(1946~1954) | |
| 7. 호찌민 서거(1954~1969) | |
| 8. 영원한 호찌민 | |

# 탕롱 황성
## Hoàng Thành Thăng Long

Imperial Citadel of Thăng Long

리(Lý) 왕조가 호아르(지금의 닌빈)에 있던 수도를 탕롱(지금의 하노이)으로 옮긴 다음 건설한 궁궐이다. 리 왕조(1009~1225)는 베트남 역사상 200년 이상 융성했던 최초의 왕조로 리꽁우언(Lý Công Uẩn)이 세웠다. 그는 황제의 자리에 올라 리타이또(Lý Thái Tổ)라 불렸으며 1010년 이곳에 탕롱 황성을 건설했다. 응우옌 왕조가 후에로 수도를 옮기기 전까지 정치적 중심지였으며 역대 왕들이 대부분 이곳에서 생활했다. 안타깝게도 프랑스 식민지 시절에 많이 훼손되고 파괴되어 그 모습이 많이 남아있지 않다. 다행히 2010년 유네스코로부터 역사적 가치를 인정받아 세계 문화유산으로 보호받고 있다.

<u>위치</u> ①구시가에서 택시로 10분 ②군사 박물관에서 호앙지에우(Hoàng Diệu) 거리를 따라 도보 3분 <u>주소</u> 9 Hoàng Diệu <u>오픈</u> 08:00~12:30, 13:30~17:00 <u>휴무</u> 월요일 <u>요금</u> 30,000VND <u>전화</u> 24-3734-5927 <u>홈피</u> www.hoangthanh thanglong.vn <u>지도</u> MAP 2 Ⓕ

## 01 도안몬 Ðoan Môn
South Gate

탕롱 황성의 전부라 해도 좋을 만큼 크고 웅장한 성문이다. 폭 46.5m에 높이 13m를 자랑한다. 회색 벽돌로 견고하게 지어져 보기에도 좋다. 성문에는 5개의 문이 대칭으로 있고 성문 위에는 2겹의 지붕을 한 노란색 감시탑이 세워져 있다. 중앙의 가장 큰 문으로는 황제가 드나들었고 나머지 문으로는 관리와 귀족들이 다녔다고 한다. 중앙문 위에는 단문(端門), 즉 궁의 정문(남향)이라는 뜻의 한자어가 쓰여 있다. 문으로 들어가기 전 혹은 문을 통과한 다음 오른쪽 끝 혹은 왼쪽 끝으로 걸어가면 성문 위로 올라갈 수 있는 계단이 나온다. 탁 트인 잔디밭도 보이고 황성 안에 남아 있는 건물도 내려다볼 수 있다. 도안몬은 리 왕조에서 세운 것은 아니고 훗날 들어선 레 왕조(1428~1789)에서 15세기에 건설한 것으로 알려져 있다.

## 02 단찌 Dan Tri
Dragon Courtyard

도안몬을 통과하면 바닥에 투명한 유리 덮개가 보인다. 경천전으로 이어지는 U자 모양의 아름다운 돌길로 알려졌으나 지금은 흔적만 남아 있다. 정치 · 종교적인 행사가 있을 때 왕들이 무신들의 호위를 받으며 다녔던 길로 축제가 있을 때는 조명이 환하게 비추었다고. 11~12세기에 만들어진 것으로 추정하고 있다.

## 03 유물 전시실 Archaeological Artifacts Display

탕롱 황성에서 발굴된 유적 가운데서 예술적 · 고고학적 가치가 있는 전시물을 모아 놓은 곳이다. 도안몬을 지나 디엔낀티엔으로 가는 길에 우뚝 솟은 건물 안에 자리하고 있어 그냥 지나치기 쉽다. 황성을 건설할 때 사용했던 도구와 재료를 비롯해 왕실에서 쓰던 장신구, 그릇, 도자기 등 다채로운 물건들이 전시되어 있다. 탕롱 황성 입장권이 있으면 무료로 구경할 수 있다.

## 04 디엔낀티엔 Ðiện Kính Thiên
Kính Thiên Palace

탕롱 황성에서 가장 중요한 건축물로 황제들의 집무실이자 침소가 있던 궁전이다. 11세기 리 왕조 때 지어진 것으로 자룽 황제가 재위하던 응우엔 왕조(1802~1945) 초기까지도 존재했었다. 하지만 불행하게도 지금은 궁전터, 기단, 계단만이 남아 있을 뿐 건물 자체는 사라지고 없다. 1886년 프랑스 식민 통치자들이 포병본부를 짓는다는 이유로 파괴했기 때문이다. 사라진 디엔낀티엔 건물을 대신해 왕권을 상징하는 용이 유려하게 조각된 석조 계단만이 관광객을 맞이하고 있다. 이 계단은 1467년 레 왕조 때 만들어진 것으로 지금까지 단 한 번의 복원도 없이 그때 그 모습 그대로 남아 있어 경이롭다. 세 개의 칸으로 나뉜 계단은 중앙으로는 황제가, 양 바깥쪽으로는 관료들이 오르내렸다고 한다.

## 05 D67 Cách Mạng Nhà D67
Revolutionary House

디엔낀티엔을 지나 뒤로 더 가면 넓은 지붕을 얹은 현대식 건물이 나타난다. 미국과의 전쟁 당시 호찌민과 보응우옌지압 장군이 작전을 지휘하던 곳이다. 내부에는 각료들이 모여 앉아 회의하던 긴 테이블이 놓여 있고 벽에는 베트남 전도와 당시 모습이 흑백사진으로 걸려 있다. 입구 문 바로 맞은편에는 지하 10m 깊이의 지하 벙커도 있다. 폭격이 발생했을 때도 안전하게 작전을 지시할 수 있었다고. 계단이 매우 가파르고 깊어 살짝 무서운 느낌이다.

## 06 허우러우 Hậu Lâu
Lady's Pavilion

D67 뒤편에 꾸며진 정원을 따라 조금만 더 가면 공주와 후궁들이 머물던 거처 허우러우가 나온다. 응우옌 왕조 때 지어진 것으로 정사각형 모양의 3층 건물이다. 계단을 따라 올라가면 내부를 둘러 볼 수 있는데 제단만 덩그러니 놓여 있을 뿐이다. 프랑스군에 의해 파괴되었다가 1876년 군사용으로 재건했다.

## 07 호앙지에우 18번 유적지 Di Tích Khảo Cổ Học 18 Hoàng Diệu
18 Hoang Dieu Archaeological Site

무려 7~9세기부터 리 왕조, 쩐 왕조, 레 왕조에 이르기까지 실로 다양한 시기의 유적이 발굴된 현장이다. 2002년 국회 건물을 짓는 도중에 발견하여 2002년 12월부터 대규모 발굴 조사에 착수했다. 약 6,000평 규모의 대지에서 발견된 기단, 기둥, 우물, 하수시설, 나무배, 장식물 등을 정리해 일반에게 공개하고 있다. 같은 공간 안에 7~9세기 유적들이 가장 깊숙한 곳에 자리하고 있고 그 위에 11~13세기 유적이, 그 위에 15~18세기 유적이 시간 순서에 따라 켜켜이 쌓여 있는 모습은 매우 인상적이다. 지금까지도 계속 발굴, 보존 작업을 진행하고 있다.

위치 디엔낀티엔 용 조각 계단을 바라보고 왼쪽으로 난 서문 밖에 있는 큰 길 건너편

## 08 끄어박 Cửa Bắc
North Gate

탕롱 황성의 북쪽 끝문이다. 1805년 응우옌 왕조에서 세운 것으로 성문 위에 정북문(正北門)이라고 쓰여 있다. 성문 벽에는 포격을 당해 움푹 팬 흔적이 눈에 띈다. 도안몬에 비하면 작고 평범해 일부러 찾아가서 봐야 할 정도는 아니다. 다만 18 호앙지에우 유적지를 보고 나와 끄어박으로 가는 호앙지에우 거리가 아름다워 걷기 좋다. 끄어박 근처에는 유명한 레스토랑 꽌 안응온 판딘풍 지점이 있고 택시를 타고 조금만 가면 서호가 나온다.

위치 18 호앙지에우 유적지 입구를 등지고 왼쪽으로 뻗은 호앙지에우 거리를 따라 도보 10~15분

# 군사 박물관
## Bảo Tàng Lịch Sử Quân Sự

Military History Museum

베트남 전쟁사를 테마로 한 박물관이다. 베트남의 역
사는 전쟁의 역사라고 해도 좋을만큼 강대국과의 싸
움으로 점철되어 있다. 반면 중국, 프랑스, 일본, 미국
같은 강대국을 모두 이긴 자랑스러운 역사를 가지
고 있기도 하다. 군사 박물관은 프랑스가 물러난 이
후인 1956년에 오픈했다. 박물관 건물은 총 4개동으
로 나누어져 있으며 야외에는 깃발탑과 전투기, 탱크
등이 전시되어 있다. 입구에서 가장 먼저 보이는 건
물(S2)에서는 베트남의 시조 훙브엉 시대부터 프랑
스 식민지 시대까지 벌어진 크고 작은 전쟁을 다루
고 있다. 원나라를 대파한 것으로 유명한 박당 강 전
투와 프랑스 식민 통치를 종식시킨 디엔비엔푸 전쟁
을 비롯해 베트남 최초로 독립 왕조를 세운 응오꾸옌
(Ngô Quyên), 호찌민 다음으로 존경을 받는 군사 전
략가 보응우옌지압(Võ Nguyên Giáp)의 흉상까지 전

TIP

야외에 있는 웅장한 깃발 탑은 탕롱 황성의 일부로 응
우옌 왕조에서 국기 게양을 위해 지은 것이다. 프랑스
식민지 시대에는 감시탑으로 사용되었다.

시하고 있다. S2 건물 뒤편에 있는 건물(S3)에서는 미국과 벌인 10년간의 전쟁을 소개하고 있으며 옆에 있는 작
은 건물(S4)에서는 1975년 통일 이후부터 오늘날까지 베트남 군대의 발전사를 전시하고 있다.

위치 ①구시가에서 택시로 10분 ②호수 북쪽 정류장에서 9번 버스를 타고 10분 ③미술 박물관에서 레닌 공원을 가로질러
도보 5분 주소 28A Điện Biên Phủ 오픈 08:00~11:30, 13:00~16:30 휴무 월·금요일 요금 40,000VND(사진 촬영 시
30,000VND 추가) 전화 24-6253-1367 홈피 www.btlsqsvn.org.vn 지도 MAP 2 ⑤

# 문묘
Văn Miếu

Temple of Literature

1070년 리 왕조에서 지은 공자묘다. 3대 황제 리탄똥이 공자의 학덕을 기리기 위해 세운 것으로 내부가 궁전처럼 아름다워 하노이를 대표하는 관광명소가 되었다. 리 왕조는 불교를 국교로 하였으나 유학도 중히 여겨 학문, 정치, 경제 분야에서 많은 성과를 거두었다. 문묘는 이렇게 유교를 숭상하는 분위기에서 만들어진 것으로 훗날 유학을 가르치는 국립 대학으로 성장해 인재를 양성하고 국정을 안정화하는데 크게 이바지했다.

위치 ①구시가에서 택시로 10분 ②호찌민 박물관에서 도보 15분 또는 택시로 5분 ③하노이 타워 맞은편 정류장에서 38번 버스 이용 주소 Quốc Tử Giám, Văn Miếu, Đống Đa 오픈 08:00~18:00(4월 16일~10월 14일 07:30~18:00) 요금 30,000 VND(15세 이하 무료) 전화 24-3823-5601 홈피 vanmieu.gov. vn 지도 MAP 2 ⑩

## 01 **문묘문** 文廟門

문묘로 들어가는 첫 번째 문이다. 당시는 엄격한 신분제 사회였기 때문에 아치 모양의 중앙문으로는 황제가, 양쪽 작은 문으로는 관료들이 드나들었다. 문 위에는 커다란 청동 종이 달려 있다.

## 02 **규문각** 奎文閣

잔디 정원과 물고기 장식이 올려진 문을 지나면 규문각(Khuê Văn Các)이 모습을 드러낸다. 두 겹의 지붕을 얹은 사각형 모양의 정자가 돌기둥 위에 세워져 있다. 공자에 대한 무한한 존경과 숭배의 마음을 담아 지은 것으로 공자가 이뤄낸 업적이 별(奎/규)처럼 빛난다 하여 붙여진 이름이다. 규모는 작지만 하노이를 상징하는 건축물로 100,000VND 지폐에도 그려져 있다.

### ⑬ 진사제명비 進士題名碑

규문각을 지나면 하늘빛 연못이라는 이름의 천광정(天光井)이 나온다. 네모 반듯한 연못 양쪽으로는 거북이 등 위에 한자가 새겨진 진사제명비가 줄지어 서 있다. 과거 시험에 합격한 사람의 이름과 출신을 적은 비석으로 리 왕조 시대에는 없었던 것이고 리 왕조 이후에 들어선 레 왕조와 막 왕조에서 세운 것이다. 재능이 있고 덕이 높은 사람이 나라를 위해 봉사해야 한다는 내용과 함께 82개의 비석이 자리하고 있다. 진사제명비는 과거 합격자의 명예를 드 높임으로써 어린 학생들이 덕과 지식을 더욱 열심히 쌓을 수 있도록 자극했 다. 재미있게도 거북이 머리를 만지면 시험운이 좋다는 미신이 있어 수험생 들의 발길이 잦다.

### ⑭ 대성전 大成殿

화려한 용무늬가 새겨진 대성문을 지나면 공자가 모셔져 있 는 대성전이 나타난다. 만세토록 모범이 될 위대한 스승이라 는 뜻의 만세사표(萬世師表)가 써 있는 제단을 지나면 비로 소 본당이 나온다. 본당 중앙에는 공자상이 안치되어 있고 양 쪽으로는 유학 전승에 힘쓴 증자, 안회, 자사, 맹자가 모셔져 있다.

### ⑮ 국자감 國子監

대성전 옆으로 난 좁은 길을 따라 걸어가면 베트남 최초의 국립 대학 국자감(Quốc Tử Giám)이 자리하고 있다. 유학을 가르쳤던 고등 교육 기관으로 리 왕조의 4대 황제 리년똥(Lý Nhân Tông)이 1076년에 세운 것이다. 1779 년까지도 수많은 유학자를 배출해낸 기록을 갖고 있다. 지금 우리가 보는 국자감의 모습은 1946년 프랑스와의 전쟁으로 무너진 것을 2000년에 복원한 것이다. 1층에는 베트남 최고의 유  학자이자 교육자인 추반안(Chu Văn An)과 그의 제자 72명이 모셔져 있고 2층에는 3대 황제 리탄똥, 4대 황제 리년똥, 레 왕조의 5대 황제 레탄똥의 위패도 안치되어 있다. 레탄똥은 과거제를 시행해 진사제명비를 처음으로 문묘에 세운 왕이다.

# 미술 박물관
## Bảo Tàng Mỹ Thuật

Vietnam Fine Arts Museum

베트남 미술사를 한눈에 볼 수 있는 공간이다. 미술 감상에 관심이 있는 여행자라면 시간을 내서 둘러볼 만하다. 미술관은 1~3층으로 꾸며져 있으며 총 34개의 전시실이 마련되어 있다. 동선이 조금 복잡한데 전시실 번호를 잘 살펴보고 다니면 빠짐없이 둘러 볼 수 있다. 1층 전시실에서는 선사시대 때부터 리 왕조, 쩐 왕조, 응우옌 왕조에 이르기까지 시대별로 발굴된 목조, 석조 조각상을 두루 살펴볼 수 있다. 중국 불교 문화와 힌두 문화가 섞인 독특한 고미술 작품을 보는 재미가 있다. 2층과 3층 전시실에서는 20세기부터 오늘날에 이르는 베트남 현대 미술을 만나 볼 수 있다. 1925년부터 1945년 사이 낭만주의와 사실주의를 바탕으로 하는 작품, 1945년부터 1954년까지 프랑스의 영향을 받은 작품, 1950년대 이후 작품 3가지로 구분해 두었다. 전쟁을 다룬 작품들이 다수를 차지하지만, 베트남 전통문화와 일상생활을 소재로 한 조각, 설치, 회화 작품들이 섞여 있어 무거운 분위기를 전환해준다. 또한 나무

를 이용한 래커 페인팅과 실크 위에 수채화처럼 그리는 실크 페인팅은 베트남 특유의 전통 미술 기법으로 베트남 미술사에서 중요한 부분을 차지한다.

위치 ①구시가에서 택시로 10분 ②문묘에서 나와 Văn Miếu 거리를 따라 도보 5분 ③하노이 타워 맞은편 정류장에서 38번 버스 이용, 하차 후 도보 3분 주소 66 Nguyễn Thái Học 오픈 08:30~17:00 휴무 공휴일 요금 17세 이상 성인 40,000VND, 6~16세 어린이 10,000VND, 5세 이하 무료 전화 24-3733-2131 홈피 www.vnfam.vn 지도 MAP 2 ⓙ

# 서호
## Hồ Tây

West Lake

하노이에는 300개가 넘는 호수가 있다. 그중에서도 서호는 규모가 가장 크고 전경이 아름다워 하노이 사람들의 휴식처로 사랑받고 있다. 호수 둘레 15km를 자랑한다. 낮에는 낚시나 낮잠을 즐기는 사람들이 많고 저녁에는 운동이나 산책을 하는 사람들로 붐빈다. 또한, 이른 새벽에는 꽃바구니를 가득 싣고 가는 자전거와 오토바이도 볼 수 있다. 새벽 3시부터 열리는 대규모 화훼 시장(Quảng Bá Flower Market)이 서호 북단에 있기 때문. 전 세계 사진작가들의 단골 출사지이기도 하다. 더불어 서호 하면 하노이식 새우튀김 반똠(p.109)을 빠뜨릴 수 없다. 탄니엔(Thanh Niên) 거리 중간에 있는 반똠 호떠이 레스토랑(지도 MAP 2 Ⓑ)은 반똠을 처음 만든 원조집으로 유명하다.

위치 ①구시가에서 택시로 10분 ②하노이 타워 맞은편 정류장에서 45번 버스 이용, 하차 후 도보 5분 ③탕롱 황성 북문에서 응우옌비에우(Nguyễn Biểu) 거리를 따라 도보 5분 주소 Thanh Niên 오픈 24시간 요금 무료 지도 MAP 2 ⒶⒷ

# 쩐꾹 사원
## Chùa Trấn Quốc

Tran Quoc Pagoda

하노이에서 가장 오래된 불교 사찰이다. 6세기경에 지어진 것으로 알려져 있다. 처음에는 홍 강 유역에 자리하고 있었으나 1616년에 지금의 자리로 옮겨졌다. 이때부터 평안한 나라(鎭國)라는 뜻의 쩐꾹 사원으로 불렸다. 사원의 볼거리는 적갈색 11층 석탑이다. 비교적 최근에 이어진 것으로 폭이 좁고 높다란 것이 특징이다. 아치형 감실에는 하얀 부처상이 차곡차곡 봉안되어 있다. 서호를 구경할 때 빼놓지 않고 들르는 사원으로 규모가 아담해서 둘러보는데 시간이 오래 걸리지는 않는다.

위치 ①구시가에서 택시로 15분 ②롱비엔 버스환승센터에서 50번 버스로 7분 주소 Thanh Niên, Trúc Bạch, Ba Đình 오픈 07:30~11:30, 13:30~18:30 요금 무료 전화 24-3829-3869 지도 MAP 2 Ⓑ

# 민족학 박물관

Bảo Tàng Dân Tộc Học

Museum of Ethnology

베트남을 구성하는 54개 민족의 문화를 알기 쉽게 소개하는 박물관이다. 싸파 여행을 앞둔 여행자라면 시간을 내서 가볼 만한 곳이다. 소수민족 연구자료를 바탕으로 1987~1997년까지 10년에 걸쳐 만든 박물관으로 1만 5,000점이 넘는 전시물과 음성 녹음 파일, 동영상, 슬라이드 등을 보유하고 있다. 54개 민족을 지리적 · 언어적 관계에 따라 8개군으로 나누었으며 실내 전시실은 인구의 87%를 차지하는 비엣족(Việt)부터 볼 수 있도록 꾸몄다. 베트남 북부 산악지대와 싸파 일대에 사는 몽족(Hmông)과 자오족(Dao)에 관한 전시는 건물 2층 후반부에 마련되어 있다. 의복, 장신구, 작업 도구, 가옥 등을 눈여겨보자. 야외 전시는 실내 전시보다 더욱 흥미롭다. 소수민족들의 전통가옥을 실물 크기 그대로 전시하고 있기 때문. 게다가 내부까지 샅샅이 들여다볼 수 있어 흡사 모델 하우스를 구경하는 기분이 든다. 그중에서도 바나족(Bana)의 공동주택과 에데족(Êđê)의 전통가옥은 꼭 살펴보자. 목각 인형으로 둘러싸인 자라이족 무덤(Nhà Mồ Giarai)도 놓치기 아까운 볼거리. 실내 전시실 내부 안내소에는 한글 설명서도 준비되어 있다.

위치 ①하노이 타워 맞은편 정류장에서 38번 버스로 30분 ②구시가에서 택시로 약 25분 주소 Nguyễn Văn Huyên 오픈 08:30~17:30 휴무 월요일 · 설날 요금 40,000 VND(사진 및 비디오 촬영 시 50,000VND 추가) 전화 24-3756-2193 홈피 www.vme.org.vn 지도 MAP 1 ⓔ

# 롱비엔 철교
## Cầu Long Biên

Long Bien Bridge

1899년 프랑스가 홍 강 위에 건설한 철교. 3,000명 이상의 베트남 사람들을 동원해 1903년에 개통했다. 귀스타브 에펠이 설계한 것으로 다리 중앙에는 기차가, 양쪽 도로에는 오토바이와 사람이 다니게 되어 있다. 구시가 북쪽에 자리한 낡고 녹슨 다리지만 길이가 무려 2.4km에 달해 세계에서 가장 긴 다리 중에 하나로 손꼽힌다. 다리 아래에는 정글을 연상케 하는 바나나 숲이 펼쳐져 있고 가난한 사람들이 보트 위에 지은 집도 드문드문 보인다. 다리 폭이 좁은데도 불구하고 이른 아침에는 다리를 건너는 사람들을 대상으로 시장이 열리고 저녁에는 아이스크림, 맥주, 옥수수를 파는 노점상이 들어선다. 특히 연인들이 다리 난간에 앉아 데이트와 군것질을 즐기는 모습이 재미나다. 호기심 많은 여행자는 도보나 쎄옴으로 다리를 건너보기도 한다. 다리 맞은편으로는 자동차가 다니는 쯔엉즈엉 대교(Cầu Chương Dương)가 아련하게 보인다.

위치 롱비엔 버스환승센터에서 도보 10분 지도 MAP 1 ⓗ

# 밧짱 마을
## Làng Gốm Bát Tràng

Bat Trang Ceramic Village

역사가 오래된 수공예 도자기 마을이다. 15세기 레 왕조 시대부터 19세기에 이르기까지 역대 왕실에 그릇, 도자기, 장식품을 납품했을 정도로 그 명성이 대단했다. 중국 명나라의 쇄국정책으로 도자기 수입이 어려워진 유럽의 상인들이 밧짱의 도자기를 수입하면서 마을도 번성했다. 당시 밧짱 양식이 따로 있었을 정도로 모양과 무늬가 고유했다고. 지금은 규모도 많이 작아지고 장인들의 수도 크게 줄었지만 여전히 밧짱의 도자기는 베트남에서 알아주는 특산품. 마을 안에는 도자기를 만드는 공방과 도자기를 파는 가게, 도자기 체험장 등이 자리하고 있다. 품질 좋고 특색있는 도자기를 저렴하게 살 수 있어 여행자와 현지인들의 발걸음이 잦다. 마을은 하노이에서 남쪽으로 약 13km 떨어져 있다.

위치 롱비엔 버스환승센터 또는 호수 북쪽 구시가 80 Trần Nhật Duật 정류장에서 47A번 버스를 타고 40분 지도 MAP 1 ⓗ

## 수상 인형극 보기

하노이의 수상 인형극은 17개의 에피소드로 1시간 동안 진행되는 공연이다. 특별한 대사 없이 인형들의 연기와 전통 음악으로만 꾸며진다. 에피소드는 요정들의 춤, 물을 박차고 나오는 용, 어부들의 고기잡이, 가마 운반, 오리를 돌보는 노부부같이 베트남의 민속신앙과 농민들의 소박한 일상을 그대로 담고 있다. 인형사들은 물 속에 몸을 숨긴 채 긴 대나무와 끈을 이용해서 인형들을 조종한다. 인형의 크기는 30~80cm로 그리 크지 않지만, 무게는 1~5kg에 달해 실제로 이것을 조종한다는 것은 매우 힘든 일이다.

수상 인형극은 벼농사가 발달한 홍 강 유역에서 10세 무렵 자연스럽게 생겨나 농한기, 마을축제, 특별행사가 있을 때마다 공연되었다. 오늘날에는 문화재 지원을 받아 하노이와 호찌민시의 전용극장에서 매일 공연이 열리고 있다. 어느 자리에 앉아도 잘 보이지만 가능하

면 가까운 곳에 앉아 생동감 넘치는 인형들의 움직임을 살펴보자. 저녁 공연은 빨리 매진되므로 공연 전날이나 공연 당일 아침에 예약하는 것이 좋다.

### 탕롱 수상 인형극장

Nhà Hát Múa Rối Thăng Long
Thang Long Water Puppet Theatre

위치 호수 북쪽 구시가에서 롯데리아로 가는 길에 위치 주소 57B Đinh Tiên Hoàng 오픈 상시 공연_16:10, 17:20, 18:30, 20:00, 추가 공연_09:30, 15:00 요금 앞 좌석 100,000VND, 뒷 좌석 60,000VND 전화 24-3824-9494 홈피 www.thanglongwaterpuppet.org 지도 MAP 3 ⓚ

> **TIP**
>
> 베트남의 수상 인형극은 약 1,000년의 역사를 가진 유일무이한 형태의 독창적인 공연이다. 우리가 탕롱 황성이나 문묘를 보러 가는 것처럼 수상 인형극도 시간을 내어 감상할 만한 가치가 충분히 있다.

## 엽서 써서 보내기

이메일과 스마트폰이 일상화되면서 여행지에서 엽서나 편지를 쓰는 낭만은 사라졌다. 하지만 호안끼엠 호수를 보면서 가족과 친구들에게 소식을 전해 보는 건 어떨까. 혹은 자기 자신에게 보내 보는 것은 어떨까. 방법은 간단하다. 중앙 우체국 옆 스탬프 카페를 활용하면 된다. 엽서를 고르고 내용을 작성한 뒤 이곳에서 우표를 사서 우체통에 넣기만 하면 된다. 보통 7~10일 정도면 한국에 도착한다. 카페에서 파는 엽서가 마음에 들지 않는다면 따로 사서 보낼 수도 있다.

### 스탬프 카페

Stamp Cafe

위치 호안끼엠 호수 동쪽 리타이또 황제 동상 앞을 지나자마자 보이는 건물 1층 주소 75 Đinh Tiên Hoàng 오픈 08:00~21:00 요금 엽서 10,000~20,000VND, 우표 12,000VND 지도 MAP 4 ⓖ

# 하노이 명물 요리

베트남 음식 가운데 하노이에서 유래한 음식들이 참 많다. 지금은 하노이 외에도 베트남 어디에서나 먹을 수 있지만 지역마다 요리하는 방식이 다르고 맛에서도 미묘한 차이가 난다. 본 고장의 맛을 한 번 음미해 보자.

## 분지에우꾸어 Bún Riêu Cua

하노이 인근 농촌에서 많이 잡히는 민물 참게를 이용한 국수다. 게를 통째로 삶아 육수를 내는 것이 아니라 분쇄기에 넣고 간 게를 물에 풀어서 육수를 낸다. 여기에 토마토소스, 생토마토, 양파, 두부 등을 넣고 푹 끓여서 만드는 것. 국물이 개운하면서도 토마토의 시큼한 맛이 어우러져 감칠맛이 난다.

## 분짜 Bún Chả

숯불에 구운 돼지고기 완자를 하얀 쌀면과 함께 먹는 음식이다. 풍성한 채소와 함께 달달한 양념장에 담가 먹는 맛이 일품이라 전 세계 여행자들에게 사랑받고 있다. 라임과 고추를 곁들여 먹으면 더욱 맛있어진다. 돼지고기 완자 대신 튀긴 스프링롤을 얹혀 먹으면 분넴(Bún Nem)이 되고 게살 스프링롤을 얹혀 먹으면 분넴꾸어베(Bún Nem Của Bể)가 된다.

## 짜까 Chả Cá

다른 도시에서는 좀처럼 보기 어려운 하노이식 가물치 요리다. 생선살에 강황을 섞은 밀가루를 묻혀 튀기듯이 굽는다. 이때 깃털 모양의 채소 딜(Dill)을 함께 넣어 요리한다. 잘 익은 생선살과 딜잎을 작은 그릇에 옮겨담고 여기에 하얀 쌀면, 파채, 구운 땅콩, 매운 고추, 피시소스를 곁들여 먹는다. 별다른 양념 없이도 비린내 하나 없이 맛있게 먹을 수 있다.

## 퍼보 Phở Bò

베트남을 대표하는 세계적인 음식이다. 소뼈를 넣고 우려낸 국물에 쌀로 만든 국수를 넣고 따로 삶아놓은 소고기를 얹혀 먹는 음식이다. 가장 유명한 음식이지만 그 역사는 그리 오래되지 않았다. 19세기 무렵 하노이에서 고깃국물에 국수를 말아 먹던 것에서 시작되었다. 베트남 북부에서 대중음식으로 자리 잡은 후 1950년대에 이르러 베트남 남부 지역으로 넘어가 베트남의 국민 음식이 된 것. 하노이 쌀국수는 국물이 담백하고 면이 부드러운 것이 특징. 남부의 쌀국수는 북부의 쌀국수보다 육수에서 단맛이 더 많이 나고 향도 진하다.

베트남 북부에서 많이 해먹던 음식이다. 반꾸온은 연하고 묽은 쌀가루 반죽을 동그란 불판 위에 부은 다음 익기 전에 돌돌 말아낸 음식이다. 속에는 돼지고기와 버섯을 다져 넣은 소가 들어간다. 재빠르게 말아내야 하므로 기술이 필요한 음식. 숙련된 손놀림을 보고 있으면 마치 마술을 보는 듯하다. 피시 소스에 곁들여 먹는다. 촉촉한 식감에 담백한 맛이 매력이다.

## 반똠 Bánh Tôm

하노이식 새우튀김. 작고 동그란 반죽 위에 새우를 얹혀 튀긴다. 하노이 사람들에게는 어릴적 먹던 추억의 간식으로 유명하다. 서호에서 시작되었다고 해서 '반똠 호떠이'라고 부른다. 다른 지역에서는 좀처럼 보기 어려운 음식 중에 하나다.

# Eating

호안끼엠 호수 주변

## 퍼 자쭈웬
Phở Gia Truyền

대대손손 맛있는 쌀국수를 만들고 있는 집이다. 현지인들이 긴 줄을 마다치 않고 기다리는 모습에서 엄청난 맛집의 포스가 느껴진다. 길을 지나던 여행자들도 뭐가 뭔지 모르는 상태에서 일단 줄을 서고 보는 진풍경이 벌어질 정도. 퍼 자쭈웬은 하노이에서 가장 유명한 쌀국수집으로 가슴을 시원하게 쓸어내리는 국물 맛이 압권이다. 한번 맛보면 누구나 엄지를 치켜들게 되고 머리속에서 지워지지 않는 그런 맛이다. 쌀국수 종류는 3가지. 푹 고아서 부들부들해진 양짓살을 올려주는 퍼 따이남(Phở Tái Nạm), 생고기를 올려주는 퍼 따이(Phở Tái), 일반적인 쌀국수 퍼 찐(Phở Chín)이다. 현지인 입맛에 100% 최적화된 전통 스타일로 파와 고수가 미리 들어가 있다. 주문은 서서 받고 돈도 미리 낸다. 바쁘기 때문에 음식을 직접 받아와야 하고 합석도 기본이다. 저녁 10시까지 영업한다고 하지만 그날 준비된 재료가 떨어지면 일찍 문을 닫는다.

위치 호수 북서쪽 구시가의 드엉탄(Đường Thành) 거리와 항디에우(Hàng Điếu) 거리 사이에 있는 밧단(Bát Đàn) 거리에 위치 주소 49 Bát Đàn 오픈 06:00~22:00 요금 퍼 따이남 50,000VND, 퍼 따이 45,000VND, 퍼 찐 40,000VND 지도 MAP 3 ①

# 짜까 탕롱
Chả Cá Thăng Long

# 분짜 닥킴
Bún Chả Đắc Kim

하노이의 명물 요리 '짜까'를 맛볼 수 있는 음식점이다. 짜까의 주재료는 가물치. 뼈를 다 발라내서 먹기 좋은 크기로 썬 다음 깃털 모양의 허브 딜(Dill)과 함께 볶은 요리다. 노릇하게 잘 구워진 생선살과 향긋한 딜을 작은 그릇에 옮겨 담고 여기에 하얀 쌀면, 파채, 구운 땅콩, 매운 고추를 올린 다음 피시소스를 살짝 뿌려 먹으면 된다. 별다른 양념 없이도 도톰한 생선살이 비린내 없이 맛있게 씹힌다. 짜까 탕롱은 같은 길에 두 개의 식당을 운영하고 있다. 마이 호텔 옆에 있는 지점이 본점보다 넓고 쾌적해 식사하기 좋다.

위치 호수 북서쪽 구시가 밧단(Bát Đàn) 거리와 연결된 드엉탄 거리에 있는 마이 호텔(MAI Hotel) 옆 주소 19-21-31 Đường Thành 오픈 10:00~15:00, 17:00~22:00 요금 짜까 1인분 120,000VND, 세트 메뉴 160,000VND 전화 24-3824-5115 홈피 www.chacathanglong.com 지도 MAP 3 ①

두말하면 입이 아픈 분짜 맛집. 주문하자마자 도톰한 완자와 쫄깃한 고기가 달콤한 양념장에 수북이 담겨 나온다. 하얀 쌀면 분(Bún)과 채소도 푸짐하게 내줘 보는 것만으로도 배가 부를 지경. 1인분 치고는 양이 정말 많다. 양념도 심하게 달거나 짜지 않아 젓가락질을 멈추기도 어렵다. 이곳의 또 다른 별미는 넴꾸어베(Nem Cua Bể). 스프링롤에 게살을 넣고 튀겨낸 음식으로 고소한 맛과 바삭한 식감을 지니고 있다. 낱개로도 팔고 분짜처럼 먹을 수 있도록 분넴꾸어베로 팔기도 한다. 2인이 찾아간다면 분짜+넴꾸어베 세트 하나면 적당하다. 목욕탕 의자를 놓고 식사하는 전형적인 베트남 서민 식당이다.

위치 호수 서쪽 구시가 항논(Hàng Nón) 거리와 만나는 항만 거리 초입 주소 1 Hàng Mành 오픈 06:00~22:00 요금 분짜 60,000VND, 분넴꾸에베 65,000VND 전화 24-3828-5022 지도 MAP 3 ①

## 분보남보
Bún Bò Nam Bộ

## 미반탄
Mỳ Vằn Thắn

베트남식 비빔 국수 '분보남보'가 맛있는 집이다. 분보남보는 소고기와 숙주를 센 불에 볶아낸 다음 하얀 쌀면(Bún/분) 위에 담아 주는 음식으로 튀긴 샬롯과 볶은 땅콩, 무 절임을 토핑으로 올려낸다. 여기에 느억맘과 라임즙을 뿌려 살살 비며 먹으면 되는 것이다. 불맛 나는 소고기와 아삭한 숙주, 고소한 토핑이 어울려 지금까지 먹어보지 못한 색다른 맛이 난다. 취향에 따라 칠리소스를 곁들여도 좋다. 창문도 없이 선풍기만 돌아가는 좁은 가게지만 삼삼오오 모여 앉아 한 그릇씩 뚝딱 해치우는 모습이 인상적이다. 파란 간판에 분보남보라고 크게 쓰여 있어 찾기 쉽다.

위치 구시가 북서쪽에 있는 항디에우 거리의 아트 부티크 호텔 바로 옆 주소 67 Hàng Điếu 오픈 07:30∼22:30 요금 60,000VND 전화 24-392300701 지도 MAP 3 ①

완탕면 한 그릇에서도 정성이 느껴지는 음식점이다. 가게 한쪽에서 하나하나 손수 만드는 만두 모양의 환탄이 맛의 비결이다. 이곳에서 만드는 완탕면은 맑고 개운한 국물에 노란 에그 누들이 넉넉히 담겨 있다. 거기에 얇은 환탄과 바삭한 환탄 튀김, 돼지고기, 간, 삶은 계란, 부추가 골고루 올라가 있다. 한 그릇 비우고 나면 제대로 한 끼 챙겨 먹은 듯 뿌듯한 기분까지 든다. 이렇게 할 가게 이름도 없이 파란 차양에 미반탄(Mỳ Vằn Thắn)-후띠우(Hủ Tíu)라고만 쓰여있다. 알루미늄 테이블을 놓고 영업하는 전형적인 베트남 음식점이지만 깨끗하게 운영되고 있다.

위치 호수 북쪽 구시가 딘리엣(Đinh Liệt) 거리 초입 주소 9A Đinh Liệt 오픈 07:00∼23:00 요금 35,000VND 지도 MAP 3 ⑨

# 반꾸온 95
## Bánh Cuốn 95

# 쏘이옌
## Xôi Yến

촉촉한 식감이 특징인 반꾸온을 맛볼 수 있는 곳이다. 아주 맛있는 집은 아니지만, 여행자들이 많이 드나드는 구시가 북쪽에 자리하고 있어 소개한다. 반꾸온은 연하고 묽은 쌀가루 반죽을 동그란 불판 위에 부은 다음 익기 전에 돌돌 말아낸 음식이다. 속에는 돼지고기와 버섯을 다져 넣은 소가 들어간다. 별다른 양념이 들어가지 않기 때문에 느억맘에 찍어 먹는다. 담백하고 건강한 맛이 특징. 현지인들은 반꾸온을 아침 식사로 즐겨 먹는다.

구시가에서 가장 유명한 찹쌀밥집이다. 아침 점심 저녁 가릴 것 없이 찹쌀밥을 먹으려는 사람들로 온종일 분주한 모습. 오토바이를 몰고 와 테이크 아웃해 가는 사람들도 쉽게 볼 수 있다. 쏘이는 베트남어로 찹쌀밥이라는 뜻으로 현지인들이 즐겨 먹는 아침 메뉴다. 특별히 맛있는 음식이라기보다는 간편한 식사 정도로 이해하고 맛보면 된다. 이곳의 찹쌀밥 종류는 크게 세 가지. 노란색 찐 녹두와 볶은 샬롯이 올라간 쏘이쎄오(Xôi Xéo), 옥수수 알맹이가 들어간 쏘이응오(Xôi Ngô), 순수한 찹쌀밥 쏘이짱(Xôi Trắng)이다. 이 중에서 현지인들은 쏘이쎄오를 가장 선호한다. 밥만 먹기 심심하다면 메뉴판에 나와 있는 닭고기나 돼지고기 반찬을 같이 주문해 보자. 단점이라면 종일 바쁜 곳이라 청결과 친절을 기대하기 어렵다는 것.

> **TIP**
> 아침에는 반꾸온을 팔지만 저녁에는 쩨를 판다. 오전에 찾아가야 맛볼 수 있다.

<u>위치</u> 호수 북쪽 구시가 딘리엣(Đinh Liệt) 거리와 연결된 항박 사거리에 위치
<u>주소</u> 95 Hàng Bạc
<u>오픈</u> 06:00~22:00
<u>요금</u> 30,000VND
<u>지도</u> MAP 3 ⓙ

<u>위치</u> 구시가 북쪽 항박(Hàng Bạc) 거리와 만나는 응우옌흐우후안 사거리 <u>주소</u> 35B Nguyễn Hữu Huân
<u>오픈</u> 06:00~24:00
<u>요금</u> 15,000VND <u>전화</u> 24-3926-3427 <u>지도</u> MAP 3 ⓚ

# 누들&롤
## Noodle & Roll

# 에센스 레스토랑
## Essence Restaurant

구시가 한가운데서 베트남 인기 음식과 후에 음식을 맛있게 먹을 수 있는 식당이다. 간판에 큰 글씨로 분 보남보–분짜라고 적혀 있어 눈에 잘 띈다. 길거리 음식과 가격 차이도 나지 않는데 양은 더 푸짐하다. 특히 짜조, 넴루이, 분짜, 분넴꾸어베 등은 다른 어떤 음식점보다 속재료가 실하다. 채소와 쌀면까지 넉넉하게 내줘 든든하게 배를 채우기 그만이다. 제첩 조개를 넣고 비벼 먹는 밥 껌헨과 연꽃 씨앗을 넣고 찐 밥 껌센도 이곳에서 맛볼 수 있는 후에 명물 요리다. 입가심으로는 냉장고에서 꺼내오는 시원한 코코넛 주스로 마무리해 보자. 실내는 그리 넓지 않지만 널찍한 나무 탁자로 깔끔하게 꾸며져 있다.

위치 성 요셉 성당을 마주보고 오른쪽 방향으로 도보 3분, 노란색 휴대폰 매장 the giodidong.com 맞은편 주소 39C Lý Quốc Sư 오픈 10:00~22:00 요금 35,000~50,000VND 전화 24-3662-2981 지도 MAP 4 Ⓐ

에센스 하노이 호텔에서 운영하는 부속 레스토랑이다. 음식 맛도 좋지만 복잡한 구시가에서 에어컨 바람 쐬며 조용하게 식사할 수 있는 곳이라 인기가 많다. 실내는 차분하고 세련된 분위기. 테이블 세팅도 우아하다. 메뉴는 베트남 음식으로 구성되어 있으며 익히 알고 있는 음식에 창의적인 요소를 가미해 요리한다. 프리젠테이션도 훌륭해 보는 재미, 먹는 재미가 있다. 가격대도 적당하고 세금도 붙지 않아 부담이 없다. 저녁 식사 시간대인 7~8시 사이에 가면 기다려야하는 경우도 있다. 6시에 맞춰가거나 예약을 하는 것이 좋겠다. 트립어드바이저에서도 좋은 평을 얻고 있다.

위치 호수 북쪽 구시가 딘리엣(Đinh Liệt) 거리를 따라 계속 직진, 따히엔 골목 안 에센스 호텔 1층 주소 22 Tạ Hiện 오픈 06:30~22:00 요금 100,000~200,000VND 전화 24-3935-2485 홈피 www.essencehanoihotel.com 지도 MAP 3 Ⓕ

# 뉴데이 레스토랑
New Day Restaurant

# 하이웨이 4
Highway 4

부담 없는 가격과 푸짐한 양으로 승부하는 음식점이다. 스프링롤, 샐러드, 국수, 덮밥 등 여행자들이 무난하게 먹을 수 있는 음식을 요리한다. 간도 세지 않고 적당해 서양 외국인들이 많이 찾는다. 2인 이상이라면 세트 메뉴도 좋은 선택이다. 퍼 보-스프링롤-덮밥으로 구성되어 있으며 가격은 99,000~110,000VND 정도다. 로컬 맥주도 20,000VND로 저렴해 저녁에는 안주와 맥주를 시켜놓고 길거리를 구경하기에 좋다. 실내는 커다란 테이블이 다닥다닥 붙어 있는 구조. 손님이 많을 때는 합석해야 한다. 저녁에는 길거리에도 테이블이 놓인다.

<u>위치</u> 호수 북쪽 구시가에 있는 르엉응옥꾸옌(Lương Ngọc Quyến) 거리와 만나는 마머이 거리에 위치 <u>주소</u> 72 Mã Mây <u>오픈</u> 10:00~22:00 <u>요금</u> 35,000~70,000VND <u>전화</u> 24-3828-0315 <u>지도</u> MAP 3 ⑥

레스토랑과 펍의 중간쯤 되는 음식점이다. 식사와 술을 즐기며 유쾌한 시간을 보낼 수 있어 현지인과 여행자들이 두루 찾는다. 하이웨이 4라는 이름은 산악 도시를 연결하는 4번 국도에서 착안한 것. 실제로 이 주변에서 나는 식재료를 요리에 많이 활용한다고 한다. 육류, 생선, 해산물 음식을 다양하게 갖추고 있으며 베트남 스타일로 푸짐하고 맛있게 요리한다. 게살이 넉넉하게 들어간 볶음면, 레몬그라스와 칠리소스로 양념한 치킨 윙, 매콤한 오징어 사테 구이는 언제 먹어도 맛있는 메뉴. 메기 스프링롤, 개구리다리 구이, 우렁 스튜, 산비둘기 구이 등 여행자의 도전 정신을 자극하는 음식도 있다. 생각보다 거부감 없이 먹을 수 있는 별미. 그중에서도 보드라운 메기살이 들어간 스프링롤은 알싸한 겨자 소스와 궁합이 잘 맞는 독특한 음식. 하이웨이 4는 1층과 2층으로 꾸며져 있으며 총 150석 규모의 넓고 쾌적한 실내를 갖추고 있다.

<u>위치</u> 호수 북쪽 구시가 찹쌀밥집 쏘이옌 옆 블록인 항쩨 거리 초입 왼편에 위치 <u>주소</u> 5 Hàng Tre <u>오픈</u> 10:00~24:00 <u>요금</u> 68,000~248,000VND (10% 세금 별도) <u>전화</u> 24-3926-4200 <u>홈피</u> www.highway4.com <u>지도</u> MAP 3 ⑯

## 랩&롤
Wrap & Roll

30가지 스프링롤을 맛볼 수 있는 프랜차이즈 음식점이다. 담백한 음식인 만큼 간단하게 식사하고 싶을 때 들르기 좋다. 고기와 채소, 버섯 등을 넣고 돌돌 말아낸 스프링롤부터 라이스페이퍼에 직접 싸먹는 음식까지 메뉴 선택의 폭이 넓다. 이곳에서 꼭 먹어봐야 할 음식은 반웃짜똠(Bánh Ướt Chả Tôm)과 짜오똠(Chạo Tôm). 둘 다 새우살로 만든 음식으로 쫄깃쫄깃하고 고소한 맛이 일품이다. 그중에서도 반웃짜똠은 새우살이 들어간 촉촉한 라이스페이퍼를 지짐이처럼 납작하게 구운 요리. 겉은 바삭하고 속은 쫀득한 것이 특징이다. 실내는 화이트 톤으로 꾸며져 있고 에어컨이 나와 시원하다.

위치 호안끼엠 호수 북쪽 딘띠엔호앙 거리에 있는 비엣민은행 옆에 위치 주소 33 Đinh Tiên Hoàng 오픈 11:00~22:30 요금 42,000~88,000VND(10% 세금 별도) 전화 24-3926-1313 지도 MAP 3 ⓙ

## 꽁 카페
Cộng Cà Phê

밀리터리 컨셉의 카페. 군복 색깔의 외벽과 빨간 간판, 빈티지한 소품이 어우러져 독특한 분위기를 자아낸다. 카페의 규모는 대체로 작고 아담한 편. 대부분 실내보다는 야외에 앉아 음료를 즐긴다. 메뉴는 커피, 요거트, 스무디, 주스 등 다양하게 갖추고 있는데 커피에 요거트나 코코넛 밀크를 넣어 마시는 메뉴도 있어 호기심을 자극한다. 커피를 내올 때는 커피핀 없이 다 내린 커피를 내주는 것이 특징. 퓨어 블랙 커피라도 살짝 단맛이 나니 주문 시 참고하자. 꽁 카페는 프랜차이즈로, 여러 개의 지점을 갖고 있다. 성 요셉 성당 앞, 짱띠엔 거리, 찹쌀밥집 쏘이옌 맞은편에서도 만나볼 수 있다.

위치 구시가 북서쪽 항논(Hàng Nón) 거리와 만나는 항디에우 사거리에 위치 주소 54 Hàng Điếu 오픈 07:00~23:30 요금 커피류 30,000~35,000VND, 스무디 45,000~50,000VND 홈피 www.congcaphe.com 지도 MAP 3 ⓘ

# 카페 장
Café Giảng

# 카페 럼
Café Lâm

하노이 시내에 에그 커피를 파는 카페는 많지만 그중에서도 맛있기로 소문난 카페다. 달걀과 커피의 조합이 상상되지 않겠지만, 비주얼과 맛만큼은 상상을 넘어 상당한 만족감을 선사한다. 베트남어로 '카페 쯩(Cà Phê Trứng)'이라고 부르는 에그 커피는 달걀노른자에 바닐라 시럽을 넣고 핸드 믹서로 곱게 간 크림을 사용한다. 따뜻하게 데워진 커피잔에 달걀 크림을 가득 넣고 그 위에 진하고 뜨거운 커피를 부어 만든다. 커피가 빨리 식지 않도록 뜨거운 물이 담긴 그릇에 내주는 것이 특징. 시간이 조금 지나면 부드러운 크림은 위에 뜨고 커피는 아래에 가라앉는다. 한꺼번에 잘 저어서 마셔도 되고 크림 사이로 쓴 커피를 홀짝이며 마셔도 좋다. 카페 쯩 외에도 다양한 베트남 커피가 준비되어 있다. 좁은 골목 안에 자리하고 있는 카페인 만큼 공간이 좁고 협소하다. 에어컨이 없어 한낮에는 더울 수도 있다.

위치 쏘이옌을 등지고 왼쪽 방향에 있는 좁은 골목 안에 위치 주소 39 Nguyễn Hữu Huân 오픈 07:00~22:00 요금 커피류 20,000VND 전화 24-6294-0495 지도 MAP 3 ⓚ

가난했던 화가들이 자신들의 그림을 맡기고 커피를 마셨던 카페다. 1949년에 문을 열어 60년이 넘는 세월을 버텨온 오래된 카페이기도 하다. 당시 카페에는 수많은 화가의 그림이 쌓여 있었는데 미술 관계자들이 국립 미술관으로 가지 않고 카페 럼을 먼저 찾았을 정도였다고. 실제로 카페 내부에는 당시 화가들의 그림 수십 점이 남아 있어 양쪽 벽면을 장식하고 있다. 실내는 짙은 나무 탁자와 의자로 꾸며져 있고 천정이 높아 시원하다. 같은 길 60번지에 본점이 있는데 공간이 협소해 대부분 길거리에 앉아 커피를 즐기는 모습이다.

위치 수상 인형극장과 롯데리아를 지나면 보이는 로수(Lò Sũ) 거리를 따라 응우옌흐우후안 거리까지 도보 5분 주소 91 Nguyễn Hữu Huân 오픈 07:00~22:00 요금 20,000~22,000VND 전화 24-3824-5940 홈피 www.cafelam.com 지도 MAP 3 ⓚ

## 카페 포꼬
Cafe Phố Cổ

## 껨투이따
Kem Thủy Tạ

옥상 테라스에서 호안끼엠 호수가 내려다보이는 카페다. 바로 앞에 낮은 건물이 하나 더 있어서 탁 트인 전망을 기대할 수는 없지만 응옥썬 사당과 호수 전경이 잘 보인다. 골목 깊숙이 들어가야 얼굴을 보여주는 곳인지라 호젓한 분위기를 만끽할 수 있다는 것도 큰 장점. 옥상 테라스 외에도 1층과 2층에 자리가 더 있다. 호수가 보이지는 않지만 중국풍으로 꾸며진 벽장식과 새장, 수석, 화분 등이 묘한 분위기를 자아낸다. 에그 커피 카페 쯩을 비롯해 다양한 음료를 골라 마실 수 있다.

<u>위치</u> 호안끼엠 호수 북쪽 항가이 거리 초입, 신카페 부킹 오피스 옆 파파야 티셔츠 가게 안쪽에 위치(라디오 커피라는 초록색 간판 아래) <u>주소</u> 11 Hàng Gai <u>오픈</u> 08:00~23:00 <u>요금</u> 커피류 30,000~40,000VND <u>전화</u> 24-3928-8153 <u>지도</u> MAP 3 ⓙ

1945년에 문을 연 하노이 최초의 아이스크림 가게. 지금은 포장 아이스크림도 팔 정도로 크게 성장했다. 가게 앞에는 아이스크림을 먹는 사람들이 삼삼오오 모여있고 도로가에는 오토바이를 세워놓고 먹는 사람들도 많다. 현지인들이 가장 좋아하는 메뉴는 껨옥꾸에(Kem Ốc Quế). 깨전병 맛이 나는 콘 위에 코코넛 아이스크림이 올라가 있다. 가볍고 시원한 맛이 특징. 멜론과 레몬이 어우러진 연두색 포장 아이스크림도 인기 만점이다. 한국의 메로나와 비슷한데 민트 맛이 섞여 호불호가 갈릴 수도 있다. 베트남식 아이스크림을 맛볼 좋은 기회니 그냥 지나치지 말고 꼭 한 번 맛보자.

<u>위치</u> 호수 서쪽 투이따 카페 옆 간이 매장 <u>주소</u> 2 Lê Thái Tổ <u>오픈</u> 09:00~22:00 <u>요금</u> 껨옥꾸에 14,000VND, 포장 아이스크림 8,000VND <u>전화</u> 24-3971-0332 <u>지도</u> MAP 3 ⓙ

# 신또
## Sinh To

이렇다 할 간판도 이름도 없는 신또 가게다. 여행자 숙소가 모여 있는 마머이 거리에 위치하고 있어 오 가며 들르기 좋다. 신또는 과일, 연유, 우유, 얼음을 넣고 갈아 만든 베트남식 음료로 셰이크처럼 진하고 시원한 것이 특징. 스무디나 밀크셰이크에 비유되기 도 하지만 모양이나 맛이 2% 다르고 더 맛있다. 과 일은 아보카도, 망고, 커스터드 애플, 두리안 등을 고 를 수 있으며 가격도 20,000~30,000VND로 저렴 하다. 다양한 과일을 한꺼번에 맛보고 싶다면 호아 꽈아염(Hoa Quả Dầm)을 주문해 보자. 망고, 잭프 루트, 롱간, 수박 등을 골고루 넣고 그 위에 요거트를 뿌려주는 과일 샐러드다. 식사 후 디저트로 이만한 것이 없다.

<u>위치</u> 마머이 거리에 있는 하노이 백패커스 호 스텔을 지나 Shop&Go 편의점 맞은편에 위 치 <u>주소</u> 22 Mã Mây <u>오픈</u> 10:00~22:00 <u>요금</u> 25,000~30,000VND <u>지도</u> MAP 3 ⓖ

# 하이랜드 커피
## High Lands Coffee

베트남에서 가장 크고 유명한 커피 체인점. 베트남 전역에 지점을 갖고 있어 어디서든 쉽게 이용할 수 있다. 특히 호안끼엠 호수 북쪽에 있는 지점은 건물 3층에 자리하고 있어 딘띠엔호앙 거리가 한눈에 내 려다보인다. 야외 테라스에 앉아 시원한 커피를 마시 고 있노라면 복잡한 구시가가 조금은 이국적이고 낭 만적으로 보인다. 프랜차이즈 커피숍답게 스몰, 라 지 사이즈 선택이 가능하다. 하지만 손님이 많다 보 니 잔 대신 일회용 용기에 담아준다. 잔에 마시고 싶 은 여행자라면 주문 시 미리 말해야 한다. 커피 외에 도 조각 케이크, 샌드위치, 피자 같은 간식거리도 갖 추고 있다.

<u>위치</u> 호수 북쪽 딘띠엔호앙 거리에 있는 건 물 3층 <u>주소</u> 1-3-5 Đinh Tiên Hoàng, Gỗ Gươm 3F <u>오픈</u> 07:00~23:00 <u>요금</u> 커피류 25,000~30,000VND <u>전화</u> 24-3936-3228 <u>홈피</u> www.highlandscoffee.com.vn <u>지도</u> MAP 3 ⓙ

# 꽌 안응온
Quán Ăn Ngon

하노이에 오면 꼭 가봐야하는 맛집계의 성지 같은 곳이다. 베트남 음식이라면 무엇이든 다 요리하는 식당으로 음식 맛도 좋고 가격도 저렴해 수년 동안 변함없는 인기를 누리고 있다. 메뉴가 셀 수 없이 많아서 사진이 붙어 있는 메뉴판이 감사할 정도다. 흔히 먹는 쌀국수 대신 좀 더 특별한 국수를 찾고 있다면 분보 후에(Bún Bò Huế), 후띠에우 남방(Hủ Tiếu Nam Vang)을 주문해 보자. 고소한 게살 스프링롤 넴꾸어베(Nem Cua Bể)와 향기 좋은 소고기 구이 보느엉라룻(Bò Nướng Lá Lốt), 베트남 국민 반찬 라우므엉싸오또이(Rau Muống Xào Tỏi)는 별미 중에 별미. 디저트 쩨텁껌(Chè Thập Cẩm) 역시 놓치기 아까운 메뉴다. 전체적으로 음식 양은 적은 편. 다양한 메뉴를 골고루 시켜 먹기 좋다. 워터 프레이와 선풍기가 쉴새없이 돌아가고 있지만 야외 좌석이라 한낮에는 덥다.

위치 ①구시가에서 택시로 10분 ②디엔비엔푸 교차로에서 몬후에 옆 블록에 있는 판보이쩌우거리를 따라 도보 5분 ③호아로 수용소 근처 하노이 타워빌딩을 지나 판보이쩌우거리를 따라 도보 5분 주소 18 Phan Bội Châu 오픈 07:00~22:00 요금 30,000~80,000VND(10% 세금 별도) 전화 090-212-6963 홈피 www.ngonhanoi.com.vn 지도 MAP 2 ⓙ

TIP
탕롱 황성 북쪽 판딘풍 거리에도 지점(주소 34 Phan Đình Phùng 전화 24-3734-9777 지도 MAP 2 ⓑ)이 있다. 시끌벅적한 본점과는 달리 시원한 에어컨 바람을 쐬며 조용하게 식사하는 분위기. 아쉽게도 메뉴판에는 사진이 없다.

# 홈 레스토랑
## Home Restaurant

# 라 바잔니
## La Badiane

하노이에서 특별한 저녁 식사를 경험해 보고 싶다면 이곳으로 가보자. 쌀국수만 알던 여행자에게 신세계가 열릴 테니 말이다. 홈 레스토랑은 각종 육류와 신선한 해산물을 베트남 전통 방식으로 요리하는 고급 음식점이다. 신문처럼 넘겨보는 종이 메뉴판에는 수십 가지 메뉴가 가득하다. 주재료의 맛을 가장 잘 살려주는 3~4가지 요리법으로 구분되어 있어 고르기도 쉽다. 스프링롤, 그린 망고 샐러드, 볶음면 같은 대중적인 메뉴도 있지만 평소 먹어보지 못한 요리를 시도해 보는 것이 포인트. 딜을 넣고 튀기듯이 구운 생선 요리 짜까, 매콤한 양념을 얹은 오징어구이, 센 불에 구워내 고소한 오리와 새우 요리 등은 기본에 충실하면서도 세련된 맛을 선사한다. 보존 상태가 좋은 구식 저택을 앤티크하게 개조해 분위기 또한 나무랄 데 없다. 문을 연지 얼마 되지 않았지만 벌써 입소문이 자자하다.

위치 ①구시가 북쪽에서 택시로 10분 ②탕롱 황성 북문 판딘풍 거리에서 당덩(Đặng Dung) 거리를 따라 도보 10분 주소 34 Châu Long 오픈 11:00~13:30, 17:00~21:30 요금 애피타이저 125,000~145,000VND. 메인 250,000~300,000VND(15% 세금 별도) 전화 0911-583-399 홈피 hanoi. homevietnameserestaurant. com 지도 MAP 2 ⑧

근사한 프렌치 요리를 즐길 수 있는 레스토랑이다. 애피타이저-메인-디저트로 구성된 런치 세트가 단돈 17~20US$. 어느 음식 하나 부족함이 없고 양도 푸짐하다. 프리젠테이션은 무난하지만 맛만큼은 고급 호텔 레스토랑 못지 않다. 어디 그 뿐인가. 자연 채광이 쏟아지는 환한 실내와 깔끔한 테이블 세팅은 식사하는 이의 기분을 한껏 들뜨게 만든다. 친절한 서비스에 세금도 붙지 않아 가성비 최고의 레스토랑이 아닐까 싶다. 저녁 식사 메뉴는 런치 세트보다 비싸지만 4코스 비스트로 메뉴가 37US$, 5코스 데규스타시옹 세트가 80US$으로 매우 합리적이다.

위치 꽌 안웅온 정문 오른쪽으로 난 좁은 골목을 따라 도보 1분, 오른편에 위치 주소 10 Nam Ngư 오픈 월~토요일 11:30~14:00, 18:00~22:00 휴무 일요일 요금 250,000~895,000VND 전화 24-3942-4509 홈피 www. labadiane-hanoi.com 지도 MAP 2 ⓙ

## 코토
### KOTO

## 분옥스언
### Bún Ốc Sườn

비영리 단체 KOTO에서 운영하는 레스토랑이다. KOTO는 하나를 알면 하나를 가르칠 수 있다는 모토인 'Know One, Teach One'의 줄임말로 소외 계층 청소년의 자립을 돕기 위해 1999년에 설립되었다. 연 2회 청소년을 선발해 직업 교육을 하고 있으며 요리를 전공하는 학생들에게 훈련과 실습의 기회를 주기 위해 오픈한 레스토랑이다. 이곳에서 일하는 학생들 모두가 숙련된 셰프는 아니지만 좋은 취지에 공감하는 사람들이 식사를 하러 이곳으로 온다. 짜조, 퍼보 같은 베트남 음식과 버거, 샌드위치 같은 서양 음식을 골고루 요리하고 있으며 맛과 서비스도 일정 수준을 유지하고 있다. 레스토랑은 1~2층으로 꾸며져 있다.

위치 문묘 입구에서 반미에우 거리를 따라 도보 1분 주소 59 Văn Miếu 오픈 09:00~22:00 요금 78,000~250,000VND(15% 세금 별도) 전화 24-3747-0337 홈피 www.koto.com.au 지도 MAP 2 ⓙ

우렁 쌀국수 분옥(Bún Ốc)을 맛있게 먹을 수 있는 노점이다. 매우 흔한 음식이지만 이 집만큼 깔끔한 국물에 우렁을 잔뜩 넣어주는 곳도 드물다. 하노이 인근 농촌에서 우렁을 쉽게 구할 수 있다 보니 삶아서 팔기도 하고 국수에 넣어서 먹기도 한다. 분옥은 돼지 뼈와 양파, 토마토를 넣고 오래 끓인 육수를 베이스로 한다. 여기에 국수를 말고 따로 삶아 놓은 우렁을 토핑처럼 올려 먹는다. 도무지 무슨 맛일지 상상이 가지 않겠지만 매콤, 시큼, 개운한 여러 가지 맛들이 여행자의 혀를 자극한다. 문묘와 하노이 타워를 오갈 때 들르기 좋다. 날씨가 더운 14:00~18:00에는 문을 닫을 수도 있다. 길거리 노점이다 보니 여기저기 휴지가 떨어져 있어 지저분한 편.

위치 호아로 수용소 근처 하노이 타워에서 문묘로 가는 하이바쯩 거리에 위치 주소 57 Hai Bà Trưng 오픈 08:00~23:00 요금 30,000~35,000VND 지도 MAP 2 ⓚ

# 분짜 흐엉리엔
Bún Chả Hương Liên

# 메종 드 뗏 데코
Maison de Tet décor

하노이 명물 음식 분짜와 반봇록이 맛있는 집. 미국 45대 대통령 버락 오바마와 CNN 요리 프로그램 진행자 안소니 부르댕이 이곳에서 만나 분짜를 먹고 맥주를 마셔 화제가 된 바 있다. 자그마한 탁자와 목욕탕 의자를 놓고 영업하는 전형적인 서민 식당으로 담백하고 깔끔한 요리 솜씨를 자랑한다. 구시가에서 조금 떨어져 있어 예전에는 여행자들이 많이 찾지 않았지만 현지인들에게는 이미 인기가 많았던 곳이다. 그 밖에도 돼지고기 양념구이 짜느엉(Chả Nướng)과 꼬치구이 짜씨엔(Chả Xiên)을 맛볼 수 있으며 누구나 좋아하는 게살 스프링롤 넴꾸아베도 주문할 수 있다.

<u>위치</u> 위치 ① 호안끼엠 호수 남쪽 쩐흥다오 Trần Hưng Đạo 거리와 응오티남 Ngô Thi Nhậm 거리를 지나 레반흐우 거리 중간 ② 구시가에서 택시로 10분 <u>주소</u> 24 Lê Văn Hưu <u>오픈</u> 08:00~20:30 <u>요금</u> 요금 30,000~40,000VND <u>전화</u> 24-3943-4106 <u>지도</u> MAP 1 ⓛ

고산 도시 싸파를 콘셉트로 한 세련된 카페. 소수민족이 만든 의상, 쿠션, 걸개, 조각품 등으로 꾸며진 실내가 감각적이다. 거기다 메뉴판에 적힌 공정무역 커피, 글루텐프리 브레드, 자연 방사 달걀, 달랏 아보카도 같은 단어들은 이곳을 더욱 돋보이게 한다. 1층은 주로 커피를 내리고 요리하는 공간이다. 손님들은 대부분 서호가 내려다보이는 2층에서 시간을 보낸다. 자체 블렌딩과 로스팅을 자랑하는 커피를 비롯해 샐러드, 샌드위치, 버거 같은 식사 메뉴까지 갖추고 있다. 물론 채식 메뉴와 맥주, 와인 등도 준비되어 있다. 서호에서 휴식을 취할만한 공간을 찾고 있다면 한 번쯤 가 볼 만하다. 시내로 돌아갈 때는 종업원에게 택시를 불러달라고 하면 된다.

<u>위치</u> 쩐꾹 사원에서 북쪽으로 난 옌푸(Yên Phụ) 거리를 따라 택시로 15분 <u>주소</u> Villa 18, Ngõ 5 Phố Tù Hoa <u>오픈</u> 07:00~22:00 <u>요금</u> 커피 40,000~85,000VND, 식사류 90,000~180,000VND <u>전화</u> 0966-611-383 <u>홈피</u> www.tet-lifestyle-collection.com <u>지도</u> MAP 1 ⓒ

## 하노이 스트리트 푸드 투어 Hanoi Street Food Tour

하노이 구시가에는 베트남 그 어느 곳보다 길거리 음식이 다양하고 풍족하다. 궁금한 음식을 하나하나 다 맛보고 싶다거나 혼자 시도하기 겁나다면 이 투어를 신청해 보자. 현지인 가이드와 함께 구시가 곳곳을 누비면서 베트남 음식과 문화, 역사를 한꺼번에 배울 수 있다. 투어 프로그램은 아침, 점심, 저녁 세 가지로 구분되는데 그에 따라 먹는 음식도 달라진다. 언제 할지 결정했다면 그 다음에는 도보로 다닐지 스쿠터를 타고 다닐지를 선택하면 된다. 대부분의 여행자가 나이트 워킹 투어(20US$)를 신청하는데 실제로는 나이트 스쿠터 투어(35US$)가 더 재미있다. 현지인이 안전하게 모는 스쿠터를 타고 길거리 음식도 즐기고 호찌민 묘소, 서호, 롱비엔 다리 건너편 동네까지 돌아볼 수 있어 알차다. 무엇보다 낮과는 전혀 다른 분위기를 만끽할 수 있어 만족스럽다. 투어 비용에는 식음료비가 모두 포함되어 있어 별도의 추가 비용은 들지 않는다. 예약은 홈페이지와 이메일을 통해 할 수 있고 예약 확정 메일을 받으면 투어 당일 정해진 시간보다 10분 일찍 와서 결제하면 된다.

위치 호안끼엠 호수 북쪽 구시가 딘리엣(Đinh Liệt) 거리와 항박 거리가 만나는 사거리에 있는 Kim Tours 카운터 이용 주소 74 Hàng Bạc 오픈 08:00~22:00 요금 20~59US$ 전화 0966-960-188 홈피 www.hanoistreetfoodtour.com 지도 MAP 3 Ⓕ

## 원데이 쿠킹 클래스 One Day Cooking Class

아는 만큼 보인다는 말은 참이다. 3~4시간 짬을 내서 쿠킹 클래스에 다녀오고 나면 매일 먹던 쌀국수조차 새로워 보이기 때문. 심지어 알고 먹으면 더 맛있기까지 하다. 그런 의미에서 쿠킹 클래스는 요리에 관심 있는 여행자뿐 아니라 좀 더 폭넓은 경험을 하고 싶은 여행자에게도 추천할만하다. 보통 쿠킹 클래스는 강사와 수강생 수, 주방 시설과 규모에 따라 프로그램과 진행방식이 조금씩 다르다. 아래의 두 곳을 비교해보고 자신에게 맞는 곳을 선택하면 된다. 모든 비용에는 재료비가 포함되어 있고 그날 만든 음식은 다 함께 나눠 먹는다.

**TIP**

수강생이 적으면 취소될 수도 있고 날짜를 조정해야 하는 경우도 있으므로 2~4일 전에 미리 예약하는 것이 좋다. 또한 사정에 따라 메뉴가 변경될 수도 있다.

### 히든 하노이 Hidden Hanoi

일반적인 쿠킹 스쿨과는 달리 가정집을 개조해서 만든 아담한 부엌에서 요리를 배운다. 베트남 음식에 대한 이해를 높이기 위해 마켓 투어를 진행한 다음 강사와 수강생이 협업해서 3가지 요리를 완성해 나가는 방식이다. 가이드와 함께 가까운 시장으로 가서 베트남의 다양한 식재료를 살펴보는 일은 여간 흥미로운 일이 아니다. 자세한 설명과 함께 손으로 만져보고 냄새도 맡아보고 맛도 보는 시간은 요리만큼이나 소중한 경험이다. 따라서 요리에 자신이 없는 사람도 충분히 즐기면서 배울 수 있는 장점이 있다.

<u>위치</u> ①구시가에서 택시 13분 ②소피텔 플라자 호텔에서 택시 5분 또는 도보 10분 <u>주소</u> 147 Nghi Tàm, Yên Phụ <u>오픈</u> 월~토요일 11:00~14:00(마켓 투어 참여 시 10:00 시작) <u>휴무</u> 일요일 <u>요금</u> 45US$(마켓 투어 참여 시 55US$) <u>전화</u> 0987-240-480 <u>홈피</u> www.hiddenhanoi.com.vn <u>지도</u> MAP 1 ⓒ

### 하노이 쿠킹 센터 Hanoi Cooking Centre

호주 출신 셰프이자 베트남 요리책 저자이기도 한 트레이시 리스터(Tracey Lister)가 운영하는 쿠킹 스쿨이다. 문을 연지 오래되었고 진행 경력도 많아 수업이 체계적이고 프로그램도 다양하다. 수강생별로 요리 스테이션이 하나씩 주어지기 때문에 모든 음식을 처음부터 끝까지 다 만들어 볼 수 있는 장점이 있다. 하지만 요리에 서툰 사람이라면 조금 어렵다고 느껴질 수 있다. 트레이시의 명성이 높다보니 수강료가 살짝 부담스럽다. 홈페이지에서 프로그램과 진행 날짜를 확인한 다음 신청하면 된다.

<u>위치</u> 구시가 북쪽에서 택시로 10분 <u>주소</u> 44 Châu Long <u>오픈</u> 08:00~18:00(페이스북을 확인할 것) <u>요금</u> 1인 1,350,000 VND <u>전화</u> 24-3715-0088 <u>홈피</u> www.hanoicookingcentre. com <u>지도</u> MAP 2 ⓑ

# Entertaining

## 비아 허이 골목
Bia Hơi Lane

## 하노이 소셜 클럽
Hanoi Social Club

전 세계 여행자들이 모여 비아 허이를 마시는 시끌 벅적한 골목이다. 비아 허이는 베트남식 생맥주를 부르는 이름. 당일 생산해낸 맥주라 신선한 맛을 자랑한다. 한 잔에 5,000~10,000VND으로 저렴하고 도수도 낮아 갈증을 풀어주는 음료수같다. 수많은 사람들이 목욕탕 의자에 모여 앉아 맥주를 마시는 모습이 장관. 그들과 어울려 한잔 하는 재미도 남다르다. 물론 낮술도 대환영이다. 비아 허이 이외에도 다양한 병맥주를 저렴하게 마실 수 있다. 맥주와 함께 꼭 먹어야 할 안주는 넴쭈아쟌(Nem Chua Rán). 돼지고기 튀김 요리로 얼핏 보면 돈가스처럼 생겼는데 쫄깃하고 고소한 맛이 일품이다. 구시가 북쪽 따히엔(Tạ Hiên) 골목이 가장 번화하다.

**위치** 호수 북쪽 딘리엣(Đinh Liệt) 거리를 따라 직진, 따히엔 골목 일대 **주소** Hàng Giầy & Tạ Hiên **오픈** 16:00~23:00 **지도** MAP 3 Ⓔ

비밀 아지트 같은 느낌의 카페이자 라이브 뮤직 클럽이다. 인테리어와 소품이 멋스러워 카페로도 부족함이 없지만, 이곳의 자랑은 뭐니뭐니해도 미니 밴드 연주. 매주 화요일 20:30에 건물 옥상에서 열린다. 연주자에 따라 분위기가 많이 달라지지만 바닥이나 소파에 걸터앉아 자유분방하게 공연을 즐기는 방식이 매력이다. 공연 관람비 50,000VND를 내고 들어가면 된다. 공연을 보면서 즐길 음료로는 베트남 로컬 맥주 후다 비어, 쏙박 비어, 333 등이 있고 스낵 메뉴로는 고소한 보비아와 매콤한 환탄이 맛있다. 그 밖에도 서양식으로 구성된 아침, 점심, 저녁 메뉴를 갖추고 있으며 다양한 음료와 간식 메뉴가 준비되어 있다. 하노이 소셜 클럽은 취약 계층 청소년을 지원하는 사회적 기업 KOTO에서 훈련받고 자립한 셰프가 운영하고 있다.

**위치** ①호수 북쪽 구시가에서 항가이~항봉 거리를 따라 걷다가 왼쪽으로 난 꽌쓰으(Quán Sứ)거리로 진입, 호이부(Hội Vũ) 골목 안으로 총 도보 15분 ②호수 남쪽 쌍티 거리를 따라 걷다가 오른쪽으로 난 호이부(Hội Vũ) 골목 안으로 총 도보 10분 **주소** 6 Ngõ Hội Vũ, **오픈** 08:00~23:00 **요금** 커피 · 차 35,000~60,000VND, 맥주 35,000~45,000VND, 스낵 25,000~40,000VND
**전화** 24-3938-2117 **지도** MAP 4 Ⓐ

## 빈민 재즈 클럽
Binh Minh's Jazz Club

## 서밋 라운지
Summit Lounge

하노이에서 유명한 재즈 바. 규모는 작지만 뛰어난 연주 실력으로 정평이 나 있다. 재즈 색소폰 연주자이면서 오랜 기간 재즈 보급에 힘써온 꾸엔반민씨가 1998년 10월에 오픈, 20년 가까이 운영하고 있다. 매일 밤 공연이 있어 언제 들러도 수준급의 재즈 연주를 감상할 수 있는 것이 장점. 꾸엔반민씨가 직접 연주하는 것도 인기의 비결이다. 공연은 21:00부터 시작하는데 중간중간에 브레이크 타임을 두고 23:30까지 이어간다. 입장료가 없는 대신 20:00 이후 음료값이 높아진다. 하노이 병맥주가 17,000VND에서 75,000VND까지 껑충 뛴다. 하지만 한화 4,000원이 채 되지 않는 비용으로 훌륭한 공연을 즐길 수 있어 아깝지 않다. 다양하고 간단한 식사와 안주도 주문할 수 있다. 다만 가격대비 양은 적은 편이다.

위치 오페라 하우스를 마주보고 섰을 때 왼쪽으로 이어지는 짱띠엔 거리를 걷다가 오른쪽으로 난 좁은 골목길을 따라 도보 1분 주소 1 Tràng Tiên 오픈 08:00~04:00 요금 병맥주 75,000~110,000VND, 안주 42,000~

55,000VND 전화 24-3933-6555 홈피 www.minh jazzvietnam.com 지도 MAP 4 Ⓕ

팬 퍼시픽 호텔 20층에 자리한 스카이라운지 바. 호찌민시보다 도시적인 면모가 부족해 근사해 뷰를 기대하기는 어렵지만 서호와 하노이 시내를 한눈에 담을 수 있는 명당임에 틀림없다. 좌석은 에어컨이 나오는 실내 테이블과 전망이 좋은 야외 바 테이블로 꾸며져 있다. 해 질 무렵 찾아오면 선셋을 즐기기 좋고 저녁 식사 후에 들르면 조명으로 반짝거리는 탄니엔 거리와 쩐퍽 사원을 내려다볼 수 있다. 음료와 식사 메뉴를 골고루 잘 갖추고 있으며 맥주나 칵테일을 주문하면 그린 올리브, 블랙 올리브, 새우칩을 넉넉히 준다.

위치 구시가에서 택시로 10분 주소 Pan Pacific Hotel Hanoi 20F, 1 Thanh Niên, Ba Đình 오픈 16:00~24:00 요금 맥주 및 칵테일 150,000~200,000VND(15% 세금 별도) 전화 24-3823-8888 지도 MAP 2 Ⓑ

## SF 살롱 스파
### SF Salon Spa

## 히든 하노이
### Hidden Hanoi

호안끼엠 호수에서 가까운 고급 스파. 좁은 시장 골목 한복판에 있지만 세련되고 아늑한 분위기가 심신을 편안하게 해준다. 구시가에 있는 다른 마사지 숍에 비해서 가격대는 높지만, 시설이 고급스럽고 일정 수준의 안정적인 서비스를 기대할 수 있다. 발 마사지보다는 보디 마사지를 받기에 적합한 곳으로 60분, 75분, 90분, 120분 코스가 준비되어 있다. 60분은 조금 짧게 느껴지니 여유가 된다면 75분 또는 90분 코스를 선택하자. 내부에는 탈의실과 로커가 마련되어 있어 편리하고 샤워시설이 잘 꾸며져 있어 마사지 전후로 이용하기 좋다. 팁은 주지 않아도 상관없다. 만족스러운 서비스를 받았다고 생각되면 30,000VND 정도만 내도 충분하다.

<u>위치</u> 호안끼엠 호수 북쪽 뒷골목인 꺼우고 거리 안에 있는 좁은 시장 골목 중간 <u>주소</u> 7 Chợ Cầu Gỗ <u>오픈</u> 09:00~23:30 <u>요금</u> 발 마사지 60분 기준 350,000VND, 바디 마사지 60분 기준 450,000~599,000VND <u>전화</u> 24-3926-2323 <u>지도</u> MAP 2 ⓙ

서호 주변에 머물고 있다면 가볼 만하다. 주택가 골목 안에 있어 조용하고 정원이 딸린 건물을 개조해 분위기가 좋다. 1층에서는 쿠킹 클래스를 진행하고 2층에서는 스파 서비스를 제공한다. 이곳의 스파는 단기 여행자보다 하노이에 사는 외국인들이 더 많이 찾는다. 그래서 마사지사의 실력이 들쭉날쭉하지 않고 직원들도 매우 사교적이다. 수시로 30~50% 할인 프로모션을 진행하고 재방문 시 사용할 수 있는 할인쿠폰도 준다. 팁도 필요없다. 마사지 공간은 다소 좁은 편. 커튼으로 구분된 개별 침대 공간 안에서 탈의한다. 옷가지와 소지품은 개별 상자에 넣어 침대 아래에 두는 방식이다. 예약은 홈페이지에서 언제든지 할 수 있으며 전화 예약은 화요일을 제외하고 09:00~18:30 사이에 가능하다.

<u>위치</u> ①구시가에서 택시로 13분 ②소피텔 플라자 호텔에서 택시 5분 또는 도보 10분 <u>주소</u> 147 Nghi Tàm, Yên Phụ, Tây Hồ <u>오픈</u> 10:00~20:00 <u>요금</u> 바디 마사지 70분 기준 450,000~550,000VND <u>전화</u> 0987-240-480 <u>홈피</u> hiddenhanoi.com.vn <u>지도</u> MAP 1 ©

# 동쑤언 시장
## Chợ Đồng Xuân

Dong Xuan Market

호안끼엠 호수 북쪽 구시가에 위치한 대규모 재래시장이다. 1889년 프랑스 식민지 시절부터형성된 시장이라 하노이 사람들에게는 추억이 가득한 곳이다. 1994년 화재로 건물이 불타 새롭게 지어 올렸으며 현재는 3층 건물 안에 수백개의 크고 작은 상점들이 자리하고 있다. 판매하는 아이템도 무궁무진하다. 의류, 생활용품, 식료품, 원단, 화초 등은 물론 반려견, 반려묘, 새, 물고기 등도 거래되고 있을 정도.

위치 호수 북쪽 구시가의 항다오(Hàng Đào) 거리를 따라 계속 직진, 도보 15분 주소 Đồng Xuân 오픈 07:00~18:00 지도 MAP 3 ⓑ

---

**TIP**

### 금 · 토 · 일요일엔 야시장

동쑤언 시장이 문을 닫는 18:00부터 23:00까지 차도를 막고 야시장이 열린다. 동쑤언 시장 아래에 있는 항드엉(Hàng Đường) 거리부터 항다오(Hàng Đào) 거리까지 수많은 노점상들이 600m 가량 줄지어 선다. 보통 19:00부터 하나 둘씩 오픈해 20:00쯤 되면 저녁을 먹고 구경하려는 사람들도 북적인다. 살만한 물건이 있는 것은 아니지만 쩨, 튀김, 꼬치구이 같은 군 것질을 하며 구경하는 재미가 있다. 지도MAPⒻ

# 페바 초콜릿
## Pheva Chocolate

메콩 델타의 소도시 벤쩨(Bến Tre)에서 재배한 카카오로 만든 오리지널 베트남 초콜릿이다. 높은 퀄리티와 다양한 맛, 세련된 포장까지 그야말로 일등 여행 선물이다. 65% 다크 초콜릿처럼 클래식한 맛부터 푸꿕 섬의 특산물인 후추를 가미한 이색적인 맛까지 18가지 초콜릿을 만나볼 수 있다. 모든 초콜릿은 시식이 가능하고 시식 후에는 입맛에 맞는 것만 골라 포장할 수 있다. 12개, 24개, 40개씩 담으면 된다. 가장 인기 있는 맛으로 기본 포장된 6개들이 박스도 있다. 포장에는 도시 이름 'HANOI'가 새겨져 있어 의미를 더한다. 페바 초콜릿은 다낭, 호찌민 시에도 매장을 두고 있다.

위치 호아로 수용소 근처 하노이 타워를 지나 판보이 쩌우 거리까지 도보 5분, 오른쪽 길건너편에 위치 주소 8B Phan Bội Châu 오픈 08:00~19:00 요금 6개 50,000VND, 24개 160,000VND 전화 24-3266 8579 홈피 www.phevaworld.com 지도 MAP 2 ⓙ

# 아난 커피
Anan Coffee

# 징코
Ginkgo

베트남에는 원두커피를 파는 크고 작은 상점들이 많이 있다. 대부분 신선한 커피를 판매하고 있고 가격도 저렴해서 쇼핑 아이템으로 그만이다. 그중에서도 아난 커피는 하노이에서 제법 잘 알려진 커피 상점이다. 자체 커피 농장을 보유하고 있어서 생두의 질이 일정하고 생산 관리도 잘 되는 편. 볶은 지 일주일 이내의 홀빈(볶은 뒤 분쇄하지 않은 상태)과 그라인드(볶은 뒤 분쇄한 가루 상태) 커피를 포장해서 판매한다. 가격대는 250g 기준으로 160,000~200,000VND이고 500g이나 1kg 단위로 사면 좀 더 저렴하다. 사향 고양이 커피로 잘 알려진 루왁과 베트남에서만 생산되는 사향 족제비 커피 위즐도 취급한다. 시음도 가능하다. 가격은 1kg 기준으로 한화 6만 원 안팎이다. 구시가 서쪽 냐쭝(Nhà Chung) 거리와 오페라 하우스로 가는 짱띠엔(Tràng Tiên) 거리에도 지점이 있다.

<u>위치</u> 호안끼엠 호수 북쪽 구시가 항부옴 거리에 위치 <u>주소</u> 101 Hàng Buồm <u>오픈</u> 08:00~22:30 <u>요금</u> 원두 250g 160,000~200,000VND <u>전화</u> 24-8585-5563 <u>지도</u> MAP 3 Ⓕ

> **TIP**
>
> 커피를 사기 전에 p.38에 나와있는 커피 기본 정보와 체크 리스트를 꼼꼼히 읽어 보고 가자.

노란 은행잎 로고와 세련된 쇼윈도 디스플레이가 시선을 끄는 패션 브랜드숍이다. 프랑스와 베트남 출신 디자이너가 협업해서 만든 티셔츠, 후드, 배낭, 에코백, 머그잔 등을 판매하고 있다. 종류는 많지 않지만 베트남 여행을 두고두고 생각나게 해줄 질 좋은 기념품을 찾고 있다면 들러볼 만하다. 징코에서 가장 잘 나가는 아이템은 아무래도 티셔츠류. 디자인과 컬러가 독특하고 고급 원단을 사용하고 있어 착용감이 우수하다. 베트남을 상징하는 재미있는 그림이 그려진 에코백과 머그잔도 완소 아이템. 시즌마다 신상품이 계속 나오고 시즌이 지난 상품은 50~70%까지 세일하고 있으니 오가며 눈여겨 봐두자. 항베(Hàng Bè) 거리 44번지와 항가이(Hàng Gai) 거리 79번지에도 매장이 있다. 징코는 2006년 베트남 여행을 마치고 돌아온 프랑스 청년이 2007년 호찌민시에 창업한 회사로 지금은 하노이, 호이안, 호찌민시에 지점을 두고 있을 정도로 성장했다.

<u>위치</u> 호수 북쪽 구시가 바아 허이 골목인 따히엔 거리 중간에 위치 <u>주소</u> 35 Tạ Hiện <u>오픈</u> 08:00~22:00 <u>요금</u> 티셔츠류 310,000~ 500,000VND <u>전화</u> 24-3926-3871 <u>홈피</u> www.gin kgo-vietnam.com <u>지도</u> MAP 3 Ⓕ

## 짱띠엔 플라자
### Trang Tien Plaza

## 나구
### Nagu

구시가에서 가장 가깝고 현대적인 백화점이다. 1901년에 세워진 유럽식 건물에 디올, 루이뷔통, 까르띠에 쇼윈도 디스플레이가 더해져 럭셔리한 분위기를 자아낸다. 2013년에 대대적인 리뉴얼을 하면서 총 6층 규모에 110여 개의 브랜드숍을 갖췄다. 1층에는 버버리, 페라가모 같은 명품숍이 있고 사이사이에는 화장품, 보석, 시계 매장이 자리하고 있다. 2층부터는 베르사체 진즈, 디젤, 토미 힐피거, 갭, 망고 같은 젊은이들이 선호하는 브랜드가 모여있고 갭 키즈, 망고 키즈, 나이키 키즈 같은 어린이 매장도 잘 갖추고 있다. 5층에는 롯데리아, 파리바게뜨, 랩&롤 등 같은 프랜차이즈 식당이 있어서 휴식을 취하기에도 부족함이 없다.

<u>위치</u> 호안끼엠 호수 남쪽 짱띠엔(Tràng Tiên) 거리와 항바이(Hàng Bài) 거리가 만나는 사이교차에 위치 <u>주소</u> 24 Hai Bà Trưng <u>오픈</u> 월~금요일 09:30~21:30, 토 · 일요일 · 공휴일 09:30~22:00 <u>전화</u> 24-3937-8599 <u>홈피</u> www.trangtienplaza.net <u>지도</u> MAP 4 ⓖ

베트남 전통모자 논을 쓴 귀여운 테디베어 인형을 살 수 있는 곳이다. 가격은 꽤 비싸지만 베트남을 상징하는 데다 꼼꼼하게 잘 만들어져 있어 누구나 탐내는 아이템. 인형 사이즈, 옷, 자수에 따라 가격이 조금씩 다르다. 그 밖에도 의류, 가방, 액세서리 등을 판매하고 있으며 내추럴하면서도 세련된 디자인으로 눈길을 끈다. 하노이에서만 구할 수 있는 기념품이니 놓치지 말고 구입하자. 나구라는 가게 이름은 일본어로 '마음이 평온해지다'라는 뜻이라고. 가게가 작고 가로수에 가려져 있어 잘 보이지 않는다. 눈을 크게 뜨고 찾아보자.

<u>위치</u> 성 요셉 성당 앞 냐터 거리에 위치 <u>주소</u> 20 Nhà Thờ <u>오픈</u> 09:00~21:00 <u>휴무</u> 베트남 설날 <u>요금</u> 테디베어 280,000~470,000VND <u>전화</u> 24-3928-8020 <u>홈피</u> www.zantoc.com <u>지도</u> MAP 4 ⓑ

▶ TIP

### 세금 환급

짱띠엔 플라자에서 쇼핑을 했다면 구매금액의 15%에 해당하는 세금을 환급받을 수 있다. 망고, 갭, 버버리 등을 포함해 17개 브랜드 상품에 해당한다. 한 매장에서 2,000,000VND 이상(한화로 약 10만 원) 구매했다면 매장 직원에게 여권(사본)을 보여주고 VAT Refund 처리를 해달라고하자. 매장 직원이 처리해 주는 영수증을 잘 가지고 있다가 출국하는 날 공항 Departure Hall에 있는 VAT Refund 데스크에 제시하면 된다. 물건을 확인하기도 하니 티켓팅 전(짐을 부치기 전)에 들르는 것이 좋다. 환급금은 베트남 동, 달러, 한화 등 원하는 화폐로 받을 수 있다.

<u>적용 브랜드</u> Tommy Hilfiger, Mango, Mango He, Mango Touch, Diesel, Tumi, Nike, Gap, Burberry, Bally, Cartier, Salvatore Ferragamo, Rolex, Bulgari, Versace, Paper Plane, Mido <u>환급 가능 공항</u> 하노이 노이바이 공항 / 호찌민시 떤선녓 공항

## 어우찌에우 골목
### Ấu Triệu

성 요셉 성당 옆에 있는 200m 남 짓한 좁은 골목이다. 아기자기한 패션숍, 네일숍, 카페가 모여 있어 젊은이들이 많이 찾는다. 골목 입 구에서부터 요즘 유행인 숍인숍 상점들이 눈에 띄고 좀 더 안으로 들어가면 주인장의 취향이 고스란 히 드러나는 스트리트 숍도 구경 할 수 있다. 아무래도 낮에는 더우 니 해 질 무렵이나 저녁 시간에 산 책 겸 돌아보기 좋다.

위치 성 요셉 성당을 마주보고 오른 쪽에 있는 골목 오픈 09:00~22:00 지도 MAP 4 Ⓐ

## 빠빠야
### Papaya

자그마한 가게지만 재치 만점 프 린팅 티셔츠가 돋보이는 곳이 다. 베트남 하면 떠오르는 이미 지를 유명 브랜드 로고 또는 만 화 캐릭터에 녹여 패러디하고 있 기 때문. 길을 가다 발걸음을 멈 추고 하나하나 보다 보면 킥킥킥 웃음이 절로 나온다. 화려한 프 로파간다 이미지가 프린팅된 티 셔츠도 키치함이 묻어나는 인기 아이템. 어린이를 위한 키즈 사 이즈도 준비되어 있다. 가격은 350,000~400,000VND 안팎이 다. 항가이(Hàng Gai) 거리 11번지 (짝퉁 신카페 부킹 오피스 옆)에도 가게가 하나 더 있다.

위치 호수 북쪽 구시가 항베 거리 중 간에 있는 주황색 르 펍(Le Pub) 맞 은편에 위치 주소 30 Hàng Bè 오픈 10:00~22:00 전화 24-3938-1490 지도 MAP 3 Ⓚ

## 아트 북
### Art Book

기념품이 될만한 도서와 문구류 등을 살 수 있는 곳이다. 하노이와 호이안의 특징을 글과 그림으로 담은 예쁜 책도 볼 수 있고 각종 사진집과 요리책도 즐비하다. 한 쪽에는 소수민족을 테마로 한 인 형, 책갈피, 코스터 같은 아이템이 진열되어 있다. 프로파간다 달력 이나 다이어리, 메모장도 있어 조 금 특별한 선물을 찾고 있다면 들 러볼 만하다. 소수민족 책갈피는 20,000~40,000VND, 종이 카 드류는 60,000VND 정도로 가 격도 적당하다.

위치 수상 인형극장 옆 호호안끼엠(Hồ Hoàn Kiếm) 거리 초입 주소 53 Đinh Tiên Hoàng 오픈 09:00~22:30 전화 24-3266-8659 지도 MAP 3 Ⓙ

## 메콩 퀼트
Mekong Quilt

베트남 곳곳에서 활발하게 사업을 이어가고 있는 공정 무역 가게 중 하나다. 베트남과 캄보디아의 소외된 여성들에게 안정적인 일자리를 제공하고 경제적 자립을 지원하기 위해 퀼트로 만든 홈 데코 아이템을 판매하고 있다. 시장에서 파는 공장형 제품과는 비교할 수 없을 만큼 원단 퀄리티와 디자인이 뛰어나다. 손으로 살짝 만져보기만 해도 기분이 좋아지는 톡톡한 질감과 베트남을 떠올릴 수 있는 예쁜 디자인이 더해져 여행자의 지갑을 열게 한다. 이불 베개 커버 같은 침구류와 아기자기한 모빌형 장식품, 가볍게 메고 다닐 수 있는 천 가방 등이 주를 이룬다. 2층에는 시즌이 지난 상품을 모아 할인하고 있다. 가격대는 높지만 그 값어치를 충분히 한다. 호수 서쪽 Hàng Trống 거리 58번지에도 매장이 하나 더 있다.

위치 호수 북쪽 구시가 마머이 거리 끝에 있는 배낭 가게를 지나 오른편에 위치 주소 13 Hàng Bạc 오픈 09:00~21:00 요금 200,000~1,000,000VND 전화 24-3926-4831 홈피 mekongquilts.com 지도 MAP 3 Ⓚ

## 크래프트 링크
Craft Link

경제력이 약한 소수민족과 장애인들이 정성껏 만든 수공예품을 구입할 수 있는 숍이다. 크래프트 링크는 1996년부터 베트남 전역에 있는 여러 비영리 단체들을 통해 우수한 상품을 공급받아 판매한 뒤 이를 통해 얻은 수익을 다시 돌려주는 방식으로 20년째 운영되고 있다. 싸파에서 만든 가방, 호이안에서 만든 랜턴, 타이빈에서 짠 실크, 후에서 만드는 목공예품 등 다양한 상품들을 다루고 있는데 스테디셀러는 싸파 여성들이 만든 색색의 배낭, 가방, 파우치, 손수건이다. 같은 물건이 없고 조금씩 다 다르기 때문에 더욱 가치 있다. 11월부터 3월 사이에는 컬러와 문양이 예쁘고 부들부들한 촉감을 가진 숄과 머플러가 인기라고. 옆방에는 아기자기한 장식품과 액세서리류를 모아 판매하고 있다. 액세서리나 손수건 같은 소품은 20,000~50,000VND, 쿠션 커버, 배낭, 가방 등은 250,000~300,000VND으로 저렴하다.

위치 문묘 정문을 바라보고 오른쪽으로 난 반 미에우 거리를 따라 도보 3분 주소 43 Văn Miếu, Đống Đa 오픈 09:00~12:15, 13:15~18:00 요금 20,000~30,000VND 전화 24-3733-6101 홈피 www.craftlink.com.vn 지도 MAP 2 Ⓙ

# T H E M E

# 하노이 베스트 호텔

하노이 구시가에는 셀 수도 없을 만큼 많은 호텔이 경쟁적으로 들어서 있어 저렴하면서도 깨끗한 호텔이 많다. 하지만 성수기인 7~8월과 12~1월에는 미리미리 예약해야 한다. 호텔 예약 사이트에 객실 수가 많이 남아 있다면 호텔에 이메일을 보내서 예약하자. 2~5US$ 저렴한 가격에 숙박할 수 있다.

## BEST 1 메종 드 오리엔트 Maison d'Orient

성당 근처 조용한 골목 안에 자리 잡고 있는 호텔이다. 저렴한 호텔이지만 낡은 느낌 없이 아늑하고 쾌적하다. 인테리어가 감각적이고 침구와 화장실이 깨끗해 여성 여행자들이 선호한다. 조식을 먹는 공간도 카페 같은 분위기로 꾸며져 있다. 직원들도 친절하고 응대가 빠르다.

위치 성 요셉 성당을 등지고 왼쪽에 있는 응오후웬 골목 안 주소 26 Ngõ Huyện 요금 25~55US$ 전화 24-3938-2539 홈피 www.maison-orient.com 지도 MAP 4 Ⓐ

## BEST 2 하노이 라 시에스타 호텔 Hanoi La Siesta Hotel

하노이 구시가에서 중급 호텔 중 가장 유명한 호텔이다. 엔틱한 인테리어와 방음 시설 덕분에 시끄러운 구시가에서도 편안하고 조용하게 잠잘 수 있기 때문. 조식도 잘 나오는 편이고 호텔에서 운영하는 스파도 가격 대비 만족스럽다.

위치 호수 북쪽 구시가 마머이 거리 중간 주소 94 Phố Mã Mây 요금 75~90US$ 전화 24-3926-3641 홈피 www.hanoilasiestahotel.com 지도 MAP 3 Ⓖ

## BEST 3 에센스 하노이 호텔 Essence Hanoi Hotel

구시가에서 호텔 3곳을 운영하고 있다. 세 호텔 모두 세련된 인테리어와 편안한 분위기로 여행자들의 찬사를 받고 있다. 객실 수도 많고 객실 형태도 다양해 성수기에도 비교적 방을 구하기가 수월하다. 슈페리어룸은 가장 저렴한 객실인데도 불구하고 좁지 않고 쾌적해 예약 시 고려해볼 만하다. 호텔 부속 레스토랑도 분위기가 좋고 맛있기로 유명하다.

위치 호수 북쪽 구시가 따히엔(Tạ Hiện) 거리에 위치 주소 22 Tạ Hiện, Hoàn Kiếm 요금 45~120US$ 전화 24-3935-2485 홈피 www.essencehanoihotel.com 지도 MAP 3 Ⓕ

# *Staying*

저가 호텔

## 리틀 하노이 호스텔 2
Little Hanoi Hostel 2

## 투린 팰리스 호텔 2
Tu Linh Palace Hotel 2

## 라이징 드래곤 호텔
Rising Dragon Hotel

오래된 배낭 여행자 숙소. 저렴한 숙박비를 고려한다면 구시가에서 이만한 숙소를 찾기 어렵다. 객실은 중국풍 목조 가구로 꾸며져 있어 세련된 맛은 없지만 깔끔하다. 방에 따라서는 창문이 나 있지만 벽으로 막혀 있는 경우도 있으니 예약 시 미리 확인하는 것이 좋다. 호수 서쪽 대로에 붙어 있어 호수까지 1분도 채 걸리지 않는 데다 근처에 9번 버스정류장과 공항버스 타는 곳이 있어 편리하다. 참고로 엘리베이터가 없는 건물이라 무거운 짐을 가지고 있다면 오르내리기 불편할 수 있다. 조식은 1층에서 먹을 수 있는데 빵과 과일로 간단하게 나온다.

<u>위치</u> 호수 서쪽 찰스&키스 매장 옆 좁은 골목 안 <u>주소</u> 32 Lê Thái Tổ <u>요금</u> 20~25US$ <u>전화</u> 24-3928-9897 <u>홈피</u> www.littlehanoihostel.com <u>지도</u> MAP 4 ⓕ

여행자들이 많이 모이는 마머이 거리의 저가 호텔이다. 가격대비 객실과 침대가 넓어 지내기 좋다. 창문이 있는 방은 밝고 환한데 비수기에는 25~28US$에 머물 수도 있다. 엘리베이터가 있어서 높은 층이라도 편하게 다닐 수 있다. 특히 싸파로 가는 차편과 하롱베이 투어 가격이 저렴하다. 직원들도 친절하다. 조식은 1층 카페테리아에서 제공한다. 호텔 주변에는 편의점과 음식점이 많아 밤늦은 시간에도 편리하게 이용할 수 있다. 온라인 예약 대신 직접 방문해서 방을 잡으면 더 저렴하게 묵을 수 있으니 참고하자.

<u>위치</u> 호수 북쪽 구시가 마머이 중간 <u>주소</u> 86 Mã Mây <u>요금</u> 20~35US$ <u>전화</u> 24-3826-9999 <u>홈피</u> tulinhpalacehotels.com <u>지도</u> MAP 3 ⓖ

구시가에 여러 개의 호텔을 운영하면서도 좋은 평을 유지하고 있는 곳이다. 방이 넓어서 2인 이상 지내기 좋다. 호안끼엠 호수와도 가까워 오가기 매우 편하다. 배낭여행자들이 많이 묵는 만큼 차편이나 하롱베이 투어를 저렴하게 잘 연결해준다. 비슷한 이름의 호텔이 많으니 헷갈리지 않도록 하자.

<u>위치</u> 호수 북쪽 수상극장 뒤 편에 있는 꺼우고(Câu Gỗ) 거리에서 항베 거리로 도보 5분 <u>주소</u> 61 Hàng Bè <u>요금</u> 22~30US$ <u>전화</u> 24-3926-3494 <u>홈피</u> risingdragonhotel.com <u>지도</u> MAP 3 ⓚ

> **TIP**
>
> 구시가에서 조용한 방을 찾는 것은 무리. 동네 자체에 사람이 많은데다 건물도 낡아서 외부 소음과 층간 소음은 어디에나 존재한다. 여권은 체크인할 때 맡기고 체크아웃할 때 돌려받는다. 보통 체크인은 14:00이고 체크아웃은 11:00 또는 12:00이다.

# 하노이 엘리트 호텔
Hanoi Elite Hotel

# 골든 아트 호텔
Golden Art Hotel

# 하노이 라 스토리아 루비 호텔
Hanoi La Storia Ruby Hotel

예약이 빨리 차는 인기 숙소다. 여행자들이 많이 모이는 구시가 메인 거리에 위치하고 있는데다 객실 인테리어가 고급스러워 좋은 평을 받고 있다. 매트리스와 침구 상태도 만족스럽다. 높은 층에서는 구시가의 주택들이 내려다보인다. 창문이 없는 방도 답답하지 않고 쾌적하다. 사람이 많이 다니는 골목이라 늦은 시간까지 시끄러울 수 있지만 구시가에서 중급 호텔을 알아보고 있다면 가장 먼저 체크해 봐야 할 호텔이다. 하얀색 외관 덕분에 눈에 잘 띈다.

위치 호수 북쪽 구시가 따히엔(Tạ Hiện) 거리에 있는 마오 레드 라운지 옆 타투 스튜디오 골목으로 도보 1분 주소 10/50 Ngõ Đào Duy Từ 요금 50~65US$ 전화 24-3923-1212 홈피 www.hanoi elitehotel.com 지도 MAP 3 ⒡

부티크 호텔로 분류되는 만큼 시설과 서비스가 차분하고 격조 있다. 방이 조금 좁은 편이지만 세련된 인테리어와 조명 덕분에 불편한지 모르고 지낼 수 있다. 구시가 메인 거리에서 조금 떨어져 있어 덜 붐빈다. 대신 호수까지 가려면 15분 정도 걸어야 한다. 분주한 구시가에서 조용하고 쾌적하게 지낼 수 있는 보기 드문 호텔이다. 트립어드바이저에서도 매년 높은 점수를 받아 베스트 호텔로 굳건히 자리 잡았다.

위치 호수 북서쪽 구시가 밧단(Bát Đàn) 거리에서 도보 5분 주소 6 Hàng Bút 요금 65~75US$ 전화 24-3923-4294 홈피 www.goldenarthotel.com 지도 MAP 3 ⒠

밝은 원목 색조로 꾸며진 세련된 호텔이다. 침대와 침구 상태도 좋고 화장실도 깔끔하다. 슈페리어 룸은 침대가 공간을 많이 차지해서 좁은 듯하지만 창문이 나 있어 화사한 분위기. 주니어 스위트룸부터는 공간이 2배 이상 넓고 쾌적해서 가족이 머물기 좋다. 모든 객실에 PC 또는 노트북이 갖추어져 있어 매우 유용하다. 마머이 거리에 있는 라 시에스타(La Siesta) 호텔도 함께 운영하고 있다. 최근에 오픈해 시설이 좋으니 비교해 보자.

위치 호수 북서쪽 구시가 항만(Hàng Mành) 거리에 있는 짝퉁 신카페 옆으로 난 좁은 골목에 위치 주소 3 Yên Thái 요금 50~105US$ 전화 24-3933-6333 홈피 www.lastoriarubyhotel.com 지도 MAP 3 ⒤

### 인터콘티넨탈 하노이 웨스트레이크
#### InterContinental Hanoi Westlake

### 힐튼 하노이 오페라
#### Hilton Hanoi Oprea

### 소피텔 레전드 메트로폴
#### Sofitel Legend Metropole

조용한 서호 안쪽에 자리하고 있는 리조트 분위기의 호텔이다. 도심에 있는 빌딩형 호텔과는 달리 서호의 아름다움과 한가로움을 만끽하기 좋다. 기온이 낮은 겨울에는 안개가 피어올라 운치가 있다. 베트남 전통 느낌이 가미된 실내는 다크우드 원목과 크림색 벽지, 은은한 조명이 더해져 고급스럽다. 호안끼엠 호수와 구시가에서 멀리 떨어져 있어 택시를 타고 이동해야 한다.

위치 호안끼엠 호수나 하노이 역에서 택시로 10분 주소 5 Từ Hoa 요금 150~300US$ 전화 24-6270-8888 홈피 www.hanoi.intercontinental. com 지도 MAP 1 ©

오페라 하우스 바로 옆 웅장한 호텔 건물이 멋스럽다. 로비 라운지와 식당, 넓은 수영장이 잘 꾸며져 있어 이용하기 좋다. 객실과 화장실은 깨끗하지만 유행이 지난 느낌. 고급스러움을 기대하기는 어렵다. 다른 유명 호텔보다 저렴한 편이고 프로모션도 자주하고 있어 힐튼 브랜드를 고려하면 가격면에서 장점을 느낄 수 있다. 객실 안에서 사용하는 와이파이는 15US$를 내야 한다.

위치 호수 남쪽 짱띠엔 거리에 있는 오페라 하우스 옆 주소 1 Lê Thánh Tông 요금 120~250US$ 전화 24-3933-0500 홈피 www3.hilton.com 지도 MAP 4 ⓛ

호안끼엠 호수와 가까운 곳에 있는 하노이 최고의 럭셔리 호텔이다. 서머싯 몸, 찰리 채플린, 제인 폰더, 자크 시라크 등 전 세계 유명 인사들이 묵었던 곳으로도 잘 알려져 있다. 342개의 객실과 21개의 스위트룸을 갖추고 있다. 크게 오페라 윙과 메트로폴 윙으로 나누어지는데 오페라 윙 쪽 객실이 현대적인 스타일로 꾸며져 있다. 프랑스 식민지 시절에 지어진 우아한 외관이 인상적일 뿐만 아니라 내부 역시 웅장하고 화려해서 돋보인다.

위치 호수 동쪽에 있는 중앙 우체국에서 도보 5분 주소 15 Ngô Quyền 요금 235~520US$ 전화 24-3826-6919 홈피 www.sofitel.com 지도 MAP 4 ⓖ

# 하롱베이

Vịnh Hạ Long

# 하롱베이는 어떤 곳일까?

## ABOUT VINH HA LONG

옥색의 바다 위로 우뚝 솟은 1,969개의 바위산이 진기한 풍광을 연출하는 여행지다. 한국에서는 항공사 CF를 통해 알려지기 시작해 베트남 하면 하롱베이가 가장 먼저 떠오를 정도로 유명해졌다. 오랜 세월에 걸쳐 자연이 조각해낸 석회암 바위산과 동굴이 아름다워 1994년 유네스코 세계자연유산으로 등재되었다. 베트남 설화에 따르면 이곳의 바위산들은 하늘에서 용(龍)이 내려와(下) 내뿜은 구슬과 보석이라고 전해진다. 외적의 침입이 잦았던 이곳 주민들을 위해 영험한 용이 도움을 주었다는 것이다. 하롱이라는 이름도 바로 여기에서 유래되었다. 멋스러운 크루즈선 위에서 분홍빛으로 물드는 바다를 보고 있노라면 설화 속 보석이 괜한 표현이 아니구나 하고 고개가 절로 끄덕여진다. 점점이 떠 있는 바위산의 모습이 다듬어지지 않은 귀한 원석처럼 느껴지기 때문이다. 분주한 하노이를 떠나 자연이 선사하는 하롱베이의 비경 속으로 푹 빠져보자.

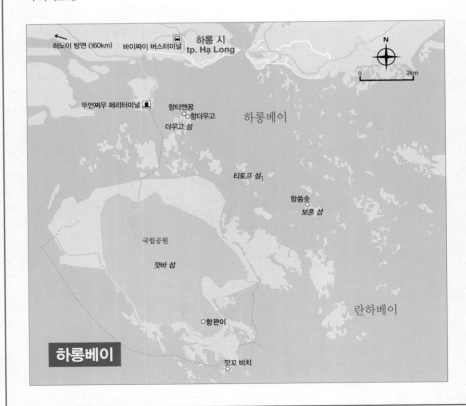

# 하롱베이 이렇게 여행하자

## HOW TO TRAVEL

### 하롱베이 가는 방법

**■ 투어 이용하기**

하노이에서 하롱베이까지는 차로 3시간 30분이 걸린다. 거리가 멀고 대중교통이 불편해 대부분 차편이 포함된 투어 상품을 이용한다.

**■ 개별적으로 가기**

하노이 구시가에서 가까운 르엉연 버스터미널(Bến Xe Lương Yên)에서 하롱시의 바이짜이 버스터미널 (Bến Xe Khách Bãi Cháy)로 가는 버스가 있다. 4시간이 소요된다. 여기서 다시 택시로 10분 거리에 있는 뚜언쩌우 페리터미널 (Bến Phà Tuần Châu)로 가면 하롱베이를 유람하는 배를 탈 수 있다. 여행 후 하노이로 가는 버스 시간은 버스터미널에서 미리 확인해두자.

### 여행 방법

개별적으로 여행하는 것보다 투어 상품을 이용하는 것이 여러모로 효율적이다. 하롱베이의 아름다움을 충분히 느끼고 싶다면 1일 투어보다는 1박 2일 투어를 추천한다. 1일 투어는 하노이와 하롱베이를 오가는 버스를 6시간 이상 타는 데다 하롱베이의 하이라이트인 티토프 섬을 들르지 않기 때문에 아쉬움이 남는다. 특히 어린이와 어르신이 함께 하는 여행이라면 체력소모가 적고 여유로운 1박 2일 투어가 알맞다.

> **TIP**
>
> 하롱베이는 바다지만 호수처럼 잔잔한 것이 특징. 그래서 뱃멀미를 걱정할 필요가 없다. 또한, 비가 많이 내려도 큰 문제가 되지 않는다. 베스트 시즌은 우기가 끝나가는 9월 중순부터 추위가 덜한 11월 말까지다. 12월부터 2월까지는 바람이 몹시 차다. 두꺼운 옷을 꼭 준비하자.

페리터미널

# 투어 상품 고르기

하롱베이 투어에는 차편과 크루즈선, 식사, 입장료 등이 모두 포함되어 있다. 다만 크루즈선의 등급, 식사의 질, 방문하는 명소, 액티비티 유무 등에 따라 투어의 질과 비용은 천차만별이다. 요모조모 따져보고 고르는 것이 좋다. 하노이에 있는 모든 호텔과 여행사에서 예약할 수 있다.

## 하롱베이 관광 입장료

1인 기준 비용이며 투어 상품에는 이 요금이 포함되어 있다.

| 여행기간 | 입장료 (1US$=22,000VND) | |
|---|---|---|
| 1일 | 150,000VND | 5.5US$ |
| 1박 2일 | 200,000VND | 9US$ |
| 2박 3일 | 350,000VND | 16US$ |
| 3박 4일 | 400,000VND | 18US$ |

> **TIP**
> - 여행사나 호텔에서 소개하는 크루즈선의 이름을 검색하여 등급과 후기를 확인하자.
> - 혼자 여행하는 경우에는 추가 비용(10~30US$)을 요구한다. 혼자 여행 온 다른 여행자를 매칭시켜 달라고 하거나 싱글룸이 있는 크루즈선을 알아보는 방법도 있다.
> - 방문하는 명소에 티토프 섬이 포함되어 있는지 확인하자.
> - 카약 같은 액티비티 비용이 포함되어 있는 경우가 많다. 필요하지 않다면 빼달라고 할 수 있다.

## 크루즈선 종류

여행사나 호텔마다 각자 연계된 크루즈선이 있어서 이를 소개하고 예약해준다. 크루즈선의 이름을 메모하였다가 검색해 보면 시설과 후기 등을 확인할 수 있다.

| 등급 | 인기 크루즈선 | 1박 비용 (2인 1실 기준) |
|---|---|---|
| 고급 | Orchid Cruise, Signature Cruise, Bhaya Cruises, Stellar Cruise 등 | 300US$ 이상 |
| 중급 | Imperial Legend Cruise, Royal Palace Cruise, Viola Cruise, Luxury Imperial Cruise, Emeraude Cruise, Syrena Cruise, Paloma Cruise, Glory Legend Cruise 등 | 110~250US$ |
| 중저가 | Golden Lotus Cruise, Galaxy Classic Cruise, Ha Long Fantasea Cruises, Halong Annam Junk, Alova Gold Cruises, Aclass Cruise, Golden Bay Cruise 등 | 105US$ 이하 |

고급 크루즈

중저가 크루즈

## 1일 투어

시간이 부족한 여행자들이 가장 많이 이용한다. 하롱베이의 신비로운 분위기를 어느 정도 느껴볼 수 있다. 버스 이동 시간에 비해 배를 타고 구경하는 시간이 짧아 아쉬움이 남는다. 숙박하지 않으므로 저렴한 상품을 이용해도 무방하다.

| | |
|---|---|
| 스케줄 | 08:00 하노이 구시가 출발<br>12:00 크루즈 승선<br>12:30 점심 식사<br>13:30 기암 괴석 구경<br>15:00 항티엔꿍 또는 항더우고 중 1군데 구경<br>17:00 크루즈 하선<br>20:30 하노이 구시가 도착 |
| 포함 | 가이드, 차편, 크루즈비, 점심비, 입장료 |
| 불포함 | 여행자 보험, 간식&음료비, 팁, 그 외 개인비용 |
| 비용 | 1인당 25~45US$ |

> **TIP**
> - 기상 문제로 당일 출항하지 못하는 경우도 있다. 이때 연기/환불 처리를 어떻게 하는지 확인해 둘 필요가 있다.
> - 기상 문제로 들르는 명소가 바뀌거나 빠질 수 있다.
> - 투어를 마치고 하노이가 아닌 다른 도시로 이동할 계획이라면 가까운 하롱 시에 있는 바이짜이 버스 터미널로 가면 된다. 닌빈행 버스는 05:30, 11:30에 출발하고 싸파행 버스는 18:00에 출발한다.

## 1박 2일 투어

하롱베이의 매력을 충분히 느껴볼 수 있는 여유로운 일정이다. 티토프 섬 (p.145)에서 내려다보는 하롱베이의 풍광이 압권이다.

| | 1일차 | 2일차 |
|---|---|---|
| 스케줄 | 08:00 하노이 구시가 출발<br>12:00 하롱베이 크루즈 승선<br>13:00 점심 식사<br>14:00 티토프 섬 구경<br>15:00 수영, 카약 등 액티비티<br>17:00 일몰 감상<br>19:00 저녁 식사 | 07:00 아침 식사<br>08:00 항쑹솟 구경<br>09:00 쿠킹 클래스<br>11:00 점심 식사<br>12:00 크루즈 하선<br>16:30 하노이 구시가 도착 |
| 포함 | 가이드, 차편, 크루즈비, 숙박비, 4회 식사비, 입장료, 액티비티 | |
| 불포함 | 여행자 보험, 간식&음료비, 팁, 그 외 개인비용 | |
| 비용 | 배 등급에 따라 1인당 80~185US$(2인 1실) | |

## 2박 3일 투어

하롱베이-란하베이-깟바 섬을 연결해서 둘러보는 것이 일반적이다. 하루는 크루즈선에서 자고 다음 날은 깟바 섬에 있는 호텔에서 잔다. 1박 2일 투어와 마찬가지로 숙박에 신경 쓰고 포함 · 불포함 내역을 꼼꼼히 체크하면 된다.

## 기암 괴석 Curious Rocks

기암과 바위산을 지나면서 어떤 모양을 닮았나 살펴보는 재미가 있다. 20만동 화폐에도 그려져 있는 향로섬, 두 마리 닭이 마주하고 있는 듯한 투계암, 고릴라 옆모습을 닮은 고릴라 바위가 유명하다. 그 밖에도 엄지 손가락 바위, 강아지 바위, 물개 바위 등 수많은 닮은꼴 바위들이 존재한다.

지도 p.140

TIP

**카르스트 지형**

약 4억~5억 년 전 바닷속 산호초 군락이 오랜 세월에 걸쳐 퇴적되면서 석회암 지대가 형성되었다. 이 지대가 융기하면서 바다 위로 처음 모습을 드러냈는데 그 후로도 계속 바닷물에 잠기고 드러나는 과정을 반복했다. 그 과정에서 침식 작용이 나타나 전형적인 카르스트 지형이 만들어졌다. 지금 우리가 보는 하롱베이의 경관은 약 6,000년 전에 형성된 것으로 바위산의 아랫부분은 바닷물에 잠겨 있고 꼭대기만 수면 위에 올라와 있는 것이다.

## 항더우고 Hang Đầu Gỗ                                       Dau Go Cave

더우고 섬 안에 자리한 석회 동굴(Hang/항)이다. 하롱베이에서 가장 크고 아름다운 동굴이라 여행자들의 방문이 끊이지 않는다. 동굴 내부에는 종류석과 석순이 가득한데 형형색색의 조명을 받아 더욱 신비롭다. 이 동굴은 베트남의 명장 쩐흥다오(Trần Hưng Đạo, 1228~1300) 의 해상전투와 연관이 깊다. 외적의 침입을 막기 위해 장군은 부하들과 함께 섬 주변 바다 밑에 나무 말뚝(Đầu Gỗ/더우고)을 심었다. 그 뒤 외적의 배 400척을 이곳으로 유인해 꼼짝 못하게 한 다음 불화살을 날려 크게 승리했다. 당시 나무 말뚝을 만들면 이 동굴에 보관해 놓았기 때문에 그런 이름이 붙었다.

요금 50,000VND 지도 p.140

## 항티엔꿍 Hang Thiên Cung                                    Thien Cung Cave

더우고 섬 안에 있는 또 다른 석회 동굴이다. 높이 20m에 폭 10m로 크지 않은 동굴이지만 중앙에 우뚝 솟은 130m 짜리 석주를 보기 위해 들른다. 이 석주가 마치 하늘을 떠받치고 있는 것처럼 보인다하여 동굴의 이름을 천궁(天宮/티엔꿍)이라고 부른다.

요금 50,000VND 지도 p.140

## 항쓩솟 Hang Sửng Sốt
Sung Sot Cave

하롱베이 투어를 1박 이상 하는 경우에는 항더우고나 항티엔 꿍으로 가지 않고 이 동굴을 구경한다. 베트남어로 쓩솟은 놀랍다 라는 뜻으로 항더우고 못지 않게 크고 아름다운 동굴이라 붙여진 이름이다. 또한 동굴로 올라가는 길에 내려다 보이는 옥빛 바다와 선착장의 풍경도 훌륭하다. 티토프 섬과 깟바섬 사이에 있는 보혼 섬(Đảo Bồ Hòn)에 자리하고 있다.

요금 50,000VND 지도 p.140

## 티토프 섬 Đảo Ti Tốp
Titov Island

하롱베이 여행의 하이라이트이자 최고의 포토 스폿이다. 이 섬의 꼭대기까지 올라가면 하롱베이 홍보 영상이나 관광포스터에서 봤던 신비로운 풍광을 실제로 만끽할 수 있다. 옥빛 바다와 기암괴석, 하얀 크루즈선이 어울려 장관을 이룬다. 기울어진 삼각형 모양을 한 티토프 섬은 그 모양도 희한하지만 이름도 독특하다. 호찌민 주석과 함께 하롱베이를 방문했던 구소련의 우주 비행사 게르만 티토프가 당시 하롱베이의 아름다움에 흠뻑 취해 '여기 수많은 섬 중에 단 하나만이라도 가졌으면 좋겠다'는 말을 남겼다. 그런데 진짜 이 섬에 그의 이름을 붙여준 것이다. 또한 이곳에는 다른 바위산에서는 볼 수 없는 모래 비치가 마련되어 있다. 비록 인공적으로 만든 것이지만 배에서 내려 태닝도 하고 수영도 할 수 있어 인기가 많다.

요금 50,000VND 지도 p.140

## 깟바 섬 Đảo Cát Bà
Cat Ba Island

행정구역상으로는 하이퐁 주에 속하지만 하롱베이 일대에서 가장 규모가 큰 섬이다. 2박 이상 하롱베이를 여행하는 경우 이 섬에서 1박을 한다. 섬의 절반 이상이 국립공원으로 유네스코 지정 세계 생물권 보전지역으로 보호받고 있다. 또한 섬 주변에는 367개의 작은 섬들이 밀집해 있어 일찌감치 자연이 주는 아름다움과 가치를 인정받았다. 오토바이를 타고 국립공원과 석회 동굴을 보러 가기도 하지만 여행자들은 대부분 절벽으로 둘러싸인 깟꼬 비치(Bãi Tắm Cát Cò)에서 시간을 보낸다. 깟꼬 비치는 바위 언덕으로 인해 세 군데로 나뉘는데 중간에 있는 깟꼬 비치 1(Bãi Tắm Cát Cò 1)이 가장 예쁘다. 해변도로가 잘 정비되어 있어 중심가에서 비치까지는 도보로 돌아볼 수 있다. 석회동굴 항꽌이(Hang Quân Y), 항푹롱(Hang Phù Long), 동쯩짱(Động Trung Trang)은 시내에서 10~15km 정도 떨어져 있다. 중심가와 비치를 벗어나 섬 전체를 돌아보려면 오토바이나 택시가 필요하다.

육지의 하롱베이

# 닌빈

# Ninh Bình

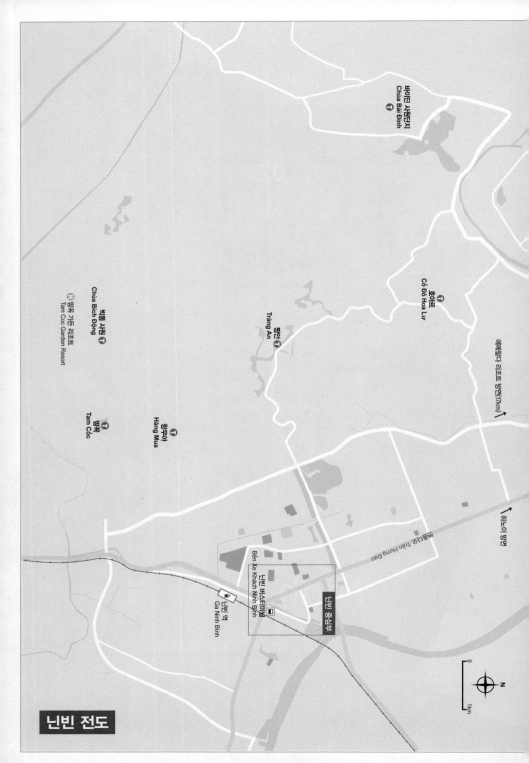

닌빈 전도

바이딘 사원단지
Chùa Bái Đính

고도 호아르
Cố Đô Hoa Lư

박동 사원
Chùa Bích Động

짱안
Tràng An

땀꼭 가든 리조트
Tam Cốc Garden Resort

항무아
Hàng Mua

땀꼭
Tam Cốc

에메랄다 리조트 방면(7km)➔

➔하노이 방면

닌빈 버스터미널
Bến Xe Khách Ninh Bình

닌빈 역
Ga Ninh Bình

훙다오로 Trần Hưng Đạo

남딘 중심가

N

0        1km

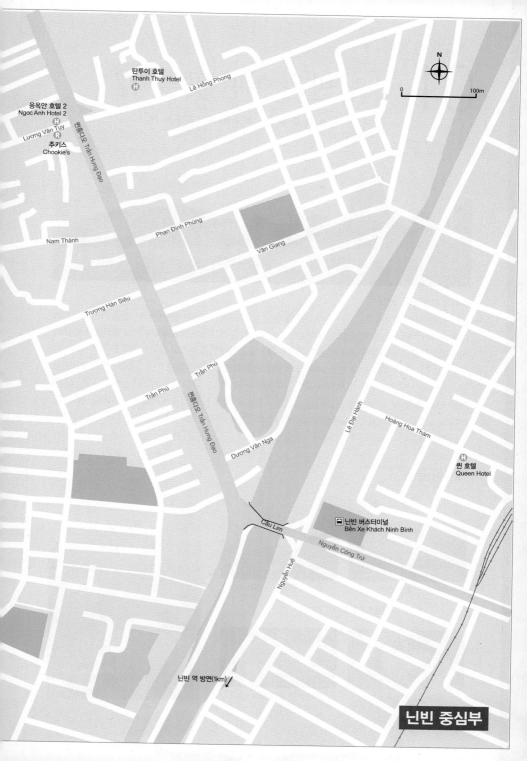

탄투이 호텔
Thanh Thuy Hotel

Lê Hồng Phong

N

0          100m

응옥안 호텔 2
Ngoc Anh Hotel 2

Lương Văn Tuy

추키스
Chookie's

쩐흥다오 Trần Hưng Đạo

Phan Đình Phùng

Văn Giang

Nam Thành

Trương Hán Siêu

Trần Phú

Trần Phú

쩐흥다오 Trần Hưng Đạo

Lê Đại Hành

Hoàng Hoa Thám

Dương Văn Nga

퀸 호텔
Queen Hotel

Cầu Lim

닌빈 버스터미널
Bến Xe Khách Ninh Bình

Nguyễn Công Trứ

Nguyễn Huệ

닌빈 역 방면(1km)

닌빈 중심부

# 01 닌빈은 어떤 곳일까?

## ABOUT NINH BINH

**육지의 하롱베이, 닌빈**

닌빈은 하노이에서 기차로 2시간 30분 거리에 있는 중소도시다. 평온한 들판이라는 뜻을 가진 도시답게 너른 평야가 사방으로 펼쳐져 있다. 거기에 카르스트 지형을 대표하는 석회암 바위산이 울룩불룩 솟아 있어 신비로운 풍광을 만들어 낸다. 덕분에 닌빈은 육지의 하롱베이라 불리며 중국의 계림과 함께 세계적인 관광지로 변모했다. 특히 영화 〈인도차이나〉의 배경으로 등장하면서 수많은 미국·유럽인들에게 닌빈을 알리는 계기가 되었다. 연중 비가 많고 습한 기후 때문에 안개 끼는 날이 많은 닌빈은 동양화 같은 도시이기도 하다. 특히 호아르 방향에서 바라보는 닌빈의 풍경은 마치 한 폭의 수묵화를 보는 것처럼 정적이고 우아하다. 비록 하노이에서 당일치기로 바쁘게 다녀오는 여행지이지만 자연이 빚어낸 그림 같은 풍경만큼은 천천히 그리고 느긋하게 즐겨보자.

### ■ 닌빈 BEST

#### BEST TO *Do*

짱안 ▶ p.157

항무아 ▶ p.158

#### BEST TO *Stay*

응옥안 호텔 2 ▶ p.161

땀꼭 가든 리조트 ▶ p.161

# 02 닌빈 가는 방법
## HOW TO GO

하노이에서 멀지 않은 관광 도시라 여행사에서 운행하는 오픈투어버스는 다니지 않는다. 하지만 기차와 버스로 이동하기 쉬우므로 시간을 잘 확인하고 계획을 세운다면 개별적으로 이동하는데도 문제가 없다. 닌빈으로 갈 때는 버스를, 하노이로 돌아올 때는 기차를 이용하면 편리하다. 단, 버스는 사람을 모아서 가는 미니버스 형태라 불편할 수 있다. 안락함을 원한다면 기차(소프트 시트)가 낫다. 요금은 둘 다 비슷하다.

**하노이 → 닌빈** 미니버스 2시간 / 기차 2시간 20분　　**후에 → 닌빈** 기차 12~13시간

## 하노이에서 가기

### 🚌 미니버스

개별 여행을 위한 여행사 버스가 다니지 않는다. 직접 버스터미널로 가야 한다. 구시가에서 가까운 르엉옌 버스터미널을 이용하는 것이 편하다. 닌빈 버스터미널은 시내 중심가에 있어 땀꼭이나 짱안으로 가기 쉽다.

■ **미딘 · 잡밧 버스터미널**
04:30~17:00 사이에 10~20분 마다 출발 / 2시간 소요 / 닌빈 버스터미널 도착
**요금** 72,000VND

■ **르엉옌 버스터미널**
08:00, 10:00, 11:30, 13:00, 16:00 출발 / 2시간 30분 소요 / 닌빈 버스터미널 도착
**요금** 90,000~100,000VND

### 🚆 기차

하노이 역에서 오전에 출발하는 기차는 06:00, 09:00뿐이다. 2시간 20분이 걸린다. 새벽 6시 차는 너무 이르고 아침 9시 차는 너무 늦어 닌빈으로 갈 때는 버스가 더 편하다. 반대로 하노이로 돌아올 때는 닌빈 역에서 17:27에 출발하는 기차가 편리하다. 7~8월과 12~1월 성수기가 아니라면 기차역에 조금 일찍 가면 표를 구할 수 있다. 좌석은 하드 시트와 소프트 시트가 있는데 에어컨이 나오는 소프트 시트를 추천한다. 요금은 84,000VND.

## 후에에서 가기

### 🚆 기차

중남부 주요 도시에는 닌빈행 기차가 많다. 후에 역에서는 01:36부터 하루 네 차례 기차가 다닌다. 그중에서 21:30에 출발해 다음 날 아침 09:28에 닌빈 역에 도착하는 SE20 열차를 많이 이용한다.

### 주요 시설 정보

| | |
|---|---|
| **닌빈 버스터미널**<br>Bến Xe Ninh Bình | <u>위치</u> 시내 중심에 있는 쩐흥다오(Trần Hưng Đạo) 거리에서 림교(Cầu Lim)를 건너 바로 좌측에 위치<br><u>지도</u> MAP 6 Ⓕ |
| **닌빈 역**<br>Ga Ninh Bình | <u>위치</u> 닌빈 버스터미널에서 도보 20분 또는 택시로 5분<br><u>오픈</u> 예약 창구 07:30~12:00, 13:30~17:30<br><u>지도</u> MAP 5 Ⓕ |

# 03 닌빈 시내 교통
## CITY TRANSPORT

닌빈의 주요 관광지를 연결하는 대중교통이 많지 않다. 편하게 다니고 싶다면 택시를 대절하자. 닌빈의 농촌 풍경을 즐기고 싶다면 자전거나 오토바이 대여를 추천한다.

### 택시

닌빈 역이나 버스터미널에 도착하면 택시들이 대기하고 있다. 거리당 미터 요금이 저렴한 택시를 고른 다음 방문하고자 하는 명소를 말하자. 대략적인 요금을 물어봤는데 적정하게 답하면 탑승해도 좋다. 터무니 없는 요금을 부른다면 무시하고 큰 길로 나와 택시를 잡도록 하자. 3인 이상이면 택시를 대절하는 것이 여행사 그룹투어보다 편하고 저렴하다. 자세한 택시 대절 정보는 이렇게 여행하자 확인(p.155).

> **TIP**
>
> **주요 택시 브랜드**
> 마이린 Mai Linh 전화 229-6252-525
> 닌빈 Ninh Binh 전화 229-3633-788
> 민롱 Minh Long 전화 229-3881-122

| 출발지 → 목적지 | 거리 | 시간 | 적정 요금 |
|---|---|---|---|
| 닌빈 역 → 땀꼭 | 7.2km | 10~15분 | 90,000~105,000VND |
| 닌빈 버스터미널 → 짱안 | | | |

### 쎄옴

택시를 대절하는 것처럼 온종일 쎄옴 기사와 함께 다닐 수도 있다. 거리가 비교적 짧은 땀꼭-빅동-항무아를 다녀온다면 250,000VND, 짱안-호아르-바이딘 사원처럼 더 먼 거리를 다녀온다면 350,000VND로 흥정해 볼 수 있다. 물론 대기 요금을 포함해서다.

### 오토바이 · 자전거 대여

시내에 있는 호텔에 부탁해서 빌리는 것이 안전하겠지만 성수기에는 기차역과 버스터미널 주변에서도 빌릴 수 있다. 오토바이는 1일 5~7US$에 가능하고 주유는 20,000VND로 충분하다. 자전거는 1일 1~2US$에 빌릴 수 있다.

땀꼭

# 04 닌빈 이렇게 여행하자

## TRAVEL COURSE

### 여행 방법

땀꼭과 짱안은 서로 분위기가 달라서 둘 다 구경하면 좋겠지만 당일치기 여행이라면 시간적인 여유가 없다. 두 곳 중 하나를 선택하고 근처의 명소를 1~2곳 정도 추가하면 적당하다. 닌빈으로 갈 때는 차편이 많은 버스가 낫고 하노이로 돌아올 때는 16:30에 버스가 끊기므로 17:27(막차)에 출발하는 기차가 편리하다.

> **TIP**
>
> 닌빈은 베트남 내에서도 강우량이 많은 도시다. 건기에도 비가 내리는 날이 많고 날씨가 변덕스럽다. 가벼운 우산이나 우비를 꼭 챙기자. 자외선도 강하므로 선크림과 모자는 필수!

❷ 호아르

❸ 바이딘 사원단지

❶ 짱안

❸ 항무아

❷ 빅동 사원      ❶ 땀꼭

## Course1 땀꼭 코스

땀꼭을 중심으로 3~4시간 여행하는 코스. 관광 명소간 거리가 짧아서 자전거로 여행하기에 좋다. 택시 대절 요금도 저렴한 편.

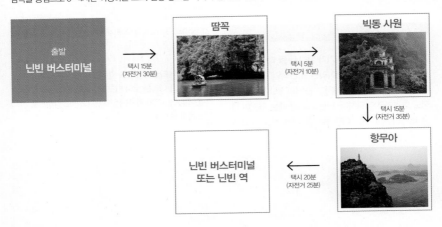

## Course2 짱안 코스

짱안을 중심으로 닌빈의 아름다움을 제대로 느끼는 코스. 6시간 이상 걸리기 때문에 아침 일찍 서둘러야 한다. 자전거로 돌아보기에는 무리다.

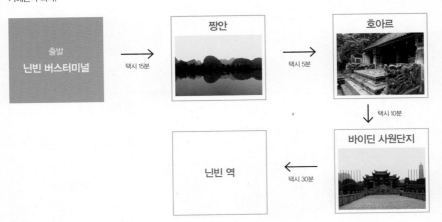

## 일일 투어

차량 이동이 편하고 가격도 저렴해서 대부분 투어를 이용한다. 하노이의 모든 호텔과 여행사에서 쉽게 신청할 수 있다. 관광객이 덜한 짱안-바이딘 사원단지 코스를 추천한다.

■ 땀꼭-호아르 코스
투어시간 출발 08:00, 도착 17:00
요금 600,000~669,000VND
■ 짱안-바이딘 사원단지 코스
투어시간 출발 07:00, 도착 18:30
요금 600,000~669,000VND
※포함 내역 : 가이드비, 차편, 점심식사, 입장료
　불포함 내역 : 간식&음료, 팁, 그 외 개인비용

## 택시 대절

일행이 3~4인이라면 택시를 빌리는 것도 저렴하고 효율적이다. 관광명소를 구경할 때는 밖에서 기다려 준다. 이때는 미터기에 대기 요금이 올라가는데 4분에 2,000VND 정도로 매우 저렴하니 염려하지 않아도 된다. 요금은 미터기로 해도 되고 흥정해서 결정해도 된다.

■ 땀꼭-빅동 사원-항무아 코스
소요시간 3~4시간 적정요금 400,000~480,000VND(대기 요금 포함/입장료 별도)
■ 짱안-호아르-바이딘 사원단지 코스
소요시간 6~7시간 적정요금 650,000~750,000VND(대기 요금 포함/입장료 별도)

호아르 딘보린 사당

# Sightseeing

## 땀꼭
Tam Cốc

닌빈을 대표하는 관광 명소. 엽서와 관광포스터, 여행사 안내서에 빠지지 않고 등장하는 곳이 바로 이곳이다. 중국의 계림과 더불어 카르스트 지형의 절경으로 손꼽힌다. 뱃사공이 노를 젓는 작은 배를 타고 석회암 바위산과 세 개의 동굴을 감상한다. 느리게 흐르는 응오동 강(Sông Ngô Đồng)을 따라 천천히 돌기 때문에 왕복 2시간이 걸린다. 땀꼭은 베트남어로 세 개의 동굴이라는 뜻. 그래서 실제로도 항까(Hang Cá), 항하이(Hang Hai), 항바(Hang Ba) 세 개의 동굴을 순서대로 지난다. 석회암 침식작용으로 형성된 종유석이 볼만하다. 땀꼭은 카르스트 지형 중에서도 규모가 큰 편이라 일찌감치 관광지로 개발되었다. 성수기에는 많은 배가 한꺼번에 움직이기 때문에 차분하고 조용한 분위기에서 감상하기란 어렵다. 오히려 여행자들끼리 반갑게 인사하며 즐겁게 구경하는 분위기.

위치 닌빈 역에서 택시나 오토바이로 10분 또는 자전거로 30분 주소 Ninh Hải, Hoa Lư 오픈 07:00~16:00 요금 입장료 1인 기준 성인 120,000VND, 어린이 60,000VND, 보트비 1대 기준 150,000VND 지도 MAP 5 ⓒ

**TIP**

뱃놀이가 끝나갈 무렵이면 물건을 사달라고 조르거나 팁을 바라는 뱃사공들이 많다. 둘 다 들어주지 않아도 상관없지만 마음이 쓰인다면 10,000VND 정도의 팁을 주면 된다.

# 짱안
Tràng An

먼저 개발된 땀꼭에 비해 훨씬 조용하고 아름다운 곳이다. 30개가 넘는 바위산과 50여 개의 동굴이 모여 있는 전형적인 카르스트 지형으로 손 때 묻지 않은 청정 자연을 자랑한다. 하늘거리는 수초들이 또렷하게 보일 만큼 물이 맑고 간신히 지나갈 수 있을 정도로 동굴들이 깊고 낮다. 자연이 주는 신비로움과 경이로움을 만끽하기에 이보다 더 좋은 장소는 없을 듯. 게다가 사람도 많지 않아 뱃놀이의 유유자적함을 즐기기에도 그만이다. 이런 짱안의 풍경에 취해 배를 타고 한 바퀴 돌다 보면 3시간이 금세 지나간다. 짱안은 2014년 유네스코 복합자연유산으로 지정되어 그 아름다움을 공식적으로 인정받았다. 여행자들은 땀꼭으로 많이 가지만 베트남 현지인들은 짱안으로 더 많이 간다. 닌빈 시내에서 서쪽으로 약 7.5km 떨어져 있다.

<u>위치</u> 닌빈 역에서 택시나 오토바이로 10분 또는 자전거로 35분 <u>오픈</u> 07:00~16:00 <u>요금</u> 입장료+보트비 합산 1인 기준 성인 200,000VND, 어린이 100,000VND <u>지도</u> MAP 5 ©

# 항무아
## Hàng Mua

Mua Cave

땀꼭과 짱안 사이에 우뚝 솟아 있는 검은 바위산이다. 닌빈 전체를 굽어볼 수 있는 명당 중의 명당이다. 하노이 곳곳에서 볼 수 있는 땀꼭의 엽서 사진과 포스터 사진은 대부분 이곳에서 촬영된 것. 바위산 사이로 소리 없이 흐르는 강물과 천천히 움직이는 작은 배들이 목가적인 풍경을 연출한다. 반대편으로는 평온한 들판이라는 뜻을 가진 닌빈의 평야 지대가 펼쳐진다. 땀을 흠뻑 흘리며 계단을 올라가는 수고와 비싼 입장료가 전혀 아깝지 않으니 시간이 허락한다면 꼭 가보자. 무엇보다 뱃놀이하면서 멋지다고 감탄했던 바위산에 올라가 보는 재미가 남다르다. 매표소를 지나 5분 정도 걸으면 오른쪽에 정상으로 올라가는 계단이 보인다. 쉬지 않고 올라가면 10~15분 만에 도착한다. 참고로 항무아로 가는 길은 비포장도로라서 택시나 오토바이가 제 속도를 내기 어렵다.

<u>위치</u> ①빅동 사원에서 택시나 오토바이로 15분 또는 자전거로 35분 ②땀꼭이나 짱안에서 택시 15분 또는 자전거로 20분 <u>오픈</u> 06:00~ 18:00 <u>요금</u> 100,000VND <u>지도</u> MAP 5 ⓔ

# 빅동 사원
## Chùa Bích Động

Bich Dong Pagoda

1427년에 지어진 닌빈의 고사찰이다. 국가 명승지이자 유네스코 세계문화유산으로 지정되어 있다. 바위 산 안에 지어진 보잘것없는 사원이었지만 1705년부터 명성을 얻기 시작해 오늘날 3개의 절을 갖게 되었다. 사원 입구에서 제일 먼저 보이는 절은 쭈어하(Chùa Hạ)다. 아래(下)에 있는 사원이라는 뜻이다. 여기서 다시 100여 개의 돌계단을 올라가면 쭈어쭝(Chùa Trung)이라 불리는 중간(中) 사원이 나온다. 가파른 절벽 아래에 자리하고 있는 모습이 매우 이색적이다. 영화 〈인도차이나〉에서도 배경으로 나와 눈길을 끌었다. 사원 옆으로 난 좁은 동굴을 통과하면 꼭대기(上)에 자리한 사원, 쭈어트엉(Chùa Thượng)이 나온다. 이곳에서 내려다보는 닌빈의 풍경도 제법 괜찮다. 빅동은 푸른 동굴이라는 뜻으로 푸르스름한 빛이 도는 어두운 동굴 안에 사원이 숨어 있다 하여 붙여진 이름이다. 땀꼭 매표소를 지나 왼쪽으로 2.5km만 더 가면 나온다.

<u>위치</u> 땀꼭 매표소를 지나 택시나 오토바이로 5분 또는 자전거로 10분 <u>오픈</u> 07:00~17:00 <u>요금</u> 무료 <u>지도</u> MAP 5 Ⓔ

# 바이딘 사원단지
## Chùa Bái Đính

Bai Dinh Pagada Complex

베트남을 통틀어 가장 큰 규모의 불교 사원이다. 원래 바이딘 사원은 야트막한 언덕 위에 지어진 작은 사원이었지만 지금은 200만 평이 넘는 부지를 갖춘 거대한 사원단지로 변신했다. 베트남 최고의 건축가와 유명 공예·조각가를 총동원해 7년에 걸쳐 만들었다고. 내부에는 새로 지은 사원, 사리탑, 종루뿐만 아니라 호텔, 콘퍼런스 센터, 푸드코트, 레스토랑까지 마련되어 있다. 단지가 워낙 넓어서 자세히 보지 않고 걷기만 해도 1시간이 금방 간다. 단지 입구에서 출발하는 전동차를 타고 삼관문(Tam Quan Nôi)으로 간 다음 수백 개의 불상으로 둘러싸인 회랑을 따라 종루-사원-호수-사원을 순서대로 구경하면 된다. 마지막으로 단지 끝에 있는 최초의 바이딘 사원(Chùa Bái Đính Cổ)이나 100m 높이의 사리탑(Bảo Tháp)을 살펴본 다음 처음 도착했던 단지 입구로 빠져나오면 된다. 규모는 크지만 사원이 가진 역사성이 부족해서 큰 감흥을 얻기란 어렵다.

<u>위치</u> ①닌빈 역에서 택시로 30분 ②호아르에서 택시나 오토바이로 10분 <u>주소</u> Gia Sinh, Gia Viễn <u>오픈</u> 07:00~17:00 <u>요금</u> 무료(전동차 편도 30,000VND) <u>지도</u> MAP 5 Ⓐ

# 호아르

## Cố Đô Hoa Lư

Hoa Lu

딘 왕조(968~980)와 초기 레 왕조(980~1009)의 수도로서 약 40년 동안 번성을 누렸던 도시다. 호아르는 찬란하게 빛나는 마을(華閭/화려)이라는 뜻. 오늘날 하노이의 모태가 되는 탕롱(Thăng Long) 이전의 수도이기도 해서 역사적으로 의미가 깊다. 하지만 그 흔적이 거의 남아 있지 않아 관광명소로의 매력은 덜하다. 호아르에 도착하면 새로 지은 성문 너머로 사당과 궁전터, 묘소가 나온다. 이곳에서 가장 먼저 가봐야 할 곳은 사당(Đền Thờ Vua Đinh Tiên Hoàng)이다. 딘 왕조를 세운 황제 딘보린(Đinh Bộ Lĩnh)과 세 아들의 위패가 모셔져 있다. 오래된 사당인 만큼 곳곳에 세월의 흔적이 묻어있다. 사당 뒤편에는 궁전터를 보전해둔 전시실이 있고 사당 밖에는 황제의 묘소가 있다. 황제의 묘소는 마옌산 위에 자리하고 있는데 반달 모양의 연못 왼쪽으로 난 돌계단을 따라 올라가면 된다. 15분 정도 걸린다. 황제의 묘라고 하기에는 작고 소박하다. 높은 곳이다 보니 주변 일대가 잘 보인다. 매표소를 등지고 왼편에는 최근에 보수를 마친 초기 레 왕조의 황제 레다이한(Lê Đại Hành)을 모시는 사당도 있다.

**위치** 짱안에서 5km 거리, 택시나 오토바이로 5분 또는 자전거로 20분 **주소** Xã Ninh Hải, Huyện Hoa Lư **오픈** 여름 06:00~18:00, 겨울 06:30~18:30 **요금** 20,000VND **지도** MAP 5 ⑧

> **TIP**
> ### 딘띠엔호앙
> 딘보린을 높여 부르는 황제 칭호는 딘띠엔호앙(Đinh Tiên Hoàng)이다. 길거리 이름으로도 많이 쓰이고 있어 친숙하다. 하노이에 있는 호안끼엠 호수를 둘러싼 거리 이름에서도 딘띠엔호앙을 발견할 수 있다.

> **Talk** 딘 왕조와 초기 레 왕조
> 딘 왕조는 당시 혼란스러웠던 베트남 북부를 통일하고 호아르에 수도를 세운 나라다. 하지만 건국 12년 만에 황제 딘보린과 장남이 모두 반대세력에 의해 살해당하고 만다. 어린 차남이 황제의 자리를 물려받았으나 섭정 레호앙(Lê Hoàn)이 황제 자리를 빼앗고 레 왕조 시대를 열었다. 그는 황제 칭호를 레다이한(Lê Đại Hành)으로 바꾸고 나라를 이끌었지만, 아들 간의 왕위 찬탈 싸움과 리 왕조의 등장으로 멸망했다. 리 왕조는 탕롱(지금의 하노이)을 수도로 삼았기 때문에 호아르는 찬란했던 빛을 모두 잃고 역사 속으로 사라졌다.

## 응옥안 호텔 2
Ngoc Anh Hotel 2

## 퀸 호텔
Queen Hotel

## 땀꼭 가든 리조트
Tam Coc Garden Resort

닌빈에서 가장 인기가 많은 호텔이다. 대부분의 여행자가 이곳에 머무른다고 해도 과언이 아닐 정도. 2개의 호텔을 운영 중인데 비교적 최근에 지어진 호텔 2가 좋다. 화이트 톤으로 꾸며진 객실과 화장실이 깔끔하다. 주인과 스텝 모두 친절하고 차편과 투어 모두 저렴하게 연결해 준다.

위치 쩐흥다오(Trần Hưng Đạo) 거리와 연결된 르엉반뚜이 거리에 위치 주소 26 Lương Văn Tụy 요금 18~55US$ 전화 229-3883-768 홈피 ngocanh-hotel.com 지도 MAP 6 ⓐ

닌빈 시내에 있는 3성급 호텔. 가격 대비 방이 넓고 쾌적하다. 침대와 침구, 화장실 모두 깨끗하게 관리되고 있다. 가장 저렴한 스탠다드 룸도 객실 상태가 좋으며 평일이나 비수기에는 2만 원대에도 숙박할 수 있다. 닌빈 버스터미널과 닌빈 역에서 가까워 무료 픽업도 받을 수 있다.

위치 쩐흥다오 거리와 연결된 호앙호아탐 거리 중간 주소 20 Hoàng Hoa Thám 요금 25~65US$ 전화 229-3893-535 홈피 queenhotelninhbinh.com 지도 MAP 6 ⓓ

닌빈의 시골 풍경을 즐기면서 휴양 온 기분을 낼 수 있는 고급 리조트다. 1박 요금이 10만원대 수준이라 하롱베이 투어와 비교해 볼 만하다. 객실은 가든 뷰, 논 뷰, 마운틴 뷰 세 가지 타입으로 그중에서 마운틴 뷰가 가장 전망이 좋다. 인테리어와 소품도 내추럴하면서도 세련된 느낌. 아담하지만 편안한 수영장도 갖추고 있다. 투어 프로그램 및 원데이 클래스도 진행하며, 미리 요청하면 하노이, 하롱베이, 노이바이 공항으로 한 번에 가는 차편도 마련해 준다.

위치 닌빈 역에서 택시로 25분 주소 Thôn Hải Nham, Xã Ninh Hải 요금 113~214US$ 전화 378-253-555 홈피 www.tamcocgarden.com 지도 MAP 5 ⓔ

CITY
03

고산족의 마을
# 싸파

# Sa Pa

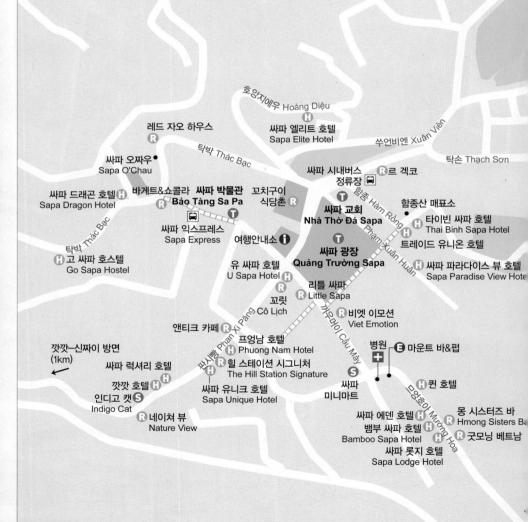

# 싸파 중심부

레드 자오 하우스

싸파 엘리트 호텔
Sapa Elite Hotel

호앙지에우 Hoàng Diệu

쑤언비엔 Xuân Viên

탁박 Thác Bạc

탁손 Thạch Sơn

싸파 오짜우
Sapa O'Chau

르 젝코

싸파 시내버스
정류장

싸파 드래곤 호텔
Sapa Dragon Hotel

바게트&쇼콜라

싸파 박물관
Bảo Tàng Sa Pa

꼬치구이
식당촌

함종산 매표소

싸파 교회
Nhà Thờ Đá Sapa

타이빈 싸파 호텔
Thai Binh Sapa Hotel

탁박 Thác Bạc

싸파 익스프레스
Sapa Express

여행안내소

트레이드 유니온 호텔

고 싸파 호스텔
Go Sapa Hostel

탁박 Thác Bạc

유 싸파 호텔
U Sapa Hotel

싸파 광장
Quảng Trường Sapa

싸파 파라다이스 뷰 호텔
Sapa Paradise View Hotel

리틀 싸파
Little Sapa

꼬릿
Cô Lịch

비엣 이모션
Viet Emotion

앤티크 카페

깟깟–신짜이 방면
(1km)

프엉남 호텔
Phuong Nam Hotel

병원

마운트 바&펍

싸파 럭셔리 호텔

힐 스테이션 시그니처
The Hill Station Signature

퀸 호텔

깟깟 호텔

싸파 유니크 호텔
Sapa Unique Hotel

싸파
미니마트

몽 시스터즈 바
Hmong Sisters Bar

인디고 캣
Indigo Cat

싸파 에덴 호텔

네이처 뷰
Nature View

뱀부 싸파 호텔
Bamboo Sapa Hotel

굿모닝 베트남

싸파 롯지 호텔
Sapa Lodge Hotel

판시빵 Phan Xi Păng

까우머이 Cầu Mây

므엉호아 Mường Hoa

함종 Hàm Rồng

팜쑤언후언 Phạm Xuân Huân

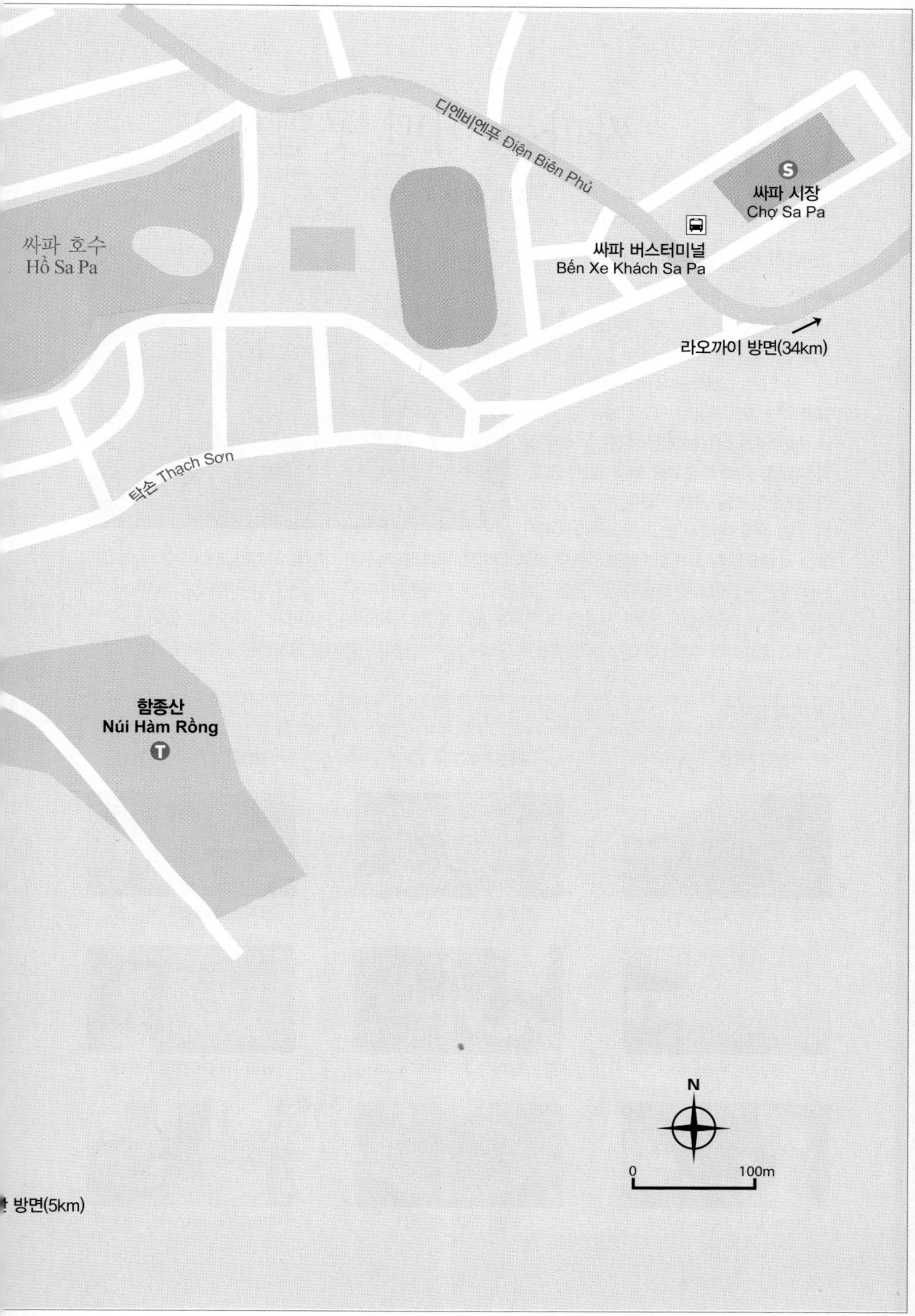

디엔비엔푸 Điện Biên Phủ

싸파 호수
Hồ Sa Pa

싸파 시장
Chợ Sa Pa

싸파 버스터미널
Bến Xe Khách Sa Pa

라오까이 방면(34km)

탁슨 Thạch Sơn

함종산
Núi Hàm Rồng

N

0          100m

방면(5km)

# 01 싸파는 어떤 곳일까?

### ABOUT SA PA

**고산족이 사는 다랑논 마을, 싸파**

싸파는 베트남 북부 해발 1,650m에 자리한 고산 도시다. 인도차이나에서 가장 높은 판시빵 산(3,143m)으로 둘러싸여 있으며 전통 의상을 입은 고산족들이 벼농사를 지으며 살고 있다. 1년 내내 날씨가 서늘한 데다 산을 깎아 만든 다랑논(계단식 논, 산골짜기의 비탈진 곳에 층층으로 되어 있는, 좁고 긴 논)이 장관을 이루고 있어 수많은 여행자가 먼 길을 마다치 않고 찾아온다. 이곳에는 약 6개 민족이 어울려 살고 있는데 그중에서 몽족의 비율이 50% 이상을 차지하고 있다. 농사 이외에는 특별한 수입이 없으므로 수공예품을 만들어 팔거나 관광 가이드로 일하는 경우가 많다. 그래서 여행자들은 몽족을 가장 많이 접하면서 그들의 문화를 배우게 된다. 싸파는 산골짜기에 자리하고 있어 안개 끼는 날이 많고 비도 잦다. 하지만 날이 개면 목가적인 농촌 풍경이 여행자를 압도하는 매력적인 여행지다.

## ■ 싸파 BEST

### BEST TO *Do*

고산족 마을 트래킹 ▶ p.173

함종산 ▶ p.176

박하 일요 시장 ▶ p.189

### BEST TO *Eat*

껌람 & 꼬치구이 ▶ p.181

힐 스테이션 시그니처 ▶ p.182

리틀 싸파 ▶ p.183

### BEST TO *Stay*

토파스 에코롯지 ▶ p.186

싸파 유니크 호텔 ▶ p.186

싸파 파라다이스 뷰 ▶ p.186

# 02 싸파 가는 방법

## HOW TO GO

주요 교통수단은 오픈투어버스와 기차 두 가지다. 버스는 싸파 시내까지 한 번에 이동하는 반면 기차는 인접한 도시 라오까이까지만 간다. 역 앞에서 시내버스나 택시를 타고 싸파 시내로 들어가야 하는 번거로움이 있다. 하지만 박하 일요 시장을 구경하려는 여행자라면 기차를 이용하는 것이 훨씬 효율적이다. 라오까이 역은 싸파와 박하 사이에 있기 때문이다. 버스와 기차의 이점을 잘 따져가며 일정을 짜보자.

**하노이 → 싸파** 오픈투어버스 5~6시간      **하노이 → 라오까이** 기차 8시간

### 하노이에서 가기

#### 오픈투어버스

구불구불한 길을 오르기 때문에 시설이 좋고 정시에 출발하는 싸파 익스프레스, 신 투어리스트 버스를 이용하자. 운행 편수가 적어 매진되기 십상. 위 두 버스가 매진되었다면 흥탄 버스를 탈 수도 있다. 저렴한 대신 소요시간이 7시간을 넘기는 경우가 많다. 중간중간에 사람을 계속 태우고 택배 서비스까지 겸하기 때문이다. 요금은 219,000~374,000VND.

- **싸파 익스프레스 Sapa Express**
07:00, 07:30, 22:00 출발 / 5시간 30분 소요 / 싸파 광장 도착
- **신 투어리스트 Sinh Tourist**
06:30, 07:30, 22:00 출발 / 6시간 소요 / 싸파 광장 도착
- **흥탄 Hung Thanh**
06:00 출발 / 6시간 30분 소요 / 싸파 버스터미널 도착

#### 기차

싸파까지 한 번에 가는 기차는 없다. 싸파에서 차로 1시간 거리에 있는 라오까이 역(Ga Lào Cai)까지 간 다음 시내버스나 택시를 타고 이동해야 한다. 하노이 B역에서 출발하는 야간 열차는 21:35, 22:00에 있으며 약 8시간 뒤인 05:30, 06:05에 도착한다. 버스보다 시간이 오래 걸리지만, 야간 침대 열차를 타보는 재미가 있다. 라오까이 역에서 싸파로 가는 방법은 시내 교통편(p169)에서 확인하자.

라오까이 역

> **TIP**
> 매주 일요일에 열리는 박하 시장 때문에 목·금·토요일에 출발하는 여행자가 많다. 이때는 기차표를 구하기 어려우니 미리 예약해 두는 것이 좋다.

| 주요 시설 정보 | |
|---|---|
| **싸파 버스터미널**<br>Bến Xe Khách Sa Pa | 위치 싸파 광장에서 도보 20분 또는 택시나 쎄옴으로 5분<br>지도 MAP 8 ⓒ |
| **라오까이 버스터미널**<br>Bến Xe Lào Cai | 위치 라오까이 역 앞으로 쭉 뻗은 판딘풍 거리를 따라 도보 5분 |
| **라오까이 역**<br>Ga Lào Cai | 위치 싸파 광장에서 택시나 시내버스로 1시간<br>오픈 사전 예약 창구 07:30~12:00, 13:30~17:30 |
| **싸파 익스프레스**<br>Sapa Express<br>(싸파 점) | 위치 싸파 박물관 근처 주소 2 Cầu Mây<br>오픈 06:30~21:30 홈피 www.sapaexpress.com<br>지도 MAP 8 ⓓ |
| **싸파 오짜우**<br>Sapa O'Chau | 고산족 자립을 돕는 NGO 여행사다. 버스, 트래킹, 홈스테이 등 다양한 프로그<br>램이 마련되어 있다. 하노이 구시가에도 사무실(주소 18 Hàng Muối)이 있다.<br>위치 싸파 박물관 뒤에 있는 탁박 거리에 위치 주소 8 Thác Bạc<br>오픈 07:30~18:30 홈피 www.sapaochau.org<br>지도 MAP 8 ⓐ |
| **여행안내소**<br>Tourist Information Center | 싸파 여행을 도와주는 상담소 같은 곳이다. 영어가 잘 통해서 원하는 정보를<br>얻기 좋다.<br>위치 싸파 광장에 있는 꼬치구이 식당 골목 옆<br>주소 2F, 2 Phan Xi Păng 오픈 07:30~11:30, 13:30~17:00<br>홈피 www.sapa-tourism.com<br>지도 MAP 8 ⓒ |

싸파 버스터미널

라오까이 버스터미널

싸파 오짜우

여행안내소

# 03

## 싸파 시내 교통

### CITY TRANSPORT

싸파 시내와 깟깟 마을은 도보로, 거리가 먼 고산족 마을은 트래킹 투어나 택시로, 라오까이 역과 버스터미널은 시내버스로 가는 것이 좋다.

### 택시

싸파 광장 근처에 많이 대기하고 있다. 싸파 시내 안에서는 탈 일이 거의 없고 주로 거리가 먼 고산족 마을을 여행할 때 이용한다. 자세한 택시 대절 정보는 이렇게 여행하자 확인(p.173).

> **TIP**
> **주요 택시 브랜드**
> 싼 싸파 Xanh Sapa 전화 214-3-636363

| 목적지 | 거리 | 시간 | 적정 요금 |
|---|---|---|---|
| 싸파 버스터미널 → 뱀부 싸파 호텔 | 1.5km | 5분 | 19,000~22,000VND |
| 싸파 광장 → 라오짜이 마을 | 5km | 15분 | 67,000~76,000VND |
| 싸파 광장 → 따핀 마을 | 10km | 25분 | 131,000~142,000VND |
| 라오까이 역 → 싸파 시내 | 34km | 1시간 | 440,000~470,000VND |

### 시내버스

싸파와 라오까이 역을 오가는 시내버스가 다닌다. 첫차와 막차는 정해진 시간보다 10분 정도 빨리 떠나는 경우가 많으므로 미리 가 있는 것이 좋다. 총 소요시간은 60~70분이다.
요금 30,000VND

| 출발 | 출발 시간 |
|---|---|
| 싸파 시내버스 정류장<br>(지도 MAP 8 Ⓐ) | 06:35, 07:30, 08:30, 09:30, 10:30, 11:30, 12:30, 13:30, 14:30, 15:30, 16:30, 17:30, 18:30 |
| 라오까이 역 정류장 | 05:20, 06:00, 07:00, 08:00, 08:30, 09:00, 10:00 11:00, 13:00, 14:00, 14:30, 15:00, 16:00, 17:00, 18:00 |

### 쎄옴

경찰서에서 규정한 적정 요금이 있다. 안내판에도 공개되어 있어 바가지 위험이 없다. 대기 요금도 처음에는 받지 않고 두 번째 목적지부터 20,000VND씩 받는다. 택시보다 절반 이상 저렴하기 때문에 나홀로 여행자에게도 유용하다. 택시나 도보로 다니기 애매한 싸파 버스터미널과 싸파 시장까지는 10,000VND면 충분하다.

| 주요 목적지 | 거리 | 적정 요금 | |
|---|---|---|---|
| | | 편도 | 왕복 |
| 싸파 광장 → 깟깟 마을 | 1.5~2km | 40,000VND | 70,000VND |
| 싸파 광장 → 신짜이 또는 라오짜이 마을 | 4~5km | 60,000VND | 100,000VND |
| 싸파 광장 → 따반 또는 따핀 마을 | 8~10km | 80,000VND | 120,000VND |
| 싸파 광장 → 탁박 | 11km | 70,000VND | 120,000VND |

### 오토바이 대여

호텔이나 싸파 광장에 있는 렌탈 숍에서 4~7US$에 빌릴 수 있다. 주유는 1일 20,000~30,000VND로 충분하다. 도로 상태가 좋지 않으므로 너무 저렴한 오토바이는 위험하다. 오토바이 종류와 상태를 잘 살펴 보고 고르자. 물론 초보자라면 시도하지 않는 편이 낫다.

# 04 싸파 이렇게 여행하자

## TRAVEL COURSE

### 여행 방법

가까운 깟깟 마을과 함종산은 개별적으로 다녀오고 거리가 먼 고산족 마을은 트래킹 투어를 이용하자. 여러 마을 중에서도 라오짜이一따반 마을이 가장 아름다워 이곳만 돌아봐도 싸파의 매력을 충분히 느낄 수 있다. 고산족의 생활을 가까이에서 체험하고 싶다면 홈스테이도 좋은 선택이다. 대부분 여행사에서 홈스테이가 가능한 고산족을 소개해준다.

### TIP

싸파는 날씨가 변덕스러워 여행 최적기를 말하기가 참 어렵다. 대체로 3~5월과 9~10월이 비가 적어 날씨가 좋은 편. 11월부터는 추수가 끝나 논이 비어 있는 경우가 많다. 겨울에 해당하는 12월에서 2월까지는 매일 안개가 끼고 기온도 많이 떨어진다. 1년 내내 긴 옷이 필요한 곳이니 겨울에는 방한 준비를 든든히 하자. 우산과 우비도 있으면 유용하다.

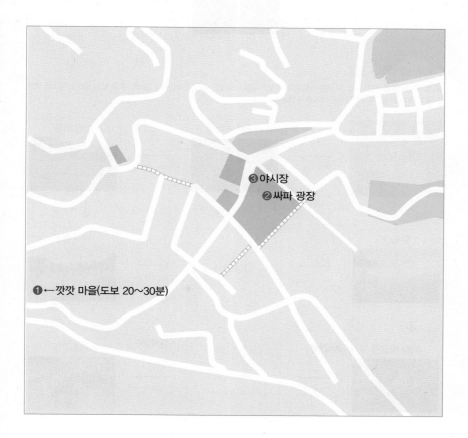

❸야시장

❷싸파 광장

❶←깟깟 마을(도보 20~30분)

## Course1 시내 코스

싸파에 도착, 호텔 체크인 후 점심 식사를 하고 싸파를 돌아보는 워밍업 코스. 가이드 없이 도보만으로 다녀올 수 있다.

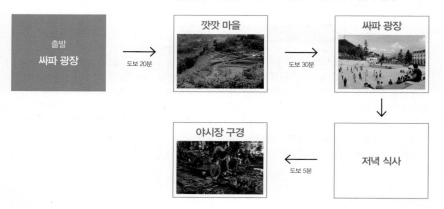

## Course2 투어 코스

싸파의 아름다움을 한껏 느낄 수 있는 라오짜이–따반 마을을 구경하는 코스. 택시, 쎄옴, 트래킹 투어 중에 원하는 방식을 택하면 된다. 여기에서는 택시로 다니는 코스를 소개한다.

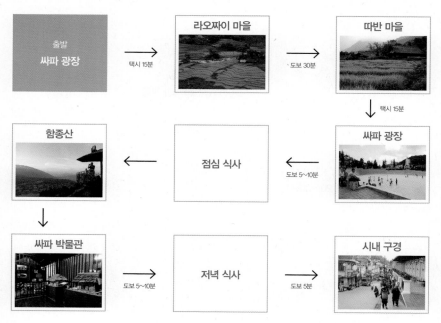

## 트래킹 투어

고산족 가이드와 함께 마을 구석구석을 둘러보는 일일 투어다. 마을로 갈 때는 도보로, 시내로 돌아올 때는 차를 이용하기 때문에 힘들고 어렵지 않다. 싸파에 있는 모든 호텔과 여행사에서 진행한다. 고산족마을에서 홈스테이를 하면서 1박 2일로 진행되는 트래킹 투어도 많다.

■ 깟깟~신짜이 마을 코스
투어시간 3~4시간 요금 220,000~264,000VND

■ 라오짜이~따반 / 마짜~따핀 / 반호~남사이 마을 코스
투어시간 6~8시간 요금 330,000~440,000VND

※ 포함 내역 : 가이드비, 차편, 점심식사, 입장료
불포함 내역 : 간식&음료, 팁, 그 외 개인비용
추천여행사 싸파 오짜우 www.sapaochau.org

## 택시 대절

방문하고 싶은 고산족 마을 입구까지는 택시를 타고 가고 마을 안은 도보로 살펴볼 수 있어 편리하다. 마을을 구경하는 동안 택시 기사가 기다려 준다. 미터기에 대기 요금이 올라가는데 4분에 2,000VND 정도로 매우 저렴하니 염려하지 않아도 된다. 요금은 미터기로 해도 되고 흥정해도 된다. 트래킹 투어에 비해 구석구석 살펴보는 재미는 덜하지만 짧은 시간에 많은 곳을 둘러 볼 수 있다.

■ 라오짜이~따반 / 마짜~따핀 마을 코스
투어시간 2~3시간 요금 264,000~330,000VND(대기 요금 포함/입장료 별도)

깟깟 마을

싸파 교회

# Sightseeing

## 싸파 교회
Nhà Thờ Đá Sapa

Sa Pa Church

프랑스 식민지 시절에 지어진 가톨릭 교회다. 광장을 향해 우뚝 서 있어 싸파의 랜드마크 역할을 하고 있다. 1926년에 초석을 놓고 하얀 벽돌을 쌓아 만들었다. 1995년과 2007년에 두 번 보수하여 오늘날과 같은 모습을 갖추었다. 평일에는 고산족들이 그늘에서 휴식을 취하고 주말에는 베트남 현지 관광객들이 고산족 의상을 입고 사진을 찍느라 분주하다. 미사는 월~토요일 05:00, 18:00, 19:00, 일요일 08:30, 09:00, 18:30에 열린다.

**위치** 싸파 광장 오거리 **오픈** 월~토요일 05:00~21:00, 일요일 08:30~20:00 **요금** 무료 **전화** 214-387-3014 **홈피** www.sapachurch.org **지도** MAP 8 Ⓐ

## 싸파 박물관
Bảo Tàng Sa Pa

Sa Pa Museum

싸파의 역사와 고산족의 문화를 살펴볼 수 있는 아담한 박물관이다. 전시 초반부는 싸파의 발전상에 관해 설명한다. 라오까이에서 싸파까지 도로가 놓이고 수도와 전기가 공급된 기록, 과거 싸파의 모습이 담긴 사진들이 전시되어 있다. 전시 중반부터는 고산족의 특징과 생활상에 대해 설명한다. 여러 고산족의 특징과 고유한 생활상을 비교해 볼 수 있어 유익하다. 화려한 의상과 독특한 결혼 풍습을 마네킹으로 재현해 두었으며 전통 가옥을 미니어처로 만들어 차이점을 분명히 이해할 수 있도록 꾸몄다. 규모가 크지 않기 때문에 30분 정도면 다 돌아볼 수 있다.

**위치** 싸파 광장에 있는 여행 안내소 뒤편에 있는 건물 2층 **오픈** 09:30~11:30, 13:30~17:00 **요금** 무료 **지도** MAP 8 Ⓓ

**Talk** 고산족 알아보기

싸파 인근 지역에는 약 6개의 민족이 모여 살고 있다. 그중에서도 여행자들이 쉽게 만나볼 수 있는 민족은 몽족, 자오족, 자이족이다. 각기 고유한 전통의상을 입고 있어 금방 구분할 수 있다.

### 몽족 Người H'Mong

고산족 인구의 절반 이상을 차지하는 다수 민족으로 싸파에서 가장 많이 볼 수 있는 고산족이다. 쪽잎으로 천연 염색한 옷을 입고 다니며 무릎까지 올라오는 토시를 신고 있는 것이 특징. 깟깟~신짜이 마을에 많이 산다. 몽족의 한 부류인 화몽족은 훨씬 더 밝고 화려한 옷을 입고 다니는데 박하 일요 시장(p.189)에 가면 쉽게 볼 수 있다.

### 자오족 Người Dao Đỏ

터번같이 생긴 붉은 머릿수건을 쓰고 다니는 고산족. 눈썹을 다 밀고 이마를 넓게 드러내는 것이 특징. 머리는 길게 길러서 수건 속에 감추고 다닌다. 길거리에서 수공예품을 만들고 있는 모습을 쉽게 볼 수 있다. 따반과 따핀 마을에 많이 모여 산다.

### 자이족 Người Giáy

중국에서 남쪽으로 내려와 사는 고산족이다. 왼쪽으로 여며 입는 중국풍 옷을 입고 분홍색 체크무늬 머릿수건을 쓰고 다닌다. 몽족이나 자오족만큼 쉽게 볼 수 있는 고산족은 아니지만 따반 마을이나 1박 2일 트래킹, 홈스테이를 통하면 만날 기회가 생긴다.

# 함종산
## Núi Hàm Rồng

Ham Rong Mountain

산꼭대기의 형태가 용(Rồng)의 턱(Hàm)을 닮았다고 해서 함종산이라 불린다. 해발 1,750m의 높은 산이지만 올라가는 길이 공원처럼 꾸며져 있어 별로 힘들지 않다. 조리나 샌들을 신고도 충분히 올라갈 수 있다. 함종산의 최종 목적지는 구름 마당이라 불리는 션마이(Sân Mây). 싸파 전체가 시원하게 내려다보이는 전망대로 3,000m가 넘는 판시빵의 웅장한 산세도 감상할 수 있다. 매표소에서 션마이까지는 30~40분밖에 걸리지 않지만 가는 길에는 예쁜 정원과 기괴한 석회암, 고산족 공연같은 볼거리가 있으므로 여유 있게 다녀오면 된다.

---

**TIP**
### 고산족 전통공연 시간
**월~금요일** 여름 08:30, 09:45, 14:30, 15:45 / 겨울 09:00, 10:15, 14:00, 15:15
**토~일요일** 08:30, 09:30, 10:30, 14:00, 15:00, 16:00

---

위치 싸파 교회 뒤편 함종(Hàm Rồng) 거리 끝에 있는 트레이드 유니언 호텔 옆 오픈 여름 05:30~18:30, 겨울 06:00~18:00 요금 성인 70,000VND, 어린이 20,000VND 전화 214-387-1289 지도 MAP 8 ⓔ

# 깟깟
Cát Cát

# 신짜이
Sin Chải

싸파 광장에서 1.5km 거리에 있는 몽족 마을이다. 거리가 가깝고 길이 단순해서 가이드 없이도 충분히 다녀올 수 있다. 판시빵 거리를 따라 조금만 걸으면 매표소가 나오고 매표소 바로 앞에 마을 입구가 있다. 좁은 돌계단을 따라 내려가면 다랑논과 전통 가옥이 보인다. 기념품 판매와 수공예품 제작에 여념이 없는 몽족 여성도 만날 수 있다. 마을 안에는 띠엔사 폭포(Thác Tiên Sa), 꽃의 샘물(Suối Hoa), 깟깟 다리(Cầu Cát Cát)가 있으니 순서대로 살펴보고 주차장으로 나오면 된다. 주차장 밖에는 신짜이 마을을 소개하는 안내판이 있는데 왼쪽으로 가면 신짜이 마을이, 오른쪽으로 가면 싸파가 나온다. 깟깟 마을은 다른 마을에 비해 관광지화되어 자연스러운 매력이 덜하다.

<u>위치</u> 판시빵 거리를 따라 20분, 깟깟 마을 매표소 맞은편 입구 이용 <u>오픈</u> 06:00~19:00 <u>요금</u> 성인 70,000VND, 어린이 30,000VND <u>지도</u> MAP 7 ⑩

깟깟 마을에서 약 3.5km 떨어져 있다. 깟깟 마을과는 달리 시골의 정취가 느껴지는 마을이다. 가는 길도 한적하고 평화롭다. 먼 산으로 시선을 옮기면 거대한 폭포 탁박(Thác Bạc)도 보인다. 마을 입구에는 유치원과 초등학교가 있어 시골 아이들의 천진난만한 모습도 볼 수 있다. 쪽빛 옷감이 널린 마당이며 넙적한 나무판자 지붕은 이곳이 소박한 몽족 마을임을 알려준다. 마을을 한 바퀴 돌아본 다음에는 학교 앞 슈퍼로 가보자. 음료수를 사서 테이블에 앉으면 마을 풍경이 한눈에 들어온다. 이곳에서 잠시 휴식을 취한 다음 싸파 시내로 가면 된다. 돌아가는 길이 먼데다 그늘이 없는 길이라 힘들고 더울 수 있다. 물을 넉넉히 챙기자.

<u>위치</u> ①깟깟 마을 매표소를 지나 계속 직진, 도보 1시간 ②깟깟 마을이 끝나는 주차장에서 안내판을 보고 왼쪽으로 도보 1시간 <u>오픈</u> 24시간 <u>요금</u> 무료 <u>지도</u> MAP 7 ⑩

# 라오짜이
Lao Chải

싸파의 고산족 마을 중에서 딱 한 곳만 가야 한다면 단연 라오짜이다. 가파른 골짜기 사이로 펼쳐지는 계단식 논과 목가적인 농촌 마을이 여행자를 압도하기 때문. 라오짜이는 싸파 광장에서 남동쪽으로 약 5.5km 떨어져 있는 몽족 마을이다. 므엉호아(Mường Hoa) 강을 끼고 있어 특별히 경관이 더 아름답다. 규모가 큰 마을이라 마을 안을 구석구석 돌아보려면 2.5km 정도를 더 걸어야 한다. 싸파에서 라오짜이 마을 입구까지는 도보로 2시간이 걸리고 마을을 돌아보는 데는 1시간이 걸린다. 점심시간, 휴식시간, 돌아오는 시간까지 고려하면 6시간 정도가 필요하므로 아침 일찍 나서는 것이 좋다.

위치 ①므엉호아 거리를 따라 계속 직진, 도보로 2~3시간 ②싸파 광장에서 택시나 쎄옴으로 15분 오픈 06:00~19:00 요금 50,000VND 지도 MAP 7 ⓓ

# 따반

Tả Van

라오짜이 마을 입구에서 3km 더 안쪽에 자리 잡은 마을이다. 몽족, 자오족, 자이족이 어울려 살고 있다. 따반은 비교적 완만한 땅에 위치하고 있어 푸근하고 아늑한 느낌이 든다. 나무 담장에는 호박이 열려 있고 굴뚝에서는 연기가 모락모락 피어오른다. 물소들이 한가롭게 풀을 뜯고 귀여운 병아리들이 삼삼오오 몰려다니는 전형적인 시골 마을이다. 라오짜이 마을을 돌다 보면 자연스럽게 따반으로 발걸음이 이어진다. 라오짜이와 함께 1일 코스로 다녀오기 적합하다.

위치 ①라오짜이 마을 입구에서 도보 30분 이상 ②싸파 광장에서 택시나 오토바이로 15분 오픈 06:00~19:00 요금 라오 짜이 마을 입장료에 포함 지도 MAP 7 ⓓ

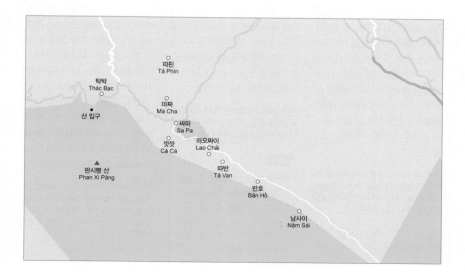

## 따핀
Tả Phìn

## 탁박
Khu Du Lịch Thác Bạc

## 판시빵 산
Phan Xi Păng

Silver Waterfall

Fansipan Mountain

몽족보다 자오족이 더 많이 모여 사는 마을이다. 붉은 천을 풍성하게 감아 올려 머리에 쓰고 있는 모습이 멀리서도 눈에 띌 만큼 강렬하다. 따핀은 싸파 시내에서 약 10km 떨어진 농촌 마을로 라오까이 방향으로 5.5km를 가다가 왼쪽으로 난 좁은 시골길(매표소가 있음)을 따라 5km를 더 가야 나온다. 비교적 완만한 대지에 계단식 논이 드넓게 펼쳐져 있어 색다른 풍경을 선사한다. 따핀 마을로 가는 길에는 산악 계곡 수오이호(Suối Hồ)와 작은 마을 마짜(Má Cha)도 있어 다 함께 돌아보는 것이 일반적이다. 다만 이정표가 별로 없고 자갈길이 많아 도보나 오토바이로 다녀오기 힘들 수 있다. 출발하기 전에 길을 잘 알아 놓거나 트래킹 투어를 이용하는 것이 좋다.

위치 라오까이 방향으로 국도를 따라 도보로 2시간 이상, 택시나 오토바이로 25분 오픈 06:00~19:00 요금 40,000VND 지도 MAP 7 ⓓ

베트남에서도 아름답기로 유명한 폭포다. 탁은 폭포, 박은 은을 뜻한다. 산에서 떨어지는 긴 물줄기가 은처럼 빛난다고 하여 붙여진 이름이다. 물줄기의 높이가 100m에 달하는 이 거대한 폭포는 라오까이 지역과 라이쩌우 지역 사이에 걸쳐 있는데 폭포를 기준으로 라오까이는 서늘하고 라이쩌우는 덥고 습하다고 하니 폭포의 위력이 얼마나 대단한지 알 수 있다. 폭포 옆으로는 철제 계단과 다리가 놓여 있어 산을 오르듯이 걸어가면서 볼 수 있다. 하지만 멀찌감치 떨어져서 봐야 전체를 다 볼 수 있고 사진도 잘 찍을 수 있다. 싸파 시내에서 북서쪽으로 12km 떨어져 있다.

위치 싸파 광장에서 택시나 쎄옴으로 25분 오픈 06:00~18:00 요금 15,000VND 지도 MAP 7 ⓓ

### TIP

탁박을 지나 2~4km를 더 달리면 짬뜬 고개(Đèo Trạm Tôn)가 나온다. 깎아지른 절벽을 타고 도로가 나 있어 경관이 수려하다. 탁박과 함께 다녀오면 좋은 여행 코스가 될 것이다.

인도차이나의 지붕이라 불리는 판시빵 산은 해발 3,143m에 달하는 베트남 최고의 명산이다. 산세가 험하고 산림이 울창해 2,000여 가지의 식물군과 300가지가 넘는 희귀 동물군이 서식하고 있다. 날씨가 따뜻해지는 5월이 되면 사방에 꽃들이 만개해 아름다움을 자랑하고 건기가 시작되는 10월부터는 수목림들이 싱그러움을 뽐낸다. 싸파에서 판시빵 산 정상까지는 약 2,000m 거리. 하루에도 몇 번씩 비가 오고 개기를 반복하는 탓에 3일 정도 걸어야 겨우 닿을 수 있다. 하지만 시간과 체력이 허락한다면 명산이 뿜어내는 매력에 빠져 봐도 좋다. 싸파 시내에 있는 대부분의 여행사에서 트래킹&캠핑 프로그램을 운영하고 있다. 판시빵 산 입구는 싸파 시내에서 14km 떨어져 있으며 사랑의 폭포(Thác Tình Yêu) 주차장 근처에 있다.

위치 싸파 시내에서 택시나 쎄옴으로 30분 요금 1일 기준 190,000VND(입장료 150,000VND, 등반비 30,000VND, 보험비 5,000VND, 청소비 5,000VND) 지도 MAP 7 ⓓ

## T H E M E

# 싸파의 별미

|

싸파 곳곳에는 구이 노점상이 많다. 자색 고구마와 옥수수 외에도 재미있 는 먹거리가 더 있으니 도전해 보자.

### 껌람 Cơm Lam

일명 대나무통 밥. 길쭉한 대나무통에 쌀밥이나 찹 쌀밥을 넣고 불에 구워 먹는다. 향이 좋다거나 밥 이 특별히 더 맛있는 것은 아니지만 꼬치구이와 함 께 곁들여 먹기 좋다. 1개 8,000~10,000VND로 저렴하다.

### 꼬치구이

저녁이 되면 길거리 곳곳에서 고기와 채소를 잔뜩 꽂은 꼬치를 발견할 수 있다. 채소꼬치는 10,000VND, 고기꼬치는 15,000~30,000VND 정도. 목욕탕 의자를 앞에 두고 맥주와 함께 마시 는 재미가 있다.

### 오리알 Hột Vịt Lộn

구운 달걀인 줄 알고 샀다가 깜짝 놀랄지도 모른 다. 부화 직전의 새끼 오리가 들어있기 때문. 베 트남 사람들은 건강을 위해 주로 아침에 먹는다.

181

# Eating

## 꼬릿
Cô Lịch

## 힐 스테이션 시그니처
The Hill Station Signature

싸파에서 가장 붐비는 음식점. 가게 앞에서 보란 듯이 통돼지, 통닭, 수제 소시지를 굽고 있기 때문이다. 바로 옆에는 먹음직스러운 꼬치까지 진열되어 있어 발길이 절로 간다. 가격도 부담스럽지 않다. 잘 구워진 통돼지 바비큐 2인 기준 250,000VND, 통닭은 200,000VND, 꼬치들은 개당 10,000~30,000VND이다. 통돼지, 통닭, 소시지는 원하는 양을 말하면 되고 꼬치는 먹을 만큼 골라 접시에 담으면 된다. 자리를 잡고 앉으면 샐러드, 채소볶음, 밥류, 면류 같은 단품 메뉴도 주문할 수 있다. 손님이 많은 데다 영어 메뉴판이 없어서 조금 불편하긴 하다. 그래도 즉석에서 바로바로 구워주는 양질의 음식을 마다하기란 어렵다. 낮에는 문을 열지 않고 오후 18:00부터 영업을 시작한다.

세련된 분위기에서 수준 높은 식사를 경험할 수 있는 곳. 싸파에서 가장 매력적인 레스토랑이 아닐까 싶다. 베트남에서는 좀처럼 보기 드문 탁 트인 실내 공간을 갖추고 있으며 넓은 통유리창이 있어 밝고 시원하다. 평범해 보이는 대나무 막대로 공간을 구분하고 흔해 보이는 실타래로 쿠션을 만들었을 뿐인데 감각적으로 느껴진다. 식재료와 식사 메뉴 또한 예사롭지 않다. 고산족 마을에서 키우는 돼지, 오리, 닭만을 사용하고 그곳에서 키우는 각종 채소와 달걀을 이용해 요리한다. 우리나라의 막걸리 같은 고산족의 라이스 와인과 옥수수 증류술 콘 와인도 준비되어 있다. 식사 외에도 제대로 된 커피와 케이크를 맛볼 수 있어 한가로운 시간을 보내기 좋다.

위치 싸파 광장에서 미니 마트를 지나 판시빵 거리 초입에 위치 주소 37 Phan Xi Păng 오픈 18:00~22:30 요금 꼬치류 10,000~30,000VND, 식사류 40,000~60,000VND 지도 MAP 8 ⓓ

위치 판시빵 거리에 있는 싸파 유니크 호텔 옆 주소 37 Phan Xi Păng 오픈 07:00~22:30 요금 커피 30,000~35,000VND, 식사류 75,000~125,000VND 전화 214-3887-112 지도 MAP 8 ⓓ

# 리틀 싸파
## Little Sapa

# 비엣 이모션
## Viet Emotion

배낭 여행자들에게 오랫동안 사랑받아 온 식당이다. 음식이 대단하게 맛있는 것도 아니고 인테리어가 멋진 것도 아니지만, 여행자의 마음을 편안하게 만드는 매력이 있다. 그래서 한번 발을 들이면 자주 찾게 되는 그런 곳이다. 식사 메뉴가 다양하고 여행자 입맛에 맞게 잘 나온다. 가격도 저렴하고 양도 많은 편이라 만족스러운 식사를 할 수 있다. 여행자를 위한 저렴한 식당이지만 중간에 쉬는 시간이 있다. 헛걸음하지 않도록 시간을 잘 체크하자.

위치 U Sapa 호텔 정문을 따라 내려가는 꺼우머이 거리에 위치. 도보 1분 주소 18 Cầu Mây 오픈 10:00~14:30, 17:30~22:00(30분 전 주문 마감) 요금 59,000~69,000VND 전화 214-3871-222 지도 MAP 8 ⓓ

꺼우머이 거리를 지나다 보면 컬러풀한 인테리어에 시선이 절로 가는 음식점이다. 천장 가득 달린 알록달록한 랜턴 덕분에 저녁이 되면 로맨틱한 분위기가 물씬 난다. 그래서인지 해가 지면 와인과 맥주를 곁들여 식사하는 커플 여행자들이 많이 보인다. 서양 음식이 아니라면 가격도 저렴한 편이고 음식도 깔끔하게 잘 나온다. 바삭하게 튀긴 스프링롤은 맛이 없을 수가 없고 지글지글 불판 위에 나오는 두부 요리는 밥과 먹기 좋다. 피자와 파스타는 105,000~120,000VND 정도로 다른 음식에 비해 비싸지만 맛은 나쁘지 않다. 테라스 자리는 햇빛이 잘 들고 사람 구경하기 좋아 커피를 마시며 휴식을 취하기에도 그만이다.

위치 리틀 싸파를 지나 도보 1분, 왼쪽에 있는 아로마 피자 옆 주소 27 Cầu Mây 오픈 07:30~23:00 요금 65,000~85,000VND 전화 214-3872-559 지도 MAP 8 ⓓ

# 네이처 뷰
Nature View

# 몽 시스터즈 바
Hmong Sisters Bar

판시빵 거리에 있는 여행자 식당이다. 맛집이라기보다는 편하게 식사하기 좋은 곳이다. 여행자의 입맛에 맞춘 베트남 음식과 피자, 파스타 같은 서양 음식을 요리한다. 베트남 음식은 주로 육류를 구운 다음 레몬소스, 칠리소스, 허니소스 등으로 양념한 음식이 많다. 허니소스는 달짝지근하면서도 마늘이 가미되어 있어 한국인 입맛에 잘 맞는다. 그날그날 신선한 재료가 있으면 미리 귀띔을 해주기 때문에 직원이 추천해 주는 메뉴를 주문하면 실패할 확률이 낮다. 스프링롤, 채소볶음, 닭고기, 밥 등이 한 접시에 담겨 나오는 세트 메뉴도 눈여겨보자. 메뉴마다 차이가 있겠지만 음식은 조금 짠 편이다. 레스토랑 이름처럼 넓은 창밖으로 숲과 산이 보인다.

위치 판시빵 거리 남단에 위치 주소 51 Phan Xi Păng 오픈 08:30~22:00 요금 85,000~105,000VND 전화 214-3871-438 지도 MAP 8 ⓓ

싸파에 사는 베트남 가족이 운영하는 바. 2006년에 문을 열었는데 10년이 다 되도록 변함없는 인기를 누리고 있다. 외국인 여행자들이 무료한 저녁 시간을 보내는 곳인 만큼 주인장과 종업원이 친절하고 재미있다. 다양한 종류의 맥주는 기본이고 칵테일과 와인도 골고루 갖추고 있다. 손님이 뜸한 16:00~19:00에는 생맥주가 15,000VND고 모히또와 데커리는 1+1이다. 하지만 바는 밤 10시가 넘어야 분위기가 사는 법. 여행자들은 물론 현지인들도 많이 찾아온다. 바는 예스러운 느낌이 물씬 나는 벽돌 건물로 지어졌다. 가로 폭이 넓은 실내구조가 특이하다. 고산족을 상징하는 소품들이 곳곳에 배치되어 있고 장작 난로와 당구대도 마련되어 있다. 분위기가 좋은 날은 새벽 4시까지 문을 연다.

위치 뱀부 싸파 호텔 맞은편 주소 31 Mường Hoa 오픈 16:00~24:00 요금 30,000~120,000VND 전화 214-3873-370 지도 MAP 8 ⓔ

## 인디고 캣
Indigo Cat

## 싸파 시장
Chợ Sa Pa

고산족이 만든 수공예품을 판매하는 공정무역 숍이다. 길거리에서도 살 수 있는 물건을 굳이 가게에서 살 필요가 있나 싶겠지만 이곳에서 파는 상품은 조금 다르다. 따반 마을에 살고 있는 솜씨 좋은 몽족의 수공예품을 고정적으로 들여오고 있다. 품질 관리도 엄격한 편. 덕분에 재질, 패턴, 마감처리 모두 훌륭하다. 태블릿 PC를 보관하는 파우치와 어깨에 메는 가방은 디자인도 예쁘고 튼튼해서 인기가 많다. 그 밖에도 지갑, 쿠션 커버 같은 상품을 구경할 수 있다. 정기적이지는 않지만 바틱 염색과 실짜기를 배울 수 있는 워크숍도 진행한다.

위치 판시빵 거리에 위치
주소 46 Phan Xi Păng
오픈 09:00~19:00 요금
30,000~250,000VND
지도 MAP 8 ⓓ

싸파 사람들의 생활을 책임지고 있는 재래시장이다. 건물은 1~2층으로 꾸며져 있다. 실내에는 의류, 신발, 침구류를 파는 상점들이 많은 편. 주방용품, 장식품을 파는 상점도 섞여 있고 고산족이 만든 에스닉 의류와 기념품도 구경할 수 있다. 건물 밖에는 채소, 과일, 고기 등을 파는 시장이 형성되어 있다. 밭에 막 캐온 신선한 채소와 과일이 보기 좋게 진열되어 있고 새벽에 잡은 육류들이 부위별로 손질되어 손님을 기다린다. 사이사이에는 장을 보러 온 사람들의 시장기를 달래주는 노점들도 한 자리씩 차지하고 있다. 규모가 작아서 금방 둘러볼 수 있는데 오후보다는 오전이 좋고 평일보다는 주말이 낫다. 싸파 시장은 원래 광장 가까이에 있었으나 싸파 버스터미널 옆으로 이전해 예전의 분위기만 못하다.

위치 싸파 광장에서 싸파 버스터미널 방향으로 도보 20분
오픈 06:00~20:00 지도 MAP 8 ⓒ

---

### TIP

### 고산족의 야시장
싸파 광장 주변에서 열리는 야시장이다. 해가 지면 고산족 여성들이 우르르 몰려나와 손수 만든 모자, 치마, 지갑, 가방 등을 펼쳐놓고 손님을 부른다. 특히 여행자들이 많이 모이는 금·토요일 저녁에는 인도를 걸어 다닐 수 없을 만큼 좌판이 넘쳐난다. 가게에서 파는 것보다 저렴하지만 어둡기 때문에 물건의 상태를 제대로 알아보기 어렵다. 맘에 드는 것이 있다면 앞, 뒤, 옆, 속까지 꼼꼼하게 살펴봐야 한다.

# THEME

# 싸파
# 베스트 호텔

싸파 광장 주변에 있는 호텔이라면 어디라도 위치가 좋다. 하노이와는 달리 방도 널찍하고 온수도 잘 나온다. 전망 좋은 호텔이 아니더라도 시설 좋고 저렴한 호텔이 많아 선택의 폭도 넓다. 전망이 좋은 호텔일수록 성수기, 비수기, 평일, 주말 요금이 자주 바뀌고 변동 폭도 크다.

## BEST 1 토파스 에코롯지 Topas Ecolodge

싸파에서 진정한 휴식을 원한다면 첫번째로 찾아봐야 할 호텔이다. 싸파 시내에서 멀리 떨어진 한적한 시골 마을에 자리하고 있다. 주변 환경을 헤치지 않는 범위 내에서 최대한 자연스럽게 지어진 것이 장점. 산장 분위기의 객실도 좋지만 방갈로 앞에서 바라보는 뷰가 압권이다. 싸파 시내를 왕복하는 무료 미니 버스를 운행한다.

<u>위치</u> 싸파 시내에서 차를 타고 동남쪽으로 1시간 <u>요금</u> 150~200US$ <u>전화</u> 214-387-2404 <u>홈피</u> topasecolodge. com

## BEST 2 싸파 유니크 호텔 Sapa Unique Hotel

가격대비 깔끔한 객실과 친절한 서비스로 여행자들에게 오랫동안 사랑받고 있는 호텔이다. 낡은 느낌은 들지만 신경써서 관리하고 있어 숙박 시 큰 불편함은 없다. 판시빵 거리를 따라 내려가는 길에 위치하고 있어 객실에 딸려 있는 발코니에서 내려다보는 뷰가 근사하다.

<u>위치</u> 싸파 광장에서 판시빵 거리를 따라 도보 3분 <u>주소</u> 39 Phan Xi Păng <u>요금</u> 25~50US$ <u>전화</u> 214-3872-008 <u>홈피</u> sapauniquehotel.com <u>지도</u> MAP 8 ⓓ

## BEST 3 싸파 파라다이스 뷰 호텔 Sapa Paradise View Hotel

대부분 방에 창문과 발코니가 있어 야외 풍경을 살펴볼 수 있다. 특히 딜럭스룸과 스위트룸에서는 탁 트인 산 전망을 기대할 수 있다. 객실 인테리어는 특별할 것 없지만 깔끔하게 잘 관리되고 있다는 느낌을 받을 수 있다. 무엇보다 직원들이 친절해서 많은 여행자에게 호평받고 있다. 조식도 잘 나오는 편이다.

<u>위치</u> 싸파 교회를 등지고 왼쪽으로 난 좁은 골목을 따라 도보 5분 <u>주소</u> 18 Phạm Xuân Huân <u>요금</u> 38~72US$ <u>전화</u> 214-3872-683 <u>홈피</u> www.sapaparadiseviewhotel.com <u>지도</u> MAP 8 ⓔ

# 프엉남 호텔
Phuong Nam Hotel

# 타이빈 싸파 호텔
Thai Binh Sapa Hotel

# 고 싸파 호스텔
Go Sapa Hostel

저렴한 가격으로 최고의 뷰를 만 끽할 수 있는 호텔이다. 탁 트인 전망을 가진 호텔의 위치 덕분이 다. 제법 규모가 있는 호텔이지만 가족이 운영하고 있어 친절하다. 객실과 연결된 넓은 공용 발코니 가 있어 이곳에 앉아 차나 맥주를 마시며 시간을 보내기 좋다. 객실 인테리어는 무난한 편. 침구와 화 장실 모두 깨끗하다. 조식은 뷔페 지만 맛은 보통이다.

위치 싸파 광장에서 판시빵 거리를 따 라 도보 3분 주소 33 Phan Xi Păng 요금 20~30US$ 전화 0966-485- 585 홈피 www.phuongnamhotel sapa.com 지도 MAP 8 ⓓ

가족이 운영하는 호텔이다. 별다 른 전망은 없지만 가격대비 방이 넓고 쾌적하다. 침대와 침구 상태 도 깨끗해서 편안하게 쉴 수 있다. 특히 화장실이 세련되게 꾸며져 있어 머무는 동안 기분 좋게 이용 할 수 있다. 온수도 잘 나온다. 조 식은 바게트와 오믈렛, 베이컨 등 으로 심플하지만 맛은 좋은 편. 전 망 좋은 호텔을 고집하지 않는다 면 괜찮은 선택이다.

위치 함종 거리를 따라 들어가 트레 이드 유니온 호텔 왼쪽 골목(함종산 매표소 맞은편) 주소 Hàm Rồng 요금 25~60US$ 전화 214-3871- 212 홈피 www.thaibinhhotel.com 지도 MAP 8 ⓔ

배낭 여행자를 위한 저렴한 호스 텔이다. 탁 트인 전망 덕분에 많 은 여행자에게 사랑받고 있다. 넓 은 방 안에 2층 철제 침대가 놓인 전형적인 도미토리룸을 갖고 있 다. 화장실이 딸린 더블룸도 쾌적 하다. 다만 여럿이 함께 쓰는 분위 기다 보니 늦은 시간까지 소란스 러울 수 있다. 싸파 광장에서 멀리 떨어진 것처럼 보이지만 실제로는 그리 멀지 않아 오가기 편하다. 트 래킹 투어와 차편도 저렴하게 연 결해 준다.

위치 싸파 광장에 있는 여행자 사무 소 옆 계단길을 올라 왼쪽 방향으로 도보 10분 주소 25 Thác Bạc 요금 도미토리 5~6U$, 더블룸 20US$ 전화 214-3871-198 홈피 www. gosapahostel.com 지도 MAP 8 ⓓ

# 싸파 드래곤 호텔
## Sapa Dragon Hotel

# 싸파 롯지 호텔
## Sapa Lodge Hotel

# 유 싸파 호텔
## U Sapa Hotel

20개의 객실을 보유하고 있는 호텔. 가구와 침구 모두 새것처럼 말끔하고 화장실도 깨끗하다. 난방과 온수 또한 만족스러워 오픈하자마자 트립어드바이저에서 높은 평을 받고 있다. 계단식 논이 보이는 근사한 뷰를 기대할 수는 없지만 함종산 아래로 펼쳐진 싸파 중심가를 바라 볼 수 있다. 조식은 심플하지만 맛있는 편. 싸파 박물관이 있는 계단길을 가로질러 조금 외진 거리를 따라 올라가는 길에 위치하고 있어 초행길이라면 찾기 어려울 수 있다.

<u>위치</u> 바게트&쇼콜라 카페를 지나 야트막한 오르막길을 따라 도보 1분 <u>주소</u> 1A Thác Bạc <u>요금</u> 40~60US$ <u>전화</u> 214-3871-363 <u>홈피</u> www.sapadragonhotel.com <u>지도</u> MAP 8 Ⓐ

한국인들에게 인기가 많은 뱀부 싸파 호텔 바로 옆에 있다. 인테리어가 특색 있는 것은 아니지만 쾌적하게 지낼 수 있는 호텔이다. 언덕 위에 자리하고 있어 높은 층의 방은 전망이 매우 좋다. 싸파에서 4개의 호텔을 운영 중인데 그중 하나며 나머지 3개 호텔도 깨끗하게 잘 운영되고 있다. 옆에 있는 싸파 에덴 호텔은 가장 최근에 오픈해 시설이 매우 좋다. 발코니에서 아름다운 뷰를 만끽할 수 있다.

<u>위치</u> 싸파 광장에서 꺼우머이 거리를 따라 도보 10분 <u>주소</u> 18A Mường Hoa <u>요금</u> 45~149US$ <u>전화</u> 214-3772-885 <u>홈피</u> www.sapalodgevn.com <u>지도</u> MAP 8 Ⓔ

싸파 광장 바로 앞에 자리하고 있는 고급 호텔이다. 규모가 큰 프랑스풍 건물로 지어져 있어 멋스럽다. 시내 한가운데 있기 때문에 좋은 전망을 볼 수는 없지만 대신 활기찬 거리가 내려다보이는 장점이 있다. 침대도 높고 침구도 포근해서 숙면을 취할 수 있다. 화장실도 넓고 큰 욕조도 갖추고 있다.

<u>위치</u> 싸파 광장 앞 하얀 건물 <u>주소</u> 8 Ngõ Cầu Mây <u>요금</u> 85~250US$ <u>전화</u> 214-3871-996 <u>홈피</u> www.uhotelsresorts.com/usapa/ <u>지도</u> MAP 8 Ⓓ

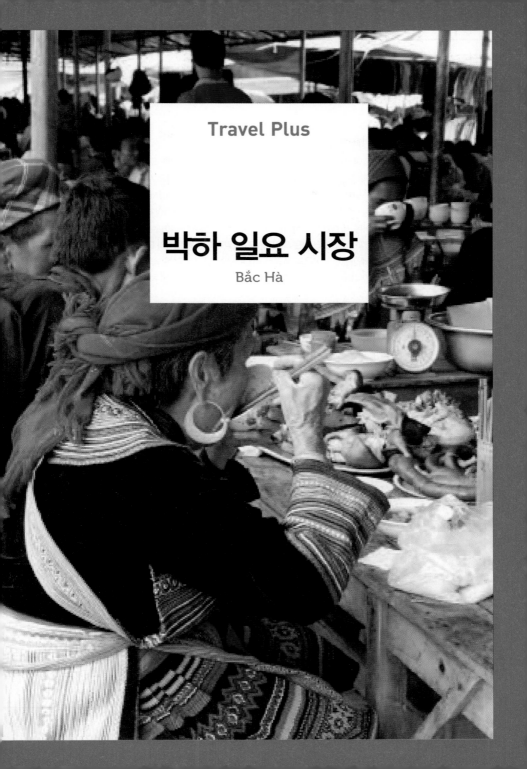

Travel Plus

# 박하 일요 시장

Bắc Hà

# 박하 일요 시장은 어떤 곳일까?

## ABOUT BAC HA

베트남 사람들과 고산족이 어울려 물건을 사고파는 일요 시장으로 유명한 도시 박하. 이곳은 베트남 북부 고산지대에는 크고 작은 전통 시장이 많이 있는데 그중에서도 박하 일요 시장(Chợ Văn Hóa Bắc Hà)이 가장 규모가 크고 볼거리가 많아 여행자들에게 인기다. 시장 입구에 들어서자마자 화려한 전통 의상을 입은 수백 명의 화몽족들이 장사진을 이루고 있어 여행자의 심장을 두근거리게 한다. 시장 안으로 깊숙이 들어가면 도시에서 들어온 세련된 액세서리를 이리저리 대보는 여자 아이들부터 국수로 허기를 채우며 함박웃음 짓는 할머니들과 소를 팔러 나온 일가족까지 각양각색의 화몽족의 모습을 살펴볼 수 있다. 대형 할인점에 익숙해진 현대인들에게 이곳의 풍경은 타임머신을 타고 날아온 과거처럼 아득하게 느껴진다. 지구상 어디에서도 두 번 다시 만나지 못할 박하 일요 시장의 모습을 가슴에 차곡차곡 담아보자.

# 박하 일요 시장 이렇게 여행하자

## HOW TO TRAVEL

### 박하 일요 시장 가는 방법

■ **투어 이용하기**

싸파에서 박하까지는 차로 3시간이 걸린다. 거리가 멀고 대중교통이 불편해 대부분 차편을 제공하는 투어 상품을 이용한다.

■ **개별적으로 가기**

싸파 시내버스정류장에서 06:35 첫차를 타고 라오까이 역으로 가자. 역에서 도보 5분 거리에 있는 라오까이 버스터미널에 가서 08:00~17:00에 출발하는 박하행 미니버스를 타면 된다. 여기서 박하까지 2시간이 걸린다. 싸파로 돌아올 때는 박하 사당(Đền Bắc Hà) 입구에 있는 시내버스(막차 15:00)을 타고 라오까이로 온 다음 역 앞에서 싸파행 시내버스(막차 18:00)를 타면 된다. 버

스 요금은 시내버스 30,000VND, 미니버스 60,000 VND으로 저렴하다.

### 여행 방법

아무래도 시장은 아침이 활기차고 생동감 있다. 가능하면 빨리, 오전 중에 도착해서 구경할 수 있도록 서두르자. 시내버스를 이용해서 개별적으로 여행한다면 막차를 놓치지 않도록 신경 써야 한다. 하노이에서 야간 열차를 타고 라오까이 역에 일요일 새벽에 도착한다면 곧장 박하로 가서 시장을 구경하고 싸파로 가도 좋다. 짐은 기차역이나 박하 시내에 있는 호텔에 요금을 내고 맡길 수 있다.

### 박하 투어

기본적으로 싸파와 박하 일요 시장까지를 왕복하는 차편을 제공한다. 시장 구경과 점심 식사는 개별적으로 하기 때문에 자유 여행이나 다름없다. 싸파로 돌아오는 길에 고산족 마을에 들러 옥수수 증류주(콘 와인) 제조 과정을 보고 시음 기회를 갖는다. 시장 구경 후 싸파로 돌아가지 않고 하노이로 갈 수 있도록 라오까이 역 앞에 내려주기도 한다.

**박하 일요 시장-콘 와인 제조 마을 투어**
투어시간 출발 08:00, 도착 18:00
요금 300,000~330,000VND

※포함내역 : 가이드, 차편
불포함 내역 : 점심식사, 간식&음료비, 팁, 그 외 개인비용

# 다낭

## 호이안
미썬 유적지

## 후에
비무장지대

# 베트남 중부

## CENTRAL Vietnam

샛별 같은 휴양지

# 다낭

# Đà Nẵng

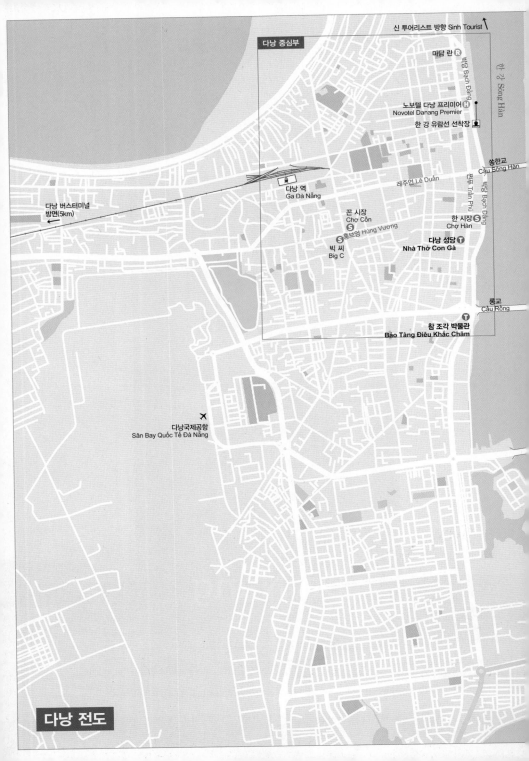

신 투어리스트 방향 Sinh Tourist ↑

다낭 중심부

마담 란 ® 박당 Bạch Đằng

한 강 Sông Hàn

노보텔 다낭 프리미어 ⊞
Novotel Danang Premier

한 강 유람선 선착장 ⚓

쏭한교
Cầu Sông Hàn

레주언 Lê Duẩn

다낭 역
Ga Đà Nẵng

쩐푸 Trần Phú

박당 Bạch Đằng

다낭 버스터미널
방면(5km)
←

꼰 시장
Chợ Cồn

한 시장 ⑤
Chợ Hàn

홍브엉 Hùng Vương ⑤

다낭 성당 ⛪
Nhà Thờ Con Gà

빅 씨
Big C

롱교
Cầu Rồng

참 조각 박물관 ⛪
Bảo Tàng Điêu Khắc Chăm

다낭국제공항
Sân Bay Quốc Tế Đà Nẵng

⊞

**다낭 전도**

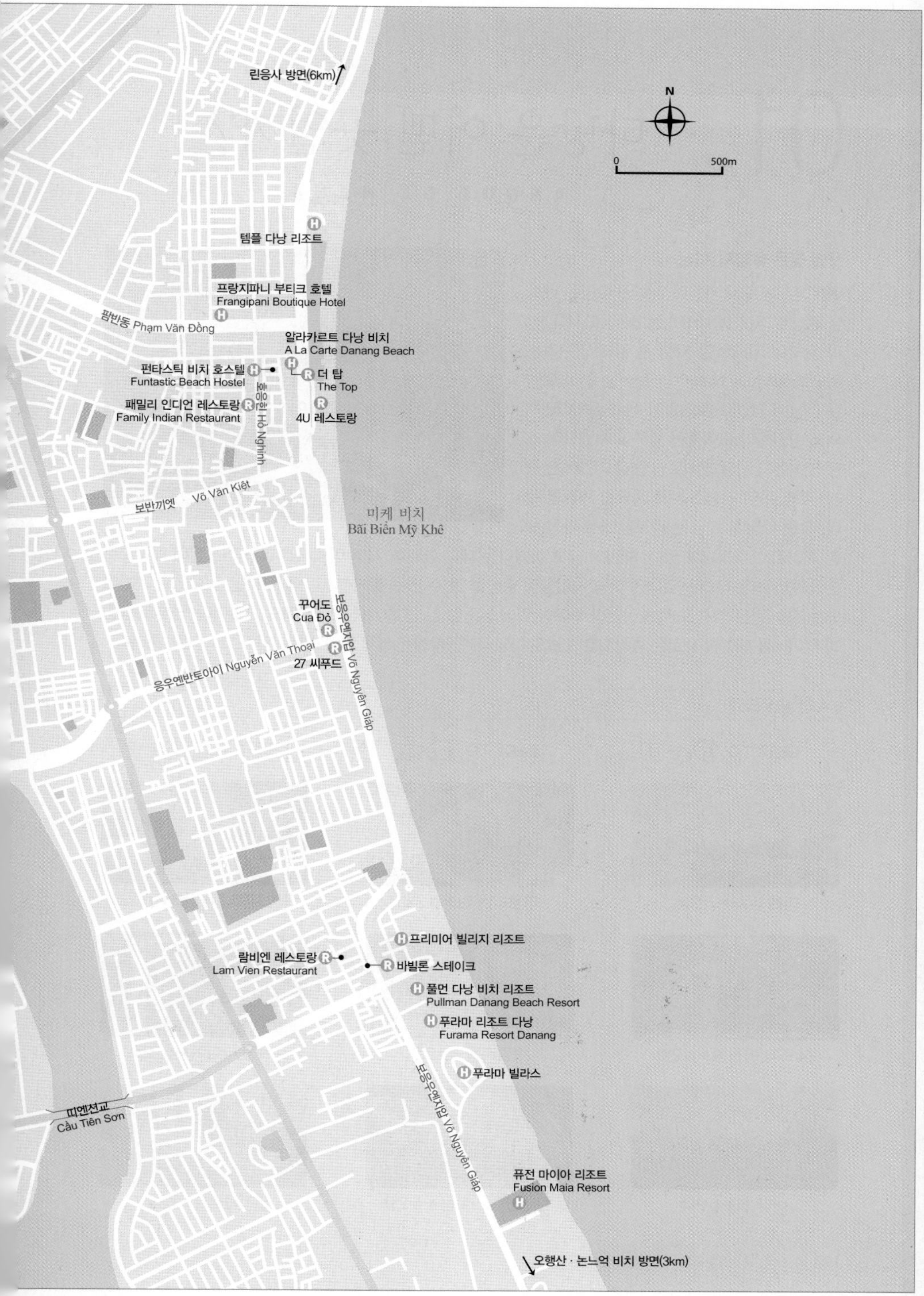

린응사 방면(6km)↗

N

0 — 500m

템플 다낭 리조트 🅗

프랑지파니 부티크 호텔
Frangipani Boutique Hotel

팜반동 Phạm Văn Đồng

알라카르트 다낭 비치
A La Carte Danang Beach

펀타스틱 비치 호스텔 🅗
Funtastic Beach Hostel

🅗
🅡 더 탑
The Top

🅡

패밀리 인디언 레스토랑 🅡
Family Indian Restaurant

4U 레스토랑

보반끼엣 Võ Văn Kiệt

미케 비치
Bãi Biển Mỹ Khê

꾸어도
Cua Đô

🅡
🅡 27 씨푸드

응우엔반토아이 Nguyễn Văn Thoại

보응우옌잡 Võ Nguyên Giáp

🅗 프리미어 빌리지 리조트

람비엔 레스토랑 🅡
Lam Vien Restaurant

🅡 바빌론 스테이크

🅗 풀먼 다낭 비치 리조트
Pullman Danang Beach Resort

🅗 푸라마 리조트 다낭
Furama Resort Danang

🅗 푸라마 빌라스

보응우옌잡 Võ Nguyên Giáp

띠엔션교
Cầu Tiên Sơn

퓨전 마이아 리조트
Fusion Maia Resort
🅗

오행산 · 논느억 비치 방면(3km)

# 01 다낭은 어떤 곳일까?

## ABOUT DA NANG

**샛별 같은 휴양지, 다낭**

베트남 5대 도시 가운데 하나인 다낭은 베트남 중남부 지역을 대표하는 상업 도시다. 참파 왕국이 지배하던 시절 큰 강의 입구라는 뜻으로 다낙(Da Nak)이라 불리던 것이 오늘날 다낭이 되었다. 호이안이 점차 쇠퇴하면서 외국 상인들이 모여들던 항구 도시였으며 프랑스 식민지 시절과 베트남 전쟁 기간에는 군사, 경제, 무역 거점 도시로 중요한 역할을 했

다. 그런 다낭이 지금은 베트남에서 가장 핫한 휴양지로 거듭나고 있다. 해변이 길고 아름다운 데다 개발이 거의 이뤄지지 않았다는 점이 매력으로 손꼽히고 있다. 다리만 건너면 다낭 사람들의 일상을 볼 수 있는 활기찬 시내를 구경할 수도 있고 가까이에는 경주 같은 역사 도시 호이안과 후에가 있어 일주일 간 긴 휴가를 보내기에도 그만이다. 남부의 냐짱과 무이네를 대신할 새로운 휴양지로 오늘도 다낭국제공항에는 쉴새 없이 비행기가 뜨고 내리는 중이다.

## ■ 다낭 BEST

### BEST TO *Do*

미케 비치 ▶ p.206

참 조각 박물관 ▶ p.210

바나 힐 ▶ p.214

### BEST TO *Eat*

미꽝 바무아 ▶ p.216

쑥럼비엔 ▶ p.218

람비엔 레스토랑 ▶ p.219

### BEST TO *Stay*

프랑지파니 부티크 ▶ p.225

퓨전 마이아 ▶ p.225

알라카르트 ▶ p.225

# 02

# 다낭 가는 방법
## HOW TO GO

동남아의 인기 휴양지로 급부상하면서 인천↔다낭을 연결하는 직항 노선이 많이 생겼다. 하노이를 거치지 않기 때문에 여행하기 한결 수월하다. 다낭은 베트남 중간에 위치하고 있어 남·북부 주요 도시와는 거리가 꽤 멀다. 따라서 비행기로 이동하는 것이 가장 빠르고 편리하다. 시간이 넉넉한 여행자라면 침대 버스와 침대 기차를 활용해도 좋다. 운행 편수도 많고 가격도 저렴해서 이동하는데 불편함이 없다.

| | |
|---|---|
| 인천 → 다낭 비행기 5시간 | 하노이/호찌민시 → 다낭 비행기 1시간 20분 |
| 호이안 → 다낭 오픈투어버스 45분 / 시내버스 50~60분 | 후에 → 다낭 오픈투어버스 3시간 / 기차 2시간 30분 |

## 인천 · 부산에서 가기

### 비행기
■ 베트남 항공, 비엣젯, 제주항공, 티웨이항공, 진에어, 이스타항공, 에어부산 등
5시간 소요 / 다낭국제공항(Sân Bay Quốc Tế Đà Nẵng) 도착

## 하노이 · 호찌민시에서 가기

### 비행기
■ 베트남항공, 비엣젯, 젯스타
1시간 20분 소요 / 다낭국제공항 도착

### 기차
하노이에서 다낭까지는 약 15시간이 소요된다. 야간열차도 일일 4편이나 다닌다. 가장 속도가 빠른 열차 SE3은 22:00에 하노이 역을 출발해 다음 날 13:00에 도착한다. 호찌민시에서는 매일 6편의 기차가 출발하며 가장 빠른 열차 SE4는 22:00에 사이공 역을 떠나 다음 날 13:58에 도착한다. 다낭 역에서 비치까지는 택시로 10분 걸린다.

## 호이안에서 가기

### 오픈투어버스
■ 신 투어리스트 Sinh Tourist

08:30, 13:45 출발 / 45분 소요 / 2월 3일 거리의 신 투어리스트 사무실 앞 도착

### 시내버스
호이안 버스터미널에서 노란색 1번 버스가 출발한다. 종점인 다낭 버스터미널에 내릴 필요 없이 다낭 시내에 내리면 된다. 50~60분 소요된다.
오픈 06:00~18:30(15~20분 간격) 요금 20,000VND

| 출발지 | 버스번호 | 노선 |
|---|---|---|
| 호이안 버스터미널 (지도 p.234 Ⓐ) | 1번 | 오행산 → 쩐띠리교(Cầu Trần Thị Lý)→참 조각 박물관→다낭 성당→쩐푸 거리→다낭 버스터미널 |

### 미니버스
호이안에서 다낭국제공항까지 바로 갈 수 있는 방법이다. 여행사에서 모객하기 때문에 쉽게 신청할 수 있다. 45분 소요.
오픈 04:15~22:15(1시간 간격) 요금 1인당 110,000~120,000VND

## 후에에서 가기

### 오픈투어버스
■ 신 투어리스트 Sinh Tourist
08:00, 13:15 출발 / 3시간 소요 / 2월 3일 거리의 신 투어리스트 사무실 앞 도착

### 그 외 버스
후에의 신시가 남쪽에 있는 피아남 버스터미널(Bến Xe Phía Nam)에서 15분 간격으로 다니며 약 3시간이 걸린다.
오픈 05:00~19:00 요금 55,000VND

### 기차
신시가의 홍브엉 거리에서 1km 떨어진 후에 역을 이용한다. 이곳에서 다낭까지는 2시간 30분이 걸린다. 하루 8편이 다니며 가장 속도가 빠른 SE3은 10:35에 출발, 13:00에 도착한다.

## 그 외 도시에서 가기

### 비행기
냐짱과 달랏에서도 갈 수 있다. 베트남항공이 일일 1~2편 운항한다. 1시간 5분이 소요된다.

### 오픈투어버스
모두 호이안을 거쳐서 다낭으로 간다. 남쪽에서 올라올 때는 냐짱-호이안을, 북쪽에서 내려올 때는 후에-호이안을 거친다. 장거리 구간이기 때문에 대부분 중간 여행지에서 쉬다가 다낭으로 이동한다.

### 그 외 버스
냐짱 시내에서 7km 떨어져 있는 대형 마트 Metro 옆에 위치한 피아남 버스터미널에서 침대 버스가 다닌다. 17:30, 18:30, 19:00, 19:30에 출발하며 약 12시간이 소요된다.

### 기차
달랏, 무이네에는 기차가 다니지 않으므로 냐짱으로 가야 한다. 냐짱 성당 근처에 있는 냐짱 역에서 하루 7편의 기차가 출발한다. 가장 속도가 빠른 SE4 열차는 05:00에 출발하고 약 9시간이 걸린다. 야간열차 SE22는 20:11에 출발해 다음 날 06:26에 도착한다. 다낭 역에서 비치까지는 택시로 10분 걸린다.

| 주요 시설 정보 | |
|---|---|
| **다낭 역**<br>Ga Đà Nẵng | 위치 비치에서 택시로 10분 주소 202 Hải Phòng<br>오픈 사전 예약 창구 07:30~12:00, 13:30~17:30 지도 MAP 10 ⓒ |
| **다낭 버스터미널**<br>Trung Tâm Bến Xe Đà Nẵng | 다낭 시내에서 7km나 떨어져 있다. 베트남 주요 도시로 가는 버스를 탈 수 있다. 호이안이나 미썬 유적지로 가는 시내버스도 이곳에서 출발한다.<br>위치 다낭 시내에서 택시로 20분 지도 MAP 9 Ⓐ |
| **신 투어리스트**<br>Sinh Tourist<br>(다낭점) | 위치 2월 3일 거리에 위치, 쏭한교에서 택시로 3분<br>주소 16, 3 Tháng 2 오픈 07:00~22:00<br>홈피 www.thesinhtourist.vn 지도 MAP 10 Ⓓ |
| **다낭 비지터센터**<br>Trung Tâm Hỗ Trợ Du Khách<br>Đà Nẵng | 위치 박당 거리 쪽 한 시장 입구를 마주보고 오른쪽 방향에 위치 주소 108 Bạch Đằng<br>오픈 08:00~11:30, 14:00~21:30<br>전화 236-3898-196<br>홈피 danangfantasticity.com 지도 MAP 10 Ⓓ  |

# 03 공항-시내 이동 방법

## AIRPORT TRANSPORT

다낭국제공항(Sân Bay Quốc Tế Đà Nẵng)은 시내에서 남서쪽으로 4km 거리에 있다. 미케 비치와도 멀지 않아 오가기 편리하다. 공항버스나 시내버스가 다니지 않기 때문에 택시로만 이동이 가능하다.

### 🚕 택시

공항에서 주요 리조트로 가는 택시 요금이 정해져 있다. 택시 승강장 입구에 안내판 형태로 공개되어 있으니 확인 후 타면 된다. 가능하면 5인승 차량을 이용하자. 요금이 더 저렴하다. 공항에서 시내까지는 약 15~20분이 걸리며 요금은 52,000~61,000VND 정도.

<u>위치</u> 공항 밖으로 나와 정면에 위치 <u>오픈</u> 24시간

| 주요 리조트명 | 푸라마 | 하얏트 | 빈펄 럭셔리 | 인터콘티넨탈 |
|---|---|---|---|---|
| 적정 요금 | 117,310~<br>128,400VND | 168,760~<br>184,400VND | 176,110~<br>192,400VND | 308,410~<br>336,400VND |

### TIP

**다낭국제공항에서 호이안 바로가기**

택시를 타고 갈 수 있다. 요금은 안내판에 적혀 있는 대로 400,000~430,000VND이다. 35~40분 정도 걸린다.

# 04 다낭 시내 교통

## CITY TRANSPORT

다낭 시내와 비치 사이는 거리가 제법 멀다. 비치에서 시내를 오갈 때는 택시가 좋고, 다낭에서 호이안으로 갈 때는 시내버스도 유용하다.

### 🚕 택시

비치에 있는 리조트에 머물고 있다면 택시를 자주 타게 된다. 도로 상태가 좋고 길도 단순해서 탑승 시간에 비해 요금이 많이 나오는 기분이 든다. 하지만 실제 거리는 제법 멀다.

> **TIP**
> ### 주요 택시 브랜드
> 비나선 Vinasun 전화 236-3-686868
> 마이린 Mai Linh 전화 236-3-565666
> 띠엔사 Tien Sa 전화 236-3-797979

| 출발지 → 목적지 | 거리 | 시간 | 적정 요금 |
|---|---|---|---|
| 신 투어리스트 → 알라카르트 호텔 | 4.7km | 10분 | 52,000~61,000VND |
| 다낭 역 → 알라카르트 호텔 | 4.5km | 10분 | 52,000~61,000VND |
| 풀먼 리조트 → 오행산 | | 3분 | |
| 알라카르트 호텔 → 린응사 | 7.8km | 10분 | 86,000~105,000VND |
| 신 투어리스트 → 바나 힐 입구 | 28km | 40분 | 375,000~422,000VND |

### 🚌 시내버스

노란색 1번 버스가 다낭 주요 명소와 호이안을 연결한다. 시내에서 탄다면 다낭 성당 옆 정류장에서 기다리면 되고 오행산에서 탄다면 도보 5분 거리에 있는 큰 대로인 레반히엔 (Lê Văn Hiến) 정류장에서 기다리면 된다. 다낭에서 오행산까지는 20분, 호이안까지는 60~70분 소요된다.

**오픈** 05:30~18:00(10~15분 간격) **요금** 시내 안 10,000VND, 오행산 15,000VND, 호이안 20,000VND

| 출발지 | 버스번호 | 노선 |
|---|---|---|
| 다낭 버스터미널 (지도 MAP 9 Ⓐ) | 1번 | 쩐푸(Trần Phú) 거리 → 다낭 성당 → 참 조각 박물관 → 쩐띠리교(Cầu Trần Thị Lý) → 오행산 → 호이안 버스터미널 |

### 🏍 쎄옴

택시보다 저렴하게 이동할 수 있는 장점이 있다. 보통 1km에 8,000~10,000VND을 받는다. 다낭 시내에서 미케 비치까지 30,000~35,000VND 정도에 흥정할 수 있다.

# 05 다낭 이렇게 여행하자

## TRAVEL COURSE

### 여행 방법

다낭에서는 아름다운 바다를 만끽하며 쉬는 것이 최고다. 한낮에는 뜨거울 정도로 덥기 때문에 시내 관광은 피하고 더위가 한풀 꺾이는 3~4시경부터 다니면 된다. 하루 정도는 시간을 내서 호이안이나 바나 힐을 다녀오자.

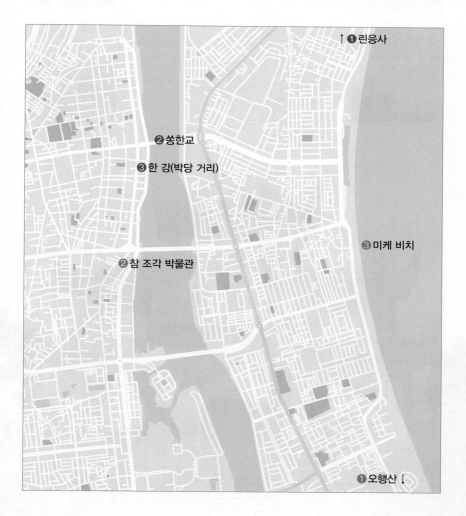

↑❶린응사

❷쏭한교

❸한 강(박당 거리)

❸미케 비치

❷참 조각 박물관

❶오행산↓

## Day1

다낭에 도착, 호텔 체크인 후 비치에서 휴식을 취한 뒤 가볍게 돌아보는 코스

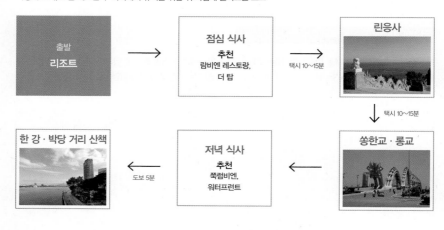

| 출발 **리조트** | → | 점심 식사 **추천** 람비엔 레스토랑, 더 탑 | 택시 10~15분 → | **린응사** |
|---|---|---|---|---|

택시 10~15분 ↓

| **한 강 · 박당 거리 산책** | 도보 5분 ← | 저녁 식사 **추천** 쭉럼비엔, 워터프런트 | ← | **쏭한교 · 롱교** |
|---|---|---|---|---|

## Day2
다낭 시내 곳곳을 살펴보는 코스

**출발**
**비치**

택시 5분 →

**오행산**

택시 15분 →

**참 조각 박물관**

↓

**미케 비치**

← 택시 15분

**쇼핑**
**추천**
다낭 수버니어 카페,
페바 초콜릿, 빅 씨

← 

**점심 식사**
**추천**
미꽝 바무아,
워터프런트

↓ 택시 5분

**저녁 식사**
**추천**
꾸어도,
람비엔 레스토랑

# *Sightseeing*

## 미케 비치
### Bãi Biển Mỹ Khê

My Khe Beach

해변도로 보응우옌지압(Võ Nguyên Giáp) 앞에 자리한 비치다. 둥글게 휜 해안선과 넓은 백사장, 시원스레 뻗은 코코넛 나무가 어우러져 아시아에서 가장 아름다운 비치 BEST 10으로 손꼽힌다. 아직 개발이 많이 되지 않아 소박하고 정겨운 분위기 역시 이곳의 매력. 외국인 여행자를 상대로 하는 고급 리조트와 프라이빗 비치, 레스토랑이 거의 없고 현지인 관광객의 비중도 높아 다 같이 어울려 바다를 즐기는 분위기다. 비치 타올 하나 깔고 누워 태닝하는 사람들과 도시락을 싸와 나눠 먹는 사람들도 쉽게 눈에 띈다. 파도가 높아지는 10~12월에는 서핑, 윈드서핑, 요트 같은 해양 스포츠를 즐기는 사람들이 많아진다. 과거 미케 비치는 베트남 전쟁 기간 동안 미군들의 휴양지였으며 군사작전 코드명을 따 T20 비치라고 불리기도 했다.

> **TIP**
> ### 비치 잘 이용하기
> 다낭에서는 바가지 쓸 염려가 별로 없다. 비치 곳곳에는 파라솔을 놓고 비치 베드와 음료를 파는 곳들이 있는데 모두 정해진 요금표를 세워놓고 있기 때문. 따라서 어느 비치에 있더라도 가격이 동일하다. 비치 베드는 40,000VND, 캔맥주는 12,000~15,000VND으로 저렴해서 기분도 좋다.

<u>위치</u> ①다낭국제공항이나 역에서 택시로 10분 ②시내에서 쏭한교나 롱교를 건너 도보 35~40분 <u>지도</u> MAP 9 Ⓗ

# 한 강
## Sông Hàn

Han River

TIP

**불을 내뿜는 다리, 롱교**

롱교는 구불구불한 용 모양을 한 노란색 다리로
2013년에 지어졌다. 매일 저녁 9시부터 용의 입에서
불을 뿜는 퍼포먼스가 열린다. 다낭을 홍보하는 사진
이나 영상에 빠짐없이 등장하는 새로운 랜드마크로
큰 사랑을 받고 있다.

다낭 시내를 관통하는 큰 강이다. 과거에는 선박에서
내린 물건을 시장으로 실어 나르는 수송로 역할을 했
다. 다리가 생기고 운송 수단이 발달하면서 자연스럽게
배는 다니지 않게 되었다. 지금은 그저 평화롭게 흐르
는 강으로 시민들의 휴식처로 변신했다. 강 주변으로는
산책길이 있어 해만 지면 사람들이 강가로 나와 시간을
보낸다. 운동하는 사람도 보이고 음악을 들으며 산책하는 사람도 많다. 연인들은 벤치에 앉아 도란도란 이야기
를 나누고 친구와 동료끼리는 목욕탕 의자에 앉아 커피를 마신다. 밤 10시가 넘어도 밝고 여유로운 분위기를 느
낄 수 있다. 한 강에는 크게 4개의 다리가 있는데 쏭한교(Câu Sông Hàn)와 롱교(Câu Rồng)가 가장 잘 보인다.

<u>위치</u> 다낭 시내 중앙 <u>지도</u> MAP 9 ⑧

## 논느억 비치
### Bãi Biển Non Nước

Non Nuoc Beach

비치 이름인 논느억은 '조국 · 모국'이라는 뜻이다. 미군들에 의해 개발, 사용되었던 미케 비치와는 달리 조용하고 한적한 분위기가 느껴지는 곳이다. 해변도로 뜨엉사(Trường Sa) 거리에서 시작해서 남쪽으로 5km가량 시원하게 쭉 뻗어 있다. 북쪽으로는 션짜 반도(Bán Đảo Sơn Trà)가 아련하게 보여 풍광이 뛰어난다. 이곳 역시 아직 개발이 많이 이루어지지 않아 하얏트 리젠시와 빈펄 리조트 외에 다른 관광 시설은 갖추어져 있지 않다. 미케 비치나 다낭 시내와도 멀리 떨어져 있어 리조트 이용객이 아니라면 일부러 찾는 경우는 많지 않다. 근처에는 오행산이 있다.

위치 다낭국제공항이나 역에서 택시로 20분 지도 MAP 11 ⓓ

하얏트 리젠시

## 다낭 성당
### Nhà Thờ Con Gà

Da Nang Cathedral

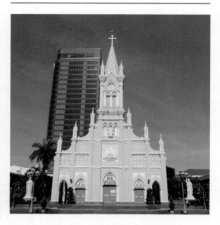

프랑스 식민지 시절 다낭에 지어진 유일한 성당이다. 1923년에 지어졌다. 연분홍색으로 칠한 70m 높이의 정문 첨탑이 눈길을 끈다. 이곳에는 예수가 베드로에게 '닭이 울기 전에 네가 나를 모른다고 세 번 부인할 것이다.'라고 예언한 성경 구절에서 유래한 수탉 풍향계가 달려 있다. 성 베드로를 모시는 성당에서 흔히 볼 수 있는 상징인데 현지인들은 수탉을 뜻하는 단어 꼰가(Con Gà)를 붙여 수탉 성당(Nhà Thờ Con Gà)이라고 부른다. 성당으로 들어가는 문은 성당 정면을 마주 보고 섰을 때 오른쪽에 있다. 들어가자마자 오른편에는 주교관이 있고 성당 뒤편에는 프랑스 루르드의 동굴을 축소해서 만든 성모 마리아상이 자리하고 있다. 성당 외부는 자유롭게 돌아볼 수 있지만, 성당 내부는 미사 시간에만 열린다. 미사 시간은 월~토요일 05:00, 17:00, 일요일 05:15, 08:00, 10:00, 15:00, 17:00, 18:30이다.

위치 ①쏭한교 남쪽에 쩐푸 거리를 따라 직진, 도보 10분 ②미케 비치에서 택시로 10분 주소 156 Trần Phú 오픈 월~토요일 05:00~18:00, 일요일 05:00~19:30 요금 무료 지도 MAP 10 ⓓ

# 오행산
## Ngũ Hành Sơn

Marble Mountain

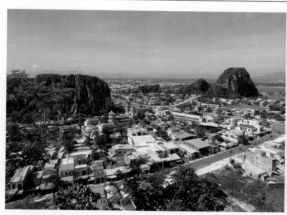

호이안으로 가는 길에 만날 수 있는 다섯 개의 석회암 산이다. 평지에 홀로 우뚝 서있어서 독특한 면모를 자랑한다. 각 산마다 이름이 붙어 있는데 중국의 오행설에서 유래한다. 우주 만물을 낳게 한다는 5원소 즉 금(金), 목(木), 수(水), 화(火), 토(土)에 맞추어 킴썬(Kim Sơn), 목썬(Mộc Sơn), 투이썬(Thủy Sơn), 호아썬(Hỏa Sơn), 토썬(Thổ Sơn)으로 불린다. 이 다섯 개의 산을 모두 올라 가 볼 수 있는 것은 아니고 이 중에 하나, 투이썬만 올라갈수 있다. 산 위에는 크고 작은 사원과 동굴이 있어 1시간 정도 천천히 둘러 볼 만하다. 전망 좋은 뷰 포인트도 두곳이나 마련되어 있어 꼭대기까지 올라가지 않더라도 나머지 4개의 산과 다낭의 비치를 한 눈에 볼 수 있다. 물론 꼭대기까지 올라가면 360도 파노라마 뷰로 다낭 전체를 내려다볼 수 있다. 하지만 올라가는 길이 가파르고 땡볕에 쉴 공간이 없어 힘들 수 있으니 참고하자.

위치 ①다낭 성당 입구 정류장에서 시내버스 1번을 타고 20분 ②비치에서 택시로 3~5분 주소 81 Huyền Trân Công Chúa 오픈 07:00~17:30 요금 40,000VND(엘리베이터 이용 시 편도 15,000VND 별도) 전화 236-3961-114 지도 MAP 11 ⓓ

> **TIP**

### 올라가는 방법

오행산 입구는 두 곳이다. Gate 1은 계단으로, Gate 2는 엘리베이터로 올라간다. 버스를 타고 오행산으로 왔다면 Gate 1이 먼저 보이고 비치에서 택시를 타고 왔다면 Gate 2 앞에 세워준다. 날씨가 더우니 엘리베이터로 올라갔다가 계단으로 내려와 시내 버스를 타고 호이안으로 가는 방법이 좋다.

### 대리석 기념품

석회암이 변성작용을 하면 대리석으로 바뀐다. 그래서 오행산 주변은 대리석 산지로 유명하다. 마을 사람들은 풍부한 재료를 이용해 불상, 비석, 기념품 등을 만든 다음 주로 오행산 입구에서 판다. 기념품으로 구입하고 싶은 물건이 있으면 부르는 값의 3분의 1 금액으로 흥정을 시작하자.

# 참 조각 박물관
## Bảo Tàng Điêu Khắc Chăm

Museum of Cham Sculpture

참파 왕국(192~1832)이 남기고 간 유물 약 400여 점을 전시하고 있는 박물관이다. 규모는 작지만 전 세계를 통틀어 가장 많은 조각품과 연구 자료를 갖추고 있다. 유물들은 대부분 1903년경 프랑스 고고학자들과 고고학 연구기관(École Française d'Extrême-Orient)에 의해 발굴 되었다. 일부는 하노이와 호찌민시 박물관으로, 일부는 파리로 옮겨졌다. 그 후 가장 대표적인 유물을 모아서 참 조각 박물관이라는 이름을 붙이고 1919년에 개관했다. 전시실은 유물이 발견된 장소별로 미썬(Mỹ Sơn), 짜끼에우(Trà Kiệu), 동즈엉(Đông Dương), 탑맘(Tháp Mẫm), 꽝찌(Quang Trị), 꽝응아이(Quảng Ngãi), 빈딘(Bình Định), 콘텀(Kon Tum)으로 구분되어 있다. 연대순이나 시기별로 분류되어 있지 않기 때문에 순서에 구애받지 말고 눈에 띄는 유물을 중심으로 살펴보면 된다.

위치 ①다낭 성당에서 쩐푸 거리를 따라 직진, 도보 10분 ②비치에서 롱교를 건너 오거리에서 하차, 택시로 5~10분 주소 2, 2 Tháng 9 오픈 07:00~17:30 요금 60,000VND 전화 236-3574-801 홈피 chammuseum.vn 지도 MAP 10 ⓕ

## 미썬 유적지 방문 전 미리 봐두면 좋은 전시물

### 01 8세기 시바신 조각상

미썬 유적지 그룹 C에 있는 중심 사원(C-1) 내부에서 발견된 것이다. 8세기에
만들어진 것으로 전해진다. 참족의 모습을 한 시바신의 모습이 매우 인상적이다.
둥근 눈썹과 두꺼운 입술, 큰 귀가 특징.

### 02 석조 제단 장식

미썬 유적지 그룹 E의 중심 사원(E-1)에서 발견된 제단이다. 남성 무용수가 춤을
추는 장면과 악기를 연주하는 모습 등이 잘 표현되어 있다. 그 밖에도 시바 신이
히말라야에서 기도하는 장면, 현자와 제자의 대화 장면, 동물에게 설교하는 장면
등 총 18개의 장면이 남아 있다.

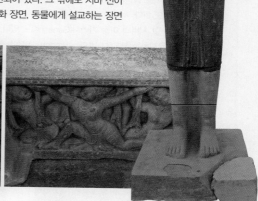

### 03 석조 장식 띠

미썬 유적지 그룹 E에서 출토되었다. 무용수와 연주자를 표현한
것으로 생동감이 느껴지는 작품이다. 단단한 돌에 새겨진 조각이
또렷하고 아름다워 한참을 들여다 보게 된다.

**Talk**

## 참파 왕국 (192~1832)

인도의 영향을 강하게 받은 말레이 족이 세운 나라로 베트남 중부 지역을 중심으로 융성했다. 고대 캄보디아의 수도 씨엠립까지 초토화시켰을 만큼 세력이 강성했으나 북부 지역에서 남진해 온 베트남 본토 세력에 밀리면서 정복당하기 시작했다. 1471년 응우옌 왕조에게 영토의 80%를 빼앗기고 베트남의 소수민족으로 근근이 명맥을 유지하다 1832년 민망 황제 재임 시절 역사 속으로 사라졌다.

## 힌두의 신들

참파 왕국은 힌두교에서 가장 사랑받는 신 '시바(Shiva)'를 모셨다. 그래서 그와 관련된 조각상과 부조물이 많다. 파괴의 신이라 불리는 시바는 보통 머리와 팔이 각각 네 개씩이고 오른손에는 삼지창을 들고 있다. 시바의 성기이자 강력한 왕을 상징하는 링가(Linga)는 보통 여성의 성기를 상징하는 요니(Yoni)와 함께 있으며 요니 위에 세워져 있기도 하다. 시바가 타고 다니는 하얀 소 난디(Nandi), 코끼리 얼굴을 한 시바의 아들 가네샤(Ganesha)도 있다. 그 밖에도 우주를 유지하는 태양신 비쉬누(Vishnu), 비쉬누를 태우고 다니는 새 가루다(Garuda), 풍요와 다산을 상징하는 락쉬미(Lakshmi) 등 다양한 힌두 신화의 상징물을 만나 볼 수 있다.

▲ 가네샤

▲ 춤추는 시바

가루다 ▶

◀ 락쉬미

# 린응사
## Chùa Linh Ứng

Linh Ung Pagoda

다낭 해변에서 썬짜 반도를 바라보면 하얀색 동상이 서 있는 것을 볼 수 있다. 멀리서도 눈에 띌 만큼 거대한 이 동상은 린응사에 자리하고 있는 해수 관세음보살상이다. 높이가 무려 67m나 되는 전신 입상으로 동남아 최대 크기를 자랑한다. 내부는 총 17층으로 되어 있으며 층마다 작은 불상이 모셔져 있어 예불을 드리러 올라가고 내려오는 사람들을 볼 수 있다. 보살상이 서 있는 자리는 다낭 최고의 뷰 포인트이기도 하다. 30km가 넘는 비치와 쪽빛 바다, 파란 하늘까지 한눈에 담을 수 있어 인기. 보살상 옆쪽으로는 본당이 있고 본당 맞은편에는 지혜와 깨달음의 문이 있다. 이곳에서도 탁 트인 바다 전경을 만끽할 수 있다. 영험하다는 뜻을 가진 린응사 덕분일까. 다낭은 이 사원을 지어 올린 이후로 단 한 번도 태풍으로 인한 피해를 입지 않았다고 한다.

위치 미케 비치에서 썬짜 반도를 향해 택시로 10분 주소 Hoàng Sa, Thọ Quang, Sơn Trà 오픈 24시간 요금 무료 지도 MAP 11 ⓓ

> **TIP**
> ### 린응사는 모두 3곳
> 다낭에는 린응사라는 이름의 절이 세 곳이나 된다. 하나는 썬짜 반도에, 또 하나는 오행산에, 마지막 하나는 바나 힐에 있다. 이 중에서 가장 인기 있는 곳은 단연 썬짜 반도에 있는 린응사다.

# 바나 힐
## Đồi Bà Nà

Ba Na Hills

해발 1,487m 고산에 자리하고 있는 테마파 크. 경치도 좋고 시원한 데다 엔터테인먼트 시설이 다양해 반나절 혹은 일일 여행으로 다녀올 만하다. 특히 아이가 있는 가족 여행 자에게 인기. 바나 힐은 높은 산 위에 자리하 고 있지만 케이블카를 타고 20분 만에 편안 하게 갈 수 있다. 2013년부터 운행하기 시작 한 케이블카는 세계에서 가장 길기로 유명하 다. 편도 거리가 무려 5,801m나 된다고. 날씨 가 좋을 때는 정글같이 우거진 숲을 바라보

면서 오가는 재미가 있다. 물론 다낭 시내도 아스라히 내려다보인다. 케이블카에서 내리면 본격적인 테마파크 여행이 시작된다. 무료로 나눠주는 지도를 잘 챙겨서 출발하자. 유럽식 산악기차 퍼니큘러, 꽃들이 만발한 디 아모르 화원, 파리를 그대로 옮겨 놓은 프랑스 마을, 게임천국 같은 판타지 파크 등 그야말로 볼거리와 즐길거 리가 한가득이다. 중간중간에는 휴게소, 푸드코트, 레스토랑도 마련되어 있어 불편함이 없다. 또한 퍼니큘러(편 도 70,000VND)와 왁스 뮤지엄(100,000VND)을 제외한 나머지 모든 시설과 놀이기구는 무료다. 바나 힐은 프 랑스 군인의 피서지로 처음 개발되었는데 기온이 낮고 시원해서 '다낭 속 달랏'이라 불린다. 하지만 지대가 높 은 탓에 날씨가 변덕스럽다. 긴 옷과 우산을 꼭 챙겨서 가자.

위치 비치나 시내에서 택시로 40~50분 주소 Hòa Ninh, Hòa Vang 오픈 07:00~22:00(매표소 07:00~21:00) 요금 케이 블카 입장권 성인 750,000VND, 어린이 600,000VND 전화 905-766-777 홈피 banahills.sunworld.vn 지도 MAP 11 ©

바나 힐 오피스

**TIP**

### 바나 힐 입장 티켓

방문객이 워낙 많은 곳이라 티켓(카드 형태)을 구입하는 줄도 길다. 입장 티켓은 바나 힐 티켓 카운터 외에도 시내 여행사나 작은 가게에서도 판매한다. 가격도 동일하다. 투어 대신 택시를 타고 개별적으로 가  는 경우에는 택시 기사에게 물어보자. 가는 길에 구입할 수 있게 도와준다.

### 바나 힐 가는 법

**택시로 가기** 바나 힐은 다낭 시내에서 35km나 떨어져 있다. 택시를 타고 개별적으로 갈 경우 어차피 호텔로 다시 돌아가야 하므로 주차장에서 대기해 달라고 하자. 총 5~6시간 기준으로 550,000VND를 부른다. 편도 요금이 375,000~422,000VND인 것을 감안하면 적당한 금액이다.

**투어로 가기** 바나 힐 오피스에서 일일 투어 상품을 제공한다. 호텔 픽드롭+바나 힐 왕복 버스+케이블카 입장권+뷔페 런치+가이드비까지 포함해서 성인 1인 기준 50US$이다. 묵고 있는 호텔이나 리조트에 부탁하면 예약할 수 있다. 시내에 있는 신 투어리스트에서도 비슷한 가격의 상품을 판매하고 있다.

### 바나 힐 오피스

<u>위치</u> 참조각 박물관 근처 응우옌반린 거리를 따라 도보 15~20분 <u>주소</u> 93 Nguyễn Văn Linh <u>전화</u> 236-3749-888 <u>지도</u> MAP 10 ⓔ

# Eating

## 미꽝 1A
### Mì Quảng 1A

## 미꽝 바무아
### Mì Quảng Bà Mua

BEST

현지인들에게 미꽝 맛집을 알려 달라고 하면 제일 먼저 입에 오르내리는 음식점이다. 플라스틱 의자에 알루미늄 테이블을 놓고 영업하는 전형적인 베트남 음식점으로 메뉴는 오로지 미꽝 세 가지뿐. 자리에 앉아 미꽝에 새우(Tôm Thịt)를 넣을 건지, 닭고기(Gà)를 넣을 건지, 전부 다(Đặc Biệt) 넣을 건지 결정하면 된다. 이곳의 미꽝은 자작한 국물에서 노란빛이 돌고 고명으로 삶은 달걀, 당근, 채 썬 파파야, 숙주, 돼지비계 튀김, 볶은 땅콩, 튀김 과자 등이 풍성하게 올라가 있는 것이 특징. 여행자들 사이에서는 호불호가 갈리지만, 현지인들은 오리지널 미꽝 맛이라 칭찬한다.

위치 ①쏭한교 앞으로 뻗어 있는 레주언 거리에서 레러이 거리로 진입, 하이퐁 거리와 만나는 사거리에서 왼쪽, 총 도보 10분 ②미케 비치에서 택시로 10분 주소 1 Hải Phòng 오픈 06:00~21:00 요금 새우 25,000VND, 닭고기 30,000VND, 스페셜 40,000 VND 전화 236-3827-936 지도 MAP 10 ⓓ

미꽝 1A과는 또 다른 맛으로 사랑 받는 미꽝 전문점이다. 요즘 사람들 입맛에 잘 맞게 요리해서인지 현지인들에게도 여행자에게도 두루 인기가 많다. 새우, 개구리, 생선, 소고기 등을 넣은 다양한 종류의 미꽝이 준비되어 있다. 이곳에서는 미꽝 1A의 투박한 면발과는 달리 좀 더 매끈하고 보드라운 면을 사용한다. 삶은 달걀과 볶은 땅콩 외에는 특별한 고명이 없는데도 맛에서는 전혀 부족함이 느껴지지 않는다. 입맛에 따라 라임, 칠리소스, 고추를 넣어서 매콤하게 먹을 수도 있다. 삶은 달걀을 반으로 갈라 자작한 국물에 적셔 먹는 것 또한 별미. 간판이 크고 가게도 넓어서 찾기 쉽지만 노천 형태로 꾸며져 있어 낮에는 선풍기를 틀어도 덥다.

위치 쏭한교와 롱교 사이에 있는 쩐꿕또안(Trần Quốc Toàn) 거리를 따라 도보 5분, 오거리가 나오면 쩐빈쫑 거리로 도보 1분, 좌측에 위치 주소 19 Trần Bình Trọng 오픈 06:30~22:00 요금 30,000~50,000VND 홈피 www.myquangbamua.com 지도 MAP 10 ⓓ

---

> **TIP**
>
> ### 다낭의 명물 음식, 미꽝
>
> 다낭의 자치주 꽝남(Quảng Nam)을 대표하는 쌀국수(Mì)라서 이름이 미꽝(Mì Quảng)이다. 두껍고 넓적한 쌀면을 사용해 국물 없이 비벼 먹는 것이 특징. 새우나 고기가 들어간 면 위에 야채, 볶은 땅콩, 튀김과자 등을 얹어 먹는다. 면이나 자작한 국물이 노란색을 띠는 것을 볼 수 있는데 이는 강황 가루를 넣어서 그런 것이라고. 향이 강한 허브류가 들어가지 않는 음식이기 때문에 자극적이지 않고 담백한 맛을 경험할 수 있다.

## 분짜까 109
Bún Chả Cá 109

## 쩨쑤언짱
Chè Xuân Trang

바다가 가까이 있는 도시들은 사시사철 신선한 생선이 넘치고 생선살을 발라 만든 어묵도 맛있기 마련이다. 이런 어묵을 쌀국수에 넣어주는 음식이 바로 분짜까라는 음식이다. 서민적인 식당이 모여 있는 응우옌찌탄 거리의 분짜까 109는 현지 사람들에게 잘 알려진 분짜까 맛집. 주문을 하고 앉으면 양배추, 토마토, 파인애플 등을 넣고 끓인 국물에 가늘고 하얀 쌀면(분)을 말아 준다. 그 위에 어묵 5~6조각을 올려서 내온다. 쫄깃쫄깃한 어묵은 당연히 맛있고 가슴 속까지 개운해지는 국물 맛도 일품이다. 별다른 향신료나 허브류가 들어가지 않아 먹기에도 편하다. 가게는 특별한 장식 없이 평범하고 소탈하다.

<u>위치</u> 쏭한교 앞으로 쭉 뻗은 레주언 거리와 연결된 응우옌찌탄 거리 중간에 위치 <u>주소</u> 109 Nguyễn Chí Thanh <u>오픈</u> 06:30~22:00 <u>요금</u> 25,000VND <u>전화</u> 236-3863-022 <u>지도</u> MAP 10 ⑧

수많은 사람이 목욕탕 의자에 모여 앉아 무언가를 열심히 먹고 있어 그냥 지나치기 어렵다. 그것은 다름 아닌 베트남식 디저트 쩨(Chè). 많이 달지 않고 고소하면서도 시원하다. 메뉴판에는 영어 표기나 사진이 없으니 '강력 추천 심쿵 디저트 5'(p.28) 편을 참고해서 주문하면 된다. 가장 대중적인 디저트는 쩨텁껌(Chè Thập Cẩm)과 쩨타이(Chè Thái)다. 쩨텁껌은 여러 가지 재료를 섞은 디저트라는 뜻인데 코코넛 밀크에 팥, 녹두, 옥수수, 젤리가 섞여 있어 부드럽고 고소하다. 쩨타이는 태국식 디저트 라는 뜻으로 팥이나 녹두 대신 타피오카 젤리와 과일이 조금 들어간다. 두리안 페이스트를 얹혀 먹고 싶다면 두리안(Sâu Riêng)을 추가하면 된다. 디저트라고 하기 애매하지만 호기심이 많은 여행자라면 육포 샐러드(Gỏi Khô Bò)에 도전해 봐도 좋다. 태국의 파파야 샐러드와 맛이 비슷한데 그 위에 매콤하게 찢은 육포를 얹혀 주는 것이 특징.

<u>위치</u> 쏭한교 앞으로 쭉 뻗은 레주언 거리를 따라 직진, 도보 7분 <u>주소</u> 31 Lê Duẩn <u>오픈</u> 08:30~22:00 <u>요금</u> 10,000~25,000VND <u>지도</u> MAP 10 ⑩

쩨텁껌

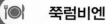

## 쭉럼비엔
Trúc Lâm Viên

## 워터프런트
Waterfront

10US$로 푸짐한 해산물 뷔페(음료 제외)를 즐길 수 있는 레스토랑. 매주 목~일요일 저녁 6시부터 시작한다. 종류가 많은 것은 아니지만 실속있는 메뉴들로 알차게 구성되어 있다. 새우, 게, 조개, 생선 등의 해산물은 자리에서 직접 구워 먹거나 핫퐛으로 끓여 먹을 수 있다. 어떻게 먹을지 결정하면 종업원이 세팅해 준다. 해산물 외에도 즉석에서 만들어 주는 반세오와 미팡도 맛볼 수 있고 스프링롤, 닭고기구이, 볶음밥같이 누구나 좋아할 만한 메뉴도 갖추고 있다. 뷔페 스테이션은 정원 가운데 위치하고 있고 식사 공간은 그 주변을 둘러싼 여러 채의 전통가옥 안에 마련되어 있다. 실내 테이블보다는 야외 테이블이 더 많아 무덥거나 비가 오면 불편할 수도 있다. 이곳의 또 다른 인기 메뉴는 껌니에우(Cơm niêu). 갓지은 솥밥과 숯불 돼지고기 구이에 시원한 재첩국이 곁들여진다. 25 Yên Bái에 현대식 분점도 있다.

위치 ①쏭한교 북쪽 박당 거리 끝에 있는 마담 란 레스토랑에서 쩐뀌깝 거리를 따라 도보 2분 ②미케 비치에서 택시로 10~15분 주소 8 Trần Quý Cáp 오픈 06:00~22:30 요금 저녁 뷔페 기준 성인 225,000VND, 어린이 145,000VND 전화 236-3582-428 홈피 www.truclamvien.com.vn 지도 MAP 10 ⑧

다낭 시내에서 괜찮은 서양 음식을 즐길 수 있는 곳이다. 맛, 분위기, 서비스가 탁월해서 다낭에서는 이미 유명한 레스토랑이 된 지 오래다. 한 강을 바라보며 시원하게 오픈된 실내는 1층과 2층으로 나누어져 있다. 1층은 음료와 술을 마실 수 있는 바 형태로 꾸며져 있고 2층은 강이 보이는 테라스 석과 조용한 실내석으로 꾸며져 있다. 특히 테라스석은 분위기가 좋아 저녁 시간이면 누구나 탐내는 자리. 식사 메뉴는 스낵, 스타터, 샐러드, 메인, 디저트로 구분되어 있는데 계절마다 조금씩 바뀐다. 음식의 가짓수가 많지 않아 선택의 폭은 좁지만 그래서 더 신선하고 퀄리티 높은 음식을 맛볼 수 있다. 음식과 잘 어울리는 맥주도 두루 갖추고 있다. 타이거, 하이네켄, 산 미구엘을 드래프트비어로 마실 수 있고 다낭 맥주 라루(Larue), 후에 맥주 후다(Huda)도 맛볼 수 있다. 그 밖에도 칵테일, 와인, 상그리아 등 여러 음료가 준비되어 있다.

위치 강변 도로인 박당 거리에 있는 신 투어리스트 옆에 위치 주소 150~152 Bạch Đằng 오픈 09:30~23:00 요금 커피·차 55,000~70,000VND, 메인 145,000~ 350,000VND, 드래프트비어 40,000~60,000VND, 병맥주 35,000~45,000VND 전화 0905-411-734 홈피 www.waterfrontdanang.com 지도 MAP 10 ⓓ

# 꾸어도
Cua Đỏ

# 람비엔 레스토랑
Lam Vien Restaurant

똠띳(Tôm Tit)

해산물 죽

저렴하지는 않지만 신선한 해산물을 맛있게 먹을 수 있는 곳이다. 1kg당 시가가 모두 적혀 있어 계산하기 좋다. 무게를 잰 다음 영수증에 하나하나 표기하는 방식. 어떻게 요리할지만 결정하면 주방에서 테이블로 가져다 준다. 보통 굽거나 쪄달라고 하는 경우가 많은데 각각의 해산물마다 그 맛을 잘 살려주는 이 집만의 요리법이 따로 있으니 믿고 맡겨도 좋다. 새우·가재류는 보통 살짝 튀겨서 나오는데 어떻게 튀긴 건지 물어보고 싶을 정도로 그 맛이 남다르다. 반면 게 요리는 달짝지근한 타마린느 소스를 입고 나와 감칠맛이 탁월하다. 같이 곁들일 음식으로는 흰 쌀밥(Cơm Trắng)이나 볶음밥(Cơm Rang)이 무난한데 새우와 오징어가 들어간 해산물 죽(Cháo Hải Sản)도 맛있다. 거기에 모닝글로리 볶음(Rau Muống Xào Tói)까지 더하면 금상첨화. 메뉴판이 따로 없고 영어가 잘 통하지 않아 주문하기 어려운 것이 단점. '메뉴판 파헤치기'(p.35) 편을 참고하자.

<u>위치</u> 해변도로와 응우옌반토아이 거리가 만나는 사거리에 있는 27 Seafood 맞은편에 위치, 풀먼 리조트 기준 북쪽으로 택시 5분 <u>주소</u> 233 Nguyễn Văn Thoại <u>오픈</u> 10:00~23:00 <u>요금</u> 대하(Tôm Sú) 750,000VND, 바다게(Cua Gạch) 750,000VND, 바다가재(Tôm Hùm) 1,700,000~3,000,000VND <u>전화</u> 236-3161-516 <u>지도</u> MAP 9 ⓖ

비치 근처에서 가장 맛있는 음식점이다. 해변도로를 따라 고급 리조트가 들어서 있음에도 불구하고 주변에는 여행자를 위한 식당가나 편의시설이 거의 없다. 그래서 람비엔 레스토랑이 무척이나 고마운 존재다. 다양한 베트남 음식을 깔끔하고 맛있게 요리하는 데다 시내에 있는 유명 음식점이나 리조트 레스토랑에 비해 가격도 저렴하기 때문. 마당이 있는 우아한 목조 가옥이 운치를 더하고 직원들의 친절한 서비스까지 나무랄 데가 없다. 가재, 새우, 게 요리는 언제 먹어도 맛있지만, 적당히 매콤하면서도 감칠맛이 나는 람비엔 소스로 요리한 메뉴를 추천한다. 해산물 샐러드와 모닝글로리 볶음도 사이드 메뉴로 그만이다.

<u>위치</u> ①풀먼 리조트에서 프리미어 빌리지 리조트 방향으로 도보 10분, 짠반뚜 골목 안에 위치 ②미케 비치나 논느억 비치에서 택시로 5분 <u>주소</u> 88 Trần Văn Dư <u>오픈</u> 11:30~23:00 <u>요금</u> 음료 20,000~30,000VND, 식사류 145,000~200,000VND(5% 세금 별도) <u>전화</u> 236-3959-171 <u>홈피</u> www.lamviendanang.com <u>지도</u> MAP 9 ⓚ

## 레드 스카이
Red Sky

## 더 탑
The Top

서양 여행자들이 엄지 척 하는 웨스턴 푸드 레스토랑이다. 스테이크를 포함한 고기 요리가 메인이다. 그래서 낮보다는 저녁에 손님이 몰린다. 와인이나 맥주를 곁들여 식사하기 좋은 분위기로 아담하고 조용하다. 레드 스카이에서 자신 있게 추천하는 메뉴는 랙 오브 램(Rack of Lamb)과 블랙 앵거스 비프 텐더로인(Black Angus Beef Tenderloin). 특히 육질이 부드럽기로 유명한 흑우 안심 스테이크(블랙 앵거스)가 인기다. 12가지 소스와 15가지 사이드 메뉴 중에 각각 한 가지씩 고를 수 있다. 그 밖에도 신선한 샐러드, 홈메이드 파스타, 생선 요리를 갖추고 있다. 점심 시간에는 푸짐한 샌드위치와 햄버거를 맛볼 수 있다.

위치 다낭 성당에서 쩐푸 거리를 따라 도보 7분 주소 248 Trần Phú 오픈 11:00~14:00, 17:00~23:00 요금 샌드위치 · 파스타 120,000~180,000VND, 메인 식사류 210,000~520,00VND 전화 236-3894-895 지도 MAP 10 Ⓕ

한낮의 다낭은 태닝을 하기에도, 관광을 하기에도 너무너무 뜨겁고 건조하다. 이럴 때 찾아가기 좋은 곳이 바로 더 탑이다. 미케 비치 일대에서 가장 높은 루프탑 라운지로 시원한 실내에서 탁월한 전망을 즐기며 휴식을 취할 수 있기 때문. 남북으로 시원하게 뻗은 다낭의 비치 라인과 수평선을 바라보고 있노라면 이곳이 천국처럼 느껴진다. 가볍게 즐길만한 음료와 스낵도 갖추고 있고 가격도 적당하다. 해가 저무는 저녁 7시 무렵이면 보랏빛 하늘을 도화지 삼아 뭉게뭉게 피어 오른 구름들이 이국적인 풍경을 선사한다. 와인 한 잔 들고 야외 테라스로 나가 시간을 보내는 것도 좋은 방법. 단, 공간이 협소한 것이 조금 아쉽다.

위치 미케 비치에 있는 알라카르트 리조트 23층 주소 23F, A La Carte, Võ Nguyên Giáp 오픈 06:00~23:00 요금 커피 · 맥주 60,000~95,000VND, 디저트 · 간식 100,000~250,000VND(10% 세금 별도) 전화 236-3959-555 홈피 www.alacartedanangbeach.com 지도 MAP 9 ⓒ

## 즈어벤쩨
Dừa Bến Tre

## 패밀리 인디언 레스토랑
Family Indian Restaurant

강바람을 쐬며 이국적인 디저트 '코코넛 젤리'를 맛보고 싶다면 이곳으로 가보자. 7~8개의 가게가 서로 원조라고 자칭하듯 커다란 간판을 내걸고 손님을 기다린다. 맘에 드는 자리에 앉아 '라우꺼우짜이즈어(Rau Câu Trái Dừa)'를 주문하면 곧장 코코넛 하나를 통째로 가져다 준다. 뚜껑을 열어보면 투명한 코코넛 과즙 대신 뽀얀 속살이 가득 차 있다. 숟가락으로 한 입 떠먹어보면 많이 달지 않으면서도 코코넛 특유의 고소함이 느껴진다. 좀 더 시원하게 먹고 싶을 때는 아이스크림과 과자를 얹어주는 껨짜이즈어(Kem Trái Dừa)를 주문해도 좋다. 다낭의 한여름 밤, 자그마한 탁자 앞에 모여 앉은 현지인들과 함께 시시각각 변하는 롱교의 모습을 구경하며 쉬어 보자.

위치 신 투어리스트에서 롱교 방향으로 가는 박당 거리 일대 주소 190~216 Bạch Đằng 오픈 09:00~22:00 요금 코코넛 젤리 30,000VND(아이스크림 추가 48,000VND) 지도 MAP 10 ⓓ

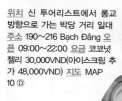

미케 비치 근처에 있는 인도 음식점이다. 트립 어드바이저에서 좋은 평을 얻고 있어 베트남 음식이 물린다면 한 번쯤 가볼 만하다. 진하고 강한 맛이 나는 북인도 커리와 부드럽고 연한 남인도 커리를 골고루 맛볼 수 있다. 바닷가 도시답게 새우와 생선으로 요리한 커리도 별미다. 인도 서민들이 난 대신 일상적으로 먹는 짜파티도 눈에 띈다. 난보다 담백하고 구수한 맛이 특징. 그 밖에도 마늘로 양념한 생선 케밥, 인도식 정찬 탈리, 탄두리 치킨 등 저렴하면서도 다양한 메뉴를 갖추고 있다. 여럿이 왔다면 골고루 시켜 나눠 먹어 보자. 음식점 규모는 작지만 깔끔하게 운영되고 있고 직원들도 친절하다.

위치 알라카르트 리조트 뒤 두 블록 떨어진 호응힌 거리 중간에 위치. 도보 7분 주소 231 Hồ Nghinh 오픈 10:00~22:30 요금 커리류 85,000~140,000VND, 난 30,000~45,000VND 전화 0942-605-254 홈피 www.indian-res.com 지도 MAP 9 ⓒ

# Shopping

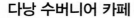

## 다낭 수버니어 카페
### Danang Souvenirs & Cafe

베트남에도 이렇게 세련된 기념품 가게가 있나 하고 깜짝 놀랄만한 곳. 박당 거리를 환하게 밝히고 있는 2층 규모의 다낭 수버니어 카페는 'Small gift, Big heart'라는 콘셉트로 기념품도 판매하고 카페도 운영하고 있다. 평범한 기념품 대신 다낭을 추억할만한 아기자기한 기념품을 구입할 수 있어 여행 마지막 날 들르기 좋다. 롱교와 쏭한교가 그려진 에코백과 입체 카드, 다낭 캘리그래피가 새겨진 티셔츠, 중부지방 대표 음식이 그려진 귀여운 머그잔 등은 여행자를 웃음 짓게 만드는 완소 아이템. 그 밖에도 베트남 주요 도시명을 붙여 멋지게 포장한 유기농 차, 천연 비즈왁스가 들어간 코코넛 립밤, 피쉬소스 느억맘 등 다낭뿐만 아니라 베트남을 떠올릴 수 있는 기념품도 다양하다. 일정 금액 이상 구매하면 카페에서 무료로 마실 수 있는 음료 쿠폰도 준다.

<u>위치</u> 노보텔 다낭을 등지고 섰을 때 왼쪽 방향으로 도보 1분 <u>주소</u> 34 Bach Đằng <u>오픈</u> 07:30~22:30 <u>요금</u> 에코백 120,000VND, 머그잔 125,000VND, 립밤 20,000~40,000VND <u>전화</u> 236-3827-999 <u>홈피</u> www.danang souvenirs.com <u>지도</u> MAP 10 ⑧

# 페바 초콜릿
## Pheva Chocolate

# 한 시장
## Chợ Hàn

Han Market

메콩 델타의 소도시 벤쩨(Bến Tre)에서 재배한 카카오로 만든 오리지널 베트남 초콜릿이다. 높은 퀄리티와 다양한 맛, 세련된 포장까지 이만한 여행 선물이 없다. 65% 다크 초콜릿부터 푸꾸 섬의 특산물인 후추를 가미한 이색적인 초콜릿까지 18가지 맛을 만나볼 수 있다. 모든 초콜릿은 시식이 가능하고 시식 후에는 입맛에 맞는 것만 골라 포장할 수 있다. 12개, 24개, 40개씩 골라 담으면 된다. 가장 작은 사이즈는 6개들이로 가장 인기 있는 맛이 기본 포장되어 있다. 포장에는 도시 이름 'DANANG'이 새겨져 있어 더욱 의미 있다. 페바 초콜릿은 하노이, 호찌민 시에도 매장을 두고 있다.

위치 다낭 성당에서 쩐푸 거리를 따라 도보 10분, 레스토랑 레드 스카이 맞은편 주소 239 Trần Phú 오픈 08:00~19:00 요금 6개 50,000VND, 24개 160,000VND 전화 236-3566-030 홈피 www.phevaworld.com 지도 MAP 10 ⑤

다낭에서 가장 오래된 재래시장이다. 해상 교역품이 한강을 따라 육지로 들어오는 길목에 자리하고 있다 하여 한 시장이라고 불린다. 1940년대부터 자연스럽게 형성된 이 시장은 식재료, 식료품, 보석, 의약품이 주요 거래 상품이었다고 한다. 점점 상인과 손님이 늘어나면서 규모가 커지기 시작했고 1989년에는 아예 2층 규모의 시장 건물을 새로 지어 올렸다. 없는 것이 없는 실로 다양한 물건을 팔고 있는 한 시장은 물건값이 싸기로 유명해서 현지인들의 발걸음이 끊이지 않는다. 하지만 여행자에게는 구경하기도 쉽지 않을 만큼 복잡하고 더운 시장이다. 쩌한이라고 커다랗게 쓰인 간판은 박당 거리에 있지만, 주요 출입구는 훙브엉(Hùng Vương) 거리와 쩐푸(Trần Phú) 거리에 있다.

위치 ①박당 거리와 만나는 훙브엉 거리를 따라 도보 1분 ②미케 비치에서 택시로 10분 주소 119 Trần Phú 오픈 06:00~20:00 지도 MAP 10 ⑩

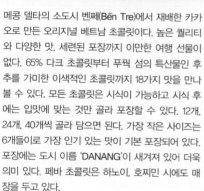

# 빅 씨
Bic C

친숙하고 쾌적한 환경에서 다양한 식료품과 생필품을 쇼핑할 수 있는 거의 유일한 장소. 주상복합 빌딩 빈쭝 플라자 안에 팍슨(Parkson) 쇼핑몰과 나란히 자리하고 있다. 빅 씨는 이 건물의 2~3층을 차지하고 있으며 식료품은 2층에서, 생필품은 3층에서 쇼핑할 수 있다. 우리나라에서 보지 못한 다양한 물건들을 구경하는 재미가 있고 커피, 차, 양념소스 등을 기념품 삼아 구입하기에도 좋다. 무엇보다 맥주와 와인은 잔뜩 사서 가져가고 싶을 만큼 저렴해서 발걸음을 옮기기 쉽지 않다. 바닷가에 있는 마트답게 물놀이에 필요한 아이템도 잘 갖춰져 있다. 한쪽에는 롯데리아와 뚜레쥬르도 있다. 참고로 입장할 때 가방을 가지고 있으면 직원의 제재를 받을 수 있다. 로커를 이용하거나 직원이 싸주는 비닐봉지에 가방을 넣고 다녀야 한다.

위치 ①한 시장 옆 흥브엉 거리를 따라 직진, 도보 20분 ② 미케 비치에서 택시로 10분 주소 255 Hùng Vương 오픈 08:00~22:00 전화 236-3666-000 지도 MAP 10 ©

# 롯데 마트
Lotte Mart

풀먼 리조트와 푸라마 리조트 근처에서 가장 가까운 대형 마트다. 친숙하지만 규모는 작은 편. 주류, 간식, 인스턴트 식품 같은 먹거리를 비롯해 기념품으로 적당한 아이템을 구입하기 위해 들른다. 마트는 2층부터 시작한다. 1층에는 의류 매장과 롯데리아가 자리하고 있다. 키플링과 캐스키드슨 같은 브랜드는 한국보다 저렴하게 득템할 수 있으므로 나오는 길에 한번 둘러보는 것도 괜찮다.

위치 푸라마 리조트에서 띠엔션교(Cầu Tiên Sơn)를 건너 택시로 5분 주소 6 Nại Nam 오픈 08:00~22:00 전화 236-3611-999 지도 MAP 9 ⓚ

> **TIP**
>
> ### 꼰 시장
> 빅 씨 맞은편에는 서민적인 분위기의 꼰 시장(Chợ Côn)이 자리하고 있다. 낙후된 시설과 비정찰제 때문에 재래시장이 어려움을 겪는 것은 한국이나 베트남이나 마찬가지. 그래서 여행자들의 방문도 뜸하다.

## T H E M E

# 다낭
# 베스트 호텔

비치 주변에는 아직 상업 시설이 많지 않아 시내를 자주 오가게 된다. 비치에서 시내까지는 도보로는 어렵고 택시를 이용해야 한다. 고급 리조트인 인터콘티넨탈, 하얏트, 빈펄 럭셔리 리조트는 시내는 물론 미케 비치에서도 멀리 떨어져 있으므로 관광보다는 리조트에서 시간을 보내는 휴양 목적의 여행자들에게 어울린다.

### BEST 1 프랑지파니 부티크 호텔 Frangipani Boutique Hotel

아담한 가정집을 개조해 만든 소규모 호텔이다. 예쁜 꽃이 만발한 마당과 수영장이 딸려 있다. 잘 꾸며진 안방 같은 느낌이 드는 객실은 브라운 컬러의 가구와 화이트 컬러의 침구로 정갈한 분위기. 객실 수가 많지 않기 때문에 주인 부부가 투숙객들을 잘 보살피고 챙긴다. 비치까지 걸어갈 수 있어서 해수욕과 휴식을 한꺼번에 누릴 수 있다. 가격 대비 만족스러운 곳이라 수개월 전에 예약이 마감된다.

위치 ①다낭국제공항에서 택시로 17분 ②비치로 가는 큰 길 Phạm Văn Đồng와 만나는 Hoàng Bích Sơn 거리에서 도보 3분 ③미케 비치에서 도보 5~10분 주소 8 Nguyễn Hữu Thông 요금 45~50US$ 지도 MAP 9 ©

### BEST 2 퓨전 마이아 리조트 Fusion Maia Resort

여행자들이 무엇을 좋아하는지 잘 알고 있는 매력 만점의 럭셔리 리조트. 모든 객실이 풀빌라로 꾸며져 있어 프라이빗한 휴가를 즐기려는 여행자에게 제격이다. 객실 요금은 높지만 스파 서비스가 포함되어 있어 메리트가 있다. 조식 장소도 선택할 수 있는데 리조트는 물론 호이안 퓨전 카페에서도 즐길 수 있다. 야외 수영장 역시 크고 아름다워 온종일 휴식을 취하기에 부족함이 없다. 호이안 왕복 무료 셔틀버스를 운행하고 있으며 퓨전 카페에서는 자전거도 무료로 대여해준다.

위치 ①다낭국제공항이나 역에서 택시로 17분 ②풀먼 다낭 비치 리조트에서 도보로 15분 주소 Võ Nguyên Giáp 요금 430~1200US$ 전화 236-3967-999 홈피 maiadanang.fusion-resorts.com 지도 MAP 9 ⓛ

### BEST 3 알라카르트 다낭 비치 A La Carte Danang Beach

전 객실 바다 전망을 자랑하는 호텔. 가격대비 시설이 좋고 시내를 오가기에도 편리한 위치에 자리하고 있다. 객실은 창문이 크고 넓어 답답함이 없다. 수영장이 호텔 꼭대기에 있어 근사한 뷰를 만끽하며 쉴 수 있다. 다만 태닝을 하기에는 좋지만 물놀이하기에는 좁다. 호텔은 비치 앞이 아닌 해안도로 쪽에 자리하고 있다. 비치까지는 걸어서 1분이면 갈 수 있고 호텔 뒤에는 음식점이 많아 편리하다.

위치 ①다낭국제공항에서 택시로 17분 ②다낭 역에서 택시로 10분 ③해안도로 Võ Nguyên Giáp과 만나는 Dương Đình Nghệ 거리의 교차로에 위치 주소 Dương Đình Nghệ 요금 105~130US$ 전화 236-395-9555 홈피 www.alacartedanangbeach.com 지도 MAP 9 ©

# Staying

## 다이아 호텔
### Dai A Hotel

## 펀타스틱 비치 호스텔
### Funtastic Beach Hostel

## 오렌지 호텔
### Orange Hotel

다낭 시내에 있는 저렴한 호텔이다. 규모가 큰 호텔이라 방을 구하기 쉽다. 객실의 가구는 낡은 듯하지만 공간이 넓은 것이 장점이다. 침구와 화장실도 깨끗하게 잘 관리되고 있다. 엘리베이터가 있어서 높은 층에 묵고 있어도 오르내리기 편하다. 조식도 잘 나오는 편. 호이안행 시내버스 정류장과 다낭역이 가까워 편리하다. 바나힐 1일 투어나 택시 대절도 데스크에 문의하면 친절하게 연결해 준다. 골목 안쪽에 자리하고 있지만 주변에는 맛집과 카페가 즐비해 분위기가 좋다.

위치 ①다낭국제공항에서 택시로 12분 ②쏭한교와 롱교 사이에 있는 연바이 거리에 위치 ③다낭 성당에서 도보 3분 주소 51 Yên Bái 요금 30~35US$ 전화 236-3827-532 홈피 www.daia hotel.com.vn 지도 MAP 10 ⓓ

비치와 가까운 곳에 위치한 호스텔이다. 저렴한 가격으로 비치 구역에 머물 수 있는 장점이 있다. 깔끔한 도미토리를 갖추고 있어 나홀로 여행자와 배낭 여행자들에게 인기가 많다. 2층 침대는 흔들림이 적고 튼튼한 편. 매트리스와 침구 상태도 좋다. 일행끼리 사용할 수 있는 2~4인실 단독방도 있다. 1인당 10US$라 예약이 빨리 끝난다. 다른 호스텔과 마찬가지로 공동 거실과 주방, 욕실을 갖추고 있으며 자체적으로 푸드 투어와 쿠킹 클래스도 진행한다. 다낭역 가까이에도 호스텔이 하나 더 있다. 주소는 115 Hải Phòng이다.

위치 ①다낭 역에서 택시로 10분 ②알라카르트 리조트 뒤편, 하봉 거리 골목 안 ③미케 비치에서 도보 3분 주소 K02/5 Hà Bổng 요금 도미토리 7~8US$ 전화 236-3928-789 홈피 www. funtasticdanang.com 지도 MAP 9 ⓒ

39개의 객실을 갖춘 소규모 호텔이다. 넓은 객실과 말끔한 인테리어를 갖추고 있어 인기가 많다. 가격대비 시설이 좋으며 스텝들도 친절하다. 스탠다드룸은 창문이 없으므로 답답한 것이 싫다면 슈페리어룸이나 딜럭스룸으로 예약하는 것이 좋겠다. 4인 가족이 쓸 수 있는 패밀리룸은 2개뿐이라 예약이 금방 찬다. 다낭 시내에 머문다면 가장 먼저 살펴봐야 할 중급 호텔로 호앙지에우 골목 안쪽에 위치하고 있다. 신 투어리스트나 한 시장까지 도보로 7~10분 밖에 걸리지 않아 전혀 불편하지 않다.

위치 ①다낭국제공항에서 택시로 12분 ②다낭 역에서 택시로 5분 ③다낭 성당에서 도보 10분 주소 29 Hoàng Diệu 요금 65~140US$ 전화 236-3566-176 홈피 www.danangorangehotel. com 지도 MAP 10 ⓕ

## 브릴리언트 호텔
### Brilliant Hotel

## 푸라마 리조트 다낭
### Furama Resort Danang

## 풀먼 다낭 비치 리조트
### Pullman Danang Beach Resort

쏭한교와 롱교 사이에 있는 박당 거리에 위치한 중급 호텔. 객실에서 내려다보이는 도심 야경이 멋지다. 총 102개의 객실을 갖춘 대형 호텔로 객실 컨디션과 시설이 뛰어나며, 작은 규모의 수영장도 갖추어져 있다. 미케 비치와는 택시로 10분 거리에 있지만 주변 명소와 소도시를 오가는 교통이 매우 편리하다. 근처에는 호이안으로 가는 시내버스 정류장이 있고 신 투어리스트, 한 시장과도 도보 5분 거리에 있다.

<u>위치</u> ①다낭국제공항에서 택시로 15분 ②다낭 역에서 택시로 10분 <u>주소</u> 162-164 Bạch Đằng <u>요금</u> 87~105US$ <u>전화</u> 236-3222-999 <u>홈피</u> www.brillianthotel.vn <u>지도</u> MAP 10 ⓓ

여행자들 사이에서 좋은 평을 얻고 있는 럭셔리 리조트. 프라이빗 비치에서 해수욕과 태닝을 즐기며 휴식을 취하기 그만이다. 비치와 연결된 넓은 수영장 역시 이곳의 자랑거리. 객실은 크게 가든뷰, 라군뷰, 오션뷰 3개의 등급으로 구분되어 있다. 시내와 조금 떨어져 있기 때문에 아침 10시부터 무료 셔틀버스가 다닌다. 물론 호이안으로 가는 무료 셔틀버스도 있다. 오전·오후 일일 2편이 출발하고 있으니 정확한 시간과 탑승 위치는 리셉션에 문의한 뒤 이용하자.

<u>위치</u> ①다낭국제공항이나 역에서 택시로 15분 ②풀먼 다낭 비치 리조트 옆에 위치 <u>주소</u> Võ Nguyên Giáp <u>요금</u> 일반 객실 220~490US$, 풀 빌라 1,340US$ <u>전화</u> 236-3847-333 <u>홈피</u> www.furamavietnam.com <u>지도</u> MAP 9 ⓛ

다낭으로 휴가를 즐기러 오는 젊은 여행자들에게 사랑받는 고급 리조트다. 하얏트, 인터콘티넨탈 호텔과는 또 다른 세련미가 인기의 비결. 총 186개 객실과 코티지를 보유하고 있다. 슈페리어룸에도 발코니가 있어 근사함이 묻어난다. 코티지는 비싸지만 개별 정원과 야외 다이닝 공간이 마련되어 있어 가족 단위로 머물기 좋다. 바다와 맞닿은 인피니티 수영장은 보는 것만으로도 행복감이 밀려온다! 투숙객을 위한 무료 서비스로 호이안까지 셔틀 버스를 운행한다.

<u>위치</u> ①다낭국제공항이나 역에서 택시로 15분 ②다낭 시내 남쪽 띠엔선교를 건너 직진 <u>주소</u> Võ Nguyên Giá <u>요금</u> 200~390US$ <u>전화</u> 236-3958-888 <u>홈피</u> www.accorhotels.com <u>지도</u> MAP 9 ⓛ

CITY
**05**

시간이 멈춘듯한 도시
# 호이안

## Hội An

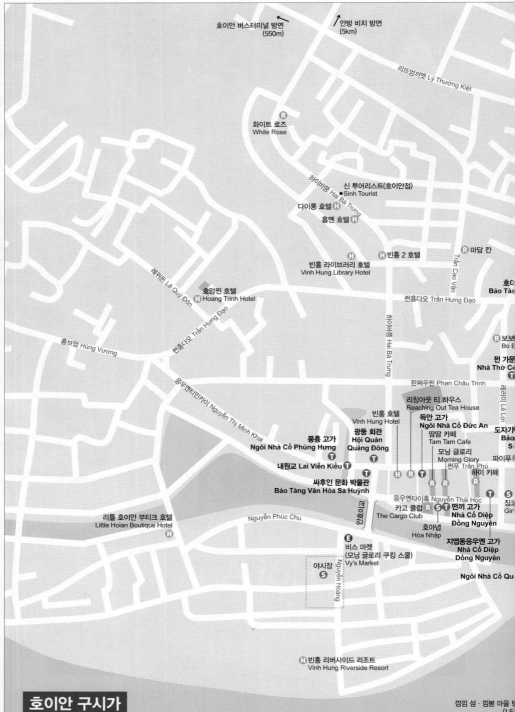

호이안 버스터미널 방면
(550m)

안방 비치 방면
(5km)

리뜨엉끼엣 Lý Thường Kiệt

화이트 로즈
White Rose

하이바쯩 Hai Bà Trưng

신 투어리스트(호이안점)
Sinh Tourist

다이롱 호텔

홈옌 호텔

빈홍 2 호텔

마담 칸

빈홍 라이브러리 호텔
Vinh Hung Library Hotel

Trần Cao Vân

호C
Bảo Tà

레뀌돈 Lê Quý Đôn

호앙찐 호텔
Hoang Trinh Hotel

쩐흥다오 Trần Hưng Đạo

쩐흥다오 Trần Hưng Đạo

하이바쯩 Hai Bà Trưng

홍브엉 Hùng Vương

보보
Bo E

쩐 가문
Nhà Thờ Cc

응우옌티민카이 Nguyễn Thị Minh Khai

판쩌우찐 Phan Châu Trinh

레러이 Lê Lợi

빈홍 호텔
Vinh Hung Hotel

리칭아웃 티 하우스
Reaching Out Tea House

도자기
Bảo
S

풍흥 고가
Ngôi Nhà Cổ Phùng Hưng

광동 회관
Hội Quán
Quảng Đông

득안 고가
Ngôi Nhà Cổ Đức An

땀땀 카페
Tam Tam Cafe

파이푸

내원교 Lai Viễn Kiều

모닝 글로리
Morning Glory

쩐푸 Trần Phú

하이 카페

싸후인 문화 박물관
Bảo Tàng Văn Hóa Sa Huỳnh

응우옌타이혹 Nguyễn Thái Học

카고 클럽
The Cargo Club

떤끼 고가
Nhà Cổ Diệp
Đồng Nguyên

징커
Gir

리틀 호이안 부티크 호텔
Little Hoian Boutique Hotel

Nguyễn Phúc Chu

덕흥관

호아냅
Hòa Nhập

지엠동응우옌 고가
Nhà Cổ Diệp
Đồng Nguyên

비스 마켓
(모닝 글로리 쿠킹 스쿨)
Vy's Market

야시장

Nguyễn Hoàng

Ngôi Nhà Cổ Qu

빈홍 리버사이드 리조트
Vinh Hung Riverside Resort

# 호이안 구시가

껌낌 섬 · 낌봉 마을 방
(1.5

N

0     100m

끄어다이 비치 방면
(4km)

호이안 호텔
H

쩐흥다오 Trần Hưng Đạo

팜홍타이 Phạm Hồng Thái

쩐흥다오 Trần Hưng Đạo

호앙지에우 Hoàng Diệu

바레웰
Bale Well

껌가 바부오이

반미 프엉
Bánh Mì Phương

판쩌우찐 Phan Châu Trinh

중 레스토랑

미스 리 카페테리아 22
Miss Ly Cafeteria 22

꿔
Kứa

푸젠 회관
Hội Quán Phúc Kiến

짠꽁 사당
Miếu Quan
Công

머메이드

차오저우 회관
Hội Quán
Triều Châu

팜홍타이 Phạm Hồng Thái

하안 호텔
Ha An Hotel

화 회관
ội quán
rơng Thương

쩐푸 Trần Phú

아이엠 베트남
I am Vietnam

하이난 회관
Hội Quán Hải Nam

호이안 중앙시장
Chợ Hội An

판보이쩌우 Phan Bội Châu

아난타라 호이안 호텔
Anantara Hoi An Resort

선 보트 호텔
Sun Boat Hotel

수공예품 워크숍
Xưởng Sản Xuất Thủ Công Mỹ Nghệ Hội An

후옌쩐꽁쭈어 Huyền Trần Công Chúa

전통예술극장

Bạch Đằng

보트선착장

투본 강 Sông Thu Bồ ồn

껌남 섬

# 01 호이안은 어떤 곳일까?

ABOUT HOI AN

**시간이 멈춘듯한 작은 도시, 호이안**

투본 강 하구에 자리 잡은 호이안은 오래된 항구 도시이자 매력적인 관광지다. 15~19세기 사이 외국 상인들로부터 회안(會安) 혹은 파이포(Fayfo)로 불리면서 크게 번성했던 역사를 갖고 있다. 동남아 주요 국가뿐만 아니라 중국, 일본, 유럽과의 교역도 매우 활발해 동남아 최대무역항으로 이름을 날렸다. 토사 퇴적 문제로 큰 배가 들어올 수 없게 되면서 쇠퇴의 길을 걷게 되었지만 다양한 문화가 교류했던 도시의 모습은 그대로 남아 1999년 유네스코 세계문화유산으로 지정되었다. 특히 강 주변에 형성된 구시가의 풍경과 독특한 명물 요리, 화려한 등불 축제는 여행자의 호기심을 자극하는 포인트. 덕분에 호이안은 전 세계 여행자들이 드나드는 제2의 번성기를 맞이하고 있다. 낮에는 골목 구석구석을 탐험하며 도시의 매력에 빠지고 저녁에는 알록달록한 등롱(燈籠) 빛에 마음을 빼앗기는 호이안. 다른 도시로 가고 싶은 마음은 사라지고 그저 이곳에 오래오래 머물고만 싶어진다.

## ■ 호이안 BEST

### BEST TO *Do*

구시가 ▶ p.237

안방 비치 ▶ p.248

등불 축제 ▶ p.259

### BEST TO *Eat*

미스 리 카페테리아 22 ▶ p.251

포쓰어 ▶ p.252

리칭아웃 티 하우스 ▶ p.253

### BEST TO *Stay*

하안 호텔 ▶ p.260

아난라타 ▶ p.260

선 보트 ▶ p.260

# 02 호이안 가는 방법

## HOW TO GO

호이안은 비행기와 기차가 다니지 않는 작은 도시지만 교통은 매우 편리하다. 오래 전부터 이곳을 찾는 여행자들이 많아서 남·북부 주요 도시에서 출발하는 오픈투어버스가 모두 이 곳을 지나기 때문이다. 또한 다낭과 호이안은 거리가 가까워 시내버스는 물론 리조트 셔틀버스를 타고 다닐 수도 있다.

**다낭 → 호이안** 오픈투어버스 1시간 / 시내버스 50~60분    **후에 → 호이안** 오픈투어버스 3시간 30분

## 다낭에서 가기

### 오픈투어버스
■ 신 투어리스트 Sinh Tourist
10:30, 15:30 출발 / 1시간 소요 / 하이바쯩(Hai Bà Trưng) 거리의 신 투어리스트 사무실 앞 도착

### 시내버스

노란색 1번 버스를 타면 갈 수 있다. 막차는 다낭 버스터미널 기준으로 18:00에 출발한다. 외국인에게는 버스 요금을 속이는 경우가 있으니 주의하자. 호이안 버스터미널에 도착하면 구시가 근처 판쩌우찐(Phan Châu Trinh) 거리까지는 택시나 쎄옴으로 5분도 채 걸리지 않지만 도보로는 20분 이상 걸어야 한다.
<u>운행시간</u> 05:30~18:00 <u>운행간격</u> 15~20분 <u>소요시간</u> 50~60분 <u>요금</u> 20,000VND

| 출발지 | 버스번호 | 노선 |
|---|---|---|
| 다낭 버스터미널 (지도 MAP 9 Ⓐ) | 1번 | 쩐푸(Trần Phú) 거리 → 다낭 성당 → 참 조각 박물관 → 쩐띠리교(Cầu Trần Thị Lý) → 오행산 → 호이안 버스터미널 |

### 택시
일행이 많다면 택시를 이용하는 것도 좋은 방법이다. 다낭국제공항에서 호이안으로 가는 택시 요금은 택시 승강장 입구에 안내판 형태로 공개되어 있다. 비치 근처에 있는 리조트에서 출발하는 경우에는 이보다 조금 더 저렴하다.

| 출발지 | 거리 | 시간 | 적정 요금 |
|---|---|---|---|
| 푸라마 리조트 | 21.7km | 35분 | 248,000~280,000VND |
| 다낭 공항 | 30km | 45분 | 400,000~430,000VND |

### 셔틀버스
다낭의 유명 호텔과 리조트에서는 고객 서비스 차원에서 셔틀버스를 무료·유료로 운행하고 있다. 35~40분이 걸린다. 리셉션에 가서 왕복 시간표를 확인하고 이용해 보자.

## 오픈투어버스
■ 신 투어리스트 Sinh Tourist

08:00, 13:15 출발 / 3시간 30분 소요 / 하이바쯩 거리의 신 투어리스트 사무실 앞 도착

### 냐짱에서 가기

## 오픈투어버스
■ 신 투어리스트 Sinh Tourist

19:00 출발 / 11시간 소요 / 하이바쯩 거리의 신 투어리스트 사무실 앞 도착

### 그 외 도시에서 가기

## 오픈투어버스
하노이에서 호이안으로 바로 가는 버스는 없다. 호안끼엠 호수 북쪽 구시가에서 19:00에 출발하는 후에행 버스를 탄 다음 후에에서 3~4시간 기다렸다가 호이안행 버스로 갈아타야 한다. 남부 도시에서 출발하는 경우 모두 냐짱을 거쳐 호이안으로 들어간다. 장거리 구간이라 야간침대버스가 준비되어 있다. 달랏에서는 15시간, 무이네에서는 16시간, 호찌민시에서는 21시간이 걸린다.

### 주요 시설 정보

| | |
|---|---|
| **호이안 버스터미널**<br>Bến Xe Buýt Hội An | 위치 호이안 구시가 근처 쩐흥다오 거리까지 택시로 3분 또는 도보 20분<br>지도 p.234 Ⓐ |
| **신 투어리스트**<br>Sinh Tourist<br>(호이안점) | 위치 쩐흥다오 거리와 연결된 하이바쯩 거리를 따라 도보 5분, 우측에 위치<br>주소 587 Hai Bà Trưng 오픈 06:00~22:00<br>홈피 www.thesinhtourist.vn 지도 MAP 12 Ⓑ |

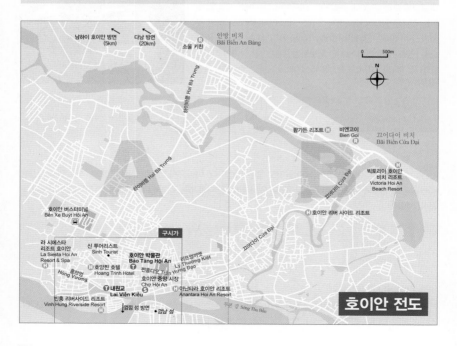

호이안 전도

# 03

# 호이안 시내 교통

## CITY TRANSPORT

호이안은 대부분의 명소를 걸어서 돌아볼 수 있다. 좁은 골목 구석구석을 돌아보는 재미도 놓치지 말자.

### 택시

호이안 구시가는 차량 제한 구간이라 택시가 다니지 않는다. 큰 길로 나가서 잡아야 한다. 주로 버스터미널, 근교 비치, 다낭국제공항, 미썬 유적지로 갈 때 이용한다.

**TIP**

**주요 택시 브랜드**

비나선 Vinasun 전화 235-3-686868
마이린 Mai Linh 전화 235-3-929292
파이푸 Faifoo 전화 235-3-919191

| 출발지 → 목적지 | 거리 | 시간 | 적정 요금 |
|---|---|---|---|
| 호이안 버스터미널 → 쩐흥다오 거리 | 1.3km | 3분 | 18,500~21,000VND |
| 쩐흥다오 거리→ 끄어다이 비치 | 5km | 10분 | 65,000~77,000VND |
| 호이안 → 다낭 공항 | 30km | 45분 | 380,000~430,000VND |
| 호이안 → 미썬 유적지 | 36km | 50분 | 450,000~520,000VND |

### 쎄옴

호이안은 도보나 자전거로 다니는 경우가 많아서 쎄옴을 이용하는 일은 드물다. 요금은 보통 1km 기준으로 8,000~10,000VND 정도. 호이안 버스터미널에서 구시가 초입인 판쩌우찐(Phan Châu Trinh) 거리까지 10,000~15,000VND면 충분하다.

### 오토바이 · 자전거 대여

오토바이까지 빌릴 필요는 없다. 자전거만으로도 끄어다이 비치나 안방 비치까지 쉽게 다녀올 수 있다. 일일 요금은 자전거 22,000VND, 오토바이 100,000VND 안팎이다. 자전거는 묵고 있는 호텔에서 무료로 빌려주기도 한다.

# 04 호이안 이렇게 여행하자

## TRAVEL COURSE

### 여행 방법

호이안 여행에서 제일 중요한 거리는 쩐푸(Trần Phú) 거리와 응우옌타이혹(Nguyễn Thái Học) 거리다. 이 두 길을 중심으로 볼거리와 음식점이 모여 있기 때문이다. 이곳을 다 둘러보고 시간적인 여유가 된다면 안방 비치나 미썬 유적지를 다녀오면 된다. 저녁에는 아름다운 등불을 구경하면서 식사하고 휴식하는 것으로 마무리하자.

**TIP**

**통합 입장권 제도**

호이안 구시가 내에 있는 고가, 회관, 사당, 박물관 내부를 보기 위해서는 통합 입장권을 구입해야 한다. 명소 23곳 중 5곳을 선택해서 볼 수 있는 티켓이다. 유효기간은 24시간이지만 구입 후 1~2일 이내에 쓰면 문제없다. 매표소는 내원교, 호이안교, 박당 거리, 레러이 거리, 호이안 시장 등 구시가 곳곳에 있다.
오픈 08:00~21:30 요금 120,000VND 홈피 www.hoianworldheritage.org.vn

호이안 박물관 ⑰

쩐 가문 사당 ⑯

꽌꽁사당 ⑩　차오저우 회관 ⑫

풍흥 고가 ❶　도자기 무역 박물관 ⑦　푸젠회관 ⑨　하이난 회관 ⑪

내원교 ❷　④광동회관
싸후인 박물관 ❸　⑤득안고가　중화회관 ⑧
　　　　　　　　　　　⑥ 꽌탕고가　⑬수공예품 워크숍
　　　　　　　　⑭
떤끼 고가 ⑮　지엡동응우옌 고가

## Course1 호이안 구시가 코스

호이안 여행의 핵심인 구시가를 구석구석 돌아보는 도보 코스

: 통합 입장권 이용 추천 명소

출발
**응후옌티민카이 거리** →

풍흥 고가 →

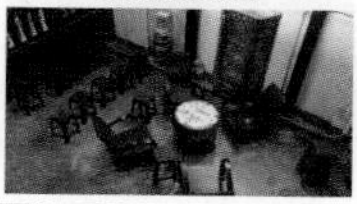

내원교

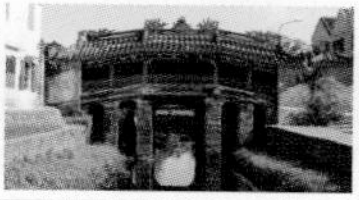

↓

득안 고가

← 광동 회관

← 싸후인 문화 박물관

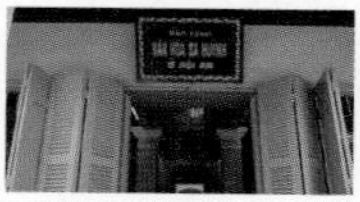

↓

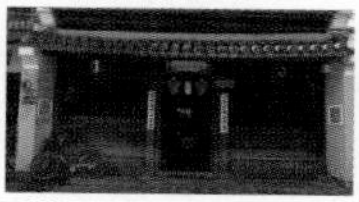

꽌탕 고가

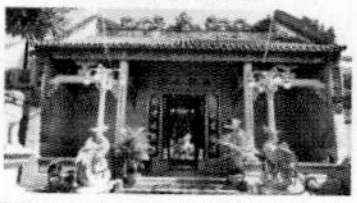

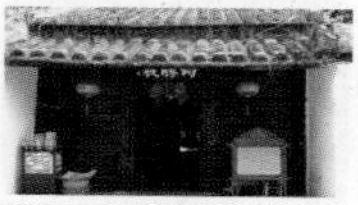

→ 도자기 무역 박물관

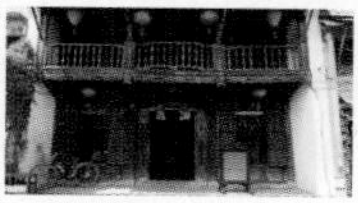

→ 중화 회관

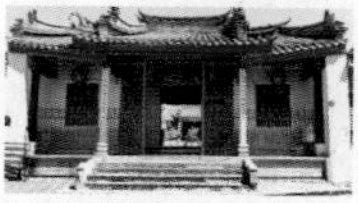

↓

하이난 회관

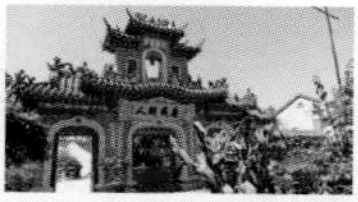

← 꽌꽁 사당

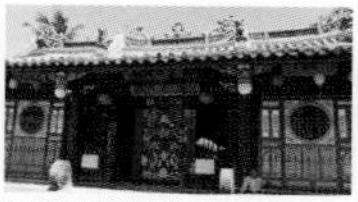

← 푸젠 회관

↓

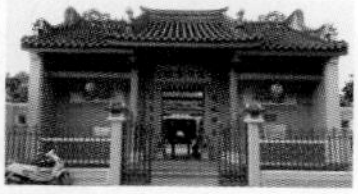

차오저우 회관

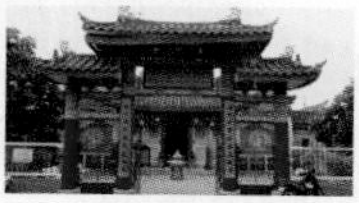

→ 수공예품 워크숍

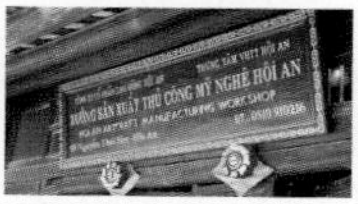

→ 지엡동응우옌 고가

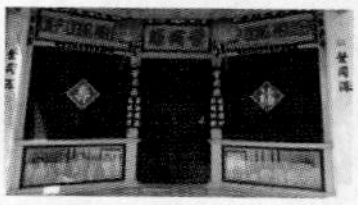

↓

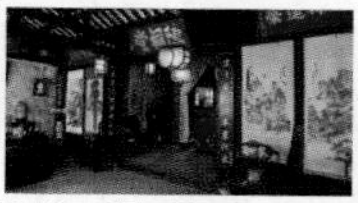

호이안 박물관

← 쩐 가문 사당

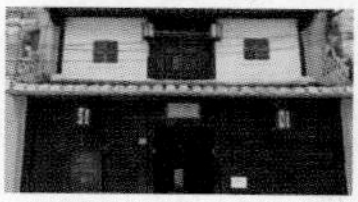

← 떤끼 고가

237

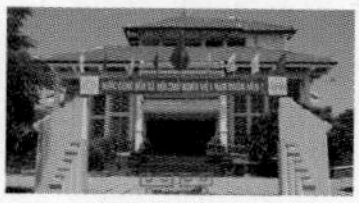

## Course2 미썬 유적지&비치 코스
미썬 유적지와 아름다운 비치를 둘러보는 근교 여행 코스

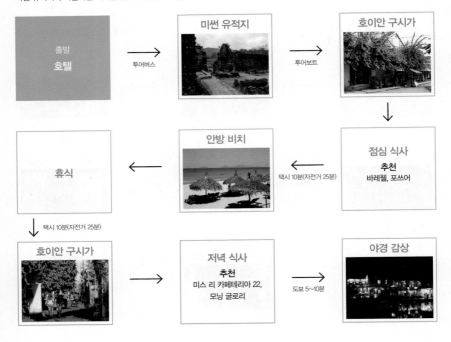

**출발**
**호텔**

→ 투어버스

**미썬 유적지**

→ 투어보트

**호이안 구시가**

↓

**점심 식사**
**추천**
바레웰, 포쓰어

← 택시 10분(자전거 25분)

**안방 비치**

←

**휴식**

↓ 택시 10분(자전거 25분)

**호이안 구시가**

→

**저녁 식사**
**추천**
미스 리 카페테리아 22,
모닝 글로리

→ 도보 5~10분

**야경 감상**

# 내원교
## Lai Viễn Kiều

Japanese Covered Bridge

석조 교각 위에 나무 지붕을 얹은 독특한 모양의 다리다. 20,000VND(동) 지폐에도 그려져 있을 만큼 호이안을 대표하는 명소. 길이 18m로 짧고 아담하다. 이 다리는 1593년 일본인 마을과 중국인 마을을 연결하기 위해 만든 것이다. 단순하게도 일본 출신 무역상들이 만들었다고 해서 일본인 다리(Japanese Covered Bridge)라고 불렸다. 다리 양 끝에는 개와 원숭이 조각상이 있는데 이는 신(申)년에 공사를 시작해 술(戌)년에 끝났다는 표시라고. 다리 중앙 안쪽에는 자그마한 도교 사원도 있다. 다리 완공 후 약 130년 후인 1719년에 따로 세운 것이다. 해상 무역 도시였기 때문에 바다 날씨가 중요했던 당시 사람들이 뱃사람들의 생명과 안전을 기원하며 수호신 '박데(Bắc Đế)'를 모신 것. 그즈음에 '멀리서 온 사람들을 위한 다리'라는 뜻의 내원교(来遠橋)로 이름이 바뀌었다.

위치 응우옌티민카이 거리와 쩐푸 거리가 만나는 지점에 위치 주소 Nguyễn Thị Minh Khai & Trần Phú 오픈 24시간 요금 무료(사원은 통합 입장권 이용) 지도 MAP 12 Ⓕ

# 풍흥 고가
## Ngôi Nhà Cổ Phùng Hưng

Old House of Phung Hung

1993년 국립역사문화재로 지정된 고가옥이다. 호이안이 번성하던 1780년대에 지어졌다. 후추, 소금, 실크, 도자기 등을 사고 팔았던 당시 상점의 전형을 보여주는 곳으로 과거 호이안의 경제, 문화, 건축 요소를 두루 살펴볼 수 있다. 1층은 현재 거실로 쓰고 있지만 당시에는 물건을 사고 팔던 메인 홀이었다. 폭이 좁은 다른 집들과 달리 넓고 시원한 구조를 가진 것이 특징. 2층은 풍요의 신과 조상을 기리는 사당으로, 간혹 홍수가 나면 1층의 물건을 옮겨 놓는 창고로도 사용했다고. 그래서 2층 바닥에는 물건을 끌어올릴 수 있는 격자무늬 들창이 나 있는 것을 볼 수 있다. 창문에는 기온이 떨어지는 겨울을 대비해 올리고 내릴 수 있는 나무 덧창도 달려 있고 거리 쪽으로는 발코니도 마련되어 있다. 이곳에 서면 내원교와 한가로운 골목길이 내려다보인다. 전체적으로 지붕을 포함한 외관은 일본 스타일로, 내부는 중국 스타일로 지어졌다.

위치 응우옌티민카이 거리에서 내원교를 건너기 직전 왼쪽에 위치 주소 4 Nguyễn Thị Minh Khai 오픈 08:00~18:00 요금 통합 입장권 이용 지도 MAP 12 Ⓕ

## 싸후인 문화 박물관
Bảo Tàng Văn Hóa Sa Huỳnh

Museum of Sa Huỳnh Culture

## 광둥 회관
Hội Quán Quảng Đông

Cantonese Assembly Hall

기원전 10세기 무렵, 지금의 호이안 땅에 살았던 싸후인 사람들의 유물을 전시하는 박물관이다. 아직도 싸후인 사람들과 문화에 대해서는 정확히 알려진 바가 없다. 철기 시대(BC 1,000~AC400)를 살았던 것으로 추정하고 있을 뿐이다. 점토로 구운 벽돌과 기와를 포함해 장례 물품, 무기, 장식품 등이 대거 발굴되면서 1994년에 박물관을 열었다. 이곳에서 가장 눈에 띄는 유물은 장례 풍습을 이해할 수 있는 항아리 모양의 토관이다. 싸후인 사람들은 시신을 화장해서 재로 만든 다음 토관에 넣고 땅에 묻었다고 한다. 크기가 큰 토관은 왕이나 관료, 부호들의 것이고 그보다 작은 토관은 일반인들이 사용했던 것이다. 박물관 규모는 작지만, 호이안의 과거를 엿볼 수 있는 유익한 곳이다. 직원으로부터 친절한 설명을 들을 수도 있다.

<u>위치</u> 풍흥 고가에서 내원교를 건너 직진, 오른쪽에 위치 <u>주소</u> 149 Trần Phú <u>오픈</u> 07:00~21:00 <u>요금</u> 통합 입장권 이용 <u>전화</u> 235-3861-535 <u>지도</u> MAP 12 ⒠

지금의 홍콩과 가까운 지역에 살고 있던 광둥성 출신의 상인들이 호이안으로 건너가 살면서 세운 회관이다. 이곳은 배를 타고 먼 길을 떠나온 동향(同鄉) 사람들을 위한 임시 거처이면서 안전한 항해를 기원하는 사당 구실을 하였다. 높다란 지붕 아래로 3개의 문이 달려 있는 회관 입구에는 광조회관(廣肇會館)이라 쓰여진 현판이 붙어 있다. 핑크와 레드 컬러로 화려하게 치장되어 있는 모습이 매우 인상적이다. 안으로 들어가면 양 옆으로 거북의 등 위에 주작이 올라타 있는 조각상을 볼 수 있다. 거북은 북방을, 주작은 남방을 수호하는 영물로 각기 중국과 베트남을 상징한다. 더 안쪽으로 들어가면 중국에서 신으로 추앙받는 관우(Quan Vũ)와 바다의 여신 티엔허우(Thiên Hậu)를 모시는 사당이 나온다. 중국인들은 의리와 부의 화신으로 관우를 각별하게 모시기 때문에 회관 곳곳에는 그와 관련된 장식이 많다. 한쪽에는 유비, 관우, 장비가 복숭아 밭에서 의형제를 맺었다는 도원결의를 그린 그림이 걸려 있고 다른 한쪽에는 적토마를 탄 관우의 모습이 그려져 있다. 사당 뒤에는 도자기 조각을 붙여 만든 용 조각상과 관우 벽화를 볼 수 있는 아담한 정원도 있다.

<u>위치</u> 내원교를 건너 왼편에 위치, 싸후인 박물관 맞은편 <u>주소</u> 176 Trần Phú <u>오픈</u> 07:30~18:00 <u>요금</u> 통합 입장권 이용 <u>지도</u> MAP 12 ⒠

# 득안 고가
## Ngôi Nhà Cổ Đức An

Old House of Duc An

중국 한약재 무역 상인과 그의 가족들이 대대손손 살아온 집이다. 지금의 가옥은 1850년에 지은 것이라 한다. 어두운 입구를 통과하면 햇빛이 쏟아져 들어오는 아담한 정원이 보인다. 그 주위로 거실과 방이 자리하고 있다. 윤기 반들반들한 목조 가구가 돋보이는 거실에는 독립운동과 관련된 흑백 사진이 가득 붙어 있다. 호찌민 주석과 그의 오른팔 보응우옌지압 장군의 얼굴도 보여 더 자세히 들여다보게 된다. 과거 득안 고가는 한약재뿐만 아니라 베트남, 중국, 서양의 유명 정치 사상가들의 책을 많이 보유하고 있었다고. 그래서 당시 반프랑스 활동을 하던 혁명가, 독립운동가, 지식인, 출판인들이 이곳으로 모여들었다고 한다. 특히 베트남 공산당 창당을 주도했던 까오홍란(Cao Hồng Lãnh)이 살았던 집이기도 해 유명 정치가들의 방문이 많았다. 현재 거실 이외에 다른 공간은 공개하고 있지 않아 둘러 보는데 많은 시간이 필요하지 않다.

<u>위치</u> 광둥 회관을 지나 도보 1분, 리칭아웃 티 하우스 옆 <u>주소</u> 129 Trần Phú <u>오픈</u> 08:00~21:00 <u>요금</u> 통합 입장권 이용 <u>지도</u> MAP 12 Ⓕ

# 꽌탕 고가
## Ngôi Nhà Cổ Quân Thắng

Old House of Quan Thang

해상무역이 번성하던 17세기 말, 중국 상인이 지은 집. 외관이 소박해서 그냥 지나치기 쉽다. 입구는 쩐푸 거리에 있지만, 베트남 스타일로 좁고 깊숙하게 지어져 응우옌타이혹 거리까지 맞닿아 있는 것이 특징이다. 반면 내부는 지극히 중국식으로 꾸며져 있다. 어르신들이 주무시는 침대가 고스란히 보이는 공간을 지나면 햇빛이 잘 드는 마당이 나온다. 도자기 조각을 붙여 만든 장식물이며 중국풍 고가구를 구경할 수 있다. 규모가 작아서 금방 둘러 보고 나오게 된다. 이 집에는 현재 7대손이 살고 있다.

<u>위치</u> ①레러이(Lê Lợi) 거리와 쭝박(Trung Bac) 식당을 지나 도보 1분 ②중화 회관과 도자기 박물관을 지나 도보 1분 <u>주소</u> 77 Trần Phú <u>오픈</u> 08:00~21:00 <u>요금</u> 통합 입장권 이용 <u>지도</u> MAP 12 Ⓕ

---

**TIP**
### 고가 방문 에티켓
호이안의 대표적인 고가에는 아직도 후손들이 살고 있다. 풍흥 고가는 무려 8대손이 살고 있으며 그밖에 고가에서도 5~7대손이 일상생활을 영위하고 있다. 따라서 고가를 방문할 때는 고가를 지키는 주인과 안내자에게 인사를 하고 조용히 둘러보도록 하자. 진열된 가구나 물건도 함부로 만져서는 안 된다.

# 도자기 무역 박물관

Bảo Tàng Gốm Sứ Mậu Dịch

Museum of Trade Ceramics

호이안 관련 도자기 무역품 268점을 모아 1995년에 오픈한 박물관이다. 호이안을 중심으로 발전한 도자기 교역의 역사를 한눈에 살펴볼 수 있다. 전시는 14세기부터 시작된 도자기 무역이 17~18세기에 정점을 찍고 19세기부터 후퇴하는 흐름으로 꾸며져 있다. 전시품만으로는 번성했던 시절을 상상하기 어렵지만, 영어 설명을 찬찬히 들여다보면 교역이 활발했던 시기에는 중국, 일본뿐만 아니라 수많은 동남아, 유럽 국가들과 거래했음을 알 수 있다. 또한, 2층에서는 침몰선에서 발견된 도자기를 전시하고 있어 흥미를 끈다. 1973년에 발견된 이 배는 15~16세기에 참 섬 근처에서 가라앉은 무역선이었다고. 배 안에는 어마어마한 양의 도자기가 파손되지 않고 실려 있어 당시 무역 규모가 얼마나 컸었는지 짐작해 볼 수 있다.

위치 ①꽌탕 고가를 등지고 서서 오른쪽으로 도보 1분, 왼쪽에 위치 ②중화 회관을 등지고 서서 오른쪽으로 도보 1분 주소 80 Trần Phú 오픈 07:00~21:00 요금 통합 입장권 이용 지도 MAP 12 ⑤

# 중화 회관

Hội quán Dương Thương

Duong Thuong Assembly Hall

1741년에 지어진 호이안 최초의 중국인 회관이다. 맨 처음 생긴 회관인 만큼 어느 지방에서 왔는지 구분하지 않고 서로를 도우며 지냈던 곳이다. 회관 입구는 파란색 외벽에 초록색 문을 달고 있는데 안으로 들어가면 오른편으로 사진이 나란히 걸려 있는 것을 볼 수 있다. 호이안에 정착했던 초기 중국인들로 빛바랜 사진과 액자에서 오랜 세월의 흔적을 느낄 수 있다. 안으로 좀 더 들어가면 붉은색으로 치장한 본당이 나오고 바다의 여신 티엔허우가 모셔져 있다. 본당 양옆으로는 학생들이 공부하는 책상과 의자가 놓여져 있어 궁금증을 자아낸다. 이는 회관으로의 기능이 약해진 이곳이 1928년부터 중국인 자녀들을 교육하는 학교로 사용되었기 때문이다. 호이안으로 모여드는 중국인들이 많아지면서 지역별로 동향 회관이 따로따로 생기자 이곳을 찾는 중국인들도 점점 줄어들었다.

위치 ①도자기 무역 박물관을 등지고 서서 왼쪽으로 도보 1분 ②푸젠 회관을 등지고 서서 오른쪽으로 도보 1분 주소 64 Trần Phú 오픈 07:30~17:30 요금 통합 입장권 이용 지도 MAP 12 ⑥

# 푸젠 회관
## Hội Quán Phúc Kiến

Fujian Assembly Hall

타이완 가까이에 위치하고 있는 푸젠 지역 사람들이 세운 회관이다. 당시 푸젠 사람들은 세계 곳곳으로 많이 나가 살기로 유명했다. 호이안에서도 그 수가 제일 많아 회관의 규모도 가장 컸다. 한자로 복건회관(福建會館)이라고 쓰인 입구를 지나면 사선 방향으로 3개의 아치형 문이 나온다. 1975년에 새로 지어 올린 것으로 분홍빛 벽돌에 초록 지붕이 화려하기 그지없다.

이 문을 통과하면 화분이 가득한 정원 너머로 사당이 모습을 드러낸다. 사당 안에는 안전한 항해를 관장하는 여신 티엔허우(Thiên Hậu)가 모셔져 있고 맨 처음 호이안에 도착한 푸젠 사람 6명의 위패도 함께 놓여 있다. 그들을 조상으로 여기며 지금까지도 각별히 챙기고 있는 것이다. 독특하게도 중앙 제단 뒤쪽으로는 잉태의 신과 3명의 요정, 12명의 산파도 모셔져 있다. 그래서 아이가 없는 부부들이 출산을 기원하기 위해 들른다고. 한쪽 벽면에는 바다의 여신이 큰 파도에 휘말리는 배를 구하러 오는 모습이 그려져 있다. 당시 사람들이 얼마나 바다를 두려워했는지 짐작해 볼 수 있다. 내부에는 커다란 테이블과 의자가 놓여 있어 쉬었다 가기 좋다. 음력 1월 15일(새해 첫 보름)과 3월 23일(티엔허우 탄생 기념)에는 큰 축제가 열린다.

위치 쩐푸 거리에 있는 중화 회관을 등지고 왼쪽으로 도보 1분 주소 46 Trần Phú 오픈 07:30~17:30 요금 통합 입장권 이용 지도 MAP 12 ⓖ

## 꽌꽁 사당
Miếu Quan Công

Quan Cong Temple

충직, 용기, 재력을 상징하는 관우를 모시는 사당이다. 1991년 국립역사문화재로 지정되었다. 화려한 장식 지붕, 청룡이 그려진 붉은 문, 꽃화병이 그려진 격자창까지 섬세하게 꾸며진 외관이 매우 인상적이다. 반면 사당 내부는 좁아서 들어가자마자 중앙 제단이 나온다. 관우를 중심으로 관우의 아들 관평(Quan Binh), 관우의 부하 주창(Chu Thương), 백마(Bạch Thổ), 적토마(Xích Thổ)까지 함께 모셔져 있는 것이 특징. 중국인에게 관우는 신과도 같은 존재다. 그의 우직한 충성심을 좋아하여 관공(關公)이라 높여 불렀으며 오늘날에는 재력의 신으로 변신해 중국인들 마음속에 깊숙이 자리하고 있다. 그래서 매년 관우의 탄생일(음력 6월 24일)에는 사당 주변에서 큰 축제와 행사가 벌어진다.

<u>위치</u> ①쩐푸 거리와 응우옌후에(Nguyễn Huệ) 거리가 만나는 사거리에 위치 ②호이안 시장 옆 띠에우라(Tiểu La) 거리 맞은편에 위치 <u>주소</u> 24 Trần Phú <u>오픈</u> 08:00~17:00 <u>요금</u> 통합 입장권 이용 <u>지도</u> MAP 12 ⓖ

## 하이난 회관
Hội Quán Hải Nam

Hainan Assembly Hall

베트남과 지리적으로 가까운 하이난 출신 상인들이 건설한 회관이다. 동향 사람들끼리 친목을 도모하고 조상을 기리기 위해 1845년에 지은 것이다. 회관 내부에는 베트남 수군으로부터 억울하게 죽은 중국인을 기리는 제단이 마련되어 있다.

<u>위치</u> 꽌꽁 사원을 등지고 서서 왼쪽으로 도보 1분 <u>주소</u> 10 Trần Phú <u>오픈</u> 07:00~21:00 <u>요금</u> 무료 <u>지도</u> MAP 12 ⓖ

> **Talk** 108명의 억울한 죽음
>
> 1851년 응우옌 왕조의 뜨득 황제 시절의 일이다. 베트남 수군이 바다를 순찰하던 중 중국 선박 3척을 발견했다. 해적선으로 오인한 수군은 사격을 개시했고 선박들은 공포에 질려 도망쳤다. 그러나 이틀 뒤 배 한 척이 수군에게 다시 발견되었다. 상인과 선원이 모두 갑판으로 올라와 자신들은 하이난 사람이며 선박 허가증도 있다고 보여주었다. 하지만 사령관은 배 안에 가득 쌓인 물건이 탐나 상인과 선원 108명을 모두 죽였다. 시체를 바다에 버리고 배도 검게 칠해 해적선처럼 꾸몄다. 이후 사령관은 해적선을 잡았노라 황제에게 보고했다. 그러나 이를 수상히 여긴 황제가 뒷조사를 했고 얼마 뒤 거짓말임이 들통났다. 사령관과 부하들은 처형당하거나 유배지로 보내졌으며 배 안에 물건들은 가족들에게 나누어 주었다.

# 차오저우 회관
Hội Quán Triều Châu

Chaozhou Assembly Hall

중국 광둥성 동부에 위치한 조주 출신의 상인들이 건설한 회관이다. 붉은 기둥에 기와지붕을 얹힌 출입문에는 조주회관(潮州會館)이라는 현판이 붙어 있다. 문을 통과하면 황금색 향로가 보이고 곧바로 사당이 나오는 구조. 사당에는 높은 파도와 거센 바람을 막아주는 바다의 신을 모시고 있다. 호이안 구시가 끝자락에 있다 보니 여행자들의 방문이 뜸하다.

위치 하이난 회관을 등지고 왼쪽으로 도보 2분, 157번지 맞은편 주소 362 Nguyễn Duy Hiệu 오픈 07:30~17:30 요금 통합 입장권 이용 지도 MAP 12 ⓖ

---

> **TIP**
>
> ### 회관이 많은 이유
>
> 호이안에는 중국인들이 세운 회관이 유난히 많다. 호이안과 무역을 했던 나라는 수도 없이 많았지만, 중국만큼 결속력이 강한 나라는 없었던 모양이다. 중국인들은 해외에 나가서 어느 정도 부유해지면 일가친척을 초청해 그들과 함께 일하며 산다. 혈연관계를 넘어서면 고향 사람이라는 이유만으로도 업무관계가 맺어지고 다시 이들이 혈연관계를 이루면서 세력이 확장된다. 타국에서 믿을 사람이라고는 가족과 고향 사람뿐이라는 생각이 강했기 때문이다. 그래서 상호 부조, 정보 교류, 제사 의식 등을 함께 할 수 있는 공간, 즉 동향회관(同鄉會館)을 많이 만든 것이다.

---

# 수공예품 워크숍
Xưởng Sản Xuất Thủ Công Mỹ Nghệ Hội An

Artcraft Manufacturing Workshop

하루 2번씩 민속 공연이 펼쳐지는 곳이다. 전통 악기 연주를 시작으로 전통 민요, 무예 가극, 항아리 춤을 선보인다. 공연 시간은 약 20분 정도로 짧다. 무대와 의상이 조금 허술하지만 한 번쯤 볼만하다. 매일 10:15과 15:15에 열린다.

위치 호이안 시장 옆 응우옌타이혹 초입 주소 9 Nguyễn Thái Học 오픈 08:00~18:00 요금 통합 입장권 이용 전화 235-3910 216 지도 MAP 12 ⓚ

---

> **TIP**
>
> 박당 거리에 있는 전통예술극장(Traditional Art Performance House)에서는 유료 공연도 진행한다. 하지만 압사라 댄스만 추가되었을 뿐 이곳에서 본 공연과 내용이 똑같다. 따라서 이곳에서 공연을 봤다면 유료 공연은 큰 의미가 없다. 요금도 100,000VND로 공연 수준에 비해 높은 편.

## 지엡동응우옌 고가
Nhà Cổ Diệp Đồng Nguyên

Old House of Diep Dong Nguyen

## 떤끼 고가
Nhà Cổ Diệp Đồng Nguyên

Old House of Tan Ky

광둥성에서 온 약재상이 1853년에 지은 건물이다. 원래 한약방은 쩐푸 거리에 있었는데 지금의 자리에 건물을 하나 더 세운 것이다. 질 좋은 나무로 세심하게 지은 덕분에 여전히 보존 상태가 매우 좋다. 가옥의 내부에는 수많은 골동품이 가득하다. 모두 선조들이 남겨주고 가신 물건이라고. 집안의 내력인지 후손들도 선조들의 물건에 애착이 많아 종류별로, 시기별로 분류해 제대로 보관 중이다. 1층에는 다양한 도자기들이 진열되어 있다. 호이안의 옛 모습을 그대로 볼 수 있는 1920년대~1960년대 사진들도 가득하다. 수집한 동전도 수십 가지. 국가별로, 시기별로 분류해 감탄을 자아낸다. 1년에 1~2번씩 테마를 정해 전시품을 바꾸기도 한다.

위치 레러이 거리를 지나 도보 1분, 하이 카페 근처 주소 80 Nguyễn Thái Học 오픈 08:00~12:00, 14:00~17:00 요금 무료 지도 MAP 12 ⓙ

18세기에 지어진 고가옥이다. 보존 상태가 좋고 역사적 가치가 높아 문화재청 1급 고가로 지정되어 있다. 지금도 7대손이 이곳에서 생활하면서 침실을 제외한 나머지 부분을 여행자에게 공개하고 있다. 폭이 좁고 속이 깊은 2층집으로 베트남, 중국, 일본 세 나라의 건축 양식이 조화를 이루고 있다. 외관은 벽돌로 처리했지만 집의 뼈대와 지붕은 단단한 나무라고. 그래서 여름에는 시원하고 겨울에는 따뜻하다. 문은 앞뒤로 2개를 두었다. 하나는 길가를 향하고 있어 사람들이 드나들었고 나머지 하나는 강으로 나 있어 배로 실어온 물건을 나르기 좋았다. 반들반들 윤이 나는 자개 가구와 동물, 꽃, 새, 자수 문양으로 꾸며진 벽장식이 볼만하다. 중국의 장쩌민 주석과 태국의 탁신 총리도 이곳을 방문했다고 한다.

위치 응우옌타이혹 거리에 있는 모닝 글로리 레스토랑 맞은편(호아녑 옆) 주소 101 Nguyễn Thái Học 오픈 08:00~17:30 요금 통합 입장권 이용 지도 MAP 12 ⓙ

## 쩐 가문 사당
Nhà Thờ Cổ Tộc Trần

Tran Family Chapel

## 호이안 박물관
Bảo Tàng Hội An

Hoi An Museum

응우옌 왕조의 자롱 황제 재임시절(1802~1820) 존경받던 고위 관료 쩐뜨냑(Trần Tử Nhạc)이 지은 개인 사당이다. 황제의 사절단으로 오랫동안 베트남을 떠나게 되자 조상을 기리고 전통을 이어가겠다는 뜻으로 만든 것이다. 풍수지리설에 따라 가옥, 정원, 사당을 배치하고 높은 담장을 둘렀다. 여닫는 문은 남자의 경우 왼쪽으로만, 여자의 경우 오른쪽으로만 다닐 수 있게 구분했고 마당의 중심에는 관상용 꽃과 과수, 고목을 심어 정성껏 꾸몄다. 세월이 많이 지났음에도 불구하고 쩐 가문의 사람들은 아직도 이곳을 찾아 조상님께 인사를 드리고 자녀들에게 가문의 역사와 전통을 가르치고 있다.

<u>위치</u> 쩐푸(Trần Phú) 거리와 레러이 거리가 만나는 사거리에 위치 <u>주소</u> 21 Lê Lợi <u>오픈</u> 08:00~12:00, 14:00~18:00 <u>요금</u> 통합 입장권 이용 <u>지도</u> MAP 12 Ⓕ

호이안의 도시 형성 과정과 발전사를 한눈에 볼 수 있는 곳이다. 1989년 역사 문화 박물관(Museum of History and Culture)으로 문을 열었다. 이후 2015년 9월에 이곳으로 자리를 옮긴 뒤 호이안 박물관으로 재개관하였다. 전시실은 1층과 2층으로 나누어져 있다. 1층에서는 호이안을 상징하는 다리 내원교를 조각한 다양한 예술품을 볼 수 있다. 본격적인 전시는 2층에서 시작된다. 호이안의 역사와 문화를 2세기경 선사시대(싸후인 문화), 2~15세기 참파 시대(참파 문화), 15~19세기 다이비엣 시대 3가지로 구분하고 있다. 그리고 시대별로 사진, 지도, 그릇, 도자기, 유물, 조각 등의 전시물을 배치했다. 1,800년이 넘는 긴 역사를 다루고 있지만 전시물과 내용은 다소 빈약한 편.

<u>위치</u> 레러이 거리를 따라 쩐흥다오 거리까지 온 다음 오른쪽으로 도보 1분 <u>주소</u> 10 Trần Hưng Đạo <u>오픈</u> 07:30~11:30, 13:30~17:30 <u>요금</u> 통합 입장권 이용 <u>전화</u> 235-3862-945 <u>지도</u> MAP 12 Ⓕ

# 안방 비치
## Bãi Biển An Bàng

An Bang Beach

끄어다이 비치에 비해 덜 알려져 있지만 끄어다이 비치보다 더 아름답고 한가로운 곳이다. 뭐니뭐니해도 안방 비치 최고의 매력은 사람이 많지 않고 조용한 분위기에 있다. 시원시원하게 뻗은 비치 라인과 넓은 백사장, 깨끗한 바닷물까지 그야말로 고급 휴양지가 따로 없다. 비치 입구 왼쪽으로는 소울 키친(Soul Kitchen)이나 데크 하우스(The Deck House)같은 세련된 비치 카페도 있어 편안하게 쉬었다 가기 그만이다. 푹신한 소파가 있는 방갈로에서 하염없이 시간을 보내거나 비치 베드를 빌려 태닝하기에도 최적의 장소.

위치 ①호이안 구시가에서 택시로 10분 ②하이바쯩(Hai Bà Trưng) 거리를 따라 계속 직진, 자전거로 20분 지도 p.234 ⓑ

**TIP**
### 주차는 무료
오토바이나 자전거를 타고 오면 비치 입구에서 주차하라고 손짓한다(유료). 하지만 비치 앞에 있는 식당이나 카페를 이용하면 그곳에 무료로 주차할 수 있다. 손짓에 개의치 말고 쉴 곳을 먼저 찾아보는 여유를 가지자.

# 꼬어다이 비치
## Bãi Biển Cửa Đại

Cua Dai Beach

호이안에서 동쪽으로 약 5km 떨어진 곳에 있는 비치다. 자전거를 타고 산책 삼아 다녀오기 좋다. 유난히 키 큰 야자수들이 숲을 이루고 있어 비치 풍경이 매우 아름답다. 그늘에 앉아 시원한 바닷바람을 맞으며 낮잠을 청하거나 음료와 간식을 즐기며 쉬기에 적당하다. 세련된 느낌은 없지만 조용하고 소박한 현지 분위기가 매력이다. 모래사장은 좁고 파도도 센 편이라 해수욕이나 태닝을 즐기는 사람은 많지 않다. 바다를 바라보고 오른쪽으로 뻗은 길에는 고급 리조트들이 많이 모여 있다. 리조트 건물과 정원 때문에 바다가 가려져 보이지 않으므로 그 길을 따라 더 들어갈 이유는 없다.

<u>위치</u> ①호이안 구시가에서 택시로 10분 ②쩐흥다오(Trần Hưng Đạo) 거리와 연결된 꼬어다이(Cửa Đại) 거리를 따라 계속 직진, 자전거로 25분 <u>지도</u> p.234 ⑧

# 낌봉 마을
## Làng Mộc Kim Bồng

Kim Bong Village

호이안 남쪽 껌낌 섬(Đảo Cẩm Kim) 안에 자리하고 있는 역사 깊은 목공예 마을이다. 장인들의 솜씨가 좋기로 유명해서 역대 왕들이 왕궁, 사원, 사당, 황제릉 등을 짓는데 이들을 불러들였다. 건축물의 뼈대부터 가구와 장식품에 이르기까지 대부분의 목조 가공품을 이곳에서 만들어 공급했다. 호이안이 번성하던 15~19세기 사이에는 약 4,500명의 장인이 살았다고 한다. 지금도 손재주가 좋은 후손들이 대대손손 모여 살고 있지만, 그 수가 30명 정도로 많이 줄었다. 호이안 시장 앞에서 출발하는 배를 타면 마을 입구에 바로 내려준다. 자전거도 실을 수 있으므로 마을도 구경하고 시골의 농촌길을 달려 보는 것도 좋은 방법. 미썬 유적지를 다녀올 때 보트 투어를 선택하면 이곳에 들러서 구경할 시간을 준다.

<u>위치</u> 호이안 시장 앞 박당 거리 선착장에서 배를 타고 15분 <u>요금</u> 편도 20,000VND <u>지도</u> 12 ⑩

# THEME

# 호이안
# 명물 요리

호이안은 과거 번성했던 무역 도시답게
중국과 일본의 영향을 받은 특별한 음
식이 있다. 메뉴판에 호이안 스페셜리티
(Hoian Specility)라고 따로 쓰여 있어 어
느 식당에 가더라도 맛볼 수 있다.

## 화이트 로즈 White Rose

호이안식 찐만두. 쌀가루로 만든 얇은 만두피에 새우
살을 갈아 만든 소를 넣어 만든다. 만두소를 넣기 전
에 형태를 잡아 놓은 만두피가 장미꽃잎을 닮았다고
하여 화이트 로즈라 불린다. 접시에 담겨 나오는 모습
도 꽃처럼 예쁘다. 튀긴 샬롯을 고명처럼 올려서 느억
맘 (피시소스)에 찍어 먹으면 된다. 쫄깃하고 담백한
맛이 일품.

## 호안탄 Hoành Thánh

밀가루 만두피에 돼지고기, 새우살, 양파, 당근 등을 갈아 만든 소를
넣고 튀겨낸 음식. 그 위에 토마토, 양파, 다진 고기, 새우 등을 토핑으
로 올려서 먹는다. 마치 타코나 피자를 먹는 것 같이 친숙한 맛이다.
음식점마다 토핑 스타일이 조금씩 달라서 호안탄의 맛과 모양에도 차
이가 난다. 중국의 완탕에서 유래한 음식이 호이안 스타일로 변형된 것.

## 까오러우 Cao Lầu

일본인이 전수한 국수의 일종이다. 국물이 거
의 없는 비빔국수 스타일로 돼지고기나 새우,
채소, 튀김과자를 섞어 먹는다. 면발이 두껍고
거친 것이 특징. 간단하고 소박한 음식이라 양
도 적다. 심심한 맛으로 먹는다.

## 껌가 Cơm Gà

호이안 스타일의 닭고기 덮밥이다. 푹 삶은 닭고
기 살을 찢어서 채소와 함께 밥 위에 올려 준다.
닭 육수로 밥을 짓기 때문에 음식 자체에서 삼계
탕 냄새가 난다. 까오러우처럼 자극적이지 않고
심심한 맛을 기본으로 한다. 매콤한 맛을 원한다
면 고추기름을 살짝 뿌려서 먹어도 된다.

# 화이트 로즈
White Rose

# 미스 리 카페테리아 22
Miss Ly Cafeteria 22

호이안에서 파는 대부분의 화이트 로즈는 이 집에서 만든 것이라고 보면 된다. 화이트 로즈 원조집으로 온 가족이 하루 2,000~3,000개의 화이트 로즈를 만든다. 각종 음식점에 납품하는 것은 물론이고 손님이 오면 요리해서 팔기도 한다. 식당은 제법 넓은 편으로 메뉴는 화이트 로즈와 호안탄 딱 두 가지뿐. 두 가지를 다 맛보고 싶은 여행자를 위해 반반씩 팔기도 한다. 화이트 로즈는 바나나 잎 위에 곱게 담겨 나오는데 튀긴 샬롯을 고명처럼 올려 피시 소스에 찍어 먹으면 된다. 맛은, 당연히 좋다. 호안탄은 토마토 소스에 양파, 새우가 듬뿍 올려져 나온다. 파와 후추로 마무리해 진하면서도 강한 맛이 특징. 원조의 맛이 궁금하다면 한번 찾아가 볼 만하지만 워낙 바쁜 집이라 친절을 기대하기는 어렵다.

위치 쩐흥다오(Trần Hưng Đạo)거리에서 신 투어리스트가 있는 하이바쯩 거리를 따라 도보 5분 주소 533 Hai Bà Trưng 오픈 07:00~21:00 요금 화이트 로즈 70,000VND, 호안탄 100,000VND 전화 235-3862-784 지도 MAP 12 Ⓐ

'호이안에서 제일 맛있는 집이 어디예요?'라고 묻는다면 주저하지 않고 여기라고 말할 수 있는 곳. 전 세계 여행자들의 입맛을 사로잡고 있는 호이안 최고의 식당이다. 메뉴는 베트남 음식이고 호이안 명물 요리도 맛볼 수 있다. 탱글탱글한 새우살과 국물 맛이 일품인 새우 완탕면은 이곳에서 꼭 먹어봐야 할 메뉴. 생선을 좋아한다면 바나나 잎에 싸서 구운 그릴드 피시 요리도 놓칠 수 없다. 어느 테이블에도 빠지지 않고 오르는 까오러우와 호안탄 역시 깔끔하고 맛있다. 실내는 그리 넓지 않고 아늑한 분위기. 윤이 나는 다크우드 테이블과 의자로 꾸며져 있다 저녁 시간에는 식사와 함께 와인 한 잔이 어울리는 곳이기도 하다.

위치 호이안 시장 맞은편에 있는 응우옌후에 거리를 따라 도보 1분, 왼쪽에 위치 주소 22 Nguyễn Huệ 오픈 09:00~21:00 요금 55,000~120,000VND 전화 235-3861-603 지도 MAP 12 Ⓖ

## 반미 프엉
Bánh Mì Phương

## 포쓰어
Phố Xưa

BEST

푸짐하고 맛있는 반미를 맛볼 수 있는 곳. 가게 앞에는 다양한 재료가 보기 좋게 진열되어 있고 그 뒤로는 주문 들어온 반미를 만드는 손이 바쁘게 움직인다. 얼핏 봐도 메뉴판에 있는 반미 종류가 10가지가 넘어 무엇을 주문해야 할지 망설여진다. 현지인들이 즐겨 먹는 메뉴는 3, 5, 9, 13번이고 그중에서 3번 반미텁껌(Bánh Mì Thập Cẩm)이 가장 맛있다. 진열장에서 보았던 대부분의 재료를 조금씩 다 넣어주기 때문. 채소는 기본이요, 양념 돼지고기, 소시지, 파테, 햄, 달걀 프라이까지 바게트가 터질 것 같이 꽉꽉 채워 준다. 간식으로 가볍게 먹고 싶다면 채소와 고기 한 가지만 들어가는 5번, 9번, 13번을 주문하면 된다. 20년 원조 반미 가게답게 동네 사람들과 인근 학교 학생들이 쉴 새 없이 찾아온다.

<u>위치</u> 호앙지에우(Hoàng Diệu) 거리와 만나는 판쩌우찐 거리 초입 <u>주소</u> 2B Phan Châu Trinh <u>오픈</u> 06:30~22:00 <u>요금</u> 15,000~25,000VND <u>지도</u> MAP 12 ⓖ

옛날 거리라는 이름의 베트남 식당. 음식도 맛있는데다 가격까지 저렴해서 자주 들르게 되는 곳이다. 메뉴는 까오러우, 호안탄, 껌가 같은 호이안 명물 음식을 포함해 퍼보, 분짜, 분넴 같이 누구나 좋아하는 베트남 음식을 요리한다. 쌀국수도 맛있는 편이고 피시 소스에 적셔 먹는 분짜, 분넴도 추천할만하다. 이곳의 호안탄은 기름에 가볍게 튀겨내서 색깔이 밝다. 로제 소스로 양념해 자극적이지 않고 부드러운 맛이 특징. 식사라기보다는 스낵 같이 느껴져 한 접시가 금세 사라진다. 청록색으로 칠한 실내 벽에는 포인트를 준 것처럼 예쁜 그림들이 걸려 있고 묵직한 목조 테이블과 의자에서는 안정감이 느껴진다.

<u>위치</u> 판쩌우찐 거리에 있는 쩐 가문 사당을 지나 도보 1분, 중 레스토랑(Nhà Hàng Dũng) 맞은편에 위치 <u>주소</u> 35 Phan Châu Trinh <u>오픈</u> 08:00~21:00 <u>요금</u> 35,000~50,000VND <u>지도</u> MAP 12 ⓖ

## 리칭아웃 티 하우스
### Reaching Out Tea House

## 모닝 글로리
### Morning Glory

사람들의 말소리도, 음악 소리도 들리지 않는 조용한 찻집이다. 청각 장애인들이 주문을 받고 차를 만들고 있어 말이 필요하지 않기 때문. 메뉴판에서 차를 고르고 종이에 표시하면 예쁜 다기에 차를 담아 내온다. 뜨거운 차가 속을 편안하게 해주고 들뜬 마음을 차분하게 가라앉혀 준다. 말과 소리가 없는 공간에 잠시 머무는 것만으로도 힐링이 되는 묘한 기분을 느낄 수 있다. 차 외에도 신선한 커피와 건강한 주스도 주문할 수 있다. 이곳에서 제공되는 모든 찻잔, 티폿, 티스푼 등은 장애인들의 손에서 만들어진 것이다. 이곳이 더욱 특별하게 느껴지는 또 하나의 이유다.

위치 쩐푸 거리에 있는 빈홍 호텔과 득안 고가 사이에 위치, 내원교에서 도보 2분 주소 131 Trần Phú 오픈 월~금요일 08:30~21:30, 토~일요일 10:00~20:30 요금 50,000~60,000VND 전화 235-3910-168 홈피 www.reachingoutvietnam.com 지도 MAP 12 Ⓕ

호이안의 인기 음식점이다. 이곳의 콘셉트는 베트남 길거리 음식을 맛있게, 그리고 깔끔하게 대접하는 것. 실제로 레스토랑 중앙에는 길거리 음식점을 상징하는 오픈 키친이 마련되어 있다. 덕분에 근사한 테이블에 앉아서도 시장의 흥거운 분위기를 느낄 수 있다. 게다가 웬만한 베트남 음식은 이곳에서 다 먹을 수 있을 정도로 메뉴가 다양하다. 무엇을 먹어야 할지 고민스럽다면 종업원의 추천을 믿어보자. 베텔잎에 소고기를 돌돌 말아 구운 보라롯(Bò Lá Lốt), 고소하고 바삭한 반세오(Bánh Xèo), 돼지고기 덮밥 껌땀(Cơm Tấm) 등 맛있는 메뉴를 착착 골라 줄 것이다. 저녁 식사 시간에는 손님이 몰려 자리를 잡기 어렵고 종업원의 친절도도 떨어지는 편.

위치 카고 클럽 맞은편에 있는 땀땀 카페 옆 주소 106 Nguyễn Thái Học 오픈 10:00~23:00 요금 80,000~150,000VND 전화 235-2241-555 지도 MAP 12 Ⓕ

# 바레웰
## Bale Well

베트남 인기 음식 4가지(돼지고기 구이, 사테, 반세오, 스프링롤)를 라이스페이퍼에 돌돌 말아 먹는 음식점이다. 불 맛 나는 돼지고기, 기름지지만 고소한 반세오, 바삭바삭한 스프링롤을 손수 싸서 먹는 재미가 있다. 자리에 앉으면 막 구워낸 4가지 음식과 생채소, 채소절임, 라이스페이퍼, 양념 소스를 한가득 차려준다. 어떻게 먹는지 모르는 여행자를 위해 시범도 보여주는데 능숙한 손놀림으로 쓱쓱 말아내는 모습이 무척이나 흥미롭다. 만들어진 음식을 한 입 크게 한 입 베어 물면 조화롭고 풍부한 맛에 감탄이 절로 나올 터. 특히 백김치 맛이 나는 채소절임이 신의 한 수. 음식점 이름 바레웰은 참파 왕국이 번성하던 시절에 지어진 바레 우물(Giếng Bá Lễ)을 뜻한다. 이 우물물로 음식을 만들어야 제맛이 난다고 했을 정도로 유명했다고 한다.

위치 판쩌우찐(Phan Châu Trinh) 거리에 있는 쩐 가문 사당을 지나 중 레스토랑(Nhà Hàng Dũng) 옆으로 난 좁은 골목 안 주소 51 Trần Hưng Đạo 오픈 10:00~21:30 요금 110,000VND 전화 235-3864-443 지도 MAP 12 ⓖ

# 보보 카페
## Bo Bo Café

호이안 구시가에서 가볍게 한 끼 할 수 있는 곳. 투박해 보이지만 갖가지 재료를 듬뿍 넣어서 푸짐하게 요리해 준다. 전문 요리사의 음식을 먹는다기보다 현지인 집에 초대받아 가정식을 맛보는 느낌. 까오러우와 호안탄도 거품없는 가격으로 맛있게 먹을 수 있다. 베트남 음식과 서양 음식을 두루 하고 있지만, 서양 음식보다는 베트남 음식이 더 맛있고 볶음밥이나 볶음처럼 무난한 음식을 먹기 좋다. 주인아주머니와 아저씨는 여행자들이 많이 드나드는 호이안에서 보기 드물게 소탈하고 친절하다.

위치 판쩌우찐(Phan Châu Trinh) 거리에 있는 쩐 가문 사당을 오른쪽에 끼고 레러이 거리를 따라 도보 2분, 왼쪽에 위치 주소 18 Lê Lợi 오픈 08:30~21:30 요금 30,000~90,000VND 전화 235-3861-939 지도 MAP 12 ⓕ

> **TIP**
>
> ### 껨 옹 Kem Ống
> 가늘고 긴 막대 모양을 한 길거리 아이스크림. 저녁 식사 후 심심풀이 디저트로 딱이다. 요금 5,000VND

# 카고 클럽
The Cargo Club

호이안에서 분위기 좋은 레스토랑으로 명성이 자자한 곳. 2003년에 문을 연 이후로 여행자들의 사랑을 꾸준히 받고 있다. 투본 강과 박당 거리가 보이는 곳에 자리하고 있어 창가 자리나 테라스 석에서 한가로운 시간을 보내기 좋다. 특히 저녁에는 알록달록 화려한 랜턴 불빛과 거리를 오가는 사람들을 구경할 수 있어 더욱 인기가 많다. 식사 메뉴는 베트남 음식과 서양 음식을 골고루 요리한다. 오픈 당시에는 이탈리아 음식뿐이었지만 지금은 프랑스, 미국, 인도 등 다양한 국적의 요리를 소화해 내고 있다. 음식 맛은 대체로 무난하다. 다른 음식점에 비해 디저트 메뉴가 다양한 것이 특징. 특히 1층에서는 그날그날 만드는 빵, 케이크, 아이스크림을 맛볼 수 있다. 뜨거운 한낮에 이곳을 찾아 달달한 디저트로 더위를 피해 보는 것도 좋은 방법. 정문은 응우옌타이혹 거리에 있는데 박당 거리로도 출입구가 나 있다.

<u>위치</u> 응우옌타이혹 거리의 떤끼 고가 옆 <u>주소</u> 107-109 Nguyễn Thái Học <u>오픈</u> 08:00~23:00 <u>요금</u> 식사류 145,000~195,000VND, 디저트 45,000~70,000VND <u>전화</u> 235-3910-489 <u>지도</u> MAP 12 ⓙ

# *Shopping*

## 호이안 중앙 시장
### Hoi An Central Market

Chợ Hội An

호이안 구시가에 자리하고 있는 재래시장이다. 이른 아침과 해질 무렵이면 물건을 파는 사람들과 장을 보러 나온 주민들로 북적거린다. 시장 건물 안에는 생필품과 식료품을 파는 가게들이 옹기종기 모여 있고 한쪽에는 저렴하게 식사할 수 있는 간이음식점이 가득하다. 건물 밖으로는 셀 수 없이 많은 좌판 행렬이 박당 거리까지 이어진다. 각종 채소와 과일, 생선, 신발, 옷, 꽃 화분 등 파는 물건도 가지가지. 물론 여행자를 위한 기념품도 있다. 한낮에는 너무 더워 시장도 한산한 분위기다. 한가롭게 둘러보려면 아무래도 늦은 오후가 좋다.

<u>위치</u> 꽌꽁 거리에 있는 꽌꽁 사당 맞은편 찐뀌깝(Trần Quý Cáp) 거리에 위치 <u>주소</u> Trần Phú &Trần Quý Cáp <u>지도</u> MAP 12 ⓖⓀ

---

**TIP**

### 야시장

매일 저녁 호이안 다리 건너편에서는 야시장이 열린다. 규모도 작고 여행자들이 살만한 물건은 많지 않지만, 사진을 찍기엔 그만이다. 야시장 입구에는 10곳이 넘는 등롱 가게들이 줄지어서 있고 이곳에서 밝힌 조명이 환상적인 분위기를 연출한다. 수많은 사람들이 이곳의 아름다움에 흠뻑 취해 사진을 찍고 등롱을 사 간다. 천을 이어 붙인 등롱(소)은 20,000~22,000VND, 실로 엮어서 만든 등롱(중)은 40,000~44,000VND에 살 수 있다. <u>지도</u> MAP 12 ⓙ

## 호아 참파
Hoa Chăm Pa

## 리칭아웃 아트&크래프트
Hòa Nhập

Reaching Out Arts & Crafts

신선하고 맛있는 커피를 구입할 수 있는 곳이다. 베트남 남부산 생두를 주인장이 직접 로스팅해서 판매하고 있다. 빈이 크고 홈이 곧으며 색상도 균일한 편이라 믿고 살만하다. 커피 종류는 크게 네 가지. 베트남 커피를 대표하는 로부스타(Robusta), 베트남의 피베리 커피 쿨리(Culi), 우리에게 친숙한 아라비카와 모카. 아무래도 흔하게 재배되는 로부스타가 가장 저렴하고 소량 재배되는 아라비카와 모카는 좀 더 비싸다. 쿨리는 로부스타와는 또 다른 독특한 맛과 향을 지니고 있어 커피 마니아에게 추천할만하다. 사기 전에 로스팅 정도가 어떤지(강배전, 중배전), 입맛에 맞는 커피는 어떤 종류인지 주인장과 함께 시음하면서 고를 수 있다. 원두를 사지 않더라도 주문하면 주인장이 직접 내려주는 맛있는 커피(유료)를 마실 수 있다. 가게 안에서는 커피핀, 그라인더같은 커피 관련 기구들도 함께 판다.

위치 판짜우찐 거리에 있는 쩐 가문 사당과 포쓰어 사이에 위치 주소 49 Phan Châu Trinh 오픈 09:00~21:00 요금 500g 기준 로부스타 150,000VND, 모카 280,000 VND 전화 235-910-678 지도 MAP 12 ⓖ

리칭아웃 티 하우스와 함께 운영되고 있는 공정무역 상점이다. 장애인들이 정성 들여 만든 액세서리, 인형, 도자기, 장식품 등을 구입할 수 있다. 가게 내에 작업실이 함께 있어 만드는 사람이 누구인지, 만드는 과정은 어떤지 하나하나 살펴볼 수 있어 더욱 믿음이 간다. 디자인도 예쁘고 질도 좋아 탐나는 아이템이 많다. 하지만 기념품으로 사기에는 선뜻 손이 가지 않는 고가 제품이 많은 편. 액세서리나 소품들은 20~50US$ 내에서 구입이 가능하다. 맘에 드는 물건이 있는지 찬찬히 살펴보자.

위치 응우옌타이혹 거리에 있는 카고 클럽과 떤끼 고가 사이 주소 103 Nguyễn Thái Học 오픈 08:30~20:30 요금 악세사리 및 소품 500,000~950,000VND, 다기 세트 1,500,000~1,800,000VND 전화 235-3910-168 홈피 www.reachingoutvietnam.com 지도 MAP 12 ⓙ

## 아이엠 베트남
I am Vietnam

## 징코
Ginkgo

이렇다 할 간판이 없어 무엇을 하는 곳일까 궁금해서 들어가 보게 되는 곳이다. 내부는 숍, 미니 카페, 스파가 모여 있는 복합 공간으로 꾸며져 있다. 주로 베트남을 상징하는 의류, 소품, 잡화 등을 판매하고 있다. 종류는 많지 않지만 몇 가지 재미있는 아이템을 발견할 수 있어 지나는 길에 들러 볼 만하다. 베트남 현지인 모습이 그려진 티백 차와 귀여운 부다 인형, 컬러풀한 슈즈, 향신료 세트 등이 눈에 띈다. 퓨전 마이어, 하얏트 같은 고급 리조트 안에도 숍을 갖고 있다.

<u>위치</u> 쩐푸 거리에 있는 푸젠 회관을 등지고 섰을 때 맞은편 왼쪽에 위치 <u>주소</u> 31 Trần Phú <u>오픈</u> 09:00~21:00 <u>요금</u> 95,000~360,000VND <u>지도</u> MAP 12 ⓖ

베트남 패션 브랜드숍이다. 프랑스와 베트남 출신 디자이너가 협업해서 만든 티셔츠, 후드, 배낭, 에코백, 머그잔 등을 판매하고 있다. 종류는 많지 않지만 베트남 여행을 두고두고 생각나게 해줄 질 좋은 기념품을 찾고 있다면 들러볼 만하다. 징코에서 가장 잘 나가는 아이템은 아무래도 티셔츠류. 디자인과 컬러가 유니크하고 고급 원단을 사용하고 있어 착용감이 우수하다. 베트남을 상징하는 재미있는 그림이 그려진 에코백과 머그잔도 완소 아이템. 시즌마다 신상품이 계속 나오고 시즌이 지난 상품은 50~70%까지 세일하고 있으니 오가며 눈여겨 봐두자.

<u>위치</u> 응우옌타이혹 거리와 레러이 거리가 만나는 사거리에 위치 <u>주소</u> 59 Lê Lợi <u>오픈</u> 08:00~22:00 <u>요금</u> 티셔츠류 310,000~500,000VND <u>전화</u> 235-3910-796 <u>홈피</u> www.ginkgo-vietnam.com <u>지도</u> MAP 12 ⓙ

# 호이안 등불 축제

Tết Nguyên Tiêu

Lantern Festival

# 모닝 글로리 쿠킹 스쿨

Morning Glory Cooking School

호이안 최고의 축제다. 매월 음력 14일에는 전기를 끄고 오로지 초롱불의 빛으로만 호이안의 밤을 즐길 수 있다. 도시 전체가 은은한 빛에 둘러싸여 장관을 이루고 강물에 반사되는 거리 풍경이 몽환적인 분위기를 자아낸다. 길거리에서는 전통 악기 공연과 아이들의 무술 시범이 열려 축제의 흥을 돋운다. 특히 새해 첫 14일과 추석에는 더욱 큰 행사들이 벌어진다. 호이안을 대표하는 축제인 만큼 날짜를 체크해서 꼭 구경해 보자.

위치 호이안 구시가 전체

레스토랑 모닝 글로리의 주인이자 유명 쉐프 비(Vy)가 이끄는 쿠킹 스쿨이다. 여행자를 위해 '시장구경-요리-식사' 코스로 구성된 반나절 쿠킹 클래스를 진행한다. 보통 아침 08:30에 모여 간단히 인사를 나누고 다 같이 시장으로 출발한다. 다양한 베트남 식재료에 대해 배우는 유익한 시간이 될 터. 시장 구경이 끝나면 다시 쿠킹 스쿨로 돌아가 2시간 동안 직접 요리를 해본다. 음식이 다 완성되면 그날 모인 사람들과 다 같이 나눠 먹는 즐거운 시간을 가진다. 쿠킹 클래스에 한 번 다녀오고 나면 베트남 음식이 완전히 새롭게 보이는 경험을 하게 될 것이다. 하루에 1번, 2인 이상일 때 진행되므로 최소 1~2일 전에는 방문·전화·이메일을 통해 예약하는 것이 좋다. 모닝글로리 레스토랑에서 예약 가능한데 수업은 호이안 다리 건너편 비스 마켓 레스토랑에서 진행된다.

위치 호이안 다리를 건너 응우옌호앙 거리 초입 바로 왼쪽에 위치 주소 3 Nguyễn Hoàng 오픈 08:00~15:00, 17:00~22:00 요금 705,000VND 전화 235-3926-926 홈피 tastevietnam.asia 지도 MAP 12 ⓙ

# 호이안
# 베스트 호텔

호이안 구시가는 유네스코 보호 구역이기 때문에 숙박 시설이 전무하다. 대부분 차가 다니는 큰길로 나가야 한다. 저렴한 호텔은 하이바쯩 거리에 많이 몰려 있고 시설 좋은 홈스테이는 그보다 더 북쪽으로 올라가야 한다. 전망 좋은 중·고급 호텔은 구시가와 다리로 연결된 투본 강 건너편에 자리하고 있다.

## BEST 1 하안 호텔 Ha An Hotel

커다란 저택 안에 꾸며진 호텔이다. 널찍한 정원을 갖고 있어 분위기가 좋다. 야외 테라스에서 조식을 포함한 식사와 차를 즐길 수 있는 것이 큰 장점. 객실은 조금 좁지만 단아하고 흠잡을 데 없이 깔끔하다. 욕실도 깨끗하고 내추럴한 느낌을 받을 수 있어 기분이 좋다. 저렴한 객실도 가든 뷰에 발코니를 갖추고 있어 가격대비 훌륭한 선택이 될 것이다.

위치 호이안 시장에서 판보이쩌우 거리를 따라 도보 7분 주소 06-08 Phan Bội Châu 요금 60~109US$ 전화 235-3863-126 지도 MAP 12 ⓗ

## BEST 2 아난타라 호이안 리조트 Anantara Hoi An Resort

호이안 중심가에서 가장 가까운 곳에 위치한 고급 리조트다. 휴양 온기분을 만끽할 수 있는 것이 가장 큰 장점. 2013년에 리노베이션을 해서 객실 컨디션도 훌륭하다. 넉넉한 소파 공간과 침실 공간이 구분되어 있는 것도 매력적. 93개의 객실을 갖추고 있다. 아이들을 위한 수영장 풀이 따로 되어 있어 편하다. 야외 정원이 매우 아름답다.

위치 호이안 시장에서 강변 거리 Huyền Trân Công Chúa를 따라 도보 10분 주소 1 Phạm Hồng Thái 요금 230~290US$ 전화 235-391-4555 홈피 www.hoi-an.anantara.com 지도 MAP 12 ⓗ

## BEST 3 선 보트 호텔 Sun Boat Hotel

저가 호텔이지만 리조트에 온 기분을 낼 수 있는 곳이다. 예전에는 선 리버 호텔로 불렸다. 강가에 있어 전망이 좋은 방을 많이 보유하고 있다. 객실은 밝은 베이지톤과 화이트로 화사한 분위기. 스탠더드룸은 창문만 있고 슈페리어룸은 스탠더드룸과 사이즈 같지만 발코니가 달려 있다. 딜럭스룸과 패밀리룸은 공간이 넓어서 가족이 머물기 좋다. 강을 바라보고 작은 수영장도 마련되어 있다. 자전거는 무료.

위치 호이안 시장에서 강을 따라 도보 10분 주소 Huyền Trân Công Chúa 요금 29~56US$ 전화 235-3922-555 홈피 www.sunboathotel.com 지도 MAP 12 ⓛ

# 호앙찐 호텔
## Hoang Trinh Hotel

# 빈훙 라이브러리 호텔
## Vinh Hung Library Hotel

# 리틀 호이안
# 부티크 호텔
## Little Hoian Boutique Hotel

구시가에서 가까운 거리에 있는 숙소다. 오래된 건물에 구식 가구로 꾸며져 있지만 깨끗하게 잘 운영되고 있다. 호텔이라기보다는 현지인 집에 묵는 느낌이 든다. 가격이 저렴한데다 조식도 푸짐하게 나와 배낭 여행자들에게 인기가 많다. 수압 문제로 높은 층 객실에서는 펌프 소음이 들릴 수 있다. 밤 시간에는 꺼달라고 부탁하자. 외출하고 돌아오면 과일을 한 접시씩 제공하는 정성을 보인다.

위치 하이바쯩 사거리를 지나 쩐흥다오(Trần Hưng Đạo) 거리를 따라 직진, 도보 5분 주소 45 Lê Quý Đôn 요금 22~28US$ 전화 235-3916-579 홈피 www.hoangtrinhhotelhoian.com 지도 MAP 12 ⓔ

구시가에서 가까우면서 3~5만 원대 숙박을 고려하고 있다면 추천할만한 곳이다. 객실 일부를 리노베이션해서 깔끔하고 편안하게 쉴 수 있다. 밝은 원목장으로 꾸며져 있으며 패밀리룸은 복층 구조로 되어 있어 근사하다. 호텔 꼭대기에는 수영장도 갖추고 있어 더 바랄 것이 없다. 호이안에 여러 개의 호텔을 운영하고 있어 직원들의 응대도 빠르고 친절한 편.

위치 구시가에서 하이바쯩(Hai Bà Trưng) 거리를 따라 직진, 도보 10분 주소 96 Bà Triệu 요금 35~53US$ 전화 235-3916-277 홈피 www.vinhhunglibraryhotel.com 지도 MAP 12 ⓕ

트립어드바이저에서 호평받고 있는 중급 호텔이다. 부티크 호텔답게 가구, 소품, 벽 장식이 클래식하면서도 멋스럽다. 침대와 침구는 안락하고 세련된 욕실이 만족스럽다. 구시가를 오가기 편리한 위치 또한 이곳의 장점. 자그마한 수영장도 있어 무더운 한낮에 휴식을 취할 수 있다. 조식도 뷔페식으로 다양하게 잘 나온다. 객실 수가 많지 않으므로 서둘러 예약해야 한다.

위치 투본 강 건너편에 위치, 구시가까지 도보 3~5분 주소 2 Thoại Ngọc Hầu 요금 65~80US$ 전화 235-3869-999 홈피 littlehoiangroup.com/little-hoi-an 지도 MAP 12 ①

## 라 시에스타 리조트 호이안
La Siesta Hoi An Resort & Spa

## 빅토리아 호이안 비치 리조트
Victoria Hoi An Beach Resort

## 남하이 호이안
Nam Hai Hoi An

70개의 객실을 보유하고 있는 중급 호텔이다. 내원교를 건너 훙브엉 거리에 자리하고 있어 사람들로 붐비지 않고 조용하다. 브라운과 베이지톤으로 차분하게 꾸며진 객실이 매우 만족스럽다. 욕실 역시 그레이 컬러로 모던하게 꾸며져 있다. 아침 식사는 뷔페식으로 제공된다. 1인 요금이 따로 책정되어 있어 나홀로 여행자에게도 좋다. 다낭국제공항까지 픽업-드롭 서비스도 제공한다.

위치 내원교 서쪽 훙브엉 거리를 따라 도보 15분 주소 132 Hùng Vương 요금 80~120US$ 전화 235-3915-915 홈피 lasiestaresorts.com 지도 p.234 Ⓐ

끄어다이 비치에 자리한 리조트다. 베트남 전통적 색채가 강한 웅장한 건물 안에 자리하고 있다. 정원과 야자수가 잘 가꾸어져 있고 넓은 수영장이 바다를 접하고 있어 아름답다. 객실은 중국-베트남 혼합 스타일로 세련되게 꾸며져 있다. 수~토요일 밤마다 전통 무용 공연도 진행한다. 호이안 시내를 오가는 셔틀버스도 무료로 운행하고 있다.

위치 끄어다이 비치에 위치 주소 1 Cửa Đại 요금 120~195US$ 전화 235-3927-040 홈피 www.victoriahotels. asia 지도 p.234 Ⓑ

호이안 북쪽 해변에 자리 잡은 최고급 리조트. 호이안 시내 구경보다 아름다운 바다를 만끽하며 휴식을 취하는 것에 집중하고 싶은 여행자에게 추천할만하다. 60개의 객실과 40개의 풀빌라를 갖추고 있으며 바다 쪽으로 펼쳐진 아름다운 수영장이 매력적이다. 주변에 편의시설이 없기 때문에 사우나, 헬스클럽, 레스토랑, 스파 시설이 다양하게 마련되어 있다. 호이안으로 가는 무료 셔틀버스도 운행한다.

위치 ①호이안에서 택시로 15분 ② 다낭국제공항에서 택시로 30분 요금 750~2,300US$ 전화 235-3940-000 홈피 www.fourseasons.com/hoian 지도 MAP 11 Ⓕ

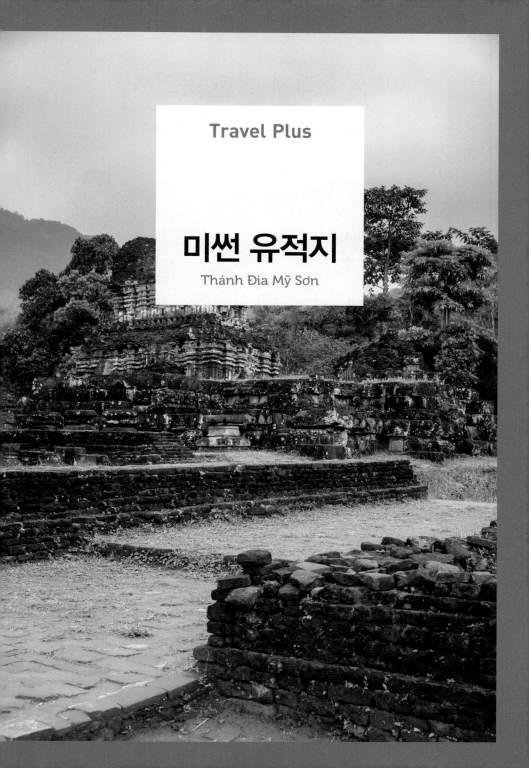

Travel Plus

# 미썬 유적지

Thánh Địa Mỹ Sơn

# 미썬 유적지 어떤 곳일까?

## ABOUT THANH DIA MY SON

아름다운 산이라는 뜻을 가진 미썬은 과거 참파 왕국(192~1832)의 종교 중심지였다. 힌두교를 믿었던 역대 왕들이 산과 강으로 둘러싸인 미썬에 사원을 지으면서 성지가 된 것이다. 참파 왕국은 힌두 문명을 받아들이기 시작한 4세기부터 14세기 사이에 크게 번성했지만 1832년 응우옌 왕조에 합병되면서 역사 속으로 사라졌다. 불교문화에 가려져 아무런 관심도 받지 못했던 미썬은 1903년 프랑스극동학원(École Française d'Extrême–Orient)에 의해 발굴되었다. 하지만 당시 앙코르와트에 더 많은 관심이 쏠리면서 상대적으로 소홀하게 다루어졌다가 1969년 베트남 전쟁의 무차별 폭격으로 유적 상당수가 파괴되었다. 1999년이 되어서야 유네스코 세계문화유산으로 지정되어 보호받기 시작했다. 처음 미썬을 발굴했던 프랑스 조사관 앙리 파르망티에는 참파 왕국의 예술적 성취를 보면서 수없이 감탄하였다고 한다. 힌두 건축술로 지어진 미썬 유적지에서 약 1,600년 동안 베트남 중남부를 호령했던 참파 왕국을 상상해보고 그들의 독특한 종교 · 문화도 살펴보자.

오픈 여름 05:30~17:00, 겨울 06:00~17:00 요금 150,000VND 전화 235-3731-309
홈피 www.mysonsanctuary.com.vn 지도 MAP 11 ⓔ

# 미썬 유적지 이렇게 여행하자

## HOW TO TRAVEL

### 미썬 유적지 가는 방법

**■ 투어 이용하기**

호이안에서 차로 1시간 거리에 위치하고 있지만 대중교통이 거의 없어 대부분 일일 투어를 이용한다.

**■ 개별적으로 가기**

다낭 버스터미널에서 매일 05:30~18:00에 30분 간격으로 출발한다. 요금은 25,000VND다. 1시간 30분 정도 걸린다. 버스에서 내린 후에는 택시나 쎄옴을 이용해 약 9km 떨어져 있는 유적지 입구(매표소와 박물관)로 가야한다. 매표소에서 입장료를 지불한 다음 자그마한 다리를 건너면 미니 전동차가 대기하고 있다. 이 전동차를 타고 다시 2km를 더 달리면 그제야 유적지가 나타난다.

### 일일 투어

투어는 크게 버스 투어와 보트 투어로 구분된다. 보트 투어는 투본 강도 둘러 보고 낌봉 마을(p.249)도 구경할 수 있어 알차다. 미썬 유적지는 숲 속에 있지만 매우 덥고 습하다. 가능하면 아침 일찍 출발하는 것을 추천한다. 사람이 많지 않아 조용하게 둘러 볼 수 있는 장점도 있다.

| 구분 | 출발시간 | | 비용 (입장료 불포함) |
|---|---|---|---|
| 버스 투어 (버스+버스) | 새벽 | 05:00~09:00 | 159,000~200,000VND |
| | 아침 | 08:00~13:00 | 99,000~150,000VND |
| 보트 투어 (버스+보트) | 새벽 | 05:00~10:30 | 215,000~260,000VND |
| | 아침 | 08:00~14:30 | 159,000~200,000VND |

유적지 안에 있는 70여 개의 사원과 탑은 건축 시기나 중요도와는 상관없이 발굴된 위치를 기준으로 그룹 지어 놓았다. 유적지 입구에서 제일 먼저 보이는 그룹 B와 C를 시작으로 반시계 방향으로 돌아보면 편리하다. 그룹 B → 그룹 C → 그룹 D → 그룹 A → 그룹 G → 그룹 E → 그룹 F 순으로 보고 나면 주차장이 나온다.

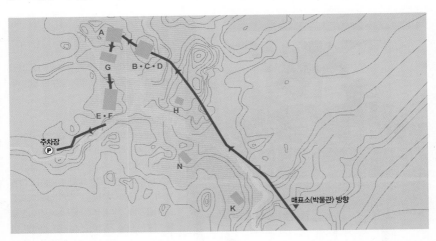

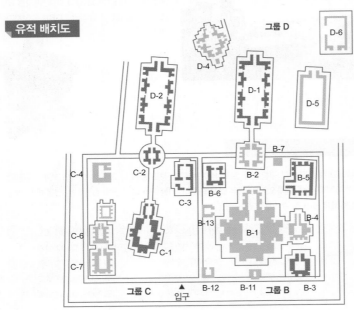

# 미썬 유적지 Thánh Địa Mỹ Sơn

관람 순서 그룹 B → 그룹 C → 그룹 D → 그룹 A → 그룹 G → 그룹 E → 그룹 F

## 그룹 B

미썬 유적지에서 보존 상태가 가장 좋은 사원군이다. 4세기 무렵 인도 문명을 적극 받아들인 바드라바르만 (Bhadravarman) 왕이 신화 속 왕 스리사나바드레바라 (Srisanabhadresvara)를 모시기 위해 지은 것이다.

### B-1

그룹 B의 중심 사원이다. 높이가 24m에 달하는 가장 큰 사원이었으나 베트남 전쟁 폭격으로 무너져 내렸다. 지금은 사원 내부에 안치되어 있던 링가만 남아 눈으로 확인할 수 있을 뿐이다. 원래 링가 위에는 화려한 덮개가 씌워져 있었다고 한다. 앙코르 왕국을 침략했을 만큼 힘이 셌던 자야 인드라바르만 4세가 링가 장식을 위해 232개의 황금, 82개의 보석, 67개의 진주, 200개의 은을 바쳤다고 한다. 사원 옆에 쓰러져 있는 비문에는 이러한 내용이 꼬불꼬불한 산스크리트어로 기록되어 있다.

B-1

### B-3

시바 신의 아들 스칸다(공작)을 기리는 소사당이다. 훼손이 크지 않아 힌두 건축 양식을 자세히 감상할 수 있다. 층층이 쌓아 올린 아치형 장식과 여신상을 안치해둔 불감(佛龕)이 신비로운 느낌을 준다. 옆으로 약간 기울었다.

### B-5

의식에 필요한 물건을 보관하는 보물 창고. 건축 원형이 잘 보존되어 있는 10세기 건축물로 배 모양을 한 둥근 지붕이 인상적이다. 한쪽으로 치우친 문 옆으로는 양손을 모으고 서 있는 여신상이 조각되어 있고 북쪽 창문 위로는 두 마리의 코끼리가 마주보는 모습이 장식되어 있다.

### B-6

의식에 사용하는 물을 보관하던 성수고. 입구에는 꽃받침 장식을 한 기둥이 서있으며 내부에는 타원형의 수조가 자리하고 있다. 오른쪽 벽과 지붕이 무너져 있다. 규모는 작은 편.

B-5

B-5

B-6

### 그룹 C

미션 유적지에 들어서면 왼쪽으로 가장 먼저 보이는 사원군이다. 시바 신을 모시는 사원으로 10〜11세기에 지어졌다. C-1, 2, 3를 제외한 나머지 소사당들은 많이 무너져 내려 형태를 알아보기 어렵다.

### C-1

그룹 C의 중심 사원이다. 오래된 연와들이 금방이라도 무너질 듯 쌓여 있다. 벽면에는 얼굴이 훼손된 시바 신의 모습이 조각되어 있어 눈길을 끈다. 사원 입구는 반대편에 있다. 사원 내부에는 8세기에 제작된 시바 신 조각상이 안치되어 있었으나 현재는 다낭의 참 조각 박물관(p.210)으로 옮겨져 있다. 조각상은 얼핏 보면 매우 동양적이지만 자세히 보면 큰 눈과 두꺼운 입술을 가진 참족의 외모를 살펴 볼 수 있다.

C-1
중심 사원

C-3
보물 창고

B-6
성수고

## C-2

C-1 입구 바로 맞은편에 있는 건축물이다. 의식을 행하기 위해 지나가는 누문이다. 계단으로 올라가는 네모난 모양의 문이 나있고 문 위는 세모난 빈 공간과 각종 장식으로 꾸며져 있다.

## C-3

보물 창고 코샤그리하다. 큰 특징은 없고 네모난 창문 안에 곡선 모양의 창기둥 하나가 빠져 있다.

### 그룹 D

그룹 B와 C 뒤편에 자리하고 있으며 기능적으로 연결되어 있다. 다른 건축물에 비해 규모가 커서 눈에 잘 띈다.

## D-1

그룹 D의 중심 사원이다. 긴 벽면에 새겨진 조각들이 아름다워 한참을 둘러보게 되는 곳이다. 화려한 문양과 장식을 한 기둥 사이사이에 여신상이 자리하고 있고 사원 앞에는 압사라 춤을 추는 석조 무희상이 놓여져 있다. 참파 왕국의 예술적 기교를 충분히 느껴볼 수 있다.

B-5
보물 창고

B-1
중심 사원

B-3
소사당

## D-2

누문 C-2 바로 뒤에 붙어 있는 긴 건축물로 D-1과 유사하게 생겼다. 의식이나 행사가 진행되는 장소 만다파로 쓰였다. 현재 미썬 유적지 박물관으로 사용 중이며 내부에는 시바, 가루다, 압사라 같이 힌두 사원에서 중요하게 생각하는 부조물들이 전시되어 있다.

D-2

### 그룹 A

1903년 최초 발굴 당시, 아름다운 장식과 뛰어난 건축 기술로 고고학자들을 놀라게 한 사원군이다. 아쉽게도 1969년 베트남 전쟁 폭격으로 파괴되고 흔적만 남아 있다. 그 중에서 A-1은 중심 사원으로 원래 높이가 28m에 달해 미썬 대탑으로 불렸다. 참파 건축 가운데 가장 완벽하다고 평가 받고 있는 귀한 유적이었지만 지금은 링가를 받치고 있던 거대한 요니 외에는 특별

한 볼거리가 없다. 참파 왕국이 번성했던 9~10세기에 지어진 것으로 A-1부터 A-13까지 번호가 매겨져 있다.

### 그룹 G

12~13세기 건축 양식이 돋보이는 사원군이다. 훼손이 심해 오랜 시간에 걸쳐 복원 작업이 진행되었다. 최근에 작업을 마치고 일반에게 공개하고 있다. 입구에서 가장 먼저 눈에 띠는 것은 만다파 G-3와 누문 G-2이다. 이 두 개의 건축물 너머로 중심 사원인 G-1이 모습을 보인다. 다른 사원들과는 달리 기단이 높고 세계의 계단을 두고 있는 모습이 매우 독특하다. 기단 아래쪽에 있는 오래된 조각상들이 볼만하다.

### 그룹 E

E-7

1074~1080년에 하리바르만(Harivarman) 4세가 건축한 사원들로 당시 전쟁으로 피폐해진 도시를 돌아보며 신에게 의지하는 마음으로 지었다고 한다. 유적의 상당 부분이 훼손되어 볼 수 있는 것이 많지 않지만 최근 복원 작업을 마친 E-7을 감상할 수 있다. 보물 창고 역할을 했던 코샤그리하로 배 모양의 둥근 지붕을 하고 있다. 이 곳의 중심 사원은 E-1. 미썬 유적지 가운데 가장 오래된 건축 양식을 갖고 있는 것이 특징. 현재는 흔적이 거의 남아 있지 않지만 1903년에 발굴된 제단 장식은 예술적 가치가 높고 보존 상태가 매우 좋아 현재 다낭의 참 조각 박물관(p.210)에 보관 중이다.

## 그룹 F·G·H·K

그룹 F는 그룹 E를 보고 나가면서 살펴볼 수 있다. 복원 작업 중으로 그 형태를 알아보기 어렵다. 그 외 나머지 그룹은 훼손 상태가 심해서 둘러보는 의미가 적다.

## Talk 참파 건축의 특징

미썬 유적지의 모든 건물은 붉은 연와로 지어졌다. 미썬 초기에는 목조 건물이었으나 자바인들의 습격으로 모두 불에 타자 그 이후에는 모두 연와로만 지었다. 별다른 접착물 없이 차곡차곡 쌓여 있는 것처럼 보이지만 당시에는 꿀과 설탕을 발라 단단하게 고정했다. 그래서 벌과 개미들이 상당했다고 한다. 사원의 구조는 신을 모시는 칼란을 중심으로 그 주변에 누문, 코샤그리하, 만다파, 성수고 등을 배치했다. 참파 왕국은 왕을 힌두교 3대신(브라흐만, 비슈누, 시바)과 동일시하는 신왕 사상을 가지고 있었기 때문에 칼란에는 반드시 권력을 상징하는 링가(Linga) 조각상이 있다. 그 밖에도 사원 곳곳에는 화신을 상징하는 부조와 조각이 가득하다.

### 용어 설명

**연와** 煉瓦 햇볕에 말리거나 구워서 만든 벽돌
**칼란** Kalan 신을 모시는 중심 사원. 주변에 소사당이나 부사당을 함께 둔다.
**누문** Gopura 첨탑 모양의 출입문. '템푸르'라고도 부른다.
**코샤그리하** Kosagrha 의식에 필요한 물건을 보관하는 장소. 보물창고로 불린다.
**만다파** Mandapa 의식이나 행사가 진행되는 장소. 영어로 'Hall'에 해당한다.
**성수고** 聖水庫 의식에 사용되는 성스러운 물을 보관하는 장소
**링가** Linga 주로 시바신을 숭배하며 모시는 남근 상징물. 강력한 힘(권능)을 상징한다.

CITY
06

마지막 봉건 왕조의 수도
# 후에

# Huế

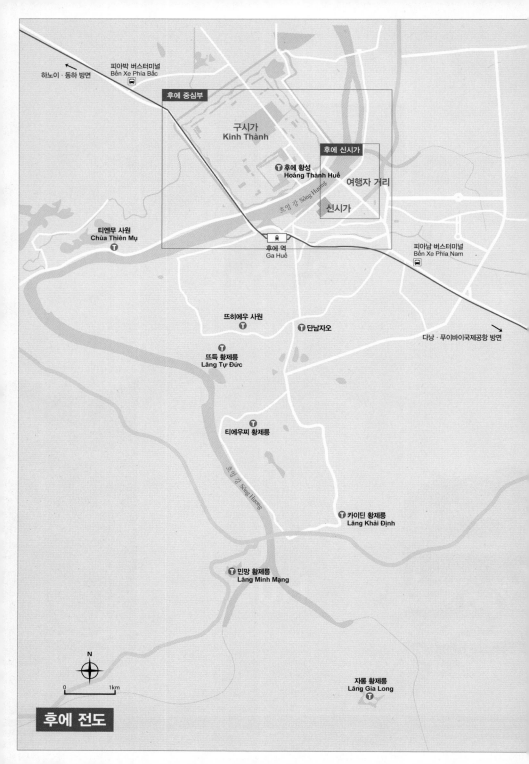

하노이 · 동하 방면

피아박 버스터미널
Bến Xe Phía Bắc

후에 중심부

구시가
Kinh Thành

후에 신시가

후에 황성
Hoàng Thành Huế

여행자 거리

신시가

호엉 강 Sông Hương

티엔무 사원
Chùa Thiên Mụ

후에 역
Ga Huế

피아남 버스터미널
Bến Xe Phía Nam

뜨히에우 사원

단남자오

다낭 · 푸이바이국제공항 방면

뜨득 황제릉
Lăng Tự Đức

티에우찌 황제릉

호엉 강 Sông Hương

카이딘 황제릉
Lăng Khải Định

민망 황제릉
Lăng Minh Mạng

N

0          1km

자롱 황제릉
Lăng Gia Long

후에 전도

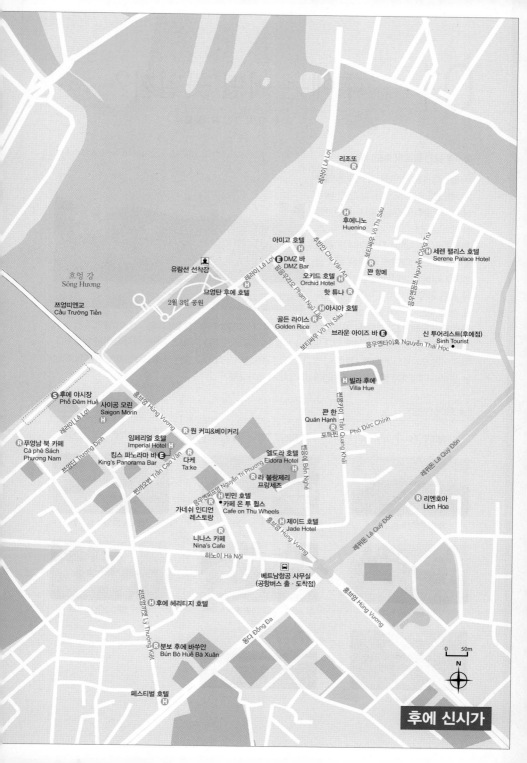

호엉 강
Sông Hương

쯔엉띠엔교
Cầu Trường Tiền

리조또 Ⓡ

후에니노 Ⓗ
Huenino

유람선 선착장

아미고 호텔 Ⓗ

Ⓔ DMZ 바
DMZ Bar

세렌 팰리스 호텔
Serene Palace Hotel

므엉탄 후에 호텔

오키드 호텔 Ⓗ
Orchid Hotel

꽌 항메

2월 3일 공원

핫 튜나 Ⓡ

골든 라이스 Ⓡ
Golden Rice

아시아 호텔

브라운 아이즈 바 Ⓔ

신 투어리스트(후에점)
Sinh Tourist

응우옌타이혹 Nguyễn Thái Học

빌라 후에 Ⓗ
Villa Hue

후에 야시장 Ⓢ
Phố Đêm Huế

사이공 모린 Ⓗ
Saigon Morin

꽌 한
Quán Hanh

원 커피&베이커리 Ⓡ

푸엉남 북 카페 Ⓡ
Cà phê Sách
Phương Nam

임페리얼 호텔 Ⓗ
Imperial Hotel

킹스 파노라마 바 Ⓔ
King's Panorama Bar

다케
Ta:ke

엘도라 호텔 Ⓗ
Eldora Hotel

라 불랑제리
프랑세즈

리엔호아 Ⓡ
Lien Hoa

가네쉬 인디언
레스토랑

빈민 호텔 Ⓗ
카페 온 투 휠스
Cafe on Thu Wheels

니나스 카페
Nina's Cafe

하노이 Hà Nội

제이드 호텔 Ⓗ
Jade Hotel

베트남항공 사무실
(공항버스 출 · 도착점)

후에 헤리티지 호텔 Ⓗ

분보 후에 바쑤안 Ⓢ
Bún Bò Huế Bà Xuân

동다 Đồng Da

페스티벌 호텔 Ⓗ

0    50m

N

후에 신시가

# 01 후에는 어떤 곳일까?

### ABOUT HUE

**마지막 봉건 왕조의 수도, 후에**

후에는 베트남 전역을 최초로 통일한 응우옌 왕조의 수도였다. 140년간 베트남 정치·문화의 중심지이자 파란만장한 베트남 근현대사의 주 무대였다. 천천히 흘러가는 흐엉 강 너머에는 황제들이 건설한 거대한 도시(구시가)와 황성이 자리하고 있다. 탄탄한 벽돌로 쌓아 올린 웅장한 성벽과 아름다운 건축물, 녹음 짙은 고목과 들풀 날리는 정원은 이곳이 오래된 도시였음을 말해준다. 비록 강대국의 손아귀에 무너진 왕조지만 그들이 남기고 간 흔적들은 고스란히 남아 여행자에게 시간 여행을 선물한다. 굴곡진 역사 외에도 후에는 매력이 많은 여행지다. 다른 어떤 도시보다 친절한 사람들이 많고 맛있는 음식들이 가득하다. 하루 여행으로는 아쉬움이 많이 남는 뜻밖의 여행지가 될지 모르니 시간을 좀 더 내서 돌아보자.

## ■ 후에 BEST

### BEST TO *Do*

후에 황성 ▶ p.286

카이딘 황제릉 ▶ p.294

민망 황제릉 ▶ p.295

### BEST TO *Eat*

꽌 한 ▶ p.300

레 자뎅 드 라 까람볼 ▶ p.301

킹스 파노라마 바 ▶ p.305

### BEST TO *Stay*

제이드 호텔 ▶ p.308

세렌 팰리스 ▶ p.308

# 02 후에 가는 방법

**HOW TO GO**

후에는 다낭과 가까워 다낭에서 찾는 여행자들이 많다. 기차와 버스 모두 자주 다니기 때문에 이동하기 쉽다. 반면에 남·북부 주요 도시에서 후에까지는 15~20시간이 넘는 장거리 구간. 그래서 비행기로 이동하는 경우가 더 많다. 단, 항공 편수가 일일 1~2편뿐이므로 미리미리 예약해야 한다

| 다낭 → 후에 오픈투어버스 3시간 | 호이안 → 후에 오픈투어버스 4시간 |
| --- | --- |

## 다낭에서 가기

### 오픈투어버스
■ 신 투어리스트 Sinh Tourist
09:15, 14:30 출발 / 3시간
소요 / 2월 3일 공원
(Công viên 3 Tháng 2)
앞 레러이 거리 도착

### 미니버스
다낭국제공항에서 후에까지 미니버스가 다닌다. 공항 안팎에서 표를 팔며 약 2시간 30분이 소요된다. 후에 피아남 버스터미널에서 여행자 거리인 팜응우라오(Phạm Ngũ Lão) 거리까지는 택시나 쎄옴으로 5분 걸린다.
오픈 08:00, 10:00, 14:00, 18:00, 20:30 요금 130,000VND

### 버스
다낭 시내에서 7km 떨어진 다낭 버스터미널(Trung Tâm Bến Xe Đà Nẵng)에서 후에로 가는 버스가 수시로 다닌다. 약 3시간이 걸린다.

### 기차
시내에서 가까운 다낭 역을 이용한다. 2시간 30분이 걸린다. 하루 8편이 다니며 낮 기차는 12:46, 14:13에 출발한다. 소프트 시트 요금은 60,000VND.

### 택시
다낭국제공항에서 택시를 타고 곧장 후에로

갈 수도 있다. 요금은 정해져 있어 바가지 걱정이 없다. 1km 거리당 요금이 저렴한 택시를 골라 타자.
소요시간 약 2시간 30분 요금 1,115,000~1,250,000VND

## 호이안에서 가기

### 오픈투어버스
■ 신 투어리스트 Sinh Tourist
08:30, 13:45 출발 / 4시간 소요 / 응우옌타이혹 거리에 있는 신 투어리스트 사무실 앞 도착
■ 땀한 Tam Hanh
08:00, 13:30 출발 / 4시간 소요 / 임페리얼 호텔 앞 훙브엉(Hùng
Vương) 거
리에 도착

## 하노이에서 가기

### 비행기
■ 베트남항공
1시간 10분 소요 / 푸바이국제공항(Sân Bay Quốc Tế Phú Bài) 도착

### 오픈투어버스
■ 신 투어리스트 Sinh Tourist
18:00 출발 / 14시간 30분 소요 / 2월 3일 공원(Công viên 3 Tháng 2) 앞 레러이 거리 도착

###  버스

구시가에서 가까운 르 엉연 버스터미널에서 갈 수 있다. 미딘과 잡밧 버스터미널에서도 버스가 자주 다닌다. 후에 피아박 버스터미널에 도착하면 여행자 거리인 팜응우라오 거리까지는 택시나 쎄옴으로 15분이 걸린다.

■ 르엉연 버스터미널 Bến Xe Lương Yên
07:00, 11:00, 13:00, 14:00, 15:00, 19:00, 20:30, 23:00, 02:42 출발 / 15시간 40분 소요 / 후에 피아박 버스터미널(Bến Xe Phía Bắc) 도착

### 기차

하노이에서 후에까지는 약 12시간 30분이 소요된다. 야간열차도 일일 3편이 다닌다. 가장 속도가 빠른 열차 SE3은 22:00에 출발해 다음 날 10:27에 도착한다.

## 그 외 도시에서 가기

### 비행기

호찌민시의 떤선녓국제공항에서 후에의 푸바 이국제공항까지는 1시간 20분이 걸린다. 베트남항공, 비엣젯, 젯스타에서 모두 운항한다.

### 오픈투어버스

냐짱의 신 투어리스트에서 매일 19:00에 출발한다. 호이안을 거쳐 15시간이 걸린다. 달랏, 무이네, 호찌민시에서 출발하는 버스는 모두 냐짱과 호이안을 거쳐서 후에로 간다. 19시간, 20시간, 25시간이 소요되는 장거리 구간이라 이용객이 많지 않다.

###  기차

하노이↔호찌민시를 오가는 통일열차가 모두 후에 역(Ga Huế)을 지난다. 냐짱 성당 근처에 있는 냐짱 역에서 하루 7편의 기차가 출발한다. 가장 속도가 빠른 SE4 열차는 05:00에 출발하고 약 12시간 뒤인 16:39에 도착한다. 야간침대열차 SE22는 20:11에 출발해 다음 날 10:04에 도착한다. 달랏, 무이네에는 기차가 다니지 않으므로 냐짱으로 가야 한다. 호찌민시에서는 매일 6편의 기차가 출발하며 가장 속도가 빠른 열차 SE4는 밤 22:00에 떠나 다음 날 16:39에 도착한다.

| 주요 시설 정보 | |
|---|---|
| **피아박 버스터미널**<br>Bến Xe Phía Bắc | 위치 신시가에서 구시가 북쪽 방향 택시로 15분<br>지도 MAP 13 ⓐ |
| **피아남 버스터미널**<br>Bến Xe Phía Nam | 위치 신시가 빅 씨를 지나 택시로 5분<br>지도 MAP 13 ⓑ |
| **후에 역**<br>Ga Huế | 위치 쯔엉띠엔교에서 레러이 거리를 따라 택시로 5분 또는 도보 25분<br>주소 2 Bùi Thị Xuân<br>오픈 사전 예약 창구 07:30~12:00, 13:30~17:30 지도 MAP 15 ⓚ |
| **신 투어리스트**<br>Sinh Tourist<br>(후에점) | 위치 여행자 숙소가 밀집된 레러이 거리 안쪽 응우옌타이혹 거리 중간<br>주소 37 Nguyễn Thái Học 오픈 06:30~20:30<br>홈피 www.thesinhtourist.vn 지도 MAP 14 ⓓ |
| **카페 온 투 휠스**<br>Cafe on Thu Wheels | 위치 홍브엉 거리를 지나 응우옌찌프엉 거리에 있는 빈민 호텔과 가네쉬 인도 음식점 사이 골목 사이<br>주소 34 Nguyễn Tri Phương 오픈 09:00~22:00<br>전화 234-3832-241 지도 MAP 14 ⓔ |

# 03 공항-시내 이동 방법

## AIRPORT TRANSPORT

후에의 푸바이국제공항(Sân Bay Quốc Tế Phú Bài)은 신시가에서 남쪽으로 약 17km 떨어져 있다. 여행자 거리는 신시가 북쪽 팜응우라오(Phạm Ngũ Lão) 거리이고 중심가는 임페리얼 호텔이 있는 훙브엉(Hùng Vương) 거리다.

### 택시

후에 공항에서 호텔까지 가는 가장 빠른 방법이며 약 20분이 걸린다. 신시가로 가는 택시 요금은 택시 승차장 입구에 안내판 형태로 공개되어 있다. 확인하고 탑승하면 된다. 차종에 따라 요금이 조금씩 다른데 4인승 모닝 택시가 가장 저렴하다.

위치 공항 밖으로 나와 정면에 있는 택시 승차장에서 탑승 오픈 24시간 요금 160,000~220,000VND

### 공항버스

시내까지 가장 저렴하게 갈 수 있는 방법이다. 공항 안팎에 있는 버스 티켓 부스에서 표를 사서 탑승하면 된다. 약 20분이 소요되며 신시가에 있는 베트남항공 사무실(주소 20 Hà Nội 오픈 07:00~19:00 지도 MAP 14 ⓒ) 앞에 내려준다. 이른 새벽이나 밤늦

은 시간에는 이용하기 어려울 수 있다. 시내에서 공항으로 갈 때도 편리하게 이용할 수 있다. 자신이 타는 비행기 편명이나 출발 시간을 말해주면 그에 맞는 공항버스 시간을 알려준다. 보통 비행기 출발 2시간 전이며 표는 전날에 사놓는 것이 좋다.

위치 공항 밖에 있는 버스 티켓 부스 앞 오픈 비행기 도착 시간에 맞추어서 대기 요금 50,000VND

# 04

# 후에 시내 교통

## CITY TRANSPORT

흐엉 강을 중심으로 신시가와 구시가로 구분된다. 도보로 20~25분 거리지만 날씨가 워낙 더워 걷기 힘들 수 있다. 택시, 쎄옴, 씨클로를 적절히 이용하자.

### 택시

신시가와 구시가를 오갈 때 자주 타게 된다. 황제릉을 개별적으로 돌아볼 때도 유용한 교통수단이다. 2인 이상이면 여행사 그룹투어보다 편하고 저렴하다. 택시 대절 정보는 이렇게 여행하자 (p.283)를 확인하자.

**TIP**

**주요 택시 브랜드**

마이린 Mai Linh 전화 234-3-898989

길리 Gili 전화 234-3-828282

| 출발지 → 목적지 | 거리 | 시간 | 적정 요금 |
|---|---|---|---|
| 피아남 버스정류장 → 빅 씨 | 1.3km | 3분 | 14,000~18,000VND |
| 후에 황성 → 피아남 버스정류장 | 3.5km | 10분 | 40,000~47,000VND |

### 쎄옴

신시가에서 구시가를 오갈 때는 15,000~20,000VND이면 충분하다. 쎄옴으로 티엔무 사원과 황제릉 3곳을 둘러본다면 대기시간까지 포함해서 300,000~350,000VND에 흥정해 볼 수 있다. 호텔이나 여행사에 부탁하면 믿을만한 쎄옴 기사를 불러 주기도 한다.

### 씨클로

신시가에서 구시가로 갈 때 씨클로를 이용하면 운치있고 편안하다. 신시가의 임페리얼 호텔이나 팜응우라오 거리에서 후에 황성까지는 20,000VND면 충분하다. 성벽을 따라 한 바퀴 돈다면 50,000~60,000VND에 흥정할 수 있다.

### 오토바이 · 자전거 대여

모두 여행자 거리인 팜응우라오 거리에서 쉽게 빌릴 수 있다. 자전거는 신시가와 구시가를 돌아다니기에 편하다. 비용은 하루 30,000~40,000VND. 하지만 황제릉은 거리가 너무 멀고 언덕이 많아 힘들다. 오토바이는 120,000~180,000VND에 대여할 수 있다. 길이 멀고 험한 자롱 황제릉을 제외하면 나머지 황제릉은 충분히 돌아볼 수 있다.

# 05 후에 이렇게 여행하자

## TRAVEL COURSE

### 여행 방법

오전·오후로 나누어서 후에 황성과 황제릉을 각각 돌아보면 된다. 후에 황성은 개별적으로 둘러보고 황제릉만 투어나 택시로 다녀오는 방법을 추천한다. 후에 황성은 규모가 크고 볼거리가 많으므로 최소 2시간 정도는 시간을 할애하자. 덜 더운 이른 아침이나 더위가 한풀 꺾이는 4~5시쯤 방문하는 것이 좋다.

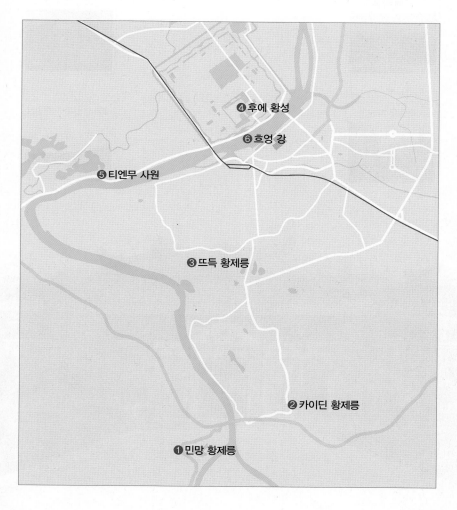

❹ 후에 황성

❻ 흐엉 강

❺ 티엔무 사원

❸ 뜨득 황제릉

❷ 카이딘 황제릉

❶ 민망 황제릉

## 추천 코스

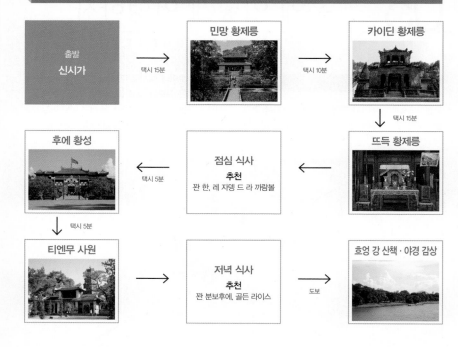

| | | |
|---|---|---|
| **출발**<br>**신시가** | 택시 15분 → | **민망 황제릉** |

택시 10분 →

**카이딘 황제릉**

택시 15분 ↓

**뜨득 황제릉**

후에 황성 ← 택시 5분 ← **점심 식사**<br>**추천**<br>꽌 한, 레 자뎅 드 라 까람볼 ← **뜨득 황제릉**

택시 5분 ↓

**티엔무 사원** → **저녁 식사**<br>**추천**<br>꽌 분보후에, 골든 라이스 → 도보 → **흐엉 강 산책 · 야경 감상**

## 일일 투어

황제릉은 후에 외곽에 흩어져 있어 대부분 여행사 그룹투어를 이용한다. 투어에는 후에 황성, 티엔무 사원, 흐엉 강 보트까지 포함되어 있어 가격대비 알차다. 하지만 시간이 여유롭지 못한 것이 단점. 후에 황성은 개별적으로 여유롭게 보고 황제릉만 다녀오는 투어를 이용하는 것도 좋은 방법이다. 투어는 후에의 모든 호텔과 여행사에서 쉽게 신청할 수 있다.

■ **황제릉 3곳−티엔무 사원−후에 황성 코스**
투어시간 출발 08:00, 도착 17:00 요금 250,000~260,000VND

※포함 내역 : 가이드비, 차편, 보트비, 점심식사
　불포함 내역 : 입장료, 간식&음료, 팁, 그 외 개인비용

## 택시 대절

일행이 2~4인이라면 택시를 빌리는 것도 저렴하고 효율적이다. 명소들을 구경할 때는 밖에서 기다려 준다. 이때는 미터기에 대기 요금이 올라가는데 4분에 2,000VND 정도로 매우 저렴하니 염려하지 않아도 된다. 요금은 미터기로 해도 되고 흥정해서 결정해도 된다.

■ **황제릉 3곳−티엔무 사원 코스**
소요시간 4~5시간 요금 520,000~640,000VND(대기 요금 포함/입장료 별도)

# Sightseeing

## 흐엉 강
### Sông Hương

Huong River

후에에 도착하면 제일 먼저 만나게 되는 아름다운 강이다. 강 주변으로 풍성하게 자란 꽃과 나무가 그윽한 향기를 낸다고 하여 영어로는 퍼퓸 리버(Perfume River), 한자로는 향강(香江)이라 한다. 라오스에서 베트남에 걸쳐 뻗어있는 안남 산맥(Dãy Trường Sơn)에서 시작된 강의 지류로 강이 깊고 유속이 느린 것이 특징. 그래서일까. 그저 바라만 보고 있어도 마음이 편안해진다. 한낮에는 햇볕이 강렬해 구경하기 어렵지만 일출이나 일몰 시간에 산책하면 멋진 풍경을 감상할 수 있다. 드래곤 보트를 타고 강을 한 바퀴 돌아볼 수도 있고 황제릉 투어에 포함된 보트를 타고 둘러볼 수도 있다. 강 위로는 신시가와 구시가를 연결하는 세 개의 다리(쯔엉띠엔교, 푸쑤언교, 박호교)가 놓여 있다.

위치 신시가에서 구시가 방향으로 도보 10분 지도 MAP 15

## 쯔엉띠엔교
### Cầu Trường Tiền

Truong Tien Bridge

후에의 구시가와 신시가를 연결하는 401m 길이의 다리다. '짱띠엔교'로도 불린다. 하노이의 롱비엔교와 함께 귀스타프 에펠이 디자인한 것으로 유명하다. 프랑스 식민시절인 1899년에 완공된 이 다리는 불운하게도 태풍과 전쟁 공습으로 파괴되고 복구되기를 여러 번 반복했다. 처음에는 자동차와 오토바이만 통행하던 다리였으나 1937년에는 자전거와 사람이 건널 수 있도록 확장했고 1991년부터 1995년까지는 대대적인 보수공사를 진행해 오늘날의 모습을 갖추었다. 저녁에는 다리에 불을 켜고 조명 쇼도 한다. 월~금요일에는 18:30~19:30, 주말에는 22:00까지다.

위치 신시가의 흥브엉 거리와 연결 지도 MAP 15 ⓖⓗ

# 후에 공립 고등학교
Trường Quốc Học

National School

민족의 영웅 호찌민이 다녔던 학교로 유명하다. 웅장한 적갈색 건물이 눈길을 끈다. 쯔엉꾁혹은1896년 응우옌 왕조 때 세워진 국립 학교로 당시에는 왕족과 귀족 자녀들이 프랑스식 교육을 받던 곳이다. 호찌민은 아버지의 지인에게서 배운 프랑스어를 조금 할 수 있어 겨우 입학했지만 친구들과 잘 어울리지 못했다고 한다. 농민들에게 높은 세금을 부과하고 강제 노역에 동원하는 프랑스 식민 정책을 반대하는 시위에 참여했다가 퇴학당하기도 했다. 베트남 전쟁을 진두지휘했던 장군 보응우옌지압(Võ Nguyên Giáp), 통일 베트남의 총리 팜반동(Phạm Văn Đồng), 초대 대통령 응오딘지엠(Ngô Đình Diệm)과 같은 유명 인사들이 졸업한 학교이며 지금도 하노이와 호찌민시의 유명 고등학교와 함께 베트남 3대 명문고에 속한다. 교정에는 호찌민(Nguyễn Tất Thành)의 동상이 세워져 있다.

위치 푸쑤언교에서 도보 10분 주소 12 Lê Lợi 오픈 수업 중 출입 제한 요금 무료 전화 234-3823-234 지도 MAP 15 Ⓚ

# 구시가
Kinh Thành

Citadel

1802년 자롱(Gia Long) 황제가 응우옌 왕조를 세우고 후에에 수도를 천명하면서 건설한 도시다. 가로·세로 2.5km가 넘는 넓은 면적을 차지하고 있으며 걸어서 한 바퀴 도는데 2시간이 걸릴 정도로 규모가 크다. 두께 2m, 높이 5m에 달하는 탄탄한 성벽과 4m 깊이의 해자(성 주위에 둘러 판 연못)로 둘러싸여 있으며 내부에는 깃발탑, 황성(궁전), 대학, 시장, 마을 등이 자리하고 있었다. 그중에서 황성은 역대 황제들이 살았던 공간으로 오늘날 후에를 대표하는 관광명소가 되었다. 사실 50년 전만해도 구시가는 봉건 시대의 잔재라는 이유로 아무에게도 관심 받지 못했다. 베트남 정부의 쇄신정책으로 역사적 가치를 재평가 받았으며 1993년 유네스코 세계문화유산으로 등재되었다.

위치 푸쑤언교 건너편 왼쪽에 보이는 주차장을 지나 좁은 다리와 아치형 문(응안문)으로 입장 주소 Lê Duẩn & Trần Hưng Đạo 오픈 24시간 요금 무료 지도 MAP 15 Ⓕ

# 후에 황성
## Hoàng Thành Huế

Imperial City

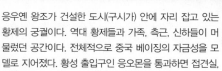

응우옌 왕조가 건설한 도시(구시가) 안에 자리 잡고 있는 황제의 궁궐이다. 역대 황제들과 가족, 측근, 신하들이 머물렀던 공간이다. 전체적으로 중국 베이징의 자금성을 모델로 지어졌다. 황성 출입구인 응오몬을 통과하면 접견실, 황실, 연회장, 종묘 같은 여러 건물을 차례로 만나 볼 수 있다. 이 건축물들은 모두 한 번에 지어진 것이 아니라 역대 황제들이 하나씩 하나씩 필요에 의해 지은 것이다. 그래서 건축 연도와 건축 양식에서 다양한 차이를 보인다. 반나절을 투자해도 아깝지 않을 만큼 규모가 크고 볼거리가 많아 최소 2시간 이상 투자하는 것을 추천한다. 동선은 꼼꼼 가이드에서 소개하는 (1)〜(13) 순서를 따르면 된다. 황성 입구인 응오몬에서는 09:00〜09:30에 위병 교대식이 있으며 황실 연회장 주옛티드엉에서는 10:00, 15:00에 40분간 궁중 공연이 열린다.

<u>위치</u> 구시가 중앙에 있는 응오몬으로 입장 <u>주소</u> Hai Mươi Ba Tháng Tám <u>오픈</u> 08:00〜17:30 <u>요금</u> 성인 150,000VND, 7〜12세 어린이 30,000VND(황제릉 패키지 티켓 별도 판매) <u>지도</u> MAP 15 ⓕⓖ

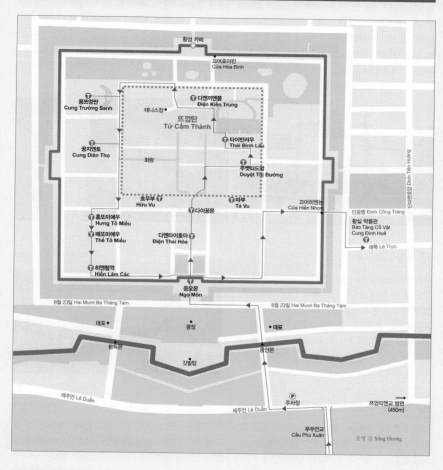

황성 카페

끄어호아빈
Cửa Hòa Bình

꿍쯔엉싼
Cung Trường Sanh

테니스장

디엔끼엔쫑
Điện Kiến Trung

뜨껌탄
Tử Cấm Thành

타이빈러우
Thái Bình Lầu

꿍지엔토
Cung Diên Thọ

회랑

주옛티드엉
Duyệt Thị Đường

딘띠엔호앙 Đinh Tiến Hoàng

흐우부
Hữu Vu

따부
Tả Vu

끄어히엔논
Cửa Hiển Nhơn

흥또미에우
Hưng Tổ Miếu

다이꿍몬

딘꽁짱 Đinh Công Tráng

황실 박물관
Bảo Tàng Cổ Vật
Cung Đình Huế

떼또미에우
Thế Tổ Miếu

디엔타이호아
Điện Thái Hòa

레쯕 Lê Trực

히엔럼깍
Hiển Lâm Các

응오몬
Ngọ Môn

8월 23일 Hai Mươi Ba Tháng Tám

8월 23일 Hai Mươi Ba Tháng Tám

대포

광장

대포

광득몬

깃발탑

응안몬

레주언 Lê Duẩn

레주언 Lê Duẩn

주차장

쯔엉띠엔교 방면
(450m)

푸쑤언교
Cầu Phú Xuân

호엉 강 Sông Hương

## 01 응오몬 Ngọ Môn

Noon Gate

황성을 출입하는 웅장한 성문이다. 정오의 문(午門)이라는 뜻으로 낮 12시가 되면 태양이 성문 꼭대기에 있다고 해서 붙여진 이름이다. 응우옌 왕조의 2대 황제 민망(Minh Mạng) 재임 시절에 지어진 것으로 높이 17m의 석루 위에 기와지붕을 얹혀 모양새가 웅장하다. 응오몬에는 5개의 문이 나 있는데 불사조가 그려진 중앙의 큰 문으로는 황제가, 양쪽의 두 문으로는 문무대신이, 나머지 문으로는 궁인들이 다녔다. 성문 위에서는 황제와 고관들이 국가 행사를 참관하거나 무인들이 황성을 드나드는 병력을 감시했다.

287

## 02 디엔타이호아 Điện Thái Hòa
Thai Hoa Palace

화려한 패방과 연못을 지나면 번쩍이는 노란 지붕을 얹은 건축물이 보인다. 역대 황제들의 즉위식을 거행했던 장소다. 황제의 탄생 축하, 새해맞이 인사, 제사 의식 같은 중요한 행사들이 모두 이곳에서 치러졌다. 평소에는 황제를 알현하기 위해 방문하는 손님, 조정 관리, 귀족들이 기다리는 접견실로 쓰였다. 디엔타이호아는 자롱 황제 재위 시절인 1805년 4월에 공사를 시작해 그해 10월에 완성하였으며 민망 황제가 1833년에 더욱 화려하게 치장하였다고 한다. 내부에는 태화전(太和殿)이라고 쓰인 현판이 붙어 있고 그 아래로는 80개의 붉은 목조 기둥과 황제가 앉았던 황금빛 왕좌가 자리하고 있다.

## 03 따부 · 흐우부 Tả Vu và Hữu Vu
Left House & Right House

디엔타이호아를 지나 다이꿍몬을 통과하면 양쪽으로 건물 두 채가 보인다. 오른쪽에 있는 따부는 문신들(왕의 왼쪽)이 국사를 연구하고 논의하던 장소였고 왼쪽에 있는 흐우부는 무신들(왕의 오른쪽)이 무예를 연구하고 실습하던 장소로 알려져 있다. 현재는 특별히 볼거리가 있는 것은 아니고 휴게소와 기념촬영 장소로 쓰고 있다.

## 04 뜨껌탄 Tử Cấm Thành
Forbidden City

따부와 흐우부 사이에 있는 궁터 오른편의 붉은 회랑을 따라 들어가면 넓은 잔디밭이 펼쳐진다. 원래 이곳은 황제의 집무실과 침소, 연회장, 서재 등이 자리한 매우 사적인 공간이었다. 황성 안에서도 제일 중요한 곳이었던 만큼 당시에는 출입이 엄격하게 제한되었다. 지금은 베트남 전쟁의 폭격으로 대부분 소실되고 흔적만 남아 있다. 눈으로 확인할 수 있는 건축물은 연회장 주옛티드엉과 서재 타이빈러우 뿐이고 침소였던 디엔끼엔쭝은 터만 남아 있는 상태.

## ⑤ 주옛티드엉 Duyệt Thị Đường Royal Theatre

1826년 민망 황제가 만든 연회장이다. 붉은 회랑 오른쪽 창문 너머로 보이는 연노란색 건물이다. 이곳은 오로지 왕족만을 위한 문화 공간으로 음악, 무용, 연극 등이 공연되었다. 원래 건물은 무너져 내렸고 2004년에 유사한 모양으로 신축해 여행자를 위한 공연장으로 활용하고 있다. 매일 10:00와 15:00에 궁중 음악과 무용을 선보인다. 그중에서도 궁중 무용 냐냑(Nhã nhạc)은 유네스코 세계무형문화재로 등록되어 있을 만큼 소중한 볼거리다. 40분 동안 진행된다.

## ⑥ 타이빈러우 Thái Bình Lâu Thai Binh Reading Pavilion

응우옌 왕조의 3대 황제 티에우찌(Thiệu Trị)가 1847년에 만든 서재. 황성 안에서 가장 아름다운 공간으로 손꼽힌다. 12대 황제 카이딘(Khải Định)이 1921년에 공들여 복원한 뒤 이곳에서 책을 읽고 휴식을 취하며 시간을 보냈다고 한다. 두꺼운 돌과 계단으로 기단을 만들고 화려한 장식으로 지붕을 높이 올려 시선이 절로 가는 목조 건물. 내부도 외관 못지않게 독특하다. 붉은 글씨로 태평루(太平樓)라고 쓰여진 현판 아래에는 한눈에 봐도 고급스러운 탁자와 의자가 놓여 있고 잘 손질된 나무문이 사방을 둘러싸고 있다. 문양이 화려한 타일 바닥과 벽 장식, 도자기 소품 등이 앤티크한 분위기를 더한다. 또한, 서재 앞으로는 예상치 못한 연못과 정원이 자리하고 있어 한참을 둘러 보게 된다.

## ⑦ 디엔끼엔쭝 Điện Kiến Trung Kien Trung Palace

타이빈러우를 나오면 넓은 정원 안에 황금빛 용 조형물이 보인다. 원래 이곳은 역대 황제들이 가족과 함께 일상 생활을 영위하던 궁전이었다. 카이딘 황제가 1923년에 궁전을 새롭게 지었으며 그의 아들이자 응우옌 왕조의 마지막 황제 바오다이도 이곳에서 생활했다. 당시 궁전은 프랑스와 이탈리아, 베트남 전통 양식이 혼합된 독특한 건축물이었다고 한다. 베트남 독립 후인 1946년에 베트민(호찌민이 조직한 독립운동단체)에 의해 파괴되었으며 현재는 궁전터만 남아 있다. 이곳에 올라서면 뜨껌탄 전체가 시원하게 내다보인다.

**TIP**

궁전터 옆에는 바오다이 황제가 사용했던 테니스장이 보인다. 그 옆으로 작은 성문이 나 있는데 나가자마자 왼쪽으로 뻗은 길을 따라 걷자. 그러면 8번째 볼거리인 '꿍쯔엉싼'이 나온다. 황성 서쪽의 명소들이 그 주변에 모두 모여 있으니 길을 잃지 않도록 신경 쓰자.

## 08 꿍쯔엉싼 Cung Trường Sanh
Truong Sanh Residence

1822년 민망 황제가 어머니의 휴식처로 만든 궁이다. 오래오래 편안하기를 바라는 마음을 담아 장녕궁(長寧宮)이라 이름 붙였다. 초승달 모양의 연못과 느티나무 정원의 풍경이 남달라 3대 황제 티에우찌(Thiệu Trị)는 이곳을 후에에서 가장 아름다운 곳이라 칭송하였다. 이후에도 역대 황제들의 어머니와 왕비들이 지내던 거처로 사용되었다. 1923년 카이딘 황제가 대대적인 보수 공사를 진행하였으며 당시 이곳에 머물고 있던 동칸 황제의 두 번째 왕비를 위해 장생궁(長生宮)으로 이름을 바꾸었다.

## 09 꿍지엔토 Cung Diên Thọ
Dien Tho Residence

자롱 황제가 응우옌 왕조를 세우고 자신의 권력을 보여주고자 만든 여러 건축물 중에 어머니에게 바쳤던 것이다. 자신의 어머니가 이곳에서 편안하게 오래 살기를 바라는 마음으로 장수궁(長壽宮)이라 명명했다. 자롱 황제 이후에도 응우옌 왕조의 모든 황제가 자신의 어머니를 이곳에 모시면서 건물을 수시로 정비하고 보수하였다. 덕분에 초기 건축 원형이 잘 보존되어 있어 건축적·예술적 가치가 높다. 1916년 카이딘 황제가 어머니의 영생을 기원하며 연수궁(延壽宮)으로 바꾼 이름이 오늘에 이르고 있다.

## 10 흥또미에우 Hưng Tổ Miếu
Hung To Mieu Temple

자롱 황제가 아버지와 어머니 사후에 제사를 지내던 곳이다. 미에우는 묘(廟)를, 흥또는 아버지 흥조(興祖)를 뜻한다. 유교 이념에 따라 아버지의 기일에 맞추어 진행되었으며 여자들의 출입은 제한되었다. 1804년에 지어졌으나 전쟁으로 파괴되어 1951년에 재건됐다.

## ⑪ 떼또미에우 Thế Tổ Miếu

자롱 황제 사후 그의 공덕을 기리기 위해 1822년에 지은 종묘다. 떼또는 세조 世祖라는 뜻으로 자롱 황제를 가리키는 말이다. 지금은 자롱 황제뿐만 아니라 역대 황제 9명을 함께 모시고 있다. 자롱 황제를 중앙에 두고 왼쪽으로는 티에우찌, 키엔푹, 카이딘, 뚜이딴 황제가, 오른쪽으로는 민망, 뜨득, 동칸, 함응이, 탄타이 황제의 위패가 자리하고 있다. 과거에는 이곳에서 해마다 큰 규모의 제사를 지냈다고 한다. 응우옌 왕조의 황제는 모두 13명인데 5대, 6대 황제는 어린 나이에 폐위되어 이곳에 이름을 올리지 못했다. 응우옌 왕조의 마지막 황제 바오다이는 프랑스 파리에서 사망하여 그곳에 묻혀 있다. 세조묘 앞에는 9개의 청동 쇠솥이 일렬로 놓여 있어 호기심을 자극한다. 각각의 쇠솥은 응우옌 왕조의 황제를 상징하는 것으로 1대 황제부터 9대 황제까지 각기 다른 크기와 문양을 가지고 있다. 중간에 있는 가장 크고 무거운 쇠솥이 자롱 황제의 것이다.

## ⑫ 히엔럼깍 Hiển Lâm Các   Hien Lam Pavilon

1824년 민망 황제가 세운 3층 누각이다. 왕조를 세우는데 공을 세운 이들을 기리는 장소다. 후에 황성에서 가장 높은 건물로 높이 17m를 자랑한다. 내부에는 커다란 종과 북이 걸려 있는데 성문을 여닫을 때 쳤다.

## ⑬ 황실 박물관 Bảo Tàng Cổ Vật Cung Đình Huế

응우옌 왕조(1802~1945)의 유물을 전시하는 박물관이다. 황실 생활사를 비롯해 당대 최고의 장인들이 만들어낸 미술품, 조각품, 수공예품 등을 볼 수 있다. 기품 있고 수려한 작품들이 많아 시간을 할애해서 볼만하다. 1923년 카이딘 황제가 왕조의 전통성과 힘을 보여주기 위해 개관한 박물관으로 3대 황제 티에우찌가 지은 용안궁(Điện Long An) 안에 꾸며져 있다. 2012년 대대적인 리노베이션을 진행해 의복, 장신구, 가구, 도자기, 의례품, 조공품 등 유물 수백 점을 보기 좋게 전시하고 있다.

위치 ①후에 황성 출구 표시를 따라 나와 길 건너 편에 있는 레쪽 거리 안에 위치, 도보 5분 ②후에 황성 출구에 있는 무료 전동차로 2분 주소 3 Lê Trực 오픈 08:00~ 11:30, 13:30~17:00 요금 후에 황성 입장료에 포함

# 티엔무 사원

## Chùa Thiên Mụ

Thien Mu Pagoda

응우옌 왕조의 탄생과 관련이 있는 불교 사원이다. 후에 지방을 다스리고 있던 지방 군주 응우옌호앙(Nguyễn Hoàng)이 하늘에서 내려온 여신으로부터 새로운 통치자가 나타나 나라를 세우고 번영할 것이라는 예언을 듣는다. 눈썹과 머리카락이 하얀 여신의 예언을 귀담아들은 그는 하늘을 뜻하는 티엔(Thiên)과 노파를 뜻하는 무(Mụ)를 합쳐 티엔무라는 이름의 사원을 세웠다. 얼마 뒤 그녀의 예언대로 자롱 황제가 나타나 응우옌 왕조를 건국했고 이를 신비롭게 여긴 왕족들이 티엔무 사원을 대대손손 각별하게 아꼈다고 한다. 특히 3대 황제 티에우찌는 사원 내에 21m가 넘는 7층 높이의 팔각 석탑을 짓고 층층이 불상을 안치하는 정성을 보였다. 그리고 석탑 한쪽에는 사원의 역사를 새긴 거북이 비석을 세우고 다른 한쪽에는 2톤짜리 종을 두었다. 대웅전은 석탑 뒤쪽으로 더 들어가면 나온다.

<u>위치</u> 후에 황성 앞 레주언 거리에서 택시나 쎄옴으로 10분 <u>주소</u> Kim Long <u>오픈</u> 08:00~17:00 <u>요금</u> 무료 <u>지도</u> MAP 13 Ⓐ

---

**Talk** 팃꽝득 승려 Thích Quảng Đức

이 사원에서 수행하던 팃꽝득(1897~1963) 승려는 당시 천주교를 옹호하면서 불교를 탄압하던 남베트남 부패정권 응오딘지엠에 맞서 분신자살을 한 인물이다. 컬러 사진 속 그는 온몸이 화염에 휩싸였는데도 평안한 얼굴로 가부좌를 틀고 앉아 있어 충격을 준다. 베트남 국민은 물론 외신 기자들도 크게 놀란 사건으로 기록되어 있다. 정원에 전시된 파란색 오스틴 자동차는 그가 분신자살을 하러 호찌민시로 갈 때 몰았던 것이다.

# 뜨득 황제릉
Lăng Tự Đức

Tomb of Emperor Tu Duc

응우옌 왕조의 4대 황제 뜨득의 묘로 구시가에서 남쪽으로 약 8km 떨어진 곳에 위치하고 있다. 13명의 황제 가운데 가장 오랫동안(1847~1883) 통치했던 왕으로 다른 황제들이 그러했듯이 뜨득 황제 역시 살아생전에 자신의 무덤을 지어 놓고 이곳에서 호화로운 생활을 즐겼다. 50가지 요리를 50명의 하인이 하나하나 시중을 든 이야기, 연꽃 잎에 맺힌 이슬을 모아다 차를 마셨다는 이야기는 황제의 일상을 알 수 있는 씁쓸한 일화다. 3,000여 명의 인부가 3년에 걸쳐 만든 이 황제릉은 무덤인지 궁궐인지 구분이 되지 않을 정도로 규모가 크다. 황제릉의 입구인 무겸문(Vụ Khiêm Mon)을 지나 묘역에 들어서면 연꽃 호수 ❶유겸호(Hồ Lưu Khiêm)가 보인다. 양쪽으로는 두 개의 정자도 자리하고 있다. 카트린느 드뇌브 주연의 1992년작 영화 〈인도차이나〉의 촬영 장소로 쓰였을 만큼 정적이고 고요한 분위기. 호수 맞은편 계단을 오르면 ❷화겸전(Điện Hòa Khiêm)이 나온다. 당시에는 집무실로, 사후에는 황제와 왕비를 모시는 사당이 되었다. 뒤편에는 오페라와 무용을 즐기곤 했던 황제의 공연장 명겸로(Minh Khiêm Đường)와 황제의 침소였다가 어머니를 모시는 사당으로 바뀐 양겸전(Điện Lương Khiêm)이 자리하고 있다. 뜨득 황제의 무덤(Lăng Mộ Vua Tự Đức)은 이곳을 빠져 나와 호수 북쪽으로 가야 볼 수 있다. 무덤으로 가는 길에는 문신과 무신을 상징하는 석상이 놓여 있고 ❸황제의 공덕을 새긴 거대한 비석도 있다. 무덤에서 500km나 떨어진 채석장에서 가져온 20톤짜리 돌로 만든 것이라고. 어릴 때 천연두를 앓은 탓인지 황제는 왕비와 첩을 100여 명이나 두고도 후손이 없어 공덕비를 스스로 써야만 했다. 공덕비 뒤편에 있는 반달 연못을 지나면 비로소 ❹뜨득 황제의 무덤(Lăng Mộ Vua Tự Đức)이 나타난다. 무덤은 바로 보이지 않고 벽을 따라 뒤로 돌아가야 보이는 구조다. 흥미롭게도 황제는 이곳이 아닌 다른 비밀스러운 곳에 묻혀 있을 것이라는 설이 있다. 황제를 묻고 돌아온 200여 명의 인부와 신들이 모두 참수당했기 때문. 무덤 밖으로 나가 다리를 건너면 뜨득 황제의 부인 레티엔안(Lệ Thiên Anh)의 무덤과 7대 황제 끼엔푹(Kiến Phúc)의 무덤도 볼 수 있다.

위치 ①후에 황성이나 티엔무 사원에서 택시로 15분 ②황제릉 투어 이용 오픈 여름 06:30~17:30, 겨울 07:00~17:30 요금 성인 100,000VND, 7~12세 어린이 20,000VND 지도 MAP 13 ⓒ

# 카이딘 황제릉
## Lăng Khải Định

Tomb of Emperor Khai Dinh

프랑스의 하수인으로 불릴 만큼 친프랑스 정책을 펼쳐 국민의 원성을 샀던 12대 황제 카이딘의 묘다. 1925년에 사망했지만 1931년이 되어서야 황제릉이 완성되어 시신을 안치할 수 있었다. 사망 전까지도 프랑스를 방문했을 만큼 유럽 문화에 심취했던 카이딘 황제는 서양의 건축양식을 도입하고 콘크리트를 사용함으로써 기존의 황제릉과는 완전히 다른 분위기의 묘를 만들어 냈다. 전 황제릉에 비해 규모는 작지만 건축미, 장식적 요소, 디테일 모두 정교하기가 이루 말할 수 없다. 커다란 용이 조각된 **❶29개의 계단** 위 패방을 통과하면 황제릉을 호위하는 **❷문신, 무신, 코끼리, 말 모양의 석상들**을 볼 수 있다. 좀 더 안으로 들어가면 팔각형 모양의 건물이 나타나는데 이곳에는 카이딘의 아들 바오다이가 쓴 **❸카이딘 황제의 공덕비**가 세워져 있다. 황제가 묻혀 있는 **❹천정궁(Thiên Định Cung)**은 계단을 더 올라가야 나온다. 궁의 외관은 다소 낡아 보이지만 내부는 정반대로 화려하기 그지없다. 도자기와 유리 조각으로 빈틈없이 치장한 모자이크 벽과 천장, 황금빛 황제상은 경이로움을 불러일으킬 정도다. **❺계성전(啓成殿)**이라 쓰인 현판 아래에는 카이딘 황제의 얼굴이 담긴 흑백 사진이 놓여 있고 시신은 제단 안쪽에 안치되어 있다. 옆 방에는 카이딘 황제의 아버지 동칸 황제가 프랑스 정부로부터 받은 고급 자기, 화병, 시계 등이 보관되어 있으며 응우옌 왕조 대대로 내려오는 은검(Silver Sword)도 전시되어 있어 눈길을 끈다. 카이딘 황제릉은 구시가에서 약 9km 떨어져 있으며 울창한 산을 마주하고 있어 전망이 좋다.

<u>위치</u> ①후에 황성에서 택시로 15~20분 ②뜨득 황제릉에서 택시로 15분 ③황제릉 투어 이용 <u>오픈</u> 여름 06:30~17:30, 겨울 07:00~17:30 <u>요금</u> 성인 100,000VND, 7~12세 어린이 20,000VND <u>지도</u> MAP 13 Ⓕ

# 민망 황제릉
## Lăng Minh Mạng

Tomb of Emperor Minh Mang

응우옌 왕조의 2대 황제 민망이 잠들어 있는 곳이다. 굽이굽이 흐르는 흐엉 강을 따라 약 12km 떨어져 있으며 강 건너 서쪽에 자리하고 있다. 황제릉은 보통 황제가 살아 있는 동안 지어지는데 민망 황제의 경우에는 다 짓기도 전인 1841년에 세상을 떠났다. 그래서 봉분(흙을 둥글게 쌓아 올려서 무덤)을 먼저 만들어 안치하고 나머지는 그의 아들 티에우찌 황제가 1843년에 완성했다. 중국의 풍수지리설과 건축 양식에 따라 18 헥타르(약 5만 4,000평)에 달하는 어마어마한 부지에 묘문, 공덕비, 사당, 누각을 지었으며 연못, 다리, 정원으로 아름답게 꾸몄다. 황제릉 입구에는 세 개의 문이 있는데 중앙의 대홍문(Đại Hồng Môn)은 황제만이 다니는 문으로 지금은 굳게 닫혀있다. 여행자들은 대홍문을 마주 보고 섰을 때 오른쪽에 있는 좌홍문(Tả Hồng Môn)으로 입장한다. 안으로 들어가면 황제릉을 지키는 문신, 무신, 말, 코끼리 석상이 나오는데 바로 옆에는 검은 벽돌 기단 위에 세워진 ❶비정(Bi Đình)이 보인다. 황제릉의 첫 건물로 민망 황제의 업적이 새겨진 공덕비가 자리하고 있다. 탁 트인 공간 앞으로 난 현덕문(Hiền Đức Môn)을 지나면 본당인 ❷숭안전(Điền Sùng Ân)이 모습을 드러낸다. 민망 황제와 왕비를 기리는 위패가 모셔져 있어 묘소 다음으로 중요한 공간이다. 주황색 기와를 얹은 2단 지붕과 붉은 칠을 한 나무문, 용 그림이 화려한 발까지 모두 2000년에 복원된 것이다. 숭안전 너머에는 아름다운 누각 ❸명루(Minh Lâu)가 자리하고 있다. 앞뒤로 문을 열어 놓으면 시원한 바람이 들고 연못, 다리, 정원이 모두 내려다보인다. 이곳에서 차를 마시고 책을 읽으며 한가로운 시간을 보냈을 황제를 생각하면 그저 부러워지고 만다. 명루 앞으로 쭉 뻗은 다리와 알록달록한 목조 패방을 지나면 비로소 묘소 입구 문이 나온다. 황제의 봉분은 문밖 조용한 산속에 자리하고 있다.

위치 ①후에 황성에서 택시로 20~25분 ②카이딘 황제릉에서 택시로 10분 ③황제릉 투어 이용 주소 49 Hương Thọ, Thừa Thiên 오픈 여름 06:30~17:30, 겨울 07:00~17:30 요금 성인 100,000VND, 7~12세 어린이 20,000VND 지도 MAP 13 ⓔ

# 자롱 황제릉
## Lăng Gia Long

Tomb of Emperor Gia Long

베트남을 통일하고 응우옌 왕조를 세운 건국왕 자롱 황제가 묻혀 있는 곳이다. 여러 황제릉 가운데 의미상으로도 가장 중요하고 역사 순으로도 가장 먼저 방문해야 할 곳이지만 구시가에서 남쪽으로 16km나 떨어져 있는데다 첩첩산중에 자리하고 있어 찾는 이가 거의 없다. 이곳은 원래 자롱 황제가 1818년에 승하한 자신의 왕비를 기리며 만든 묘소다. 하지만 2년 뒤인 1820년에 황제마저 세상을 떠나자 이 둘을 함께 모시면서 자롱 황제릉이 된 것. 황제릉은 크게 사당, 묘소, 비각 세 공간으로 나뉜다. 입구에서 가장 먼저 보이는 것은 ❶명성전(明成殿)이라 불리는 사당이다. 자롱 황제와 왕비의 위패가 모셔져 있는 곳으로 석조 기단 위에 붉은 나무문과 주황색 기와지붕을 얹힌 건물이다. 이곳을 나와 안쪽으로 더 들어가면 ❷황제의 묘소가 나온다. 다른 황제릉과 마찬가지로 입구에는 묘소를 호위하는 문신, 무신, 말, 코끼리 조각상이 배치되어 있다. 간격이 넓고 평평한 계단을 따라 올라가면 비로소 묘소 안에 닿는다. 네모 반듯한 공간에 석조 무덤 두 쌍이 조용히 자리하고 있는데 초

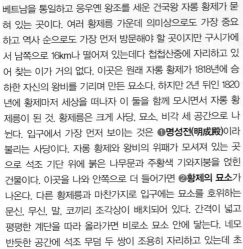

대 왕의 묘소로서 특별한 면모를 찾아보기는 어렵다. 묘소를 나와 왼쪽으로 걸어가면 울창한 소나무 숲 사이로 ❸비각이 보인다. 이곳에는 자롱 황제의 업적이 새겨진 공덕비가 세워져 있다. 자롱 황제릉은 볼거리가 풍부한 명소는 아니지만 묘한 매력이 있는 곳임이 틀림없다. 사방이 녹음으로 둘러싸여 있어 그 어느 곳보다 고요하고 평온하며 화려한 장식이나 인위적인 꾸밈이 덜해 소박하고 자연스럽다. 시간을 내서 방문할만한 가치가 있다.

위치 ①후에 왕성에서 택시로 40분 ②민망, 카이딘 황제릉에서 택시로 25분 오픈 여름 06:30~17:30, 겨울 07:00~17:30 요금 무료 지도 MAP 13 ⑤

**Talk** 응우옌 왕조Nguyễn Dynasty(1802~1945)

1대
**자롱** Gia Long

2대
**민망** Minh Mạng

3대
**티에우찌** Thiệu Trị

4대
**뜨득** Tự Đức　Thoại Thái Vương　　　　　Kiên Thái Vương　6대 **히엡호아** Hiệp Hòa

5대
**죽득** Dục Đức　9대 **동칸** Đồng Khánh　8대 **함응이** Hàm Nghi　7대 **끼엔푹** Kiên Phúc

10대
**탄타이** Thành Thái　12대 **카이딘** Khải Định

11대
**주이떤** Duy Tân　13대 **바오다이** Bảo Đại

**1대 자롱** Gia Long(재위 1802~1820년) 1778년 떠이선 왕조를 세운 삼형제 중 한 명. 서로 왕위를 쟁탈하는 과정에서 자롱이 홀로 살아남아 1802년 응우옌 왕조를 세웠다. 후에에 수도를 정한 건국왕으로 북부, 중부, 남부 전체를 통일한 최초의 인물이기도 하다. 국호를 비엣남(Việt Nam)이라 정하고 유교 사상을 기반으로 통치했다.

**2대 민망** Minh Mạng(재위 1820~1841년) 자롱 황제의 넷째 아들. 기본적으로 쇄국정치를 하면서 산악 소수 민족을 통제하고 속국으로 있던 참파를 합병하는 강한 통치를 실시했다. 1836년에는 프랑스 선교사를 처형하고 교인들을 탄압해 프랑스와의 관계가 매우 좋지 못했다.

**3대 티에우찌** Thiệu Trị(재위 1841~1847년) 민망의 아들. 그 역시 쇄국정책을 고수하였으며 프랑스 선교사의 입국과 활동 자체를 거부하였다. 문학적 재능과 학구열이 매우 높았던 황제로 알려져 있다.

**4대 뜨득** Tự Đức(재위 1847~1883년) 티에우찌의 아들. 대대적인 기독교 탄압을 실시한 인물로 유럽인 선교사 25명과 베트남 성직자 300명을 처형했다. 이 소식을 들은 프랑스가 1858년 다낭과 사이공에 보복성 침략을 감행했다. 여기서 베트남 군이 프랑스군에 지면서 뜨득 황제가 항복을 선언했고 프랑스의 식민 지배가 시작되었다.

**5~9대 황제들** 뜨득 황제는 왕비와 첩을 100여 명이나 두고도 후손이 없어 왕위 계승에 어려움이 많았다. 왕위 찬탈을 노리던 섭정과 귀족들 탓에 황제의 조카 죽득은 3일만에 폐위되어 죽고 동생 히엡호아는 독살을 당했다. 또 다른 조카 끼엔푹과 함응이 역시 1년을 채 넘기지 못하고 폐위되는 불운을 겪었다. 9대 동칸은 프랑스에 협조적이었지만 3년 만에 폐위됐다.

**10대 탄타이** Thành Thái(재위 1889~1907년) 동칸 황제 폐위 후에는 죽득의 아들 탄타이가 왕위에 올랐다. 프랑스에 호의적이라는 것을 보여주기 위해 프랑스식 교육을 받고 전통 복식을 입지 않는 등의 행동을 취했다. 하지만 자기 뜻대로 국가를 통치할 수 없다는 것을 깨닫고 독립운동에 가담했다가 폐위당한다.

**11대 주이떤** Duy Tân(재위 1907~1916년) 탄타이의 아들로 왕위에 올랐지만 그 역시 반프랑스 활동으로 체포되어 아버지와 함께 유배당하는 어려운 생활을 했다.

**12대 카이딘** Khải Định(재위 1916~1925년) 동칸의 아들. 프랑스 식민 통치가 극에 달하던 시기, 프랑스인들과 적극적으로 교류하며 호의호식했던 인물이다. 프랑스 식민 통치를 도우며, 독립 운동가들을 잡아들이는데 거리낌이 없었다.

**13대 바오다이** Bảo Đại(재위 1926~1945년) 카이딘의 아들이자 응우옌 왕조의 마지막 황제. 프랑스와 미국에 의해 조종당하며 호찌민의 반대편에 섰던 인물이다. 1945년 베트남 민주공화국이 선포되었을 때 1차 폐위되었으나 프랑스에 의해 복권되었다. 남베트남에 머물며 왕권을 유지하려 노력했지만, 미국이 실시한 남베트남 국민투표에서 지지를 받지 못해 폐위당했다. 1955년 프랑스로 망명해 그 곳에서 사망했다.

# THEME

## 후에 명물 요리

후에 음식은 베트남 사람들에게도 인기가 많다. 한국인 입맛에도 잘 맞아 원조 후에의 맛을 탐험하는 일은 참으로 즐거운 일이다.

### 반봇록 Bánh Bột Lọc

타피오카 전분에 새우를 넣고 찐 떡이다. 말린 새우 냄새가 나면서 식감이 쫀득쫀득해 간식으로 먹기 좋다. 보통 바나나 잎에 싸서 찌기 때문에 껍질을 벗겨 먹는다.

### 껌헨 Cơm Hến

흐엉 강에서 채취한 재첩(가막 조개)을 이용해서 만든 음식. 밥 위에 삶은 재첩과 갖은 채소, 볶은 땅콩, 튀김 가루 등을 올려 비벼 먹는다. 함께 나오는 시원한 재첩 국물을 넣어서 먹으면 더욱 맛있다. 조개에서 나오는 짠 맛이 제일 먼저 느껴지고 이어서 시큼한 맛, 고소한 맛, 쌉싸름한 맛이 조화를 이룬다. 밥 대신 면을 넣고 만들면 분헨(Bún Hến)이 된다.

### 보라롯 Bò Lá Lốt

다진 소고기(보)를 베텔잎(라롯)에 싸서 구운 요리. 잎에서 강한 허브향이 나지 않을까 걱정할 필요 없다. 질감은 깻잎보다 부드럽고 향은 거의 없어 먹기 좋다.

## 반베오 Bánh Bèo

말린 새우살과 바삭거리는 튀김과자가 올라간 베트남식 쌀떡. 우리나라의 떡과는 달리 촉촉하고 말캉말캉해서 수저로 떠먹을 수 있다. 작은 종지에 아기자기하게 나와 보는 재미와 먹는 재미가 있다.

## 분보후에 Bún Bò Huế

후에 지역에서 유래한 쌀국수. 소뼈를 고아낸 육수에 레몬그라스와 칠리를 넣고 국물을 만든다. 거기에 하얀 쌀면 분을 말아 고기와 함께 먹는다. 퍼보와는 달리 매콤한 맛이 특징.

## 반코아이 Bánh Khoái

강황을 섞어 노란빛이 도는 반죽에 새우, 돼지고기, 숙주 등을 넣고 튀기듯 굽는 요리. 베트남식 전이라 불리는 반세오의 미니 버전이라고 생각하면 쉽다. 반코아이 역시 라이스 페이퍼에 채소와 같이 싸서 먹는다. 바삭하고 고소한 맛이 매력이다.

## 넴루이 Nem Lụi

사탕수수 줄기에 곱게 간 고기살을 붙여 숯불에 구운 음식. 라이스 페이퍼에 고기살을 잘라 얹고 하얀 쌀면 분과 채소를 넣어 돌돌 말아 먹으면 된다. 맛있는 소시지나 햄 같은 맛이다.

# *Eating*

## 꽌 한
Quán Hạnh

후에를 대표하는 명물 음식을 한자리에서 맛볼 수 있는 곳이다. 음식도 정갈하게 잘 나오고 가격도 저렴하다. 궁금한 게 많은 여행자의 마음을 읽은 듯 메뉴판에 나와 있는 음식은 반씩만 주문할 수 있다(일부 메뉴 제외). 그러니 여러 가지 음식을 골고루 주문해서 다양하게 즐겨보자. 부드럽고 쫀득한 반베오, 고소하고 바삭한 반코아이, 고기살이 쫄깃한 넴루이는 남녀노소 누구나 좋아하는 인기 메뉴. 자극적이지 않고 담백해서 아무리 먹어도 질리지 않는다. 디저트로는 여러 가지 과일이 담뿍 담겨 나오는 요거트(Sữa Chua Hoa Quả)를 추천한다. 식당에는 에어컨이 없지만 공간이 제법 넓어서 그런지 크게 덥지는 않다.

<u>위치</u> 벤응에(Bến Nghé) 거리와 응우옌찌프엉(Nguyễn Tri Phương) 거리가 만나는 사거리에서 좁은 골목 포득찐 거리로 진입, 거리 끝자락에 위치 <u>주소</u> 11 Phó Đức Chính <u>오픈</u> 08:00~21:00 <u>요금</u> 25,000~70,000VND <u>전화</u> 234-3833-552 <u>지도</u> MAP 14 Ⓓ

# 레 자뎅 드 라 까람볼

## Les Jardins de La Carambole

후에 황성에서 가까워 관광 후 식사하기 좋은 곳이다. 2층 규모의 콜로니얼 건물 안에 자리하고 있어 분위기가 좋고 테이블 세팅도 깔끔하다. 레스토랑 이름만 보면 프랑스 음식을 전문으로 할 것 같지만 후에를 대표하는 음식도 같이 요리한다. 피자, 파스타 같은 대중적인 음식부터 비프 부르기뇽, 지중해식 농어구이 같은 근사한 메뉴도 주문할 수 있다. 샐러드, 메인, 디저트까지 골고루 먹고 싶다면 세트 메뉴를 잘 살펴보자. 여행자들이 좋아하는 음식으로 구성되어 있으며 300,000VND로 가격도 적당하다. 반베오, 반코아이, 분보후에 같은 후에 명물 요리는 70,000~100,000VND로 일반 식당에 비해 비싸지만 맛도 좋고 양도 넉넉해서 만족스럽다. 저녁에는 은은한 조명 덕분에 분위기가 더 좋다. 맥주나 와인 한잔하면서 여유로운 시간을 보내기에 그만이다.

**위치** 응오몬을 등지고 오른쪽 길을 따라 도보 10분, 레후안(Lê Huân) 거리 건너편에 있는 당짠콘 골목 안에 위치 **주소** 32 Đặng Trần Côn **오픈** 07:00~23:00 **요금** 맥주류 28,000~35,000VND, 식사류 70,000~180,000VND **전화** 234-3548-815 **홈피** www.lesjardinsdelacarambole.com **지도** MAP 15 ⓙ

## 분보 후에 바쑤안
Bún Bò Huế Bà Xuân

## 골든 라이스
Golden Rice

분보후에는 후에를 대표하는 쌀국수인 만큼 시내 곳곳에서 흔하게 볼 수 있다. 레시피도 다양해 현지인조차도 자신의 입맛에 맞는 집을 골라 다닐 정도. 그중에서도 이곳 꽌 분보후에는 부드러운 소고기를 먹기 좋게 잘라 고명으로 올려주는 것이 특징이다. 국물은 붉은 기가 돌지만 맑은 편이고 개운한 첫맛 뒤에 매콤한 맛이 감돈다. 좀 더 칼칼하게 먹고 싶다면 함께 내주는 붉은 고추를 넣어 먹으면 된다. 고수나 허브가 들어가 있지 않고 소뼈를 우려 만든 육수라 향에 민감한 사람들도 편하게 먹을 수 있다. 알루미늄 테이블에 플라스틱 의자를 둔 전형적인 서민 식당이다.

위치 리트엉끼엣 거리에 있는 헤리티지 호텔과 페스티벌 호텔 사이에 위치 주소 17 Lý Thường Kiệt 오픈 05:30~22:00 요금 30,000~35,000VND 전화 234-3826-460 지도 MAP 14 ⓔ

트립어드바이저에서 좋은 평을 얻고 있는 음식점. 후에에서 가장 번화한 여행자 거리인 팜응우라오 거리에 위치해 있다. 전형적인 여행자 식당으로 후에 명물 음식을 비롯해 햄버거와 샌드위치 같은 서양 음식도 함께 요리한다. 음식 맛이 좋은 곳이라 그동안 먹어보지 않았던 새로운 음식을 주문해 봐도 좋겠다. 새콤달콤한 패션 프룻 소스에 콕 찍어 먹는 생선튀김도 맛있고 그린 라이스를 입혀 더욱 바삭거리는 새우튀김도 맥주를 부르는 추천 메뉴. 실내는 에어컨이 가동되어 쾌적하고 종업원들도 친절하다. 식사 전 스프링롤을 내주는 서비스도 기특하다.

위치 레러이(Lê Lợi) 거리와 연결된 팜응우라오 거리를 따라 도보 3분, 오른쪽에 위치 주소 40 Phạm Ngũ Lão 오픈 10:00~23:00 요금 79,000~129,000VND 전화 234-3626-938 지도 MAP 14 ⓓ

# 리엔호아
Lien Hoa

# 니나스 카페
Nina's Cafe

후에에서 유명한 채식 식당이다. 채식주의자가 아니더라도 한 번쯤 방문해서 이곳의 맛있는 음식을 즐겨보아도 좋겠다. 메뉴는 다양하지만 영어 설명이 정확지 않아 주문하기 조금 어렵다. 메뉴판 뒷장을 넘겨보면 사진과 메뉴명이 적혀 있는데 여기에 소개된 메뉴를 선택하면 대부분 맛있다. 이곳에서 가장 인기 있는 메뉴는 껌디아(Cơm Đĩa). 접시 하나에 밥과 반찬을 한꺼번에 담아 주는 음식이다. 반찬으로는 매콤한 조림 두부, 죽순, 양배추, 버섯 등이 나오는데 흡사 한국 음식처럼 친숙하게 느껴져 술술 잘 들어간다. 영업은 새벽부터 하지만 껌디아를 포함한 인기 메뉴는 오전 10시가 넘어야 주문할 수 있다. 참고로 손님이 많은 음식점이라 청소가 제때 이뤄지지 않는다. 아침 10시 이전, 점심 시간 직후, 저녁 시간 직후에 찾아가면 지저분할 수 있다.

배낭 여행자들이 모여 있는 좁은 골목 안에 자리하고 있다. 반베오, 반코아이, 넴루이 같이 가벼운 음식부터 구운 돼지고기에 고소한 땅콩 소스를 넣고 비벼먹는 분팃느엉, 매콤한 국물 맛이 좋은 분보후에 같이 든든한 식사 메뉴까지 골고루 갖추고 있다. 누구나 좋아하는 볶음밥도 재료별로 가지가지. 김치 볶음밥을 주문해서 먹을 수 있을 정도다. 베트남 가족이 소박하게 운영하는 식당으로 가격도 저렴하고 양도 많다. 근처에 숙박하고 있는 여행자들이 많이 찾는다.

**위치** 홍브엉 거리를 지나 응우옌찌프엉 거리에 있는 빈민 호텔과 가네쉬 인도 음식점 사이 골목으로 진입, 도보 2분 **주소** 16/34 Nguyễn Tri Phương **오픈** 08:00~22:30 **요금** 35,000~50,000VND **전화** 234-3838-636 **홈피** ninascafe. wixsite.com **지도** MAP 14 ⒠

**위치** 홍브엉 거리에서 레 퀴돈 거리를 따라 도보 5분 **주소** 3 Lê Quý Đôn **오픈** 06:00~21:00 **요금** 껌디아 18,000VND, 그 외 식사류 12,000~25,000 VND **전화** 234-3816-884 **지도** MAP 14 ⒡

## 다케
Ta:ke

## 푸엉남 북 카페
Cà phê Sách Phương Nam

임페리얼 호텔 바로 옆에 있는 일본 음식점이다. 저렴한 가격 때문에 베트남 현지 사람들에게 인기가 많다. 점심 시간이나 저녁 시간에 맞춰 가면 빈자리가 없을 정도. 메뉴도 다양해서 선택의 폭이 넓다. 우동, 소바, 라멘, 가츠동, 롤, 교자 등 웬만한 메뉴는 다 갖추고 있다. 맛은 아주 뛰어나지 않지만 가격을 생각하면 괜찮은 편이다. 그중에서도 우동은 면발이 탱글탱글해서 누구나 맛있게 먹을 수 있는 메뉴. 양은 대체로 적은 편이라 메인 하나에 사이드 메뉴 하나를 시키면 알맞다. 맥주 가격도 저렴해 식사하며 즐기기에 부담스럽지 않다.

위치 홍브엉 거리에 있는 임페리얼 호텔 정문을 바라보고 왼쪽에 위치 주소 34 Trần Cao Vân 오픈 10:00~22:00 요금 50,000~85,000VND 전화 234-3848-262 지도 MAP 14 ⓒ

서점에서 운영하는 카페. 흐엉 강을 바라보며 쉴 수 있는 장점이 있다. 햇볕이 강한 낮에는 에어컨이 나오는 실내에서, 더위가 수그러드는 저녁에는 야외 테이블에서 한가로운 시간을 보낼 수 있다. 음료 가격도 착하고 훌륭하진 않지만 달콤한 케이크와 빵도 준비되어 있다. 출출함을 달래줄 간식과 안주 메뉴도 있다. 카페 안쪽으로는 도서와 문구류, 기념품 등을 파는 서점이 연결되어 있어 구경할 수 있다. 근처에는 야시장이 자리하고 있으며 저녁에는 차가 다니지 않아 산책 삼아 들러볼 만하다.

위치 쯔엉띠엔교와 푸쑤언교 사이에 있는 팜홍타이 (Phạm Hồng Thái) 거리에 위치, 후에 투어리즘 센터 바로 맞은편 주소 15 Le Loi 오픈 06:00~22:00 요금 음료 25,000~49,000VND, 케익류 32,000~39,000VND 전화 234-3946-766 지도 MAP 14 ⓒ

# 킹스 파노라마 바
King's Panorama Bar

# 디엠지 바
DMZ bar

후에에서 해 질 무렵 반드시 가봐야 할 곳. 노을 지는 후에의 보랏빛 하늘과 유유히 흘러가는 흐엉 강을 눈으로, 가슴으로 온전히 담을 수 있는 최고의 장소다. 바의 이름을 참 잘 지었다 싶을 정도로 뷰가 탁월하다. 현대적인 고층 건물이라고는 찾아볼 수 없는 후에의 구시가를 바라보고 있노라면 시간을 돌려 19세기 어디쯤에 와 있는 기분이 든다. 오후 5시 무렵에 올라와 자리를 잡고 근사한 선셋을 즐겨 보자. 고급 호텔의 루프탑 바지만 가격도 높지 않아 음료나 식사를 즐기기에도 더없이 좋다.

<u>위치</u> 홍브엉 사거리에 있는 임페리얼 호텔 16층 <u>주소</u> 16F, Imperial Hotel, 8 Hùng Vương <u>오픈</u> 07:00~24:00 <u>요금</u> 음료 50,000~80,000VND(15% 세금 별도) <u>전화</u> 234-3882-222 <u>홈피</u> www.imperial-hotel.com.vn <u>지도</u> MAP 14 ⓒ

1994년에 오픈한 디엠지 바는 후에의 터줏대감이자 자유로운 여행자 거리의 시작을 알리는 이정표다. 맥주와 칵테일 메뉴가 다양하고 가격도 적당해 새벽 1시가 넘도록 시끌벅적한 분위기. 바는 1층과 2층으로 꾸며져 있으며, 2층 난간 자리는 분주한 거리를 내려다볼 수 있는 명당이다. 당구대가 놓여 있어 게임을 하며 시간을 보내기 좋다. 이름은 펍이지만 아침, 점심, 저녁 식사 메뉴도 갖추고 있고 각종 투어와 버스를 제공하는 여행사 업무도 함께 한다.

<u>위치</u> 쯔엉띠엔교를 등지고 왼쪽으로 뻗은 레러이 거리를 따라 직진, 도보 10분 <u>주소</u> 60 Lê Lợi <u>오픈</u> 08:00~02:00 <u>요금</u> 맥주류 20,000~40,000VND, 칵테일 75,000~85,000VND, 식사 및 안주 85,000~135,000 VND <u>전화</u> 234-3993-456 <u>홈피</u> www.dmz.com.vn <u>지도</u> MAP 14 ⓓ

# Shopping

## 동바 시장
### Chợ Đông Ba

Dong Ba Market

후에에서 규모가 제일 큰 재래시장이
다. 총면적 14,500평을 자랑한다. 원
래 이 시장은 시내에서 멀찌감치 떨어
져 있었다고 한다. 1885년 큰 화재로 시
장을 다시 세우면서 동바 시장이라는
이름이 붙었고 1889년에 지금의 자리
로 옮겼다. 신시가와 구시가 어디에서
도 접근하기 좋은데다 1987년 대대적인
리노베이션을 진행해 하루 5,000명 이
상이 드나드는 큰 시장으로 성장했다.
다른 시장들처럼 생필품, 의류, 식료품

상점들이 압도적으로 많지만 후에와 중부지역에서 이름난 특산품 거래도 활발하다. 히엔르엉 마을(Làng Hiền
Lương)에서 손수 만든 가위와 농기구, 푸깜 마을(Làng Phú Cam)의 논(베트남 전통 모자), 푸억띳 마을(Làng
Phước Tích)의 도자기, 바오라 마을(Làng Bao La)의 라탄 바구니 등이 유명하다. 일반 마트에서는 구경할 수
없는 동바 시장만의 볼거리라 하겠다. 시장 주변으로는 허기를 달래주는 노점도 즐비하다.

**위치** 신시가에서 쯔엉띠엔교를 건너 오른쪽으로 난 쩐흥다오 거리를 따라 직진, 총 도보 15분, 동바 버스터미널 옆 **오픈**
06:00~19:00 **홈피** chodongba.com.vn **지도** MAP 15 ⑥

# 후에 야시장
## Phố Đêm Huế

Night Market Hue

현지인들은 '포뎀 후에', 즉 후에 밤거리라고 부르는 곳이다. 쯔엉띠엔교와 푸쑤언교 사이에서 열리는 저녁 시장이다. 보통 18:00부터 슬슬 장사 준비를 한다. 나무로 만든 전통가옥 모양의 간이 상점들이 일렬로 늘어서 있는데 손수 만든 공예품을 팔고 있어 다른 야시장과는 그 분위기가 사뭇 다르다. 실크에 한땀 한땀 수를 놓는 자수전문가, 통나무 조각에 토치로 글씨를 새겨 넣는 목공예가, 캐리커처를 그려주는 화가들을 직접 볼 수 있다. 주말에는 기타를 치며 노래를 부르는 학생들, 행위 예술을 하는 아티스트도 심심찮게 등장한다. 마치 예술가의 거리를 걷는 기분이 든다. 자동차나 오토바이가 다니지 않아 솔솔 부는 강바람을 맞으며 산책하기 좋다. 노란 조명과 키 큰 가로수가 이어지고 곳곳에 테이블과 벤치도 마련되어 있다. 기대하는 먹거리 노점상은 거의 없다. 커피, 차, 과일, 아이스크림 등 간식류가 주를 이룬다.

<u>위치</u> 쯔엉띠엔교 다리 아래에 있는 강변길을 따라 푸쑤언교 방향으로 도보 <u>주소</u> Nguyễn Đình Chiếu <u>오픈</u> 18:00~22:00 <u>지도</u> MAP 14 ©

---

**TIP**

### 대형 마트
후에에도 쾌적한 분위기에서 쇼핑할 수 있는 대형 마트가 곳곳에 있다. 여행자의 동선 안에서 가장 가까운 마트는 꼽 마트와 빅 씨다. 한국의 마트와 유사해서 필요한 물건을 저렴하게 살 수 있다. 각종 요리 소스와 커피를 기념품 삼아 구입하기 좋고 저렴한 생수, 맥주, 와인 등을 왕창 사두기에도 그만이다.

**꼽 마트 Co.op Mart**
여행자 거리에서 가까워 많이 이용한다. 짱띠엔 플라자 안에 자리하고 있다. 기간을 정해 파격적인 할인 행사를 진행하고 있으니 구시가를 오갈 때 들러보면 득템할 수 있다.

<u>위치</u> 신시가에서 쯔엉띠엔교를 건너자마자 오른쪽에 위치 <u>주소</u> 6 Trần Hưng Đạo <u>오픈</u> 08:00~22:00 <u>전화</u> 234-3588-555 <u>지도</u> MAP 15 ⓖ

**빅 씨 Big C**
현대식 쇼핑몰 퐁푸 플라자의 2~3층을 차지하고 있다. 식료품 매장은 2층이다. 3층에는 가전, 화장품, 의류 매장이, 4층에는 푸드코트, KFC, 롯데 시네마가 자리하고 있다.

<u>위치</u> 홍브엉 로타리에서 도보 10분 <u>주소</u> Hùng Vương <u>오픈</u> 08:00~22:00 <u>전화</u> 234-3936-900 <u>지도</u> MAP 15 ⓛ

## THEME

# 후에
# 베스트 호텔

|

후에에는 숙박비 2~3만 원대에 뛰어난 시설을 갖춘 호텔이 정말 많다. 직원들도 하나같이 친절해 편안하게 지낼 수 있다. 후에의 여행자 거리는 신시가 북쪽 팜응우라오 거리 일대다. 오픈투어 버스가 출·도착하는 거리라 짐이 많은 여행자라면 오가기 좋다. 비행기를 이용하는 여행자라면 공항버스를 타기 좋은 홍브엉 거리에 있는 숙소를 잡는 것이 더 편하다.

---

### BEST 1 세렌 팰리스 호텔 Serene Palace Hotel

여행자 거리에서 도보 5분 거리에 있는 호텔이다. 하노이에도 여러 개의 호텔을 갖고 있을만큼 규모 있게 운영하고 있다. 깔끔한 나무 바닥에 푹신한 침대를 가진 객실이 매우 편안하다. 객실도 넓고 창문도 커서 답답함이 없다. 4만 원대 숙박비 대비 시설이 뛰어나 만족스럽다. 호텔 부속 식당 음식이 맛있어서 일부러 찾아오는 사람도 많다. 인기가 많은 Serene Shining Hotel도 이곳에서 운영한다.

<u>위치</u> 팜응우라오 거리 한 블록 옆에 있는 응우옌꽁쯔 거리에 위치 <u>주소</u> 21/42 Nguyễn Công Trứ <u>요금</u> 40~60US$ <u>전화</u> 234-3948-585 <u>홈피</u> www.serenepalacehotel.com <u>지도</u> MAP 14 ⑧

---

### BEST 2 제이드 호텔 Jade Hotel

시내 중심을 관통하는 홍브엉 거리에 있는 저가 호텔. 깔끔하고 단정한 건물 안에 자리하고 있다. 객실, 화장실, 침구 모두 더할 나위 없이 깨끗하다. 천장이 높고 시원한 타일 바닥이라 무더운 날씨에도 쾌적하게 지낼 수 있다. 무엇보다 직원들이 활기차고 친절한 것이 매력. 도착부터 출발까지 하나하나 신경 써주는 모습에서 좋은 인상을 받을 수 있다. 버스나 기차로 후에에 도착하면 무료로 픽업해 준다. 여행자 거리와 가까운 곳에 Holiday Diamond Hotel을 함께 운영한다.

<u>위치</u> 홍브엉 로터리에서 도보 3분 <u>주소</u> 43 Hùng Vương <u>요금</u> 17~30US$ <u>전화</u> 234-3938-849 <u>홈피</u> www.jadehotelhue.com <u>지도</u> MAP 14 ⑨

# 후에니노
Huenino

# 오키드 호텔
Orchid Hotel

# 빌라 후에
Villa Hue

가족이 운영하는 호텔이다. 객실 16개의 소규모 호텔이지만 깨끗하게 잘 관리되고 있어 인기가 많다. 객실이 아주 넓은 편은 아니지만, 군더더기 없이 깔끔하게 꾸며져 있다. 이곳 역시 주인과 스텝이 친절해서 머무는 동안 즐겁게 지낼 수 있다. 여행자 거리와도 가까우면서 조용한 골목 안에 자리하고 있다. 예약을 서두르지 않으면 방을 구하기 어렵다.

위치 팜응우라오 거리와 만나는 보티 싸우(Võ Thị Sáu) 거리를 따라 북쪽으로 도보 5분 주소 14 Nguyễn Công Trứ 요금 14~24US$ 전화 234-3822-064 홈피 hueninohotel.com 지도 MAP 14 ⓑ

여행자 거리에서 4~5만 원대에 머물 수 있는 최고의 호텔이다. 위치와 객실 컨디션이 좋아 가족 여행자들이 선호하는 곳이기도 하다. 객실은 다크우드 가구에 하얀 침구로 꾸며져 있고 화장실도 넓은 편. 조식은 뷔페식으로 다양하게 나온다. 객실 내에 PC가 갖추어져 있어 유용하다. 호텔 외관이 크고 높아서 객실 수가 많아 보이지만 실제로는 방이 18개뿐이라 예약을 서둘러야 한다.

위치 팜응우라오 거리 한 블럭 옆에 있는 추반안 거리에 위치 주소 30 Chu Văn An 요금 50~75US$ 전화 234-3831-177 홈피 www.orchidhotel. com.vn 지도 MAP 14 ⓓ

12개의 객실을 갖고 있는 아담한 호텔이다. 베트남 정부에서 운영하는 국영 호텔이자 관광 대학교 학생들의 실습 장소이기도 해서 친절한 서비스를 기대할 수 있다. 올리브색으로 포인트를 준 객실에서 세련미를 느낄 수 있다. 화장실도 넓다. 규모는 작지만 야외 수영장도 갖추고 있어 뜨겁고 건조한 후에에서 더위를 식히며 쉬기 좋다.

위치 팜응우라오 거리에서 도보 5분 거리에 있는 쩐꽝카이 거리에 위치 주소 4 Trần Quang Khải 요금 76~88US$ 전화 234-3831-628 홈피 www.villahue.com 지도 MAP 14 ⓓ

**고급 호텔**

# 엘도라 호텔
Eldora Hotel

# 임페리얼 호텔
Imperial Hotel

# 사이공 모린 후에 호텔
Hotel Saigon Morin

81개의 객실을 갖춘 대형 호텔이다. 5~6만 원대에 근사한 유럽풍 객실에서 머물 수 있다. 높은 침대와 푹신한 침구는 보는 것만으로도 힐링이 될 정도로 만족스럽다. 여자들의 로망을 담은 둥근 욕조를 갖춘 욕실 또한 매력적. 객실은 시티뷰, 파노라마뷰, 리버뷰로 구분되며 이에 따라 가격 차이가 난다. 후에 시내가 내려다보이는 멋진 수영장과 루프탑 바도 갖추고 있다.

위치 홍브엉 로타리에서 벤응에(Bến Nghé) 거리를 따라 도보 5분 주소 60 Bến Nghé 요금 87~105US$ 전화 234-3866-666 홈피 www.eldorahotel.com 지도 MAP 14 Ⓓ

16층 높이에 195개 객실을 갖춘 5성급 호텔이다. 고층 호텔이다 보니 흐엉 강을 내려다볼 수 있는 전망 좋은 방을 보유하고 있다. 객실은 시티뷰와 리버뷰로 나누어져 있고 뷰에 따라 가격 차이가 많이 난다. 주방을 갖춘 아파트형 객실도 갖추고 있다. 5성급 호텔이지만 수영장과 헬스클럽 시설은 평범하다. 조식도 뷔페식이지만 무난한 편. 16층에 있는 킹스 파노라마 바에서 내려다보이는 후에의 모습이 아름다워 외부인들도 많이 찾는다.

위치 쯔엉띠엔교에서 홍브엉 거리를 따라 도보 5분 주소 8 Hùng Vương 요금 100~220US$ 전화 234-3882-222 홈피 www.imperial-hotel.com.vn 지도 MAP 14 Ⓒ

1901년 프랑스 식민지 시절에 지어진 건물을 개조한 호텔이다. 큰 행사가 있을 때 국내외 내빈들이 자주 머무르는 곳이다. 총 198개 객실을 갖추고 있으며 베트남 전통 스타일의 인테리어가 돋보인다. 객실 컨디션도 좋지만 공간이 넓은 것이 매력. 수영장과 정원도 잘 관리되고 있다. 저녁에는 전통 무용 공연도 열린다.

위치 쯔엉띠엔교에서 도보 3분 주소 30 Lê Lợi 요금 100~375US$ 전화 234-3823-526 홈피 www.morinhotel.com.vn 지도 MAP 14 Ⓒ

Travel Plus

# 비무장지대
## Demilitarized Zone

# 비무장지대는 어떤 곳일까?

## A B O U T   D M Z

비무장지대는 1954년 프랑스 식민지 철수와 함께 강대국에 의해 만들어진 휴전지대다. 북위 17도선을 기준으로 벤하이 강을 따라 폭이 4km에 이르렀다. 당시 북베트남의 최전방 도시는 빈목(Vịnh Mốc)이었고 남베트남의 최전방 도시는 동하(Đông Hà)였다. 북베트남과 미국이 격렬하게 싸웠던 최대 격전지로 수백 차례 폭격이 가해졌던 곳이다. 특히 록 파일, 케산, 빈목 터널 등은 치열했던 전쟁의 흔적을 그대로 보여주는 역사적 장소다. 이제 비무장지대는 사라지고 없지만 이러한 흔적들이 남아 전쟁의 참혹함을 돌아보는 관광명소가 되었다. 강대국의 피로 얼룩진 슬픈 역사의 현장, 그곳이 바로 DMZ다.

> **TIP**
>
> 명소를 구경하는 시간보다 차를 타고 이동하는 시간이 많아 매우 피곤하다. 어르신과 아이가 있는 여행자라면 힘들 수 있다.

# 비무장지대 이렇게 여행하자

## HOW TO TRAVEL

## 비무장지대 가는 방법

### ■ 투어 이용하기
비무장지대와 가까운 도시 동하(Đông Hà)로 이동해야 하는데다가 관광 명소들이 여기저기 흩어져 있어 대부분 여행사 그룹투어를 이용한다.

### ■ 개별적으로 가기
먼저 남베트남의 최전방 도시였던 동하로 가야 한다. 후에에서 동하까지는 약 70km 거리. 버스나 기차로 약 2시간이 걸린다. 동하 시내에서 오토바이를 대여하거나 택시를 대절해서 다닐 수 있다.

## 일일 투어

여행사에서 제공하는 미니버스를 타고 여행한다. 오전에는 동하 서쪽에 있는 록 파일, 다끄롱교, 케싼 전투 기지를 돌아보고 점심 시간에는 동하 시내로 나와 개별적으로 식사한다. 오후에는 동하 북쪽에 있는 히엔르엉교, 빈목 터널, 쯔엉썬 국립묘지를 방문한다.

### DMZ 6개 명소 방문 코스
소요시간 출발 07:30, 도착 17:00
요금 375,000~440,000VND

※포함내역 : 차편, 가이드, 입장료 / 불포함 내역 : 점심 및 음료비, 여행자보험, 팁, 그 외 개인비용

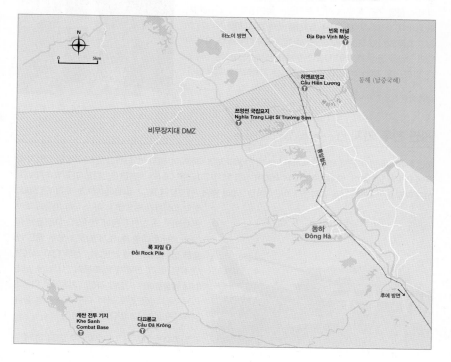

## 록 파일 Đồi Rock Pile

Rock Pile

동하에서 9번 도로를 타고 서쪽으로 이동할 때 차창 밖으로 보이는 우뚝 솟은 산이다. 해발 240m 높이의 나지막한 산으로 미군이 산꼭대기에 기지를 건설하고 주둔했던 곳이다. 지대가 높아 주변을 감시하기에는 좋았지만 도로를 놓기는 어려워 헬기로만 물자를 수송 받았다. 1966~1969년에는 포병 부대까지 들어와 미군 기지로 중요한 역할을 했다. 하지만 지금은 가이드의 설명이 없다면 모르고 지나칠 만큼 평범한 동산에 지나지 않는다. 고엽제가 대량 살포된 곳이라 오랫동안 민둥산이었다고 한다. 산 위로 올라가 볼 수는 없고 도로가에서 바라볼 수만 있다.

요금 무료 지도 p.313 ©

## 다끄롱교 Cầu Đă Krông

Da Krong Bridge

고산족들이 강을 건너기 위해 만든 평범한 다리였으나 다끄롱 강이 베트남 남북을 가르는 국경이 되면서 슬픈

역사의 현장이 되었다. 북베트남군이 남베트남군을 지원하기 위해 물자를 보급하던 호찌민 트레일이 이곳에서 시작되었기 때문이다. 그래서 전쟁 기간 동안 호찌민 트레일은 물론이고 다끄롱교까지 미군의 폭격으로 무너지고 재건되기를 반복했다. 지금 우리가 보는 다끄롱교는 1976년 쿠바의 도움을 받아 복구한 것이다. H자 모양의 장탑을 중심으로 케이블을 연결해서 당기는 전형적인 현수교다. 다리 남쪽 끝에는 다리의 역사를 기리는 기념비가 세워져 있다.

요금 무료 지도 p.313 ©

## 케싼 전투 기지 Khe Sanh Combat Base

14만 톤에 달하는 미군의 폭탄이 투하된 베트남 전쟁의 최대 격전지다. 당시 한국군도 케싼에 주둔해 있었기 때문에 의미가 남다르다. 1968년 북베트남 세력이 점점 커지자 미군은 다낭의 해병대 3만 명을 이곳에 추가 배치하고 77일 동안 북베트남을 공격했다. 미군에서는 270여 명의 사망자가 나왔고 북베트남에서는 무려 1만 5,000

명의 희생자가 발생했다. 이 소식이 미국에 퍼지면서 미국 내 반전 운동이 거세졌다. 미군들은 더 이상 케싼에 머물 수 없게 되었고 모두 캠프 캐롤로 철수했다. 현재 케싼에는 전투 당시 사용했던 폭탄, 헬기, 전투기, 탱크 등이 전시되어 있다. 실내 박물관에는 다양한 사진과 기록물을 이용해 기지 건설 과정, 전투 과정, 미군 철수 과정 등을 상세하게 설명하고 있다.

오픈 05:00~17:00 요금 40,000VND 지도 p.313 ©

## 히엔르엉교 Cầu Hiền Lương

과거 프랑스군이 물자보급을 위해 벤하이 강(Sông Bến Hải) 위에 세운 다리다. 하지만 베트남 전쟁으로 남북이 갈리면서 분단을 상징하는 다리로 21년을 보냈다. 프랑스 식민지 시대가 끝나고 프랑스군이 철수하던 1954년부터 베트남 전쟁이 끝난 1975년까지 다리 중앙에도 경계선이 그어져 남북이 상호 대치했다. 다리 한쪽은 노란색으로, 나머지 한쪽은 파란색으로 칠해 구분하고 서로 다른 국기를 걸었다. 호찌민에 의해 남북이  통일된 후에는 당시 역사를 보전하기 위해 통행을 금지하고 다리 남단에 평화를 기원하는 기념상을 세웠다.

요금 무료 지도 p.313 ⓑ

## 빈목 터널 Địa Đạo Vịnh Mốc

빈목 마을 사람들이 미군들로부터 자신들을 지키기 위해 만든 땅굴이다. 600여 명의 사람들이 17명의 아이를 낳으며 살았다. 빈목 마을은 북베트남 최전방에 있는 마을로 북베트남 세력을 몰아내는데 혈안이 된 미군들이 폭격을 자주 해대는 위험한 곳이었다. 마을 사람들은 남베트남민족해방전선(Việt Cộng/베트콩)의 도움을 받아 1965년부터 13개월간 땅굴을 팠으며 이곳에서 1972년까지 살았다. 빈목 터널은 총 길이 2.8km에 달하는 믿기 어려운 규모로 해안으로 통하는 문 7개, 산으로 향하는 문 6개 총 13개의 출입문을 두었다. 석회암 지대라 땅굴을 파기는 무척 어려웠으나 통풍이 잘되고 튼튼해서 안전했다고 한다. 땅굴은 3층 구조로 되어있다. 맨 아래층  은 높이 11m로 사람들이 거주하였고 2층은 높이 15m로 군수 물자와 식량 등을 보관하였다. 지표면에서 가장 가까운 맨 위 층은 폭격의 충격을 고려하여 높이가 23m나 되었다. 가이드의 안내를 받아 터널 안으로 들어가면 각 가구의 독립된 공간을 포함해 회의실, 부엌, 우물, 빨래터, 병원, 창고, 탄약고 등을 볼 수 있다. 이렇게 좁고 어두운 곳에서 전쟁 종식과 독립을 바라며 수년간 살았다고 하니 그저 놀라울 따름이다. 터널을 돌아본 다음에는 박물관으로 이동해서 당시 전투와 폭격, 터널 생활사에 대해 살펴본다.

오픈 07:00~16:30 요금 성인 40,000VND, 어린이 20,000VND 지도 p.313 ⓑ

## 쯔엉썬 국립묘지 Nghĩa Trang Liệt Sĩ Trường Sơn

베트남 전쟁의 희생자를 기리는 국립묘지다. 1975년 베트남 통일과 함께 만들어진 이 묘지에는 호찌민 트레일을 통해 물자 보급을 도우면서 전투와 폭격에 목숨을 잃은 군인·민간인 1만 5,000명이 안장되어 있다. 묘비에는 베트남어로 의로운 자(義士)라는 뜻의 리엣씨(Liệt Sỹ)가 새겨져 있는데 이름, 출생지,  사망일 등을 알 수 없는 희생자가 대부분이라 안타까울 뿐이다.

오픈 08:00~17:00 요금 무료 지도 p.313 ⓑ

# 베트남 남부

## SOUTHERN Vietnam

CITY
**07**

베트남의 경제 수도

# 호찌민시

## Thành Phố
## Hồ Chí Minh

떤선녓국제공항 방면(3km)

🚆 사이공 역
Ga Sài Gòn

← 미엔떠이 버스터미널 방면(5km)

쩌런

🚏 쩌런 버스정류장
Bến Xe Chợ Lớn

ⓣ 짜땀 교회
Nhà Thờ Cha Tam

ⓣ 티엔허우 사원
Chùa Bà Thiên Hậu

🄢 빈떠이 시장
Chợ Bình Tây

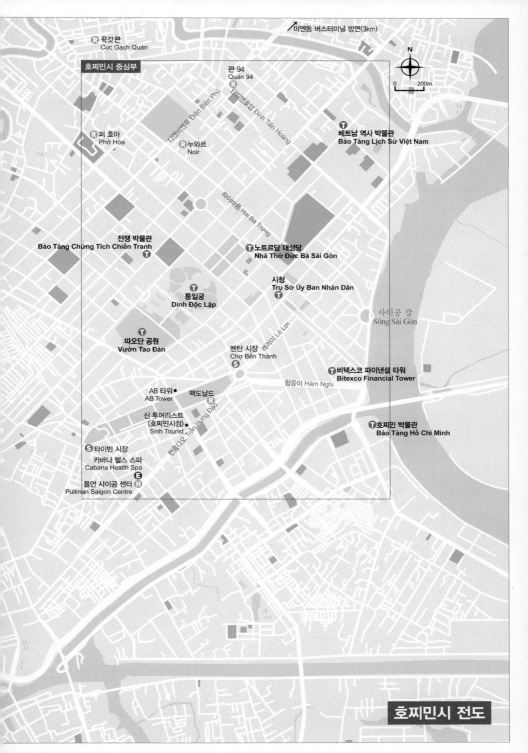

미엔동 버스터미널 방면(3km)

**N**

0    200m

**R** 꾹각꽌
Cục Gạch Quán

호찌민시 중심부

꽌 94
Quán 94

**R** 퍼 호아
Phở Hòa

**R** 누와르
Noir

디엔비엔푸 Điện Biên Phủ

딘띠엔호앙 Đinh Tiên Hoàng

**T** 베트남 역사 박물관
Bảo Tàng Lịch Sử Việt Nam

하이바쯩 Hai Bà Trưng

**T** 전쟁 박물관
Bảo Tàng Chứng Tích Chiến Tranh

**T** 노트르담 대성당
Nhà Thờ Đức Bà Sài Gòn

**T** 통일궁
Dinh Độc Lập

시청
Trụ Sở Ủy Ban Nhân Dân
**T**

레러이 Lê Lợi

**T** 따오단 공원
Vườn Tao Đàn

벤탄 시장
Chợ Bến Thành
**S**

사이공 강
Sông Sài Gòn

**T** 비텍스코 파이낸셜 타워
Bitexco Financial Tower

함응이 Hàm Nghi

AB 타워
AB Tower

맥도날드
**R**

신 투어리스트
(호찌민시점)
Sinh Tourist

쩐흥다오 Trần Hưng Đạo

**T** 호찌민 박물관
Bảo Tàng Hồ Chí Minh

**S** 타이빈 시장

카바나 헬스 스파
Cabana Health Spa

풀먼 사이공 센터
Pullman Saigon Centre
**H**

호찌민시 전도

# 동커이 거리 주변

다이아몬드 백화점
Diamond Department Store

금호 아시아나
플라자

인터콘티넨탈
아시아나 사이공

실버랜드
샤쿄 호텔

하이랜드 커피
High Lands Coffee

호이안

사이공 스카이 가든
몬후에

꽌부이
Quán Bụi

중앙 우체국
Bưu Điện Trung
Tâm Sài Gòn

노트르담 대성당
Nhà Thờ Đức Bà Sài Gòn

커피빈&티리프

쯩응우옌 커피
Trung Nguyên Coffee

피자헛

오 파크 Au Parc
커피빈&티리프

동커이 거리

꽌부이 비스트로
Quán Bụi Bistro

베트남 쿠커리 센터
Vietnam Cookery Center

빈컴 센터
Vincom Center

스큐어

캐피탈
플레이스

롯데 레전드 호텔

호아뚝

냐항 응온
Nhà Hng Ngon

리파이너리

범쿠엉 카페
Bâng Khuâng Café

쉬 카페
She Cafe

파크 하얏트 사이공
Park Hyatt Saigon

팍슨스

콘티넨탈 호텔

쑤 레스토랑

안남 고메 마켓

오페라 하우스
Nhà Hát Lớn Thành
Phố Hồ Chí Minh

스타벅스

호찌민시 박물관
Bảo Tàng Thành
Phố Hồ Chí Minh

시청
Trụ Sở Uỷ
Ban Nhân Dân

유니언 스퀘어

카라벨 사이공
Caravelle Saigon

나구 Nagu

쉐라톤 사이공 호텔
Sheraton
Saigon Hotel

렉스 호텔

징코
Ginko

뤼진 동커이
L'usine

크리스챤 루부탱
Christian Louboutin

봉센 호텔

쯩응우옌 커피
Trung Nguyên Coffee

흐엉센 호텔

리버티 센트럴 사이공 시티포인트
Liberty Central Saigon City Point

탄호앙롱 호텔
Tan Hoang Long Hotel

푹롱 커피&티
Phúc Long Coffee&Tea

색스 앤 아트 재즈 클럽
Sax n' Art Jazz Club

오덴티크 홈
Authentique Home

팰리스 호텔 사이공

그랜드 호텔

르네상스
리버사이드 호텔

꽌 남자오
Quán
Nam Giao

파하사 서점
Nhà Sách Sài Gòn

퍼 24 Phở 24

껌땀 칼리
Cơm Tấm Cali

타임스퀘어

자스파스

아디다스

사이공 스퀘어

선와 타워

파하사 서점
Nhà Sách Nguyễn Huệ

워크숍

메콩 퀼트 Mekong Quilt

시청 광장

마제스틱 호텔

뤼진 레러이
L'Usine

톤 타트 티엡

사이공 키치
Saigon Kitch

템플 클럽
Temple Club

하이루어
Hai Lúa

퍼 24 Phở 24

푹롱 커피&티
Phúc Long Coffee&Tea

벤탄 시장
Chợ Bến Thành

비텍스코 파이낸셜 타워
Bitexco Financial Tower

스카이 데크
Sky Deck

뉴란

이온 헬리 바
EON 51 Heli Bar

벤탄 버스정류장
Trạm Bến Thành

① ② ⑲
㊴ ㊺ ⑮

하이랜드 커피
High Lands Coffee

함응이 Hàm Nghi

함응이 Hàm Nghi

0        100m

N

미술 박물관
Bảo Tàng Mỹ Thuật

# 여행자 거리 주변

통일궁
Dinh Độc Lập

보반떤 Võ Văn Tần
응우옌티민카이 Nguyễn Thị Minh Khai
Huyền Trần Công Chúa
Trương Định
Nguyễn Du

따오단 공원
Vườn Tao Đàn

리뜨쫑 Lý Tự Trọng

깟망탕땀 Cách Mạng Tháng Tám
Nguyễn Du

판 남자오
Quán Nam Giao

사누바 사이공 호텔
Sanouva Saigon Hotel

쯩응우옌 커피
Trung Nguyên Coffee

부이티쑤언 Bùi Thị Xuân

리뜨쫑 Lý Tự Trọng

레탄똔 Lê Thánh Tôn

판쭈찐 Phan Chu Trinh

하이루어
Hai Lúa

타운하우스 50
Townhouse 50

시나몬 호텔 사이공
Cinnamon Hotel Saigon

샤트라 푸드
Satra Foods

벤탄 시장
Chợ Bến Thành

레티지엥 Lê Thị Riêng

응우옌반짱 Nguyễn Văn Trắng

응우옌티응이어 Nguyễn Thị Nghĩa

스타벅스

팜홍타이 Phạm Hồng Thái

레라이 Lê Lai

뉴월드 호텔
New World Hotel

벤탄 버스정류장
Trạm Bến Thành
① ② 19
39 45 152

Nguyễn Trãi

AB 타워 AB Tower

칠 스카이 바
Chill Sky Bar

맥도날드

레라이 Lê Lai

③ ④ 36

팜응우라오 Phạm Ngũ Lão

쯩응우옌 커피

쩐흥다오 Trần Hưng Đạo

당티뉴 Đặng Thị Nhu
Calmette

타운하우스 23
Townhouse 23

하이랜드 커피

리버티 3 호텔

빅주옌 호텔
Bich Duyen Hotel

알레즈부 바

데탐 Đề Thám

프엉짱 버스
Phuong Trang Bus

커피빈&티리프

퍼 꾸인
Phở Quỳnh

버거킹

블루 리버 호텔

ABC 베이커리

리버티4 호텔

스타벅스

뷰티풀 사이공 3 호텔
Beautiful Saigon 3 Hotel

레티홍검 Lê Thị Hồng Gấm

홍비나 럭셔리
Hong Vina Luxury

끼꼰 Ký Con

응우옌타이빈 Nguyễn Thái Bình

파이브 보이즈
넘버원

팜응우라오 Phạm Ngũ Lão

도꽝다우 Đỗ Quang Đẩu

부이비엔 Bùi Viện

싸파 빌리지
Sapa Village

사이공 인
Saigon Inn

크레이지 버팔로

바싸우 비비큐
Ba Sau BBQ

신 투어리스트
(호찌민지점)
Sinh Tourist

타이빈 시장
Cổng Quỳnh

파이브 오이스터
Five Oysters

여행자 거리

팜응우라오 유치원

분짜 145 부이비엔
Bún Chả 145 Bùi Viện

흥한 호텔
Hung Hotel

부이비엔 Bùi Viện

뉴 사이공 호스텔 1
New Saigon Hostel 1

득브엉 호텔
Duc Vuong Hotel

쩐흥다오 Trần Hưng Đạo

카바나 헬스 스파
Cabana Health Spa

풀먼 사이공 센터
Pullman Saigon Centre

0          100m

N

# 01 호찌민시는 어떤 곳일까?
## ABOUT THANH PHO HO CHI MINH

### 베트남의 경제 수도, 호찌민시

베트남의 수도는 하노이지만 경제 중심지는 호찌민시다. 2001년 베트남 최초의 증권 거래소가 하노이를 대신해 호찌민시에 생겼을 정도로 베트남 경제의 큰 축을 담당하고 있다. 15개의 공업 단지와 30만 개 이상의 회사가 모여 있는 호찌민시는 베트남 내에서도 변화의 속도가 가장 빠른 곳이다. 높은 빌딩과 넓은 도로, 세련된 사람들로부터 베트남의 미래를 볼 수 있다. 서양 문화가 일찍부터 스며든 탓에 베트남의 다른 어떤 도시보다 세련된 맛집과 멋집이 가득하고 식민지 시절에 만들어진 도시 구조와 프랑스풍 건물에서는 이국적인 면모가 느껴진다. 이런 도시의 매력이 전 세계 여행자들을 이곳으로 불러 모으는 이유일 것이다. 프랑스 식민지 시절에는 코친차이나의 수도로, 남북 분단 시기에는 남베트남의 수도로 굴곡진 역사의 한가운데에 있었지만 지금은 밝고 활기찬 대도시로서 여행자들을 반갑게 맞이하고 있다.

### ■ 호찌민시 BEST

| BEST TO *Do* | BEST TO *Eat* | BEST TO *Stay* |
| --- | --- | --- |
| <br>전쟁 박물관 ▶ p.334 | <br>템플 클럽 ▶ p.352 | <br>풀먼 사이공 센터 ▶ p.370 |
| <br>시청(시청 광장) ▶ p.336 | <br>냐항 응온 ▶ p.353 | <br>파크 하얏트 ▶ p.370 |
| <br>꾸찌 터널 ▶ p.379 | <br>꽌 94 ▶ p.355 | <br>타운하우스 23 ▶ p.370 |

# 02

# 호찌민시 가는 방법

## HOW TO GO

베트남 제2의 도시이자 경제 수도인 만큼 비행기, 버스, 기차 등 다양한 교통편이 호찌민시를 연결한다. 특히 항공 운항 편수는 하노이를 능가할 정도로 많다. 공항에서 시내까지도 크게 멀지 않아 이용하기 편리하다. 호찌민시로 향하는 버스는 수시로 운행되고 있으며 기차 역시 북쪽에서 내려오는 통일 열차 덕분에 이동하기 좋다. 중북부 지역에서는 침대 열차를 타면 매우 편리한데 사이공 역이 시내에서 조금 떨어져 있어 여행자들은 여행자 거리(데탐)의 오픈투어버스를 더 선호한다.

| 인천 → 호찌민시 | 비행기 5시간 10분 | 무이네 → 호찌민시 | 오픈투어버스 5시간 30분 |
|---|---|---|---|
| 냐짱 → 호찌민시 | 비행기 1시간 / 오픈투어버스 10~11시간 | 달랏 → 호찌민시 | 비행기 1시간 / 오픈투어버스 8시간 |

### 인천 · 부산에서 가기

 **비행기**
■ 베트남항공, 대한항공, 아시아나, 비엣젯, 티웨이항공, 제주항공 등
5시간 30분 소요 / 떤선녓국제공항(Sân Bay Quốc Tế Tân Sơn Nhất) (T2) 도착

### 무이네에서 가기

 **오픈투어버스**
■ 신 투어리스트 Sinh Tourist
07:30, 13:00, 01:00 출발 / 5시간 30분 소요 / 여행자 거리인 데탐 거리에 도착
■ 땀한 Tam Hanh
05:00, 08:00, 09:00, 10:00, 11:00, 11:45, 13:30, 14:15, 14:30, 15:00, 16:45, 18:15 출발 / 5시간 30분 소요 / 여행자 거리인 팜응우라오 거리에 도착

■ 프엉짱 Phuong Trang
07:00~16:00까지, 22:00~24:00까지 매시 정각에 출발 / 6~7시간 소요 / 여행자 거리인 데탐 거리에 도착

### 냐짱에서 가기

 **비행기**
■ 베트남항공, 비엣젯, 젯스타
1시간 소요 / 떤선녓국제공항 (T1)도착

**오픈투어버스**
■ 신 투어리스트 Sinh Tourist
07:15, 20:00 출발 / 10시간 소요 / 여행자 거리인 데탐 거리에 도착
■ 프엉짱 Phuong Trang
08:00, 10:00, 19:00, 21:00, 22:00 출발 / 11~12시간 소요 / 여행자 거리인 데탐 거리에 도착

### 🚂 기차

냐짱 역에서 사이공 역으로 가는 기차는 하루 8편이 다닌다. 약 7~8시간이 걸린다. 가장 속도가 빠른 SE3 야간침대열차는 22:12에 출발해 05:25에 도착한다. 사이공 역에 도착하면 여행자 거리까지는 택시로 15분 정도 걸리며 149번 버스를 타면 벤탄 시장 근처까지 간다.

## 달랏에서 가기

### ✈️ 비행기

운항편수가 일일 1~2대뿐이라 예약을 서둘러야 한다.

■ 베트남항공, 비엣젯, 젯스타
1시간 소요 / 떤선녓국제공항 (T1) 도착

### 🚌 오픈투어버스

■ 신 투어리스트 Sinh Tourist
08:00 출발 / 8시간 소요 / 여행자 거리인 데탐 거리에 도착

■ 프엉짱 Phuong Trang
05:00~02:00 사이에 30~60분마다 출발 / 7~8시간 소요 / 여행자 거리인 데탐 거리에 도착

## 그 외 도시에서 가기

### ✈️ 비행기

하노이에서 호찌민시를 오가는 비행기는 많다. 2시간 10분이 걸린다. 베트남항공은 06:00부터 21:30까지 하루 25편 이상 다닌다. 비엣젯은 베트남항공보다 빠른 05:45부터 출발하며 23:10까지 하루 25편 이상 운항한다. 젯스타는 하루 10편 이상 배정되어 있다. 다낭에서도 비행기가 자주 다닌다. 1시간

20분이 소요된다. 베트남항공은 일일 14편, 비엣젯은 10편, 젯스타는 4편이 마련되어 있다. 다낭국제공항에서 06:30~21:30 사이에 출발한다.

### 🚌 오픈투어버스

호이안에서는 냐짱을 거쳐 24시간 만에 호찌민시에 도착한다. 다낭, 후에, 하노이에서 오픈투어버스를 타고 오기에는 너무 멀다.

### 🚂 기차

다낭에서는 하루 6편, 하노이에서는 하루 5편의 기차가 다닌다. 17~34시간 이상 걸리는 장거리 구간이라 이용자가 많지 않다. 사이공 역에서 여행자 거리까지는 택시로 15분 정도 걸리며 149번 버스를 타면 벤탄 시장 근처까지 간다.

### 🚌 버스

껀터, 벤쩨, 미토, 쩌우독 같이 메콩 델타 주요 도시에서 호찌민시로 가는 버스는 수시로 다닌다. 호찌민시에 도착하면 미엔떠이 버스터미널(Bến Xe Miền Tây)에 세워준다. 터미널 내 버스정류장에서 시내버스 2번을 타면 벤탄 시장까지 간다.
냐짱, 무이네, 달랏에서도 호찌민시로 가는 버스가 자주 있다. 오픈투어버스 출발 시각과 크게 다르지 않다. 호찌민시에 도착하면 미엔동 버스터미널(Bến Xe Miền Đông)에 세워준다. 여기서 시내버스 45번을 타면 벤탄 시장까지 간다.

## 주요 시설 정보

| | |
|---|---|
| **사이공 역**<br>Ga Sài Gòn | 위치 여행자 거리에서 택시로 15분<br>주소 181 Nguyễn Phúc Nguyên<br>오픈 사전 예약 창구 07:30~12:00, 13:30~17:30<br>지도 MAP 16 Ⓑ |
| **미엔떠이 버스터미널**<br>Bến Xe Miền Tây | 위치 ①여행자 거리에서 택시로 25분 ②벤탄 시장에서 시내버스 2번, 39번 이용<br>주소 395 Kinh Dương Vương<br>지도 MAP 16 Ⓘ |
| **미엔동 버스터미널**<br>Bến Xe Miền Đông | 위치 ①여행자 거리에서 택시로 25분 ②벤탄 시장에서 시내버스 45번 이용<br>주소 292 Đinh Bộ Lĩnh<br>지도 MAP 16 Ⓓ |
| **신 투어리스트**<br>Sinh Tourist<br>(호찌민시점) | 위치 여행자 거리인 데탐 거리에 위치<br>주소 246 Đề Thám<br>오픈 06:30~22:30<br>전화 28-3838-9597<br>홈피 www.thesinhtourist.vn<br>지도 MAP 19 Ⓕ |
| **프엉짱 버스**<br>Phuong Trang | 위치 데탐 거리에 있는 킴 카페 옆<br>주소 272 Đề Thám<br>오픈 06:00~24:00<br>지도 MAP 19 Ⓕ |

# 03 공항–시내 이동 방법

## AIRPORT TRANSPORT

떤선녓국제공항(Sân Bay Quốc Tế Tân Sơn Nhất)은 국내선 청사(T1)와 국제선 신청사(T2)로 구분되어 있으며 시내와는 약 7km 정도 떨어져 있다. 거리는 가깝지만 차량 통행이 많은 구역이라 밀릴 때가 많다.

### 택시

시내 호텔까지 빠르고 편하게 갈 수 있는 방법이다. 호찌민시는 하노이와는 달리 바가지 요금이 심하지 않은 편. 택시가 대기하고 있는 순서대로 타지 않아도 되고 자기 차례가 되면 원하는 택시를 골라 타면 된다. 비나선, 마이린 같은 택시를 이용하면 안전하다. 다만, 차량 종류에 따라 요금이 다르다. 7~8인승보다는 4~5인승 차가 저렴하다. 시내까지는 약 30~35분이 소요된다.

위치 공항 밖으로 나와 정면에 위치 오픈 24시간 요금 125,000~145,000VND(공항 톨비 10,000VND 별도)

### 시내버스

109번과 152번 버스가 있는데 급행인 109번을 추천한다. 15~20분 간격으로 운행되고 있으며 통일궁 앞, 레러이 거리를 지나 벤탄 버스 정류장, 팜응우라오 거리까지 간다. 여행자 거리인 팜응우라오 거리까지 40분가량 소요된다. 날이 밝고 짐이 별로 없는 여행자라면 편리하게 이용할 수 있다.

위치 공항 밖으로 나와 길 건너편 중앙 차선에서 탑승 오픈 05:30~01:30 요금 109번 20,000VND, 152번 5,000VND

### 49번 셔틀버스

여행자 거리를 비롯해 시내 주요 호텔까지 빠르고 저렴하게 이동할 수 있는 교통수단이다. SATSCO(Southern Airport Transportation)에서 운행하기 때문에 믿고 이용해도 좋다. 배차 시간은 20~30분 간격이고 시내까지 약 30분이 소요된다. 노란색 미니 버스라 눈에 잘 띈다.

위치 공항 밖으로 나와 길 건너편 중앙 차선에서 탑승 오픈 05:30~01:00 요금 40,000VND

# 04 호찌민시 시내 교통

## CITY TRANSPORT

호찌민시는 대도시! 교통체증이 심하다. 시내관광명소는 대부분 모여 있으니 도보를 추천한다. 시내 외곽에 있는 버스터미널이나 쩌런은 시내버스를 이용하자.

### 택시

호찌민시의 택시 요금은 타 도시보다 비싼 편. 1km 거리당 요금이 높기 때문이다. 또 비나선, 마이린 같은 믿을 만한 택시도 외국인 여행자를 태우면 조금씩 돌아 가는 경향이 있다. 다행히 여행자들이 움직이는 동선은 짧기 때문에 60,000VND를 넘기는 일은 많지 않다. 비가 내리는 저녁에는 택시 잡기가 하늘에 별 따기. 그럴 때는 호텔이나 음식점에 부탁해서 꼭 택시를 불러 달라고 하자.

**TIP**

**주요 택시 브랜드**

비나선 Vinasun 전화 28-38-272727
마이린 Mai Linh 전화 28-38-383838
비나 택시 Vina Taxi Taxi 전화 28-38-111-111

| 목적지 | 거리 | 시간 | 적정 요금 |
|---|---|---|---|
| 팜응우라오 거리 → 통일궁 | 2.1km | 10분 | 31,000~37,000VND |
| 데탐 거리 → 동물원 · 역사박물관 | 3.1km | 15분 | 45,000~55,000VND |
| 벤탄 시장 → 미엔동 버스터미널 | 6.8km | 20분 | 100,000~120,000VND |

### 시내버스

레라이(Lê Lai) 버스정류장이나 벤탄 버스정류장(Trạm Bến Thành)을 이용하자. 요금도 5,000~6,000VND로 저렴하다. Bus Map 앱도 추천할 만하다. 대대적인 지하철 공사로 인해 벤탄 버스정류장 위치와 버스 노선이 바뀌곤 한다. 여행 시 참고하자.

| 출발 | 버스번호 | 노선 |
|---|---|---|
| 벤탄 시장 맞은편<br>벤탄 버스정류장<br>(지도 MAP 19 ⓓ) | 1번 | 쩐흥다오(Trần Hưng Đạo) 거리 → 쩌런 버스정류장(Bến Xe Chợ Lớn) |
| | 2번/39번 | 쩐흥다오(Trần Hưng Đạo) 거리 → 미엔떠이 버스정류장(Bến Xe Miền Tây) |
| | 19번/45번 | 함응이(Hàm Nghi) 거리(비텍스코 빌딩) → 마제스틱 호텔(동커이 거리 초입) → 파크 하얏트 사이공(오페라 하우스 뒤) → 중앙 우체국 뒤 → 동물원 · 역사박물관 근처 → 45번만 미엔동 버스터미널(Bến xe Miền Đông) |
| | 152번 | 떤선녓국제공항 국내선 청사(T1) → 국제선 청사(T2) |
| 팜응우라오 거리 건너편<br>레라이 거리<br>(지도 MAP 19 ⓒ) | 3번 | 벤탄 버스정류장 → 함응이(Hàm Nghi) 거리(비텍스코 빌딩) → 마제스틱 호텔(동커이 거리 초입) → 파크 하얏트 사이공(오페라 하우스 뒤) |
| | 4번/36번 | 벤탄 버스정류장 → 파스퇴르(Pasteur) 거리(리버티 센트럴 호텔) → 호찌민시 박물관 → 통일궁 근처 → 36번만 다이아몬드 플라자(대성당 뒤) |

### 쎄옴

큰 길과 골목 곳곳에 쎄옴이 대기하고 있어 가까운 거리를 이동할 때 편리하다. 1km에 7,000~8,000VND 정도로 생각하고 흥정하면 된다. 여행자 거리에서 벤탄 시장까지는 10,000VND 이하, 통일궁이나 시청까지 20,000VND이면 넉넉한 금액이다. 공항까지도 70,000VND에 갈 수 있다.

# 05 호찌민시 이렇게 여행하자

## TRAVEL COURSE

### 여행 방법

호찌민시의 여행자 거리는 팜응우라오, 데탐, 부이비엔 세 개의 거리가 교차하는 구역이다. 호텔과 음식점, 여행사들이 즐비해서 이곳에서 모든 여행을 시작하고 끝낼 수 있다. 호찌민시의 관광 명소는 시내에 옹기종기 모여 있기 때문에 쉬엄쉬엄 걸어 다닐만하다. 시간을 많이 들여 볼 만한 곳은 전쟁 박물관 정

도라 대부분 시내 관광은 하루 정도면 끝난다. 다음 날에는 메콩 델타 투어를 다녀오거나 꾸찌 터널을 방문한다. 날씨가 덥고 차가 많아 혼잡하므로 통일궁, 박물관 등은 아침 일찍 다녀오는 것이 좋고 낮에는 더위를 피해 호텔이나 커피숍에서 시간을 보내자. 시장, 음식점, 광장 모두 시원한 저녁 시간에 더 활기를 띠므로 저녁을 먹고 산책 삼아 다니는 것을 추천한다.

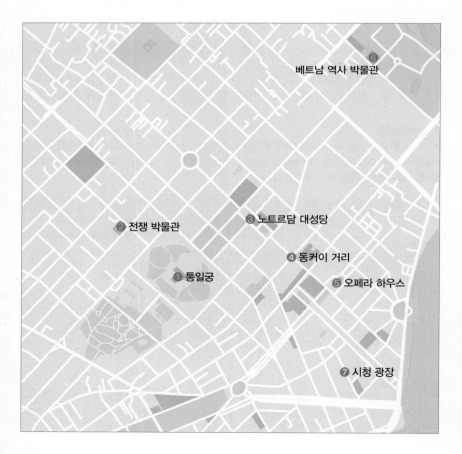

베트남 역사 박물관 ⑥

② 전쟁 박물관　　③ 노트르담 대성당

④ 동커이 거리

① 통일궁　　⑤ 오페라 하우스

⑦ 시청 광장

## Course1 호찌민시 기본 코스

시내 주요 관광 명소를 돌아보는 코스. 통일궁과 전쟁 박물관은 점심시간에 문을 닫으므로 시간을 잘 맞춰야 한다.

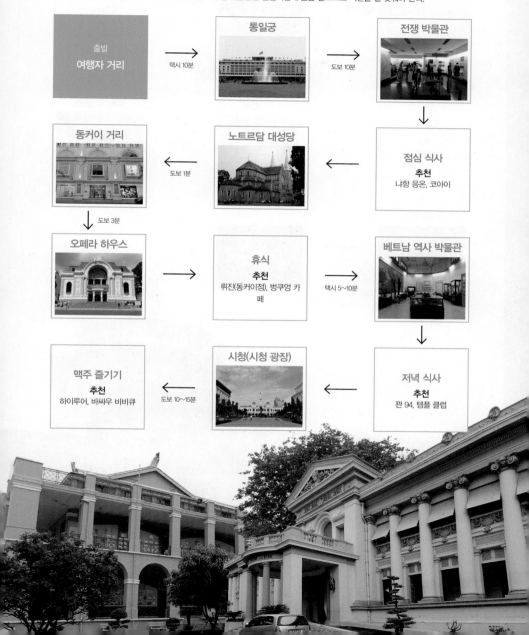

**출발**
**여행자 거리** → 택시 10분 → **통일궁** → 도보 10분 → **전쟁 박물관**

**동커이 거리** ← 도보 1분 ← **노트르담 대성당** ← **점심 식사**
**추천**
냐항 응온, 코아이

↓ 도보 3분

**오페라 하우스** → **휴식**
**추천**
뤼진(동커이점), 벙쿠엉 카페
→ 택시 5~10분 → **베트남 역사 박물관**

**맥주 즐기기**
**추천**
하이루어, 바싸우 비비큐
← 도보 10~15분 ← **시청(시청 광장)** ← **저녁 식사**
**추천**
꽌 94, 템플 클럽

## Course2 메콩 델타 & 꾸찌 터널 코스

메콩 델타 또는 꾸찌 터널 방문 후 휴식과 쇼핑으로 마무리하는 코스

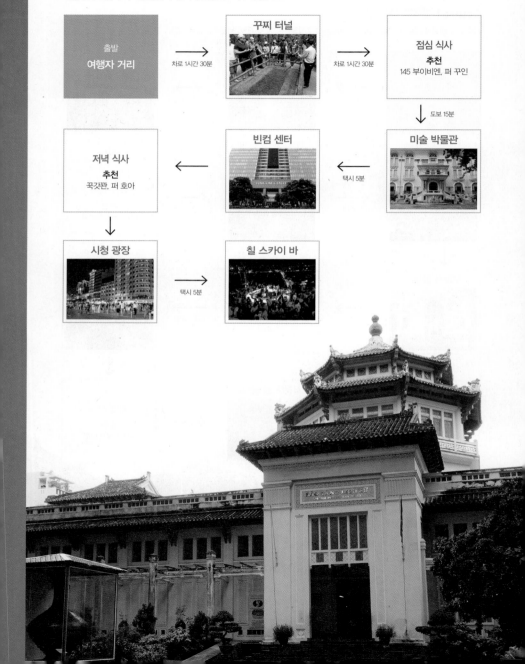

**출발**
**여행자 거리**

→ 차로 1시간 30분

**꾸찌 터널**

→ 차로 1시간 30분

**점심 식사**
**추천**
145 부이비엔, 퍼 꾸인

↓ 도보 15분

**미술 박물관**

← 택시 5분

**빈컴 센터**

←

**저녁 식사**
**추천**
꼭갓짠, 퍼 호아

↓

**시청 광장**

→ 택시 5분

**칠 스카이 바**

# 통일궁

Dinh Độc Lập

Independence Palace

프랑스 식민 통치부터 남북 분단, 베트남 전쟁, 베트남 통일에 이르기까지 베트남 현대사에서 가장 중요하고 의미 있는 공간이다. 통일궁은 1868년 프랑스 식민지 시절에 지어진 것으로 80년이 넘도록 코친 차이나(메콩델타 지역을 포함한 남부 베트남 일대)의 총독부 관저로 쓰였다. 1954년 제네바 협정으로 프랑스 식민통치가 끝나고 남북이 분단된 후에는 미국이 세운 꼭두각시 대통령 응오딘지엠과 군부 세력이 머무는 대통령궁으로 사용되었다. 남북 분단과 베트남 전쟁이라는 고난 속에서도 포기를 몰랐던 북부 베트남군은 1975년 4월 30일 탱크를 몰고 대통령궁을 진격했다. 이로써 베트남이 하나가 되는 역사적인 통일이 이뤄진 것이다. 궁 내에 있던 미군들이 탈출하는 소식이 전 세계에 퍼지면서 베트남 전쟁도 막을 내렸다. 독립과 통일을 기리기 위해 통일궁으로 이름을 바꾸었으며 내부를 정리해 관광명소로 공개하고 있

다. 당시 진격했던 탱크 2대도 보란 듯이 정원 옆에 전시되어 있다. 통일궁 내부에는 대통령 집무실, 회의실, 접견실, 연회장 같은 수많은 방이 자리하고 있다. 지하 벙커에는 미군이 작전을 수행하기 위해 만들어 놓은 상황실, 통제실, 통신실, 암호실 등도 남아 있다. 현재 궁의 모습은 응오딘지엠이 1966년에 재건축한 것 그대로다.

<u>위치</u> ①벤탄 시장에서 레러이(Lê Lợi) 거리를 따라 이동, 아디다스 매장이 있는 남끼커이응이아 거리를 따라 직진, 총 도보 15분 ②시내버스 4번, 36번 이용 <u>주소</u> 135 Nam Kỳ Khởi Nghĩa <u>오픈</u> 티켓_07:30~11:00, 13:00~16:00, 오픈_07:30~11:30, 13:00~17:00 <u>요금</u> 40,000VND <u>홈피</u> www.dinhdoclap.gov.vn <u>지도</u> MAP 19 ⑧

# 전쟁 박물관
## Bảo Tàng Chứng Tích Chiến Tranh

The War Remnants Museum

호찌민시의 여러 명소 가운데 딱 한 곳만 봐야 한다면 단연 전쟁 박물관이다. 베트남 전쟁을 강대국의 시선이 아닌 베트남 사람들의 시선으로 정리해 두었기 때문이다. 실제로 베트남 사람들은 이 전쟁을 베트남 전쟁이라고 부르지 않는다. 미국에 맞서 싸웠기 때문에 항미(抗美) 전쟁이라고 부른다. 책, 방송, 영화 등을 통해서 서구 중심으로 정보를 습득해온 여행자에게 처음부터 깊은 인상을 준다. 박물관은 총 3층으로 구성되어 있다. 맨 위 층으로 올라가서 1,2,3,4번 방을 보고 2층에 있는 5, 6번 방을 본 다음 1층으로 내려오면 된다. 1~4번 방에서는 전쟁의 역사적 의미와 결과, 당시 뉴스와 사진, 우리가 알아야 할 진실들에 관해서 설명하고 있다. 전쟁으로 인해 희생당한 사람들을 추모하고 평화를 기원하는 사진도 볼 수 있다. 5~6번 방은 전쟁기간동안 자행된 수많은 전쟁범죄에 대해서 다룬다. 무차별 폭격, 학살, 폭력, 고문, 화학무기 등이 등장하는 잔인한 사진 자료가 많아 섬뜩하기 그지없다. 특히 미국이 전쟁에서 사용했던 고엽제(Agent Orange)로 인한 후유증(Aftermath)을 다룬 4번, 6번 전시관은 수십 년이 지나도 피해가 대물림되는 현실에 눈물 글썽이게 된다. 박물관 밖에는 전쟁 당시 사용했던 미군 비행기와 헬리콥터 등이 전시되어 있으며 박물관 입구 왼쪽에는 반식민지 세력과 전쟁 포로를 수용하던 꼰썬 섬 감옥을 재현해 두고 있다.

위치 ①통일궁 입구를 등지고 왼쪽에 있는 응우옌티민카이(Nguyễn Thị Minh Khai) 거리와 레뀌돈(Lê Quý Đôn) 거리를 따라 도보 10분 ②여행자 거리에서 택시로 10분 주소 28 Võ Văn Tần 오픈 07:30~12:00, 13:30~18:00(30분 전 입장 마감) 요금 40,000VND 전화 28-3930-5587 홈피 www.baotangchungtichchientranh.vn 지도 MAP 17 ©

# 노트르담 대성당
Nha Thờ Đức Bà Sài Gòn

Notre-Dame Basilica

프랑스 식민지 시절, 예배당이 필요했던 프랑스 사람들이 세운 성당이다. 1877년에 공사를 시작해 1883년에 완공했다. 전형적인 로마네스크 양식의 건축물로 프랑스 마르세유에서 공수해 온 붉은 벽돌로 탄탄하게 지었다. 양쪽으로 뾰족하게 솟은 첨탑만 보고 있으면 교회의 규모가 얼마나 큰지 실감이 나지 않는다. 하지만 통일궁이나 다이아몬드 백화점 쪽에서 보면 웅장하고 고풍스러운 모습에 감탄이 절로 나온다. 성당 내부는 천장이 높은 아치형 구조로 꾸며져 있으며 스테인드글라스가 빛나고 있다. 약 1,000여 명의 신도들이 예배를 드릴 수 있는 규모다. 미사는 월~토요일에는 05:30, 17:00에 열리고 일요일에는 05:30, 06:30, 07:30, 09:30, 16:00, 17:15, 18:30에 열린다.

위치 ①통일궁 정문 앞으로 난 공원을 가로 질러 도보 5분 ②시내버스 4번, 19번, 36번, 45번 이용 주소 1 Công Xã Paris 오픈 월~금요일 08:00~11:00, 15:00~16:00 요금 무료 지도 MAP 18 ⓐ

# 중앙 우체국
Bưu Điện Trung Tâm Sài Gòn

Central Post Office

프랑스 식민지 시절인 1891년에 지어진 우체국이다. 호찌민시를 대표하는 중앙 우체국으로 베트남을 통틀어 가장 규모가 크다. 정문 위에는 동그란 시계가 달려 있으며 우체국이라는 뜻의 베트남어 브우디엔(Bưu Điện)이 적혀 있다. 안으로 들어가면 아치형 천장 아래로 호찌민의 사진이 걸려 있고 편지와 소포 등을 접수하는 우편 창구가 빙 둘러져 있다. 실제로 이곳에서 엽서나 선물을 붙이면 한국까지 잘 도착한다. 우체국 입구 양옆으로는 영화에서나 보았음직한 구식 전화 부스가 있다. 그 위로는 1892년 무렵 우체국 주변을 그린 사이공 지도가 그려져 있다. 우체국 건물은 누가 말해주지 않는다면 귀스타프 에펠이 설계했다는 사실을 알아채기 어렵다.

위치 노트르담 대성당 바로 옆 주소 2 Công Xã Paris 오픈 07:00~19:00 요금 무료 전화 28-3822-1677 지도 MAP 18 ⓐ

# 시청 (인민위원회 청사)
## Trụ Sở Ủy Ban Nhân Dân

Ho Chi Minh City People's Committee

호찌민시를 대표하는 건물이자 시청이다. 규모는 작지만 중앙에 놓인 시계탑과 사각 외벽과 붉은 지붕, 화려한 장식이 파리 시청과 닮아 있다. 식민지 잔재가 고스란히 남아있는 건물을 시청으로 쓰고 있다는 사실이 조금 의아하지만 호찌민 동상과 함께 사진을 찍으려는 여행자들에게는 그저 아름다운 명소일 뿐이다. 베트남 전쟁이 끝나고 통일이 되던 해인 1975년에 사이공 시청에서 인민위원회 청사로 이름이 바뀌었다. 실제로 업무를 하는 곳이라 여행자들이 내부를 구경할 수는 없다.

<u>위치</u> ①중앙 우체국을 등지고 왼쪽으로 난 동커이(Đồng Khởi) 거리를 따라 도보 5분 ②벤탄 시장에서 레러이(Lê Lợi) 거리를 따라 도보 10분, 렉스 호텔 뒤편 ③여행자 거리에서 택시로 5분 <u>주소</u> Lê Thánh Tôn&Nguyễn Huệ <u>오픈</u> 내부 입장 불가 <u>지도</u> MAP 18 ⓒ

# 호찌민시 박물관
Bảo Tàng Thành Phố Hồ Chí Minh

Museum of Ho Chi Minh City

호찌민시의 역사를 일목요연하게 정리해 놓은 박물관. 사이공이 탄생한 순간부터 오늘날 호찌민시에 이르기까지 도시가 성장·발전한 모습을 한눈에 볼 수 있다. 1층 전시관에는 호찌민시의 자연환경, 지질 정보, 기후, 수목, 고고학 출토물 등이 전시되어 있다. 사이공 강을 통한 무역 전성기에 대한 자료도 확인할 수 있다. 강을 중심으로 변해 가는 도시의 모습과 벤탄 시장, 통일궁 주변, 시청 주변의 옛 모습을 사진으로 볼 수 있어 흥미롭다. 2층으로 올라가면 식민지 시절(1930~1954년)의 사이공과 베트남 전쟁(1954~1975년) 후 통일을 맞이한 호찌민시에 대해 설명하고 있다. 박물관 건물이 웅장해서 식민지 시절에는 총독부 건물로, 남북분단 시절에는 응오딘지엠 대통령의 은신처로 사용되었다. 1999년 호찌민시 박물관으로 변신해 오늘에 이르고 있다.

<u>위치</u> ①시청을 등지고 오른쪽으로 이동, 파스퇴르 사거리에서 다시 오른쪽으로 도보 3분 ②벤탄 시장에서 레러이 거리를 따라 이동, 쳄박탕과 리버티 센트럴 호텔을 지나 파스퇴르 거리를 따라 직진, 총 도보 15분 <u>주소</u> 65 Lý Tự Trọng <u>오픈</u> 07:30~17:00 요금 30,000VND <u>전화</u> 28-3829-9741 홈피 www.hcmc-museum.edu.vn <u>지도</u> MAP 18 ©

**Talk** 호찌민시의 탄생

호찌민시가 속해 있는 남부 베트남은 원래 캄보디아의 영토였다. 습지대가 많아 볼품없던 땅을 1698년 베트남 관리가 베트남 영토로 편입시켰다. 이후로도 쭉 베트남 통치하에 있었다. 하지만 1862년부터는 프랑스 식민지가 되어 코친차이나라는 이름으로 불렸다. 프랑스 사람들은 수도를 사이공(지금의 호찌민시)에 두고 이곳을 파리처럼 개발해 나갔다. 프랑스가 식민 통치에서 손을 뗀 이후에도 미국의 손아귀에 넘어가 약 20년간 남부 베트남의 수도 역할을 했다. 1975년 4월 30일 베트남이 통일되면서 호찌민시(Thành Phố Hồ Chí Minh)로 이름을 바꾸었으며 줄여서 TP. HCM 혹은 HCMC로 표기하고 있다.

# 오페라 하우스
## Nhà Hát Lớn Thành Phố Hồ Chí Minh

The Opera House

호찌민시를 대표하는 문화공간. 건물 꼭대기에 천사 조각상이 있어 엔젤 하우스라고도 불린다. 프랑스 식민 통치 아래에 있던 1900년에 1,800석 규모로 지어졌다. 1998년 사이공 탄생 300주년을 맞아 대대적인 리노베이션을 진행하였으며 현재는 500석 규모의 극장으로 사용 중이다. 극장 내부는 붉은 의자가 놓인 1층과 난간 형태의 2층으로 구분되어 있다. 무대 양옆으로는 우아한 박스석도 있다. 아쉽게도 공연 관람객이 아니라면 내부 구경이 불가하다.

위치 시청 광장에서 동커이 거리를 따라 도보 3분, 카라벨 호텔 옆 주소 7 Công Trường Lam Sơn 오픈 공연 시간 외 입장 불가 전화 28-3823-7419 홈피 www.hbso.org.vn 지도 MAP 18 ⑩

### TIP
#### 아오쇼 A O Show
오페라 하우스에서 베트남 현대 무용극을 관람할 수 있다. 전통 소품과 현대적인 장치를 이용해 시각적으로 아름다운 퍼포먼스를 연출한다. 무예가, 서커스 단원, 스턴트맨, 비보이 등 다양한 스포츠·무용 전공자들이 참여한다. 10개의 짧은 스토리로 꾸며져 있어 연결성이나 메시지는 부족하지만 창의적인 면은 높이 살만하다. 공연 일자는 월 단위로 공개된다. 예약은 오페라 하우스, 중앙 우체국, 호텔 등에서 가능하다.
오픈 18:00 요금 좌석 등급에 따라 700,000VND, 1,150,000VND, 1,600,000VND(조기 예약 시 20% 할인) 홈피 www.luneproduction.com

# 미술 박물관
## Bảo Tàng Mỹ Thuật

Fine Art Museum

베트남 현대 미술 작품을 살펴볼 수 있는 국립 미술관이다. 전시 건물은 총 3채로 베트남이 통일을 이룬 1975년을 기준으로 작품을 구분해 두고 있다. 주요 작품들은 제1관과 제2관에 자리하고 있으며 제3관에는 고대 미술 작품이 전시되어 있다. 주로 혁명과 전쟁, 평화를 주제로 한 작품들이 많다. 독특한 추상 작품들도 눈길을 끌지만 연필, 펜, 붓으로 빠르고 간략하게 그린 스케치들이 볼만하다. 실크에 그린 수채화나 나무를 이용해 찍은 락커 페인팅 등 베트남 전통 미술 기법도 살펴볼 수 있는 좋은 기회. 복도, 별관, 야외 전시장에서는 전쟁의 상흔과 인간애를 표현한 조각품들이 세워져 있어 한참을 바라보게 된다.

위치 벤탄 버스정류장 옆 하이랜드 커피숍 사이 좁은 골목을 따라 도보 1분 주소 97A Phó Đức Chinh 오픈 09:00~17:00 휴무 월요일 요금 10,000VND 전화 28-3829-4441 지도 MAP 18 ⑥

# 호찌민 박물관

## Bảo Tàng Hồ Chí Minh

Ho Chi Minh Museum

호찌민(1890~1969)의 생애를 다룬 박물관이다. 지금의 박물관 자리는 21살이던 호찌민이 증기선의 주방 보조로 취직해 프랑스로 건너갔던 장소라고 한다. 전시실은 총 4개의 테마관으로 꾸며져 있다. 첫 번째 전시실에서는 호찌민의 유년시절과 프랑스 활동 시절을 다루고 있다. 연도로 보자면 1890년~1920년이다. 두 번째 전시실은 호찌민의 정치적 성장기를 다룬 공간. 호찌민이 다양한 정치사상을 접하고 유명 인사들을 만나면서 독립을 구체적으로 그려가던 모습이 담겨 있다. 호찌민이 베트남으로 돌아와 혁명과 전쟁을 이끌었던 1930~1954년의 모습은 세 번째 전시실에 정리되어 있다. 네 번째 전시실에는 미국과 지난한 전쟁을 치르다 사망한 호찌민의 마지막 모습이 기록되어 있다. 전시를 모두 둘러보고 나면 위대한 지도자를 둔 베트남 사람들이 부러워진다. 2층 발코니에서 내려다보이는 사이공 강과 도심 풍경은 보너스다.

위치 ①여행자 거리에서 택시로 10분 ②벤탄 버스정류장에서 시내버스 20번 이용, 다리 건너자마자 하차 주소 1 Nguyễn Tất Thành 오픈 07:30~11:30, 13:30~17:00 휴무 월요일 요금 10,000VND 지도 MAP 17 ⑤

# 베트남 역사 박물관

Bảo Tàng Lịch Sử Việt Nam

Museum of Vietnamese History

베트남의 역사를 알기 쉽게 정리해 놓은 박물관이다. 팔각지붕이 인상적인 중국풍 건물 안에 자리하고 있다. 전시실은 총 18개로 시대순으로 10개관을 중심에 두고 테마관을 사이사이에 배치했다. 원시시대부터 응우옌 왕조가 역사 속에서 사라질 때까지 베트남 역사를 훑어볼 수 있는 의미 있는 공간이다. 동선도 심플해서 하노이의 역사 박물관보다 관람하기 편하고 이해하기에도 좋다. 1956~1975년까지는 베트남 국립박물관으로 불렸다가 1979년에 새 단장을 마치고 베트남 역사 박물관으로 재개관했다.

위치 ①여행자 거리에서 택시로 15분 ②통일궁 정문 앞으로 난 레주언(Lê Duẩn) 거리를따라 직진, 택시 5분 또는 도보 25분 주소 2 Nguyễn Bỉnh Khiêm 오픈 08:00~11:30, 13:30~17:00(30분 전 입장 마감) 휴무 월요일, 설날 요금 40,000VND 전화 28-3829-146 홈피 www.baotanglichsuvn.com 지도 MAP 17 ⑧

---

**TIP**

### 호찌민시 동물원

간혹 택시 기사들 중에는 역사 박물관을 모르는 경우가 있다. 주소도 지도와 잘 맞지 않아 혼란스럽다. 그럴 때는 동물원(Thảo Cầm Viên/따오껌비엔)으로 가자. 박물관이 동물원과 같은 부지에 있는데다 입구도 같기 때문에 택시 기사들도 금방 이해하고 데려다 준다. 동물원은 날씨가 더워 살펴보기 쉽지 않지만 아이들이 있다면 즐거운 시간을 보낼 수 있다. 시설은 평범하다.

오픈 07:00~18:30(1시간 전 입장 마감) 요금 성인 50,000VND, 어린이 30,000VND 홈피 www.saigonzoo.net 지도 MAP 17 ⑧

## 1관 원시사회 Thời Nguyên Thuỷ

Primitive Period

선사시대로 거슬러 올라가 베트남의 기원을 살펴본다. 원시인들이 사용한 연모를 기준으로 석기–청동기–철기 시대로 구분하는데 이곳에서는 구석기, 중석기, 신석기 시대를 살았던 인류에 대해서 설명한다.

## 2관 훙브엉 시대 Thời Hùng Vương

Hùng Kings Period

기원전 2879~179년에 해당하는 청동기 시대의 유물을 전시하고 있다. 홍 강(Sông Hồng)을 중심으로 문명을 이루고 살았던 사람들이 만든 농기구, 장식품, 무기, 악기 등을 볼 수 있다. 베트남 건국신화는 이 시기를 배경으로 하고 있는데 우리나라에 단군과 단군조선 이야기가 있는 것처럼 베트남에도 홍브엉과 반랑(Văn Lang) 이야기가 전해온다. 홍브엉은 바다신 락롱꿘(Lạc Long Quân)과 산신 어우꺼(Âu Cơ) 사이에서 태어난 100명의 아들 가운데 하나로 힘이 센 장남으로 등장한다.

## 3관 중국 독립 투쟁 시대 Thời Đấu Tranh Giành Độc Lập    Period of the Struggle for Independence

1~10세기 베트남이 중국에서 벗어나 독립 왕조를 세우는 과정과 당시 유적을 확인할 수 있다. 기원전 207년 중국 진나라 출신의 찌에우다(Triệu Đà)가 베트남을 독립국으로 만들어 왕의 자리에 앉았으나 한 나라의 제후국이 되면서 중국의 손아귀에 들어갔다. 40년에는 쯩(Trưng) 자매가 반란을 일으키는데 성공하여 왕위에 올랐으나 후한에 의해 다시 멸하고 만다. 이렇게 수 백 년 동안 중국에 저항하던 베트남은 938년이 되어서야 최초의

독립 왕조를 세우게 된다. 응오꾸옌(Ngô Quyền)이 이끄는 베트남군이 박당 강(Sông Bạch Đằng) 전투에서 중국을 무찌르면서 응오(Ngô) 왕조를 세운 것이다. 무려 1,000년 만에 이룬 독립이었다.

## 4관 리 왕조 Thời Lý

Lý Dynasty

응오 왕조 멸망 후 전기 레 왕조를 장악하고 탄생한 리 왕조(1009~1225)의 역사 유적이 정리되어 있다. 리 왕조는 베트남에서 200년 이상 융성했던 최초의 왕조로 탕롱(지금의 하노이)에 수도를 두고 도시를 건설했다. 탕롱 황성(p.96)과 문묘(p.100)가 모두 이때 지어진 것이다. 중국 송나라와 꺼우 강 전투(Phòng Tuyến Sông Câu)를 벌이면서도 그들의 우수한 문물과 정치 체제를 받아들여 크게 융성하였다.

## 5관 쩐 왕조 Thời Trần

리 왕조 멸망 후 등장한 쩐 왕조의 유물과
유적을 전시하고 있다. 쩐 왕조는 비록 오
래 가지 못했지만 원나라와 참파 왕국의 침
입을 모두 이겨낸 자부심이 강한 왕조다.
더불어 베트남 사람들의 민족주의 정신이
크게 고양된 시기기도 했다. 전시실 한쪽
벽면에는 커다란 해상 전투 그림이 걸려 있
는데 이는 쩐흥다오 장군이 원나라를 대파
하는 제2차 박당 강 전투 장면을 그린 것이
다. 쩐흥다오 장군은 하롱베이와 만나는 박
당 강의 조수간만의 차를 이용해 강바닥에

나무 기둥을 세웠고 썰물 타임에 원나라 군대를 유인했다. 예상치 못한 나무 기둥에 갇힌 원나라의 배는 당황했
고 쩐흥다오 장군은 이곳에 불을 질러 크게 승리하였다. 그림 앞에는 전투 당시 사용했던 굵고 검은 나무 기둥
이 증거처럼 서 있다.

## 6관 참파 문화 Văn Hóa Chăm Pa

2세기에서 17세기에 이르는 참파 왕국의 힌두 유적을 전시하고 있다. 다양한 힌두 신과 권력을 상징하는 링가,
춤을 추는 무용수 등 정교하고 아름다운 조각품이 많아 매우 흥미롭다. 참파 왕국은 인도의 영향을 강하게 받은
말레이 족이 세운 나라로 베트남 중부 지역을 중심으로 융성했다. 과거 캄보디아의 수도 씨엠립까지 초토화시
켰을 만큼 세력이 강성했으나 북부 지역에서 남진해 온 베트남 본토 세력에 밀리면서 정복당했다.

## 7관 옥에오 문화 Văn Hóa Óc Eo

2~7세기경 베트남 남부와 메콩 델타 서부에서 발견된 유적과 문화
에 대해서 설명하고 있다. 비교적 최근인 1944년에 발굴한 것으로 중
국, 캄보디아, 유럽과 교역이 있었음을 보여주는 귀금속, 장식품, 조각
품 등이 출토되었다. 그중에서도 힌두교와 불교가 공존했던 크메르(지
금의 캄보디아)의 영향을 받은 산스크리트어 비석과 무카링가, 불상이
볼만하다.

## 9관 레 왕조 Thời Lê

Lê Dynasty

15~18세기 후기 레 왕조의 역사와 유물을 볼 수 있는 곳이다. 레 왕조는 1428년 레러이(Lê Lợi)가 명나라를 몰아내고 세운 왕조로 국호는 다이비엣, 수도는 하노이였다. 농민 출신이었던 레러이는 1418~1427년 명나라 지배에 반대하는 봉기를 주도하다 왕의 자리까지 오른 인물. 중국을 배척하였지만 선진 제도는 모방하여 관료 기구를 정비하고 사신을 보내어 외교관계도 회복했다. 과거 시험도 일반 농민에게까지 개방하고 예술과 문학을 장려해 나라가 크게 융성하였다. 훗날 막 왕조, 떠이션 왕조에 의해 힘을 잃고 1789년 청나라로 넘어간다.

## 11관 떠이션 왕조 Thời Tây Sơn

Tây Sơn Dynasty

짧은 기간 동안 존재했던 왕조지만 응우옌 왕조가 탄생하는 밑거름이 되었다. 떠이션 왕조에서 발견된 각종 유물과 유적을 전시하고 있다. 떠이션 왕조는 레 왕조의 황제가 허수아비로 전락했던 1778년에 세워졌다. 떠이션 지방에 살고 있던 삼형제(응우옌반낙, 응우옌푹아인, 응우옌반후에)가 일으킨 반란이 성공하여 1802년까지 24년 동안 유지되었다. 훗날 삼형제가 서로 왕위를 쟁탈하는 과정에서 응우옌푹아인이 승리해 베트남의 마지막 왕조인 응우옌 왕조를 열게 된다. 응우옌푹아인은 이후 자롱 황제로 불리며 후에를 수도로 천명했다.

## 12관 응우옌 왕조 Thời Nguyễn

Nguyễn Dynasty

베트남의 마지막 왕조인 응우옌 왕조가 남긴 유물을 전시하고 있다. 화려한 의복과 신발, 값비싼 장식품과 장신구 등을 볼 수 있다. 응우옌 왕조는 자롱 황제에 의해 세워졌으며 북에서 남에 이르기까지 베트남 전역을 통일한 최초의 왕조로 오늘날 베트남의 전신으로 여겨진다. 1802년부터 1945년까지 존재하였지만 프랑스 식민지와 남북 분단으로 인하여 후반기에는 왕조의 실체가 거의 없었다고 봐야 한다.

## 15관 미라 전시실 Xác Ướp Xóm Cải

Mummy at Xóm Cải

1994년에 발견된 미라가 전시되어 있어 여행자의 호기심을 자극한다. 1869년에 사망한 것으로 추정되는 베트남 여성으로 키 152cm에 나이는 60세라고 한다.

## 16관 브엉홍센 컬렉션 Sưu Tập Vương Hồng Sến

Collection of Vương Hồng Sến

문화학자이자 유명한 골동품 수집가 브엉홍센(Vương Hồng Sến)씨가 별세하면서 기증한 수집품을 전시하고 있다. 이 박물관의 전신인 국립 박물관에서 오랫동안 큐레이터로 일해온 인물이다. 폭넓은 지식을 갖고 있어 베트남 역사학자와 고고학자들 사이에서도 존경받았다.

## 그 외

전시 후반으로 가면 베트남 남부에서 출토된 유물과 유적을 많이 소개하고 있다. 8관 아시아 부다 전시실, 10관 대포 전시실, 13관 캄보디아 조각 전시실, 14관 아시아 도자기 전시실, 17~18관 특별 전시실 등이 마련되어 있다.

## 비텍스코 파이낸셜 타워
Bitexco Financial Tower

## 쩌런
Chợ Lớn

Chinatown

호찌민시에서 가장 아름다운 현대 건축물이다. 2010년에 완공했다. 높이 262m에 68층 규모로 호찌민시에서 두 번째로 높은 빌딩이다. 연꽃 봉우리를 형상화한 디자인으로 부드러운 곡선미가 돋보인다. 건물 상층부 중간에 툭 튀어나온 원형 공간은 다름 아닌 헬리패드. 헬리콥터가 이착륙하는 공간이란다. 입장료가 다소 비싸지만 49층 스카이 데크(Sky Deck)에 올라가면 투명한 유리창을 통해 호찌민시 전체를 파노라마 뷰로 감상할 수 있다. 어디 그뿐인가. 50층에서는 차를 마시면서, 51층에서는 식사를 하면서, 52층(p.362)에서는 술 한 잔 마시면서 근사한 야경을 즐길 수 있다. 1~6층은 쇼핑센터, 식당가, 영화관으로 꾸며져 있다.

위치 ①여행자 거리에서 택시로 10분 ②벤탄 시장에서 함응이(Hàm Nghi) 거리를 따라 도보 10분 주소 36 Hồ Tùng Mậu 오픈 스카이 데크 기준 09:30~21:30(45분 전 입장마감) 요금 스카이 데크 입장료 성인 200,000VND, 어린이 130,000VND 전화 28-3915-6156 홈피 www.bitexcofinancialtower.com 지도 MAP 18 ⒡

베트남어로 쩌(Chợ)는 시장, 런(Lớn)은 크다는 뜻이다. '큰 시장'이라 불리는 쩌런은 19세기 초 중국인들에 의해 형성된 차이나타운이다. 해외 무역이 성장하면서 베트남으로 이주해온 중국인들이 모여 살았다. 응우옌 왕조 2대 황제 민망은 중국인들의 활동을 억제하고 베트남 사람들의 무역을 지원했을 정도로 쩌런의 규모는 실로 대단했다. 지금도 쩌런 곳곳에서는 중국인 사람들과 베트남 사람들이 모여 물건을 사고 팔고 나르며 분주한 하루를 보내고 있다. 쩌런 내에는 빈떠이 시장, 티엔허우 사원, 짜땀 교회를 비롯해 각종 동향 회관(중국인들이 같은 지역 출신 사람들과 모이는 커뮤니티 공간)이 자리하고 있다. 제각기 역사가 있는 명소들이지만 날씨가 덥고 길이 복잡해 여행자들의 발길은 뜸하다.

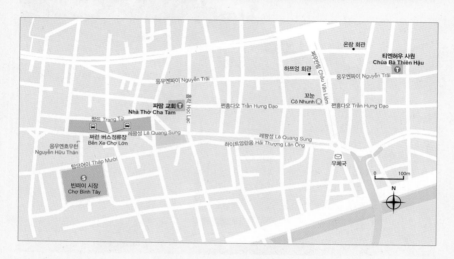

온랑 화관
티엔허우 사원
**Chùa Bà Thiên Hậu**
응우옌짜이 Nguyễn Trãi
하쯔엉 화관
응우옌짜이 Nguyễn Trãi
꼬눈
Cô Nhunh
짜우반리엠 Châu Văn Liêm
펀홍다오 Trần Hưng Đạo
펀홍다오 Trần Hưng Đạo
짜땀 교회
**Nhà Thờ Cha Tam**
호악락 Học Lạc
짱뜨 Trang Tử
쩌런 버스정류장
**Bến Xe Chợ Lớn**
레꽝성 Lê Quang Sung
레꽝성 Lê Quang Sung
하이트엉란옹 Hải Thượng Lãn Ông
응우옌흐우턴
Nguyễn Hữu Thận
탑므어이 Tháp Mười
우체국
빈떠이 시장
Chợ Bình Tây
0   100m
N

## ⑴ 빈떠이 시장 Chợ Bình Tây

Binh Tay Market

호찌민시에서 가장 규모가 큰 재래시장이다. 1860년대부터 형성된 것으로 알려져 있다. 시장 건물뿐만 아니라 주변 일대가 동대문 시장과 남대문 시장을 연상케 할 정도로 물건이 많고 복잡하다. 마치 사람들이 물건 속에 파묻혀 있는 것처럼 보일 정도. 벤탄 시장처럼 한 블록 전체가 시장 건물이며 시계가 걸려 있는 높은 사각 지붕이 정문 입구다. 내부는 2층으로 꾸며져 있고 중앙에는 정원이 만들어져 있다. 이를 둘러싼 건물 안쪽으로는 2,000개가 넘는

상점들이 자리하고 있다. 의류, 침구류, 액세서리, 신발, 주방용품 등 실로 다양한 물품을 팔고 있다. 둘러 보기가 미안할 정도로 폭이 좁은 것이 단점. 하지만 가격만큼은 호찌민시 그 어느 곳보다 저렴하다. 복잡한 시장이므로 귀중품 관리에 신경쓰자.

**위치** 벤탄 버스정류장에서 시내버스 1번을 타고 종점 하차, 30분 소요
**주소** 57 Tháp Mười **오픈** 06:00~19:00 **요금** 무료 **홈피** www.
chobinhtay.gov.vn **지도** MAP 16 ①

## 02 티엔허우 사원 Chùa Bà Thiên Hậu

Thien Hau Temple

중국 남부 광둥성 사람들이 1760년에 세운 사원
이자 커뮤니티다. 안전한 항해를 기원하며 바다
의 여신 티엔허우(Thiên Hậu)를 모시고 있다. 당
시에는 광둥성 사람들이 모였던 곳이지만 지금
은 지역에 상관없이 호찌민시에 정착한 중국인
들이 들른다. 나선형의 향을 걸고 가족의 안녕
과 행복을 비는 것이다. 사원 지붕 꼭대기 장식
과 본당의 나무 제단 장식이 정교하고 아름다워
눈길이 오래 간다. 규모는 작지만 오래된 사원이
주는 편안함을 느껴볼 수 있다.

위치 빈떠이 시장에서 도보 20분 또는 택시로 5분 주소 710 Nguyễn Trãi 오픈 06:00~17:30 요금 무료 지도 MAP 16 ①

## 03 짜땀 교회 Nhà Thờ Cha Tam

Cha Tam Church

노란색 외벽에 뾰족한 첨탑을 갖춘 전형적인 가톨릭 교회다. 1902년에 지어졌다. 베트남 분단 시절, 남부 베
트남의 허수아비 대통령 응오딘지엠이 쿠데타 세력을 피해 숨어 있다가 체포된 곳으로 유명하다. 차이나타운
에 세워진 교회답게 입구 중앙문에는 프랑수아 사비에 신부의 이름을 딴 교회명을 한자(方濟各天主堂)와 베트
남어(Nhà Thờ Thánh Phanxico Xavie)로 각각 표기해 두었다. 미사는 월~금요일 05:30, 17:30, 토요일 18:30,
19:30, 일요일 05:30, 07:30, 08:30, 16:00, 17:30에 진행된다.

위치 쩌런 버스정류장을 나와 레꽝성(Lê Quang Sung) 거리를 따라 도보 10분 주소 25 Học Lạc 오픈 05:00~18:00 요금
무료 전화 28-3856-0274 홈피 www.chatamvn.com 지도 MAP 16 ①

## 여행자 거리 Backpackers Street

신 투어리스트와 킴 카페가 있던 데탐(Đề Thám) 거리에서 시작된 여행자 거리는 부이비엔(Bùi Viện) 거리를 중심으로 골목 사이사이까지 크게 확장되었다. 1년 내내 전 세계 여행자들로 붐비는 거리다 보니 호텔과 음식점, 여행사, 비아 허이, 노점상들로 시끌벅적하다. 특히 저녁 무렵이면 길거리로 나와 저렴한 맥주를 마시는 사람들이 한가득. 자유롭고 흥겨운 분위기가 매력이다. 여행자 거리에서 가까운 타이빈 시장(Chợ Thái Bình)은 고기, 생선, 채소, 과일 등을 파는 야외 시장으로 아침 일찍 구경하러 가면 벤탄 시장에서는 느낄 수 없는 또 다른 시장의 맛을 볼 수 있다.

위치 부이비엔 거리 주변 일대 지도 MAP 19 ⒺⒻ

## 따오단 공원 Vườn Tao Đàn(Tao Dan Park)

여행자들에게는 아직 잘 알려져 있지 않지만 현지인들에게는 더없이 소중한 휴식 공간이다. 이른 아침과 해 질 무렵에는 운동하는 사람들로 가득하고 주말에는 아이들과 소풍 나온 가족들, 동아리 모임을 하는 학생들, 졸업 사진을 찍는 여대생들, 취미를 즐기는 사람들로 평화롭기 그지없다. 특히 예쁜 새장을 걸어놓고 새소리를 감상하는 현지인들에게서는 여유로움이 묻어난다. 공원 안에는 아름드리나무와 분수, 사원 등이 자리하고 있다. 호

찌민시에서 현지인들의 일상을 엿보기 가장 좋은 장소임에 틀림없다.

위치 AB 타워 뒤편 오거리에서 깟망탕땀(Cách Mạng Tháng Tám) 거리를 따라 직진, 총 도보 10분 지도 MAP 19 Ⓐ

## 거북이 공원 Hồ Con Rùa(Turtle Lake)

베트남 국립 대학 근처에 있는 자그마한 공원이다. 위에서 내려다보면 거북이 등처럼 생겼다고 해서 거북이 공원이라는 이름이 붙었다. 연못 위에 겹쳐진 다리에 앉아 두런두런 이야기를 나누며 저녁 시간을 보내는 현지인들을 만날 수 있다. 근처에는 반짱이나 보비아 같은 간식을 팔고 있어 군것질도 가능하다. 낮보다는 저녁이 더

예쁘다. 공원 앞으로 뻗은 팜응옥탓(Phạm Ngọc Thạch) 거리 끝에 노트르담 대성당이 멋있게 보여 포토 스폿으로도 그만이다.

위치 대성당과 다이아몬드 백화점 뒤편으로 곧게 뻗은 팜응옥탓 거리를 따라 도보 10분 지도 MAP 17 Ⓐ

# Eating

## 파이브 오이스터
### Five Oysters

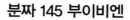

## 분짜 145 부이비엔
### Bún Chả 145 Bùi Viện

여행자 거리에서 해산물 음식을 먹고 싶을 때 찾아가기 좋은 곳이다. 신선한 굴을 포함해 새우, 오징어, 생선 요리를 잘한다. 무난한 소금구이도 괜찮지만 감칠맛 나는 소스로 양념한 음식들은 밥 한 공기와 같이 먹기 딱 좋다. 타마린드 소스를 곁들인 새우구이, 레몬그라스를 넣고 찐 모시조개, 피시소스로 양념한 꼴뚜기 요리가 대표적. 그 밖에도 기본적인 베트남 음식과 베지테리언 메뉴도 갖추고 있고 있다. 여행자 거리에 있는 만큼 가격도 적당하다.

위치 부이비엔 거리 끝자락에 위치, 득브엉 호텔(Duc Vuong Hotel) 맞은편 주소 234 Bùi Viện 오픈 09:00~23:00 요금 식사류 40,000~90,000VND, 맥주 12,000~25,000VND 전화 090-3012-123 홈피 www.fiveoysters. com 지도 MAP 19 ⓔ

베트남 대중 음식 분짜(Bún Chả)를 깔끔하고 저렴하게 맛볼 수 있는 곳. 이미 트립어드바이저에서 상위권을 차지하며 여행자들의 사랑을 독차지하고 있다. 돼지고기 완자와 삼겹살이 담긴 피시소스 국물과 1인분씩 포장된 신선한 채소, 넉넉한 양의 하얀 쌀면 분(Bún)이 아담한 트레이에 함께 나온다. 양이 적어 보이지만 고기 음식이다 보니 생각보다 든든하다. 너무 달지 않은 양념 덕분에 끝까지 맛있게 먹을 수 있는 것도 장점. 꼬치구이와 그린 라이스를 입혀 튀긴 바나나도 사이드 메뉴로 훌륭하다. 실내는 좁지만 아기자기하게 잘 꾸며져 있다.

위치 부이비엔 거리와 도꽝더우(Đỗ Quang Đấu) 거리가 만나는 삼거리에 위치 주소 145 Bùi Viện 오픈 11:00~15:30, 17:30~22:00 요금 분짜 40,000VND 전화 28-3837-3474 지도 MAP 19 ⓔ

# 퍼 꾸인
## Phở Quỳnh

# 퍼 24
## Phở 24

여행자 거리에서 맛있는 쌀국수집을 찾고 있다면 이 곳으로 가보자. 24시간 영업하고 있어 언제든지 쌀국 수 한 그릇을 뚝딱 해치울 수 있다. 생고기가 올라가 는 퍼보따이(Phở Bò Tái)와 소고기 완자가 들어간 퍼 보비엔(Phở Bò Viên)도 나쁘지 않지만 뭐니뭐니해도 한국인 입맛에는 퍼보찐(Phở Bò Chín)이 최고. 양파 는 미리 들어가 있고 후추가 뿌려져 있어 단맛이 돌고 매운맛이 남는다. 전형적인 남부 쌀국수의 맛이다. 숙 주, 라임, 고추를 넣어서 함께 먹으면 더욱 맛있다.

<u>위치</u> 팜응우라오 거리와 도꽝더우(Đỗ Quang Đấu) 거리 가 만나는 사거리에 위치 <u>주소</u> 323 Pham Ngũ Lão <u>오픈</u> 24시간 <u>요금</u> 65,000VND <u>전화</u> 28-3836-8515 <u>지도</u> MAP 19 ⓔ

쌀국수 체인점으로 가장 널리 알려진 곳이다. 기억 에 남을 만큼 특색있는 맛은 아니지만 간편하고 저 렴하게 한 끼 하기에는 부족함이 없다. 쌀국수와 라 임주스를 묶은 세트 메뉴가 인기. 빈콤 센터 지하 식 당가를 비롯해 벤탄 시장 오른쪽 판보이쩌우(Phan Bội Châu) 거리, 호찌민시 박물관 맞은편 파스퇴르 (Pasteur) 거리 등 시내 곳곳에 지점이 있어 편리하게 이용할 수 있다.

<u>위치</u> 동커이 거리에 있는 푹롱 커피숍과 타임 스퀘어 사이에 위치 <u>주소</u> 85 Đồng Khởi <u>오픈</u> 06:00~22:00 <u>요금</u> 49,000~ 59,000VND <u>전화</u> 28-3825- 7505 <u>홈피</u> www.pho24.com. vn <u>지도</u> MAP 18 ⓓ

> **TIP**
> 식당에서는 컵라면 처럼 건조 포장한 쌀국수를 판매한 다. 기념품 겸 선물 용으로 좋다.

## 꽌 남자오
Quán Nam Giao

## 하이루어
Hai Lúa

후에를 대표하는 음식을 맛볼 수 있는 곳이다. 여행자보다는 후에 음식을 먹고 싶어 하는 현지인들로 붐빈다. 쫀득쫀득하고 귀여운 떡 반베오(Bánh Bèo), 매콤한 쌀국수 분보후에(Bún Bò Huế), 돼지고기 월남쌈 넴루이(Nem Lụi) 등 다양한 메뉴를 갖추고 있다. 게살 국수 반칸꾸어(Bánh Canh Cua), 제첩 조개밥 껌헨(Cơm Hến), 연꽃 씨앗밥 껌쎈(Cơm Sen) 역시 놓칠 수 없는 후에의 명물 요리다. 가격이 저렴한 대신 양이 적기 때문에 여러 가지 음식을 주문해서 맛보기 좋다. 누가 말해주지 않으면 좀처럼 찾기 어려운 곳에 숨어 있다. 골목 입구 앞에 'Hẻm 136' 팻말이 세워져 있으니 잘 찾아볼 것.

위치 벤탄 시장 옆 판보이쩌우 거리 끝에 있는 몬후에 왼쪽 좁은 골목 안 주소 136/15 Lê Thánh Tôn 오픈 07:30~22:00 요금 45,000~60,000VND 전화 28-3825-0261 홈피 www.namgiao.com 지도 MAP 19 Ⓑ

해가 지면 벤탄 시장 양쪽 도로는 야시장으로 변신한다. 하이루어는 그중 판보이쩌우 거리에 오픈하는 노천 식당이다. 각종 해산물을 숯불에 지글지글 굽고 있어 여행자들의 발걸음을 붙잡는다. 바닷가재, 새우, 생선, 조개 등 싱싱한 재료들이 가득하다. 가격도 적당한 편이라 저녁 식사를 하거나 안주에 맥주를 하기에도 그만이다. 반세오, 볶음밥, 모닝 글로리 볶음 등 일반 식당에서 맛볼 수 있는 메뉴들도 두루 갖추고 있다. 시끌벅적한 분위기도 좋아 수많은 여행자가 이곳에 앉아 저녁 시간을 보낸다. 비 오는 날을 제외하고 항상 오픈한다.

위치 벤탄 시장 정문 오른쪽에 있는 판보이쩌우 거리 야시장 중간 주소 Phan Bội Châu 오픈 19:00~23:45 요금 70,000~150,000VND 지도 MAP 18 Ⓔ

## 뤼진 (레러이점)
L'Usine

## 훔 베지테리언
Hum Vegetarian

호찌민시에서 가장 힙한 플레이스 중 하나. 프랑스어로 공장이라는 뜻을 가진 편집숍이자 카페다. 1층에서는 의류, 잡화, 문구 등 다양한 아이템을 판매하고 2층에서는 식사, 디저트, 음료 등을 서비스한다. 세련된 인테리어와 다채로운 음식 메뉴를 보고 있노라면 이곳이 호찌민시인지 서울인지 구분이 되지 않을 정도. 커다란 테이블에 앉아 맥북을 놓고 일하는 현지인들과 여럿이 모여 미팅하는 서양인들이 뒤섞여 이국적이면서도 자유로운 분위기가 난다. 마리아주 프레르 티, 에스프레소, 아메리카노 등의 음료도 기대만큼 잘 나오고 그릭 샐러드, 오믈렛, 크로크무슈, 샌드위치, 파스타, 라자냐 같은 라이트 밀도 무난하게 요리한다. 와인과 잘 어울리는 올리브, 치즈 플레이트, 콜드 컷 메뉴도 갖추고 있어 금·토요일 저녁에도 붐빈다. 매일 17:00~20:00에는 맥주와 와인이 원 플러스 원이다. 동커이 거리 151번지 2층(151/5 Đồng Khởi)과 레탄똔 거리 19번지(19 Lê Thánh Tôn)에도 지점이 더 있다.

<u>위치</u> 벤탄 시장에서 레러이 거리를 따라 도보 3분 <u>주소</u> 70B Lê Lợi <u>오픈</u> 07:00~22:30(1시간 전 주문마감) <u>요금</u> 식사류 120,000~240,000VND, 음료 50,000~90,000VND <u>전화</u> 28-3521-0703 <u>홈피</u> lusinespace.com <u>지도</u> MAP 18 Ⓔ

채식주의자가 아니더라도 음식을 통해 몸이 힐링 되는 느낌을 받고 싶다면 찾아가 보자. 재료 고유의 풍미를 살린 건강하고 담백한 음식이 여행자의 심신을 달래줄 테니 말이다. 하얀 담장을 따라 난 좁은 문을 열고 들어가면 아담한 정원과 세련된 식사 공간이 나타난다. 사진과 설명이 잘 되어 있는 메뉴판을 보고 주문하고 나면 사진에서 본 것만큼 예쁜 식사가 나온다. 보기 좋은 떡이 먹기에도 좋다는 속담처럼 음식 맛도 훌륭하다. 콘 실크티(옥수수 수염차)와 브라운 라이스 티(현미차)는 식사와 함께 마시기 좋은 음료. 아이스로 즐기면 입안이 시원하면서도 개운해져 음식 맛을 음미하기 더없이 좋다.

<u>위치</u> 전쟁 박물관 정문을 등지고 오른쪽 옆에 위치 <u>주소</u> 32 Võ Văn Tần <u>오픈</u> 10:00~22:00 <u>요금</u> 80,000~100,000 VND(15% 세금 별도) <u>전화</u> 28-3930-3819 <u>홈피</u> humvietnam.com <u>지도</u> MAP 17 Ⓒ

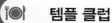

# 템플 클럽
## Temple Club

어떤 음식점인지 보다 안젤리나 졸리와 브래드 피트가 다녀간 곳으로 더 잘 알려졌다. 세기의 커플이 선택한 음식점인 만큼 맛, 분위기, 서비스 모두 기대를 저버리지 않는다. 짙은 원목을 이용해 동양적인 느낌을 한껏 살린 실내 인테리어는 우아하면서도 고풍스럽다. 국내외 유수의 패션 잡지, 영화, CF 촬영 장소로 자주 이용될 정도. 메뉴는 베트남 음식으로 구성되어 있으며 전통 스타일을 고수하지 않아 국적을 불문하고 누구나 맛있게 먹을 수 있다. 게다가 가격도 적당해서 호찌민시에서 근사한 저녁 식사를 하고 싶을 때 가장 먼저 고려해 봐야 할 곳이다. 여행자 거리와 시내에서도 가깝다.

위치 ①파스퇴르 거리를 따라 도보 8분 ②시청 광장에 있는 Sunwah Tower 옆 똔탓티엡 거리를 따라 도보 5분 주소 29 Tôn Thất Thiệp 오픈 12:00~24:00(30분 전 주문마감) 요금 식사류 150,000~250,000VND, 맥주 50,000~60,000VND(10% 세금 별도) 전화 28-3829-9244 홈피 www.templeclub.com.vn 지도 MAP 18 ⓔ

# 냐항 응온
## Nhà Hàng Ngon

베트남 여행을 하면서 이곳에서 식사를 해보지 않은 사람들이 없을 정도로 유명한 음식점이다. 맛있는 식당이라는 심플한 가게 이름과는 달리 메뉴는 그리 간단하지 않다. 베트남에 존재하는 거의 모든 음식을 요리하고 있으니 말이다. 국수 메뉴로는 분보후에(Bún Bò Huế), 후띠에우 남방(Hủ Tiếu Nam Vang)이 맛있고 밥 메뉴로는 껌 틷느엉(Cơm Thịt Nướng), 껌람가느엉(Cơm Làm Gà Nướng)이 무난하다. 베트남 국민 반찬 라우므엉싸오또이(Rau Muống Xào Tỏi)와 고소한 게살 스프링롤 넴꾸어베(Nem Cua Bể), 촉촉한 반꾸온냔팃(Bánh Cuốn Nhân Thịt)도 추천 메뉴다. 디저트로는 쩨텁껌(Chè Thập Cẩm)을 절대 놓치지 말 것! 근처에 '꽌 안응온'이라는 이름의 비슷한 식당이 있으니 헷갈리지 않도록 하자.

위치 시청과 호찌민시 박물관 사이에 있는 파스퇴르 거리를 따라 도보 7분 주소 160 Pasteur 오픈 07:00~23:00(30분 전 주문 마감) 요금 58,000~120,000VND 전화 28-3827-7131 지도 MAP 18 ⓒ

후띠에우 남방

넴꾸어베

# 오 파크
## Au Parc

# 퍼 호아
## Phở Hòa

통일궁에서 대성당으로 가는 공원 옆에 자리하고 있는 카페이다. 호찌민시에서 힙한 카페 중에 하나로 더위를 피해 잠시 쉬기에 그만이다. 바케트, 치아바타, 베이글 등 여러 종류의 빵을 매장에서 직접 구워내고 있으며 직접 기른 채소와 손수 만든 페스토, 드레싱, 요거트 등을 조합해 지중해식 메뉴를 선보이고 있다. 3가지 콘슬로우와 함께 제공되는 푸짐한 샌드위치부터 파스타, 케밥, 스테이크까지 메뉴 선택의 폭도 크다. 주말에는 뉴욕식·터키식 브런치를 제공한다. 맛과 정성은 나무랄데 없지만, 가격은 높은 편.

<u>위치</u> 통일궁과 대성당 사이에 있는 공원 오른쪽 한투엔 거리에 위치 <u>주소</u> 23 Hàn Thuyên <u>오픈</u> 07:30~23:00 <u>요금</u> 커피 40,000~60,000VND, 케익 60,000~80,000VND, 샌드위치 115,000~155,000VND, 브런치 260,000~290,000VND(15% 세금 별도) <u>전화</u> 28-3829-2772 <u>홈피</u> www.auparcsaigon.com <u>지도</u> MAP 18 ⓐ

40년이 넘도록 한 자리를 지켜온 쌀국수집. 시내 중심가에서 조금 떨어져 있음에도 불구하고 일부러 찾아오는 현지인들로 문전성시를 이룬다. 식당은 1층과 2층으로 꾸며져 있다. 이 집의 쌀국수 국물은 말간 색을 띠고 있지만 보기와는 달리 맛이 진하다. 고기 역시 두툼하고 씹는 맛이 일품. 숙주는 데쳐서 나오고 고수를 포함한 나머지 채소들은 따로 내준다. 고기 부위와 종류에 따라 여러 가지 쌀국수가 있는데 퍼 찐(Phở Chín)과 퍼남(Phở Nam)이 가장 대중적이다. MSG를 많이 넣은 맛이라고 폄하하는 사람들도 있지만 특색 있는 맛임은 틀림없다.

<u>위치</u> ①여행자 거리에서 택시로 15분 ②통일궁 정문 앞 파스퇴르 거리를 따라 도보 20분 <u>주소</u> 260C Pasteur <u>오픈</u> 06:00~24:00 <u>요금</u> 쌀국수 65,000~75,000VND, 맥주 15,000~20,000VND <u>전화</u> 28-3829-7943 <u>지도</u> MAP 17 ⓐ

# 꽌 94

Quán 94

맛있는 게 요리 전문점. 택시를 타고서라도 다녀올 만한 맛집이다. 볶음밥, 볶음면, 쌀국수 등 모든 음식에 게살을 아낌없이 넣어주는 것이 특징. 음식을 먹으면서도 이 많은 게살을 언제 다 발라냈을까 궁금해질 정도다. 이 집의 별미는 뭐니뭐니해도 게 집게발 요리. 한입 크기로 먹기 좋게 손질된 게 집게발을 다양한 방법으로 조리해서 내준다. 게 자체도 비싸지만 손이 많이 가는 과정을 거치기 때문에 음식 가격이 저렴하지는 않다. 또한 조미료를 많이 쓰는 것도 단점이라면 단점. 그럼에도 불구하고 한 번 맛보면 계속 생각나는 음식이다. 참고로 옆집은 같은 이름의 짝퉁 가게이니 주의하자.

위치 ①여행자 거리나 벤탄 시장에서 택시로 10분 ②벤탄 버스정류장에서 시내버스 93번 이용, 디엔비엔푸(Điện Biên Phủ) 거리에서 하차, 도보 3분 주소 94 Đinh Tiên Hoàng 오픈 10:00~22:00 요금 밥·면류 90,000~150,000VND, 게 집게발 요리 230,000VND 전화 28-3825-8633 지도 MAP 17 ⓐ

## 코아이
Khoái

## 벙쿠엉 카페
Bâng Khuâng Café

베트남 남부 휴양도시 냐짱의 로컬 음식과 싱싱한 생선 요리를 맛볼 수 있는 곳이다. 특히 냐짱에서 잡아온 생선을 솜씨 좋게 구워내는 것이 이 집의 인기 비결. 래더자켓 피쉬, 시가너스, 겍코 피쉬, 스팟박스 피쉬 등 생선 이름이 너무나 생소해 선뜻 고르기가 망설여지지만 맛은 좋으니 걱정할 필요 없다. 채소에 생선살과 피클을 올려 싸 먹는 맛도 독특하다. 쌀가루 반죽에 달걀과 해산물을 넣고 동그랗게 구워낸 반칸하이싼(Bánh Căn Hải Sản), 생선살과 어묵이 들어가 개운한 분짜까까담(Bún Chả Cá Cá Dầm), 구운 돼지고기를 넣은 비빔국수 분팃느엉(Bún Thịt Nướng) 등은 냐짱 사람들이 즐겨먹는 로컬 음식. 생선 요리와 함께 주문해서 먹기 좋다. 코아이는 흐뭇하고 기쁘다는 뜻으로 빨간 물고기가 그려진 간판을 달고 있다.

위치 통일궁에서 전쟁 박물관으로 이어지는 레뀌돈 거리에 위치 주소 3A Lê Quý Đôn 오픈 07:30~22:00 요금 생선구이 100g 기준 32,000~39,000VND, 그 외 식사류 59,000~75,000VND(5% 세금 별도) 전화 28-3930-0013 지도 MAP 17 ©

호찌민시 구석구석에는 아지트 삼고 싶은 아담한 카페들이 참 많다. 그중에서도 벙쿠엉 카페는 기분이 가라앉거나 비가 내릴 때 찾기 좋은 곳이다. 이곳에 들어서는 순간 아늑한 공간으로부터 위로를 받는 느낌이 들기 때문. 은은한 조명과 이국적인 식물 화분이 편안한 분위기를 연출한다. 빈티지한 테이블과 의자 또한 멋스럽다. 실제로 이곳은 글을 쓰거나 작업을 하는 현지인과 외국인들이 많이 찾는다. 메뉴는 다양하지 않고 커피, 쩨, 주스, 신또 등을 주문할 수 있다. 대체로 조용한 분위기. 눈에 띄는 간판도 하나 없어서 코앞에서 두리번거리게 된다. 낡은 건물 4층에 자리하고 있다.

위치 오페라 하우스 뒤편 파크 하얏트 호텔에서 까오바꽛(Cao Bá Quát) 거리나 응우옌씨에우(Nguyễn Siêu) 거리를 따라 도보 5분, 캐피탈 플레이스(Capital Place) 맞은편 건물 4층에 위치 주소 4F, 9 Thái Văn Lung 오픈 08:00~23:00 요금 음료 30,000~55,000VND 지도 MAP 18 ⑧

## 쉬 카페
She Cafe

줄리아 로버츠, 오드리 헵번, 안젤리나 졸리 등 아름다운 여성을 주제로 한 카페다. 실내벽 한 면 한 면에 그녀들의 흑백 사진이 커다랗게 걸려 있다. 거기에 조명을 적절히 비춰 극적인 느낌을 살렸다. 전체적으로 회색과 베이지톤으로 꾸며져 있어 차분하고 편안한 분위기. 온 몸을 감싸는 푹신한 쿠션과 테이블 위 생화에서 여성스러움이 느껴진다. 커피는 베트남 스타일로 나온다. 시원한 음료를 마시고 싶다면 아이스 블렌디드 카페 라테나 모카 라테를 추천한다. 푸딩, 치즈케이크, 티라미수도 준비되어 있다. 입구는 오토바이 주차장 같은 마당에 있다. 들어서자마자 왼쪽에 보이는 계단으로 올라가면 된다. 시청 광장(주소 90 Nguyễn Huệ)에서도 만날 수 있다.

<u>위치</u> 시청과 호찌민시 박물관 사이에 있는 파스퇴르 거리를 따라 도보 5분 <u>주소</u> 158D Pasteur <u>오픈</u> 09:00~22:00 <u>요금</u> 음료 30,000~65,000VND <u>전화</u> 28-6299-0958 <u>지도</u> MAP 18 ©

## 꽌 부이 비스트로
Quán Bụi Bistro

2013년에 오픈해 현지인과 외국인의 입맛을 모두 사로잡은 인기 음식점이다. 좁은 골목 안에 자리하고 있어서 찾아가기가 쉽지 않았는데 최근 리뜨쫑 사거리에 캐주얼한 비스트로를 열어 바쁜 모습이다. 메뉴는 북부와 남부의 다양한 전통 음식이다. 고급스러운 식기에 먹음직스럽게 담아내고 있어 오감을 만족하게 한다. 돼지고기나 생선을 클레이팟에 넣고 조려낸 음식은 한국의 조림 음식과도 비슷해 입에 잘 맞는다. 소고기와 채소를 볶은 요리, 고소한 소프트 셸 크랩 요리 역시 맛있는 메뉴 중 하나다. 스프링롤, 샐러드, 채소볶음 같은 사이드 메뉴도 부족함이 없다. 본점은 실버랜드 사쿄 호텔 맞은편에 있는 응오반남 거리(주소 17A Ngô Văn Năm) 안에 있다.

<u>위치</u> 오페라 하우스 뒤편 파크 하얏트 호텔에서 하이바쯩 거리를 따라 도보 5분, 사거리에 있는 꽌 로안(Quán Loan) 2층 <u>주소</u> 39 Lý Tự Trọng <u>오픈</u> 08:00~23:00 <u>요금</u> 69,000~159,000 VND <u>전화</u> 28-3602-2241 <u>홈피</u> www.quan-bui.com <u>지도</u> MAP 18 Ⓐ

357

## 누와르
Noir

## 꾹갓꽌
Cục Gạch Quán

프랑스어로 '검은, 어두운'이라는 뜻을 가진 미식 레스토랑이다. 깜깜한 어둠 속에서 파인 다이닝을 즐기는 독특한 컨셉트를 갖고 있다. 유럽, 아시아, 베트남 음식을 두루 섞은 컨템포러리 퀴진을 선보인다. 주문은 밝은 라운지에서 천천히 결정하고 식사는 어두운 공간으로 들어가서 1시간 30분가량 한다. 깜깜한 곳에서 어떻게 식사를 하는지 궁금하지 않을 수 없다. 하지만 설명하기란 어렵다. 실제로 경험해 봐야 아는 법! 독특한 분위기와 그보다 더 독특한 음식 맛 덕분에 트립어드바이저에서도 1위를 달리고 있다. 호찌민시에서 최고의 미식 여행을 기대할 수 있는 곳이다.

<u>위치</u> 하이바쯩 거리 북쪽 뚜레주르 옆 좁은 골목 안 <u>주소</u> 180D Hẻm, 178 Hai Bà Trưng <u>오픈</u> 점심 11:30~14:30, 저녁 17:00~23:00(1시간 30분 전 주문 마감) <u>요금</u> 세트 480,000~650,000VND <u>전화</u> 28-6263-2525 <u>홈피</u> www.noirdininginthedark.com <u>지도</u> MAP 17 Ⓐ

시내 중심가에서 조금 떨어져 있지만, 평일 저녁에도 10~20분 정도는 대기해야 할 정도로 소문난 맛집이다. 개성 넘치는 인테리어와 편안한 분위기, 빠른 서비스 덕분에 호찌민시에 사는 외국인과 주재원들이 단골 삼아 드나드는 곳이다. 유기농 재료로 베트남 전통 음식을 요리하는데도 가격이 높지 않아 더욱 만족스럽다. 이 집에서 가장 인기 있는 메뉴는 소프트셀 크랩 요리. 특히 새콤하면서 달짝지근한 타마린느 소스를 얹은 요리 'Soft shell crab with tamarind sauce'는 밥 도둑이 따로 없다. 겉은 바삭하고 속은 보드라운 두부 요리 'Fried tofu with lemongrass and chili'도 놓치기 아까운 메뉴 중 하나. 여유가 된다면 맛있는 디저트도 꼭 챙겨 먹자.

<u>위치</u> 여행자 거리에서 택시로 20분, 하이바쯩 거리를 지나 쩐꽝카이 거리에서 좌회전 <u>주소</u> 10 Đặng Tất <u>오픈</u> 09:00~23:00 <u>요금</u> 100,000~250,000VND <u>전화</u> 28-3848-0144 <u>홈피</u> www.cucgachquan.com.vn <u>지도</u> MAP 16 Ⓒ

## 베트남 쿠커리 센터 Vietnam Cookery Center

호찌민시에서 베트남 요리를 만들어 볼 수 있는 일일 쿠킹 클래스다. 빈컴 센터 옆에 있는 건물 4층에 자리하고 있다. 수강생별로 요리 스테이션이 하나씩 주어지기 때문에 모든 음식을 처음부터 끝까지 손수 만들어 볼 수 있는 것이 장점. 셰프가 하는 것을 보고 그대로 따라 하면 그리 어렵지 않다. 영어 설명과 함께 보조 역할을 하는 선생님도 따로 있다. 시간적인 여유가 된다면 시장 구경을 하는 과정을 신청하자. 아는 만큼 보인다는 말처럼 시장에서 식재료를 보는 눈이 생기면 음식을 맛보는 감각도 높아진다. 홈페이지에서 프로그램과 진행 날짜를 확인한 다음 신청하면 된다. 이메일로도 문의 및 신청을 할 수 있다. 2인 이상 모이면 진행한다.

<u>위치</u> 빈컴 센터 정문을 등지고 오른쪽에 있는 Art Gallery 간판 건물 4층 <u>주소</u> 4F, 26 Lý Tự Trọng <u>오픈</u> 시장 구경+요리 08:30~12:30, 요리만 09:30~12:30 <u>요금</u> 시장 구경+요리 39US$, 요리만 US$ 37US$ <u>전화</u> 28-3827-0349 <u>홈피</u> www.cookly.me/by/vietnam-cookery-centre <u>지도</u> MAP 18 Ⓐ

---

## 엑스오 투어 XO Tours

호찌민시에서 가장 유명한 스트리트 푸드 투어. 하얀색 아오자이를 입은 베트남 여성들과 오토바이를 타고 맛있는 음식을 먹으러 다닐 수 있어 인기가 많다. 푸드 투어는 매일 17:30~22:00에 진행되고 식사와 음료가 무제한으로 제공된다. 관광객 식당 대신 현지인들이 즐겨 찾는 식당으로 가서 현지인들이 일상적으로 먹는 음식을 다양하게 맛볼 수 있다. 음식의 재료와 요리법을 설명해 줄 뿐만 아니라 음식에 얽힌 재미있는 이야기도 들려준다. 여럿이 함께 모여 다양한 음식을 시켜 먹을 수 있기 때문에 나홀로 여행자에게도 제격이다. 인기가 많은 투어인 만큼 최소 하루 전날까지는 예약을 마쳐야 한다. 투어 비용에는 픽드롭, 보험료 등이 모두 포함되어 있으며 투어하는 동안 추가 지불 사항이 없다.

<u>오픈</u> 09:00~22:00 <u>요금</u> 음식 투어 75US$ <u>전화</u> 28-3308-3727 <u>홈피</u> www.xotours.vn

# *Entertaining*

## 바싸우 비비큐
### Làng Nướng Nhỏ Bà Sáu

Ba Sau BBQ

목욕탕 의자에 앉아 꼬치구이와 맥주를 마실 수 있는
곳이다. 해가 지면 전 세계 여행자들이 흥겨움에 취
하는 부이비엔 거리에 자리하고 있다. 노란색 간판이
워낙 눈에 잘 띄는데다 유난히 사람들이 많이 모여
있어 그냥 지나치기 어렵다. 닭고기, 돼지고기, 새우,
소시지, 달팽이, 닭발 등 다양한 꼬치구이가 가능하
다. 소고기 채소볶음, 분짜 같은 메뉴도 주문할 수 있
다. 물론 가격도 저렴하다. 맥주 한잔 하면서 수다를
떨거나 사람 구경하면서 저녁 시간을 보내기 적당하
다. 같은 거리에 두 개의 가게가 있다. 둘 다 맛과 가
격은 동일하다.

위치 부이비엔 거리에 있는 팜응우라오 유치원 옆 주소
198/4 Bùi Viện 오픈 17:00~24:00 요금 꼬치 15,000~
30,000VND, 맥주 12,000~18,000VND 지도 MAP 19 Ⓔ

## 어쿠스틱 바
### Acoustic Bar

홍대 인디 밴드들이 활동하는 클럽을 연상케 하는 곳
이다. 음악을 사랑하는 호찌민시의 젊은이들이 금요
일과 토요일 밤에 몰려든다. 일요일을 제외하고 매
일 저녁 21:00부터 라이브 연주를 한다. 밴드마다 실
력이 천차만별이라 항상 좋은 공연을 볼 수 있는 것
은 아니지만, 금요일과 토요일에는 기대해 볼 만하
다. 핼러윈, 크리스마스, 연말, 새해에는 특별 공연
이 열린다. 이때는 무료 음료 1잔이 포함된 입장료
150,000~250,000VND를 별도로 내야 한다. 어쿠스
틱 바는 좁은 골목 안에 자리하고 있어 찾기 어려울
수 있다. 응오토이니엠 거리에서 카페 쏘이다(Café
Sỏi Đá) 간판이 보이면 그 골목으로 쭉 들어가자. 골
목 맨 끝에 있다.

위치 전쟁 박물관 옆에 있는 레꾸이돈(Lê Quý Đôn) 거리
를 따라 직진, 도보 10분 주소 6E1 Ngô Thời Nhiệm 오픈
19:00~24:00 요금 50,000~80,000VND 전화 28-
3930-2239 지도 MAP 17 Ⓐ

## 색스 앤 아트 재즈 클럽
Sax n' Art Jazz Club

## 칠 스카이 바
Chill Sky Bar

베트남 최고의 재즈 연주를 접할 수 있는 기회. 버클리 음대 출신의 색소폰 연주자이자 베트남 재즈계의 유명인사 짠만뚜안(Trần Mạnh Tuấn) 씨가 직접 운영하는 재즈 클럽이다. 매일 21:00이면 어김없이 라이브 연주가 시작되고 실력 있는 연주자들이 나와 분위기를 한껏 돋운다. 짠만뚜안씨는 22:00 즈음에 슬그머니 나타나 그 날의 공연에 정점을 찍으며 마무리한다. 폭이 좁고 속이 깊은 베트남 건물 구조 때문에 무대와 정면 좌석과의 거리가 매우 가깝다. 덕분에 관객들의 감동은 배가 된다. 클럽 안쪽으로 깊숙이 들어가면 바가 마련되어 있고 바 테이블에서도 공연을 감상할 수 있다.

위치 벤탄 시장에서 렉스 호텔 방향으로 난 레러이 거리를 따라 도보 10분, SeA 은행 옆 주소 28 Lê Lợi 오픈 19:00~24:00 요금 칵테일 150,000~155,000VND(10% 세금 별도), 공연 감상비 100,000VND 전화 28-3822-8472 지도 MAP 18 ⓒ

호찌민시에서 가장 힙한 나이트 스폿을 꼽으라고 할 때 가장 먼저 언급되는 곳이다. 호찌민시를 대표하는 나이트 스폿이라해도 과언이 아닐 만큼 인기가 상당하다. 여행자 거리에서도 잘 보이는 AB 타워 26층에 자리하고 있다. 호찌민시를 한눈에 내려다볼 수 있는 야외 바와 실내 라운지로 꾸며져 있다. 맥주나 칵테일 한 잔씩 들고 야외 바로 나가거나 아예 바 테이블에 서서 술을 시켜 마시는 것이 보통이다. 20:00 무렵에도 사람이 많은 편이지만 22:00가 넘어서면 음악 소리가 점점 커지면서 클럽 분위기를 향해 달려간다. 너무 편안한 여행자 차림으로 가면 부끄러워지기 십상. 반바지와 슬리퍼는 금물이다. 드레스 코드에 신경을 쓰자. 금요일과 토요일 저녁을 포함해 핼러윈, 크리스마스, 연말, 새해에는 음료 1잔이 포함된 입장료 300,000~350,000VND를 따로 받는다.

위치 팜응우라오 거리의 공원을 가로 질러 도보 5분 주소 26~27F, AB Tower, 76 Lê Lai 오픈 17:30~02:30 요금 맥주 160,000~180,000VND, 칵테일 320,000~350,000 VND 전화 28-7300-4554 홈피 www.chillsaigon. com 지도 MAP 19 ⓓ

## 이온 헬리 바
### EON 51 Heli Bar

## 카바나 헬스 스파
### Cabana Health Spa

비텍스코 파이낸셜 타워 52층에 자리한 바. 360도로 둘러싸인 투명한 유리 창가를 따라 테이블이 배치되어 있어 호찌민시의 야경을 보면서 저녁 시간을 보내기에 그만이다. 야외 좌석은 없고 실내에서 음악을 듣고 술을 마시며 편안하게 머물 수 있다. 클럽 분위기까지는 아니지만 모두 흥이 나서 움직이는 22:00 이전까지는 라이브 가수가 노래를 부르거나 연주자가 직접 연주를 한다. 주말이나 특별한 날 별도로 내야 하는 입장료도 없다. 음악 소리가 큰 편이라 대화는 어려운 편. 조용한 분위기에서 야경을 즐기고 싶다면 50층 이온 카페(EON Café)가 낫다.

<u>위치</u> ①여행자 거리에서 택시로 10분 ②벤탄 시장에서 함응이(Hàm Nghi) 거리를 따라 도보 10분 <u>주소</u> 52F, Bitexco Financial Tower, 36 Hồ Tùng Mậu <u>오픈</u> 13:00~24:00 <u>요금</u> 맥주 140,000~230,000VND, 칵테일 220,000~330,000VND(15% 세금 별도) <u>전화</u> 28-6291-8752 <u>홈피</u> eon51.com <u>지도</u> MAP 18 ⓕ

여행자 거리나 벤탄 시장에 있는 마사지 숍과는 달리 가격도 저렴하고 실력도 좋은 곳이다. 빌딩 전체가 마사지&스파 숍으로 꾸며져 있으며 보디, 페이셜 등 다양한 메뉴가 준비되어 있다. 그중에서도 발 마사지는 남자 관리사들이 서비스하고 있는데 스킬이 좋고 힘도 적당해 마사지를 받고 나면 개운하다. 발 마사지 룸은 7~10명이 누워서 받을 수 있도록 꾸며져 있다. 낮은 목소리로 말해야 할 정도로 매우 조용하다. 조명도 어두워 잠이 솔솔 온다. 마사지가 끝나고 나면 관리사가 팁 바우처를 준다. 당황하지 말고 공란에 10,000VND 혹은 20,000VND를 쓰면 된다. 만족할만한 서비스를 받더라도 30,000VND이면 충분하다. 물론 팁을 적지 않고 내지 않아도 상관없다. 관리사와 함께 팁 바우처를 들고 1층으로 내려가 비용을 지불하면 된다.

<u>위치</u> 부이비엔(Bùi Viện) 거리 다음 블록에 있는 응우옌꾸찐 거리에 위치, 풀먼 사이공 호텔 맞은편, 총 도보 5~8분 <u>주소</u> 36 Nguyễn Cư Trinh <u>오픈</u> 09:30~22:30 <u>요금</u> 발 마사지 60분 200,000VND, 바디 마사지 60분 250,000VND, 90분 320,000VND, 120분 400,000VND <u>전화</u> 28-2220-2132 <u>홈피</u> cabana.vn <u>지도</u> MAP 19 ⓔ

# 벤탄 시장
## Chợ Bến Thành

Ben Thanh Market

시계탑 건물이 인상적인 호찌민시의 대표적인 재래시장이다. 거리의 한 블록을 다 차지하고 있을 만큼 규모가 어마어마하다. 17세기부터 사이공 강을 통한 무역이 발달하면서 자연스럽게 형성된 시장으로 1870년에는 대형 화재로 불탔다가 재건되었으며 1912년에는 지금의 자리로 아예 위치를 옮겼다. 현지인들에게 필요한 생필품은 물론 여행자를 위한 가방, 티셔츠, 장식품, 커피, 차, 말린 과일, 견과류, 건어물 등이 가득하다. 같은 상품이라도 안쪽으로 들어갈수록 저렴해지고 흥정하기 쉬우니 입구에서부터 사지 않도록 하자. 낮에는 덥다. 오후 4~5시경이 쇼핑하기 좋은 시간.

<u>위치</u> ①여행자 거리인 데탐 거리에서 도보 15분 ②시청 광장이나 렉스 호텔에서 레러이 거리를 따라 도보 10분 <u>주소</u> Lê Lợi & Phan Bội Châu <u>오픈</u> 06:00~18:00 <u>지도</u> MAP 19 ⓒ

---

**TIP**

### 위기의 재래시장

재래시장이 어려움을 겪는 것은 한국이나 베트남이나 마찬가지다. 벤탄 시장은 그나마 여행자들이 방문하고 있어 명맥을 유지하고 있지만 낙후된 시설과 비정찰제로 인하여 매출과 손님은 매년 줄고 있는 상황. 호찌민시에서 가장 큰 재래시장인 쩌런의 빈떠이 시장도 최근 3~5년 사이 손님이 40% 이상 감소하였으며 시장 안팎으로 활기를 띠던 상점들도 속속 문을 닫고 있다.

---

# 파하사 서점
## Nhà Sách Sài Gòn

Fahasa Bookstore

서점이지만 여행자를 위한 기념품이 저렴해서 추천한다. 다른 기념품 숍에서 파는 똑같은 상품이 이곳에서는 30~40% 낮은 가격에 정찰제로 판매되고 있다. 이곳에 표시된 기념품 가격을 보고 있노라면 흥정을 해서 깎고 깎았는데도 바가지였구나 하는 생각이 들 터. 인기 아이템으로는 하얀 아오자이를 입은 도자기 인형, 귀여운 소수 민족 인형, 목각 장식품, 베트남 음식 미니어처, 나무 씨클로 등이 있다. 종류가 다양하지 않은 것이 아쉬울 뿐이다. 물건을 꼭 사지 않더라도 대략적인 기념품 가격대를 알아보기에 좋다. 시청 광장에 있는 팰리스 호텔과 타임 스퀘어 사이에도 큰 규모의 파하사 서점(주소 40 Nguyễn Huệ)이 자리하고 있다.

<u>위치</u> 벤탄 시장에서 레러이 거리를 따라 도보 5분 <u>주소</u> 60 Lê Lợi <u>오픈</u> 08:00~22:00 <u>전화</u> 28-3822-6386 <u>지도</u> MAP 18 ⓒ

# 동커이 거리
## Đường Đồng Khởi

Dong Khoi Street

호찌민시에서 가장 번화한 쇼핑 거리다. 2~3평 남짓한 작은 숍부터 럭셔리한 부티크 숍, 대형 쇼핑센터까지 골고루 있어 둘러보는 재미가 있다. 프랑스 식민지 시절부터 중심가였기 때문에 곳곳에 유럽식 건물이 남아 있다. 카라벨, 쉐라톤 같은 고급 호텔과 유니온 스퀘어, 렉스 호텔 아케이드 같은 명품 쇼핑몰도 휘황찬란하다.

**위치** ①벤탄 시장에서 레러이 거리를 따라 계속 직진, 도보 20분 ②시청이나 노트르담 대성당에서 도보 1분 **지도** MAP 18

> **TIP**
> 이 거리에 포진해 있는 기념품 숍은 가격대가 높은 편. 똑같은 상품도 여행자 거리나 벤탄 시장에서 사는 것보다 1.5~2배가량 비싸다. 높은 가격을 붙여놓고 정찰제로 운영하는 곳도 있으며 많이 구입해도 잘 깎아주지 않는 특징이 있다.

## 01 빈컴 센터 Vincom Center

호찌민시에서 가장 인기 있는 쇼핑센터. 네모 반듯하고 높은 빌딩 두 채가 나란히 서 있는 모습이 인상적이다. 지상 26층, 지하 9층 규모의 주상복합건물로 지하 3층부터 지상 4층까지 쇼핑센터로 꾸며져 있다. DNYK, 시슬리, 프렌치 커넥션, 망고, 홀라, 찰스 앤 키스, 나인웨스트 등 다양한 브랜드가 입점해 있으며 지하에는 하이랜드, 브래드 톡, 퍼 24, 타이 익스프레스, 페퍼런치, MOF 등의 아시아 프랜차이즈 식당이 빼곡히 자리하고 있다. 대형 슈퍼마켓 빈 마트(Vin Mart)도 L2~3층에서 만나 볼 수 있다. 빈컴 센터 바로 옆에는 말레이시아계 대형 쇼핑몰 팍슨(Parkson)도 있다.

위치 ①동커이 거리와 레탄똔 거리가 만나는 사거리에 위치 ②시청을 마주 보고 오른쪽으로 도보 1분 주소 72 Lê Thánh Tôn 오픈 09:30~22:00 전화 28-3936-9999 홈피 vincom.com.vn 지도 MAP 18 ⓐ

## 02 뤼진 (동커이점) L'usine

호찌민시에서 가장 핫한 편집숍. 유니크한 스토리와 철학이 담긴 브랜드 제품을 뉴욕, 파리, 도쿄 등지에서 직접 바잉해 온다. 의류, 잡화, 홈 데코, 문구, 액세서리 등 종류도 다양하다. 커다란 간판이 붙어있지 않아 주의 깊게 찾아봐야 한다. 3층에 자리하고 있다.

위치 카라벨 호텔 옆 Art Arcade 간판 안쪽으로 나 있는 계단 이용 주소 151/1 Đồng Khởi 오픈 09:00~21:00 요금 50,000~300,000VND 전화 28-6674-3565 홈피 lusinespace.com 지도 MAP 18 ⓓ

## 03 나구 Nagu

논을 쓴 귀여운 테디 베어 인형을 구입할 수 있는 곳이다. 가격대는 비싸지만 베트남을 상징하는데다 꼼꼼하게 잘 만들어져 있어 누구나 탐내는 아이템이다. 인형의 사이즈, 옷, 자수에 따라 가격이 조금씩 다르다. 그 밖에도 의류, 가방, 액세서리 등을 판매하고 있다. 하노이와 호찌민시 딱 두 곳에만 매장을 가지고 있다.

위치 카라벨 호텔 옆 ALDO 매장을 바라보고 왼쪽에 위치 주소 155 Đồng Khởi 오픈 08:30~21:30 요금 테디베어 300,000~385,000VND 전화 28-3823-4001 홈피 www.zantoc.com 지도 MAP 18 ⑩

## 04 크리스찬 루부탱 Christian Louboutin

크리스찬 루부탱의 단독 숍. 역시 동커이 거리구나 하는 생각이 든다. 규모는 작지만 크리스찬 루부탱의 아찔한 하이힐은 다양하게 구비되어 있다. 빨간색 간판과 황금빛 조명이 눈에 잘 띈다.

위치 나구와 Art Arcade를 지나서 초록색 Tombo 기념품 숍 옆 주소 143 Đồng Khởi 오픈 09:00~22:00 요금 1,000~3,000US$ 전화 28-3823-0121 지도 MAP 18 ⑩

## 05 오덴티크 홈 Authentique Home

그릇 욕심 있는 여행자라면 꼭 한 번 들러봐야 할 곳이다. 도자기로 만든 그릇과 티 세트가 아름답다. 도자기 마을 밧짱에서 명인이 직접 만든 것으로 은은하고 잔잔한 무늬가 고급스럽다. 촌스럽지 않고 세련된 디자인이 오덴티크의 20년 인기 비결. 1995년에 문을 열어 도자기, 가구, 자수 제품 등 한정된 상품만을 선보이고 있다.

위치 동커이 거리에 있는 푹롱(Phúc Long) 카페를 바라보고 오른쪽에 있는 좁은 골목 안 주소 71/1 Mạc Thị Bưởi 오픈 09:00~21:00 요금 150,000~1,000,000VND 전화 28-3823-8811 홈피 www.authentiquehome.com 지도 MAP 18 ⑩

## 다이아몬드 백화점
Diamond Department Store

## 징코
Ginkgo

호찌민시 최초의 백화점으로 2000년에 오픈했다. 포스코에서 지은 것으로 현재는 롯데쇼핑이 인수해 운영 중이다. 브랜드가 다채롭지는 않지만 한국에서 쇼핑하던 동선과 거의 똑같아서 편안하고 친숙하다. 1층은 화장품과 향수 중심으로, 2층은 마크 제이콥스, 시슬리, 베네통 같은 여성 의류 매장으로 꾸며져 있다. 나인웨스트, 닥터마틴, 훌라 같은 잡화 브랜드도 두루 갖추고 있다. 3층에는 남성복, 어린이, 스포츠 매장이, 4층에는 주방, 홈데코, 잡화 매장이 자리하고 있다. 그 밖에도 푸드코트, 슈퍼마켓, 어린이 놀이방, 병원, 영화관, 볼링장, 레스토랑 등이 있어 가족 단위의 현지인이나 여행자들이 많이 찾는다. 노트르담 대성당과 가까워 더위를 식히러 가기에 좋다.

위치 노트르담 대성당 뒤편 도보 3분 주소 34 Lê Duẩn 오픈 09:30~22:30 전화 28-3822-5500 홈피 www.diamondplaza.com.vn 지도 MAP 18 Ⓐ

프랑스와 베트남 출신 디자이너가 협업해서 만든 티셔츠, 후드, 배낭, 에코백, 머그컵 등을 판매하는 숍. 종류는 많지 않지만 베트남 여행을 두고두고 생각나게 해줄 질 좋은 기념품을 발견할 수 있다. 가장 잘 나가는 아이템은 아무래도 티셔츠류. 디자인과 컬러가 유니크하고 고급 원단을 사용하고 있어 착용감이 우수하다. 베트남을 상징하는 재미있는 그림이 그려진 에코백과 머그잔도 완소 아이템. 시즌마다 신상품이 계속 나오고 시즌이 지난 상품은 50~70%까지 세일한다. 징코는 2006년 베트남 여행을 마치고 돌아온 프랑스 청년이 2007년 호찌민시에 창업한 회사로 지금은 전국에 지점이 있을 정도로 크게 성장했다.

위치 렉스 호텔 옆 레러이 거리에 위치 주소 10 Lê Lợi 오픈 08:00~22:00 요금 티셔츠류 310,000~500,000 VND 홈피 www.ginkgo-vietnam.com 지도 MAP 18 Ⓒ

## 메콩 퀼트
### Mekong Quilt

베트남 곳곳에서 활발하게 사업을 이어가고 있는 공정 무역 가게 중 하나다. 베트남과 캄보디아의 소외된 여성들에게 안정적인 일자리를 제공하고 경제적 자립을 지원하기 위해 퀼트로 만든 홈 데코 아이템을 판매하고 있다. 시장에서 파는 공장형 제품과는 비교할 수 없을 만큼 원단 퀄리티와 디자인이 뛰어나다. 손으로 살짝 만져보기만 해도 기분이 좋아지는 톡톡한 질감과 베트남을 떠올릴 수 있는 예쁜 디자인이 더해져 여행자의 지갑을 열게 한다. 이불, 베개 커버 같은 침구류와 아기자기한 모빌형 장식품, 가볍게 메고 다닐 수 있는 천가방 등이 주를 이룬다. 가격대는 높지만 그 값어치를 충분히 한다. 시즌이 지난 상품은 따로 모아 할인하고 있다.

위치 벤탄 시장에서 레러이 거리를 따라 도보 5분, 뤼진을 지나 사거리에 위치 주소 68 Lê Lợi 오픈 09:00~19:00 요금 200,000~1,000,000VND 전화 28-2210-3110 홈피 www.mekong-plus.com 지도 MAP 18 Ⓔ

## 사이공 키치
### Saigon Kitch

베트남을 상징하는 유쾌발랄, 재치만점 기념품들이 가득하다. 스타벅스, 아이폰, 사이공 맥주, 레고 같은 친숙한 브랜드를 패러디해서 웃음을 자아내는가 하면 컬러풀한 캐릭터와 프로파간다를 귀엽게 혹은 스타일리시하게 꾸며 손이 가게 한다. 머그잔, 텀블러, 아이패드 커버, 다이어리, 코스터, 가방, 쿠션 커버 등 실로 다양한 아이템들이 진열되어 있다. 마그네틱 하나라도 감각 있는 걸 원하는 사람들에게 추천한다. 안젤리나 졸리와 브래드 피트가 다녀간 음식점인 템플 클럽 바로 옆에 자리하고 있어 찾기 쉽다.

위치 ①파스퇴르 거리를 따라 도보 8분 ②시청 광장에 있는 Sunwah Tower 옆 똔탑티엡 거리를 따라 도보 5분 주소 43 Tôn Thất Thiệp 오픈 08:00~21:00 요금 50,000~180,000VND 전화 28-3821-8019 지도 MAP 18 Ⓔ

# 싸파 빌리지
## Sapa Village

# 꼽 마트
## Co.op Mart

베트남 고산도시 싸파에서 만든 물건을 판매하는 곳이다. 주로 몽족과 자오족이 만든 가방, 인형, 액세서리 등이 주를 이룬다. 싸파에 가지 못하는 여행자라면 한 번쯤 들러 마음에 드는 상품을 골라 보자. 수공예품 중에서도 완성도 높은 제품을 엄선해서 판매하고 있기 때문에 퀄리티도 좋은 편이다. 여행자 거리인 부이비엔 거리에서 위치하고 있어 들르기 좋다.

위치 부이비엔 거리에 있는 팜응우라오 유치원 바로 옆 주소 198/2 Bùi Viện 오픈 08:00~23:00 요금 20,000~250,000VND 전화 28-3359-341 지도 MAP 19 ⓔ

베트남 전국에 퍼져 있는 대형 마트. 우리나라 마트와 비슷한 분위기로 시원한 에어컨 바람맞으며 이것저것 구경할 수 있다. 벤탄 시장만큼 저렴한 가격으로 정찰제 쇼핑이 가능해 이곳에서 여행 선물이나 기념품을 사는 경우가 잦다. 커피, 차, 양념 소스, 일회용 음식은 물론이고 베트남에서 많이 생산되는 땅콩, 후추, 건과 같은 특산물도 두루 갖추고 있다. 여행자들이 들르기 쉬운 지점은 통일궁 근처와 꽁뀐(Cống Quỳnh) 거리 근처다. 특히 꽁뀐 거리 지점은 여행자 거리에서 가까워 마지막 날 쇼핑하기 편하다.

위치 통일궁 정문에서 왼쪽으로 도보 10분 주소 168 Nguyễn Đình Chiểu 오픈 08:00~22:00 전화 28-3930-1384 홈피 www.co-opmart.com.vn 지도 MAP 17 ⓐ

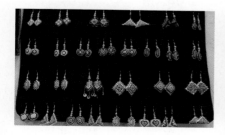

# THEME

# 호찌민시
# 베스트 호텔

호찌민시의 호텔은 가격 양극화가 심하다. 6~9만 원대 중급 호텔은 찾아보기 어렵다는 뜻이다. 대신 여행자 거리에는 시설 좋고 저렴한 호텔들이 많아 선택의 폭이 넓다. 다만 사람이 많은 구역이라 소음은 피할 길이 없다. 번잡함을 피해 조용한 곳을 찾는다면 벤탄 버스정류장 근처나 팜응우라오 공원 건너편이 좋다. 고급 호텔은 주로 동커이 거리에 모여 있다.

## BEST 1 풀먼 사이공 센터 Pullman Saigon Centre

여행자 거리에서 가까운 거리에 있는 고급 호텔이다. 객실은 전체적으로 세련되고 모던한 분위기. 바이올렛 컬러가 고급스러움을 더한다. 달걀 모양의 둥근 욕조를 중심으로 한 욕실이 색다른 느낌이다. 수영장은 넓지 않지만 휴식을 취하기에는 부족함이 없다. 아이들을 위한 풀이 따로 마련되어 있어 편리하다. 시내 전경을 살펴볼 수 있는 야외 라운지 역시 매력적인 공간. 호텔 곳곳에 아름다운 예술 작품들이 전시되어 있다.

**위치** ①동커이 거리까지 택시 10분 ②벤탄 시장에서 쩐 흥다오 거리를 따라 도보 15분 **주소** 148 Trần Hưng Đạo **요금** 145~317US$ **전화** 28-3838-8686 **홈피** www.pullmanhotels.com **지도** MAP 19 ⓔ

## BEST 2 파크 하얏트 사이공 Park Hyatt Saigon

호찌민시 최고의 럭셔리 호텔이다. 프랑스풍으로 웅장하게 지어진 외관이 시선을 압도한다. 2015년 6월에 새롭게 리뉴얼하여 객실은 물론 호텔의 모든 시설이 최고의 상태를 자랑한다. 21개의 스위트룸을 포함해 총 244개의 객실을 갖추고 있으며 수영장으로 바로 연결되는 테라스 딸린 딜럭스룸과 스위트룸이 매력적이다. 스탠더드룸도 타 호텔 객실에 비해 넓어 쾌적하게 지낼 수 있다.

**위치** 오페라 하우스 뒤편 하이바쯩 거리 사거리에 위치 **주소** 2 Công Trường Lam Sơn **요금** 320~780US$ **전화** 28-3824-1234 **홈피** saigon.park.hyatt.com **지도** MAP 18 ⓓ

## BEST 3 타운하우스 23 Townhouse 23

깔끔하고 세련된 저가 호텔. 여행자 거리와는 떨어져 있지만 벤탄 버스정류장과 가깝다. 시내버스로 공항과 관광 명소를 오가기 좋아 은근 편리하다. 객실은 붙박이 침대와 가구로 꾸며져 있다. 좁은 객실을 효율적으로 꾸며 놓아 창문 없는 방도 그리 답답하지 않다. 냉장고는 없다. 조식은 서양식으로 주문하면 즉석에서 만들어준다. 팜응우라오 거리 건너편에 타운하우스 50도 있다. 여행자 거리에서는 멀지만 공원을 가로질러 통일궁으로 다니기 편리하다.

**위치** 벤탄 버스정류장 옆 Calmette 거리와 연결된 당티누 골목 안 **주소** 23 Đặng Thị Nhu **요금** 25~37US$ **홈피** townhousesaigon.com **지도** MAP 19 ⓕ

# 사이공 인
Saigon Inn

# 뉴 사이공 호스텔 1
New Saigon Hostel

# 빅주옌 호텔
Bich Duyen Hotel

여행자 거리에서 가장 깨끗하면서 가장 저렴한 호스텔이다. 1~2만 원대에 숙박이 가능하다. 방은 그리 넓지 않지만 2인이 생활하기 불편하지 않다. 전체적으로 화이트톤으로 꾸며져 있으며 침대, 침구, 바닥, 화장실 모두 새것처럼 깔끔하다. 무엇보다 여행자 거리에서 조용하게 잠잘 수 있다. 조식은 1층에서 만들어준다. 부이비엔 거리와 팜응우라오 거리 사이에 있는 좁은 골목 깊숙이 자리하고 있어 찾기 어려운 것이 단점. 밤에 도착한다면 헤맬 수 있다. 팜응우라오 거리에 있는 ABC 베이커리를 지나 리버티 호텔 4 옆 좁은 골목으로 진입, 우회전-좌회전-우회전하면 나온다.

위치 팜응우라오 거리와 부이비엔 거리에서 도보 3분 주소 265/7/55 Phạm Ngũ Lão 요금 8~26US$ 지도 MAP 19 ⓔ

나뭇결이 잘 보이는 밝은 원목 가구에 새하얀 침대가 화사한 느낌을 주는 호스텔이다. 도미토리와 트윈룸, 더블룸을 갖추고 있다. 도미토리는 남자, 여자, 혼성으로 나누어져 있고 2층 원목 침대로 꾸며져 있어 안정감이 느껴진다. 트윈룸과 더블룸은 좁지만 창문이 있어 답답하지 않고 화장실도 깔끔하다. 멀지 않은 곳에 또 하나의 호스텔을 더 운영하고 있다. 판안 호스텔(Phan Anh Hostel)로 검색하면 확인할 수 있다.

위치 데탐 거리에 있는 스타벅스에서 부이비엔 거리 서쪽 끝으로 도보 5분 주소 270 Bùi Viện 요금 8~32US$ 전화 28-3837-4811 홈피 www.newsaigonhostel1.com 지도 MAP 19 ⓔ

저렴하고 친절한 호텔. 낡은 건물 안에 자리하고 있지만 밝고 활기찬 두 남자가 깔끔하게 운영하고 있다. 객실 가구는 촌스럽지만 큰 테이블과 의자가 놓여 있어 짐을 놓고 쓰기 편하다. 더블룸보다는 트윈룸이 좀 더 넓은 편. 침대와 화장실 모두 깨끗하다. 엘리베이터가 없어 높은 층에 있으면 오르내리기 불편하다. 대신 창밖으로 하늘이 잘 보인다. 부이비엔 거리에 있는 홍헌 호텔(Hồng Hân Hotel) (주소 238 Bùi Viện)도 함께 운영하고 있다. 구조와 형태는 유사하나 시설이 조금 더 좋다.

위치 팜응우라오 거리에 있는 버거킹을 지나 좁은 골목 안으로 진입, 도보 1분 주소 283/4 Phạm Ngũ Lão 요금 20~30US$ 전화 28-3837-4588 홈피 www.bichduyenhotel.net 지도 MAP 19 ⓔ

## 득브엉 호텔
Duc Vuong Hotel

## 뷰티풀 사이공 3 호텔
Beautiful Saigon 3 Hotel

## 홍비나 럭셔리
Hong Vina Luxury

부이비엔 서쪽 끝에 자리한 큰 호텔이다. 덕분에 조용하게 지낼 수 있다. 객실 하나하나 틈날 때마다 손보고 관리하다 보니 상태가 매우 좋다. 대신 인테리어와 침구가 방마다 조금씩 다르니 예약 전에 확인하는 것이 좋다. 전체적으로 방이 넓고 깨끗해 크게 염려하지 않아도 된다. 옥상 테라스가 잘 꾸며져 있어 여행자 거리를 내려다보기 그만이다. 중간중간에 들러 휴식을 취하기에도 좋다. 조식도 잘 나온다.

위치 부이비엔 서쪽 거리에 있는 파이브 오이스터 맞은편 주소 195 Bùi Viện 요금 35~64US$ 전화 28-3920-6991 홈피 www.ducvuong hotel.com 지도 MAP 19 ⓔ

여행자 거리에서 수영장을 가진 저가 호텔로 유명하다. 객실은 18개뿐이지만 수영장과 선베드를 갖추고 있어 복잡한 여행자 거리에서 휴식을 취하기 너무나 좋은 곳이다. 창문이 없는 스탠더드룸부터 슈페리어룸, 딜럭스룸, 패밀리룸으로 구성되어 있다. 인기가 많은 호텔인 만큼 예약을 서둘러야 한다. 단, 여행자 거리 한가운데라 길거리 소음은 어쩔 수 없다.

위치 데탐 거리에 있는 좁은 골목 안 주소 40/27 Bùi Viện 요금 43~65US$ 전화 28-3920-4874 홈피 www.beautifulsaigonhotel.com 지도 MAP 19 ⓕ

여행자 거리와 벤탄 버스정류장 사이에 위치하고 있다. 시내버스를 타고 공항을 오가거나 시내를 관광하기 매우 편리한 위치다. 객실이 넓은데다 큰 유리창으로 꾸며져 있어 밝고 시원한 느낌. 화장실도 매우 깨끗하다. 저렴한 가격으로 쾌적하게 지낼 수 있다. 무엇보다 벤탄 시장 주변 일대가 훤히 내려다 보이는 루프탑이 매력적. 이곳에서 식사도 하고 휴식도 취할 수 있다. 조식도 잘 나온다. 직원들이 밝고 친절해서 머무는 동안 많은 도움을 받을 수 있다.

위치 벤탄 버스정류장에서 쩐흥다오 거리로 이동, 왼쪽으로 난 끼꼰 거리를 따라 도보 3분 주소 145 Ký Con 요금 45~65US$ 지도 MAP 19 ⓕ

## 탄호앙롱 호텔
### Tan Hoang Long Hotel

## 시나몬 호텔 사이공
### Cinnamon Hotel Saigon

## 리버티 센트럴
## 사이공 시티포인트
### Liberty Central Saigon City Point

호찌민시에서 가장 번화한 거리에 있는 저가 호텔이다. 시내 관광뿐만 아니라 쇼핑을 즐기기에도 더없이 좋은 환경이다. 객실은 스탠더드룸, 슈페리어룸, 럭셔리 마스터룸으로 구분되는데 창문 여부에 따라 요금에 차등이 생긴다. 깔끔한 타일 바닥에 깨끗한 침구, 햇볕이 잘 드는 창문을 갖고 있어 인기가 많다. 엘리베이터가 있어서 높은 층에 묵어도 불편하지 않다. 창문이 있다면 시내 전망도 볼 수 있는 장점이 있다. 시설과 위치를 고려하면 숙박비가 저렴한 편이다.

위치 동커이 거리에 있는 봉센 호텔 건너편 맥티부오이 거리 중간 주소 84 Mạc Thị Bưởi 요금 43~59US$ 전화 28-3827-0006 홈피 www.tanhoanglong-hotel.com 지도 MAP 18 ⓓ

세련된 느낌의 부티크 호텔. 여행자 거리에서 공원을 가로질러 한 블록 떨어진 곳에 위치해 있다. 따오단 공원을 통해 통일궁 방향으로 이동하기 편리하다. 짙은 원목 가구와 하얀 침구, 포인트 쿠션을 두어 객실 분위기가 좋다. 발코니가 달린 방은 더욱 밝고 화사하다. 나무 바닥과 원목 가구에서 약간 낡은 느낌이 들지만 깨끗하게 관리되고 있다. 조식은 빵과 햄, 달걀 등으로 간단하게 나온다.

위치 여행자 거리에 있는 팜응우라오 공원 건너편 레라이 거리에서 응우옌반짱(Nguyễn Văn Tráng) 거리를 따라 직진, 도보 5분 주소 74 Lê Thị Riêng 요금 75~95US$ 전화 28-3926-0130 홈피 www.cinnamonhotel.net 지도 MAP 19 ⓒ

2014년에 새로 지은 호텔로 객실 컨디션은 물론 모든 시설이 최상급을 자랑한다. 위치도 좋아서 시청, 동커이 거리, 노트르담 대성당 등의 관광명소가 도보 10분 거리 안에 있다. 고층 빌딩으로 지어진 호텔이라 모든 객실의 전망이 뛰어나다. 레스토랑, 카페, 스파 같은 부대 시설도 잘 갖추어져 있다. 특히 수영장은 도심 풍경을 내려다볼 수 있는 곳에 자리하고 있어 매우 근사하다. 강가에 있는 리버티 리버사이드보다 가격대비 만족도가 높다.

위치 벤탄 시장과 렉스 호텔 사이 주소 59~61 Pasteur 요금 100~257US$ 전화 28-3822-5678 홈피 www.libertycentralhotels.com 지도 MAP 18 ⓒ

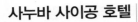

## 사누바 사이공 호텔
### Sanouva Saigon Hotel

## 카라벨 사이공
### Caravelle Saigon

## 쉐라톤 사이공 호텔
### Sheraton Saigon Hotel

중급 호텔이 드문 호찌민시에서 머물기 좋은 3성급 호텔이다. 5만 원대 더블룸이라도 쾌적하게 지낼 수 있다. 벤탄 시장 뒤 블록에 자리하고 있어 시내를 오가기에 불편함이 없고 주변에는 식당, 편의점, 과일 가게 등이 있어 편리하다. 실내는 특별하지는 않지만 전체적으로 깔끔하고 아늑한 분위기. 광이 나는 매끄러운 타일 바닥에 푹신한 침대, 깨끗한 화장실이 만족스럽다. 조식은 빵, 햄, 채소, 과일 등으로 꾸며진 뷔페식으로 무난하게 먹을 수 있다.

위치 벤탄 시장 후문에서 한 블록 더 올라간 리뜨쫑 거리 중간 주소 177 Lý Tự Trọng 요금 50~72US$ 전화 28-3827-5275 홈피 www.sanouvahotel.com 지도 MAP 19 ⓓ

1959년에 오픈한 5성급 호텔로 동커이 거리의 랜드마크 같은 존재다. 웅장하면서도 우아함을 갖춘 호텔로 유명하다. 도심 한가운데라는 위치적 장점도 있지만 대부분의 객실에서 호찌민 시내가 한눈에 내려다보여 더욱 인기가 많다. 객실이 넓고 깨끗한 것은 더 말할 필요도 없다. 객실 수가 많은 대형 호텔인 만큼 예약하기도 한결 수월하다.

위치 동커이 거리에 있는 오페라 하우스 옆 주소 19 Công trường Lam Sơn 요금 200~550US$ 전화 28-3823-4999 홈피 www.caravellehotel.com 지도 MAP 18 ⓓ

메인 타워에 367개, 그랜드 타워에 118개 객실을 보유한 대규모 럭셔리 호텔이다. 쉐라톤 명성에 걸맞게 객실 컨디션과 시설이 쾌적하고 깔끔하다. 시내 한가운데 위치해 있어 호찌민시의 마천루를 감상하기 좋고 관광과 쇼핑을 즐기기에 더없이 편리하다. 23층 바는 전망이 좋아 저녁이 되면 야경을 구경하러 오는 여행자들이 많다. 꼭대기 층에는 멋진 수영장도 마련되어 있다.

위치 동커이 거리와 동주 거리가 만나는 사거리 주소 88 Đồng Khởi 요금 230~610US$ 전화 28-3827-2828 홈피 www.sheratonsaigon.com 지도 MAP 18 ⓓ

Travel Plus

# 메콩 델타

Đồng Bằng Sông Cửu Long

# 메콩 델타는 어떤 곳일까?

## ABOUT MEKONG DELTA

메콩 델타는 메콩강 상류에서 운반된 비옥한 토사가 만들어낸 거대한 삼각주(三角洲)다. 메콩 강은 길이 4,020km에 달하는 동남아시아 최대 규모의 강으로 티베트 고원에서 발원하여 중국 운남성─미얀마─태국─라오스─캄보디아를 거쳐 베트남까지 흐른다. 베트남 남부를 따라 약 220km를 흐르다가 남중국해로 유입되는데 이때 9개의 지류로 갈라져 구룡강(九龍

江)이라고도 불린다. 강폭이 무려 2km에 달하기 때문에 배를 타고 메콩 강을 둘러보고 있노라면 강인지 바다인지 분간이 되지 않을 정도다. 강물 빛은 황토색을 띠고 있어 얼핏 보면 탁해 보이지만 수질은 매우 뛰어나다. 또한 인도양의 바닷물까지 밀려 들어와 메콩 강에는 다양한 어종이 살고 있다. 그래서 일찌감치 어업이 발달하였다. 또한 메콩 델타는 베트남 최고의 곡창지대이기도 하다. 더운 날씨와 좋은 토질 덕분에 벼 삼모작이 가능해 베트남 쌀 생산량의 60%를 차지한다. 게다가 강 깊숙이에는 석탄, 석유, 가스 같은 천연자원도 풍부해 이웃나라 캄보디아의 부러움을 사고 있다. 진정 풍요의 강, 생명의 강이 아닐 수 없다. 축복의 땅 메콩 델타에 자리 잡은 도시를 차례차례 살펴보면서 베트남의 잠재력과 에너지를 온몸으로 느껴보자.

# 메콩 델타 이렇게 여행하자

## HOW TO TRAVEL

## 메콩 델타 가는 방법

### ■ 투어 이용하기
호찌민시에서 출발해 메콩 델타 주요 도시를 돌아보는 투어가 많이 있다. 배를 타고 메콩 강을 둘러볼 수 있어 많은 여행자들이 투어를 이용한다.

### ■ 개별적으로 가기
호찌민시의 미엔떠이 버스터미널(Bến Xe Miền Tây)에서 버스를 타고 메콩 델타로 갈 수 있다. 껀터, 벤쩨, 미토, 쩌우독 같은 메콩 델타 주요 도시로 가는 버스가 수시로 다니기 때문에 매우 편리하다. 다만 개별적으로 보트 선착장까지 오간다거나 보트를 빌려 메콩 강을 돌아보는 것은 조금 불편할 수 있다.

## 여행 방법

메콩 델타의 주요 도시는 저마다 특색이 있기 때문에 취향에 따라 목적지를 결정하면 된다. 메콩 델타의 매력에 푹 빠져보고 싶다면 1박 2일 정도 시간을 내는 것도 좋은 방법이다. 메콩 델타 투어를 마치고 캄보디아나 푸꿕 섬으로 이동하기도 쉽다.

# 투어 상품 고르기

## EXCURSIONS

### ■ 미토-벤쩨 1일 투어 Mỹ Tho - Bến Tre

맹그로브 숲으로 둘러 쌓인 좁은 수로를 따라 나룻배로 이동하는 것이 투어의 하이라이트다. 메콩 강의 매력을 느끼기엔 다소 부족하지만 여행자들이 가장 많이 신청한다. 호찌민시에서 2시간 떨어진 미토(Mỹ Tho)로 이동한 다음 강을 따라 형성된 작은 섬을 살펴보고 벤쩨(Bến Tre)로 나온다. 볼거리가 많지 않아 지루할 수 있으므로 중간중간에 농장도 들르고 공연도 보여준다.

투어시간 출발 08:00, 도착 17:00 요금 176,000~219,000VND

※포함내역 : 가이드, 차편, 보트비, 점심비 / 불포함 내역 : 간식&음료비, 팁, 그 외 개인비용

### ■ 까이베-빈롱 1일 투어 Cái Bè - Vĩnh Long

까이베 수상 시장을 구경하는 투어다. 빈롱에 있는 까이베 수상시장을 구경하고 작은 섬을 돌아본다. 하지만 호찌민시에서 수상시장까지는 거리가 멀고 막상 도착하면 시장은 거의 파하고 없어 아쉽다. 1일 투어를 한다면 미토-벤쩨를 다녀오는 것이 좋고 대규모 수상시장을 제대로 보고 싶다면 미토-껀터 1박 2일 투어를 하는 것이 낫다.

투어시간 출발 07:00, 도착 18:00 요금 265,000~289,000VND

※포함내역 : 가이드, 차편, 보트비, 점심비 / 불포함 내역 : 간식&음료비, 팁, 그 외 개인비용

### ■ 미토-껀터 1박 2일 투어 Mỹ Tho - Cần Thơ

메콩 델타의 매력을 좀 더 생생하게 경험해 볼 수 있어 추천한다. 수상시장 중에서 가장 규모가 큰 까이랑(Cái Răng) 수상시장을 둘러 보는 것이 하이라이트다. 첫째 날은 미토-벤쩨 투어와 내용이 동일하다. 벤쩨에 도착하면 시가지를 둘러보며 느긋하게 저녁시간을 보내고 하룻밤 잔다. 다음 날 새벽에 수상 시장을 구경하고 호찌민시로 돌아온다. 수상 시장은 새벽 3시에 개장하는데 06:00에서 08:00 사이가 가장 활기 넘친다. 어떤 물건을 파는지 표시하기 위해서 뱃머리에 장대를 세우고 물건을 달아놓은 모습이 재미있다. 상인과 손님들에게 국수와 반미를 파는 작은 배도 바쁘게 움직인다. 너무 저렴한 투어는 숙박 시설이 열악할 수 있으니 여행사 2~3군데를 비교해보는 것이 좋다.

투어시간 출발 08:00, 도착 다음날 18:00 요금 1,439,000~1,559,000VND

※포함내역 : 가이드, 차편, 보트비, 3회 식사비, 숙박비 / 불포함 내역 : 간식&음료비, 팁, 그 외 개인비용

---

> **TIP**
>
> ### 짜스 카유풋 숲 투어
>
> 베트남 남부의 여행 사진이나 포스터에 자주 등장하는 짜스 카유풋 숲(Rừng Tràm Trà Sư)을 돌아보는 투어다. 825만㎡이 넘는 이 거대한 숲은 2m 깊이의 물속에 뿌리를 내리고 자라는 카유풋 나무들이 끝없이 우거져 있고 물 위로는 개구리밥과 수초들이 연두빛 카펫처럼 깔려 있어 진풍경을 연출한다. 그래서 보트를 타고 숲을 가로지르는 경험은 이 투어의 하이라이트. 하지만 이곳은 메콩강을 끼고 발달한 도시 쩌우독(Châu Đốc)에서 다시 20km를 더 들어가야 만날 수 있다. 이 때문에 호찌민시에서 출발하는 1일 투어는 드물고 메콩델타 1~2박 투어에 포함되어 있는 경우가 많다. 우기인 9~11월이 가장 아름답다.

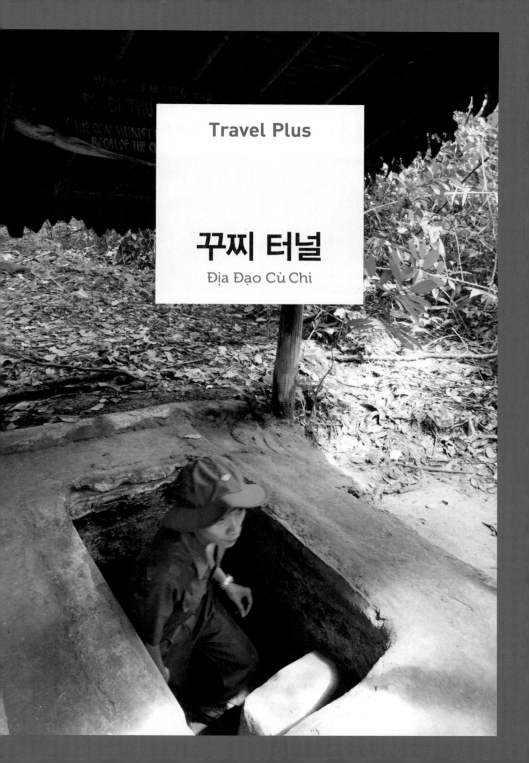

Travel Plus

# 꾸찌 터널
Địa Đạo Củ Chi

# 꾸찌 터널은 어떤 곳일까?

## ABOUT CU CHI TUNNELS

1945년경 호찌민이 이끄는 공산당과 반프랑스 민족주의자들이 베트남 독립을 위해 파기 시작한 땅굴이다. 낮에는 농사를 짓거나 땅굴에 숨어 있다가 밤이 되면 북베트남으로부터 지원받은 군수품을 이용해서 게릴라 습격을 감행했다. 우여곡절 끝에 프랑스군이 철수하였으나 얼마 후에는 미국에 의한 베트남 전쟁이 시작되면서 땅굴은 더욱 견고해지고 규모도 커졌다. 적당한 도구도 없이 그저 묵묵히 파 내려간 꾸찌 터널은 척추(Backbone)라 불리는 중심 구역에서부터 7개의 땅굴로 갈리고 그 길이가 무려 250km에 달한다. 꾸찌 터널 전체를 다 둘러볼 수 없기 때문에 벤즈억(Địa Đạo Bến Dược) 땅굴 또는 벤딘 땅굴(Địa Đạo Bến Đinh)을 구경한다. 두 땅굴은 호찌민시에서 약 60km 떨어져 있으며 차로 2시간 정도 걸린다. 벤즈억 땅굴은 그 규모가 크고 보존 상태가 좋아 1979년 베트남 문화역사 유적지로 지정되었다. 벤딘 땅굴은 벤즈억 땅굴보다 규모는 작지만 호찌민시와 조금 더 가까워 투어 이용 시에는 이곳을 구경한다. 먼저 전시관에 들러 전쟁사 비디오를 시청한 다음 터널의 구조에 관해서 설명을 듣는다. 벤딘 땅굴은 높이 10m에 2~3층 구조로 되어있으며 내부에는 무기 저장고, 군사회의실, 수술실, 침실, 주방, 휴게실 등이 마련되어 있다. 땅굴 입구는 교묘하게 가려져 있어 가이드가 아니라면 발견하기 어려울 정도. 여행자들은 숙련된 가이드의 안내를 받아 100m 남짓한 땅굴을 체험한다. 폭 50cm, 높이 80cm의 땅굴은 너무 좁고 습해서 조금만 걸어도 답답하고 숨이 찰 지경이다. 산소와 햇빛이 부족하고 뱀과 해충이 끊이지 않았던 이곳에서 30여 년을 살아온 베트남 사람들의 삶이 얼마나 고통스러웠을지 생각해보자.

<u>위치</u> 여행자 거리에서 차로 1시간 30분 <u>주소</u> Phạm Văn Cội, Củ Chi <u>오픈</u> 07:00~17:00 <u>요금</u> 입장료 110,000VND <u>홈피</u> en.diadaocuchi.com.vn

# 꾸찌 터널 이렇게 여행하자

## HOW TO TRAVEL

## 꾸찌 터널 가는 방법

꾸찌 터널은 호찌민시에서 약 60km 떨어져 있으며 차로 2시간 정도 걸린다. 대중교통이 불편해 대부분 투어를 이용한다.

## 꾸찌 터널 투어

기본적으로 호찌민시와 꾸찌 터널을 잇는 왕복 차편을 제공한다. 꾸찌 터널 내에 있는 여러 견학 장소를 둘러보고 가이드의 설명을 듣는다. 땅굴 체험이 투어의 하이라이트. 좁은 땅굴은 공기가 잘 통하지 않아 답답하다. 땀도 많이 나고 흙먼지도 묻기 때문에 편안한 복장을 하는 것이 좋다. 점심 식사가 포함되지 않으므로 필요하다면 간식을 챙기자.

■ 반나절 견학 코스
<u>소요시간</u> 출발 08:00, 도착 13:30
<u>요금</u> 79,000~109,000VND

※포함내역 : 가이드, 차편
불포함 내역 : 입장료, 점심비, 간식&음료비, 팁, 그 외 개인비용

바다와 사막의 마을
# 무이네

## Mũi Né

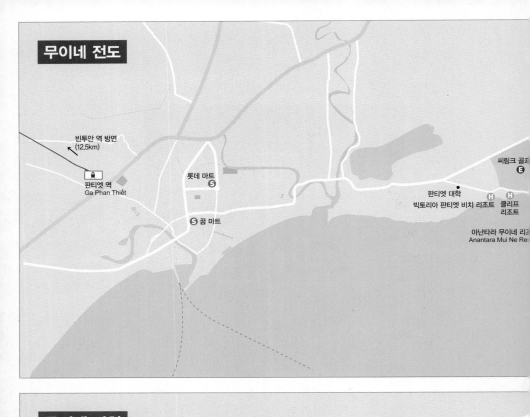

# 무이네 전도

빈투안 역 방면
(12.5km)

판티엣 역
Ga Phan Thiết

롯데 마트 ⑤

⑤ 꿈 마트

씨링크 골프
🄴

판티엣 대학
빅토리아 판티엣 비치 리조트 ⒣  클리프
🄷   리조트

아난타라 무이네 리조트
Anantara Mui Ne Re

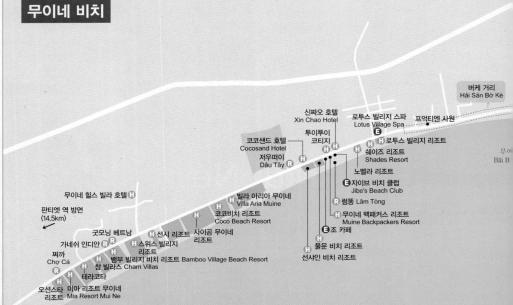

# 무이네 비치

버케 거리
Hải Sản Bờ Kè

신짜오 호텔
Xin Chao Hotel

로투스 빌리지 스파   프엉티엔 사원
Lotus Village Spa

투이투이
코티지

코코샌드 호텔
Cocosand Hotel          ⒣ ⒣ 로투스 빌리지 리조트

저우떠이               ⒣  쉐이즈 리조트
Dâu Tây                    Shades Resort

노벨라 리조트

무이네 힐스 빌라 호텔 ⒣          🄴 자이브 비치 클럽
                              Jibe's Beach Club
판티엣 역 방면
(14.5km)            빌라 아리아 무이네      Ⓡ 럼똥 Lâm Tòng
                   Villa Aria Muine
      굿모닝 베트남    코코비치 리조트     ⒣ 무이네 백패커스 리조트
                   Coco Beach Resort     Muine Backpackers Resort
가네쉬 인디안  ⒣선시 리조트
            ⒣스위스 빌리지  사이공 무이네       🄴조 카페
쩌까          리조트      리조트
Chợ Cá      뱀부 빌리지 비치 리조트 Bamboo Village Beach Resort  풀문 비치 리조트
      참 빌라스 Cham Villas              선샤인 비치 리조트
      테라코타
오션스타 미아 리조트 무이네
리조트  Mia Resort Mui Ne

무이
Bãi B

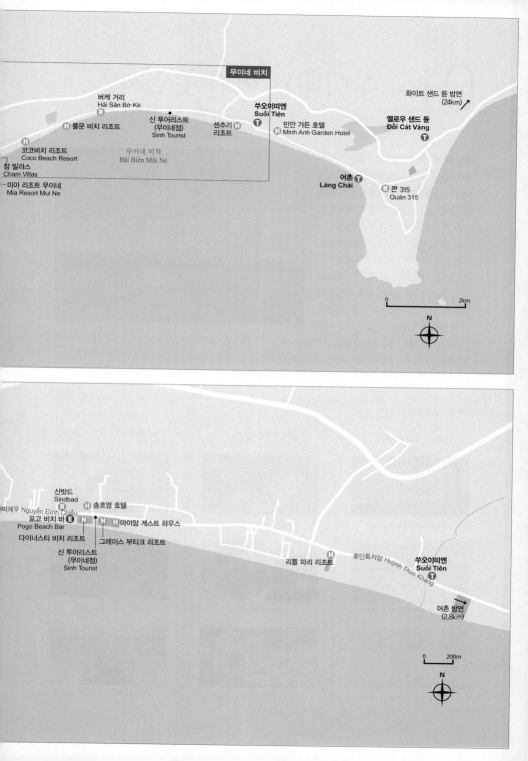

무이네 비치

화이트 샌드 듄 방면
(24km)

버케 거리
Hải Sản Bờ Kè

풀문 비치 리조트

신 투어리스트
(무이네점)
Sinh Tourist

센추리
리조트

쑤오이띠엔
Suối Tiên

민안 가든 호텔
Minh Anh Garden Hotel

옐로우 샌드 듄
Đồi Cát Vàng

코코비치 리조트
Coco Beach Resort

무이네 비치
Bãi Biển Mũi Né

참 빌라스
Cham Villas

미아 리조트 무이네
Mia Resort Mui Ne

어촌
Làng Chài

꽌 315
Quán 315

0        2km

N

신밧드
Sindbad

띠에우 Nguyễn Đình Chiểu

송흐엉 호텔

포고 비치 바
Pogo Beach Bar

마이암 게스트 하우스

다이너스티 비치 리조트

그레이스 부티크 리조트

신 투어리스트
(무이네점)
Sinh Tourist

리틀 파리 리조트

후인툭카앙 Huỳnh Thúc Kháng

쑤오이띠엔
Suối Tiên

어촌 방면
(2,8km)

0        200m

N

# 01 무이네는 어떤 곳일까?

### ABOUT MUI NE

**바다와 사막이 공존하는 마을, 무이네**

무이네는 베트남 남동부에 위치한 작은 바닷가 마을이다. 깊고 푸른 바다 옆에는 사막 같은 해안사구가 자리하고 있어 독특한 풍광을 자아낸다. 연평균 기온이 27도밖에 되지 않고 바람이 많이 부는 기후 덕분에 1995년부터 휴양지로 개발됐다. 다른 해안 도시에 비해 때 묻지 않은 자연과 소박한 어촌 사람들을 만날 수 있어 매력적. 수백 개의 리조트로 둘러싸여 있음에도 불구하고 자전

거나 오토바이를 타고 조금만 마을 안쪽을 들여다보면 무이네의 매력에 깊이 빠져들고 만다. 예전에는 윈드서핑이나 카이드 서핑을 좋아하는 사람들이 많았는데 요즘에는 러시아 사람들에게 각별한 사랑을 받고 있다. 여행자도 많지만 그들이 직접 운영하는 호텔, 레스토랑, 카페도 쉽게 볼 수 있어 매우 흥미롭다.

### ■ 무이네 BEST

| BEST TO *Do* | BEST TO *Eat* | BEST TO *Stay* |
|---|---|---|

무이네 비치 ▶ p.392

꽌 315 ▶ p.398

참 빌라스 ▶ p.400

옐로우 샌드 듄 ▶ p.394

신밧드 ▶ p.397

아난타라 ▶ p.400

화이트 샌드 듄 ▶ p.395

포고 비치 바 ▶ p.398

뱀부 빌리지 비치 리조트 ▶ p.400

# 02 무이네 가는 방법

## HOW TO GO

냐짱과 더불어 남부 지역을 대표하는 휴양지이지만 도시 규모가 작아 비행기와 기차가 다니지 않는다. 하지만 여행자들이 워낙 많이 찾는 곳이라 오픈투어버스가 발달해 있다. 기차는 버스보다 빠르지만 무이네와 인접한 도시에 서기 때문에 버스나 택시를 갈아타고 무이네로 들어가야 한다.

| 호찌민시 → 무이네 오픈투어버스 5시간 | 달랏 → 무이네 오픈투어버스 4시간 |
|---|---|
| 냐짱 → 무이네 오픈투어버스 5시간 | 판티엣 → 무이네 시내버스 40~45분 |

## 호찌민시에서 가기

###  오픈투어버스

비행기와 직행 기차가 없어 다양한 버스 회사들이 무이네를 연결한다. 무이네에 도착하면 주요 리조트 앞에 내려주기 때문에 짐이 많아도 편하게 오갈 수 있다.

■ **신 투어리스트 Sinh Tourist**
07:00, 14:00, 20:00 출발 / 5시간 소요 / 주요 리조트 앞 도착

■ **땀한 Tam Hanh**
07:30, 07:45, 08:00, 08:15, 09:00, 10:00, 11:00, 12:00, 13:00, 14:00, 15:00, 16:30, 17:30, 19:00, 20:00, 21:00, 22:00 출발 / 5시간 소요 / 주요 리조트 앞 도착

■ **프엉짱 Phuong Trang**
06:30, 07:00, 07:30, 08:00, 09:00, 11:00, 13:00, 14:00, 15:00, 16:00, 19:00, 21:00, 22:00, 23:00, 23:30 출발 / 6시간 소요 / 주요 리조트 앞 도착

### 🚃 기차

무이네에는 기차가 다니지 않는다. 무이네에서 가까운 역을 이용해야 한다. 가능하면 판티엣 역에 내리는 것을 추천한다.

■ **호찌민시에서 빈투안 역으로**
사이공 역에서 빈투안 역(Ga Binh Thuận/구 Ga Mường Mán)으로 가는 기차는 많다. 오전 기차는 06:00, 06:40, 09:00, 11:55에 출발하며 약 3시간 20분 뒤에 도착한다. 역에서 택시를 타고 30km(35~40분)를 더 달리면 무이네에 도착한다.

■ **호찌민시에서 판티엣 역으로**
사이공 역에서 06:40에 출발하는 SPT2 열차 한 대뿐이다. 빈투안 역을 거쳐 판티엣 역(Ga Phan Thiết)에 도착한다. 역에서 무이네까지는 약 15km 거리. 택시로 25~30분이 걸린다. 시내 버스 9번을 타고 가도 된다. 자세한 내용은 시내 교통편 확인(p.389).

## 냐짱에서 가기

 **오픈투어버스**
- 신 투어리스트 Sinh Tourist

07:15, 20:00 출발 / 5시간 소요 / 주요 리조트 앞 도착

## 달랏에서 가기

 **오픈투어버스**
- 신 투어리스트 Sinh Tourist

07:30, 13:00 출발 / 4시간 소요 / 주요 리조트 앞 도착
- 땀한 Tam Hanh

07:00, 12:00 출발 / 4시간 소요 / 주요 리조트 앞 도착

## 그 외 도시에서 가기

 **오픈투어버스**

호이안, 다낭, 후에, 하노이에서 출발하는 경우 모두 냐짱을 거쳐 무이네로 들어간다. 호이안에서는 18시간, 하노이에서는 36시간이 걸리는 장거리 구간이라 이용객이 많지 않다.

## 주요 시설 정보

| | |
|---|---|
| **빈투안 역**<br>Ga Binh Thuận | 무이네 비치와는 30km 떨어져 있다. 므엉만 역(Ga Mương Mán)으로도 불린다.<br>위치 택시로 35~40분<br>주소 Mương Mán, Hàm Thuận Nam<br>지도 MAP 21 ⓐ |
| **판티엣 역**<br>Ga Phan Thiết | 판티엣 시내 꿉 마트에서 4.5km 떨어져 있으며 시내버스로 무이네 비치까지 약 40~45분이 걸린다.<br>위치 ①택시로 25~30분 ②시내버스 1번, 9번 이용<br>주소 Phong Nẫm, Phan Thiet<br>지도 MAP 21 ⓐ |
| **신 투어리스트**<br>Sinh Tourist<br>(무이네점) | 위치 무이네 비치 동쪽 다이너스티 리조트 옆<br>주소 144 Nguyễn Đình Chiểu<br>오픈 07:00~22:00<br>전화 252-3847-542<br>홈피 www.thesinhtourist.vn<br>지도 MAP 22 ⓒ |

# 03 무이네 시내 교통

## CITY TRANSPORT

화이트 샌드 듄을 제외하면 자전거나 오토바이를 타고 무이네 곳곳을 여유롭게 돌아다닐 수 있다.

### 택시

무이네는 길이 단순하고 차가 별로 없어 택시를 타면 목적지까지 금방 갈 수 있다. 무이네에서 멀리 떨어져 있는 화이트 샌드 듄을 갈 때는 왕복으로 흥정하는 것이 저렴하다. 대기시간까지 포함하여 왕복 500,000VND면 적당하다.

> **TIP**
>
> **주요 택시 브랜드**
> 마이린 Mai Linh
> 전화 252-38-383838

| 목적지 | 거리 | 시간 | 적정 요금 |
|---|---|---|---|
| 코코비치 리조트 → 쑤오이띠엔 | 5.8km | 7분 | 70,000~86,000VND |
| 신 투어리스트 → 옐로우 샌드 듄 | 8.2km | 11분 | 100,000~120,000VND |
| 판티엣 역 → 참 빌라스 | 14.8km | 25분 | 185,000~220,000VND |
| 옐로우 샌드 듄 → 화이트 샌드 듄 | 27.5km | 35분 | 340,000~400,000VND |

### 시내버스

하얀색 1번과 주홍색 9번 버스가 매일 05:00~21:00에 다닌다. 버스 정류장 표시는 한쪽에만 있으니 반대편 버스를 타려면 맞은편에 서 있으면 된다. 요금은 10km 기준으로 거리에 따라 6,000~16,000VND인데 외국인에게는 높은 요금을 부른다. 무이네 안에서는 6,000VND이고 판티엣으로 나갈 때는 9,000VND이면 충분하다. 판티엣에서 무이네로 들어오는 막차는 20:30이다.

| 출발 | 버스번호 | 노선 |
|---|---|---|
| 판티엣 버스터미널 | 1번 | 꼽 마트 → 판티엣 대학 → 아난타라 리조트 → 팔미라 플라자 → 뱀부 빌리지 → 사이공 무이네 → 풀문 리조트 → 로투스 빌라 스파 → 신 투어리스트 → 선 라이즈 리조트 → 쑤오이띠엔 → 카나리 리조트 → 어촌 → 무이네 버스터미널 → 무이네 시장 → 옐로우 샌드 듄 |
| 판티엣 역 | 9번 | 롯데 마트 → 판티엣 대학 → 이하 동일 |

### 오토바이 대여

오토바이 상태에 따라 24시간 기준으로 4~8US$까지 다양하다. 싸다고 덥석 빌리지 말고 꼼꼼하게 잘 살펴보고 빌리자. 도로가 잘 되어 있어 운전하기 편하다. 간혹 경찰이 무면허를 거들먹거리며 벌금을 요구하는데 무시하자.

> **TIP**
>
> 길거리에서 개인이 렌트해 주는 오토바이는 피할 것. 특히 초보자에게 오토바이를 가르쳐주겠다고 하면서 접근하는 경우가 많다.

### 자전거 대여

쑤오이띠엔과 옐로우 샌드 듄까지는 다녀올 수 있다. 코코비치 리조트 맞은편, 노벨라 리조트 맞은편, 신밧드 레스토랑 맞은편에 있는 작은 가게에서 빌릴 수 있다. 요금은 24시간 기준으로 30,000~60,000VND.

# 04 무이네 이렇게 여행하자

## TRAVEL COURSE

### 여행 방법

무이네는 일직선으로 뻗은 해변도로(Nguyễn Đình Chiểu–Huỳnh Thúc Kháng)를 따라 리조트와 레스토랑이 빼곡히 자리하고 있다. 주소와 지도가 서로 맞지 않는 경우가 많으므로 유명 리조트를 기준으로 길을 찾는 것이 빠르고 정확하다. 쑤오이띠엔, 어촌마을, 무이네 시장, 옐로우 샌드 듄은 투어 없이도 자전거, 오토바이, 버스 등을 이용해서 쉽게 다녀올 수 있다.

**TIP**

3~5월이 가장 덥지만 한산하고 바다도 아름답다. 우기가 끝나가는 9월 말에서 10월 초 역시 여행하기 좋다. 6월부터 9월까지는 우기라 바다가 생각보다 예쁘지 않을 수 있다. 하지만 강수량이 적은 도시라 크게 걱정하지 않아도 된다.

다만 화이트 샌드 듄은 무이네 중심가에서 30km나 떨어져 있어 오토바이나 택시로만 다녀올 수 있다.

❹ 화이트 샌드 듄

❶ 쑤오이띠엔

❸ 옐로우 샌드 듄

❷ 어촌

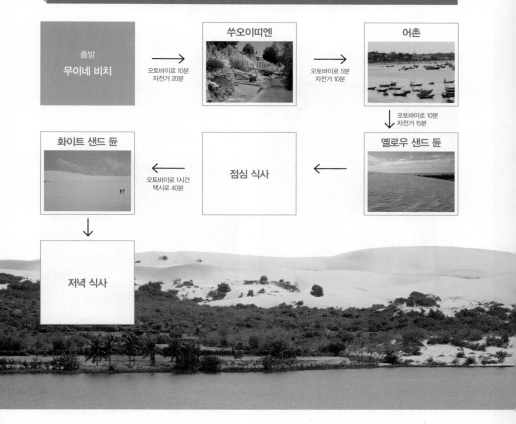

| 출발 무이네 비치 | 오토바이로 10분 자전거 20분 → | 쑤오이띠엔 | 오토바이로 5분 자전거 10분 → | 어촌 |

오토바이로 10분
자전거 15분

화이트 샌드 듄 ← 오토바이로 1시간 택시로 40분 ← 점심 식사 ← 옐로우 샌드 듄

저녁 식사

## 일일 투어

멀리 떨어져 있는 화이트 샌드 듄을 포함해서 지프차로 주요 명소를 둘러보는 4시간짜리 투어가 인기다. 차편 이외에 다른 서비스는 제공되지 않는다.

■ **선라이즈 투어**
(화이트 샌드 듄 – 옐로우 샌드 듄 – 어촌 – 쑤오이띠엔)
투어시간 출발 04:30, 도착 8:30
요금 6~7인 그룹 150,000VND~, 1~4인 프라이빗 450,000VND~

■ **선셋 투어**
(쑤오이띠엔 – 어촌 – 화이트 샌드 듄 – 옐로우 샌드 듄)
투어시간 출발 14:30, 도착 18:00
요금 530,000VND~

# Sightseeing

## 무이네 비치
Bãi Biển Mũi Né

BEST

Mui Ne Beach

## 어촌
Làng Chài

Fishing Village

무이네 비치는 냐짱이나 다낭의 비치와는 사뭇 다른 분위기를 갖고 있다. 끝없이 펼쳐지는 길고 하얀 백사장이나 시원하게 뚫린 해안도로는 무이네 비치에서 기대하기 어렵다. 파도가 세고 백사장의 폭도 좁으며 해안도로는 시골길처럼 정겹다. 도시적인 분위기의 고층 건물이나 세계적인 체인 호텔도 없고 이질감 느껴지는 고급 리조트 또한 찾아보기 어렵다. 여전히 바다가 생활 터전인 무이네 사람들의 삶이 엿보이는 소박한 분위기, 그것이 바로 무이네 비치의 매력이다. 비치라인은 약 10km로 긴 편이고 이를 따라 자연스럽게 뻗어있는 야자수 숲도 풍성하다. 해 질 무렵 쏟아지는 붉은 노을 역시 여행자를 황홀하게 만든다. 수심이 깊고 연중 바람이 많이 부는 날씨 덕분에 일찍부터 해양 스포츠가 발달했다. 주말이나 휴가 기간에 카이트 서핑, 윈드서핑을 즐기러 오는 서양 여행자들이 많다.

지도 MAP 21 ©

바다를 생활 터전으로 하는 무이네 사람들의 생생한 삶을 볼 수 있는 곳이다. 배가 들어오는 아침에는 고기를 나르고 흥정하는 사람들로 활기가 넘친다. 바닷가 주변으로는 뱃사람들의 가족들이 나와 그날 잡은 수확물을 플라스틱 바구니에 넣고 판다. 즉석에서 찌고 삶아서 먹을 수도 있다. 근처에는 작은 커피집도 있다. 목욕탕 의자에 앉아 커피를 마시며 바닷가 풍경을 여유 있게 바라볼 수도 있다. 지대가 높아 무이네 전체가 한눈에 보이는 것이 장점. 마을로 더 들어가면 정겨운 모습이 가득하다. 친구들과 어울려 학교 가는 아이, 반미를 비닐에 넣어 챙겨주는 엄마, 갓난아기를 돌보는 할머니, 앞마당을 쓰는 할아버지를 만날 수 있다. 옐로우 샌드 듄를 오가는 길에 자연스럽게 지나게 된다.

위치 ①쑤오이띠엔에서 택시나 오토바이로 5분 또는 자전거로 10분 ②시내버스 1번, 9번 이용 지도 MAP 21 ⑩

# 쑤오이띠엔
## Suối Tiên

Fairy Stream

베트남어로 쑤오이(Suối)는 시냇물, 띠엔(Tiên)은 요정이라는 뜻이다. 석회암 바위와 숲을 사이에 두고 맑은 시냇물이 흐르고 있어 '요정의 시냇물'이라는 이름이 붙었다. 발목까지 찰방찰방 차오르는 시냇물에 발을 담그고 석회암 지형을 살펴보는 것이 여행의 묘미다. 수천 년 동안 붉은 사구 위로 스며든 빗물이 석회암을 녹이고 그렇게 만들어진 석순이 밖으로 노출되면서 독특한 경관을 연출한다. 맞은편으로는 무성한 수풀과 싱싱한 야자수가 우거져 있어 매우 대조적인 분위기. 이런 점이 쑤오이띠엔을 더욱 신비롭게 만드는 듯하다. 쑤오이 띠엔을 끝까지 가보려면 왕복 1시간이 필요하다. 중간에 휴게소가 세 곳 있는데 마지막 휴게소 너머에는 더 이상 볼거리가 없다. 시간이 부족한 여행자라면 두 번째 휴게소까지 갔다가 돌아오자. 휴게소에는 해먹과 비치베드가 마련되어 있어 풍경을 감상하며 휴식을 취하기에도 좋다. 쑤오이띠엔은 입구가 좁아 그냥 지나치기 십상. 작은 시멘트 다리를 지나자마자 왼쪽에 표지판이 보인다.

> **TIP**
> 시냇물은 거슬러 올라가야 한다. 흐르는 방향으로 걷다 보면 물이 깊어지면서 바닷가가 나온다.

<u>위치</u> ①코코비치 리조트 기준 택시로 10분 또는 오토바이로 15분 또는 자전거로 20분 ②시내버스 1번, 9번 이용 <u>요금</u> 무료 <u>지도</u> MAP 22 ⓓ

# 옐로우 샌드 듄
## Đồi Cát Vàng

Yellow Sand Dunes

무이네 비치에서 가까운 해안사구다. 규모는 크지 않지만 바다 근처에서 산처럼 높은 사구를 보는 것은 흔치 않은 일이라 감탄이 절로 나온다. 옐로우 샌드 듄은 모래의 컬러가 황금빛을 띤다 하여 붙여진 이름이다. 레드 샌드 듄(Đồi Cát Hồng)이라고도 불리는데 해 질 무렵이면 모래가 석양빛을 받아 붉게 보이기 때문이다. 마치 열대의 사막 같다. 그래서 여행사마다 해 질 무렵에 방문하는 선셋 투어(p.391)를 진행한다. 맨발로 모래의 촉감을 느끼며 걸어 다녀도 좋고 널빤지를 빌려 샌드 슬라이딩(유료)을 즐겨도 좋다. 사막의 정취를 호젓하게 즐기고 싶다면 아무래도 이른 아침이 낫다. 자전거를 타고 시원한 바람을 맞으며 달리는 기분도 최고다. 어촌과 무이네 교회(Chi Hội Mũi Né)를 지나 큰 삼거리가 나오면 왼쪽으로 난 후인딴팟(Huỳnh Tấn Phát) 거리를 따라 약 2km만 더 가면 된다. 길은 찾기 쉽다.

<u>위치</u> ①쑤오이띠엔에서 택시로 10분 또는 오토바이로 15분 또는 자전거로 25분 ②시내버스 1번, 9번 이용 ③여행사 선셋 투어 신청 <u>요금</u> 무료 <u>지도</u> MAP 21 ⑩

**TIP**

자전거나 오토바이를 타고 왔다면 입구 앞에 늘어선 매점에 주차하자. 음료를 구입하거나 샌드 슬라이딩용 널빤지를 빌리면 주차비를 따로 받지 않는다. 사막 주변에는 샌드 슬라이딩 호객 행위가 심하다. 흥정은 필수. 선글라스, 카메라 같은 귀중품은 아무에게나 맡겨서는 안 되고 몸에 잘 지니되 분실하지 않도록 신경 써야 한다.

# 화이트 샌드 듄
## Đồi Cát Trắng

White Sand Dunes

모래 색깔이 하얀색에 가까워서 화이트 샌드 듄이라고 부른다. 다른 지역에 비해 유난히 강수량이 적고 건조해 자연 발생적으로 만들어진 사구다. 그래서 레드 샌드 듄보다 규모가 훨씬 크고 모래도 곱고 부드럽다. 화이트 샌드 듄이 더욱 신비롭게 보이는 또 하나의 이유는 바로 호수. 사구 바로 앞에 자리하고 있어 마치 오아시스를 보는 듯하다. 하루 중 이 곳이 가장 아름답게 보이는 때는 일출 무렵. 그래서 모든 여행사에서 지프를 이용한 선라이즈 투어(p.391)를 진행한다. 화이트 샌드 듄으로 가는 길 또한 경치가 매우 수려하다. 졸음을 참고 꼭 구경해 보자.

**위치** ①무이네 비치에서 택시로 40분 또는 오토바이로 1시간 ②여행사 선라이즈 투어 신청 **요금** 성인 15,000VND, 어린이 7,000VND(주차비 별도) **지도** MAP 21 ⓓ

> **TIP**
> 사구 안은 걸어서 구경할 수도 있지만 사륜 구동 오토바이(20분 기준 400,000~600,000VND)를 빌려서 돌아볼 수도 있다.

**Talk** 사막 아닌 해안사구

사막인 듯 보이는 해안사구는 단순히 모래가 쌓여 있는 언덕이 아니다. 바닷물이 내륙으로 들어오지 못하게 막는 자연 방파제다. 육지와 바다 사이에 쌓이는 퇴적물의 양을 조절하고 생태계를 보호한다. 풍부한 지하수를 품고 있어서 마을에 식수를 공급해 주고 태풍으로부터 마을과 농경를 지켜주는 등 해안사구는 자연이 가져다준 선물이다. 수 만 년에 걸쳐 형성된 아름다운 자연인 만큼 여행자들도 이를 소중히 여겨야겠다. 사구를 걷다 보면 비닐과 페트병이 보여 실망스러울 때가 있다.

# Eating

## 버케 거리
Hải Sản Bờ Kè

Bo Ke Street

무이네 비치 가운데 위치하고 있는 해산물 식당 거리. 하나같이 해산물(Hải Sản)과 제방(Bờ Kè)이라고 쓰여진 간판을 달고 있어 금방 눈에 띈다. 그날 잡아 올린 신선한 해산물을 맛볼 수 있는데다 탁 트인 바다가 보여 인기가 많다. 종류가 다양하지는 않지만 게, 바닷가재, 새우, 조개 등은 기본적으로 갖추고 있다. 구이, 찜, 튀김, 볶음 등 원하는 방식으로 다 조리해 준다. 가격은 시가로 무게를 달아서 계산하는 방식이라 아주 저렴하지는 않다. 금액을 물어보고 발걸음을 옮기면 낮은 가격을 다시 부르니 흥정을 하면서 계속 깎아야 하는 수고가 필요하다. 생선류는 1kg에 200,000VND, 조개류는 한 접시에 50,000~60,000VND, 새우는 4~5마리에 70,000VND 정도. 맥주는 10,000~12,000VND로 매우 저렴하다.

위치 풀문 리조트와 신 투어리스트 사이에 있는 프억티엔 사원(Chùa Phước Thiền) 맞은편 오픈 16:00~23:00 지도 MAP 22 ⒝

# 신밧드
Sindbad

트립어드바이저 1위를 지키고 있는 무이네 인기 식당. 신선하고 맛있는 그리스 음식을 즐길 수 있다. 고소하고 따뜻한 피타 브레드에 고기와 채소를 가득 넣은 케밥 샌드위치가 이 집의 대표 메뉴. 후머스 소스와 짜지끼 소스를 추가할 수도 있다. 고기는 소고기와 닭고기 중에서 고르면 되고 사이즈는 스몰과 빅 두 가지다. 페타 치즈와 올리브가 듬뿍 들어간 그릭 샐러드는 양도 많은데다 피타 브래드도 함께 주기 때문에 아침 식사용으로 그만이다. 같이 마실 커피, 맥주, 신또까지 저렴해서 대만족. 방갈로 스타일로 꾸며진 가게는 좁은 편이다. 그래서 식사 시간에는 기다려야 할 때가 많다. 에어컨이 없기 때문에 한낮에는 조금 덥게 느껴질 수 있다.

위치 비엔즈어(Biển Dừa) 리조트와 신 투어리스트 사이, 맞은편에 위치 주소 233 Nguyễn Đình Chiểu 오픈 11:00~02:00 요금 케밥 샌드위치 50,000~60,000VND(Big 기준), 음료 18,000~30,000VND 지도 MAP 22 ⓒ

# 꽌 315
Quán 315

# 포고 비치 바
Pogo Beach Bar

옐로우 샌드 듄으로 가는 길에 위치한 맛있는 껌땀 (Cơm Tấm) 식당이다. 숯불에 양념한 돼지고기를 굽는 냄새가 발길을 붙잡고 놔주지 않는다. 보기만큼이나 맛도 좋아 현지인들에게도 사랑받는 곳. 껌땀을 주문하면 포실포실한 밥 위에 잘 구워진 숯불 돼지고기와 그린 빈, 토마토, 오이, 채소 초절임을 가득 올려준다. 원한다면 달걀 프라이도 추가할 수 있다. 식당은 허름하고 자리는 모두 야외에 있다. 테이블 수도 많지 않아서 식사 시간 때면 조금 기다려야 할 수도 있다. 사막을 보러 가는 길에 들러도 좋고 돌아오는 길에 허기를 달래기에도 그만이다.

<u>위치</u> 옐로우 샌드 듄으로가는 후인톡카앙 거리와 후인딴팟 (Huỳnh Tấn Phát) 거리가 만나는 큰 삼거리에 위치 <u>주소</u> 315 Huỳnh Thúc Kháng <u>오픈</u> 06:00~02:00 <u>요금</u> 25,000~30,000VND <u>지도</u> MAP 21 ⓓ

깊고 푸른 바닷가 바로 앞에 자리한 비치 바. 비키니 차림에 브라질 보사노바를 즐겨 듣는 러시아 여주인이 운영한다. 어딘가 모르게 몽환적이면서도 나른한 분위기를 풍기는 포고는 낮이든 밤이든 술 한잔 하면서 시간을 보내기 좋은 곳. 바닐라 보드카, 바질 진, 파인애플 민트 럼, 시나몬 위스키 같은 칵테일 메뉴도 매력 있고 조명이 드리워진 좌식 테이블과 비치베드가 편안함을 선사한다. 밤이 무르익으면 모닥불도 피워 분위기가 더욱 고조된다. 비치 바이지만 시리얼, 팬케이크 같은 가벼운 음식부터 햄버거, 샌드위치 같은 식사 메뉴까지 갖추고 있다.

<u>위치</u> 신밧드 맞은편, 탄빈(Thanh Binh) 레스토랑 왼쪽 골목 안쪽에 위치 <u>주소</u> 138 Nguyễn Đình Chiểu <u>오픈</u> 08:30~02:00 <u>요금</u> 맥주 30,000~50,000VND, 칵테일 80,000~150,000 VND <u>지도</u> MAP 22 ⓒ

# 쩌까
## Chợ Cá

Cho Ca

어시장이라는 뜻의 이름과는 달리 차분하고 우아한 레스토랑. 스프링롤이나 반세오 같은 베트남 음식도 먹을 수 있지만 서양 음식이 메인이다. 무이네를 즐겨 찾는 러시아 사람들의 입맛을 고려해서 요리한다지만 국적과 상관없이 무난하게 먹을 수 있다. 신선한 재료를 아낌없이 쓰고 있는 느낌이고 메뉴가 다양해서 선택의 폭도 넓다. 밥이 함께 나오는 치킨 요리나 생선 요리는 마늘과 버터를 적절히 활용해 한국인 입맛에도 잘 맞는다. 피자와 파스타 역시 치즈와 크림을 듬뿍 넣어 진한 맛이 제대로 난다. 식사를 마쳤다면 이제 디저트를 맛볼 차례. 새콤달콤한 패션 프룻 무스, 달달한 크림 브륄레, 드래곤 프룻 요거트 등 식사를 즐겁게 마무리할 메뉴들이 기다리고 있다.

위치 미아 리조트를지나 오션스타 리조트 맞은편에 위치 주소 45 Nguyễn Đình Chiểu 오픈 12:00~22:00 요금 70,000~ 150,000VND 전화 252-3741-799 지도 MAP 22 Ⓐ

# 로투스 빌리지 스파
## Lotus Village Spa

로투스 빌리지에서 운영하는 스파숍. 분위기도 좋고 마사지 실력도 훌륭해 만족스럽다. 메뉴에 표기된 금액에서 20~30%를 할인해주기 때문에 가격도 부담스럽지 않다. 한화로 15,000원이면 심신의 피로가 말끔히 가시는 서비스를 받을 수 있다. 발 마사지와 페이셜 마사지는 본 건물에서 진행되고 보디 마사지는 리조트 안에 있는 시설에서 이뤄진다. 아기자기하게 잘 꾸며진 정원을 지나 리조트 안으로 들어가면 벽돌로 지어진 스파숍이 기다리고 있다. 별도의 탈의실은 없고 촘촘한 발로 구분된 개별 침대 공간 안에서 준비를 한 뒤 마사지를 받는다. 팁은 주지 않아도 상관없다. 기분 좋게 마사지를 받았다면 20,000~30,000VND의 팁을 마사지사에게 직접 주면 된다.

위치 로투스 빌리지 리조트 맞은편 주소 100 Nguyễn Đình Chiểu 오픈 09:00~21:00 요금 60분 기준 베트남 마사지 336,000VND, 타이 마사지 399,000VND 전화 252-3743-868 지도 MAP 22 Ⓑ

# 자이브 비치 클럽
## Jibe's Beach Club

무이네 바닷가에서는 윈드서핑이나 카이트 서핑을 타는 사람을 많이 볼 수 있다. 특히 카이트 서핑은 바람에 따라 움직이는 패러글라이딩을 이용해서 파도를 타는 서핑의 한 종류. 무이네는 바람이 많이 불고 파도가 높아 카이드 서핑을 즐기기 최적의 장소다. 자이브 비치 클럽은 2000년부터 카이트 서핑을 전문적으로 교육하고 있다. 여행자를 위한 일일 체험 과정이 마련되어 있다. 이미 서핑을 즐기는 사람들에게는 저렴한 비용으로 장비 대여도 해준다. 무이네 바다의 아름다움을 온몸으로 만끽할 수 있는 좋은 기회를 놓치지 말자.

위치 비치 서쪽 무이네 백패커스 리조트 옆 주소 90 Nguyễn Đình Chiểu 오픈 07:00~24:00 요금 1시간 강습 기준 윈드서핑 55US$, 카이트서핑 60US$ 전화 252-3847-405 홈피 www.jibesbeachclub.com 지도 MAP 22 Ⓑ

THEME

# 무이네
# 베스트 호텔

무이네 해변도로 중간에 해당하는 신 투어리스트를 기준으로 서쪽(판티엣 방향)에는 고급 리조트가 많고 번화한 편. 반대로 동쪽은 저렴한 숙소가 많고 한산하다. 리조트에서 벗어나 저녁 시간을 보내고 싶다면 서쪽으로 가면 된다. 주말, 여름 성수기, 크리스마스, 연말, 새해, 설날같이 특별한 날에는 호텔 요금이 많이 오른다.

## BEST 1 참 빌라스 Cham Villas

인기가 많아 2~3개월 전에 예약이 꽉 차는 리조트다. 바다가 바로 보이는 6개의 비치 프런트 빌라와 12개의 가든 빌라로 꾸며져 있다. 참파 왕국의 유적을 활용한 인테리어와 소품으로 이국적인 느낌을 더했다. 잘 꾸며진 정원과 수영장 역시 매우 만족스럽다. 객실은 넓고 깔끔하며 욕실 안에는 작은 정원을 두어 자연 친화적인 느낌이다. 아담한 리조트다 보니 번잡함이 없고 전체적으로 조용하고 차분한 분위기. 근처에는 음식점, 카페, 숍 등이 갖추어져 있어 편리하다.

위치 무이네 비치 서쪽에 위치, 판티엣 역에서 택시로 15분 주소 32 Nguyễn Đình Chiểu 요금 149~179US$ 전화 252-3741-234 홈피 www.chamvillas.com/en/villas 지도 MAP 22 Ⓐ

## BEST 2 아난타라 무이네 리조트 Anantara Mui Ne Resort

스위트룸과 풀 빌라를 포함해 총 87개의 객실을 보유한 대규모 리조트. 무이네에서 가장 럭셔리한 호텔이다. 풀 빌라에는 작은 수영장과 정원, 발코니, 데크가 잘 갖추어져 있어 프라이빗한 휴식을 취하기에 더없이 좋다. 원 베드룸 풀 빌라라도 3~4인 가족이 머물기 넉넉하다. 창문을 열면 잘 가꾸어진 정원이 사방으로 잘 보인다. 야외 수영장이 매우 크고 넓다. 스파와 레스토랑도 투숙객들에게 좋은 평가를 받고 있다.

위치 비치 서쪽 끝 알레즈부 리조트를 지나 위치 주소 12A Nguyễn Đình Chiểu 요금 18~440US$ 전화 252-3741-888 홈피 www.mui-ne.anantara.com 지도 MAP 21 Ⓑ

## BEST 3 뱀부 빌리지 비치 리조트
Bamboo Village Beach Resort

무이네에서 인기 있는 리조트 중 하나. 베트남 스타일로 지은 147개의 객실과 방갈로를 보유하고 있는 대형 리조트다. 8가지 객실 등급에 따라 인테리어, 시설이 달라 원하는 대로 고를 수 있다. 공들여 가꾼 정원이 아름다워 바다 전망의 객실이 아니라도 아쉽지 않다. 탁 트인 바다를 즐길 수 있는 프라이빗 비치와 그늘이 적당히 드리워지는 수영장도 이곳의 자랑거리. 조식도 잘 나오고 직원들 역시 친절하다.

위치 비치 서쪽 참 빌라스 옆 주소 38 Nguyễn Đình Chiểu 요금 90~140US$ 전화 252-3847-007 홈피 bamboovillageresortvn.com 지도 MAP 22 Ⓐ

## 무이네 백패커스 리조트
Mui Ne Backpackers Resort

## 코코샌드 호텔
Cocosand Hotel

## 민안 가든 호텔
Minh Anh Garden Hotel

저렴한 가격으로 해변가 바로 앞에 묵을 수 있는 배낭 여행자 숙소다. 번화한 거리에 있는데다 시내버스 정류장도 코 앞이라 위치가 매우 좋다. 4~6인실 도미토리를 비롯해 개인룸, 방갈로 등 다양한 객실을 운영한다. 베이지와 화이트톤으로 심플하게 꾸며 콤팩트한 느낌. 비치에는 근사한 선베드가 놓여 있고 자그마한 수영장도 마련되어 있다.

위치 무이네 중심가 풀문비치 리조트와 신짜오 호텔 사이 주소 88 Nguyễn Đình Chiểu 요금 도미토리 7~8US$, 더블룸 20US$ 전화 252-3741-047 홈피 www.muinebackpackers.com 지도 MAP 22 ⓑ

가족이 운영하는 자그마한 리조트다. 무이네 중심가와 가깝고 주인이 친절해서 여행자들에게 인기가 많다. 방은 별다른 인테리어 없이 심플하고 화장실도 깔끔하다. 정원에는 벤치와 모래 놀이터, 해먹, 비치베드 등이 놓여 있다. 바다가 바로 보이지는 않고 조금 걸어나가면 나타난다.

위치 비치 서쪽 선샤인 비치 리조트 근처 주소 119 Nguyễn Đình Chiểu 요금 15~20US$ 전화 127-3643-446 홈피 www.cocosandhotel.com 지도 MAP 22 ⓑ

무이네 비치 동쪽에 자리하고 있다. 호텔 앞에 시내버스 9번이 정차하고 주인장이 운영하는 지프 투어가 저렴해서 여행자들 사이에서 절대적인 지지를 받고 있다. 해안도로 건너편에 있어 바다는 보이지 않는다. 정원을 두고 객실이 빙 둘러 있는 구조. 가격대비 객실 상태가 좋다. 리셉션은 24시간 오픈하지 않지 않으므로 밤늦게 도착하거나 새벽 일찍 도착하면 주인을 깨워야 한다.

위치 ①쑤오이띠엔을 지나 카나리 리조트 맞은 편에 위치 ②판티엣 역에서 시내버스 9번 이용 주소 81A Huỳnh Thúc Kháng 요금 14~24US$ 전화 252-3847-465 홈피 nhanghiminhanh.com 지도 MAP 21 ⓓ

> **TIP**
>
> 무이네는 일직선으로 뻗은 해변도로를 따라 리조트와 레스토랑이 빼곡히 자리하고 있다. 바닷가 바로 앞에 자리한 숙소가 아니라면 바다를 보기 어려울 정도. 게다가 무이네 비치는 파도가 세고 모래사장이 좁아서 비치에서 개별적으로 쉴 공간이 협소하다. 따라서 비치와 가깝고 수영장이 있는 숙소를 고르는 것이 좋다.

## 신짜오 호텔
Xin Chao Hotel

## 쉐이즈 리조트
Shades Resort

## 그레이스 부티크 리조트
Grace Boutique Resort

카이트 서퍼가 2012년에 오픈한 호텔. 해변도로 뒤에 있어 바다는 보이지 않지만 가격대비 시설이 좋다. 선베드가 있는 예쁜 수영장을 중심에 두고 ㄷ자 형태로 객실이 배치되어 있어 아늑한 느낌. 객실과 화장실 모두 넓고 깨끗하다. 침대와 침구 상태도 좋다. 투어나 오픈투어버스 같은 서비스를 제안하거나 강요하지 않아서 따로 물어봐야 한다. 호텔 주변에는 식당, 펍, 편의 시설이 많이 있다.

위치 풀문 비치 리조트 근처에 위치 주소 129 Nguyễn Đình Chiểu 요금 35~50US$ 전화 252-3743-086 홈피 www.xinchaohotel.com 지도 MAP 22 ⓑ

반듯하고 하얀 건물이 심플하면서도 세련된 느낌을 준다. 주방을 갖춘 아파트형 객실 10개를 보유하고 있다. 일반 리조트와는 비교가 되지 않을 만큼 객실이 넓은 것이 특징. 가족 단위 여행객에게 잘 어울린다. 코앞까지 파도가 밀려오는 야외 라운지와 자그마한 수영장도 휴식을 취하기 좋은 공간. 햇빛이 잘 드는 곳마다 비치베드를 놓아두어 태닝하기에도 그만이다. 레스토랑과 펍이 즐비한 무이네 중심가와는 20분 정도 떨어져 있지만, 쉬엄쉬엄 걸어서 갈만하다.

위치 무이네 비치 중간에 위치, 무이네 백패커스 리조트와 로투스 빌리지 리조트 사이 주소 98A Nguyễn Đình Chiểu 요금 60~150US$ 전화 252-3743-236 홈피 www.shadesmuine.com 지도 MAP 22 ⓑ

바다 바로 앞에 자리 잡고 있으면서 가격 대비 시설이 좋아 서둘러 예약해야 하는 리조트다. 일반 객실은 비치 앞까지 길게 뻗은 인피니티 풀과 잘 가꾸어진 정원을 바라보며 자리하고 있고 슈페리어룸부터 스위트룸까지는 바다가 잘 보이는 자리에 위치하고 있다. 객실에서 무료로 영화를 즐길 수 있는 서비스가 갖춰져 있다. 무이네 중심가까지는 걸어서 25분 정도 걸리지만 호텔 주변에도 식당이 여러 곳 있으며 신 투어리스트가 가까워 편리하다.

위치 무이네 비치 중간에 위치, 신 투어리스트 근처 주소 144A Nguyễn Đình Chiểu 요금 72~134US$ 전화 252-3743-357 홈피 www.graceboutiqueresort.com 지도 MAP 22 ⓒ

# 빌라 아리아 무이네
Villa Aria Muine

# 코코비치 리조트
Coco Beach Resort

# 미아 리조트 무이네
Mia Resort Mui Ne

최근에 생긴 리조트다. 가격대비 위치, 시설, 서비스 모두 훌륭하다. 객실은 총 30개이며 화이트 톤으로 밝고 가벼운 느낌을 연출했다. 다만 고급 리조트가 추구하는 세련미는 떨어지는 편. 스위트룸에는 주방 시설이 갖춰져 있다. 조그마한 인피니티 수영장과 프라이빗 비치를 갖추고 있다. 조식도 잘 나오는 편. 걸어서 무이네 중심가까지 15분 정도가 걸린다.

위치 비치 서쪽 코코비치 리조트 근처 주소 60A Nguyễn Đình Chiểu 요금 90~130US$ 전화 252-3741-660 홈피 www.villaariamuine.com 지도 MAP 22 Ⓐ

비치 앞으로 독립된 방갈로가 여러 채 흩어져 있는 리조트다. 바나나 잎으로 엮은 지붕에 나무로 만든 방갈로가 초록 정원과 어울려 내추럴한 분위기를 연출한다. 객실은 넓지 않지만 노란색과 파란색을 포인트 컬러로 삼아 화사하게 꾸몄다. 그 외에도 바다가 보이는 현대적인 객실을 갖추고 있다. 정원 안에 수영장도 있다. 해먹과 선베드가 놓여 있어 휴식을 취하기 좋다. 고급스럽고 세련된 분위기라기보다는 편안한 느낌이 더 강하다.

위치 비치 서쪽 사이공 무이네 리조트 근처 주소 58 Nguyễn Đình Chiểu 요금 156~246US$ 전화 252-3847-111 홈피 cocobeach.net 지도 MAP 22 Ⓐ

발리와 베트남 스타일이 믹스된 방갈로형 리조트다. 널찍한 객실에 세련된 가구와 퀄리티 높은 침구가 고급스럽다. 바다를 바라보며 정리되어 있는 비치베드와 파라솔은 멋지지만 수영장이 좁은 편. 조식과 룸 서비스, 레스토랑 모두 평균 이상으로 만족스럽다. 바다를 조망하는 객실은 비치 프론트 방갈로가 유일하니 예약 시 참고하자.

위치 비치 서쪽 아난타라 리조트와 참 빌라스 사이 주소 24 Nguyễn Đình Chiểu 요금 가든뷰 방갈로 175~210US$, 비치프론트 방갈로 260US$ 전화 252-3847-440 홈피 www.miamuine.com 지도 MAP 22 Ⓐ

베트남 최고의 휴양 도시

# 냐짱

# Nha Trang

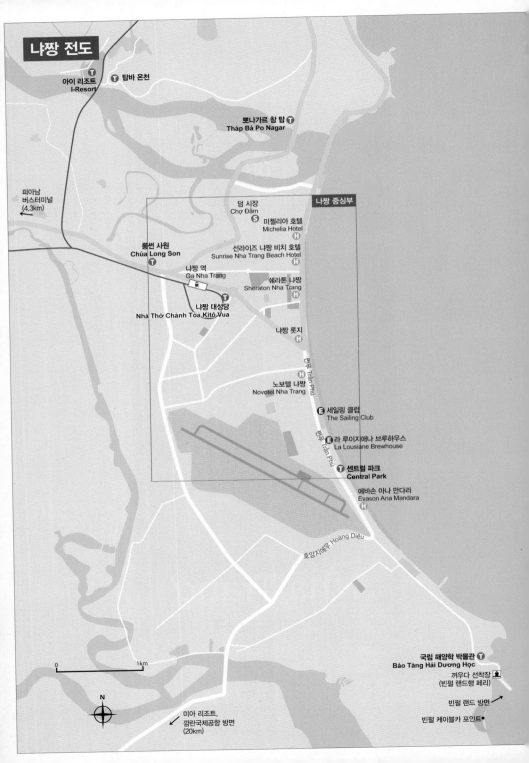

# 냐짱 전도

아이 리조트
I-Resort

탑바 온천

뽀나가르 참 탑
Tháp Bà Po Nagar

피아남
버스터미널
(4.3km)

덤 시장
Chợ Đầm

냐짱 중심부

미첼리아 호텔
Michelia Hotel

롱썬 사원
Chùa Long Son

선라이즈 냐짱 비치 호텔
Sunrise Nha Trang Beach Hotel

냐짱 역
Ga Nha Trang

쉐라톤 냐짱
Sheraton Nha Trang

냐짱 대성당
Nhà Thờ Chánh Tòa Kitô Vua

냐짱 롯지

쩐푸 Trần Phú

노보텔 냐짱
Novotel Nha Trang

세일링 클럽
The Sailing Club

라 루이지애나 브루하우스
La Lousiane Brewhouse

쩐푸 Trần Phú

센트럴 파크
Central Park

에바손 아나 만다라
Evason Ana Mandara

호앙지에우 Hoàng Diệu

국립 해양학 박물관
Bảo Tàng Hải Dương Học

꺼우다 선착장
(빈펄 랜드행 페리)

빈펄 랜드 방면

빈펄 케이블카 포인트

0        1km

N

미아 리조트,
깜란국제공항 방면
(20km)

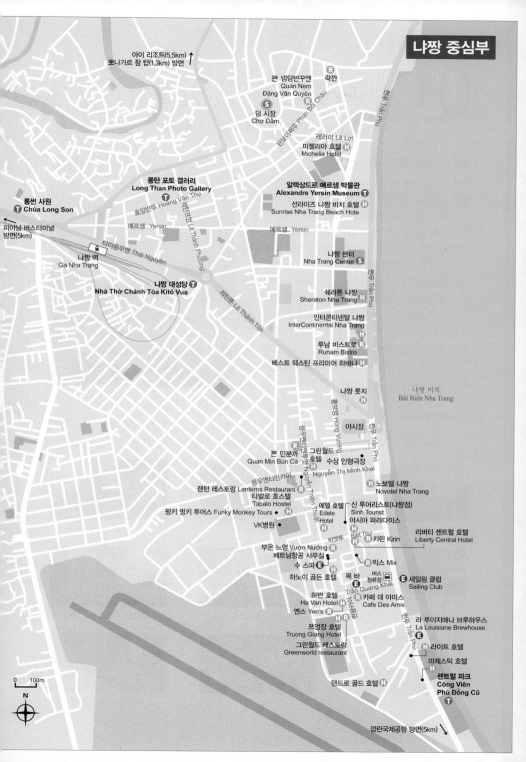

냐짱 중심부

아이 리조트(5.5km) ↑
뽀나가르 참 탑(1.3km) 방면 ↗

꽌 넴당반꾸엔
Quán Nem
Đặng Văn Quyền

락깐 R

담 시장 S
Chợ Đầm

레러이 Lê Lợi
미첼리아 호텔 H
Michelia Hotel

롱탄 포토 갤러리
Long Than Photo Gallery

알렉상드르 예르생 박물관 T
Alexandre Yersin Museum

롱썬 사원
Chùa Long Son

호앙반뚜 Hoàng Văn Thụ

선라이즈 냐짱 비치 호텔 H
Sunrise Nha Trang Beach Hote

피아남 버스터미널
방면(5km)

예르생 Yersin

예르생 Yersin

타이응우엔 Thái Nguyên

냐짱 역
Ga Nha Trang

냐짱 센터 S
Nha Trang Center

냐짱 대성당
Nhà Thờ Chánh Tòa Kitô Vua

쉐라톤 냐짱
Sheraton Nha Trang

레탄똔 Lê Thánh Tôn

인터콘티넨탈 냐짱
InterContinental Nha Trang

루남 비스트로 R
Runam Bistro

베스트 웨스틴 프리미어 하바나 H

냐짱 롯지 H

냐짱 비치
Bãi Biển Nha Trang

야시장

꽌 민분까 R
Quan Mịn Bún Cá

그린월드
호텔

수상 인형극장

Nguyễn Thị Minh Khai

랜턴 레스토랑 Lanterns Restaurant
타발로 호스텔
Tabalo Hostel

펑키 멍키 투어스 Funky Monkey Tours H

노보텔 냐짱 H
Novotel Nha Trang

에델 호텔
Edele
Hotel

신 투어리스트(냐짱점)
Sinh Tourist

아시아 파라다이스

VK병원 H

키린 Kirin R

리버티 센트럴 호텔
Liberty Central Hotel

부온 느엉 Vườn Nướng R
베트남항공 사무실 R
수 스파 E

믹스 Mix R

하노이 골든 호텔 H

목 바 E

버스
정류장

세일링 클럽 E
Sailing Club

하반 호텔
Ha Van Hotel
옌스 Yen's R

카페 데 아미스 R
Cafe Des Amis

Trần Quang Khải

쯔엉장 호텔 H
Truong Giang Hotel

그린월드 레스토랑
Greenworld restaurant

라 루이지애나 브루하우스
La Louisiane Brewhouse

라이트 호텔 H
마제스틱 호텔

덴드로 골드 호텔 H

센트럴 파크
Công Viên
Phù Đồng Cũ
T

0   100m
N

깜란국제공항 방면(5km) ↘

# 01 냐짱은 어떤 곳일까?

## ABOUT NHA TRANG

### 베트남 최고의 휴양 도시, 냐짱

베트남에서 가장 깨끗하고 아름다운 도시다. 6km에 이르는 길고 넓은 비치를 따라 산책로와 공원, 해변도로가 잘 꾸며져 있어 베트남이 아닌 것만 같다. 수많은 리조트와 호텔이 들어서 있음에도 불구하고 도시계획이 잘 되어 있어 편안하게 지낼 수 있다. 그래서 냐짱은 일찌감치 동양의 나폴리, 베트남의 지중해라 불리며 여행자들의 사랑을 받아왔다. 우기에도 비가 많지 않아 1년 내내 맑고 푸른 바다를 감상할 수 있다. 건조한 날씨 덕분에 해수욕과 태닝을 즐기기에도 그만이다. 가까이에는 머드 온천과 빈펄 랜드가 있어 즐거운 한 때를 보낼 수 있고 힌두 유적지와 롱썬 사원, 대성당 같은 역사적인 명소들도 방문할 만하다. 베트남에서 스트레스 제로 여행지로 이만한 곳이 없으니 서둘러 짐을 챙겨 떠나자!

## ■ 냐짱 BEST

### BEST TO *Do*

냐짱 비치 ▶ p.415

아이 리조트 ▶ p.416

보트 투어 ▶ p.422

### BEST TO *Eat*

꽌 민분까 p.424

루남 비스트로 ▶ p.424

라 루이지애나 브루하우스 ▶ p.428

### BEST TO *Stay*

노보텔 ▶ p.430

인터콘티넨탈 ▶ p.430

하반 호텔 ▶ p.430

# 02 냐짱 가는 방법

## HOW TO GO

베트남 남부 최고의 휴양도시인 만큼 비행기, 기차, 버스 모두 활발하게 운행하고 있다. 여름 휴가철에는 인천↔냐짱을 연결하는 항공편이 늘어날 정도. 냐짱은 베트남 현지 관광객 방문도 많아 비행기와 기차로 이동할 계획이라면 예약을 서둘러야 한다. 호찌민시에서 냐짱까지는 제법 거리가 멀기 때문에 비행기를 타는 것이 좋고 달랏이나 무이네에 온다면 오픈투어버스가 낫다. 편안하게 누워서 4~5시간이면 도착하는데다 주요 호텔 앞에 딱 세워주기 때문.

| 인천 → 냐짱 비행기 5시간 10분 | 호찌민시 → 냐짱 비행기 1시간 / 오픈투어버스 10~11시간 |
|---|---|
| 무이네 → 냐짱 오픈투어버스 5시간 | 달랏 → 냐짱 오픈투어버스 4시간 |

## 인천 · 부산에서 가기

 **비행기**
부산에서 출발하는 경우 직항이 없어 서울, 하노이 등을 경유한다.
■ 대한항공, 비엣젯, 제주항공
5시간 30분 소요 / 깜란국제공항(Sân Bay Quốc Tế Cam Ranh) 도착

## 호찌민시에서 가기

 **비행기**
■ 베트남항공, 비엣젯, 젯스타
1시간 10분 소요 / 깜란국제공항 도착

 **오픈투어버스**
■ 신 투어리스트 Sinh Tourist
07:00, 20:00 출발 / 10~11시간 소요 / 훙브엉(Hùng Vương) 거리의 신 투어리스트 사무실 도착

 **프엉짱 Phuong Trang**
08:00, 10:30, 21:30, 22:00, 22:30 출발 / 11~12시간 소요 / 냐짱 센터 위 예르생(Yersin) 거리 도착

**기차**
호찌민시↔하노이를 오가는 통일열차가 모두 냐짱 역(Ga Nha Trang)을 지나기 때문에 차편이 많다. 사이공 역에서 냐짱까지는 7~8시간이 소요된다. 야간 열차도 일일 4편이나 다닌다. 가장 속도가 빠른 열차 SE4은 22:00에 출발해 다음날 04:52에 도착한다.

## 무이네에서 가기

 **오픈투어버스**
■ 신 투어리스트 Sinh Tourist
13:00, 01:00 출발 / 5시간 소요 / 훙브엉 거리의 신 투어리스트 사무실 앞 도착

■ 땀한 Tam Hanh
12:00, 01:00 출발 / 5시간 소요 / 훙브엉 거리 도착

## 달랏에서 가기

### 오픈투어버스
■ 신 투어리스트 Sinh Tourist
07:30, 13:00 출발 / 4시간 소요 / 훙브엉 거리의 신 투어리스트 사무실 앞 도착
■ 땀한 Tam Hanh
08:00, 10:00, 13:00 출발 / 4시간 소요 / 훙브엉 거리 도착
■ 프엉짱 Phuong Trang
08:00, 09:00, 11:00, 12:30, 13:00, 16:00, 17:00 출발 / 4시간 소요 / 냐짱 센터 위 예르생 거리 도착

## 그 외 도시에서 가기

### 비행기
하노이에서 베트남항공, 비엣젯, 젯스타가 운항한다. 1시간 50분이 걸린다. 다낭에서 냐짱으로 갈 수도 있다. 베트남항공이 하루 1편 운항한다. 1시간 10분이 걸린다.

### 오픈투어버스
호이안에서 매일 18:15에 출발하고 약 13시간 걸린다. 후에나 하노이에서 출발하는 경우 모두 호이안을 거쳐서 냐짱으로 들어간다. 각각 16시간 30분, 31시간이 걸리는 장거리 구간이라 이용객이 거의 없다.

### 기차
다낭 역에서 일일 7편의 기차가 다닌다. 그중 가장 빠른 야간침대열차 SE7은 22:47에 출발해 9시간 21분 뒤인 08:28에 도착한다. 후에에서 갈 수도 있다. 호텔이 모여 있는 신시가의 훙브엉 거리에서 1km 떨어진 후에 역을 이용한다. 이곳에서 냐짱까지는 12시간이 걸린다. 하루 7편이 다니며 야간침대열차는 19:53와 22:50에 출발한다.

### 버스
후에에서 버스로 냐짱까지 갈 수 있다. 신시가지의 피아남 버스터미널에서 매일 11:00, 16:00에 출발한다. 약 12시간이 걸린다. 대부분 오픈투어버스를 이용하기 때문에 버스를 타고 냐짱으로 가는 일은 거의 없다. 버스는 냐짱 시내에서 7.5km 떨어져 있는 피아남 버스터미널에 도착한다. 여기서 시내까지 가려면 택시나 시내버스를 이용해야 한다. 자세한 내용은 시내 교통편 확인(p.412).

| 주요 시설 정보 | |
|---|---|
| **냐짱 역**<br>Ga Nha Trang | 위치 냐짱 센터에서 택시로 5분 또는 도보 20분 주소 Thái Nguyên<br>오픈 사전 예약 창구 07:30~12:00, 13:30~17:30 지도 MAP 24 Ⓐ |
| **피아남 버스터미널**<br>Bến Xe Phía Nam | 냐짱 시내에서 7.5km 떨어져 있다. 대형 마트 METRO 옆에 있다.<br>위치 ①냐짱 시내에서 택시로 15분 ②시내버스 2번 이용<br>주소 Hai Mưới Ba Tháng Mưởi 지도 MAP 24 Ⓐ |
| **신 투어리스트**<br>Sinh Tourist<br>(냐짱 점) | 위치 노보텔 호텔과 세일링 클럽 사이에 있는 비엣투(Biệt Thụ) 사거리에 위치<br>주소 130 Hùng Vương 오픈 06:00~22:00 전화 258-3524-329<br>홈피 www.thesinhtourist.vn 지도 MAP 24 Ⓕ |
| **펑키 멍키 투어**<br>Funky Monkey Tours | 보트 투어로 유명한 곳이다.<br>위치 응우옌티엔투엇 거리에 있는 랜턴 레스토랑을 지나 큰 사거리에서 좌회전, VK 병원 맞은편<br>주소 34A/1 Nguyễn Thiện Thuật 오픈 08:00~22:00 전화 258-3522-426<br>홈피 www.funkymonkeytour.com 지도 MAP 24 Ⓕ |

# 03 공항–시내 이동 방법

## AIRPORT TRANSPORT

냐짱의 깜란국제공항(Sân Bay Quốc Tế Cam Ranh)은 시내에서 남쪽으로 35km나 떨어져 있다. 차로 45~50분이나 걸릴 만큼 멀다.

### 🚕 택시

공항에서 시내까지 요금이 정해져 있다. 택시 요금은 택시 승강장 입구에 안내판 형태로 공개되어 있다. 확인하고 탑승하면 된다. 차종에 따라 요금이 조금씩 다른데 4인승 모닝 택시가 가장 저렴하다. 소요 시간은 약 40분.

<u>위치</u> 공항 밖 택시 승강장에서 탑승 <u>오픈</u> 24시간 <u>요금</u> 시내까지 380,000~400,000VND

### 🚌 공항버스

냐짱 시내의 주요 호텔까지 저렴하게 갈 수 있는 방법이다. 공항 안팎의 작은 부스에서 티켓을 판매하며 요금을 지불하고 공항 밖으로 나와서 타면 된다. 40~45분 정도 걸린다. 보통 비행기 도착 시간에 맞추어 대기하고 있으며 04:30부터 19:55 까지 30분 간격으로 다닌다. 공항 – 루이지애나 – 브루하우스 – 세일링 클럽 – 노보텔 – 쉐라톤 – 10 Yersin 거리를 순환하기 때문에 시내에서 공항으로 갈 때도 이용할 수 있다. 간혹 시내에서 공항으로 가는 버스가 불규칙적으로 운행하지 않을 때도 있으니 주의하도록 하자. 버스 정류장에는 버스 번호 18번으로 표시되어 있다.

<u>위치</u> 공항 안 또는 공항 밖의 오른편 <u>요금</u> 50,000VND

> **TIP**
>
> 럭셔리 리조트인 퓨전 리조트, 아남 빌라스, 미아 리조트는 공항에서 차로 10~15분 거리에 있다. 공항버스를 탈 필요 없이 택시를 이용하는 것이 좋다.

# 04 냐짱 시내 교통

## CITY TRANSPORT

냐짱은 다른 도시에 비해 인도가 잘 되어 있다. 특히 해변도로 주변이 깔끔해서 걸어 다니기 좋다. 주요 관광 명소로 가는 시내버스도 잘 되어 있어 여행하기 편하다.

### 택시

냐짱 시내에 있는 호텔에서 냐짱 역, 대성당, 롱썬 사원까지는 대략 2km 안팎 거리다. 택시를 타면 3~5분 정도 걸리고 요금은 23,000~40,000VND 사이로 저렴하다. 시내에서 조금 떨어져 있는 관광명소들은 이보다 조금 더 나온다고 생각하면 된다.

> **TIP**
> ### 주요 택시 브랜드
> 마이린 Mai Linh 전화 258-38-383838
> 비나선 Vinasun 전화 258-38-272727
> 냐짱 택시 Nha Trang Taxi 전화 258-35-11511

| 목적지 | 거리 | 시간 | 적정 요금 |
|---|---|---|---|
| 냐짱 역 → 노보텔 호텔 | 2km | 5분 | 23,000~30,000VND |
| 공항버스 사무실 → 냐짱 롯지 호텔 | 2.4km | 5분 | 30,000~38,000VND |
| 냐짱 센터 → 빈펄 케이블카 센터 | 6.5km | 15분 | 83,000~95,000VND |
| 쉐라톤 호텔 → 아이 리조트 | 7km | 17분 | 90,000~100,000VND |

### 시내버스

냐짱은 시내버스가 잘 되어 있다. 순환 노선인데다 운행 간격도 10분 정도로 자주 다닌다. 버스정류장 표시는 한쪽에만 있는 경우가 많다. 반대편 버스를 타려면 정류장 표시 맞은편에 서 있으면 된다. 참고로 롱썬 사원→뽀나가르 참 탑 구간은 6번 버스를 이용하면 된다.
요금 7,000VND

| 출발 | 버스번호 | 노선 |
|---|---|---|
| 쩐꽝카이(Trần Quang Khải) 거리<br>Chill Out 정류장 (지도 MAP 24 Ⓕ) | 2번 | 흥브엉(Hùng Vương) 거리의 Galina Hotel → 레탄똔(Lê Thánh Tôn) 거리 → 롱썬 사원 → 피아남 버스터미널 |
| 쩐꽝카이 거리<br>Chill Out 정류장 | 4번 | 응우옌티엔투엇(Nguyễn Thiện Thuật) 거리(베트남항공 사무실) → 레탄똔(Lê Thánh Tôn) 거리 → 대성당 → 덤 시장 → 뽀나가르 참 탑 맞은편(Tháp Bà 거리 안) |
| 쩐꽝카이 거리<br>Lang Viet 레스토랑 정류장 | | 쩐푸(Trần Phú) 거리 → 라 루이지애나 브루하우스 맞은편 → 센트럴 파크 맞은편 → 빈펄 페리터미널 → 국립 해양 박물관 → 빈펄 케이블카 센터 |

# 05 냐짱 이렇게 여행하자

**TRAVEL COURSE**

## 여행 방법

냐짱은 비치와 시내가 붙어 있어 여행하기 편리하다. 아름다운 바닷가에서 푹 쉬다가도 해안도로만 건너면 음식점과 카페가 즐비하고 시내 관광도 즐길 수 있다. 대성당, 롱썬 사원, 뽀나가르 참 탑은 2km 안팎에 위치하고 있어 금방 다녀올 수 있다. 한낮에는 더우니 아침 일찍 혹은 더위가 한풀 꺾이는 오후 4~5시쯤 나가자. 바닷속이 훤히 들여다보이는 맑고 깨끗한 남국의 바다가 보고 싶다면 보트 투어(p.422)나 다이빙 투어를 이용하면 된다. 아이들과 함께라면 테마파크 빈펄 랜드도 탁월한 선택.

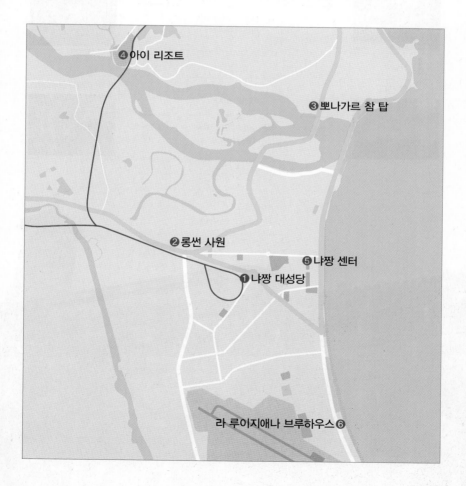

❹ 아이 리조트

❸ 뽀나가르 참 탑

❷ 롱썬 사원

❺ 냐짱 센터

❶ 냐짱 대성당

라 루이지애나 브루하우스 ❻

| 출발 **냐짱 비치** | → 택시 5분 | **냐짱 대성당**  | → 택시 5분 | **롱썬 사원**  |

택시 5분 ↓

**아이 리조트(머드 온천)**  ← 택시 20분 | **점심 식사** **추천** 꽌 민분까, 꽌 넴당반꾸엔, 카페 데 아미스 | ← 택시 10분 | **뽀나가르 참 탑** |

택시 20분 ↓

| **냐짱 센터** | → 택시 5분 도보 20분 | **저녁 식사** **추천** 부온 느엉, 믹스 레스토랑, 랜턴 레스토랑 | → 택시 5분 도보 10분 | **라 루이지애나 브루하우스**  |

냐짱 대성당

# 냐짱 비치
## Bãi Biển Nha Trang

Nha Trang Beach

리조트가 바다를 가리고 있는 무이네와는 달리 냐 짱 비치는 언제 어디서나 탁 트인 바다를 마음껏 즐 길 수 있다. 모든 리조트는 해안도로 뒤쪽에 자리하고 있으며 인도와 공원이 잘 꾸며져 있어 아침·저녁으 로 산책하기에도 그만이다. 또한 비치 남쪽에는 근사 한 선베드와 수영장을 저렴하게 이용할 수 있는 센트 럴 파크(p.417)도 마련되어 있다. 백사장이 유난히 넓 어 비치 발리볼을 하는 모습도 흔한 풍경이다. 도시적 이면서도 활기찬 분위기가 매력적인 냐짱 비치는 해 변 길이가 7km에 달하고 해변 방향이 정동을 향하고 있어 일몰보다 일출이 더 아름답다. 다시 침대 속으로 들어가더라도 한 번쯤 일출을 구경해 보자. 수심이 깊 고 파도가 센 편이라 아이들과 해수욕을 즐길 땐 조 심하는 것이 좋다.

<u>위치</u> ①해안도로 쩐푸(Trần Phú) 거리 일대 ②냐짱 역에서 택시 5분 <u>지도</u> MAP 24 ⓓ

**TIP**

냐짱 비치는 냐짱 시민들의 스포츠 센터다. 새벽 4시 30분부터 운동을 즐기는 모습이 참으로 정겹다. 쿵작 쿵작 하는 음악 소리에 맞춰 에어로빅하는 여성들은 물론 아침 수영으로 체력을 단련하는 사람들이 1백 명 도 넘는다. 평소에는 오토바이만 타고 다니던 사람들 이 아침에는 다 같이 자전거를 몰고 나와 여행자를 또 한 번 놀라게 한다.

# 아이 리조트
## I-Resort

냐짱은 머드 온천으로 유명하다. 1990년대 초 지질학 연구소에서 발견한 온천수와 진흙 덕분이다. 머드 온천을 즐기기 좋은 곳으로는 탑바 온천과 아이 리조트를 꼽을 수 있겠다. 둘 다 워터 파크처럼 잘 꾸며져 있어 편리하게 이용할 수 있다. 아이 리조트가 최근에 생겨 시설이 더 좋은 편. 야외에는 머드탕과 온천 수영장을 중심으로 폭포수, 어린이 놀이장, 레스토랑, 맛사지숍 등으로 꾸며져 있다. 머드탕은 진흙물을 콸콸콸 채운 커다란 욕조에 들어가 20분간 진흙 마사지를 즐기는 곳이다. 그 다음에는 온천 수영장이나 3단 폭포로 가서 물놀이를 하면 된다. 락커, 탈의실, 샤워실을 갖추고 있으며 물과 수건은 무료. 호텔에 문의하면 유료 픽업 서비스를 해주거나 아이 리조트 5% 할인 쿠폰도 제공한다.

위치 냐짱 센터에서 택시로 17~20분 주소 19 Ngọc Sơn 오픈 07:00~20:00 요금 Hot Mineral Mud Bath 기준 1~3인 이용 시 1인당 300,000VND, 4~5인 이용 시 1인당 250,000VND, 6인 이상 이용 시 230,000VND, 어린이 150,000VND 전화 258-3838~838 홈피 www.i-resort.vn 지도 MAP 23 Ⓐ

> ### TIP
> ### 아이 리조트로 가는 셔틀 전동차
>
> 아이 리조트로 가는 14인승 전동차가 시내 유명 호텔 앞에 정차한다. 09:00, 11:00, 13:30, 15:30에 출발하며 요금은 1인 20,000VND다. 정류장 표시가 따로 없고 손님을 픽업해서 돌기 때문에 호텔에 미리 말해 두는 것이 좋다. 시내로 돌아가는 전동차는 13:00, 14:00, 15:00, 16:00에 있다.
> 셔틀 루트 1 아이 리조트 출발 ⇒ 선 라이즈 호텔 – 야사카 호텔 – 냐짱 센터 – 쉐라톤 호텔 – 냐짱 롯지 – 노보텔 – 비엣투거리 – 쩐꽝카이 거리 – 라이트 호텔 – 루비 호텔 – 덴드로 호텔 – 마제스틱 호텔 – 맨체스터 호텔 – 동프엉 호텔 – 아나 만다라 리조트 ⇒ 아이 리조트 도착
> 셔틀 루트 2 아이 리조트 출발 ⇒ 미켈리아 호텔 – 안젤라 호텔 – 비엔동 호텔 – 갈리나 호텔 – 골든 서머 호텔 – 킹타운 호텔 – 골든시 호텔 – 골든 스마일 투어리즘 – 인도차이나 호텔 – 바르셀로나 호텔 – 하노이 골든 호텔 – 아시아 파라다이스 호텔 – 그린 호텔 – 골든 레인 호텔 ⇒ 아이 리조트 도착

## 센트럴 파크

Công Viên Phù Đổng Cũ

Central Park

비치 남쪽에 위치한 미니 워터파크다. 고급 호텔에 숙박하지 않더라도 프라이빗 비치를 이용하는 기분을 낼 수 있다. 근사한 선베드와 넓은 야외 수영장은 기본! 타올, 락커, 샤워실, 마사지, 풀 바, 레스토랑, 와이파이까지 이용할 수 있다. 요금도 저렴해 비치와 수영장을 오가며 즐거운 한때를 보낼 수 있다. 요금제는 두 가지. 선베드와 타올이 제공되는 스탠더드형과 방갈로, 테이블, 안락의자, 타올, 베개, 선풍기 등이 제공되는 VIP형이 있다. 가족이나 일행이 많다면 VIP형이 실속 있고 편리하다. 바 & 레스토랑 음식은 평이하니 음료와 간식을 따로 준비해가는 것도 좋다.

위치 ①쩐푸 거리에 있는 라 루이지애나 브루하우스에서 남쪽으로 도보 5분 ②냐짱 센터에서 택시로 5분 주소 96 Trần Phú 오픈 09:00~17:00 요금 수영장 무료, 스탠더드형 150,000VND, VIP형 400,000VND 전화 258-3521-844 홈피 www.centralpark.vn 지도 MAP 24 ⓕ

## 냐짱 대성당

Nhà Thờ Chánh Tòa Kitô Vua

Nha Trang Cathedral

냐짱에서 제법 큰 규모의 성당이다. 1928년에 짓기 시작해 1934년에 완공되었다. 야트막한 언덕 위에 자리하고 있는데다 38m 높이의 시계탑이 세워져 있어 눈에 잘 띈다. 이국적인 열대 식물이 가득한 계단을 따라 성당을 오르다 보면 검은 대리석이 세워진 묘지가 먼저 나온다. 이곳에는 프랑스 선교사이자 냐짱 교구의 첫 번째 주교였던 폴 레이먼드 신부(1888~1966)가 묻혔다. 이를 지나 성당 입구에 서면 회색 벽돌로 성을 쌓듯 탄탄하게 지어 올린 성당이 웅장한 모습을 드러낸다. 시계탑 안에는 프랑스에서 직접 만들어 온 3개의 종이 달려 있다. 성당 내부는 아치형 천장과 스테인드글라스로 꾸며져 있다. 프랑스 최고의 가톨릭 성지 루르드의 것을 본 따 만든 성모 동굴까지 보고 나면 마지막으로 내리막길이 나온다. 내리막길 왼쪽 벽면에는 신자들의 이름이 새겨진 석판이, 오른쪽에는 대천사와 12사도의 조각상이 이어진다. 미사 시간은 월~토요일 04:45, 17:00, 일요일 05:00, 07:00, 16:30, 18:30이다.

위치 ①냐짱 비치에서 레탄똔 거리를 따라 도보 15분, 왼쪽에 위치 ②냐짱 역에서 타이응우옌 거리를 따라 도보 7분 ③시내버스 4번 이용 주소 31 Thái Nguyên 오픈 07:00~11:00, 14:00~17:00(일요일에는 19:45까지) 요금 무료 지도 MAP 24 ⓒ

## 뽀나가르 참 탑

Tháp Bà Po Nagar

Po Nagar Cham Tower

192년부터 베트남 중남부를 지배했던 참파 왕국(p.212)이 건설한 힌두 사원군이다. 시바 신의 부인 파르바티(Parvati)를 모시기 위해 지어졌다. 사원 이름 뽀나가르는 파르바티를 일컫는 말로 팔이 10개 달린 여신이라는 뜻. 사원군은 7~12세기에 만들어져 현존하는 참파 유적 가운데 가장 오래되었으며 11세기 참파 건축의 걸작으로 손꼽힌다. 원래는 목조 사원으로 지었으나 774년과 784년 두 차례에 걸쳐 자바 왕국의 침입으로 파괴되었다. 그 이후에는 모두 벽돌로 재건하였는데 또다시 화재가 발생해 8개의 건축물 가운데 4개만 남았다. 참파 왕국 멸망 후에는 베트남 사람들이 천의아나(Thiên Y A Na)라 부르는 토착신을 섬기는 사원으로 변했다. 야트막한 언덕 위에 자리하고 있어 주변 경관이 좋다.

위치 ①냐짱 비치나 시내에서 택시로 5~10분 ②시내버스 4번 이용 주소 Hai Tháng Tư 오픈 06:00~18:00(30분 전 입장 마감) 요금 22,000VND 지도 MAP 23 ⑧

### ① 만다파 Mandapa

사원에 들어서면 가장 먼저 눈에 들어오는 건축물로 넓고 평평한 기단 위에 벽돌 기둥이 우뚝 서 있다. 종교의식이나 중요한 행사가 진행되던 공간으로 영어로는 Hall에 해당한다. 기둥은 양쪽으로 7개씩 총 14개가 서 있는데 그 사이를 자세히 보면 좁은 계단 위로 중심사원 탑 찐(Tháp Chính)이 보인다.

### ② 탑찐 Tháp Chính

뽀나가르 참 탑 내에서 가장 큰 건축물이다. 시바 신의 부인 파르바티(우마 Uma라고도 불린다)를 모시는 중심 사원으로 사원군 안에서 가장 중요한 위상을 차지한다. 744년에 지어졌으며 814년에 재건되었다. 뽀나가르 양식으로 분류할 정도로 고유한 모양을 하고 있다. 입구는 삼각형 모양의 아케이드로 꾸며져 있으며 그 위에는 파르바티 여신상이 조각되어 있다. 내부에는 원래 링가 조각상과 보물이 있었으나 자바 왕국 침입 당시 모두 약탈당하고 없어졌다. 현재는 베트남 사람들에 의해 천의아나(Thiên Y A Na)라 부르는 토착신이 모셔져 있다.

### ③ 탑남 Tháp Nam · 탑동남 Tháp Đồng Nam

탑남은 탑찐 왼쪽에 있는 부사당이다. 12~13세기에 지어진 것으로 사각형 추모양의 지붕이 매우 인상적이다. 맨 왼쪽에는 탑동남이라 불리는 자그마한 부사당이 자리하고 있다.

탑남

탑동남

탑떠이박

### ④ 탑떠이박 Tháp Tây Bắc

중심 사원 탑찐 뒤에 있는 부사당이다. 시바 신의 아들 가네샤(코끼리)를 모시는 사원으로 배 모양의 둥근 지붕을 하고 있다. 벽면에는 코끼리 조각상을 비롯해 비슈누 신이 타고 다니는 새 가루다와 샤자 등이 장식되어 있다.

## 롱썬 사원
### Long Son Pagoda

Chùa Long Son

연꽃 기단 위에 앉아 있는 거대한 좌불상으로 유명한 사원이다. 기단에는 남베트남의 부패정권에 맞서 분신자살한 틧꽝득(p.292) 승려를 포함해 존경받는 승려 7명의 얼굴이 그려져 있어 신도들의 발길이 끊이지 않는다. 높이 38m의 좌불상은 비교적 최근인 1963년에 세워졌지만 불교 사원 자체는 1889년에 지어진 것으로 그 역사가 깊다. 태풍과 전쟁으로 훼손되고 복원하기를 여러 차례 반복하다가 1936년에 지금의 자리로 옮겨진 것. 반 프랑스 운동을 주도했던 틧응오찌(Thích Ngộ Chí) 승려를 비롯해 총 3명의 승려가 약 130년 동안 무탈하게 이끌어 온 덕분에 현재 냐짱에서 가장 큰 불교사원으로 사랑받고 있다. 사원 안에는 와불상도 있다.

 **TIP**
사원 입구에는 향을 팔면서 입장료를 내라고 하는 사람들이 있으니 주의하자.

<u>위치</u> ①냐짱 성당에서 냐짱 역을 지나 도보 15분 ②비치에서 택시로 7분 ③시내버스 2번 이용 <u>주소</u> 23 Phật Học, Phường Sơn <u>오픈</u> 07:30~17:00 <u>요금</u> 무료 <u>지도</u> MAP 24 Ⓐ

## 빈펄 랜드
### VinPearl Land

냐짱 맞은편에 있는 커다란 혼쩨 섬에는 테마파크 시설을 갖춘 빈펄 랜드가 자리하고 있다. 6만 평이 넘는 대규모 부지에 워터파크, 아쿠아리움, 놀이기구, 실내 오락실, 쇼핑몰, 레스토랑, 리조트 등이 모여 있어 여행자들의 사랑을 한몸에 받고 있다. 입장료가 곧 자유 이용권이나 다름없어 일단 들어가면 추가 비용이 들지 않는 것도 매력적. 빈펄 랜드에 입장하려면 먼저 바다를 건너야 한다. 매표소 앞에서 전용 페리를 타거나 케이블카를 이용하면 되는데 대부분 아찔하면서도 바다 풍경을 만끽할 수 있는 케이블카를 선호한다. 빈펄 럭셔리 리조트에 숙박하고 있다면 이 모든 시설이 다 무료다. 단, 여름 성수기에는 중국인 관광객이 많아 시끄러울 수 있으며 미아보호소 운영이 제대로 이뤄지지 않아 어린 자녀와 함께 간다면 각별히 조심해야 한다.

<u>위치</u> ①냐짱 비치나 시내에서 택시로 15분 이내 ②시내버스 4번 이용 <u>주소</u> Vĩnh Nguyên <u>오픈</u> 성수기 09:00~22:00, 비수기 08:30~21:00 <u>요금</u> 성인 800,000VND, 어린이 700,000VND, 유아 무료 <u>전화</u> 1900-6677(#1) <u>홈피</u> nhatrang.vinpearlland.com <u>지도</u> MAP 23 Ⓕ

## 국립 해양학 박물관
Bảo Tàng Hải Dương Học

National Oceanographic Museum

해양 연구소에서 1922년에 설립한 박물관으로 베트남 인근 남중국해에서 살고 있는 다양한 해양 생물을 전시하고 있다. 열대 물고기 전시관에서는 점박이 무늬가 화려한 Clown Trigger Fish, 납작한 세모 모양의 물고기 Bat Fish, 토마토처럼 새빨간 Tomato Clown Fish, 말발굽처럼 생긴 게 Mangrove Horseshoe Crab 등 독특한 어종을 구경할 수 있다. 야외 수조에서는 다양한 크기의 거북이가 수영하는 모습을 코 앞에서 볼 수 있다. 멸종 위기에 있는 듀공의 생태에 대한 자료실은 물론 해안가로부터 약 4km 떨어진 땅에서 발견된 18m짜리 고래의 뼈를 복원해 놓은 자료실도 볼만하다. 하지만 규모가 작고 시설도 평이해서 없는 시간을 쪼개서 가볼 정도는 아니다.

위치 ①비치나 시내에서 택시로 10~15분 ②시내버스 4번 이용 주소 1 Cầu Đá 요금 성인 30,000VND, 학생 15,000VND, 어린이 7,000VND 오픈 06:00~18:00 전화 258-3590-036 지도 MAP 23 ⓕ

## 알렉상드르 예르생 박물관
Alexandre Yersin Museum

프랑스 세균학자 알렉상드르 예르생(1863~1943)을 기리는 박물관이다. 예르생은 간균(Bacillus)과 페스트균(Bubonic Plague)을 발견하고 연구한 인물로 유명하다. 프랑스, 독일, 홍콩 등지를 오가며 의료 지원 활동과 질병 연구로 일생을 보냈다. 식민지 시절 프랑스 국책 해운회사 소속의 의사로 근무하면서 베트남과 인연을 맺었다. 1902년에는 하노이 의과 대학을 설립했고 냐짱 외곽의 수오이다우 지역에 농업 실험장을 만들어 고무나무 재배에도 힘썼다. 1915년에는 말라리아 예방약의 원료로 쓰이는 퀴닌 나무(Quinine Tree)를 들여오기 위해 베트남 정부를 설득하기도 했다. 그의 연구실은 현재 파르퇴르 연구소로 사용하고 있으며 그가 살았던 집은 박물관이 되었다. 시내에는 그의 이름을 딴 예르생 거리가 있고 수오이다우에는 그의 묘지도 있다.

위치 냐짱 센터에서 예르생 거리와 선 라이즈 호텔을 지나 도보 5분 주소 10 Trần Phú 오픈 07:30~11:30, 14:00~17:00 휴무 일요일, 월요일 요금 성인 26,000VND, 어린이 5,000VND 지도 MAP 24 ⓑ

## 롱탄 포토 갤러리
Long Than Photo Gallery

세계 각지에서 전시를 하며 활발하게 활동 중인 냐짱 출신의 유명 사진가 롱탄을 만나 볼 수 있는 곳이다. 장대비 내리는 날 우산 쓴 자매의 모습을 찍은 사진이 그의 대표적인 작품이다. 주로 베트남 사람들의 일상과 아름다운 자연을 카메라에 담고 있다. 현지인들이 모여 사는 주택가에 작업실 겸 갤러리가 있다. 벨을 누르고 기다리면 작가의 부인이 문을 열어 준다. 촬영을 나가지 않았다면 사진가와 직접 만나 이야기를 나눌 수도 있다. 한국인에게 호의적이고 유쾌한 성격이라 그리 어색하지 않다.

위치 ①예르생 거리에서 레탄프엉(Lê Thành Phương) 거리를 따라 도보 5분 ②비치에서 택시로 5분 주소 126 Hoàng Văn Thụ 오픈 08:00~17:30 휴무 일요일 요금 무료 전화 258-3824-875 홈피 www.longthanhart.com 지도 MAP 24 ⓐ

## 보트 투어 Boat Tour

냐짱에서 가까운 섬(혼미에우 Hòn Miễu, 혼문 Hòn Mun, 혼못 Một 등)을 돌면서 각종 액티비티와 선상 파티를 즐기는 일일 투어다. 전세계 여행자들이 모여 흥겹게 놀 수 있다. 수심이 깊은 냐짱 비치에서는 볼 수 없었던 맑고 투명한 바다도 실컷 볼 수 있다. 섬 간 이동 거리도 짧고 배의 속도도 빠른 편이라 지루하지 않다. 모든 섬 안에는 휴식 공간과 선베드(20,000VND), 샤워시설(10,000VND), 로커(15,000VND) 등의 편의 시설이 마련되어 있고 음료나 간식을 사먹을 수 있는 간이 매점도 있다. 온종일 물놀이를 하므로 수영복, 래시가드, 보드쇼트 같은 차림이 편하다. 체온이 떨어져 추울 수 있으니 큰 수건과 여분의 옷도 준비하자.

투어시간 출발 08:45, 도착 16:00 요금 149,000~200,000VND
추천여행사 펑키 멍키 투어(p.410), 신 투어리스트(p.410)

※포함내역 : 가이드, 차편, 보트비, 점심, 과일, 구명 조끼, 스노클링 장비 / 불포함 내역 : 입장료, 음료, 옵션 액티비티, 여행자 보험, 팁, 그 외 개인 비용

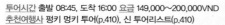

### 08:45 호텔 픽업 후 꺼우다 선착장 출발

### 09:00 미에우 섬에서 아쿠아리움 구경
보트 투어에서 가장 먼저 가는 곳이다. 규모가 작아서 그냥 지나갈 때도 있고 들른다 해도 구경하는 사람이 거의 없으니 참고하자. 입장료 90,000VND

### 10:30 문 섬에서 해수욕 및 스노클링
고대하던 청정 비치를 만날 수 있는 곳. 돌이 많고 파도가 없기 때문에 해수욕보다는 스노클링을 즐기기에 더없이 좋다. 스노클링 장비를 착용하고 조금만 수영해서 나가면 바위 사이를 돌아다니는 알록달록한 열대어와 손바닥만한 불가사리, 파스텔톤의 산호를 쉽게 볼 수 있다. 입장료 20,000VND

### 12:00 점심 식사
다양한 국적의 여행자들이 잘 먹을 수 있는 무난한 음식이 차려진다. 갑판 위에서 식사하며 뷔페식으로 덜어 먹는 방식. 양식장 앞에 배를 세우고 식사하기 때문에 비용을 더 지불하고 신선한 생선을 따로 주문해서 먹을 수도 있다.

### 13:00 선상 댄스 파티 & 플로팅 바 파티
점심을 먹고 나면 배 안은 파티장으로 돌변한다. 유쾌하고 익살맞은 가이드가 파티를 주도하고 각국의 여행자들이 춤추고 노래할 수 있도록 분위기를 이끈다. 플로팅 바는 다이빙 후 바다 위에서 칵테일을 즐길 수 있는 독특한 이벤트다.

### 14:30 짠 비치에서 해수욕, 태닝, 각종 액티비티
모래가 고운 비치로 수심이 적당하고 수온도 높아서 해수욕을 하기 좋다. 원한다면 제트스키, 바나나보트 같은 액티비티도 가능하다. 입장료 30,000VND

### 16:00 꺼우다 선착장 도착 후 호텔 드롭

# Eating

## 꽌 민분까
Quán Mịn Bún Cá

나짱에 왔다면 가장 먼저 찾아가 봐야 할 음식점. 어묵 국수 '분까'가 기막히게 맛있는 곳이다. 더운 날씨에도 아랑곳하지 않고 한 그릇 뚝딱 비우고 나가는 현지인들이 하루 수백 명에 이른다. 전형적인 베트남 서민 식당으로 큰 부엌도 없이 가게 입구에서 국수를 말아 내준다. 별다른 향신료나 채소가 들어가지 않은 말간 국물은 가슴 속까지 시원하게 해준다. 쫄깃한 튀김 어묵과 보드라운 생선살은 씹히는 맛이 좋고 잘 삶아진 면은 술술 넘어간다. 이곳에서 분까 한 그릇을 다 먹고 나면 왜 그렇게 많은 사람이 이곳을 찾는지 이해할 수 있을 터. 아직 여행자들에게는 알려지지 않은 곳이라 영어가 잘 통하지 않는다. 하지만 간판에 쓰인 분까 글씨를 가리키기만 하면 되니 문제없다.

위치 노보텔 옆 응우옌티민카이(Nguyễn Thị Minh Khai) 거리를 따라 박당 거리로 도보 4분 주소 170 Bạch Đằng 오픈 06:00~23:00 요금 25,000VND 전화 258-3522-581 지도 MAP 24 ⓓ

## 꽌 넴당반꾸엔
Quán Nem Đặng Văn Quyên

덤 시장으로 가는 길에 위치한 넴느엉(Nem Nướng) 전문점이다. 넴느엉은 베트남식 소시지를 채소와 함께 라이스페이퍼에 말아 먹는 음식이다. 돼지고기를 갈아 길고 도톰하게 만든 다음 숯불에 굽기 때문에 맛과 향이 매우 뛰어나다. 인근에 넴느엉 가게들이 많지만 꽌 넴당반꾸엔은 양도 푸짐하고 가격도 저렴해 일찍부터 명성이 자자했다. 손님이 워낙 많은 집이라 가게도 1~2층으로 넓다. 특히 2층은 수십 명씩 찾아오는 단체 손님을 받느라 분주하다. 돼지고기구이와 스프링롤을 넣고 비벼 먹는 국수 분팃느엉짜죠(Bún Thịt Nướng Chả Giò)와 돼지고기구이 덮밥 껌스언(Cơm Sườn)도 이곳에서 추천하는 메뉴지만 맛은 평범하다. 마지막 주문은 21:15까지.

위치 비치에서 가까운 레러이(Lê Lợi) 거리에서 한투옌(Hàn Thuyên) 거리를 따라 도보 10분(올림픽 호텔 옆) 주소 2-4 Phan Bội Châu 오픈 07:00~22:00 요금 넴느엉 40,000VND, 그 외 식사류 35,000~45,000VND 전화 258-3814-888 홈피 www.nemdangvanquyen.com.vn 지도 MAP 24 ⓑ

## 그린월드 레스토랑
### Greenworld restaurant

부부가 운영하는 소박한 식당. 빨간 바탕에 하얀 고양이가 그려진 간판을 달고 있다. 실내는 대나무로 짜인 테이블과 의자로 꾸며져 있다. 군더더기 없이 깔끔한 분위기만큼 음식도 정갈하게 잘 나온다. 주로 접시 하나에 밥, 샐러드, 요리를 함께 내주는 스타일로 양이 많아서 든든하게 먹을 수 있다. 매콤달콤한 칠리 새우(Chill Shrimp), 향긋한 보라롯(Bò Lá Lốt), 소고기 스튜 맛의 보코(Bò Kho)가 인기 메뉴다. 저녁에는 숯불에 판을 깔고 고기도 구워 먹을 수도 있다.

위치 쩐꽝카이 골목 끝자락에서 왼쪽으로 난 거리로 진입, Yen's 레스토랑 지나서 오른쪽에 있는 좁은 골목 안 주소 3/9 Trần Quang Khải 오픈 11:00~23:00 요금 95,000~115,000VND 지도 MAP 24 Ⓕ

## 믹스 레스토랑
### Mix Restaurant

근사한 분위기에서 푸짐한 저녁 식사를 하고 싶다면 믹스로 가보자. 트립어드바이저에서 호평 받고 있는 그리스 음식점이다. 여행자들에게 사랑받는 메뉴는 미트 믹스와 시푸드 믹스. 미트 믹스는 돼지고기, 닭고기, 소고기 패티, 소시지 등을 구워 피타 브래드와 함께 먹는 음식이다. 고기 맛을 잘 살려주는 4가지 소스(차지끼, 바비큐, 머스터드, 옐로우 소스)도 같이 서비스된다. 해산물 믹스는 고기 대신 새우, 오징어, 연어, 조개, 홍합, 생선 등이 나오고 소스도 바뀐다. 테이블이 꽉 찰 만큼 커다란 쟁반에 담겨 나오는데 2인분이라고 하지만 3명도 넉넉히 먹을 수 있을 만큼 푸짐하다. 실내는 그리스와는 상관없는 밀리터리 스타일로 멋스럽게 꾸며져 있다.

위치 신 투어리스트와 리버티 센트럴 호텔을 등지고 훙브엉 거리를 따라 도보 1분 주소 77 Hùng Vương 오픈 11:00~22:00 휴무 수요일 요금 샐러드 100,000~110,000 VND, 식사 120,000~165,000VND, 믹스 200,000~420,000 VND 전화 258-3527-214 지도 MAP 24 Ⓕ

## 카페 데 아미스
Cafe Des Amis

## 랜턴 레스토랑
Lanterns Restaurant

배낭 여행자들이 즐겨 찾는 음식점. 대부분 메뉴가 50,000~70,000VND 정도로 저렴하다. 베트남 음식을 요리하지만 여행자 입맛에 맞춰 음식 맛이 순화된 것이 특징. 향이 강한 채소나 양념을 쓰지 않아 베트남 음식이 입에 맞지 않는 사람들도 잘 먹을 수 있다. 메뉴 역시 반미, 볶음면, 고기·채소볶음 같이 누구나 좋아하는 무난한 음식으로 구성되어 있다. 인기 메뉴는 채소를 잔뜩 넣고 간장 소스로 양념한 돼지고기 요리. 밥과 함께 먹으면 든든한 한 끼로 그만이다. 큼직하게 썬 오징어와 통통한 새우가 듬뿍 들어간 해산물 볶음면도 푸짐하고 맛있다. 커피, 신또, 맥주 같은 음료도 저렴해 더운 날씨에 쉬어 가기 적당한 곳이다.

위치 훙부엉(Hùng Vương) 거리와 쩐꽝카이 거리가 만나는 삼거리에 위치, 사가 메콩과 하방 호텔을 지나 엔젤 다이브 옆 주소 53 Trần Quang Khải 오픈 08:00~22:00 요금 40,000~85,000VND 전화 258-3521-009 지도 MAP 24 Ⓕ

천장에 달린 붉은 랜턴이 시선을 끄는 곳이다. 여행자들 사이에서는 이곳을 모르는 이가 없을 정도로 유명하다. 수익금의 일부를 고아들을 돕는데 사용하고 있어 착한 레스토랑으로도 잘 알려져 있다. 조식부터 점심, 저녁, 안주 메뉴도 베트남 음식과 서양 음식을 골고루 요리한다. 디저트 케이크까지 갖추고 있다. 랜턴의 인기 메뉴는 핫 플레이트에 담겨 나오는 고기 요리. 지글지글 소리만으로도 군침이 돈다. 실내는 깔끔하지만 에어컨이 없어서 좀 덥다. 저녁 시간에는 손님이 몰려 기다려야 할 수도 있다.

위치 응우옌티민카이 사거리에 있는 피자 컴퍼니 옆 주소 30A Nguyễn Thiện Thuật 오픈 07:00~23:00 요금 60,000~180,000VND 전화 258-2471-674 홈피 www.lanternsvietnam.com 지도 MAP 24 Ⓕ

> **TIP**
>
> ### 맛있는 튀김빵
> 냐짱 길거리나 시장을 걷다 보면 먹음직스럽게 부풀어 오른 빵 '반띠에우(Bánh Tiêu)'를 볼 수 있다. 보기에는 평범하지만 고소하고 폭신한 맛이 일품이다. 눈에 띄면 간식 삼아 꼭 한 번 먹어 보자. 가격은 1개 2,000~3,000VND로 매우 저렴하다.

## 세일링 클럽
### Sailing Club

## 루남 비스트로
### Runam Bistro

세련된 비치 라운지. 고급 호텔에서 운영하는 비치 바와 견주어도 손색이 없을 정도다. 클럽 안에는 베트남 레스토랑 센(Sen), 인도 레스토랑 가네쉬(Ganesh), 인터내셔널 레스토랑 샌달(Sendal)이 함께 있어 저녁 식사도 즐길 수 있다. 가격대가 높은 편. 반면 음식이나 서비스 질은 보통이다. 밤 10시가 넘어가면 클럽 뮤직이 흘러나오면서 분위기도 서서히 바뀐다. 평일에는 조용하지만 금요일과 토요일에는 들뜬 분위기를 느낄 수 있다. 호찌민시의 클럽만큼 흥이 넘치는 정도는 아니니 너무 기대는 말자. 분위기가 좋다 보니 해마다 설날, 크리스마스, 연말, 새해에는 유명 DJ를 섭외해 대형 파티를 열기도 한다.

위치 노보텔에서 남쪽으로 도보 5분, 쩐꽝카이 거리가 나오면 비치 쪽으로 난 횡단보도를 건너서 이동 주소 74 Trần Phú 오픈 07:00~03:00 요금 맥주 · 칵테일 60,000~180,000VND, 식사류 150,000~350,000VND 전화 258-3524-628 지도 MAP 24 Ⓕ

베트남 커피 전문점 루남 카페에서 운영하는 레스토랑이다. 냐짱에서의 저녁 시간을 완벽하게 보내고 싶다면 제일 먼저 찾아가 봐야할 곳 중에 하나다. 가격대가 높아 살짝 망설여지지만, 레스토랑 안으로 들어서는 순간 고급스러운 인테리어와 세련미 철철 넘치는 분위기가 여행자의 마음을 사로잡는다. 메뉴는 베트남 음식부터 서양 요리까지 선택의 폭이 넓은 편. 플레이팅도 근사하고 맛도 나무랄 데 없다. 식사에 어울리는 드링크 메뉴도 다양하게 준비되어 있다. 그 중에서도 칵테일을 눈여겨 보자. 열대의 밤과 잘 어울리는 진하고 상쾌한 맛을 제대로 음미할 수 있다. 특히 이곳의 모히또는 여행에서 돌아온 후에도 두고두고 생각날 만큼 훌륭하다.

위치 인터콘티넨탈 호텔 1층 주소 32~34 Trần Phú 오픈 08:00~23:00 요금 식사 150,000~250,000VND, 맥주 60,000~90,000VND, 칵테일 140,000VND 전화 258-3523-186 홈피 caferunam.com 지도 MAP 24 Ⓓ

# *Entertaining*

## 라 루이지애나 브루하우스
La Louisiane Brewhouse

나짱을 대표하는 수제 맥주집. 퀄리티 높은 맥주를 맛볼 수 있는 좋은 기회. 평소 맥주를 좋아하는 여행자라면 꼭 한 번 들러보자. 탁 트인 비치 앞에 자리하고 있어 뷰가 탁월하고 실제로 맥주를 만드는 기계들(담금조, 여과조, 발효조 등)이 돌아가고 있어 분위기도 좋다. 맥주 종류는 필스너, 다크 라거, 바이스비어, 레드 에일, 스페셜, 크리스털 에일, 패션 에일 총 7가지. 이 중에 뒤에 있는 4가지는 시즌 맥주로 이곳만의 독특한 맥주 맛을 경험할 수 있다. 주문은 330ml, 600ml, 1L, 3L, 5L씩 할 수 있고 가격은 330ml에 45,000VND, 5L에 525,000VND이다. 맛있는 맥주와 함께 먹을 수 있는 타파스 메뉴부터 근사한 식사 메뉴까지 골고루 갖추고 있다.

위치 ①세일링 클럽 남쪽으로 도보 5분 ②나짱 센터에서 택시로 8분 또는 도보로 30분 주소 29 Trần Phú 오픈 07:00~22:30 요금 맥주 600ml 기준 80,000VND, 타파스 90,000~165,000VND, 파스타 · 샌드위치 120,000~175,000VND 전화 258-3521-948 홈피 www.louisianebrewhouse.com.vn 지도 MAP 24 Ⓕ

# 냐짱 센터
Nha Trang Center

# 덤 시장
Chợ Đầm

Dam Market

호텔, 아파트, 비즈니스 센터가 결합한 최신식 주상복합 쇼핑센터. 에어컨 바람 솔솔 나오는 쾌적한 실내에서 쇼핑과 먹거리를 해결할 수 있어 여행자들도 자주 찾는다. 1층(GF)에는 잡화 매장이 자리하고 있고 2층(1F)에는 아디다스, 나이키, 캘빈 클라인, 리바이스, 쌤소 나이트 같은 유명 브랜드 숍이 입점해 있다. 3층(2F)에는 대형 슈퍼마켓 시티 마트(Citi Mart)도 있다. 푸드 코트, 게임존, 볼링 센터 등은 4층(3F)에 모여 있으며 꼭대기에는 가라오케, 당구장, 커피숍이 있다.

위치 ①쉐라톤 호텔에서 북쪽으로 도보 3분 ②세일링 클럽에서 택시로 5분 또는 도보로 25분 주소 20 Trần Phú 오픈 09:00~22:30 전화 258-6261-999 홈피 www.nhatrangcenter.com 지도 MAP 24 ⑧

베트남어로 덤은 진흙이 가득한 연못을 뜻한다. 그런 땅 위에 커다란 시장이 형성되었다고 해서 쩌덤 이라 불린다. 1908년부터 형성된 시장으로 4층 규모의 둥근 원형 건물에 1,500개가 넘는 상점들이 밀집해 있다. 바다와 가까운 시장이라 건어물과 생선을 많이 판다. 각종 농수산물이 모여드는 곳이기도 해서 매우 복잡하다. 특히 새벽 4~5시 사이에는 물건을 사려는 사람과 파는 사람들이 뒤엉켜 그 어느 때보다 활기가 넘친다. 1층에는 의류, 잡화, 기념품을 파는 가게들이 많고 안으로 들어갈수록 식료품, 특산물 등을 파는 가게들이 자리하고 있다.

위치 ①냐짱 센터 뒤편 하이바쯩(Hai Bà Trưng) 거리를 따라 도보로 15분 ②노보텔 근처에서 택시로 10분 주소 Nguyễn Công Trứ 오픈 04:00~18:00 지도 MAP 24 ⑧

---

**TIP**

### 야시장

냐짱에도 어김없이 해가 지면 문을 여는 길거리 야시장이 있다. 으리으리한 수상인형극장 건물 옆에 위치하고 있으며 대낮같이 밝은 조명을 쓰고 있어 눈에 잘 띈다. 약 150m가량의 작은 쇼핑 거리로 판매하는 상품은 티셔츠, 부채, 열쇠고리, 그림 등 저렴한 기념품류가 대부분이다. 안쪽으로 더 들어가면 저녁 식사나 시원한 째(베트남식 디저트)를 먹을 수 있는 노점상도 나온다. 지도 MAP 24 ⑩

# THEME

# 냐짱
# 베스트 호텔

해변도로를 중심으로 고급 호텔들이 줄 지어서 있다. 대로변에 있는 전망 좋은 호텔이 아니더라도 프라이빗 비치를 가지고 있는 호텔이라면 이용하기 좋다. 알뜰 여행자라면 센트럴 파크에서 가까운 저가 호텔을 잡자. 고급 호텔 못지않게 휴양지 기분을 낼 수 있다. 여행자 거리는 홍브엉 거리지만 세일링 클럽과 쉐라톤 호텔 사이는 번화해서 다니기 좋다.

## BEST 1 노보텔 냐짱 Novotel Nha Trang

위치, 전망, 조식, 서비스까지 어디 하나 나무랄 데 없이 만족스러운 호텔이다. 침대에 누워서도 근사한 바다가 정면으로 보이는 것이 매력적. 발코니에도 테이블과 의자가 놓여 있어 바다를 보며 쉬기 좋다. 미닫이문으로 구분된 욕실 역시 넓고 깔끔하다. 비치에는 전용 선베드와 파라솔이 준비되어 있어 편리하게 이용할 수 있다. 조식은 뷔페식이다. 식사 공간도 넓고 쾌적하다. 수영장이 좁은 것이 아쉽다.

위치 ①해변도로 쩐푸 거리에 위치 ②냐짱 역에서 택시로 5분 주소 50 Trần Phú 요금 100~278US$ 전화 258-6256-900 홈피 www.novotelnhatrang.com 지도 MAP 24 ⓓ

## BEST 2 인터콘티넨탈 냐짱 InterContinental Nha Trang

오픈한 지 얼마 되지 않아 위치, 시설, 서비스 모두 최상급을 자랑한다. 오션뷰의 경우 발코니에서 내려다보

는 전망이 압권이다. 저렴한 객실이라도 욕실에서 바다를 보면서 반신욕을 즐길 수 있다. 비치에는 전용 선베드와 파라솔이 놓여 있어 자유롭게 이용할 수 있다. 냐짱 센터나 신 투어리스트와 도보 5분 거리라 오가기 편리하다. 조식 또한 다양하고 푸짐해서 만족도가 높은 편.

위치 ①쩐푸 거리에 있는 쉐라톤 호텔 옆 ②냐짱 역에서 택시로 5분 주소 34 Trần Phú 요금 122~228US$ 전화 258-3887-777 홈피 www.nhatrang.intercontinental.com 지도 MAP 24 ⓓ

## BEST 3 하반 호텔 Ha Van Hotel

저렴하지만 깨끗한 객실을 갖고 있는 호텔이다. 조식이 잘 나오고 5층 라운지 바에서 바비큐 파티를 종종 하기 때문에 이 점을 좋아하는 장기 투숙객이 많다. 싱글룸과 더블룸은 약간 좁은 편. 발코니가 있는 방이 한층 산뜻하고 2박 이상 지내기 좋다. 1층에는 Yen's 식당이 있다.

위치 ①냐짱 역에서 택시로 10분 ②쩐푸 거리 남쪽 짠꽝카이 거리를 따라 직진, 왼쪽으로 꺾어지는 골목에 위치, 총 도보 5분 주소 76/6 Trần Quang Khải 요금 16~26US$ 전화 122-766-5102 홈피 www.havanhotel.com 지도 MAP 24 ⓕ

## 타발로 호스텔
### Tabalo Hostel

## 쯔엉장 호텔
### Truong Giang Hotel

## 에델 호텔
### Edele Hotel

도미토리와 더블룸을 갖춘 호스텔이다. 원목 가구와 화이트톤 침구로 세련된 분위기를 연출한다. 이곳의 도미토리는 철제 침대를 쓰는 다른 호스텔과는 달리 원목으로 고정된 2층 침대라 안정감이 있다. 덕분에 삐걱거리는 소리와 흔들림이 없어 여행자들의 만족도가 높다. 화장실이 붙어 있는 더블룸은 복층 구조. 아기자기한 느낌은 있으나 활동 공간이 협소해서 다소 불편하다. 공용으로 사용하는 화장실, 샤워실, 세면대는 깨끗하고 개수가 넉넉하다.

<u>위치</u> 훙브엉 거리와 만나는 응우옌티엔투엇 사거리 근처 VK 병원 옆에 위치 <u>주소</u> 34/2/7 Nguyễn Thiện Thuật <u>요금</u> 도미토리 7~8US$ <u>전화</u> 258-3525-295 <u>지도</u> MAP 24 Ⓕ

냐짱에서 인기 있는 저가 호텔이다. 깔끔하게 잘 관리되고 있어 가격대비 훌륭한 평을 유지하고 있다. 좁지만 창문과 발코니가 있는 아늑한 방도 있고 창문은 없지만 4인이 머물러도 쾌적할 정도로 넓은 방도 있다. 객실 형태가 다양해서 예약 시 잘 살펴보는 것이 좋다. 위치 역시 바닷가와 시내를 오가기에 불편함이 없고 주변에는 식당과 카페같은 편의 시설도 잘 갖추어져 있다.

<u>위치</u> ①냐짱 역에서 택시로 10분 ②쩐푸 거리 남쪽 짠꽝카이 거리를 따라 직진, 왼쪽으로 꺾어지는 골목에 위치, 총 도보 10분 <u>주소</u> 3/8 Trần Quang Khải <u>요금</u> 6~10US$ <u>전화</u> 258-3522-125 <u>지도</u> MAP 24 Ⓕ

골목 안에 있어서 전망은 기대할 수 없지만 저렴하고 깨끗한 호텔이다. 객실 수가 98개나 돼서 방을 잡기가 쉬운 편이다. 시원한 타일 바닥에 하얀 침구, 원목 가구로 꾸며져 있어 한눈에 봐도 쾌적하고 깔끔한 인상을 준다. 창문이 없는 슈페리어룸은 답답하다고 느낄 수 있으므로 오래 머물 계획이라면 창문이나 발코니가 있는 딜럭스룸이 낫다. 꼭대기에는 자그마한 수영장이 있고 휴식을 취할 수 있는 비치 베드가 마련되어 있다.

<u>위치</u> 비엣투 거리에서 오른쪽으로 연결된 응우옌티엔투엇 거리의 갈리오뜨 호텔 옆에 위치 <u>주소</u> 61 Nguyễn Thiện Thuật <u>요금</u> 43~86US$ <u>전화</u> 258-352-7788 <u>홈피</u> www.edelehotel.vn <u>지도</u> MAP 24 Ⓕ

## 미첼리아 호텔
Michelia Hotel

## 리버티 센트럴 호텔
Liberty Central Hotel

## 쉐라톤 냐짱
Sheraton Nha Trang

냐짱 비치 북쪽에 위치하고 있다. 덤 시장과 냐짱 센터가 도보 10분 거리에 있다. 객실은 약간 좁은 감이 있지만 발코니가 있어 그리 답답하지 않다. 베이지톤 카페트에 화이트와 네이비로 정리된 침구가 깔끔한 인상을 준다. 스위트룸은 파노라마 뷰로 바다와 시내가 둥글고 넓게 보이는 독특한 구조로 되어 있다. 수영장은 작은 편. 유아들이 놀 수 있는 물놀이 칸이 따로 되어 있다.

위치 ①깜란국제공항에서 택시로 50분 ②냐짱 역에서 택시로 5분 주소 4 Pasteur Xương Huân 요금 62~155US$ 전화 258–3820–820 홈피 www.michelia.vn 지도 MAP 24 ⓑ

여행자 거리와 비치에서 가까운 호텔이다. 지은 지 얼마 되지 않아 객실 컨디션은 매우 우수하다. 높은 층은 통유리를 통해 탁 트인 전망을 만끽할 수 있다. 베이지톤 가구에 하얀 침구로 심플하게 꾸며져 있다. 둥근 욕조가 밖으로 나와 있어 여유롭고 럭셔리한 분위기를 자아낸다. 직원들도 친절하고 조식도 잘 나온다.

위치 ①노보텔과 세일링 클럽 사이 비엣투 사거리 ②냐짱 역에서 택시로 5분 주소 9 Biệt Thự 요금 70~130US$ 전화 258–3529–555 홈피 www.libertycentralhotels.com 지도 MAP 24 ⓕ

냐짱을 대표하는 호텔이다. 합리적인 가격에 시설과 서비스가 뛰어난다. 호텔 구조상 바다와 시내가 반반씩 보이는 독특한 전망을 가지고 있으며 깔끔한 객실과 욕실은 흠잡을 데 없다. 쉐라톤의 매력은 세련된 수영장과 퀄리티 높은 스파에 있다. 특히 6층에 마련된 수영장은 바다를 향해 쭉 뻗어 있어 근사하다. 황홀한 야경을 즐기며 칵테일 한잔할 수 있는 28층 라운지 바도 이용해 보자.

위치 ①쩐푸 거리에 있는 인터콘티넨탈 호텔 옆 ②냐짱 역에서 택시로 5분 주소 28 Trần Phú 요금 122~206US$ 전화 258–3880–000 홈피 www.sheratonnhatrang.com 지도 MAP 24 ⓓ

## 선라이즈 냐짱 비치 호텔
### Sunrise Nha Trang Beach Hotel

## 에바손 아나 만다라
### Evason Ana Mandara

## 미아 리조트 냐짱
### Mia Resort Nha Trang

화이트 대리석으로 지은 육중한 외관의 고급 호텔로 유럽 스타일을 지향한다. 객실 등급은 총 8가지. 스탠더드룸은 창문이 작고 뷰가 따로 없다. 전망은 슈페리어룸부터 기대할 수 있으며 딜럭스룸부터는 발코니가 있다. 클럽룸을 이용하는 경우에는 사우나와 스파가 무료로 제공되고 체크아웃 시간도 별도의 비용 없이 미룰 수 있다. 대리석 석주로 둘러싸인 원형 수영장과 프라이빗 비치가 매력적이다. 다만 비치 북쪽에 위치하고 있어 시내를 오갈 때 택시를 자주 이용하게 된다.

위치 ①냐짱 센터와 알렉상드르 예르생 박물관 사이 ②냐짱 역에서 택시로 5분 주소 12~14 Trần Phú 요금 120~200US$ 전화 258-3820-999 홈피 www.sunrisenhatrang.com.vn 지도 MAP 24 ⑧

두말하면 입이 아픈 럭셔리 리조트. 비치 남쪽에 위치하고 있어 조용한 분위기가 장점이다. 번화한 시내와도 도보 20분 거리에 있어 위치도 좋은 편. 객실은 크게 4개 등급으로 나누어져 있으며 가든뷰룸을 제외하면 모두 바다 전망을 누릴 수 있다. 천장이 높고 발코니가 딸려 있어 밝고 쾌적하다. 비치와 연결된 인피니티 풀과 야외 스파는 에바손 아나 만다라의 또 다른 자랑거리다. 다른 리조트에 비해 공간이 넓고 프라이빗 비치도 넓어 풍광이 더욱 아름답다.

위치 ①세일링 클럽에서 라 루이지애나 브루하우스를 지나 총 도보 15분 ②냐짱 역에서 택시로 10분 주소 Trần Phú 요금 200~450US$ 전화 258-3522-222 홈피 www.sixsenses.com 지도 MAP 23 ⑤

냐짱 깜란국제공항에서 가까운 고급 리조트다. 멀리 떨어진 시내까지 무료 셔틀버스가 운행되고 있지만 30분 정도 소요되므로 시내 관광 일정이 많지 않은 여행자들에게 알맞다. 총 50개의 객실로 꾸며져 있으며 가든뷰와 씨뷰를 가지고 있다. 객실 등급은 콘도, 빌라, 스위트룸이다. 콘도라고 해도 개별 테라스가 있어 근사하다. 모든 빌라에 아웃도어 샤워실, 야외 소파, 비치베드, 해먹 등을 갖추고 있으며 특히 씨뷰 빌라에는 개별 수영장이 마련되어 있어 여행자의 로망을 실현해 준다.

위치 ①깜란국제공항에서 택시로 20분 ②냐짱 역이나 시내까지 택시로 30분 주소 Nguyễn Tất Thành 요금 300~709US$ 전화 258-3989-666 홈피 www.mianhatrang.com 지도 MAP 23 ⑥

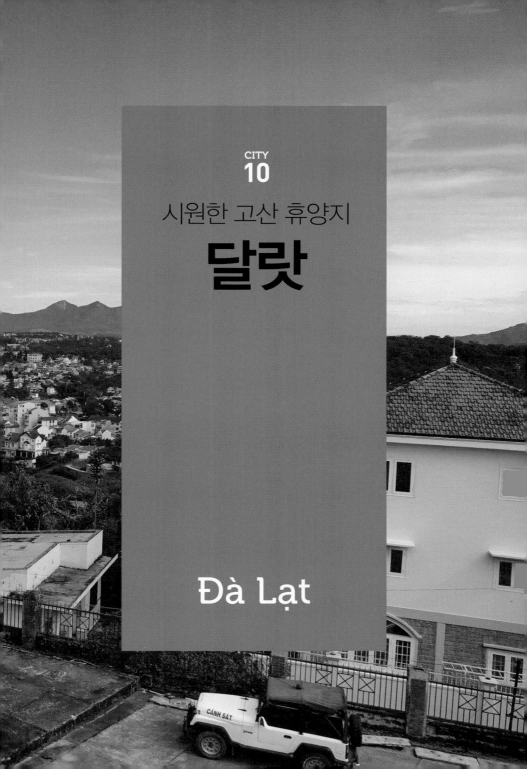

시원한 고산 휴양지

# 달랏

# Đà Lạt

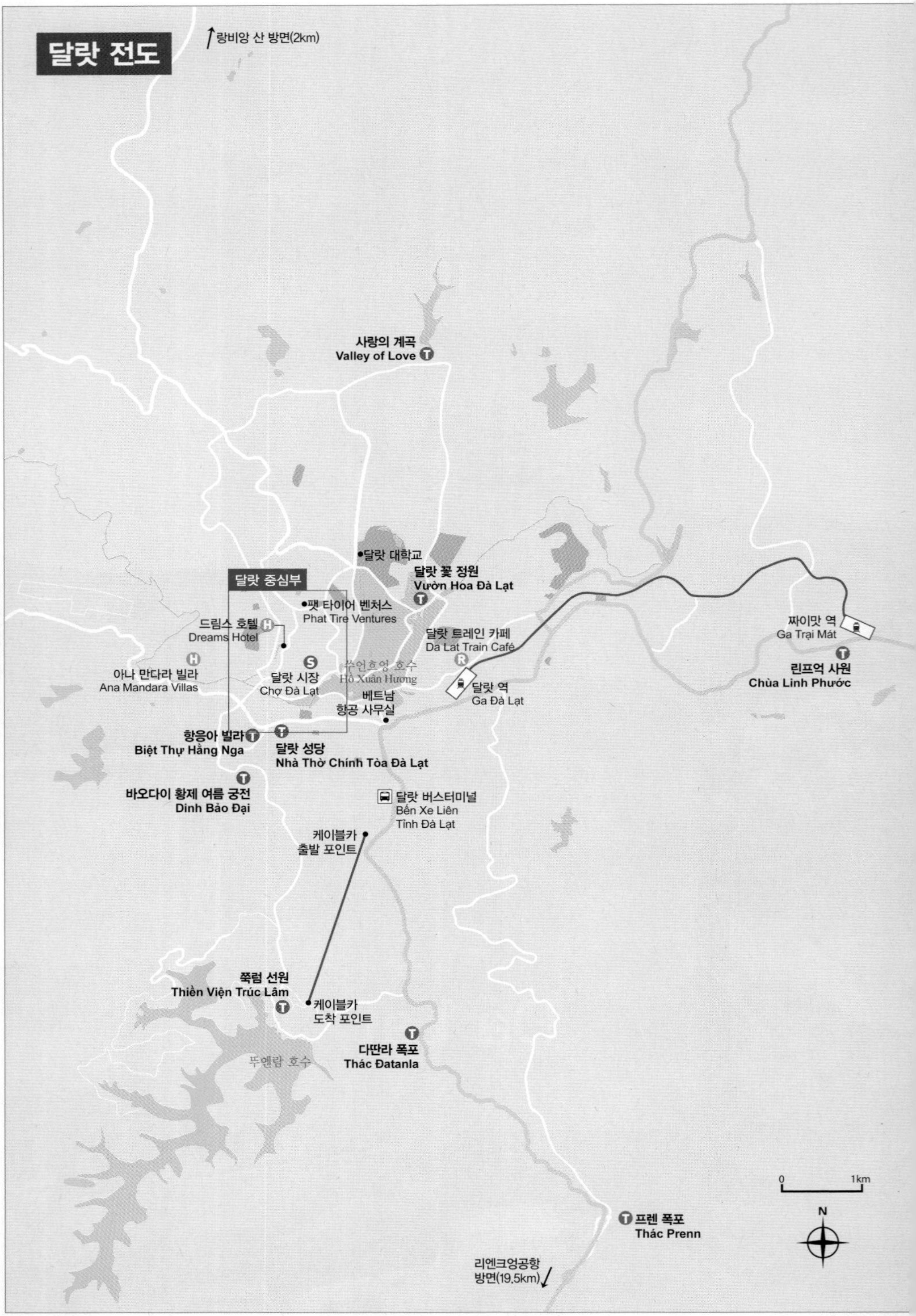

↗ 랑비앙 산 방면(2km)

사랑의 계곡
Valley of Love ⓣ

달랏 대학교

달랏 꽃 정원
Vườn Hoa Đà Lạt ⓣ

달랏 중심부

● 팻 타이어 벤처스
Phat Tire Ventures

달랏 트레인 카페
Da Lat Train Café ⓡ

짜이맛 역
Ga Trại Mát

드림스 호텔 ⓗ
Dreams Hotel

아나 만다라 빌라 ⓗ
Ana Mandara Villas

달랏 시장 ⓢ
Chợ Đà Lạt

쑤언흐엉 호수
Hồ Xuân Hương

베트남
항공 사무실

달랏 역
Ga Đà Lạt

린프억 사원
Chùa Linh Phước ⓣ

항응아 빌라 ⓣ
Biệt Thự Hằng Nga

달랏 성당
Nhà Thờ Chính Tòa Đà Lạt

바오다이 황제 여름 궁전 ⓣ
Dinh Bảo Đại

달랏 버스터미널
Bến Xe Liên
Tính Đà Lạt

케이블카
출발 포인트

쭉럼 선원
Thiền Viện Trúc Lâm ⓣ

케이블카
도착 포인트

다딴라 폭포
Thác Đatanla ⓣ

뚜옌람 호수

프렌 폭포 ⓣ
Thác Prenn

0        1km

N

리엔크엉공항
방면(19.5km) ↘

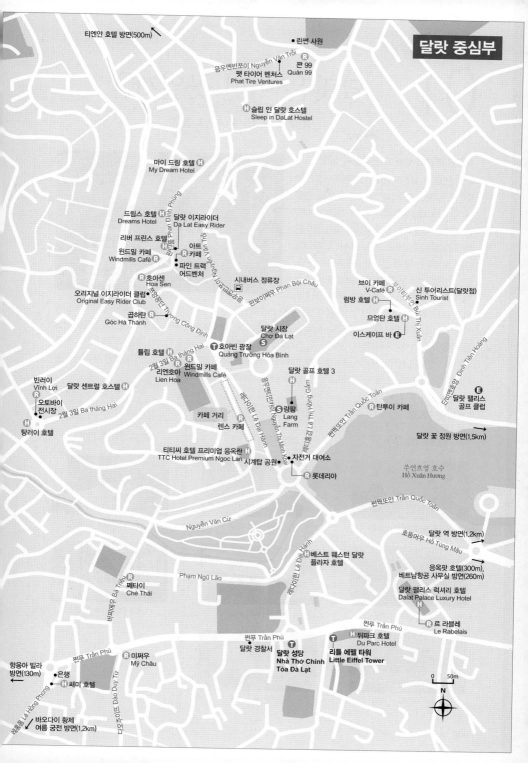

달랏 중심부

티엔안 호텔 방면(500m)

린썬 사원

응우옌반쪼이 Nguyễn Văn Trồi
팻 타이어 벤처스
Phat Tire Ventures

꽌 99
Quán 99

H 슬립 인 달랏 호스텔
Sleep in DaLat Hostel

마이 드림 호텔 H
My Dream Hotel

드림스 호텔 H
Dreams Hotel

달랏 이지라이더
Da Lat Easy Rider

리버 프린스 호텔
아트
카페

윈드밀 카페 R
Windmills Café

파인 트랙
어드벤처

R 호아센
Hoa Sen

시내버스 정류장

브이 카페
V-Café

신 투어리스트(달랏점)
Sinh Tourist

오리지널 이지라이더 클럽
Original Easy Rider Club

판보이쩌우 Phan Bội Châu

럼방 호텔 H

곱하탄 R
Góc Hà Thành

달랏 시장
Chợ Đà Lạt

므엉탄 호텔

이스케이프 바 E

툴립 호텔 H
2월 3일 Ba tháng Hai

T 호아빈 광장
Quảng Trường Hòa Bình

리엔호아
Lien Hoa

윈드밀 카페
Windmills Café

달랏 골프 호텔 3
H

빈러이
Vĩnh Lợi

달랏 센트럴 호스텔 H

오토바이
전시장
2월 3일 Ba tháng Hai

R 랑팜
Lang
Farm

탄투이 카페

달랏 꽃 정원 방면(1,5km)

탕러이 호텔

카페 거리

렌스 카페

달랏 팰리스
골프 클럽 E

티티씨 호텔 프리미엄 응옥란
TTC Hotel Premium Ngoc Lan

시계탑 공원

자전거 대여소

쑤언흐엉 호수
Hồ Xuân Hương

R 롯데리아

Nguyễn Văn Cừ

쩐꾸옥또안 Trần Quốc Toản

달랏 역 방면(1,2km)
호뚱머우 Hồ Tùng Mậu

베스트 웨스턴 달랏
플라자 호텔

Phạm Ngũ Lão

응옥팟 호텔(300m),
베트남항공 사무실 방면(260m)

R 쩨타이
Chè Thái

달랏 팰리스 럭셔리 호텔
Dalat Palace Luxury Hotel

R 르 라블레
Le Rabelais

쩐푸 Trần Phú

뒤파크 호텔
Du Parc Hotel T

항응아 빌라
방면(130m)

쩐푸 Trần Phú

R 미쩌우
Mỹ Châu

달랏 경찰서

달랏 성당
Nhà Thờ Chính
Tòa Đà Lạt T

리틀 에펠 타워
Little Eiffel Tower

은행

H 쩨미 호텔

바오다이 황제
여름 궁전 방면(1,2km)

0    50m

N

# 01 달랏은 어떤 곳일까?

## A B O U T  D A  L A T

**시원한 바람이 부는 고산 휴양지, 달랏**

해발 1,500m 고산지대에 자리한 도시다. 소 수민족 랏족이 오랫동안 살아온 곳으로, 달랏 은 '랏족의 시냇물'이라는 뜻을 가졌다. 1983 년 프랑스 세균학자 알렉상드르 예르생이 탐 사 도중 발견해 프랑스 사람들에게 알려졌다. 다른 도시와는 달리 연평균 기온이 18~23도 로 쾌적한 것이 특징. 북쪽으로는 랑비앙 산 이 우뚝 솟아 있고 소나무 숲이 많아 공기도

맑고 깨끗하다. 어디 그뿐인가. 토양이 기름져 채소와 과일은 물론 커피, 차, 꽃 등의 작물도 잘 자란다. 이 모든 것이 당시 프랑스 사람들에게는 탐나는 보물이었을 터. 앞다투어 도로와 철도가 건설되었고 프랑스 풍 건물이 여기저기 세워졌다. 달랏은 '힐 스테이션'이라 불리는 군사 주둔지이자 더운 여름을 견디는 휴 양지로 이름을 날렸다. 프랑스군이 철수한 이후에도 그 모습이 곳곳에 남아 달랏만의 독특한 분위기가 만 들어졌다. 지금부터 스릴 만점 오토바이를 타고 달랏의 매력을 하나하나 살펴보자!

### ▪ 달랏 BEST

#### BEST TO *Do*

달랏 꽃 정원 ▶ p.448

랑비앙 산 ▶ p.452

달랏 시장 ▶ p.466

#### BEST TO *Eat*

빈러이 ▶ p.459

쩨타이 ▶ p.460

곱하탄 ▶ p.462

#### BEST TO *Stay*

드림스 호텔 ▶ p.467

아나 만다라 ▶ p.467

# 02 달랏 가는 방법

## HOW TO GO

달랏은 베트남 사람들의 신혼여행지로 알려져 있을 만큼 현지인 방문이 많은 도시다. 비행기를 이용할 계획이라면 예약을 서두르는 것이 좋다. 호찌민시나 냐짱, 무이네에서 출발하는 오픈투어버스가 잘 갖추어져 있어 이동 시 불편함이 없다. 특히 야간 침대 버스는 일정이 빠듯한 여행자들에게 시간과 돈을 아껴주는 인기 교통수단이다. 고산 도시라 기차는 운행하지 않는다.

| | |
|---|---|
| **호찌민시 → 달랏** 비행기 50분 / 오픈투어버스 8시간 | **냐짱 → 달랏** 오픈투어버스 4시간 |
| **무이네 → 달랏** 오픈투어버스 4시간 | **하노이 → 달랏** 비행기 1시간 50분 |

### 호찌민시에서 가기

#### ✈ 비행기
베트남을 대표하는 고산 휴양지이지만 일일 운항 횟수가 1~3편 정도로 매우 적다. 예약을 서둘러야 한다.

■ 베트남항공, 비엣젯, 젯스타
50분 소요 / 리엔크엉공항(Sân Bay Liên Khương) 도착

#### 🚌 오픈투어버스
■ 신 투어리스트 Sinh Tourist
07:30, 18:00, 21:30, 22:00 출발 / 8시간 소요 / 부이티쑤언(Bùi Thị Xuân) 거리의 신 투어리스트 사무실 앞 도착
■ 프엉짱 Phuong Trang
05:00~01:00 사이에 30~60분마다 출발 / 7~8시간 소요 / 달랏 버스터미널(Bến Xe Liên Tỉnh Đà Lạt) 도착

### 냐짱에서 가기

#### 🚌 오픈투어버스
■ 신 투어리스트 Sinh Tourist
07:30, 13:00 출발 / 4시간 소요 / 부이티쑤언 거리의 신 투어리스트 사무실 앞 도착
■ 프엉짱 Phuong Trang
07:00~16:30 사이에 30~60분마다 출발 / 4시간 소요 / 달랏 버스터미널 도착

### 무이네에서 가기

#### 🚌 오픈투어버스
■ 신 투어리스트 Sinh Tourist
07:30, 12:30 출발 / 4시간 소요 / 부이티쑤언 거리의 신 투어리스트 사무실 앞 도착
■ 땀한 Tam Hanh
07:00, 12:00 출발 / 4시간 소요 / 호수 옆 오거리 레다이한(Lê Đại Hành) 거리에 도착

## 그 외 도시에서 가기

### ✈ 비행기
하노이 노이바이국제공항에서 베트남항공, 비엣젯, 젯스타를 이용해 달랏으로 갈 수 있다. 1시간 50분이 소요된다. 일일 운항 횟수가 1~3회로 적은 편. 예약을 서둘러야 한다. 다낭에서도 베트남항공이 달랏을 연결한다. 일일 1~2편뿐이다. 1시간 35분이 걸린다.

### 🚌 오픈투어버스
호이안, 다낭, 후에, 하노이에서 달랏으로 가는 경우 모두 냐짱을 거쳐서 간다. 호이안에서 달랏까지는 17시간이, 다낭에서는 18시간 30분이 걸리는 장거리 구간이다.

| 주요 시설 정보 | |
|---|---|
| **달랏 버스터미널**<br>Bến Xe Liên Tỉnh Đà Lạt | 달랏 시내에서 남쪽으로 3km 떨어져 있다.<br><u>위치</u> 호아빈 광장에서 택시나 쎄옴으로 10분<br><u>주소</u> 1 Tô Hiến Thành<br><u>지도</u> MAP 25 ⓒ |
| **신 투어리스트**<br>Sinh Tourist<br>(달랏점) | <u>위치</u> 호수 근처 롯데리아 옆으로 난 언덕길 Lê Thị Hồng Gấm 거리를 따라 직진, 도보 10분<br><u>주소</u> 22 Bùi Thị Xuân<br><u>오픈</u> 07:00~21:00<br><u>전화</u> 263-3822-663<br><u>홈피</u> www.thesinhtourist.vn<br><u>지도</u> MAP 26 ⓓ |
| **팻 타이어 벤처스**<br>Phat Tire Ventures | 믿을 수 있는 캐녀닝 전문 여행사다. 린썬 사원 맞은편에 위치하고 있다.<br><u>위치</u> 리버 프린스 호텔이 있는 판딘풍 거리를 따라 도보 10분<br><u>주소</u> 109 Nguyễn Văn Trỗi<br><u>오픈</u> 07:30~20:30<br><u>전화</u> 263-3829-422<br><u>홈피</u> www.ptv-vietnam.com<br><u>지도</u> MAP 26 ⓑ |
| **오리지널<br>이지라이더 클럽**<br>Original Easy Rider Club | <u>위치</u> 호아빈 광장에서 쯔엉꽁딘 거리를 따라 도보 5분<br><u>주소</u> 63 Trương Công Định<br><u>오픈</u> 08:00~19:00<br><u>전화</u> 903-662-831<br><u>홈피</u> www.dalat-easyrider.com.vn<br><u>지도</u> MAP 26 ⓒ |
| **달랏 이지라이더**<br>Da Lat Easy Rider | <u>위치</u> 호아빈 광장에서 쯔엉꽁딘 거리를 지나 리버 프린스 호텔 맞은편<br><u>주소</u> 70 Phan Đình Phùng<br><u>오픈</u> 08:00~20:00<br><u>전화</u> 772-219-890<br><u>홈피</u> www.dalat-easyrider.com<br><u>지도</u> MAP 26 ⓐ |

# 03 공항-시내 이동 방법

## AIRPORT TRANSPORT

달랏의 리엔크엉공항(Sân Bay Liên Khương)은 규모가 작아서 짐을 찾아서 나오면 바로 밖이다. 시내에서 남쪽으로 30km나 떨어져 있어 차로 약 40분이 걸린다.

### 🚕 택시

공항 밖으로 나오면 택시들이 대기하고 있다. 약 40분이 걸리며 거리가 멀어 요금이 많이 나온다. 1km 거리당 미터 요금이 저렴한 택시를 골라 타자.

위치 공항 정면 앞에 있는 택시 승강장에서 탑승 오픈 24시간 요금 350,000~400,000VND

### 🚌 공항버스

베트남항공에서 운행하고 있다. 공항 안팎에 있는 버스 티켓 부스에서 표를 사서 탑승하면 된다. 약 30분이 소요되며 쑤언흐엉 호수 남쪽에 있는 응옥팟 호텔(Ngoc Phat Hotel)(주소 10 Hồ Tùng Mậu) 앞에 내려준다. 여기서 뒤파크 호텔까지는 도보 10분, 달랏 시장까지는 택시로 이동하면 된다. 공항으로 돌아갈 때도 이용할 수 있다. 응옥팟 호텔에서만 출발한다. 자신이 타는 비행기 편명이나 출발 시간을 말해주면 그에 맞는 공항 버스 출발 시간을 알려 준다. 보통 비행기 출발 2시간 전에 떠난다.

하지만 달랏 공항은 규모가 작아서 그렇게 일찍 공항으로 가는 여행자가 없다. 그래서 공항 버스도 자주 운행하지 않는다. 하루 전날 0913-7474-30으로 전화해서 시간을 확인해 보는 것이 좋겠다. 소요 시간과 요금은 시내로 올 때와 동일하다.

위치 공항 밖 오른쪽 혹은 왼쪽에 위치 요금 40,000VND

# 04 달랏 시내 교통

## CITY TRANSPORT

쑤언흐엉 호수, 시장, 성당, 항응아 빌라는 도보로 다녀올 수 있다. 꽃 정원과 사랑의 계곡은 자전거로 다녀오기 좋다. 그 외 명소들은 택시나 이지라이더를 타고 돌아보면 된다

### 🚕 택시

달랏 중심가에서 조금 떨어진 관광명소를 갈 때 이용하기 좋다. 택시 대절 정보는 이렇게 여행하자(p.446)에서 확인하자.

(p.446)

| 목적지 | 거리 | 시간 | 적정 요금 |
|---|---|---|---|
| 달랏 버스터미널 → 호아빈 광장 | 3.3km | 7분 | 36,000~45,000VND |
| 호아빈 광장 → 다딴라 폭포 | 6.6km | 10분 | 77,000~87,000VND |

> **TIP**
>
> **주요 택시 브랜드**
> 마이린 Mai Linh
> 전화 263-3838-3838
> 탕러이 Thang Loi
> 전화 263-3835-583

### 🚌 시내버스

저렴한 비용으로 주요 관광명소를 오갈 수 있다. 운행 간격이 20~30분 정도로 긴 것이 단점이다. 요금은 거리에 비례해서 올라가는 방식. 버스정류장은 호아빈 광장 뒤쪽 블럭에 있는 응우옌반쪼이(Nguyễn Văn Trỗi) 거리에 있으며 달랏 성당 근처 쩐푸 거리에서 타도된다.

> **TIP**
>
> 랑비앙 산에서 시내로 돌아가는 버스 시간은 일정하지 않은 편. 버스 안내원이 종이에 따로 적어서 주니 잘 챙겨놓자.

| 출발 | 버스번호 | 노선 | 운행시간/요금 |
|---|---|---|---|
| 응우옌반쪼이 거리 버스정류장 (지도 MAP 26 ⓒ) | 5번 | 판딘풍(Phan Đình Phùng) 거리(리버 프린스 호텔 맞은편) → 랑비앙 산 | 05:30~18:45 / 5,000~12,000VND |
| | 1번 Đức Trọng | 쑤언흐엉 호수 → 쩐푸(Trần Phú) 거리 → 다딴라 폭포 → 프렌 폭포 | 05:25~20:30 / 5,000~14,000VND |

### 🛵 자전거 · 오토바이 대여

자전거와 오토바이 모두 롯데리아 앞에서 쉽게 빌릴 수 있다. 자전거는 50,000VND, 오토바이는 80,000~100,000VND다. 빌릴 때는 신분증이나 보증금을 요구한다. 달랏은 오르막길이 많아서 자전거로 갈 수 있는 곳이 한정적이다. 호수 주변으로 난 길을 따라 달랏 꽃 정원과 사랑의 계곡까지는 다녀올 수 있다. 오토바이 운전이 어렵다면 이지라이더(p.446)를 이용하면 저렴한 비용으로 멀리까지 다녀올 수 있다.

# 05 달랏 이렇게 여행하자

## TRAVEL COURSE

### 여행 방법

달랏에는 볼거리가 참 많다. 날씨도 좋아 여행할 맛이 절로 난다. 중심가에서 멀지 않은 곳들은 천천히 걸어서 구경하면 되고 좀 멀리 떨어져 있는 곳은 택시나 오토바이를 대절해서 한꺼번에 다녀오는 것이 효율적이다. 1~2일 더 머물 수 있는 여유가 있다면 캐녀닝(p.456)과 이지라이더 시내 외곽 투어(p.446)를 추천한다.

**TIP**

달랏은 1년 내내 여행하기 좋은 날씨를 가졌다. 6~11월은 우기라 비가 자주 내리지만 낮 1~2시까지는 햇살이 눈부시게 쨍쨍하다. 늦은 오후가 되면 점점 구름이 많이 끼고 한바탕 비가 내리곤 한다. 관광 일정이 있다면 오전으로 잡는 것이 좋겠다. 한여름에도 아침·저녁으로는 쌀쌀하니 긴 팔, 양말, 겉옷 등을 꼭 준비하자.

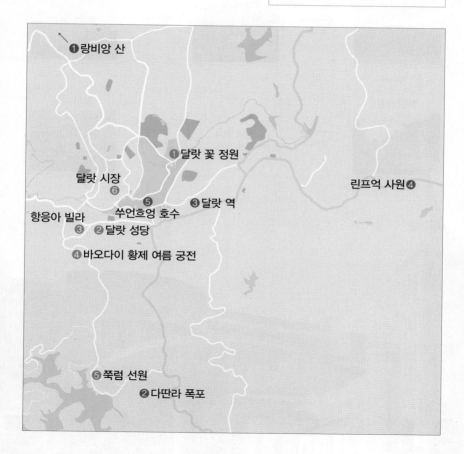

① 랑비앙 산

① 달랏 꽃 정원

달랏 시장 ⑥

린프억 사원 ④

항응아 빌라 ③ ⑤ 쑤언흐엉 호수 ③ 달랏 역

② 달랏 성당

④ 바오다이 황제 여름 궁전

⑤ 쭉럼 선원

② 다딴라 폭포

443

## Course1 시내 코스

달랏 도착, 시내에서 가까운 명소들을 돌아보는 코스.

출발
**호아빈 광장**

택시 5분 →

**달랏 꽃 정원**

택시 5~10분 →

**점심 식사**

↓ 도보 15분

**바오다이 황제 여름 궁전**

← 택시 3분

**항응아 빌라**

← 도보 15분

**달랏 성당**

↓ 택시 10분

**쭉럼 선원**

택시 10분 →

**저녁 식사**

도보 5~10분 →

**달랏 시장**

## Course2 근교 코스

시내에서 조금 떨어져 있는 명소들을 돌아보는 코스. 택시를 대절하거나 이지 라이더를 이용하면 편리하다.

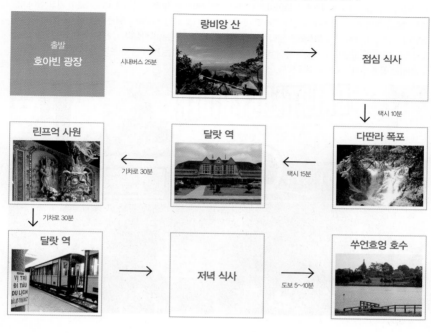

**출발**
**호아빈 광장** → *시내버스 25분* → **랑비앙 산** → **점심 식사**

*택시 10분* ↓

**다딴라 폭포**

**린프억 사원** ← *기차로 30분* ← **달랏 역** ← *택시 15분* ←

*기차로 30분* ↓

**달랏 역** → **저녁 식사** → *도보 5~10분* → **쑤언흐엉 호수**

## 이지라이더 투어

이지라이더는 달랏의 관광명소를 오토바이로 안내해 주는 가이드를 부르는 말이다. 여행자들이 가고 싶어하는 관광명소를 묶어 하루 동안 태워 준다. 1990년대 초부터 인기를 끌기 시작해 지금은 달랏의 아이콘으로 자리 잡았다. 이지라이더는 쎄옴 기사와는 달리 회사에 소속되어 있어 신분이 확실하다. 친절하며 영어 · 불어 실력도 상당하다. 이용 요금도 픽스되어 있어 바가지나 흥정의 부담이 없는 것이 장점. 또한 가고 싶지 않은 곳을 빼고 원하는 곳을 추가 · 조정할 수도 있다.

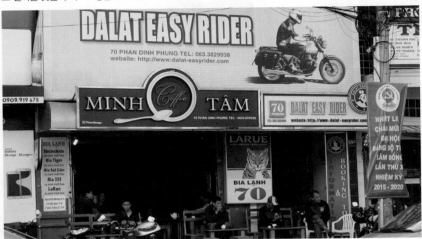

■ **시내 투어 코스**
항응아 빌라, 쭉럼 선원, 다딴라 폭포 등 달랏의 주요 명소를 돌아보는 프로그램
투어시간 출발 08:30, 도착 15:00 요금 440,000~484,000VND

■ **시내 외곽 투어 코스**
혼자 가보기 어려운 커피 농장(Coffee Farm)이나 퐁구르 폭포(Pongour Waterfall)를 구경하는 프로그램
투어시간 출발 08:30, 도착 15:00 또는 17:00 요금 550,000~572,000US$
※포함내역 : 가이드, 오토바이 / 불포함 내역 : 입장료, 점심식사, 간식&음료비, 팁, 그 외 개인비용

## 택시 대절

일행이 2~4인이라면 택시를 빌리는 것도 저렴하고 효율적이다. 관광명소를 구경할 때는 택시 기사가 밖에서 기다려 준다. 이때는 미터기에 대기 요금이 올라가는데 4분에 2,000VND 정도로 매우 저렴하니 염려하지 않아도 된다. 요금은 미터기로 해도 되고 흥정해서 픽스해도 된다.

■ **시내 투어 코스**
다딴라 폭포, 프렌 폭포, 쭉럼 선원 등 5~6개 명소를 골라 다니면 적당하다.
소요시간 6~8시간 요금 580,000~630,000VND(대기 요금 포함/입장료 별도)

# 쑤언흐엉 호수
## Hồ Xuân Hương

Xuan Huong Lake

달랏 시내 한가운데 자리하고 있는 평화로운 호수다. 일찍이 호수의 아름다움을 예찬했던 베트남 여류 시인 쑤언흐엉(1772~1822)의 이름과 같다. 쑤언은 봄, 흐엉은 향기, 그러니까 봄의 향기(春香)라는 뜻이다. 이름처럼 호수 주변은 1년 내내 화사한 봄인 것처럼 꽃과 나무들로 가득하다. 카페와 벤치가 마련되어 있어 휴식을 취하기에도 그만이다. 호수의 끝자락이 아득하게 보일 정도로 규모도 상당해 둘레만 5km가 넘고 산책 삼아 걷는데도 1시간이 걸린다. 그래서 과거 프랑스 사람들은 이곳을 그랑 락(Grand Lac), 즉 큰 호수라고 불렀다.

위치 호아빈 광장에서 레다이한(Lê Đại Hành) 거리를 따라 도보 5분 주소 Trần Quốc Toản 지도 MAP 26 Ⓓ

**TIP**

### 달랏의 랜드마크

호아빈 광장 Quảng Trường Hòa Bình (Hoa Binh Square)
달랏 중심가에서 이정표 역할을 하는 곳이다. 달랏 시장과도 연결되어 있어 길을 설명할 때 자주 언급하게 된다. 광장 중앙에 있는 건물은 현재 극장 'Nhà Hát Hòa Bình'으로 쓰이고 있다. 지도 MAP 26 Ⓒ

리틀 에펠 타워 Little Eiffel Tower
전화국에서 세운 송신탑이다. 모양이 에펠 타워를 닮아 붙여진 이름이다. 달랏 시내 어디에서나 눈에 잘 띄는데 밤이 되면 조명 때문에 더욱 그럴 듯해 보인다. 뒤파크 호텔과 성당 사이에 위치하고 있다. 지도 MAP 26 Ⓕ

# 달랏 꽃 정원
## Vườn Hoa Đà Lạt

Da Lat Flower Gardens

꽃의 도시라고 자랑하듯 예쁘게 꾸며놓은 인공 정원이다. 1966년부터 조성한 것으로 호수 북동쪽에 자리하고 있다. 1986년 달랏을 대표하는 최고의 관광명소로 인정받으면서 유명해졌다. 수국, 미모사, 데이지, 장미 등 300여 종의 꽃을 1년 내내 구경할 수 있으며 흔히 볼 수 없는 선인장이나 난초도 이곳에서는 실컷 볼 수 있다. 꽃으로 만든 강아지, 오리, 용 같은 동물상도 곳곳에 자리하고 있어 눈이 즐겁다. 사진 찍기 좋은 스폿도 다양하다. 꽃시계, 꽃마차, 꽃그네 앞에는 사람들이 와글와글 모여 있다. 매년 크리스마스와 베트남 설날에는 화려한 꽃 축제가 펼쳐지고 2년에 한 번씩 세계적인 규모의 꽃 박람회도 열린다.

위치 롯데리아 오거리에서 택시로 3분 또는 자전거로 15분 또는 도보 30분 주소 Trần Quốc Toản 오픈 07:00~18:00 요금 성인 40,000VND, 어린이 15,000VND, 주차비 3,000VND 지도 MAP 25 ⓒ

# 달랏 성당

## Nhà Thờ Chính Tòa Đà Lạt

Da Lat Cathedral

프랑스 식민지 시절 프랑스인들이 세운 성당이다. 비교적 최근인 1942년에 완성되었다. 전형적인 고딕 양식의 건축물로 오르막길 사이로 보이는 정문 첨탑이 매우 인상적이다. 높이가 무려 47m나 되어 달랏 시내 어디에서나 잘 보인다. 성당 외관은 깔끔하고 짜임새 있는 모양새를 갖췄다. 성당 내부는 다른 성당과 마찬가지로 둥근 아치형 천정과 스테인드글라스로 꾸며져 있다. 성당 옆 마당에는 야외 기도실이 있다. 꽃 화분이 가득한 성모 마리아상 앞으로 하얀 돌의자가 나란히 놓여있다. 미사는 월~금요일에는 05:15, 17:15, 토요일에는 17:15, 일요일에는 05:15, 07:15, 08:30, 16:00, 18:00에 열린다.

**위치** 롯데리아 오거리에서 다리를 건너 오른쪽으로 난 레다이한(Lê Đại Hành) 거리를 따라 도보 10분 **주소** 17 Trần Phú **오픈** 월~금요일 07:30~11:30, 13:30~16:30, 토·일요일·공휴일 08:00~11:00, 13:30~16:00 **요금** 무료 **지도** MAP 26 ⑤

# 항응아 빌라

## Biệt Thự Hằng Nga

Hang Nga Villa

유학파 건축가 당비엣응아(Đặng Việt Nga)가 만든 건축물이다. 독립운동가이자 공산당 서기장을 지낸 쯔엉찐(Trường Chinh)의 딸로도 유명하다. 그녀가 만든 항응아 빌라는 죽은 나무나 어두운 동굴을 연상시키는 기괴한 모양을 하고 있어 크레이지 하우스(Crazy House)라 불린다. 원래 이 건물은 호텔로 지어졌다고 한다. 하지만 세간의 관심이 너무나 뜨거운 나머지 운영이 여의치 않았다고. 그래서 지금은 아예 내부를 공개하고 입장료를 받는 관광명소로 탈바꿈했다. 실제로 내부에는 외관만큼이나 독특한 객실이 여러 채 있다. 건물과 건물 사이에는 계단, 돌층계, 사다리 등이 복잡하게 얽혀 있어 숨겨진 길을 찾아내는 즐거움이 있다. 지붕이나 난간에서 사진을 찍는 것도 항응아 빌라가 주는 잔재미. 스페인 가우디의 건축 작품과 종종 비교되지만 정교함과 섬세함을 느끼기는 어렵다. 2020년까지 계속해서 작업을 이어간다고 하니 어떻게 변할지 자못 궁금해진다.

**위치** ①달랏 성당을 등지고 왼쪽 길을 따라 도보 15분, 쌔미 호텔(Sammy Hotel)을 끼고 오르막길을 따라 도보 3분 ②롯데리아 오거리에서 택시로 5분 **주소** 3 Huỳnh Thúc Kháng **오픈** 08:30~19:00 **요금** 성인 50,000VND, 어린이 20,000VND **전화** 263-3822-070 **홈피** www.crazyhouse.vn **지도** MAP 25 ⓒ

# 바오다이 황제 여름 궁전
Dinh Bảo Đại

Bao Dai Summer Palace

응우옌 왕조의 마지막 황제 바오다이와 그의 가족들이 머물렀던 여름 궁전이다. 달랏에 지은 3개의 궁전 가운데 하나로 유일하게 일반인에게 개방된 곳이다. 울창한 소나무 숲 안에 자리한 이 궁전은 다른 궁전들과는 달리 직선미를 강조해 모던하게 지은 것이 특징이다. 당시 프랑스에서 유행하던 아르데코 양식을 적극 반영한 것이다. 궁전 내부에는 총 25개의 방이 있는데 1층과 2층으로 구분되어 있다. 1층은 고관을 만나던 접견실과 황제가 일하던 집무실, 각료들이 모이던 회의실 등이 자리하고 있다. 2층은 보다 개인적인 공간이다. 황제와 가족들이 사용하던 침실, 거실, 욕실, 식당 등이 차지하고 있다. 프랑스 왕가나 귀족의 저택보다는 화려하지 않지만 황제 일가가 얼마나 부유하게 살았는지 짐작해 볼 수 있다. 또한 밖으로 내려다보이는 정원도 프랑스식으로 꾸며져 있어 여름 궁전 전체가 프랑스 문화의 영향을 깊이 받았음을 알 수 있다. 궁전 안으로 입장할 때는 덧신을 신고 들어간다.

위치 ①항응아 빌라에서 레홍퐁(Lê Hồng Phong) 거리와 찌에우비엣브엉(Triệu Việt Vương) 거리를 따라 도보 20분 ② 롯데리아 오거리에서 택시로 7분 주소 1 Triệu Việt Vương 오픈 07:30~11:30, 13:30~16:30 요금 20,000VND 전화 263-3831-581 지도 MAP 25 ©

# 쭉럼 선원

## Thiền Viện Trúc Lâm

Truc Lam Zen Monastery

불교에서 중요시하는 선(禪)을 교육하는 선원이자 사원이다. 일본식 젠 스타일에 베트남 불교문화와 건축 양식을 더해 1993년에 세운 것이다. 맑고 깨끗한 뚜옌람(Tuyền Lăm) 호수 옆에 있는 프엉호앙(Phượng Hoàng) 언덕 위에 자리하고 있다. 명상과 수련을 하기 더없이 좋은 환경을 갖추고 있다. 실제로 이곳에서는 남녀 각각 50명씩 총 100의 승려들이 수행하고 있다. 그래서 사원의 역할 보다는 선원의 역할을 더 강조하고 있다. 나지막한 계단을 따라 천천히 언덕을 오르면 부처를 모시고 있는 대웅전과 커다란 종이 있는 종루, 잘 가꾸어진 정원 등을 구경할 수 있다. 특히 정원에는 아름다운 꽃들이 만발해 사진을 찍는 사람들로 붐빈다. 정원을 지나 계단을 따라 10분 정도 내려가면 뚜옌람 호수에 닿는다. 호수 맞은편으로는 우리 강산 푸르게 푸르게 광고가 생각날 만큼 울창한 숲이 장관을 이룬다.

위치 ①호아빈 광장에서 택시로 케이블카 출발지까지 10분, 선원까지 15분 ②다딴라 폭포에서 선원까지 택시나 오토바이로 10분 주소 Trúc Lâm Yên Tử 오픈 07:00~16:30 요금 무료 지도 MAP 25 ⓔ

**TIP**

### 케이블카 타기

쭉럼 선원까지는 케이블카가 연결되어 있다. 발 밑으로 펼쳐지는 달랏의 수려한 경관을 감상하기 더 없이 좋은 방법이다. 길이는 2.3km로 약 20분간 타고 간다. 케이블카 출발 지점은 달랏 버스터미널에서 남쪽으로 도보 10분 거리에 있다. 다딴라 폭포를 보고 쭉럼 선원에 들른 다음 케이블카를 타고 내려가는 일정을 짜보자. 시내로 돌아가기 한결 수월하다.

위치 ①달랏 버스터미널을 지나 왼쪽에 보이는 'Cáp Treo Đà Lạt' 표지판을 따라 도보 10분 ②호아빈 광장에서 택시나 오토바이로 10분 주소 Đà Lạt Telpher–Starting Point 오픈 07:30~11:30, 13:30~17:00 요금 편도 60,000VND, 왕복 80,000VND 지도 MAP 25 ⓒ

# 랑비앙 산
## Núi Lang Biang

Lang Biang Mountain

달랏 북쪽에 위치한 고산으로 해발고도 2,167m를 자랑한다. 베트남 사람들은 이곳을 어머니 산 또는 달랏의 지붕이라고 부른다. 너무 높은 산이라 정상까지 올라갈 엄두가 나지 않겠지만 유료 지프차를 타면 전망대(1,950m)까지 10분 만에 닿을 수 있다. 시간과 체력이 허락한다면 걸어서 오를 수도 있다. 등산로 대신 구불구불한 도로길을 따라가야 하지만 소나무가 우거진 길도 예쁘고 솔내음 가득한 공기도 상쾌하다. 아침 일찍 출발한다면 점심 시간이 되기 전에 내려올 수 있다. 전망대에는 공원과 카페가 마련되어 있어 탁 트인 전망을 보면서 휴식을 취하기 좋다. 달랏 시내에 있는 여행사를 통하면 생태관광은 물론 트래킹, 캠핑, 패러글라이딩도 즐길 수 있다.

<u>위치</u> ①호아빈 광장에서 택시나 오토바이로 20분 ②시내버스 5번을 타고 25분 <u>오픈</u> 06:00~18:00 <u>요금</u> 성인 30,000 VND, 어린이 15,000VND, 6인용 지프차 1대 60,000VND <u>전화</u> 263-3839-088 <u>지도</u> MAP 25 Ⓐ

> **Talk** 랑비앙 산의 전설
>
> 아주 먼 옛날 크랑(K'lang)이라는 청년이 식량과 땔감을 구하러 숲에 들어갔다. 그런데 그곳에서 늑대에게 위협받고 있던 호비앙(Ho Biang)을 발견한다. 크랑은 목숨을 걸고 그녀를 구했고 둘은 금세 사랑에 빠졌다. 결혼 승낙을 받기 위해 부모님을 찾아갔으나 결과는 좋지 않았다. 그 둘은 서로 다른 부족 출신인데다 부족 간에 사이도 좋지 않아 반대에 부딪힌 것이다. 둘은 몰래 도망쳐 숲 속에서 결혼 생활을 꾸려 나갔다. 그러던 어느 날 호비앙이 알 수 없는 병에 걸렸다. 크랑의 극진한 간호에도 불구하고 호비앙이 죽자 이를 슬피 여긴 크랑도 함께 따라 죽었다. 크랑의 아버지는 자신의 결혼 반대를 크게 후회하고 크랑의 이름에서 랑을, 호비앙의 이름에서 비앙을 따서 가장 높은 산에 이름을 붙였다. 이후에는 부족 간의 화해와 통합을 이루었다고 한다.

## 달랏 역
### Ga Đà Lạt

Da Lat Railway Station

달랏을 상징하는 아이콘이 된 기차역이다. 바오다이 여름 궁전처럼 당시 유행하던 아르데코 양식으로 모던하게 지어졌다. 노란색 세모 지붕과 알록달록한 유리 창문이 장난감처럼 귀엽다. 하지만 기차역이 생기게 된 역사는 가혹하기만 하다. 1908년 당시 프랑스 군인들은 달랏으로 물자를 빠르게 수송하기 위해 철도 공사를 시작했다. 해발 1,500m에 달하는 산악 고지대에 철도를 놓는 일은 쉽지 않아서 완공하기까지 무려 30년이 걸렸다. 달랏 역도 그때야 세워진 것이다. 이토록 어렵게 만든 철도지만 베트남 전쟁으로 철로가 훼손되면서 운행이 중단되고 말았다. 지금은 관광 차원에서 달랏–짜이맛 구간만 열려 있다. 여행자들은 옛날 기차를 타고 짜이맛 역(Ga Trại Mát) 근처에 있는 린프억 사원을 구경하기 위해 달랏 역을 찾고 있다.

위치 호아빈 광장에서 택시나 오토바이로 7분 주소 1 Quang Trung 오픈 06:30~18:00 지도 MAP 25 ⓒⒹ

> **TIP**
> ### 옛날 기차 타보기
> 달랏 역 안에는 옛날 기차가 2~3대 서있다. 이 기차를 타고 약 30분 거리에 있는 짜이맛 역까지 다녀올 수 있다. 매일 07:45, 09:50, 11:55, 14:00, 16:05에 출발한다. 짜이맛 역에 도착하면 길 건너편에 있는 린프억 사원을 구경한 다음 다시 기차를 타고 달랏으로 돌아오면 된다. 단, 기차는 20명 이상 모여야 출발한다. 요금은 소프트 시트 기준 126,000VND

## 린프억 사원
### Chùa Linh Phước

Linh Phuoc Pagoda

짜이맛(Trại Mát)에 위치한 불교 사원이다. 달랏에서 동쪽으로 약 7km 떨어진 곳에 있다. 사원 전체가 도자기 파편으로 꾸며져 있어 도자기 사원 또는 유리 사원이라고 불린다. 본당, 종탑, 부속 사원의 외관뿐만 아니라 담벽, 실내벽, 기둥, 천장, 처마까지 온통 도자기 파편으로 모자이크되어 있다. 본당 입구에는 부처와 함께 존경받는 관우상이 서 있고 안으로 들어가면 용이 새겨진 화려한 기둥 사이로 황금 불상이 놓여 있다. 본당 바로 앞에는 높이 27m에 달하는 7층 종탑이 서 있다. 1층에는 관우를 모시는 사당이 마련되어 있고 2층에는 무게 8,500kg짜리 청동종이 걸려 있다. 소원을 적은 종이를 청동 종 위에 붙여 놓고 종을 치면 그대로 이뤄진다 하여 수많은 사람이 이곳에서 소원을 적느라 바쁘다. 종탑 옆 부속 사원에는 아시아 기네스북에 오른 부처상이 자리하고 있다. 고개를 꺾어 올려다봐야 할 정도로 큰데 온통 꽃으로 장식되어 있어 신기록에 오른 것. 작은 꽃을 촘촘히 박아 만든 부처상을 보고 있노라면 감탄이 절로 나온다.

위치 ①달랏 역에서 기차로 30분 ②시내버스 6번 Xuân Trường 이용 주소 120 Tự Phước 오픈 06:00~17:30 요금 무료 지도 MAP 25 Ⓓ

# 다딴라 폭포
Thác Đatanla

Datanla Falls

달랏 시내에서 가장 가까운 곳에 위치한 폭포다. 큰 협곡처럼 5개의 폭포가 이어져 내려와 장관을 이룬다. 한 자리에서 5개 폭포를 다 볼 수는 없고 협곡을 따라 내려가면서 차례로 볼 수 있다. 제1, 2 폭포는 매표소에서 계단 혹은 미니 슬라이드(코스터 밥)를 이용해 내려가면 바로 볼 수 있다. 20m 높이의 폭포로 규모가 대단하지는 않지만 시원하게 쏟아져 내리는 모습이 보기 좋다. 대부분 이곳만 보고 돌아가는데 관심 있다면 제3, 4, 5 폭포도 둘러보자. 미니 케이블카를 타고 내려가면서 볼 수도 있고 계단을 따라 내려가면서 볼 수도 있다. 계곡을 탐험하는 기분이 들어 시간이 된다면 한 번쯤 다녀올 만하다. 다딴라 폭포는 물이 워낙 맑고 깨끗해서 선녀들이 내려와 목욕을 하였다는 전설이 전해진다. 선녀들이 사람들에게 들키지 않으려고 물 위에 나뭇잎을 가득 뿌려놓았다고 해서 '물잎'을 뜻하는 '다딴라'라는 이름이 붙여진 것이다.

위치 ①호아빈 광장에서 택시로 10분 ②시내버스 1번을 타고 20분 주소 Đèo Prenn 오픈 07:00~17:00 요금 입장료 30,000 VND 지도 MAP 25 ©

> **TIP**
>
> ### 코스터 밥 Coaster Bob
>
> 다딴라 폭포를 보기 위해서는 가파른 협곡을 따라 내려가야 하는 수고가 필요하다. 제1, 2 폭포를 보러 내려갈 때는 계단을 이용해도 되지만 다시 입구로 올라올 때는 덥고 힘들다. 따라서 계단 보다는 코스터 밥을 이용하는 것이 재미있고 편리하다. 배(Bar)를 움직여 속도 조절이 가능하기 때문에 놀이 기구를 무서워하는 여행자라도 쉽게 운전할 수 있다. 또한 입구로 되돌아갈 때는 자동으로 천천히 끌어올려 주기 때문에 운전할 필요가 없다.
>
>
>
> 요금 편도_성인 50,000VND, 어린이 25,000VND / 왕복_성인 60,000VND, 어린이 30,000VND
>
> ### 미니 케이블카 Mini Cable Car
>
> 제3, 4, 5 폭포를 보기 위해서는 협곡을 따라 내려가야 한다. 계단이 잘 꾸며져 있어 걸어서 내려가도 되지만 올라오는 일이 걱정된다면 이용해 보자.
>
>
>
> 요금 왕복 40,000VND

# 프렌 폭포
## Thác Prenn

Prenn Falls

# 사랑의 계곡
## Valley of Love

다딴라 폭포에서 5km 더 남쪽에 위치한 폭포다. 폭포 수가 옆으로 길게 퍼지면서 내려와 마치 하얀 커튼이 드리워진 것처럼 보인다. 떨어지는 폭포 뒤로 들어가 볼 수도 있어 인기가 많다. 폭포 주변으로는 아기자기한 공원이 꾸며져 있고 조랑말, 낙타, 코끼리 같은 동물도 구경할 수 있다. 시간이 부족한 여행자라면 패스해도 괜찮다. 참고로 프렌 폭포 입구 근처에는 중앙 분리대가 있다. 오토바이나 택시를 타고 입구로 들어가려면 한참을 더 달려 유턴을 해야 한다.

위치 ①다딴라 폭포에서 택시나 오토바이로 10분 ②시내버스 1번을 타고 30분 주소 Đèo Prenn 오픈 06:00~18:00 요금 30,000VND 지도 MAP 25 ⓕ

로맨틱한 이름의 관광명소. 사랑을 테마로 한 4,000평 규모의 공원이다. 입구는 아름다운 꽃으로 꾸며놓은 아기자기한 정원에 불과하지만 안으로 조금만 더 들어가면 강처럼 큰 다티엔 호수(Hồ Đa Thiện)가 나타난다. 이 호수를 중심으로 볼거리와 액티비티가 포진해 있다. 공중에서 물을 흘리는 수도꼭지 예술 작품을 시작으로 하트 모양의 숲 속 미로, 꽃 정원이 자리하고 있고 집라인 센터와 페인트볼 게임장도 있다. 사랑의 계곡 구석구석은 지프차와 꼬마 기차를 타고 돌아다닐 수 있다.

위치 호아빈 광장에서 택시나 오토바이로 15분 주소 Mai Anh Đào 오픈 07:00~17:00 요금 100,000VND(입장료+전동차+오리배 포함) 지도 MAP 25 ⓐ

## 캐녀닝 투어 Canyoning Tour

달랏은 산세가 수려하고 물이 풍부해 다양한 액티비티를 즐길 수 있는 좋은 조건을 갖추고 있다. 그중에서도 캐녀닝은 세차게 흐르는 폭포의 암벽을 타고 협곡을 따라 내려가는 대중적인 액티비티다. 전문가의 도움을 받아서 지상에서 훈련한 다음 낮은 폭포부터 거친 폭포까지 5가지 과정을 차근차근 밟아 나간다. 달랏의 아름다운 자연을 온몸으로 체험할 수 있을 뿐만 아니라 짜릿함과 성취감을 동시에 느낄 수 있어 적극 추천한다.

<u>출발시간</u> 1일 3회 08:00, 09:00, 10:00 <u>소요시간</u> 5시간

| 스케줄 | 08:30 다딴라 폭포 캐녀닝 센터 도착 (커피&다과) → 09:00 Practice_지상 훈련<br>→ 09:40 Water Fall_첫 번 째 폭포 도전 → 10:00 Tyrolean Traverse_두 번 째 폭포+집라인 하강<br>→ 10:30 Water Slide_폭포 미끄럼 타기 → 11:00 간식 타임 (빵+바나나+물)<br>→ 11:30 Big Water Fall_세 번 째 폭포 도전 → 12:00 Free Jump_폭포 다이빙하기<br>→ 12:30 Washing Machine_고난이도 폭포 도전 → 13:00 다딴라 폭포 캐녀닝 센터 복귀 후 휴식 (커피&다과) |
| --- | --- |
| 포함 | 전문가 2인, 장비 일체, 간식&음료, 구급약, 사진 촬영, 호텔 픽드롭 |
| 불포함 | 여행자 보험, 팁, 그 외 개인 비용 |
| 비용 | 참가 인원에 따라 68~75US$ |

### ※알아 두세요

1. **캐녀닝 투어는 안전이 생명이다.**
   따라서 저렴하다고 아무 여행사에서 신청해서는 안 된다. 경험이 풍부한 전문가와 함께 하는 것이 중요하다. 장비 역시 잘 관리되고 있는지 확인해 봐야 한다.
2. **물에서 하는 액티비티인 만큼 물놀이 차림이 좋다.**
   래쉬가드에 보드숏도 괜찮지만 하의는 무릎까지 내려오는 것이 더 편하다. 패션 샌들은 위험하고 워터슈즈나 스포츠 샌달, 운동화가 좋다. 물이 차서 체온이 떨어질 수 있으니 수건과 갈아입을 옷을 준비하자.
3. **보험 비용은 포함되어 있지 않다.**
   원한다면 여행사에서 들어주기도 한다.
4. **취소 환불에 관한 규정을 꼭 확인하자.**
   출발하는 날짜와 시간을 기준으로 24시간 이전에는 무료 취소가 가능하나 이후에는 50% 밖에 환불 받지 못한다.

**추천 여행사_ 팻 타이어 벤처스** Phat Tire Ventures

액티비티 전문 여행사다. 가벼운 일일 투어부터 4~5일씩 걸리는 장거리 투어까지 다양한 프로그램을 취급하고 있다. 캐녀닝 투어에는 7년 이상 경력을 가진 전문가와 5년 이상 경력을 가진 보조 전문가가 투입된다. 이곳의 전문가들은 다른 여행사의 가이드와는 달리 짧은 코스에서도 헬멧과 안전 장비를 습관처럼 챙기고 있어 믿

음이 간다. 장비 또한 최신 제품으로 상태가 좋으며 구명조끼와 헬멧도 깔끔하게 잘 관리하고 있다. 드림스 호텔(Dreams Hotel)에 숙박하는 경우 10% 할인 혜택이 주어진다. 여행사 사무실은 린썬 사원(Chùa Linh Sơn) 근처에 있다.

<u>위치</u> ①호아빈 광장에서 응우옌반쪼이 거리를 따라 도보 15분 ②리버 프린스 호텔이 있는 판딘풍 거리를 따라 도보 10분 ③호아빈 광장에서 린썬 사원까지 택시 5분 <u>주소</u> 109 Nguyễn Văn Trỗi <u>오픈</u> 07:30~20:30 <u>요금</u> 72~91US$ <u>전화</u> 263-3829-422 <u>홈피</u> www.ptv-vietnam.com

## THEME

# 달랏의
# 별미

---

날씨가 선선한 고산 도시라 길거리 음식도 다른 도시와는 사뭇 다르다. 기온이 더 떨어지는 저녁에는 따뜻한 간식을 찾는 사람들이 옹기종기 모여 있는 모습을 볼 수 있다.

**반깐** Bánh Căn

쌀가루 반죽을 작고 동그란 틀에 넣고 익혀 먹는 음식이다. 폭신폭신하고 담백한 맛이 일품. 보통 느억맘 소스에 적셔 먹는다. 달걀이나 메추리알을 함께 넣고 익히기도 한다.

**스어더우난** Sữa Đậu Nành

콩으로 만든 진짜 두유다. 빵이 수북히 담긴 접시를 앞에 두고 뜨끈한 두유를 마시는 사람들을 쉽게 볼 수 있다. 여러 가지 빵을 두유에 적셔 먹는 재미가 있다.

**반짱느엉** Bánh Tráng Nướng

라이스 페이퍼로 만든 피자 같은 음식. 숯불 위에 라이스 페이퍼를 놓고 마요네즈와 달걀을 펴발라 굽는다. 쪽파와 고춧가루로 마무리하기 때문에 살짝 매콤하다. 접어서 먹거나 가위로 잘라 먹는다. 소시지, 치즈, 참치 같은 부재료를 추가할 수도 있다.

> **TIP**
>
> **따뜻한 두유 한 잔**
>
> 달랏 시장에 가면 사람들이 빵 접시를 앞에 두고 따뜻하고 하얀 음료를 마시는 모습을 쉽게 볼 수 있다. 얼핏 보면 따뜻하게 데운 우유가 아닐까 싶지만 사실은 콩으로 만든 두유 '스어더우난(Sữa Đậu Nành)'이다. 보통은 아침에 주로 먹는데 날씨가 서늘한 달랏에서는 저녁에도 즐겨 먹는다.

# 빈러이
Vĩnh Lợi

# 미쩌우
Mỹ Châu

뜨끈한 국물을 좋아하는 현지인들이 즐겨 찾는 국숫집이다. 일반적인 쌀국수 퍼보(Phở Bò)와는 조금 다른 국수를 맛볼 수 있다. 이곳의 대표 메뉴는 개운한 국물 맛이 일품인 완탕면(Mì Hoành Thánh). 꼬들꼬들한 에그 누들에 쫀득한 완탕, 얇게 저민 고기가 조화를 이루는 음식이다. 돼지고기로 만든 쌀국수 퍼헤오(Phở Heo), 빨간 국물의 소고기 쌀국수 퍼보코(Phở Bò Kho)도 너나없이 추천하는 인기 메뉴다. 가게는 특별할 것 없이 평범하다. 입구에 있는 간이 부엌에서 면을 삶고 고명을 얹혀 국수를 말아준다. 그외에도 덮밥(Cơm Gà /Cơm Sườn)과 볶음밥(Cơm Xào/Cơm Chiên) 등 다양한 메뉴를 갖추고 있다. 영어로 표시된 메뉴나 사진이 없어 주문할 때 불편할 수 있다.

위치 호아빈 광장에서 바탕하이(Ba Tháng Hai) 거리를 따라 도보 10분, 탕러이 호텔(Thang Loi Hotel) 맞은편 오토바이 전시장 옆에 위치 주소 10 Hải Thượng 오픈 06:00~20:30 요금 30,000~40,000VND 전화 263-3821-837 지도 MAP 26 ⓒ

항응아 빌라를 오갈 때 들르기 좋은 껌빈전(Cơm Bình Dân)이다. 돼지고기구이, 닭튀김, 카레, 두부 조림, 생선 조림, 채소 볶음 등 그날 그날 맛있게 요리한 음식을 진열해 놓고 손님을 기다린다. 먹고 싶은 반찬을 고르면 밥과 함께 담아준다. 특히 두부 조림과 생선 조림은 한국에서 먹는 것만큼이나 매콤하고 칼칼하니 맛이 좋다. 비터 멜론 사이에 다진 고기를 넣고 끓인 국도 함께 나온다. 뭇국처럼 시원해서 식사와 잘 어울린다. 점심 시간을 한참 지나서 가면 아침에 만든 음식이 식어 있거나 다 팔리고 난 뒤라 종류가 적을 수 있다. 오후 5시가 되면 새로 만든 따끈따끈한 음식이 다시 나오기 시작한다. 가게는 1~2층으로 되어 있으며 점심 시간이나 저녁 시간에는 2층으로 올라 가 봐야 할 정도로 붐빈다.

위치 달랏 성당을 등지고 왼쪽으로 도보 10분, 큰 사거리 왼쪽에 위치 주소 2 Đào Duy Từ 오픈 09:00~20:00 요금 20,000~30,000VN 전화 263-3826-777 지도 MAP 26 ⓔ

## 쩨타이
Chè Thái

## 꽌 99
Quán 99

베트남 디저트 쩨(Chè)가 생각난다면 주저하지 말고 이곳으로 가보자. 많이 달지 않고 종류도 다양해 만족스럽다. 여러 가지 메뉴 중에서 가장 인기 있는 메뉴는 단연 쩨타이(Chè Thái). 쫀득하게 씹히는 젤리와 고소한 코코넛밀크가 어우러진 궁극의 맛이다. 특히 두리안 페이스트(Sâu Riêng)가 들어간 쩨타이는 두리안 특유의 오묘한 맛이 더해져 두리안 마니아라면 꼭 맛봐야 할 메뉴이다. 과일을 좋아하는 여행자라면 껨짜이꺼이(Kem Trái Cây)를 시도해 보는 건 어떨까. 신선한 과일을 종류대로 담은 다음 그 위에 달콤한 아이스크림을 올려주는 디저트다. 따뜻한 햇볕이 들어오는 자리에 앉아 길거리를 구경하며 먹는 디저트는 진심 꿀맛이다.

한국으로 치면 분식집 같은 곳이다. 밥이나 국수 같은 식사 메뉴는 없고 간식처럼 가볍게 즐길 수 있는 음식만 팔고 있다. 특히 육포 샐러드 쌉쌉(Xắp Xắp)과 쌀떡 지짐이 봇찌엔(Bột Chiên)을 맛볼 수 있어 더욱 반가운 곳이다. 그 밖에도 게살 수프 숩꾸어(Súp Cua), 쫀득쫀득한 반베오(Bánh Bèo), 새우맛 떡 반봇록(Bánh Bột Lọc), 매콤짭짤한 반짱쫀(Bánh Tráng Trộn) 등 다양한 간식 메뉴를 갖추고 있다. 아주 맛있는 집은 아니지만 가격도 저렴하고 양도 조금씩 나와 여러 가지 메뉴를 시켜 먹는 즐거움이 있다. 목욕탕 의자와 테이블을 놓고 영업하는데 점심 시간과 저녁 시간에는 사람이 몰리는 편. 한바탕 손님이 지나가고 나면 가게가 좀 지저분해진다.

위치 ①성당을 등지고 왼쪽으로 도보 10분, 오른쪽으로 내려가는 바찌에우 거리를 따라 도보 3분 ②롯데리아 오거리에서 응우옌반꾸(Nguyễn Văn Cừ) 거리를 지나 바찌에우 거리로 총 도보 15분 주소 15 Bà Triệu 오픈 10:00~21:30 요금 20,000~27,000VND 전화 263-3821-824 홈피 quan-che-thai-ba-trieu. business.site 지도 MAP 26 ⓔ

위치 호아빈 광장에서 응우옌반쪼이 거리를 따라 도보 10~15분 주소 99 Nguyễn Văn Trỗi 오픈 09:00~23:00 요금 13,000~22,000 VND 지도 MAP 26 ⓑ

# 르 라블레
## Le Rabelais

베트남에서 Top 5 안에 드는 프렌치 레스토랑. 달랏 팰리스 호텔 안에 자리하고 있다. 메뉴는 시즌에 따라 주기적으로 바뀌고 달랏의 자랑인 딸기, 아보카도, 달랏 와인 같은 좋은 식재료를 활용해서 요리한다. 점심시간에는 35~40US\$ 내에서 메인 식사를 주문할 수 있고 늦은 오후에는 맛있는 커피와 케이크(8~12US\$)로 여유로운 티타임을 보낼 수 있다. 저녁 식사는 65~85US\$ 정도로 매우 비싼 편. 한국의 고급 레스토랑에서 즐기는 프렌치 요리 수준에는 못 미치지만 달랏에서 근사하게 식사할 수 있는 곳임이 틀림없다.

위치 ①호아빈 광장에서 택시로 5분 ②성당을 등지고 오른쪽 길을 따라 도보 5분 주소 2 Trần Phú 오픈 07:00~ 22:00 요금 750,000~1,800,000VND(세금 포함) 전화 263-3825-444 홈피 www.dalatpalacehotel.com 지도 MAP 26 ⓕ

## 브이 카페
V Café

## 곱하탄
Góc Hà Thành

쌀쌀해지는 저녁에 들르기 좋은 따뜻하고 아늑한 분위기의 레스토랑이자 펍. 다크브라운 가구와 빨간 체크무늬 테이블보, 어둑어둑한 조명이 올드하면서도 낭만적인 분위기를 자아낸다. 2002년에 문을 연 브이 카페는 매일 저녁 라이브 연주를 하고 있어 음악과 술을 즐기는 여행자들에게 오랫동안 사랑받아 왔다. 저녁 식사를 하면서 맥주나 와인을 마시기에도 좋고 혼자 와서도 어색하지 않게 시간을 보낼 수 있다. 라이브 연주는 매일 저녁 7시 30분부터 시작한다. 분위기에 따라 22:00까지 계속된다. 달랏을 자주 찾는 호주, 캐나다 여행자들이 연주를 함께할 때도 있다. 식사 메뉴는 캘커타식 치킨 커리, 멕시칸 케사디야, 치즈 피자, 스프링롤, 쌀국수 등 누구나 좋아할 만한 음식을 서비스한다. 아침, 점심 식사도 가능하다.

위치 부이티쑤언 거리에 있는 신 투어리스트를 지나 도보 1분, 왼편에 위치 주소 1/1 Bùi Thị Xuân 오픈 07:00~22:30 요금 맥주 29,000~35,000VND, 식사류 79,000~150,000VND 전화 263-3520-215 홈피 www.vcafe dalatvietnam.com 지도 MAP 26 ⓓ

자아뀌와 경쟁하듯 인기가 많은 레스토랑이다. 음식도 맛있고 가격도 저렴해 트립 어드바이저에서 좋은 평을 받고 있다. 메뉴는 다른 여행자 식당과 비슷하다. 베트남 음식과 서양 음식이 적절히 섞여 있다. 베트남식으로 조려낸 고기나 생선을 클레이폿에 담아서 내주는 요리가 이곳의 인기 메뉴다. 옥수수와 버섯을 넣고 볶은 사이드 디쉬를 곁들이면 더 맛있게 먹을 수 있다. 베트남 음식이 살짝 질렸을 때는 구운 고기에 타마린느 소스나 망고 소스를 곁들인 요리를 주문해 보자. 국적에 상관없이 누구에게나 잘 맞는 음식이기 때문이다. 실내는 대나무로 짠 테이블과 의자로 꾸며져 있어 밝고 깔끔하다.

위치 자아뀌 옆 주소 53 Trương Công Định 오픈 11:00~21:00 요금 식사류 65,000~89,000VND, 음료 25,000~35,000VND, 맥주 12,000~25,000VND 전화 0946-997-925 지도 MAP 26 ⓒ

# 호아센
Hoa Sen

# 리엔호아
Lien Hoa

달랏에서 명성이 자자한 채식 레스토랑이다. 고기나 생선 요리가 없는데도 불구하고 메뉴가 다양하다. 메뉴판은 영어 설명이 잘 되어 있고 추천 음식에 별표도 붙어 있어 주문하기 쉽다. 밥 하나, 국 하나를 고르고 반찬이나 샐러드를 곁들이면 건강하고 든든한 한 끼 식사가 된다. 이곳에서 꼭 먹어 봐야 할 음식은 로터스 라이스. 연꽃 씨앗과 당근, 버섯 등을 넣고 지은 밥으로, 고소하고 담백한 맛이 두고두고 생각나는 음식이다. 매콤한 칠리 토푸나 상큼한 그린 망고 샐러드도 맛있는 메뉴. 일행이 많다면 뜨끈한 핫팟도 추천할 만하다. 가게 앞에서는 반미도 만들어 준다. 포장해서 가는 사람들이 많다.

달랏 사람 중에 리엔 호아 모르는 사람이 없고 이 집 빵 먹어보지 않은 사람이 없다고 할 정도로 달랏에서 가장 유명한 빵집이다. 바게트, 치아바타, 베이글 같은 담백한 빵은 찾아볼 수 없지만 크루아상, 머핀, 파운드 케이크, 소시지 빵 같은 수십 가지 빵들이 4단 진열대를 가득 채우고 있다. 모양은 조금 촌스럽지만 보기와는 달리 맛이 꽤 좋다. 특히 바나나 케이크와 중국식 고기빵은 현지인과 서양인 모두 엄지 척 하는 최고의 빵. 바나나 케이크는 향기가 진하고 폭신폭신하며 따뜻한 진열장에 따로 보관된 중국식 고기빵은 미트 파이를 생각나게 한다. 1층은 빵집으로 2층은 카페 겸 식당으로 쓰인다.

<u>위치</u> 판딘풍 거리에 있는 윈드밀 카페를 바라보고 왼쪽으로 도보 1분 <u>주소</u> 62 Phan Đình Phùng <u>오픈</u> 06:00~14:00, 16:00~21:00 <u>요금</u> 35,000~40,000VND <u>전화</u> 263-3567-999 <u>지도</u> MAP 26 ©

<u>위치</u> 호아빈 광장에서 바탕하이(Ba Tháng Hai) 거리를 따라 도보 1분 (튤립 호텔 맞은편) <u>주소</u> 19 3 Tháng 2 <u>오픈</u> 05:00~01:00 <u>요금</u> 6,000~15,000VND <u>전화</u> 263-3533-479 <u>지도</u> MAP 26 ©

## 달랏 트레인 카페
Da Lat Train Café

## 윈드밀 카페
Windmills Café

기차를 개조해서 만든 카페다. 누가 알려주지 않으면 찾기 어려울 정도로 골목 깊숙이 자리하고 있다. 아담한 정원 한쪽에 파란색 옛날 기차가 서 있고 그 주변에는 야외 테라스가 마련되어 있다. 호기심을 자극하는 기차 안으로 들어가면 마치 장난감 열차를 타는 기분이 든다. 실내는 좁지만 아늑한 분위기로 꾸며져 있다. 창밖으로는 아기자기한 집과 골목이 내려다보여 더욱 운치 있다. 날씨가 맑은 날에는 야외 테라스가 더 좋다. 바람이 솔솔 불고 햇볕은 따뜻해 꾸벅꾸벅 졸음이 쏟아진다. 커피, 달랏 와인, 맥주 같은 음료도 마실 수 있고 식사 메뉴도 있어 허기를 달랠 수 있다. 달랏 역에서 가까워 시간이 된다면 한 번쯤 들러봄 직하다.

하얀 간판에 초록색 풍차가 그려진 밝고 젊은 느낌의 카페다. 달랏의 젊은이들이 한껏 멋을 내고 나와 수다를 떨기도 하고 삼삼오오 모여 과제를 하기도 한다. 한쪽에서는 기타 연습에 몰두하고 있는 학생들을 볼 수 있을 만큼 자유롭고 편안한 분위기. 달랏 대학교 학생들이 아르바이트를 하고 있어 영어도 잘 통하고 카페가 바쁘지 않다면 학생들과 이야기를 나눌 수도 있다. 윈드밀 카페는 달랏 현지에서 재배하는 생두를 볶아 커피를 내린다. 하지만 대부분의 사람들은 서늘한 날씨에도 불구하고 얼음이 잔뜩 들어간 프라푸치노나 스무디를 마신다. 바탕하이(Ba tháng Hai) 거리 초입에 지점이 하나 더 있다.

위치 달랏 역을 지나 Khách Sạn Đường Sắt Đà Lạt 간판 안으로 난 골목 안으로 도보 3분 주소 Biệt Thự 03, 1 Quang Trung 오픈 08:00~21:30 요금 음료 29,000~45,000VND, 식사류 80,000~150,000VND 전화 263-3816-365 홈피 www.dalattrainvilla. com 지도 MAP 25 ⓒⒹ

위치 판딘풍 거리에 있는 리버 프린스 호텔을 마주보고 왼쪽에 위치 주소 133 Phan Đình Phùng 오픈 08:00~22:00 요금 27,000~36,000VND 전화 263-3540-806 지도 MAP 26 ⓒ

# T H E M E

# 달랏의 특산품

---

1년 내내 서늘하고 쾌적한 날씨 덕분에 달랏에서만 재배되는 독특한 작물이 많다. 눈을 크게 뜨고 시장 구경에 나서 보자.

## 달랏 커피 Đà Lạt Coffee

달랏은 베트남 커피 명산지 부온마투옷과 함께 커피 재배지로 유명하다. 시내 외곽 투어를 가게 되면 커피 농장도 구경하고 신선한 원두도 사올 수 있다.

## 아티초크 Artichoke

아티초크는 솔방울 모양의 식용 식물이다. 간 · 위장 질환 개선과 혈압 · 혈당 저하에  탁월한 효과가 있어 인기가 많다. 차로 팔기도 하고 엑기스를 병에 담아 팔기도 한다. 차는 20개들이 31,000VND, 엑기스는 150g에 129,000VND이다.

## 과일

시장에는 감, 딸기, 아보카도가 흔하다. 감은 떫지 않고 사각사각하니 맛이 좋다. 가격도 매우 저렴하고 양도 많은 편. 반면에 딸기는 우리나라 딸기보다 모양과 맛이 떨어진다. 알이 작고 새콤한 맛이 강하다. 딸기잼도 흔하게 볼 수 있다.

## 방달랏 Vang Đà Lạt

달랏 근교 판랑 지역의 포도로 만든 와인이다. 베트남 최초의 상업 와이너리 Thien Thai Winery에서 관리하고 생산한다. 음식점에서도 잔으로 혹은 병으로 서비스한다. 기회가 된다면 한 번쯤 마셔봐도 좋겠다. 여행자 거리의 슈퍼에서는 1병 기준으로 클래식 70,000 VND, 엑스포트 80,000VND에 판매하고 있다.

# *Shopping*

## 달랏 시장
### Chợ Đà Lạt

BEST

Da Lat Market

달랏에서 가장 활기찬 재래시장이다. 호아빈 광장과 연결된 시장 건물을 중심으로 롯데리아 오거리까지 이어진다. 날씨가 서늘하다 보니 다른 도시의 재래시장과는 분위기도 다르고 파는 물건의 종류도 확실히 다르다. 아침부터 오후까지는 달랏 각지에서 가져온 싱싱한 꽃과 금방 수확해 온 딸기, 감, 아보카도 같은 과일을 거래하느라 분주하다. 하지만 해가 지고 나면 두꺼운 잠바, 스웨터, 구제 옷을 파는 가게들로 거리가 꽉 찬다. 가게 사이 사이에는 운동화, 양말, 장갑, 모자를 파는 노점상이 즐비하고 길거리 음식점도 끝이 없다. 모처럼 마트가 아닌 재래시장에서 즐거운 경험을 할 수 있다.

<u>위치</u> 호아빈 광장과 연결된 계단 이용 <u>주소</u> Nguyễn Thị Minh Khai <u>오픈</u> 15:00~ 23:00 <u>지도</u> MAP 26 Ⓓ

## 랑팜
### L'ang Farm

달랏 시내 어디에서나 볼 수 있는 식료품 가게다. 1995년에 오픈한 랑팜은 달랏에서 나고 자란 농산물만을 가공해서 합리적인 가격에 판매하고 있다. 차, 허브, 건과, 잼, 주스 등 품목도 다양해서 달랏의 웬만한 특산품을 이곳에서 다 구입할 수 있을 정도다. 제품 설명과 포장도 잘 되어 있어 여행 선물로 제격이다. 아티초크 차, 아티초크 엑기스, 국화차, 말린 과일, 딸기잼이 가장 인기 있는 아이템. 2층은 뷔페 레스토랑으로 랑팜에서 관리하는 식재료와 식료품을 이용해서 음식을 만들고 있다.

<u>위치</u> 달랏 시장 안 응우엔티민카이 거리에 위치(골프 3 호텔 옆) <u>주소</u> 6 Nguyễn Thị Minh Khai <u>오픈</u> 07:30~22:30 <u>전화</u> 263-3510-520 <u>홈피</u> www.langfarmdalat.com <u>지도</u> MAP 26 Ⓓ

# THEME

# 달랏
# 베스트 호텔

달랏에는 저렴하면서도 시설이 좋은 호텔들이 많은 편. 배낭 여행자를 위한 숙소는 호아빈 광장 북쪽 판딘풍 거리에 모여 있다. 지도로는 멀어 보이지만 달랏 시내가 작은 편이라 실제로는 다닐 만하다. 고급 호텔은 주로 달랏 시장 근처나 호수 남쪽에 자리하고 있다. 베트남 현지인 관광객이 많은 도시라 주말, 연말, 새해, 설날에는 호텔 요금이 많이 올라간다.

## BEST 1 드림스 호텔 Dreams Hotel

달랏을 여행하는 사람들에게 오랫동안 사랑받아 온 호텔이다. 달랏에 여러 개의 호텔을 운영하고 있다. 모두 평이 좋아 믿고 묵을 수 있다. 객실은 별다른 인테리어 없이 단정하게 꾸며져 있다. 여행자에게 필요한 물품을 잘 챙겨 두어 세심함이 엿보인다. 침대와 침구, 화장실 모두 깔끔하다. 주인 아주머니도 친절하고 넓은 식탁에 푸짐하게 차려지는 조식도 만족스럽다. 드림스 3 호텔 역시 인기 만점.

**위치** 호아빈 광장에서 도보 10분, 리버 프린스 호텔 근처 **주소** 151 Phan Đình Phùng **요금** 20~25US$ **전화** 263-3833-748 **홈피** www.dreamshotel.vn **지도** MAP 26 Ⓐ

## BEST 2 아나 만다라 빌라 Ana Mandara Villas

고산 도시에 잘 어울리는 프랑스 산장 콘셉트의 고급 호텔이다. 달랏 시내에서 서쪽으로 2km 떨어진 숲 속에 위치하고 있다. 덕분에 번잡한 도시를 잊고 완벽하게 힐링할 수 있다. 객실은 총 70개인데 좀 더 프라이빗한 휴가를 보내고 싶은 이들을 위해 17개의 독채 빌라도 두고 있다. 에바손 그룹에서 운영하는 호텔인 만큼 객실 인테리어도 수준급. 룸서비스도

편리하고 각종 투어도 바로 신청할 수 있어 굳이 시내까지 나가지 않아도 달랏을 충분히 즐길 수 있다.

**위치** ①리엔크엉공항에서 택시로 45분 ②호아빈 광장에서 택시로 10분 **주소** Lê Lai, Phường 5 **요금** 140~190US$ **전화** 263-3555-888 **홈피** www.anamandara-resort.com **지도** MAP 25 Ⓒ

# *Staying*

## 슬립 인 달랏 호스텔
### Sleep in Dalat Hostel

## 티엔안 호텔
### Thien An Hotel

## 마이 드림 호텔
### My Dream Hotel

배낭 여행자를 위한 호스텔로 10인용 도미토리와 개인 욕실이 있는 더블룸을 운영한다. 비교적 최근에 지어져 깔끔한 것이 장점. 특히 도미토리는 한쪽 벽면 전체에 튼튼한 나무로 짠 칸막이를 만들고 칸마다 각각 1명씩 잘 수 있도록 꾸민 형태라 아늑한 개인 공간을 갖는 기분이다. 삐걱거리는 소리가 나지 않아 잠자리도 편하다. 간단한 음식을 조리하고 먹을 수 있는 공용 주방도 갖추고 있다. 달랏을 여행하는 다양한 투어도 친절하게 잘 연결해준다. 단, 광장, 시장, 호수와는 조금 떨어져 있어 불편할 수도 있다.

위치 호아빈 광장에서 응우옌반쪼이 거리를 따라 도보 15~20분 주소 83/5b Nguyễn Văn Trỗi 요금 도미토리 5US$, 더블룸 20US$ 지도 MAP 26 Ⓐ

달랏에서 인기가 많은 드림스 호텔에서 운영하는 호텔 중 하나다. 판딘풍 거리를 따라 한참 올라가야 해서 일정이 짧은 여행자들에게는 추천하기 어렵다. 4~7일 정도 달랏에 오래 머무는 여행자나 성수기에 방을 구하지 못한 여행자라면 고려해 볼 만하다. 이곳 역시 드림스 호텔처럼 쾌적하고 깔끔하다. 빛이 잘 들어 밝고 환한 분위기. 화장실도 깨끗하다. 싱글룸부터 패밀리룸까지 객실 종류도 다양하다. 싱글룸이라도 창문이 나 있어 답답하지 않고 공간도 적당하다. 패밀리룸은 4~5인이 쓰기에도 충분할 정도로 공간이 넉넉하다. 아침 식사는 빵, 치즈, 햄, 요거트, 과일 등으로 푸짐하게 나온다. 이메일을 통해서만 예약이 가능하다.

위치 호아빈 광장에서 판딘풍 거리를 따라 도보 25분 주소 364 Phan Đình Phùng 요금 20~40US$ 전화 263-3520-607 지도 MAP 26 Ⓐ

한국인-베트남인 부부가 운영하는 저렴한 호텔이다. 한국인 여행자는 물론 외국인 여행자들도 많이 찾아온다. 1만 원 대에 머물 수 있는데다 방도 깨끗하기 때문. 더블룸과 트리플룸의 경우에는 커튼을 치고 도미토리처럼 사용할 수도 있고 일행끼리 온전히 한 방을 사용할 수도 있다. 무엇보다 한국말이 통하기 때문에 풍부한 여행 정보를 얻을 수 있는 것이 장점. 조식은 빵, 달걀, 잼 등으로 간단하다. 호아빈 광장에서 리버 프린스 호텔이 있는 판딘풍 거리를 따라 북쪽으로 조금 더 올라가야 한다.

위치 호아빈 광장에서 판딘풍 거리를 따라 도보 15분 주소 213A Phan Đình Phùng 요금 8~14US$ 전화 263-3971-444 지도 MAP 26 Ⓐ

# 뒤파크 호텔
Du Parc Hotel

# 티티씨 호텔
# 프리미엄 응옥란
TTC Hotel Premium Ngoc Lan

# 달랏 팰리스
# 럭셔리 호텔
Da Lat Palace Luxury Hotel

1930년대에 지어진 건물을 개조해서 만든 호텔로 고풍스러움이 느껴진다. 달랏 시장이나 호아빈 광장과 가까우면서도 호수 남쪽에 위치하고 있어 매우 조용하고 한적하다. 로비와 객실은 깔끔하게 잘 관리되고 있지만 객실 사이즈가 작은 편이니 아이를 동반하는 가족 여행이라면 좀 더 꼼꼼히 살펴봐야 할 듯. 호텔과 골프장이 연결되어 있고 할인 혜택도 주어져 골프를 즐기는 여행자에게 좋은 평을 받고 있다. 유럽 영화에서 보던 수동식 철제 엘리베이터는 이 호텔의 명물이다.

위치 ①리엔크엉 공항에서 택시로 40분 ②호수 남쪽 달랏 성당에서 도보 2분 주소 15 Trần Phú 요금 70~100US$ 전화 263-3825-777 홈피 www.dalathotelduparc.com 지도 MAP 26 ⑤

달랏 중심가에 자리 잡고 있어 위치 면에서 최고인 호텔이다. 객실은 총 6개 등급으로 나뉘어 있으며 슈페리어룸 시티 뷰를 제외하면 대부분 호수가 보이는 전망 좋은 방에 묵을 수 있다. 호텔 루프탑에서도 호수를 바라볼 수 있어 만족스럽다. 객실 위치에 따라서 조금씩 다르긴 하지만 차량 소음이 들리는 게 흠. 인기 호텔인 만큼 비수기와 성수기 요금에 차등이 크다.

위치 ①리엔크엉 공항에서 택시로 42분 ②호아빈 광장에서 도보 3분 주소 42 Nguyễn Chí Thanh 요금 86~144US$ 전화 263-3838-838 홈피 ngoclan.ttchotels.com 지도 MAP 26 ⑤

바오다이 황제의 여름 궁전 중의 하나를 개조해서 만든 호텔이다. 달랏에서 가장 럭셔리한 호텔이지만 오래된 호텔이라 낡은 감이 느껴지는 것이 아쉽다. 모든 방에서 성당과 호수가 보이는 것이 장점. 럭셔리룸부터는 객실이 넓고 발코니와 벽난로를 갖추고 있어 한결 고급스럽다. 높은 천장, 은은한 조명, 페이즐 무늬의 커튼과 침구 등은 우아함을 배가시킨다. 프랑스 고전미를 살려 디자인한 도서관도 이곳만의 독특한 장소.

위치 ①리엔크엉 공항에서 택시로 35분 ②달랏 역에서 택시로 5분 ③호수 남쪽에서 도보 15분 주소 2 Trần Phú 요금 135~376US$ 전화 263-3825-444 홈피 www.dalatpalacehotel.com 지도 MAP 26 ⑤

칸보디아
Cambodia

50분 ✈

호찌민시
Thành Phố
Hồ Chí Minh

하띠엔
Hà Tiên

1시간 20분 🚢

미토
Mỹ Tho

푸꿕 섬
Đảo Phú Quốc

2시간 20분 🚢

빈롱
Vĩnh Long

벤쩨
Bến Tre

랏자
Rạch Giá

껀터
Cần Thơ

간여우 꽂
Mũi Gành Dầu

자이 비치
Bãi Dài

빈펄 리조트 Ⓗ
Vinpearl Resort

국립공원
Vườn Quốc Gia

국립공원
Vườn Quốc Gia

뱀부 리조트
Bamboo Resort

붕버우 비치
Bãi Vũng Bầu

보 리조트 Ⓗ
Bo Resort

Ⓡ 온 더 락
On the Rocks

Ⓗ 망고 베이 리조트
Mango Bay Resort

로리스 비치 바 Ⓔ
Rory's Beach Bar

옹랑 비치
Bãi Ông Lang

첸시 리조트
Chen Sea Resort

푸꿕 섬 시내 즈엉동
Dương Đông

딘꺼우 사원 Ⓣ
Chùa Dinh Cậu

득민 후추 농장
Ⓣ Nông Trại Tiêu Đức Ninh

사이공 푸꿕 리조트 Ⓗ
Saigon Phu Quoc Resort

카시아 코티지
Cassia Cottage

함닌 어촌
Làng Chài Hàm Ninh

라 베란다 리조트 Ⓗ
La Veranda Resort

응옥히엔 진주 양식장
Ngọc Trai Ngọc Hiền

🏛 함닌 페리터미널
Bến Phà Hàm Ninh

살린다 리조트 Ⓗ
Salinda Resort

Ⓣ

판 폭포
Suối Tranh

Ⓗ

✈
푸꿕국제공항
Sân Bay Quốc Tế Phú Quốc

머큐어 푸꿕 리조트
Mercure Phu Quoc Resort

🏛 바이봉 페리터미널
Bến Phà Bãi Vòng

롱 비치
Bãi Trường

봉 비치
Bãi Vòng

파라디소
Paradiso

미란 Ⓡ
Mỹ Lan

사오 비치
Bãi Sao

Ⓣ
코코넛 나무 감옥
Nhà Tù Phú Quốc

N

0        5km

안토이 항구
Cảng An Thới

푸꿕 섬 전도

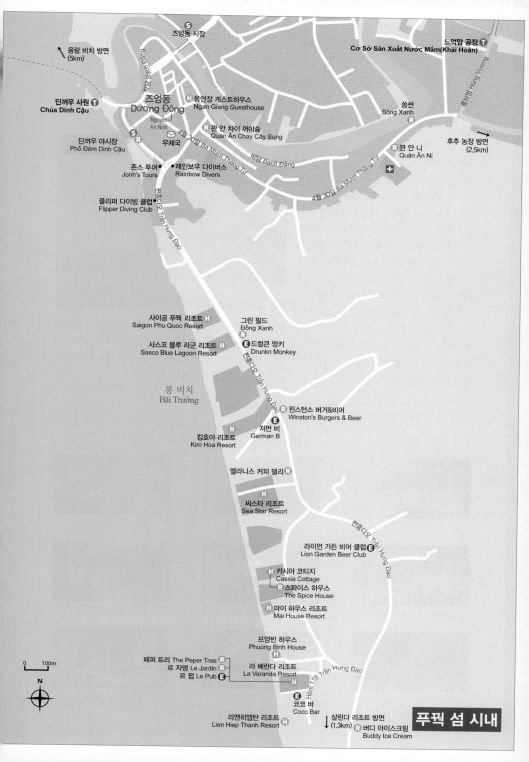

옹랑 비치 방면
(5km)

즈엉동 시장

Cơ Sở Sản Xuất Nước Mắm(Khải Hoàn)

느억맘 공장 **T**

딘꺼우 사원 **T**
Chùa Dinh Cậu

**H** 응언장 게스트하우스
Ngan Giang Guesthouse

쏭싼
Sông Xanh

즈엉동
Dương Đông

Sung Bach Dang

Nguyễn
An Ninh

딘꺼우 야시장
Phố Đêm Dinh Cậu

**S** **R**
우체국

**R** 꽌 안 차이 꺼이슝
Quán Ăn Chay Cây Sung

**R** 꽌 안 니
Quán Ăn Ní

후추 농장 방면
(2,5km)

4월 30일 Ba Mươi Tháng Tư

바당 Bach Đang

4월 30일 Ba Mươi Tháng Tư

존스 투어 ●
Jonh's Tours

● 레인보우 다이버스
Rainbow Divers

플리퍼 다이빙 클럽
Flipper Diving Club

19. Trần Hưng Đạo

사이공 푸꿕 리조트 **H**
Saigon Phu Quoc Resort

그린 필드
Đồng Xanh

사스코 블루 라군 리조트 **H**
Sasco Blue Lagoon Resort

**E** 드렁큰 멍키
Drunkn Monkey

롱 비치
Bãi Trường

Trần Hưng Đạo

**R** 윈스턴스 버거&비어
Winston's Burgers & Beer

**H** 저먼 비
Kim Hoa Resort 킴호아 리조트

**E** German B

앨라니스 커피 델리 **R**

**H**
씨스타 리조트
Sea Star Resort

라이언 가든 비어 클럽 **E**
Lion Garden Beer Club

Trần Hưng Đạo

**H** 카시아 코티지
Cassia Cottage

**R** 스파이스 하우스
The Spice House

**H** 마이 하우스 리조트
Mai House Resort

프엉빈 하우스
Phuong Binh House

페퍼 트리 The Peper Tree **R**
르 자뎅 Le Jardin **R**
르 펍 Le Pub **E**

라 베란다 리조트
La Veranda Resort

Hẻm 118 Trần Hưng Đạo

**H**

**E** 코코 바
Coco Bar

살린다 리조트 방면
(1,3km)

리엔히엡탄 리조트
Lien Hiep Thanh Resort **H**

**R** 버디 아이스크림
Buddy Ice Cream

0    100m

N

푸꿕 섬 시내

# 01 푸꾸옥 섬은 어떤 곳일까?

### ABOUT DAO PHU QUOC

**베트남의 몰디브, 푸꾸옥 섬**

베트남 남서부에 위치한 큰 섬이다. 호찌민 시에서 비행기로 50분이면 닿을 수 있다. 제주도의 3분의 1 규모에 약 10만 명의 주민이 살고 있는 섬이다. 울창한 숲이 섬의 70%를 차지하고 있을 만큼 청정한데다 맑고 투명한 바다는 말도 못하게 아름답다. 내셔널 지오그래픽에서는 '2014년 최고의 겨울 여행지 3위'로 꼽았고 허핑턴 포스트 역시 '유명해지기 전에 꼭 가봐야 할 여행지'로 선정한 바 있다. 그만큼 핫한 휴양지라는 뜻이다. 2012년에 국제공항이 들어섰고 2014년에 30일 무비자 협정이 체결되어 베트남의 새로운 휴양지로 발돋움하고 있다. 아직 주민들은 어업에 종사하고 있지만 느억맘과 후추, 진주 같은 지역 특산물을 생산하는데도 열심이다. 관광 개발이 많이 되지 않은 곳인 만큼 때 묻지 않은 자연과 순박한 사람들을 만날 수 있다. 올해는 푸꾸옥 섬으로 비밀스러운 휴가를 떠나보자!

## ■ 푸꾸옥 섬 BEST

### BEST TO *Do*

리조트에서 휴식

사오 비치 ▶ p.480

다이빙 & 보트 트립 ▶ p.485

### BEST TO *Eat*

그린 필드 ▶ p.486

온 더 락 ▶ p.486

꽌 안 니 ▶ p.487

### BEST TO *Stay*

라 베란다 ▶ p.490

망고 베이 ▶ p.490

마이 하우스 ▶ p.490

# 02 푸꾸 섬 가는 방법

## HOW TO GO

푸꾸 섬으로 가는 방법은 비행기와 고속 페리 두 가지다. 비행기는 호찌민시, 껀터, 랏자, 하노이 4개 도시에서만 탈 수 있다. 메콩 델타 투어를 마친 여행자라면 고속 페리를 타고 이동할 수도 있다.

| 호찌민시 ➜ 푸꾸 섬 비행기 50분 | 하노이 ➜ 푸꾸 섬 비행기 2시간 5분 |
|---|---|

## 호찌민시에서 가기

 **비행기**
떤선녓국제공항에서 매일 7~10편이 출발하며 날씨에 따라 4~6편으로 조정 운항되기도 한다.
■ 베트남항공, 비엣젯, 젯스타
50분 소요 / 푸꾸국제공항(Sân Bay Quốc Tế Phú Quốc) 도착

## 메콩 델타에서 가기

 **고속 페리**
메콩 델타 투어를 마치고 페리를 이용해서 푸꾸 섬으로 갈 수도 있다. 비행기보다 60% 이상 저렴하다.

| 출발지 | 출발시간/소요시간 | 요금 | 도착지 |
|---|---|---|---|
| 랏자 페리터미널 (Bến Phà Rạch Giá) | 08:00, 08:10, 08:30, 08:45, 12:40, 12:45, 13:00 / 2시간 20분 | 성인 350,000VND 어린이 250,000VND | 푸꾸 섬 동쪽 바이봉 페리터미널 (Bến Phà Bãi Vòng) |
| 하띠엔 페리터미널 (Bến Phà Hà Tiên) | 07:30, 07:45, 08:00, 10:30, 12:30, 13:15 / 1시간 20분 | 성인 230,000VND 어린이 160,000VND | 푸꾸 섬 동쪽 함닌 페리터미널 (Bến Phà Hàm Ninh) |

## 하노이에서 가기

**비행기**
매일 2~4편이 운항한다. 여름, 겨울 성수기에는 예약을 서둘러야 한다.
■ 베트남항공, 비엣젯, 젯스타
2시간 10분 소요 / 푸꾸국제공항 도착

# 03 공항-시내 이동 방법

## AIRPORT TRANSPORT

푸꿕국제공항(Sân Bay Quốc Tế Phú Quốc)은 섬의 서쪽 중간에 위치하고 있다. 시내에서 멀지 않은데다 호텔과 리조트가 모여 있는 롱비치와도 가까워 오가기 좋다.

### 🚕 택시

공항 밖에는 마이린 택시와 사스코 택시가 대기하고 있다. 마이린 택시보다는 사스코 택시가 좀 더 저렴하다. 도착장 2층에는 저렴한 소형 에어포트 택시도 있다. 롱 비치에 있는 라 베란다, 카시아 호텔까지는 100,000~160,000VND, 롱비치 북쪽 옹랑 비치에 있는 첸시, 망고베이 리조트까지는 270,000~350,000VND가 나온다.
**위치** 공항 밖에 있는 택시 승강장 이용 **오픈** 24시간 **소요시간** 롱 비치까지 10~15분, 옹랑 비치까지 30~35분

### 🚕 세어링택시

사람들을 모아 호텔까지 데려다 주는 사설 택시다. 공항 안팎에 있는 매표소에서 비용을 미리 지불하고 타면 된다. 사람 수에 따라 10인승 벤 또는 5인승 자가용으로 이동한다.
**위치** 공항 밖으로 나가 오른쪽에서 탑승 **요금** 1인당 50,000VND **소요시간** 롱 비치까지 10~15분, 옹랑 비치까지 30~35분

# 04 푸꿕 섬 시내 교통

## CITY TRANSPORT

### 🚕 택시

호텔이나 리조트에 부탁해서 택시를 부르는 것이 일반적이다. 하지만 길거리에도 택시가 많아 이용하는데 어려움은 없다. 다만, 지도와 주소가 맞지 않아 혼선을 빚는 경우가 많다. 여행자들이 많이 가는 레스토랑, 펍, 바 등은 택시 기사들도 잘 알고 있으므로 주소보다는 가게 이름을 말하는 것이 더 낫다.

> **TIP**
> ### 주요 택시 브랜드
> 마이린 Mai Linh 전화 297-3-979797
> 사스코 Sasco 전화 297-3-767676
> 자레 Giá Rẻ Taxi 전화 297-3-757575

| 목적지 | 거리 | 시간 | 적정 요금 |
|---|---|---|---|
| 카시아 코티지 → 딘꺼우 사원 | 2.4 km | 10분 | 30,000~40,000VND |
| 즈엉동 시내 → 망고 베이 리조트 | 9km | 20~25분 | 115,000~150,000VND |
| 즈엉동 시내 → 사오 비치 | 25km | 40분 | 320,000~400,000VND |

### 🛵 오토바이 대여

섬을 자유롭게 둘러보려는 여행자들이 선호하는 교통수단이다. 하루 빌리는데 100,000~140,000 VND 정도가 든다. 섬 내에서는 40km 이하로 저속 주행해야 하며 헬멧은 필수다. 주유소가 많지 않으므로 출발하기 전에 가득 채워서 이동하자.

# 05 푸꿕 섬 이렇게 여행하자

## TRAVEL COURSE

### 여행 방법

푸꿕 섬 여행의 목적이 휴양인 만큼 마음에 드는 호텔과 리조트에서 한가로운 시간을 보내는 것이 가장 좋다. 하지만 푸꿕 섬 남서쪽에 있는 사오 비치는 반나절 정도 시간을 내서 꼭 들러 보자. 돌아오는 길에 코코넛 나무 감옥, 짠 폭포, 함닌 어촌 등을 구경해도 좋다. 더위가 가시는 늦은 오후에는 즈엉동 시내로 나가 시장도 구경하고 해산물 구이도 맛보자.

**TIP**

푸꿕 섬을 방문하기 가장 좋은 때는 11월에서 5월 사이이다. 그중에서도 4~5월은 가장 덥지만 유리처럼 맑고 투명한 바다를 질리도록 감상할 수 있다. 반면 6~9월에는 우기라 습하고 비가 자주 내린다. 하지만 하루 종일 비가 내리는 것은 아니라서 비가 그치고 나면 눈부신 바다를 만날 수 있다.

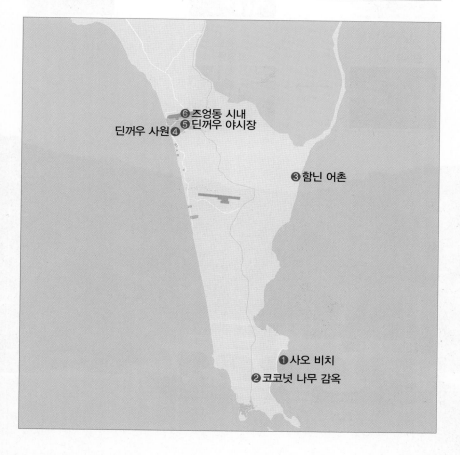

**⑥ 즈엉동 시내**
딘꺼우 사원 **④** **⑤ 딘꺼우 야시장**

**❸ 함닌 어촌**

**❶ 사오 비치**
**❷ 코코넛 나무 감옥**

출발
**롱 비치**

택시 40분

**사오 비치**

**점심 식사**

택시 25분

**코코넛 나무 감옥**

택시 20분

**함닌 어촌 (또는 짠 폭포)**

택시 15분

**딘꺼우 사원**

도보 3분

**딘꺼우 야시장**

도보 5분

**즈엉동**

# 롱 비치
Bãi Trường

Long Beach

푸꾸옥 섬을 대표하는 해변이다. 길이가 25km에 이르는 긴 해변이라 이름도 롱 비치다. 일찌감치 고급 리조트들이 들어서 수십 개에 이르지만 지금도 새로운 리조트들이 앞다투어 진출하고 있을 만큼 개발이 한창이다. 섬의 서쪽에 위치하고 있어 해 질 무렵 보랏빛으로 물드는 풍광이 매우 아름답다. 개발된 지 오래되지 않았기 때문에 시골처럼 소박한 풍경도 그대로 남아 있다. 롱 비치 주변에는 여행자들을 위한 레스토랑, 펍, 바, 슈퍼 등이 있지만 드문드문한 정도라 택시를 타고 이동해야 할 때가 더 많다. 카시아 코티지나 사이공 푸꾸옥 리조트 근처에 있다면 해 질 무렵 비치를 따라 30~40분 정도 걸으면 즈엉동 시내까지 닿을 수 있다.

위치 ①공항에서 택시로 10분 ②즈엉동 시내에서 택시로 5~10분 주소 Trần Hưng Đạo 지도 MAP 28 ⓒ

# 즈엉동
Dương Đông

푸꾸옥 섬에서 가장 번화한 시내다. 호텔, 음식점, 은행 등이 자리하고 있다. 응우옌쯩쪽(Nguyễn Trung Trực) 거리를 따라 다리를 건너면 푸꾸옥 사람들의 생활상을 볼 수 있는 큰 규모의 재래시장도 나온다. 냐짱이나 다낭처럼 도시화 되어 있지 않아서 여전히 정겨운 시골 읍내 같은 분위기. 즈엉동 시내를 기점으로 북쪽은 옹랑 비치, 남쪽은 롱 비치로 구분된다. 시내 관광명소인 느억맘 공장과 딘꺼우 사원, 딘꺼우 야시장도 모두 가까이에 있다.

위치 ①롱 비치에서 택시로 5~10분 ②옹랑 비치에서 택시로 20~25분 지도 MAP 28 Ⓐ

# 사오 비치
## Bãi Sao

Sao Beach

베트남에서 좀처럼 보기 어려운 에메랄드빛 바다. 개발이 거의 이뤄지지 않아 자연 그대로의 모습이 많이 남아 있다. 파도가 낮고 수심이 얕아 해수욕을 즐기기에도 더없이 좋은 환경. 게다가 곱고 하얀 모래사장 위에 누워 태닝도 할 수 있으니 이보다 더 완벽한 휴식처는 없을 듯. 덕분에 아시아에서 가장 아름다운 비치 중에 하나로 손꼽히면서 점점 더 많은 여행자에게 알려지고 있다. 비치 주변에는 리조트나 편의시설이 거의 없어 대부분 이곳에서 쉬다가 롱 비치로 돌아간다.

<u>위치</u> ①롱 비치나 즈엉동 시내에서 택시로 40분 ②푸꿕국제공항에서 택시로 25분 ③바이봉 페리터미널에서 택시로 30분 <u>주소</u> An Thới <u>지도</u> MAP 27 Ⓕ

**TIP**

비치 근처에는 방갈로 형태의 카페 미란 (Mỹ Lan), 파라디소(Paradiso), 아이씨엠 (Ái Xiêm) 등이 있다. 이 곳에서 식사나 음료를 주문할 수 있고 선 베드도 빌릴 수 있다. 샤워 시설도 마련되어 있어 해수욕이나 태닝을 마치고 씻기 좋다. 1회용 샴푸와 비누도 준다.

<u>오픈</u> 07:30~22:30 <u>요금</u> 음료 20,000~45,000VND, 식사 80,000~150,000VND, 샤워 20,000VND

# 딘꺼우 사원
## Chùa Dinh Cậu

Dinh Cau Temple

바다로 이어지는 즈엉동 강 하구에 자리한 사원이다. 바위 섬 위에 아슬아슬하게 자리하고 있는 모습이 독특하다. 뱃사람들의 안전한 항해와 귀환을 기원하며 바다의 여신 티엔허우(Thiên Hậu)를 모시고 있다. 1937년에 세워진 것으로 매월 음력 1일과 15일이 되면 어부를 위한 제사를 지낼 만큼 섬사람들에게는 소중한 장소다. 바로 옆에는 밤바다를 드나드는 배들을 안내하는 등대도 있다. 이곳에서 내려다보는 바닷가 풍경이 참으로 아름답다.

위치 ①롱 비치에서 택시로 5~10분 ②쩐흥다오(Trần Hưng Đạo) 삼거리에서 보 티사우(Võ Thị Sáu) 거리를 따라 도보 5분 주소 Bạch Đằng 오픈 05:00~19:00 요금 무료 지도 MAP 28 Ⓐ

**TIP**
### 딘꺼우 야시장
딘꺼우 사원 아래의 보티사우(Võ Thị Sáu) 거리를 따라 조금만 내려가면 야시장이 나온다. 매일 17:00~24:00에 열린다. 이 곳에서 저녁 식사를 하고 산책하는 여행자들이 많다.

# 짠 폭포
## Suối Tranh

Tranh Waterfall

폭포라기보다 계곡에 가깝다. 잘 꾸며진 공원을 지나 계곡물이 흐르는 완만한 산길을 15분 정도 올라가면 자그마한 짠 폭포가 나온다. 여행자들은 이곳에서 물놀이를 하거나 맥주를 마시면서 즐거운 한 때를 보낸다. 반면 현지인들은 폭포까지 올라 가지 않고 적당한 자리를 골라 돗자리를 펴고 준비해 온 간식을 먹으며 보낸다. 우리나라의 한여름 피서지를 보는 것 같은 기분이다. 참고로 산길은 조리 같이 편안한 신발을 신고도 쉽게 올라갈 수 있다.

위치 롱 비치에서 택시로 15분 주소 Suối Mây 오픈 07:00~18:00 요금 입장료 10,000VND, 주차비 10,000VND 지도 MAP 27 Ⓓ

## 함닌 어촌
Làng Chài Hàm Ninh

Ham Ninh Fish Village

푸꾸옥 섬 동쪽에 위치한 어촌이다. 롱 비치와는 약 12km 떨어져 있다. 롱 비치가 여행자 구역이라면 함닌은 푸꾸옥 어민들의 생활 터전이다. 마을에는 생선을 사고파는 시장과 식당이 형성되어 있고 골목 사이사이에는 사람들이 사는 집과 유치원, 슈퍼, 커피숍 등이 자리하고 있다. 어촌답게 집집마다 생선을 말리는 풍경도 흔하다. 배가 다니는 부둣가로 나가면 건어물 가게가 즐비하고 여행자를 쫓아다니며 불가사리를 사라고 외치는 아이들도 볼 수 있다. 바다를 향해 길게 뻗은 부두는 유난히 길어서 낮 비행기를 타고 푸꾸옥 섬을 오갈 때도 하늘 위에서 또렷하게 보일 정도다. 길이가 550m나 돼서 쉬지 않고 10분을 걸어야 부두 끝에 닿을 수 있다. 그곳에는 막 어업을 마치고 돌아온 어부들이 그물을 손질하거나 배를 손보느라 분주한 모습이다. 가족들은 남은 생선을 가지고 집으로 돌아간다. 함닌의 볼거리란 바로 이러한 소소한 풍경에 있다.

위치 ①짠 폭포에서 택시로 10분 ②롱 비치에서 택시로 20분 주소 Rạch Hàm 지도 MAP 27 ⓓ

## 코코넛 나무 감옥
Nhà Tù Phú Quốc

Coconut Tree Prison

1949년 프랑스 식민 통치자들이 세운 감옥이다. 반프랑스 세력과 공산주의자 1만 4천여 명을 가두고 고문하기 위해 만들어졌다. 처음에는 식민 통치에 반대하는 독립 운동가와 정치가들을 가두었으나 베트남 전쟁 때는 아시아의 공산화를 두려워했던 미국이 베트남 공산주의자까지 잡아들여 고문했다. 실내 전시관에는 당시의 실상을 낱낱이 알려주는 사진, 증언, 고문 도구, 기록물들이 전시되어 있다. 그리고 야외 전시관에는 실제 감옥의 모습이 공개되어 있어 견학이 가능하다. 겹겹이 둘러싸인 철책선과 높다란 감시탑을 지나면 등골이 오싹해진다. 사람을 짐승처럼 가두었던 타이거 케이지 앞에 서면 그 잔인함에 혀를 내두르게 된다. 안으로 좀 더 들어가면 수용소 건물 18채가 나온다. 각각의 수용소 안에는 베트남 사람들이 어떻게 생활했는지, 어떤 고문을 받았는지 알 수 있도록 실물 크기의 인형으로 재현해 놓았다. 표현이 너무 구체적이고 적나라해 차마 보기가 힘들 정도. 어린이, 노약자, 임산부라면 보지 않는 편이 낫다. 이런 지옥 같은 곳을 거쳐 간 베트남 사람들이 약 4만 명에 이른다고 한다. 전쟁이 얼마나 큰 재앙이었는지 다시 한 번 더 생각해 보게 된다. 코코넛 나무 감옥은 1996년에 국가역사문화재로 지정되었다.

위치 ①롱 비치에서 택시로 30분 ②사오 비치에서 택시로 10분 주소 350 Nguyễn Văn Cừ, An Thới 오픈 07:00~17:00 요금 무료 홈피 phuquocprison.org 지도 MAP 27 ⓕ

## 느억맘 공장
### Cơ Sở Sản Xuất Nước Mắm

Fish Sauce Factory

느억맘은 신선한 멸치를 잡아 1년 동안 소금물에 절여 발효시킨 어장(魚醬, Fish Sauce)의 한 종류로 푸꿕 섬에서 만든 것을 최고로 친다. 즈엉동 시내에는 제조 공장이 많이 있어 견학도 가능하다. 방문시 특별한 설명을 해주는 것은 아니고 공장 안을 휘 둘러 보는 정도. 내부에 들어서면 상당한 크기의 오크통이 시선을 압도한다. 각 통마다 고유한 번호가 붙어 있고 하단에는 꼭지가 달려 있어 느억맘이 흘러 나오는 모습을 볼 수 있다.

위치 즈엉동 시장에서 즈엉동 강 다리 방향으로 도보 15분 주소 11,Cầu Hùng Vương 오픈 07:00~19:00 요금 무료 전화 297-3848-555 홈피 www.khaihoanphuquoc.com.vn 지도 MAP 28 ⓑ

느억맘은 기내 반입 금지 품목이다. 구입해도 섬 밖으로 가지고 나갈 수 없다.

## 후추 농장
### Nông Trại Tiêu

Peper Farm

푸꿕 섬의 후추는 느억맘과 함께 섬을 대표하는 특산물로 유명하다. 공장에서 기계로 말리지 않고 자연광으로 말리기 때문. 후추는 우리에게 친숙한 향신료지만 실제로 후추 나무에서 열리는 후추 열매를 본 사람은 많지 않을 터. 그래서 농장에 들러 보는 재미가 있다. 더불어 이곳에서 직접 수확하고 말린 후추를 저렴하게 구입할 수 있어 일거양득이다. 종류는 블랙, 레드, 화이트 3가지. 신선하고 건강한 후추에서 어떤 맛과 향기가 나는지 꼭 체험해 보자. 여러 농장 중에서 득민 후추 농장(Nông Trại Tiêu Đức Ninh)이 찾기 쉽다.

위치 즈엉동 시내에서 짠 폭포 방향으로 택시로 7분 주소 Dương Tính 47, Ấp Suối Đá, Xã Dương Tơ 오픈 07:00~ 19:00 요금 무료(후추 작은 통 기준 20,000~30,000VND) 전화 297-3847-520 지도 MAP 27 ⓓ

## 진주 양식장
### Công Ty Ngọc Trai

Pearl Farm

푸꿕 섬은 진주가 자라기 좋은 자연환경을 갖고 있다. 그래서 일찍부터 진주 사업이 발달했다. 연간 진주 알 50,000~60,000개 이상을 수출하고 있을 만큼 품질이 뛰어나다. 진주의 색상이 다양한 것도 특징이다. 바다 색깔의 진주와 검은빛이 도는 흑진주는 푸꿕 섬에서만 얻을 수 있다고. 그래서 그 가치 또한 매우 독보적이라고 한다. 가격은 진주의 품질, 밝기, 색상, 모양에 따라 천차만별. 한화로 50만 원에서 300만 원까지 다양하다. 현재 푸꿕 섬에서는 4개의 회사가 진주를 양식, 가공, 생산하고 있다. 그중에서 응옥히엔 브랜드(Ngọc Trai Ngọc Hiền)가 가장 유명하다.

위치 ①공항과 머큐어 리조트 사이에 있는 쩐흥다오 거리에 위치 ②롱 비치에서 쩐흥다오 거리를 따라 남쪽으로 택시 10분 주소 64 Trần Hưng Đạo 오픈 08:00~17:00 전화 297-3988-999 지도 MAP 27 ⓒ

## 스쿠버 다이빙 Scuba Diving

푸꿕 섬의 서쪽은 사람의 손이 거의 닿지 않은 청정 바다다. 수중 생태계가 잘 보존되어 있을 뿐만 아니라 물

이 맑고 깨끗해 스쿠버 다이빙을 즐기기에 더 없이 좋은 환경을 갖췄다. 날씨와 해류에 따라 북쪽에 있는 다이 비치(Dai Beach) 근처 또는 남쪽에 있는 안토이 섬(An Thoi Island) 근처 에서 진행한다. 1일 체험부터 오픈 워터, 어드 벤스, 전문가 과정까지 프로그램은 다양하다. 묵고 있는 호텔이나 리조트에 부탁하면 연결 해 준다. 호텔까지 픽업&드롭도 해준다. 여유 가 된다면 꼭 한 번 체험해 보자.

### 플리퍼 다이빙 클럽 Flipper Diving Club

위치 사이공 푸꿕 리조트와 레인보우 다이버스 사이에 위 치, DIVE CENTER 간판 확인 주소 60 Trần Hưng Đạo 오픈 09:00~21:00 요금 스쿠버 다이빙 150US$(장비&점심 포함) 전화 297-3994 -924 홈피 www.flip perdiving.com 지도 MAP 28 Ⓐ

### 레인보우 다이버스 Rainbow Divers

위치 즈엉동 시내까지 이어지는 쩐흥다오 삼거리에 위치 주소 11 Trần Hưng Đạo 오픈 09:00~18:00 요금 스쿠 버 다이빙 75~ 125US$ (장비& 점심 포함) 전화 913-400-964 홈피 www.dive vietnam.com 지도 MAP 28 Ⓐ

## 보트 트립 Boat Trip

배를 타고 나가 크고 작은 아름다운 섬을 도는 투어다. 스노클링, 낚시, 오징어잡이 등을 하며 즐거운 한때를 보낼 수 있다. 특히 맑고 깨끗한 물에서 즐기는 스노클링은 보트 트립의 하이라이트. 각각 다른 바다에서 45~60분씩 2번 체험할 수 있다. 물고기가 잘 잡히는 곳에서는 낚시하는 시간도 갖고 아름다운 사오 비치도 들른다. 오후 4~5시경부터 시작하는 나이트 투어는 오징어잡이 체험이 중심. 직접 잡은 오징어와 생선을 배 위에서 구워 먹는 재미가 남다르다.

### TIP

1. 남쪽으로 이동하는 경우에는 배를 타고 나가는 시간이 길어 멀미를 하기 쉽다. 배 안에서 무료로 나눠주는 멀미약을 꼭 복용하자.
2. 옹랑 비치, 붕버우 비치, 다이 비치에 위치한 리조트에 묵고 있다면 별도의 픽업&드롭 비용을 지불해야 한다. 하지만 여러 호텔과 리조트를 거치기 때문에 시간이 오래 걸린다. 차라리 택시를 타는 편이 낫다.
3. 대부분 식사와 생수 1통 정도는 제공하지만 그 외 간식과 음료는 제공하지 않는다. 물놀이를 하면 금방 허기가 지므로 별도의 간식을 준비하는 것이 좋다.
4. 수영복, 래시가드, 보드쇼트 같은 물놀이 차림이 좋다. 늦은 오후가 되면 체온이 떨어질 수 있으므로 큰 수건과 여벌의 옷을 챙기자.

### 존스 투어 Jonh's Tours

**위치** 즈엉동 시내까지 이어지는 쩐흥다오 삼거리에 위치 **주소** 4 Trần Hưng Đạo **오픈** 08:00~17:00 **요금** 15~17US$(장비&식사 포함) **전화** 1990-1771 **홈피** phuquoctrip.com **지도** MAP 28 Ⓐ

# Eating

## 그린 필드
### Đồng Xanh

BEST

Green Field

외관은 평범하지만 맛은 절대 평범하지 않다. 음식 하나하나에서 정성이 느껴져 기분 좋게 식사할 수 있다. 베트남 음식이 메인이며 새우, 오징어, 생선 같은 해산물 요리도 잘한다. 특히 매콤한 양념장을 발라 구운 통오징어 구이와 갈릭 버터 소스로 맛을 낸 코비아 생선 요리는 재료와 양념이 조화를 이루어 풍미가 좋은 메뉴. 언제 먹어도 맛있는 모닝 글로리 볶음과 가지 구이 역시 빠뜨릴 수 없다. 롱 비치에 위치하고 있는데다 가격도 적당해서 부담 없이 들를 수 있는 음식점이다.

위치 롱 비치에 있는 사스코 블루 라군 리조트 맞은편 주소 80 Trần Hưng Đạo 오픈 08:00~23:00 요금 밥 · 면류 65,000~75,000VND, 해산물류 115,000~120,000VND, 맥주 15,000VND 지도 MAP 28 ©

## 온 더 락
### On the Rocks

BEST

즈엉동 시내 북쪽 옹랑 비치에 자리한 레스토랑이다. 자연 친화적인 리조트 망고 베이에서 운영하고 있다. 다른 리조트에 숙박하는 여행자들도 일부러 찾아와 식사를 하고 갈 만큼 음식 맛이 뛰어나다. 더불어 롱 비치보다 더 아름다운 옹랑 비치까지 구경할 수 있어 일석이조. 식사 메뉴는 베트남 음식과 웨스턴 음식 두 종류다. 가짓수가 많지 않지만 어떤 메뉴를 주문해도 기대 이상이다. 특히 분짜, 분냄 같은 메뉴는 베트남 대중 음식이 이렇게 고급스럽게 변신할 수 있나 하고 감탄할 정도다. 웨스턴 음식 역시 근사하게 잘 나온다. 리조트의 친환경 콘셉트로 인해 에어컨이 없어 낮에는 조금 덥다. 대신 멋 부리지 않은 듯 내추럴하면서도 감각적인 분위기가 매력이다.

위치 즈엉동 시내에서 망고 베이 리조트까지 택시로 20~25분 주소 Bãi Ông Lang 오픈 06:30~22:30 요금 170,000~330,000VND(15% 세금 포함) 전화 0969-681-821 홈피 www.mangobayphuquoc.com 지도 MAP 27 ©

# 꽌 안 니
Quán Ăn Ní

즈엉동 시내에서 저녁 식사할 곳을 찾고 있다면 이곳으로 가 보자. 여행자보다는 현지인들이 즐겨 찾는 음식점이다. 신선한 해산물을 다양한 방법으로 맛있게 요리해 준다. 메뉴판에는 영어 설명이 없고 사진만 조그맣게 붙어 있어 선뜻 고르기가 망설여진다. 하지만 자세히 들여다보면 그리 어렵지 않다. 게 집 게발(Càng Cua), 새우(Tôm), 오징어(Mực), 모시조개(Nghêu), 꼬막(Sò Huyết), 굴(Hàu), 우렁(Ốc) 등 재료가 나와 있고 그에 따른 요리법이 구이(Nướng), 꼬치구이(Nướng Sa Tế), 소금구이(Rang Muoi), 양념구이(Rang Me), 칠리볶음(Xào Sả Ớt), 찜(Hấp), 튀김(Chiên Bột) 등으로 표기되어 있다. 먼저 먹고 싶은 해산물을 고른 다음 요리법을 선택하면 된다. 새우, 오징어, 모시조개 양념구이나 볶음 요리가 특별히 더 맛있다. 요리법을 고르기 어렵다면 주인 아주머니의 추천을 믿어도 좋다. 시원한 국물의 전골 요리가 먹고 싶다면 각종 해산물이 들어가는 'Lẩu Hải Sản'이나 게가 들어가는 'Lẩu Ghẹ'를 주문해 보자. 레몬그라스와 달걀을 넣은 솥밥(Cơm Chiên Trứng)과 해산물 죽(Cháo Hải Sản)도 함께 먹기 좋은 음식. 견고하게 지어 올린 탄탄한 나무 지붕 아래에 테이블과 의자를 놓고 깔끔하게 운영하고 있다.

위치 바므이탕뚜(Ba Mươi Tháng Tư) 거리에 있는 푸찍 병원을 지나 오른쪽에 위치 주소 138, Đường 30 Tháng 4 오픈 15:00~ 24:00 요금 접시당 40,000~80,000VND, 라우 2인 기준 150,000~200,000VND 지도 MAP 28 ⑧

# 꽌 안 차이 꺼이슝
## Quán Ăn Chay Cây Sung

# 버디 아이스크림
## Buddy Ice Cream

즈엉동 시내에 있는 저렴한 밥집이다. 채식 식당답게 담백하고 깔끔한 맛을 자랑한다. 토마토가 들어간 쌀국수 분지에우(Bún Riêu)는 보기와는 달리 국물 맛이 개운하다. 버섯, 두부, 달걀찜 같은 건더기도 실하게 들어 있다. 밥과 반찬을 한 접시에 내주는 껌디아(Cơm Đĩa) 역시 맛있다. 특별한 반찬 없이도 한 그릇을 뚝딱 비울 수 있는 메뉴다. 그 밖에도 월남쌈 비꾸온(Bi Cuốn)과 스프링롤 짜조(Chả Giò) 등을 포함해 4~6가지 음식을 팔고 있다.

위치 쩐흥다오 사거리에서 직진, 리뜨쫑 거리를 따라 도보 1분, 왼쪽에 위치 주소 10 Lý Tự Trọng 오픈 07:00~20:00 요금 20,000~30,000VND 지도 MAP 28 Ⓐ

아이스크림 가게이자 여행자 카페다. 이 곳의 주인장은 호주 출신으로 푸꿕 섬 여행 정보를 제공하고 홈페이지도 운영하는 능력자. 여행 초반에 찾아가 본다면 유용한 정보를 얻을 수 있다. 딘꺼우 사원에서도 가까워 즈엉동 시내 구경을 나왔다면 한번쯤 들러봄직하다. 이곳의 아이스크림은 뉴질랜드산 원유와 열대 과일로 만든 수제 아이스크림이다. 아이스크림 위에 초콜렛과 견과류 같은 토핑을 더할 수도 있고 와플과 함께 먹을 수도 있다. 특히 아포가토맛 아이스크림은 커피 향과 달콤함이 어우러진 추천 메뉴. 아이스크림 외에도 커피, 신또, 주스 같은 음료부터 간단한 식사 메뉴까지 두루 갖추고 있다.

위치 푸꿕 시내에서 공항방향으로 차로 8분 주소 149 Đường Trần Hưng Đạo 오픈 08:00~22:00 요금 30,000~70,000VND 전화 903-033-603 지도 MAP 28 Ⓕ

## 딘꺼우 야시장
Phố Đêm Dinh Cậu

Dinh Cau Night Market

## 로리스 비치 바
Rory's Beach Bar

해 질 무렵 야시장 안에는 10여 개의 해산물 식당이 들어선다. 수조와 고무통 안에는 여행자의 눈길을 끄는 독특한 갑각류가 가득하다. 주로 푸꾸옥 섬에서 양식하는 각종 새우와 랍스터. 가격은 시가로 무게를 재서 계산한다. 무난한 새우구이나 생선구이도 맛있지만 새로운 것을 찾는 여행자에게는 베트남 가재 똠띳(Tôm Tít)을 추천한다. 랍스터(닭새우과)보다 부드러우면서 쫄깃해 가격대비 만족도가 높은 메뉴다. 새끼 상어를 닮은 귀족 생선 코비아(Cobia) 역시 보들보들하고 담백하다. 그 외에도 볶음밥, 볶음면, 죽, 채소볶음 등 다양한 사이드 메뉴를 주문할 수 있다. 식사와 맥주를 즐기는 여행자들로 흥겨운 분위기다.

위치 ①딘꺼우 사원에서 보티사우 거리를 따라 도보 3분 ②롱 비치에서 택시로 5~10분 주소 Võ Thị Sáu 오픈 17:00~23:00 요금 일반 해산물 110,000~150,000VND, 라우 2인 기준 500,000VND, 맥주 18,000~22,000VND 지도 MAP 28 Ⓐ

푸꾸옥 섬에서 밤늦게까지 술 마시기 좋은 바를 꼽으라면 단연 로리스 비치 바다. 주로 젊은 배낭 여행자들이 찾는 곳이지만 남녀노소 상관없이 어울리는 분위기. 특히 금요일과 토요일 밤에는 손님이 많아 히피들의 천국처럼 자유롭다. 백사장에는 쉬기 편한 의자들이 가득하고 활활 타오르는 모닥불도 있어 낭만적이다. 맥주, 칵테일, 와인 등 웬만한 술은 다 갖춰져 있고 스낵과 타파스 메뉴도 다양하다. 전형적인 비치 바지만 아침, 점심, 저녁 식사도 가능하다. 크리스마스, 연말, 새해, 설날 같이 특별한 날에는 대규모 비치 파티가 열려 밤새도록 신나게 놀 수 있다.

위치 푸꾸옥 시내에서 푸꾸옥 동쪽방향으로 차로 40분 주소 Group 3, Cây Sao 오픈 09:00~02:00 요금 맥주 30,000VND, 칵테일 100,000~120,000VND 전화 919-333-250 지도 MAP 27 Ⓓ

**TIP**

### 코코 바 Co Co Bar
럼을 좋아하는 여행자라면 코코 바(주소 118/3 Đường Trần Hưng Đạo)로 가보자. 화이트 럼에 패션 프룻, 망고, 구아바, 생강, 파인애플, 코코넛 등을 넣어 만든 홈메이드 럼을 맛볼 수 있다. 한 잔에 40,000~50,000VND.

# T H E M E

# 푸꿕 섬 베스트 호텔

대부분 호텔은 롱 비치에 자리하고 있다. 좀 더 조용하고 깨끗한 바다를 원한다면 북쪽의 옹랑 비치에 있는 호텔을 고르자. 그보다 더 북쪽에 있는 호텔은 시내를 오가기 불편하다. 친환경 리조트의 경우에는 에어컨, TV, 냉장고 등이 제공되지 않는다. 따라서 습기가 많은 우기에는 모기와 벌레, 더위 등으로 조금 힘들 수 있다.

## BEST 1 라 베란다 리조트 La Veranda Resort

세계적인 호텔 체인 아코르에서 운영하는 리조트다. 고풍스러우면서도 세련된 분위기를 만끽할 수 있다. 객실과 빌라 총 70개를 보유하고 있으며 가든뷰와 오션뷰로 구분되어 있다. 가든뷰 객실과 빌라도 힐링 타임을 누리기에 부족함이 없다. 리조트의 또 다른 매력은 비치와 연결된 넓은 수영장. 태닝 베드도 넉넉해서 휴양지의 로망을 제대로 실현해준다. 프라이빗 비치 역시 잘 관리되고 있고 서비스 수준도 높다.

위치 ①공항에서 택시로 15분 ②리엔히엡탄 리조트와 아카디아 리조트 사이에 위치 주소 Trần Hưng Đạo 요금 250~420US$ 전화 297-3982-988 홈피 www.laverandaresorts.com 지도 MAP 28 ⓕ

## BEST 2 망고 베이 Mango Bay

즈엉동 시내 북쪽 옹랑 비치 (Bãi Ông Lang)에 자리 잡고 있는 친환경 리조트다. 시내와는 8km 정도 떨어져 있지만 롱 비치보다 바다 색깔이 예쁘고 풍광도 더 아름답다. 방갈로와 빌라 총 44채를 운영하고 있으며 모두 오션뷰가 탁월하다. 내부 인테리어는 7가지 스타일로 꾸며져 있으며 가구와 소품이 멋스럽다. 자연친화적 콘셉트대로 TV, 냉장고, 에어컨, 수영장을 갖추고 있지 않다.

위치 ①공항에서 택시로 35분 ②공항-리조트 셔틀 버스 이용 가능 ③즈엉동 시내에서 택시로 20분 주소 Bãi Ông Lang 요금 115~240US$ 전화 297-3981-693 홈피 www.mangobayphuquoc.com 지도 MAP 27 ⓒ

## BEST 3 마이 하우스 리조트 Mai House Resort

비치 바로 앞에 자리하고 있는 중급 리조트로 30개의 객실을 운영하고 있다. 4인 가족이 여유 있게 쓸 수 있는 코티지와 2인이 묵기 좋은 방갈로, 더블룸 등을 골고루 갖추고 있다. 외관은 평범하지만 대부분 객실이 넓고 깔끔하다. 천장이 높고 타일 바닥이라 전체적으로 시원한 느낌. 하얀 커튼이 드리워진 침대와 널찍한 테라스도 분위기를 살리는데 한몫 한다. 식사도 정갈하게 잘 나온다. 객실에는 TV가 없는 대신 와이파이 연결 상태는 좋다.

위치 ①공항에서 택시로 15분 ②아카디아 리조트와 카시아 코티지 사이에 위치 주소 118/7/8 Trần Hưng Đạo 요금 90~103US$ 전화 297-3847-003 홈피 www.maihousephuquoc.com 지도 MAP 28 ⓕ

# 프엉빈 하우스
## Phuong Binh House

# 카시아 코티지
## Cassia Cottage

# 살린다 리조트
## Salinda Resort

붉은 벽돌에 붉은 지붕을 얹힌 20채의 방갈로를 운영하고 있다. 비치에서 정원을 향해 2줄로 나란히 지어져 있어 서로 마주 보는 구조이며 방갈로 크기와 모양이 동일하다. 비치에서 가장 가까운 맨 앞쪽 방갈로 2채만 바다가 바로 보여서 조금 더 비싸다. 저렴한 방갈로인 만큼 실내는 깨끗하지만 단출하게 꾸며져 있다. 프라이빗한 방갈로 기분을 내기에는 조금 부족하지만 가격대비 만족스러운 곳이다.

위치 ①공항에서 택시로 15분 ②라 베란다 리조트 위에 위치 주소 118 Trần Hưng Đạo 요금 30~55US$ 전화 297-3994-101 홈피 www.phuong binhhouse.com 지도 MAP 28 ⓕ

롱 비치에서 인기 있는 리조트 중에 하나다. 객실이 넓고 쾌적해서 가족 단위로 여행하기 좋다. 벽돌로 지어진 방갈로라 형태라 자연스러운 느낌은 덜 하지만 깨끗하고 쾌적하다. 침대와 침구도 깔끔하고 세련된 분위기. 욕실은 널찍하고 화이트톤으로 꾸며져 있다. 다만 같은 뷰의 객실이라도 객실 사이즈와 가격의 차가 큰 편. 인테리어도 조금씩 차이가 나므로 예약 시 꼼꼼히 확인해 보는 것이 좋다.

위치 ①공항에서 택시로 15분 ②라 베란다 리조트 근처 주소 43, Khu Pho 요금 100~250US$ 전화 297-3848-395 홈피 www.cassiacottage.com 지도 MAP 28 ⓕ

공항에서 가까운 거리에 있는 호텔이다. 고급 리조트인 만큼 시설과 서비스 면에서 부족함이 없다. 121개의 룸과 빌라를 갖추고 있으며 힐뷰와 시뷰로 구분되어 있다. 객실 인테리어와 가구, 소품, 디테일이 여심을 사로잡을 만하다. 프라이빗 비치에는 멋스러운 테이블과 의자, 조명이 놓여 있어 여유롭게 휴식을 취하기 좋다. 바다와 이어지는 인피니티 풀 스타일의 넓은 수영장 역시 살린다 리조트의 매력이다.

위치 ①공항에서 택시로 10분 ②즈엉동 시내까지 택시로 10분 주소 Trần Hưng Đạo 요금 300~608US$ 전화 297-3990-011 홈피 salindaresort. com 지도 MAP 27 ⓒ

## 옹랑 비치 주변

# 첸시 리조트
## Chen Sea Resort

## 자이 비치 주변

# 빈펄 리조트
## Vinpearl Resort

## 즈엉동 시내 주변

# 응언장 게스트하우스
## Ngan Giang Guesthouse

옹랑 비치의 아름다움을 만끽할 수 있는 럭셔리 리조트다. 대부분 객실에서 바다를 볼 수 있으며 객실 규모와 시설에 따라 비치 프런트 빌라, 시뷰 빌라, 자쿠지 빌라, 오션뷰 빌라로 구분되어 있다. 고급 리조트인 만큼 수영장과 정원, 레스토랑 모두 잘 운영되고 있다. 직원들도 친절해서 머무는 내내 불편함 없이 지낼 수 있다. 즈엉동 북쪽에 있지만 시내와 많이 떨어져 있지 않아 위치도 좋은 편이다.

<u>위치</u> ①공항에서 택시로 35분 ②공항-리조트 셔틀 버스 이용 가능 ③ 즈엉동 시내에서 택시로 15분 <u>주소</u> Bai Xep Hamlet, Ông Lang <u>요금</u> 230~630US$ <u>전화</u> 297-3995-895 <u>홈피</u> www.chensea-resort.com <u>지도</u> MAP 27 ©

2014년 11월 빈펄 그룹에서 오픈한 초대형 리조트. 5만 평 대지에 570개 객실을 갖춘 호텔과 워터파크, 아쿠아리움, 쇼핑몰, 공연장, 27홀 골프장 등을 한데 아우르고 있다. 시내에서 북쪽으로 떨어진 자이 비치(Bãi Dài)에 위치하고 있어 시내 관광을 하기에는 적합하지 않다. 워터파크 중심으로 신나게 놀고 싶은 여행자에게는 천국 같은 곳이다.

<u>위치</u> ①공항에서 택시로 45분 ②즈엉동 시내에서 택시로 30분 <u>주소</u> Bãi Dài, Xã Gành Dầu <u>요금</u> 186~280US$ <u>전화</u> 297-3550-550 <u>홈피</u> www.vinpearl.com <u>지도</u> MAP 27 Ⓐ

즈엉동 시내에 있는 저렴한 호텔이다. 새로 지은 건물이라 단정하고 깨끗하다. 침대와 침구도 모두 새 것인데다 화장실도 화이트 톤으로 깔끔하게 꾸며져 있다. 무엇보다 주인장이 친절하고 세심해서 편안하게 머무를 수 있다. 근처에는 시장이 있어 활기가 있고 음식점도 곳곳에 포진해 있다. 딘꺼우 사원과 딘꺼우 야시장도 걸어서 다녀올 수 있다.

<u>위치</u> 공항에서 택시로 20분 <u>주소</u> 5/17 Nguyễn An Ninh <u>요금</u> 15~25US$ <u>전화</u> 297-3844-228 <u>홈피</u> www.ngangiangguesthouse.com <u>지도</u> MAP 28 Ⓐ

# 여행 준비하기

## TRAVEL PREPARATION

# 여행 계획 세우기

## 여행 기간과 여행지 선정

베트남은 인도차이나 반도의 동쪽에 위치하고 있다. 최북단에서 최남단까지의 거리가 무려 1,650km에 달할 정도로 가늘고 긴 모양을 하고 있다. 여행 기간이 길다면 남북을 종단하며 주요 도시를 모두 돌아볼 수 있겠지만 일주일 이하로 여행 기간이 짧다면 북부, 중부, 남부 중에 한 지역을 선택해야 한다. 베스트 코스 코너를 참고해서 가고 싶은 지역과 기간을 체크해 보자.

## 여행 예산 따져보기

베트남 어느 지역, 어느 도시를 여행할지 결정했다면 여행 경비가 얼마나 드는지 궁금할 것이다. 여행 스타일과 여행 기간에 따라 개인차가 크겠지만 기본적으로 항공비, 숙박비, 식비, 교통비, 입장료 등이 필요하므로 미리 예상해 볼 수 있다.

### 항공비

인천-베트남을 연결하는 항공사는 많지만 가격 차이가 큰 편이다. 항공권 가격은 출입국 도시, 여행 시즌, 유효기간, 항공사에 따라 각기 다르며 저가 항공사의 경우에는 20만 원부터 구입이 가능하다. 반면 베트남 항공은 30~40만 원대, 대한항공과 아시아나 항공은 50만 원대로 가격이 높다. (세금포함 왕복 기준)

### 숙박비

베트남은 동남아의 다른 도시들과 마찬가지로 숙박비가 저렴하다. 가격대비 시설이 좋은 편이라 1박에 4~5만 원이면 넓고 깨끗한 호텔에서 지낼 수 있다. 배낭 여행자를 위한 도미토리부터 하얏트, 쉐라톤 같은 세계 유수의 체인 호텔까지 골고루 있어 숙소 선택의 폭이 매우 넓다. 도미토리는 1박 기준 7~8US$, 저가 호텔은 20~30US$, 중급 호텔은 40~70US$, 고급 호텔은 100~400US$ 수준이라고 보면 된다.

### 식사비

어디서 어떤 음식을 먹느냐에 따라 개인차가 크겠지만 한 끼 식사비는 한화로 평균 3,000원 안팎이다. 길거리 노점이나 현지인들이 애용하는 식당은 그보다 더 저렴해 베트남 음식을 좋아하는 여행자라면 배불리 먹고도 예산이 남을지 모른다. 에어컨이 나오는 실내에서 식사를 하거나 분위기 좋은 레스토랑에서 식사하는 경우에는 메뉴당 5,000~7,000원 수준이다. 굳이 근사한 레스토랑에 가지 않더라도 맛있는 음식이 많아 식비 걱정은 하지 않아도 좋다. 호텔 레스토랑이 아니라면 대부분 세금은 붙지 않는다.

### 도시간 이동비

주요 관광 도시를 이동할 때는 오픈투어버스, 기차, 비행기 등을 이용한다. 그 중에서도 오픈투어버스가 가장 대중적이다. 가격도 저렴하고 노선도 다양하기 때문. 목적지와 소요시간, 거리에 따라 요금은 제각각이다. 4~5시간 거리는 5,000원 정도. 10시간 이상 장거리 구간은 1만 3,000원 안팎이다. 기차와 비행기는 이보다 더 비싸다.

### 시내 교통비

택시, 쎄옴, 시내버스 등 대중교통 수단이 잘 갖추어져 있다. 하지만 날씨가 덥고 길이 복잡해 여행자들은 대부분 시원하고 빠른 택시를 애용한다. 기본 요금이 한화 300~700원 정도로 저렴해서 부담도 적다.

### 입장료 및 투어비

사원이나 성당 등은 모두 무료 입장이다. 박물관이나 주요 관광 명소의 입장료도 2,000원 안팎으로 저렴하다. 시내 명소를 돌아보는 시티 투어나 근교 유적지를 방문하는 투어는 여행사마다 조금씩 다르지만 1만원을 넘기는 일은 많지 않다.

### 기타

여행지에서 기념품과 선물을 구입할 계획이라면 이에 대한 예산도 배정해 두어야 한다. 도난·분실 같이 예상치 못한 일이 발생할 수 있으므로 비상금이나 신용카드를 따로 챙겨 두는 것이 좋다.

## 4박 5일 여행 기준 예상 비용 ※1US$=1,200원

| 항목 | 저예산 여행 | 일반 여행 | 럭셔리 여행 |
| --- | --- | --- | --- |
| 항공비 | 제주항공, 진에어<br>왕복 20만 원 | 베트남항공<br>왕복 35만 원 | 대한항공, 아시아나<br>왕복 55만 원 |
| 숙박비<br>(2인 1실) | 저가 호텔<br>1박 25US$ | 중급 호텔<br>1박 50US$ | 고급 호텔<br>1박 200US$ |
| 식사비 | 현지인 식당<br>일일 8US$ | 현지인 식당+레스토랑<br>일일 15US$ | 레스토랑<br>일일 25US$ |
| 도시간 이동비 | 오픈투어버스<br>한 구간 왕복 14US$ | 오픈투어버스<br>한 구간 왕복 14US$ | 비행기<br>한 구간 왕복 60US$ |
| 시내 교통비 | 도보·시내버스·쎄옴<br>일일 2US$ | 도보·택시<br>일일 10US$ | 택시<br>일일 15US$ |
| 입장료 및 투어비 | 박물관·왕궁 방문 입장료 3~5US$ / 일일 투어 10US$ | | |
| 합계 | 340US$ 약 40만 원 | 640US$ 약 77만 원 | 1,530US$ 약 180만 원 |

# 여권과 비자

여권은 해외에서도 자신의 국적과 신분을 확인하고 인정받을 수 있는 중요한 해외 신분증으로 해외여행을 계획했다면 가장 먼저 할 일은 여권을 만드는 것! 여권 유효 기간이 6개월 미만인 사람도 여권을 재발급해야 한다.

> **여권 발급 절차**
> 신청서 작성 → 발급 기관(지정된 구청과 도청 등) 접수 → 신원 조회 확인 → 각 지방 경찰청 조회 결과 회보 → 여권 서류 심사 → 여권 제작 → 여권 교부

## 여권의 종류

### 복수 여권
횟수에 제한 없이 여행할 수 있는 여권으로 5년과 10년의 유효기간 부여된다.

### 단수 여권
1회에 한하여 여행할 수 있는 여권. 출국했다가 한국으로 돌아오면 유효기간이 남아 있더라도 효력이 상실된다.

## 여권 발급 구비 서류

신분증(주민등록증, 운전면허증, 공무원증, 신분증, 유효한 여권), 여권용 컬러 사진 1매, 여권 발급 신청서 1매, 여권 인지대 (복수 여권 1만 5,000~5만 3,000원, 단수 여권 2만 원)

## 여권 발급처

전국 도청, 서울시청, 광역시청, 구청에 있는 여권과에서 신청하고 발급받을 수 있다. 단, 여권 신청은 본인이 하는 것이 원칙이며 예외사항이 인정될 때만 대리인이 신청할 수 있다. 여행 시즌에는 여권을 신청하려는 사람들이 많으므로 인터넷으로 방문 예약을하고 가면 편리하다. 여권 발급 신청서도 출력할 수있으므로 미리 작성해서 가져갈 수도 있다.

※여권 발급처 조회 및 여권 접수 예약 passport.mofat.go.kr

## 비자

비자는 여행 대상국의 입국 허가증이라 할 수 있다. 대한민국과 베트남은 사증 면제 협정이 체결되어 있어 한국인은 비자 없이 베트남에 입국해서 15일 동안 체류할 수 있다. 16일 이상 머무르는 경우에는 1개월 혹은 3개월짜리 비자가 필요하다. 자세한 내용은 베트남 기본 정보(p.12) 확인.

### ↩ Check  병역 미필자의 여권

25세 이상 병역 미필자의 경우에는 5년간 유효한 복수 여권과 단수 여권으로만 발급받을 수 있다. 또한 병무청에서 발행하는 국외 여행 허가서도 필요한데 현재는 인터넷으로도 간단하게 발급받을 수 있으며 2일 정도 소요된다. 발급받은 서류는 여권 발급 신청 시 제출하면 된다.

※ 병무청 국외 여행 허가서 신청 www.mma.go.kr

# 항공권 예약하기

우리나라에서 베트남으로 가는 항공사가 점점 늘어나는 추세라 선택의 폭도 넓어지고 있다. 비행시간이 5시간 이내이므로 저가 항공을 이용해도 불편하지 않다. 항공권 가격은 인천-하노이 구간이 가장 저렴하며 운항편수는 인천-호찌민시가 가장 많다. 다낭과 냐짱으로 가는 비행기는 가격이 조금 더 높고 운항편수는 적은 편.

> 항공권 구입 절차
> 요금 및 좌석 조회 → 항공권 선택 → 항공권 총 금액 확인 → 개인 정보 및 여권 정보 입력 → 항공권 예약 완료 → 결제 마감 시간 확인 → 결제 금액 입금 또는 온라인에서 신용카드 결제 → 발권된 전자 티켓 이메일로 수령 → 내용 확인 후 인쇄

## 구입 요령

여러 가지 조건이 붙거나 제약이 따르기도 하지만 대체로 항공권은 미리 예약할수록 가격이 낮다. 따라서 여행 일정이 어느 정도 정해지면 가장 먼저 항공권부터 검색해 봐야 한다.

### 저가 항공 노리기
제주항공, 진에어, 에어부산 등 여러 저가 항공사가 인천-베트남을 직항으로 연결하고 있다. 출발하는 요일과 시간대에 따라 요금이 모두 다르게 책정되어 있으므로 찬찬히 잘 살펴보면서 예약하자. 에어아시아와 스쿠트 항공은 1회 경유하지만 운항 스케줄이 좋아 고려해 볼만하다.

### 항공 예약 앱 이용하기
여러 항공사를 하나하나 방문해서 체크하지 않고 한 곳에서 확인할 수 있는 앱이 많이 있다. 스카이스캐너와 인터파크 투어가 가장 대중적이다. 단, 저가 항공사가 나타나지 않는 경우가 있으므로 따로 체크해 보아야 한다.

스카이스캐너 www.skyscanner.co.kr
인터파크투어 tour.interpark.com

## 베트남 국내선 적극 이용하기
베트남 국내선은 베트남항공, 비엣젯, 젯스타 3개 항공사가 도맡고 있다. 요금이 생각보다저렴해 시간이 부족한 여행자라면 이용할만하다. 그 중에서도 비엣젯은 요금이 저렴하고 기내 시설이 좋아 현지인과 여행자 모두에게 인기가 많다. 베트남항공도 프로모션을 진행할 때는 비엣젯보다 저렴하므로 양쪽을 같이 체크해 보는 것이 좋다. 젯스타는 비엣젯 만큼 저렴하지만 갑자기 운항이 지연되거나 결항되는 일이 잦다.

## 주의사항

할인 항공권은 유효기간이 짧은 경우가 많으며, 날짜 변경이나 귀국 공항 변경이 아예 불가능하거나 가능하다 하더라도 큰 비용을 지불해야 하는 경우가 대부분이다. 항공사에 따라서는 당일에 연결이 불가능한 경우도 있다. 이때 경유지에서 숙박이 제공되는지, 다른 항공편으로 이동이 가능한지도 확인해보자. 하노이, 다낭, 냐짱, 호찌민시에서 한국으로 돌아가는 경우에는 출발 전날까지 해당 도시에 도착해 있는 것이 안전하다. 기상 악화나 항공기 결함 등의 사유로 국내선이 결항되는 경우에는 한국행 비행기를 놓칠 수 있기 때문. 이때는 별다른 보상을 기대할 수 없으므로 각별히 신경 써야 한다.

# 숙소 예약하기

베트남에는 가격대비 서비스와 시설이 좋은 호텔들이 많다. 그래서 호텔을 고르는 일이 즐겁기만 하다. 저렴한 호스텔부터 최고급 호텔까지 다양하게 갖추어져 있으니 찬찬히 살펴보자. 단, 여름휴가, 명절 연휴, 크리스마스, 연말, 연초에는 전세계 여행자들이 몰려드는 시즌인 만큼 숙박 요금이 일제히 올라간다.

> **숙소 예약 절차**
> 숙소 및 가격 조회 → 호텔 및 객실 선택 → 개인 정보 및 여권 정보 입력 → 신용카드 결제 → 예약 확정 및 확인증 발급 → 내용 확인 후 인쇄

## 예약 요령

### 인터넷으로 검색하기
베트남에는 크고 작은 호텔이 워낙 많기 때문에 고르는데 시간이 오래 걸릴 수 있다. 책 안에는 베트남 각 도시별로 베스트 호텔과 인기 호텔이 정리되어 있으니 우선적으로 찾아 보자. 호텔 이름을 인터넷 검색창에 입력하면 수많은 정보를 얻을 수 있다. 아래의 사이트(앱)에서 보여지는 후기, 평점, 가격을 중심으로 확인해 보면 된다.
트립어드바이저 www.tripadvisor.co.kr
부킹닷컴 www.booking.com
아고다 www.agoda.com
호스텔월드닷컴 www.hostelworld.com

### 위치 확인하기
여행지에서 편안하게 머물기 위해서는 객실과 침구, 화장실 같은 내부 상태도 중요하지만 더운 날씨를 고려하면 위치도 매우 중요하다. 대부분의 도시에는 여행자들이 모이는 여행자 거리가 형성되어 있고 그 곳에는 가격대비 훌륭한 시설을 갖춘 호텔들이 많다. 여행자들이 많이 모이는 만큼 시내 이동과 도시간 이동이 용이하고 여행사, 환전소, 시장, 식당 같은 편의시설도 잘 갖추어져 있다. 그 일대에서 크게 벗어나지 않는 것이 안전하고 편리하다.

## 주의사항

### 숙박비는 반드시 현지 통화(VND)로
숙박비는 항공비 다음으로 여행비에서 많은 비중을 차지한다. 그래서 신용카드로 결제하는 경우가 많다. 이때 호텔 예약 사이트에서 결제를 하든, 현지 호텔에서 결제를 하든 결제 금액은 항상 현지 통화(VND)로 하자. 미국 달러(US$)나 원화(KRW)로 결제하는 경우에는 이중 환전처리가 되어 실제보다 높은 요금이 나온다. 인터넷에서 DCC라고 검색해보면 다양한 사례들이 나온다. 특히 숙박비 부문에서 나쁜 사례들이 많이 나오고 있으므로 주의가 필요하다.

### 수수료 3% 부과
베트남은 아직까지 신용카드 사용이 대중적이지 않다. 그래서 신용카드 결제 시 발생하는 수수료를 고객에게 부담시키는 경우가 많다. 특히 여행자 거리에 있는 중소 규모의 호텔에서 현금이 아닌 신용카드로 결제하려고 하면 결제 금액의 3%를 더 요구하는 것이 일반적이다. 물론 규모가 큰 호텔에서는 문제없다.

### 세금과 수수료 확인하기
호텔 예약 사이트에서 예약/결제를 하는 경우 숙박비에 세금(Tax)과 수수료(Surcharge)가 포함되어 있는지 아닌지를 따져봐야 한다. 보통 작은 글씨로 표기해 두어 예약 금액과 결제 금액 사이에 차이가 발생한다. 보통 세금은 5~7%이고 수수료는 10%에 달한다.

# 면세점 이용하기

해외여행을 나갈 때만 이용할 수 있는 것이 바로 면세점 쇼핑이다. 세금이 면제된 상품을 구입할 수 있는 기회이므로 놓치지 말자. 시중가보다 20~30% 가량 낮은 가격에 각종 할인혜택까지 주어져 알뜰하게 쇼핑할 수 있다.

## 면세점 종류

### 도심 면세점
시내에 위치한 면세점으로 직접 방문해서 쇼핑한다. 실물을 보면서 쇼핑 할 수 있어 편리하다. 출국 당일 공항 면세점을 이용하는 것보다 한결 여유 있다. 대부분 영업 시간은 21:00까지.

### 온라인 면세점
면세점 쇼핑도 홈페이지를 통해 언제든지 할 수 있다. 여행 준비에 쫓겨 시간이 부족한 여행자나 지방 거주 여행자에게 유리하다. 면세점 홈페이지에 회원 가입하면 곧바로 사용할 수 있는 다양한 할인 쿠폰도 따라온다.

### 공항 면세점
출국 심사를 마치고 난 다음부터는 모두 공항 면세점 구역이다. 도심 면세점이나 온라인 면세점을 이용하지 못했다면 이곳에서 원하는 상품을 찾아보자. 물품을 따로 찾을 필요 없이 그 자리에서 구입할 수 있어 편하다.

**TIP**

### 시내 주요 면세점

**동화면세점**
주소 서울시 종로구 세종대로 149
전화 1688-6680
홈피 www.dutyfree24.com

**롯데면세점(본점)**
주소 서울시 중구 남대문로 81 롯데백화점 본점 9F
전화 1688-3000
홈피 www.lottedfs.com

**신라면세점(서울점)**
주소 서울시 중구 동호로 249
전화 1688-1110
홈피 www.shilladfs.com

**신세계면세점(명동점)**
주소 서울시 중구 퇴계로 77
전화 1661-8778
홈피 www.ssgdfs.com

# 환전하기

베트남만 여행하는 경우라면 고민할 필요 없이 전부 현지 통화인 동(VND)화로 바꿔 가면 된다. 현금만 소지할 경우 분실 또는 도난을 당했을 경우 매우 난감한 처지가 되니 신용카드와 비상금을 따로 준비해 가는 것이 현명하다.

## 알뜰한 환전 노하우

1. 시중 은행은 고객의 거래 실적에 따라 환율을 우대해준다. 따라서 주거래 은행에 가서 주거래 고객임을 밝히고 환전 수수료 우대를 받는 것이 가장 편리하다. 거래 실적에 따라 20~40% 정도의 환전 수수료를 아낄 수 있다.

2. 인터넷 검색을 통해 환율 우대 쿠폰을 찾아보는 방법도 있다. 시중 은행 홈페이지나 여행사 홈페이지, 면세점 홈페이지 등을 통해 환율 우대 쿠폰을 발행하는 경우가 있는데 이런 쿠폰을 활용하면 조금이나마 이득을 볼 수 있다.

3. 시중 은행의 홈페이지에서 사이버 환전 서비스를 신청하면 원하는 지점에서 외환을 바로 찾을 수 있다. 공항에서 수령하고 싶다면 해당 은행의 공항 지점이 있는지 미리 확인해보는 것이 좋다.

4. 한국에서 베트남 동(VND)화로 꼭 바꿔가지 않아도 된다. 미국 달러(US$)를 준비해서 가면 베트남 공항이나 현지 은행, 환전소 등에서 쉽게 바꿀 수 있다. 특히 베트남 공항 내 은행과 환전소는 환율이 좋기 때문에 바로 환전해서 사용해도 무방하다.

## 인터넷 환전

가까운 은행에서 베트남 동(VND)화를 보유하고 있지 않는 경우 인터넷 환전을 한 다음 출국하는 공항에서 수령할 수 있다. 단, 공항 내 정해진 지점에서만 수령할 수 있으므로 공항 홈페이지나 고객센터로 문의하여 확인하는 것이 중요하다.

> **인터넷 환전 절차**
> 거래 은행 접속 → 인터넷 환전 신청 → 환전 영수증 인쇄 또는 환전 번호 메모 → 공항 은행 창구에서 신분증과 환전 영수증/환전 번호 제시 → 외화 수령 및 금액 확인

> **TIP**
> ### 장기 여행에는 현금카드가 최고!
> 장기간 여행하는 경우에는 큰 돈을 갖고 다니는 것이 부담스럽다. 그럴 때 유용한 것이 바로 국제현금카드다. 세계적으로 유명한 씨티은행 카드는 베트남에서 ATM을 찾기 어려워 불편하다. 최근 우리은행에서 발급하는 국제현금카드가 인출 수수료가 거의 없고 사용 가능한 ATM이 많아 인기를 모으고 있다. 이 카드를 소지하고 있으면 베트남 내 여러 은행(지정)의 ATM에서 언제든지 한화를 베트남 동(VND)화로 뽑아서 쓸 수 있다.

# 사건 · 사고 대처하기

베트남 현지에서 사건 사고가 발생하지 않기를 바라야겠지만 어떤 일이 일어날지는 아무도 모르는 법. 여행을 떠나기 전 아래의 내용을 한번쯤 훑어 보고 떠나자.

## 여권 도난 · 분실

여권을 분실하면 여권을 재발급 받는 것이 아니라 여행 증명서를 발급받게 된다. 당황스럽겠지만 대사관이나 영사관으로 연락해서 차근차근 문제를 해결해 나가자. 호텔에 투숙중이라면 호텔 카운터에 말해서 도움을 받는 것도 중요하다. 여권 사본을 가지고 있다면 처리 절차와 시간이 줄어든다. 참고로 꽁안에 가서는 타인에 의한 도난(be stolen)인지, 본인 과실로 인한 분실(lost)인지 표현을 정확히 해야 한다.

> **처리 절차**
> 가까운 꽁안(경찰서) 방문 → 도난분실 신고서 작성 → 대사관이나 영사관 방문 → 여행 증명서 발급 신청서 작성 → 여행 증명서 수령 → 베트남 출입국 관리국 방문 → 출국 허가 신청 → 심사 및 허가 완료 (3~7일 소요)

## 긴급 연락처

**대한민국 대사관 (하노이) Đại Sứ Quán Hàn Quốc**
위치 군사 박물관 서쪽 킴마(Kim Mã) 거리에 있는 롯데 센터 28층에 위치, 구시가에서 택시로 25분
주소 54 Liễu Giai, Lotte Center 28F
오픈 월~금요일 08:30~12:00, 13:30~17:30
휴무 토 · 일요일
전화 (하노이 지역번호 24) 3831-5110~6
홈피 vnm-hanoi.mofa.go.kr

**영사부 (하노이) Lãnh Sự Quán Hàn Quốc**
위치 롯데센터 남쪽 응우옌찌탄(Nguyễn Chí Thanh) 거리와 이어지는 쩐주이흥(Trần Duy Hưng) 거리의 참빗타워 7층에 위치, 구시가에서 택시로 30분
주소 117 Trần Duy Hưng, Charmvit Tower 7F
오픈 월~금요일 09:00~12:00, 13:30~17:00
휴무 토 · 일요일

전화 (하노이 지역번호 24) 3771-0404
긴급전화 사건사고 090-462-5515
　　　　여권분실 091-323-3447
홈피 vnm-hanoi.mofa.go.kr

**총영사관 (호찌민시) Lãnh Sự Quán Hàn Quốc**
위치 통일궁 정문을 바라보고 섰을 때 왼쪽으로 난 응우옌주 거리를 따라 도보 7분
주소 107 Nguyễn Du
오픈 월~금요일 08:30~17:30
휴무 토 · 일요일
전화 (호찌민시 지역번호 28) 3822-5757
긴급전화 사건사고 093-850-0238, 090-895-6079
홈피 vnm-hochiminh.mofa.go.kr

## 소지품 도난 · 분실

베트남에서는 오토바이를 타고 가다가 여행자가 가지고 있는 휴대폰이나 카메라를 훔쳐 가는 일이 종종 발생한다. 이렇게 중요한 물품을 도난 · 분실 당한 경우에는 가까운 꽁안으로 가서 신고서를 작성해야 한다. 사고 경위와 물품 정보를 세세하게 기재해야 해서 여간 까다로운 게 아니다. 일단 신고서를 접수하여 증명서가 나오면 귀국 후 관할 경찰서와 보험 회사에 연락해서 해결하면 된다.

## 현금 신용카드 도난 · 분실

지갑이나 가방을 도난 · 분실 당해서 수중에 돈이 없는 난감한 처지가 될 수 있다. 신용카드난 현금카드, 비상금이 없는 상황이라면 묵고 있는 호텔에 부탁해 송금을 받도록 하자. 신용카드는 아래의 번호로 전화해 신고한 뒤 사용 중지 처리하면 된다. 여행 비용은 항상 가방과 몸에 분산해서 지니도록 하자.

## 주요 은행 지점

### 우리은행 (하노이 지점)
위치 경남 랜드마크 타워 72의 24층
주소 24F, Keangnam Landmark 72, E6 Phạm Hùng, Mễ Trì Từ Liêm Hà Nội
오픈 월~금요일 08:30~12:00, 13:00~16:30
전화 24-3831-5281

### KEB하나은행 (하노이 지점)
위치 호안끼엠 호수 서쪽 낌마 거리에 있는 대하 비즈니스 센터 14층
주소 14F, Daeha Business Center, 360 Kim Mã, Ba Đình, Hà Nội
오픈 월~금요일 08:30~12:00, 13:00~16:30
전화 24-3771-6800

### 우리은행 (호찌민시 지점)
위치 중앙 우체국 뒤 하이바쯩 거리와 만나는 레주언 사거리
주소 2F, Kumho Asiana Plaza, Lê Duẩn, Ho Chi Minh
오픈 월~금요일 08:30~12:00, 13:00~16:30
전화 28-3821-9839

### 신한은행 (호찌민시 지점)
위치 다이아몬드 백화점 뒤 블록
주소 72-74 Nguyễn Thị Minh Khai, Hồ Chí Minh
오픈 월~금요일 08:30~12:00, 13:00~16:30
전화 28-3823-0012

### 주요 카드사 대표번호
삼성카드 0082-2-2000-8100
신한카드 0082-1544-7200
현대카드 0082-1577-6200
비씨카드 0082-1588-4515
국민카드 0082-1588-1688
하나SK카드 0082-1599-1155
롯데카드 0082-1588-8300
우리카드 1588-9955

## 사례별 여행 트러블

### 1. 세균성 장염(식중독)
물이나 음식이 깨끗하지 않아 배가 아픈 경우가 종종 발생한다. 대개 설사, 복통, 구토, 발열 등의 증상을 보인다. 호텔에 부탁하여 약국이나 병원을 소개받자. 약을 복용하면 나을 수 있지만 시간이 오래 걸린다.

### 2. 음식값 계산 문제
주문하지 않은 음식이 계산서에 버젓이 올라가 있거나 요금을 다르게 표기하는 경우가 있다. 식당에서 음식을 먹을 때는 주문한 음식의 금액을 대강 기억해 두거나 메뉴판과 대조해 보는 것이 좋다. 엉뚱한 음식이나 서비스가 추가되었는지도 꼼꼼하게 따져보고 계산하자.

### 3. 과다한 마사지 팁
베트남에는 저렴한 마사지 숍들이 많이 있다. 하지만 마사지를 다 받고 나면 무리한 팁을 요구하거나 팁을 제멋대로 산정하는 곳들이 있다. 마사지 팁은 주지 않아도 상관없고 서비스에 만족했다면 20,000~30,000VND면 충분하다. 불쾌한 상황을 피하고 싶다면 마사지를 받기 전에 미리 팁 비용을 확인하는 것이 좋다.

### 4. 호텔 내 도난
작은 규모의 저렴한 호텔은 골목 안 주택가에 자리하는 경우가 많다. 이웃집과의 간격이 좁아 열린 문을 통해 객실에 침입, 여행자의 물건을 훔쳐 가는 경우도 있다. 창문 밖 주변 환경을 살피고 걱정이 된다면 문을 잠그고 나가는 것이 좋다.

### 5. 강제 모금
외국인들에게 다가와 자원봉사 중이라고 하며 과다한 금액을 기부하라고 하는 젊은이들을 만날 수 있다. 돈을 받으면 근처에 대기하고 있던 일행의 오토바이를 타고 도망가기 일쑤다. 길거리에서의 기부 행위는 수상하게 생각해야 한다.

### 6. 교통 사고
자동차와 오토바이가 물결처럼 흘러가는 베트남에서는 자칫하면 사고를 당할 수 있다. 길을 건널 때는 좌우를 잘 살피자. 또한 자전거나 오토바이를 빌려서 여행하는 경우에는 사고가 일어나지 않도록 각별히 주의해야 한다. 외국인이라도 처벌과 벌금을 피해갈 수 없다. 여행자보험에 가입하는 것이 여러 모로 안전하다.

# 찾아보기

**후에**

**호찌민시**

# 베트남 100배 즐기기

개정 3판 1쇄  2019년 10월 22일

**지은이** 허유리

**발행인** 양원석
**본부장** 김순미
**편집장** 고현진
**진행** 전설
**디자인** 지윤
**지도** 글터
**해외저작권** 최푸름
**제작** 문태일, 안성현
**영업마케팅** 최창규, 김용환, 윤우성, 양정길, 이은혜, 신우섭
          김유정, 유가형, 임도진, 정문희, 신예은, 유수정

**펴낸 곳** (주)알에이치코리아
**주소** 서울시 금천구 가산디지털2로 53 한라시그마밸리 20층
**편집 문의** 02-6443-8891 **구입 문의** 02-6443-8838
**홈페이지** http://rhk.co.kr
**등록** 2004년 1월 15일 제2-3726호

ISBN 978-89-255-6690-0(13980)